全国高等院校**海洋专业**规划教材

海洋渔业科学与技术专业"新世纪高等农林教育教学改革工程"项目成果

YUYE ZIYUAN YU YUCHANGXUE

渔业资源与渔场学 （第2版）

陈新军　主编

U0195640

海洋出版社

2014年·北京

图书在版编目（CIP）数据

渔业资源与渔场学/陈新军主编. —2 版. —北京：海洋出版社，2014.10（2021.3 重印）

ISBN 978 - 7 - 5027 - 8955 - 8

Ⅰ. ①渔…　Ⅱ. ①陈…　Ⅲ. ①水产资源②渔场学　Ⅳ. ①S931

中国版本图书馆 CIP 数据核字（2014）第 219909 号

责任编辑：赵　武
责任印制：赵麟苏

海洋出版社　**出版发行**

http://www.oceanpress.com.cn

北京市海淀区大慧寺路 8 号　邮编：100081
北京朝阳印刷厂有限责任公司印刷　新华书店发行所经销
2014 年 10 月第 2 版　2021 年 3 月北京第 5 次印刷
开本：787mm × 1092mm　1/16　印张：29.5
字数：720 千字　定价：65.00 元
发行部 62132549　邮购部：68038093　总编室：62114335
海洋版图书印、装错误可随时退换

《渔业资源与渔场学(第2版)》
编 委 会

主　编　　陈新军教授(上海海洋大学)

副主编　　任一平教授(中国海洋大学)

参　编　　管卫兵副教授(上海海洋大学)

　　　　　尹增强副教授(大连海洋大学)

　　　　　颜云榕副教授(广东海洋大学)

　　　　　田思泉副教授(上海海洋大学)

　　　　　陆化杰博士(上海海洋大学)

前　言

（第 2 版）

　　渔业资源与渔场学是海洋渔业科学与技术专业的一门专业基础的核心课程,通过该课程的学习,能够掌握和了解开展鱼类生物学特性以及渔业资源调查与研究的基本方法,掌握渔场形成原理及其渔情预报的基本方法,了解我国近海和世界主要海洋渔业资源的分布及开发利用状况,从而为今后从事渔业资源与渔场的调查、研究等工作打下扎实基础。

　　《渔业资源与渔场学》第一版于 2004 年正式出版,至今已有 10 年的时间。在这十年中,渔业资源与渔场学随着科学技术发展以及不同学科的交叉,其研究方法、研究手段等也得到了不断创新与发展,例如海洋遥感、地理信息系统等高新技术在渔情预报中的应用。因此,在《渔业资源与渔场学》第二版中对章节进行了部分调整,对研究内容和研究体系进行了充实。

　　本书共分为 11 章。第一章为绪论,主要介绍渔业资源与渔场学的基本概念、研究内容、学科体系,国内外渔业资源与渔场学的研究概况和开展渔业资源与渔场学研究的意义,特别是对我国海洋渔业资源与渔场学学科发展进行了系统的整合。第二章为本书的重点之一,主要对渔业资源的生物学基础及研究方法进行系统阐述。内容包括鱼类种群及其研究方法,鱼类的生命周期与早期发育,年龄与生长,鱼类性成熟、繁殖习性与繁殖力,鱼类饵料、食性与种间关系等。第三章为鱼类集群与洄游分布,讲述了鱼类集群与洄游的意义、洄游类型及其研究方法。第四章对影响鱼类分布的海洋环境进行了分析,着重阐述了水温、海流等海洋环境与鱼类集群、洄游分布之间的相互关系,为渔场学的研究以及渔情预报提供基础。第五章为渔场学的基本理论,主要描述渔场的概念及其类型,渔场的评价与渔区图绘制,优良渔场的类型及形成原理以及寻找中心渔场的一般方法。第六章为渔情预报基本原理和方法,对渔情预报的基本概念、类型、原理及国内外渔情预报业务化概况进行分析,重点介绍渔情预报技术与方法,列举了东海带鱼等多个典型的渔情预报案例,对海洋遥感、地理信息系统等高新技术在渔情预报中的应用进行归纳与介绍。第七章为中国海洋渔业资源及渔场概况,对中国海洋渔场环境特征、海洋渔场概况及种类组成、海洋重要经济种类资源与渔场分布以及近海渔业资源开发利用现状进行简要介绍。第八章为世界海洋渔业资源及其分布概况,对世界海洋渔业发展现状及其潜力,各海区海洋渔业资源及渔业现状以及主要种类的资源状况与分布等进行简要描述。随着全球气候变化等对渔业资源影响越来越明显,环境变化已制约着渔业资源的可持续利用,为此在第九章中主要分析厄尔尼诺、富营养化、全球变暖、气候异常、臭氧层、海洋酸化等对渔业资源的影响。同时,根据海洋渔业科学与技术专业实践环节的需要,增加了第十章渔业资源与渔场的调查方法等有关内容。第十一章为渔业资源生物学实验内容,一共分为十个实验,包括种群鉴定、年龄等渔业基础生物学的内容。

本书的总体框架由上海海洋大学海洋科学学院陈新军教授完成并最后审定。本教材的出版得到上海市精品课程建设项目(渔业资源与渔场学)的资助。同时还要感谢上海海洋大学刘必林副教授、李纲讲师、严华平讲师、方舟博士等在本书编写过程中提供的帮助。

由于时间紧张,书中难免会出现一些问题甚至错误,恳请大家批评指正。同时由于参考文献较多,不能一一列出。在此表示抱歉。

陈新军　于上海

2013 年 7 月 28 日

前　言

（第 1 版）

根据教育部《21 世纪海洋渔业科学与技术专业教学改革试点项目》的要求，海洋渔业科学与技术本科专业的专业必修课渔业资源与渔场学由改革前的渔业资源生物学和渔场学合并而成。渔业资源与渔场学是海洋渔业科学与技术专业的一门专业基础性课程，通过该课程的学习，能够掌握和了解开展鱼类生物学特性以及渔业资源调查与研究的基本方法，掌握渔场形成原理及其渔情预报的基本方法，了解我国近海和世界主要海洋渔业资源的分布及其开发利用状况，从而为今后从事渔业资源与渔场的调查、研究等工作打下扎实基础。

本书在参照陈大刚教授主编的《渔业资源生物学》、胡杰老师主编的《渔场学》以及邓景耀研究员等著写的《海洋渔业生物学》等基础上编写而成。但是随着渔业资源学科发展的需要以及科学技术研究手段和水平的提高，书中也增加不少新的内容。如在渔业资源的生物学基础中增加鱼类摄食生态研究的新方法；在标志放流研究方法中增加了卫星标志放流；在渔情预报技术中对渔情预报方法进行科学归类，增加了地理信息系统的研究方法；在中国近海和世界渔业资源发展现状中增加最新的调查与研究成果；同时增加了渔业资源与渔场学的调查方法、全球环境对渔业资源的影响等内容，从而大大丰富了渔业资源与渔场学的研究内容。

本书共分为十一章。第一章为绪论，主要介绍了渔业资源与渔场学的基本概念、研究内容、学科体系，国内外渔业资源与渔场学的研究概况和开展渔业资源与渔场学研究的意义，特别是对我国海洋渔业资源与渔场学学科发展进行了系统地整合。第二章为本书的重点之一，主要对渔业资源的生物学基础及其研究方法进行了系统阐述，同时补充国内外渔业资源生物学研究的新内容和方法。内容包括种群、年龄与生长、繁殖习性与繁殖力、食性以及肥满度的定义与研究方法，增加了耳石日轮的研究方法。第三章为鱼类的集群与洄游，讲述了鱼类集群与洄游的意义、洄游类型及其研究方法，在该章中增加了卫星标志放流。第四章对影响渔业资源的海洋环境进行了分析，同时着重阐述了各种环境与鱼类集群、洄游、分布之间的相互关系,从而为渔场学的研究以及渔情预报提供了基础。第五章分析了渔场学的基本理论,主要分析了渔场形成的一般原理,渔场的分布、评价与变动以及渔场图的编制方法。第六章为渔情预报基本原理和方法,对国内外渔情预报研究情况进行详细分析,同时补充了渔情预报方法及其实例分析。第七章介绍了中国海洋渔业资源及其渔场概况,其所用的资料为20世纪90年代后期的调查结果和近几年我国海洋渔业资源利用发展现状,丰富了教学内容。第八章为世界海洋渔业渔场及其资源开发利用概况。利用20世纪90年代资料对世界海洋渔业发展现状及其潜力进行了客观分析,同时对我国远洋渔业主要发展对象(头足类、金枪鱼和竹筴鱼)进行了详细分析。随着全球海洋环境对渔业资源影响越来越明显,已经制约着渔业资源的可持续发展,为此在第九章中增加了全球环境的变化对渔业资源的影响,主要分析了厄尔尼诺、富营养化、全球温暖化、气候异常、臭氧层与渔业资源变化的关系。同时根据海洋渔业科学与技术专业实践环节的需要,增加了第十章渔业资源与渔场的调查方法等有关内容。

　　本书的总体框架和撰写由上海水产大学海洋学院博士陈新军教授完成。本书最后由我国著名渔业资源学专家王尧耕教授审核,在此表示感谢。

　　由于时间紧张,书中难免会出现一些问题甚至错误,恳请大家批评指正。同时由于参考文献较多,不能一一列出。在此表示抱歉。

陈新军

2003年5月28日

目　次

第一章 绪 论

第一节 渔业资源与渔场学的基本概念

一、渔业资源的概念

渔业资源(fishery resources)是自然资源的重要组成部分,是人类食物的一个重要来源,它为从事捕鱼活动的人们提供了就业机会、经济利益和社会福利。在许多国家,鱼类是日常生活中重要的组成部分,为 2/3 的世界人口提供了 40% 的蛋白质,在亚洲有近 10 亿人依靠鱼类和海洋食物作为他们主要的动物蛋白质来源。在我国,渔业在国民经济中的地位不断提高。据统计,1978 年我国渔业总产值仅占大农业总产值的 1.6%,到 1997 年提高到 10.6%。根据 2012 年农业部渔业局的统计,2012 年全国水产品总量达到 5 907.68 万 t,连续 20 多年位居世界第一。其中国内海洋捕捞产量为 1 267.19 万 t,远洋渔业产量 122.34 万 t;全社会渔业总产值达到 17 321.88 亿元(当年价格);渔业人口 2 073.81 万人,渔业从业人员 1 444.05 万人;海洋捕捞渔船 19.42 万艘,总吨位 651.75 万 t,总功率 1 327.08 万 kW;水产品进出口总量为 792.5 万 t,贸易额 269.81 亿美元;人均水产品占有量达到 43.63 kg。因此,渔业资源在食物安全、渔民就业、经济发展、对外贸易等方面都起到了重要的作用。

渔业资源通常包括鱼类和其他水产经济动植物,随着人类社会科学技术和生产手段的日益进步,渔业资源的开发种类也在不断扩大。《辞海》中认为:"水产资源是指水域中蕴藏的各种经济动植物(鱼类、贝类、甲壳类、海兽类、藻类)的数量。渔业上对经济动植物的数量通常称为渔业资源。包括已成熟可供捕捞的部分和未成熟的预备捕捞的部分。"《农业大词典》和《中国农业百科全书》(水产业卷)中将水产资源定义为:"水产资源是指天然水域中具有开发利用价值的经济动、植物种类和数量的总称,又称为渔业资源。"在上海海洋大学主编的内部教材中,将水产资源和渔业资源分别定义为"水产资源为水域中蕴藏着的经济动、植物(鱼类、软体动物、甲壳类、海兽类和藻类等)的群体数量","渔业资源是指水产资源中可供捕捞的经济鱼类和其他经济动植物的群体蕴藏量"。综上所述,我们将渔业资源定义为:天然水域中可供捕捞的经济动、植物(鱼类、贝类、甲壳类、海兽类、藻类)种类和数量的总称。

渔业资源生物学是研究鱼类资源和其他水产经济动物群体生态的一门自然学科,是生物学的一个分支。它是随着人类的生产活动而逐步发展起来的一门为渔业生产服务的科学,是鱼类学和水产动物学的发展及其在生产上的实际应用。由于在世界渔业资源中,鱼类是人类开发和利用的主要对象,其产量居多,因此我们在渔业资源生物学中往往以鱼类作为其主要的研究对象。

二、渔场学的概念

渔场(fishing ground)是从事渔业生产和科学研究中最直接的活动场所。众所周知,海洋中有鱼类和其他水产经济动物。但是,海洋中并非到处都有可供捕捞的密集鱼群,因为它们并不是均匀地分布着,而是依据鱼类和经济水产动物各自的生物学特性及其对外界环境因素变化的适应性来分布的。因此,渔场是指在海洋中有捕捞价值的鱼群(或其他水产经济动物)存在,且可实地捕捞作业,获得一定数量和质量的渔业产品的某一区域。其中能够获得高产的海域,我们又称为"中心渔场"。

日本学者相川广秋在其1949年出版的《水产资源学总论》中,将渔场学(fishery oceano-graphy)描述为:"在渔场中,直接支配鱼类群集的因素,最重要的是环境因素,这些因素称之为海况。了解海况与鱼类群集之间的关系,并进行综合研究,从而找出系统规律性的学问,这就是渔场学或渔场论。"著名渔场学家东京水产大学教授宇田道隆先生对渔场学做了如下定义:"研究水族与环境的相关关系,通过渔况找出规律,从而阐明渔场形成原理的学问。"台湾学者郑利荣在其编著的《海洋渔场学》教材中,把渔场学解释为:"明确生物资源生栖场所的海洋环境和其变化的实态,进而追究资源生物群集的分布、数量、利用度等和海洋环境之间的关联性,从而综合地加以解释、探讨的学问称为渔场学。简言之,渔场学是研究渔况与海况相互之间的关系。"综上所述,我们认为渔场学是研究渔业生物资源的行动状态(集群、分布和洄游运动等)及其与周围环境(生物环境和非生物环境)之间的相互关系,查明渔况变动规律和渔场形成原理的科学。它是以渔业资源生物学、海洋学和鱼类行为学等课程为基础,并与渔具渔法学、海洋卫星遥感等课程有密切的关系,是一门综合性的应用性科学。

第二节 渔业资源与渔场学的学科性质和研究内容

一、学科性质和地位

渔业资源与渔场学是研究鱼类资源和水产动物群体的生物学以及它们的行动状态与周围环境之间的相互关系,掌握渔业资源数量变动规律以及渔场形成原理的一门综合性基础应用科学。由于本学科所涉及的范围极其广泛,因而它既具有基础性,又具有应用性,具有综合科学的性质。

本课程所研究的内容是从事海洋渔业生产、管理和研究的科技人员所必须具备的专业基本理论和基本技能。通过学习,可以了解和掌握渔业资源的基础生物学知识,有助于探索和分析渔场、渔汛,合理安排和组织渔业生产,科学地利用和管理渔业资源以及开发新渔场和新资源。此外,环境变动也是渔业资源数量发生变动的一个重要因素。由于渔业资源数量变动与外界环境之间有着密不可分的联系,因此在渔业资源研究中不仅需要研究渔业生物自身生物学特性,还要考虑栖息环境条件的变化和人类开发利用的影响。

海洋渔业科学与技术专业(原来的海洋渔业专业和渔业资源专业)的学生通过学习本课程,能够基本掌握鱼类的种群、生长、摄食、生殖等生物学方面研究的基本方法,掌握海洋渔场环境的基本知识,学会渔业资源与渔场调查的基本技术与方法,掌握渔情预报(包括掌握中心渔场的确定与侦察)的基本方法,了解我国近海渔业资源分布及其概况和世界海洋主要渔场、主要渔业资源的概况,为今后从事海洋渔业生产、渔业资源管理以及教学科研工作打下扎实的基础,为渔业生产、渔业资源管理及其可持续利用提供科学方法和手段。

二、学科研究内容

海洋中的捕捞对象主要是经济鱼类,其次是经济无脊椎动物等,这些总称为水产经济动物。为了持续、合理地利用这些渔业资源,必须要熟悉捕捞对象在水域中的蕴藏量、分布情况和它们的生长、繁殖、死亡、洄游分布等生物学特性以及渔场形成的机制与条件等,这是海洋渔业学科中极为重要的一个研究课题。渔业科学工作者根据多年的渔业生产实践和渔业科学实验的丰富资料,把有关捕捞对象的生活、习性、分布、洄游等资料,上升为科学理论并找出其系统规律,从而形成了渔业资源学、渔场学等独立学科,成为渔业科学的一个极为重要组成部分。

研究渔业资源和渔场学的目的和任务是为了传授渔业资源生物学的有关基本知识和调查方法以及有关捕捞对象的洄游分布、渔场形成的规律等,为掌握渔业资源数量变动,探索鱼群分布和掌握中心渔场,确保渔业资源的可持续利用提供科学依据。其主要内容包括以下几方面。

(1)掌握研究渔业资源生物学的基础理论和方法,如种群、年龄与生长、食性与丰满度、繁殖习性与繁殖力、鱼类群落结构及其生物多样性、鱼类早期生活史及其各个阶段特征等,为渔业资源评估、群体数量变动、渔情预报(包括中心渔场的确定)以及鱼类生活史的掌握提供最为基础的资料。

(2)掌握鱼类的集群与洄游分布研究方法和基本概念。如鱼类集群的一般规律和原理、鱼类的洄游类型和研究方法。

(3)分析和掌握海洋环境与鱼类行动之间的关系。例如了解世界各大洋海流分布及其一般规律、各种海洋环境(生物和非生物)与鱼类行动的关系、厄尔尼诺对海洋渔业的影响以及全球环境的变化对渔业资源的影响。

(4)掌握渔场形成的基本理论和规律。对渔场、渔期的基本概念及其渔场类型、渔区和渔场图的划分编制、优良渔场形成的一般原理以及渔场评价与中心渔场寻找一般方法等进行阐述。

(5)掌握渔情预报的基本理论和方法,介绍渔情预报的概念和类型、研究方法,列举典型的渔情预报案例,对海洋遥感、地理信息系统等高新技术在渔情预报中的应用进行介绍。

(6)了解我国近海渔场环境及其渔业资源分布。如我国主要经济种类的开发利用状况、资源与渔场分布等。

(7)了解世界主要渔场及其渔业资源概况。如介绍世界主要作业渔场,世界金枪鱼、头足类和中上层鱼类等主要渔业资源的分布及其开发利用状况。

(8)掌握和了解渔业资源与渔场的调查方法,主要包括海洋环境调查、海洋生物调查和鱼类资源调查等。

第三节 渔业资源与渔场学与其他学科的关系

渔业资源与渔场学作为渔业科学与生物科学、海洋科学等学科交叉形成的一门专业性基础课,与其他许多相关学科有着十分密切的关系。主要有以下学科。

(1)鱼类学(ichthyology)。众所周知,鱼类学是动物学的一个分支,是研究鱼类的形态、分类、生理、生态以及遗传进化的科学。由于鱼类是渔业的主要研究对象,因此它是渔业资源与渔场学的基础。

(2)海洋学(oceanography)。海洋学是研究海洋的水文、化学及其他无机和有机环境因子的变化与相互作用规律的科学,因此海洋水域环境作为研究对象的载体,配合鱼类学共为本课程的基础学科。

(3)海洋生物学(marine biology)。海洋生物学是研究海洋浮游生物、底栖生物的生物科学。由于浮游生物、底栖生物等与渔业资源与渔场学的研究对象关系密切,为鱼类的生长提供充足的饵料,因此是本课程的基础学科。

(4)生态学(ecology)。本学科是以研究生物与环境相互关系为主要内容的科学。由于渔业资源生物学自身就是应用生态学的一个分支,因此生态学的有关基本理论与方法,已成为本课程的基本内容与核心,并引导着该学科前进的方向。

(5)鱼类行为学(fish ethology)。鱼类行为学是研究鱼类行动状态和环境条件之间相互关系的一门学科,特别是研究水温、盐度、海流、光等条件与鱼类行动之间的关系,为渔场学的发展和研究打下了基础。

(6)渔业资源评估学(fisheries stock assessment)。它由渔业生物学中的鱼类资源动态部分独立而成,是以研究渔业生物的死亡、补充、数量动态和资源管理为核心的科学,是渔业资源生物学的发展、服务对象和本专业的后继课程。

(7)环境生物学(environmental biology)。环境生物学是近几十年来,随着环境质量下降并危及生物种质资源和鱼类自身情况而逐步发展和兴起的一门环境与生物学联姻的科学。它从生物学、生态学角度出发,侧重研究保护生物学、生物多样性和大海洋生态系等重大课题,探讨环境变化与海洋生物资源变动的关系,从而为维持生物多样性和持续利用生物资源提供科学依据。

此外,还有海洋气象学、生理学、生化遗传学、增殖资源学、生物统计学、卫星遥感学、地理信息系统等学科也都为渔业资源与渔场学的发展提供了手段和方法,丰富了其研究内容、研究手段和研究方法,共同促进着渔业资源与渔场学的向前发展。

第四节 我国渔业资源与渔场学的研究概况

我国渔业历史悠久。考古发现,距今5万多年前,现周口店的山顶洞人居住处,已有采食鱼、贝的记录。到了春秋战国时期,人们已广泛使用船只从事海洋捕捞,渔场也相应地向外扩展。公元前505年,吴越两国在海战时就有捕捞黄花鱼的记载,说明浙江沿海渔场,特别是黄花鱼渔场很早就被开发利用了。三国时代(220-280年)《临海水土异物志》中就有关于鱼类、贝类、虾蟹类和水母的形态、生活习性的记述。据考证,南海沿岸的渔民在唐朝时代(618-896年)就已开发了西沙群岛和南沙群岛海域的外海渔场。随着海洋渔业的发展,一些记述渔业资源的专著相继问世。如16世纪末《闽中还错疏》(1596年)记述了分布在福建沿海的鱼、贝、虾、蟹、棘皮动物和爬行动物等200余种水生动物的形态、生活习性和地理分布,是我国最早的水生动物区系志。明代后期(17世纪中叶),浙江沿海宁波、台州、温州一带的渔民已对大、小黄鱼的生活习性、洄游路线有了比较深入的了解,并利用其生长期发声的特性用竹筒探测鱼群,形成了大型的对拖网渔业。明李时珍记述:"石首鱼(大小黄鱼)每岁四月,来自海洋,绵亘数里,其鸣如雷,渔人以竹筒探水底,闻其声乃下网截流取之","鳓鱼出自东南海中,以四月至,渔人设网候之,听水有声,则鱼至矣"。18世纪中叶《官井洋讨鱼秘诀》(1743年)中记述了官井洋渔民寻找鱼群的方法。可见,古代以来我国在渔业资源开发和利用以及保护等方面有过一些辉煌,反映出我国沿海渔民通过长期的捕鱼实践积累了丰富的鱼类生态习性等方面的知识。

19世纪后期,西方特别是欧洲国家工业的发展,促进了渔业技术改造和渔业生产的发展,近代兴起的海洋、数理、生物和生态科学在渔业上的应用产生了一门新的应用科学——渔业资源学。当时我国受外敌侵扰,内战不止,渔业生产特别是渔业科学研究几乎停滞,直至1947年才建立我国第一个渔业科研机构,即中央水产研究所(中国水产科学院黄海水产研究所前身)。因此,新中国成立前尽管我国已经开发和利用近海的渔业资源,但是对渔业资源生物学以及渔场学的研究则没有系统性。1949年以前除了王贻观教授等少数学者开展了真鲷年龄观察等研究外,朱元鼎、伍献文、王以康等许多学者则主要从事鱼类形态与分类的基础研究工作,至于渔业资源生物学的大规模调查则处于空白状态。

新中国成立以后,针对当时我国渔业资源研究薄弱的状况,根据渔业生产发展的需要,国家有关部门和水产研究机构有组织地开展内陆水域和近海渔业资源调查工作。1953年,以朱树屏等为首的渔业资源专家首次系统地开展了烟台—威海附近海域鲐鱼渔场的综合调查,研究了鲐鱼生殖群体的年龄、生长、繁殖和摄食等生物学特性及其与环境因子的关系。随后,1962—1964年又进行了黄、东海鲐鱼渔场调查,开发了春汛烟威渔场和秋冬汛大沙外海的索饵、越冬渔场,发展了鲐鱼机轮围网、深海围网和灯诱围网渔业。

1957—1958年我国和苏联合作对东、黄海底层鱼类资源的越冬场的分布状况、集群规律和栖息条件进行了试捕与调查。这是我国首次在东、黄海开展的国际合作调查。调查明确地指出:小黄鱼和比目鱼类资源正面临过度捕捞的危险。

1959—1961年结合全国海洋普查,在渤海、黄海和东海近海进行了鱼类资源大面积试捕与调查和黄河口渔业综合调查,系统地获得了水文、水化学、浮游生物、底栖生物和鱼类资源的数量分布与生物学资料,并在此基础上绘制了渤、黄、东海各种经济鱼类的渔捞海图。对黄、渤海经济鱼虾类的主要产卵场、黄河口及其附近海域的生态环境、鱼卵、仔鱼和生物的数量分布进行全面调查,对繁殖保护和合理利用我国近海渔业资源具有十分重要的意义。

1964—1965年南海海洋水产研究所开展了"南海北部(海南岛以东)底拖网鱼类资源调查"。这是我国首次在南海水域系统地进行渔业资源生物学的调查,取得了大量丰富的资料,对南海水域的渔业生产和管理有着十分重要的意义。

1973—1976 年,对北自济州岛外海、南至钓鱼岛附近水域的东海大陆架海域进行调查,获得了东海外海水文、生物、地形、鱼虾类资源、渔场变动等大量资料,开发了东海南部的绿鳍马面鲀资源,为 20 世纪 70 年代初期我国灯光围网渔业和绿鳍马面鲀渔业的发展提供了重要依据。

1975—1978 年开展了闽南—台湾浅滩渔场调查,这是台湾海峡水域的综合渔业资源调查,第一次揭示了该海区的渔场海洋学特征与一些经济种类的渔业生物学特性,为区域渔业开发和保护提供了重要科学依据。

1978—1982 年先后在南海北部和东海大陆架外缘及大陆架斜坡水深在 120～1 000 m 的水域进行深海渔业资源调查,查清了我国大陆架斜坡水域的水深、底形、渔场环境,底层鱼虾类的种类组成、数量分布、群聚结构和可供开发利用的捕捞对象。在南海北部 300～350 m 水深的水域,发展了南海深水虾类渔业。

1980—1986 年在渤海、黄海、东海、南海及全国内陆水域进行了全国性的渔业资源调查和区划研究。它涉及海洋和内陆水域的水生生物资源、增养殖、捕捞、加工、经济、渔业机械等各个领域,并陆续出版了"全国渔业资源调查和区划丛书"(共 14 分册)。这一丛书不仅总结了建国 40 年来我国渔业生产、科研两条战线上两代人的劳动成果,且为进一步发展我国渔业生产和科研,持续利用水生生物资源提供了战略决策。

1981—1986 年和 1992 年先后在渤海和黄海进行了水域生态系统及资源管理和增殖基础调查,查明了渤海、黄海水域的生态环境和渔业资源状况、补充特性、种间关系、营养结构的季节和年间变化,综合评价了渤海渔业资源开发利用的潜力,为渤海、黄海渔业资源的管理、增殖和持续利用提供了科学依据。

1983—1987 年对东海北部毗邻海区绿鳍马面鲀等底层鱼类进行了调查与探捕,取得了绿鳍马面鲀种群数量分布、渔场环境及形成条件等基础资料,用面积和世代分析方法评估其资源量,为开发对马以东海域的绿鳍马面鲀资源提供了重要的依据。

1984—1993 年在黄海、东海进行的鳀鱼资源调查是首次采用先进的渔业资源声学评估系统完成的。多年调查结果表明:黄海、东海鳀鱼越冬群体资源量蕴藏量波动在 250～420 万 t 之间,为合理开发和利用鳀鱼资源提供了重要的依据。

1987—1989 年对闽南—台湾浅滩渔场上升流海区生态系进行了全面系统的调查研究,通过地质、地貌、水文、气象、水化学、海洋生物、渔业资源和渔业生物学等多学科的调查,取得了大量资料和多项研究成果,首次肯定了该海区为多处上升流存在的上升流渔场。

1996—2002 年,国务院批准"我国专属经济区和大陆架勘测"的国家专项,经过多个部门、43 个单位、3 500 余人近 7 年的共同努力,圆满地完成了专项勘测研究任务,取得了不少成果。首次对涵盖渤海、黄海、东海和南海我国专属经济区和大陆架的辽阔海域进行了海洋生物资源及环境调查,使用先进的声学评估系统对我国海洋生物资源进行了评估,有效声学探测航程 1.25×10^5 km,面积 2.016×10^6 km²,完成各海域 4 个季节的全水层、同步综合调查(生物 2 175 站次、环境 1 577 站次),较准确地评估了我国专属经济区和大陆架主要品种生物量,使我国的生物资源评估工作达到世界先进水平,出版专著 10 部(694 万字)、论文 143

篇、图集 12 册(图件 4 849 幅),是迄今为止我国海域内容最丰富、最全面的生物资源与栖息环境的科学资料和专业技术图件。该成果不仅发展了全水层生物资源评估技术和渔业环境质量综合评价技术,也从整体上推动了我国海洋生物与环境调查研究技术方法的进步,所取得的大量资料为我国专属经济区生物资源管理提供了重要的基础资料。这是我国有史以来规模最大的一次海洋资源综合调查。

总之,在近海渔业资源的生物学和种群动态规律的研究方面,我国先后对四大海区的主要经济鱼虾类如大黄鱼、小黄鱼、带鱼、蓝点马鲛、鲐鱼、黄海鲱鱼、绿鳍马面鲀、蓝圆鲹、远东拟沙丁鱼、鳀鱼、毛虾、对虾、鹰爪虾、海蜇、曼氏无针乌贼等种群的生物学特性、洄游分布和数量变动规律、渔情预报以及资源评估和管理等方面进行了系统的调查研究,促进了近海渔业生产的发展。

在远洋渔业资源调查和渔场开发方面,我国起步较晚,但发展迅速。资料采集和研究工作多数是与生产渔船结合进行的。1986 年南海水产研究所派出 2 艘调查船到西南太平洋贝劳水域进行了金枪鱼资源调查。1988—1989 年东海水产研究所所属的"东方"号资源调查船应几内亚比绍共和国的邀请,到西非水域进行了资源与渔场环境调查。1989 年上海海洋大学(原上海水产学院)"蒲苓"号赴日本海俄罗斯管辖水域,进行太平洋褶柔鱼的渔场与资源探捕调查工作,并取得了成功,从而拉开了我国远洋鱿钓渔业的序幕。1993 年黄海水产研究所"北斗"号调查船赴白令海和鄂霍次克海进行了狭鳕资源评估及渔场环境调查。1993—1995 年上海海洋大学与舟山海洋渔业公司、上海海洋渔业公司、烟台海洋渔业公司、宁波海洋渔业公司等联合,先后派出了 10 多船次在西北太平洋海域进行柔鱼资源以及渔场环境调查,并取得了成功,为我国远洋鱿钓渔业的迅速发展提供了保障。1996—2001 年间,在国家渔业主管部门的统一领导下,上海海洋大学每年派遣 2 ~ 4 名科研人员参加北太平洋海域柔鱼资源调查与渔场探捕工作,每年向东部拓展 5 个经度,到 2000 年在北太平洋的鱿钓作业渔场已经拓展到 170°W 海域。期间,上海海洋大学还与舟山海洋渔业公司、上海海洋渔业公司等联合,开展了西南大西洋阿根廷滑柔鱼、秘鲁外海茎柔鱼、新西兰双柔鱼等渔场开发和资源调查工作,为我国远洋鱿钓渔业实现全年性的生产提供了保障。随着近海渔业资源的衰退以及周边渔业划界的影响,国家积极将发展远洋渔业作为今后的重点。2001 年至今,农业部每年组织渔业企业和科研单位,联合开展农业部"公海渔业资源探捕"项目,以渔业企业的生产船为科研平台,高校和研究机构为技术依托,对大洋性鱿鱼、金枪鱼、深海底层鱼类、秋刀鱼和南极磷虾等资源进行了探捕调查,对其资源渔场分布、栖息环境等有了初步了解,为我国远洋渔业的可持续发展提供了基础。例如,2001—2002 年上海海洋大学与中国水产总公司、上海海洋渔业公司合作,首次对东南太平洋海域智利竹筴鱼和东南大西洋外海大西洋竹筴鱼进行资源探捕与渔场环境调查,为我国大型中层拖网寻找后备渔场。

在渔业资源与渔场学著作方面,1956 年国家教育部审定和编制了《水产资源教学大纲》,成为高等院校水产养殖专业的课程。1960 年根据国内近海渔业资源调查的需要,最早由黄海水产研究所编译的《海洋水产资源调查手册》,为我国渔业资源学科的发展奠定了扎实的基础。1962 年我国著名水产资源学家、留日学者王贻观教授主编的《水产资源学》出版,并成为高等水产院校海水养殖、工业捕鱼专业的教材。该教材较为系统地介绍了种群、鱼类年龄和生长、鱼类食饵、繁殖、洄游、鱼群侦察、渔场、资源量预报以及我国渔业资源的概况,成为我国水产资源学学科发展中具有极为重要意义的里程碑。其后,根据学科的发展,上海海洋大学(原上海水产学院)渔业资源教研室编写了内部使用教材《渔业资源与渔场学》。福建水产学校于 1983 年主编出版了《渔业资源与渔场》。台湾学者郑利荣于 1986 年出版了《海洋渔场学》。1990 年我国著名水产资源专家费鸿年、张诗全著写了《水产资源学》,系统介绍了水产资源学学科产生、发展及其定义、内涵、体系、方法与问题,内容翔实,是较为系统和全面的一本专著。著名水产资源学专家邓景耀、赵传细等于 1991 年编著了《海洋渔业生物学》,该书在概略地系统介绍我国海洋渔业的基本情况、渔业生物学研究的基本原理和方法之后,系统地总结了新中国成立以来我国海洋渔业十余种主要捕捞对象的渔业生物学研究成果,是我国渔业生物学研究领域难得的力作。为了适应高等教育的需要,1995年国家有关部门组织有关专家编写高等院校的农业系列教材,1995 年胡杰主编出版了《渔场学》。1996 年上海海洋大学经过多次修改和补充,编写了《渔业资源生物学》讲义。陈大刚教授于 1998 年主编出版了《渔业资源生物学》,这是一本较为系统的渔业生物学教材。2001 年邓景耀、叶昌臣编著出版了《渔业资源学》。2004 年,上海海洋大学陈新军教授组织有关兄弟院校,编写了《渔业资源与渔场学》,增加了有关新的内容和最新研究进展。

此外,我国水产界科技工作者根据几十年来渔业资源与渔场学等方面的研究成果,先后编撰《黄渤海鱼类调查报告》、《渤海、黄海、东海渔捞海图》、《东海、黄海鲐参鱼渔捞海图》、《北部湾渔捞海图》、《东海鱼类志》、《南海鱼类志》、《南海诸岛鱼类志》、《中国海洋渔业区域》、《中国海洋渔业资源》、《中国海洋渔业环境》等。进入 21 世纪,国内一些系统性的渔业资源专著陆续出版,主要有《我国专属经济区和大陆架勘测专项综合报告》(126 专项综合报告编写组,2002)、《东海大陆架生物资源与环境》(郑元甲等,2003)、《东海区渔业资源及其可持续利用》(张秋华等,2006)、《世界金枪鱼渔业渔获物物种原色图鉴》(戴小杰等,2007)、《东海区渔业资源及其可持续利用》(张秋华等,2007)、《常见经济头足类彩色图鉴》(陈新军,刘必林,2009)、《中国渔业种质资源保护与利用》(严正凛,2009)、《世界头足类》(陈新军等,2009)、《北太平洋柔鱼渔业生物学》(陈新军等,2011)、《南海北部近海渔业资源及其生态系统水平管理策略》(贾晓平等,2012)、《中国区域海洋学——渔业海洋学》(唐启升,2012)、《中国区域海洋学——生物海洋学》(孙松,2012)、《中国近海重要经济头足类资源与渔业》(陈新军等,2013)。

第五节　国外渔业资源与渔场学的研究概况

一、渔业资源生物学方面

虽然人类在公元前就有一些水生动、植物的形态和生活习性的记载,但渔业资源生物学的历史仅可追溯到 1566 年。由于显微镜的问世,Robert Hooke 用它观察鱼类鳞片的结构,并在此后很长的时间里,鱼类鳞片鉴别一直是本学科萌芽时期研究的中心课题。1685 年 Leeuven Hook 则根据鳞片轮痕来鉴定年龄,但直到 1898 年,Hoff Bauex 依据鲤鱼鳞片轮纹提出了新的鉴定法,从而使鱼类年龄的理论得以确认。到 20 世纪初,人们用鳞片上年轮间距与鱼体生长的关系,来鉴别年龄、测算生长,这是"年龄与生长学"的基本内容。之后 Knut Dahl 对大西洋鲑鱼、Charles Gilbert 对太平洋鲑、Johan Hjort 等对鲱鱼、Thomson T S 对鳕鱼的年龄生长都做过分析。与此同时,年龄鉴定的理论与方法也扩大到利用脊椎骨、鳍条、鳍棘、鳃盖骨、耳石等鱼体坚硬部分,并证明它们同样可以用来鉴定温带鱼类的年龄。由于研究手段和科学技术的日益进步,年龄的鉴定已经发展到可以通过逐日跟踪耳石生长,即"日轮"的方法,通过观察这些轮纹的分布,可帮助人们分析鱼类早期发育过程的周日与季节生长的规律。

在上述基础上,逐步发展成为对种群的年龄结构、生长特性、初次性成熟年龄与补充群体等方面的研究,同时随着实验生态学的发展与进步,人们从研究自然种群的生长转为环境因子对生长变异的影响,诸如饵料丰歉、物理与化学因子的作用等研究。

20 世纪 30 年代以后,随着"资源保护运动"的开展以及生理学、生物能量学和环境科学等的交叉渗透,渔业资源生物学得到了迅速发展。特别是营养生理、摄食生态学的进步与发展,使鱼类饵料研究摆脱繁琐的饵料种类的定性、定量分析。其中"最适饵料"、"小生境选择"则是富有发展潜力的两个分支。前者扩展了生物能量学的内涵,对解决能量在摄食过程及整个生命代谢中的作用和关系进行新的认识;后者主要以种间竞争或种内不同个体间的相互关系为基础,将帮助人们解决鱼类现存空间的分布形式及生存潜力,具有广阔的发展空间。

在鱼类繁殖方面,种群动力学是阐述群体与其补充量的理论,主要侧重于补充量密度制约理论以及补充密度制约对不同年龄组成的世代丰度影响。这一理论本身虽不难理解,但至今仍在探索之中。其主要原因是人类尚未搞清楚非生物学因子对繁殖与补充量所产生的巨大作用。以至于部分专家和学者认为"以前我们认为非生物因子对种群年变化的影响占50%,但现在我们认为它已达到 90%"。有大量事实和文章阐述了非生物因子对渔业资源变动所产生的巨大影响,这表明了我们过去对环境作用的认识是何等的不足。

同样,我们对鱼类繁殖力的研究方法也存在问题,现在还多沿用 20 世纪初源于北欧一些国家的研究方法,即在一个生殖季节中测定某些经济鱼种生殖群体的繁殖力,尽管这在过去一段时期中帮助人们了解鱼类个体繁殖力是有一定意义的,然而古典繁殖力的测定方法和所获得的效果并不令人满意。因为鱼类的产卵量大小(特别是浮性鱼卵或暖水性分批产卵鱼种),未能给补充量的估算提供可靠的信息。鱼类繁殖力与下一世代个体存活量之间之所以产生这样大的"差错",其主要原因是非生物因子如温度及水文状况等引起的。此外,我们对鱼类卵子发育的认识和研究也不够深入,这里所指卵子发育是卵黄积累、染色体减数分裂、蛋白质合成以及激素调节等。所有迹象表明,卵巢发育期受外界及内部的影响比生命史中其他任何阶段都敏感。从某种意义上说,补充量的发生并不起始于幼体阶段而是始于卵巢的发育期。总之,鱼类繁殖的研究,过去侧重于传统的繁殖力测定,现在则偏重于鱼类繁殖过程的研究。它要求我们必须涉猎更广泛的学科,特别是内分泌、生物化学以及遗传学,才能克服鱼类繁殖这一难关。

二、渔场学方面

世界海洋渔场的开发以北欧为最早。8—14 世纪,人们开始捕捞海豹和鲸鱼类,而后发展了延绳钓渔业,之后又开发了北大西洋鳕鱼渔场。1688 年前后,英国用帆船桁拖网开发了北海底层鱼类资源。1819 年前后,先后开发了北太平洋、日本近海和日本海的鲸鱼类渔场。1839—1843 年英国率先开拓了南极海域的鲸鱼渔场。日本是开拓远洋金枪鱼渔场的先驱,20 世纪 30—50 年代,先后开发了三大洋的金枪鱼渔场。与此同时,一些渔业发达国家和地区相继开发和利用世界三大洋的海洋渔场,通过国际间和区域间的合作,开展海洋渔场和渔业资源的调查等工作。

100 多年来,随着科学技术的进步和渔业生产的发展,深入了解渔业资源生物的数量变动以及这些生物在海洋中的分布状态和行动规律,已成为渔业发展过程中和渔业资源科学管理所必须解决的基础性问题。而海洋环境的变动与上述问题密切相关。1892 年日本学者松原新之助等汇编了《水产考察调查报告》,该书汇集了当时渔业生产者对渔场和渔业生物学方面的知识,是一部极其珍贵的古典文献,是日本海洋渔场学研究的经典著作。19 世纪中叶,北欧渔业极为发达,人们也开始关心海洋渔业资源和渔场的调查研究。1901 年成立了国际海洋考察理事会(ICES)。此后,渔业资源和渔场的调查工作迅速得到展开,同时也取得了一些显著成果。1906 年那塔松(Nathansohn A)经过对大量渔业生产资料及其实践的研究后,首先提出"上升流水域,一般生产力高,因而形成优良渔场"的论断,简称为"上升流渔场法则"。与此同时,日本学者北原多作等也开展了渔业资源的基本调查,于 1910 年与冈村金太合著编写了《水理生物学要摘》,阐明了水族的消长与海洋理化因子的关系。1918 年北原多作提出了"鱼群在潮目处集群"的法则,简称为"北原渔况法则"。在欧美,许多学者如Hjort(1926)、Pettersson(1926)、Graham(1956)、Walford(1958)等相继发表了论文,在他们的著作中都涉及渔业资源、渔场等方面的研究成果,但是没有进行系统的论述和研究。

1960 年,日本学者宇田道隆以其长期在海洋渔业资源和渔场方面的研究成果为基础,汇集各方面的知识和理论,出版了《海洋渔场学》一书,该书在世界上第一次系统地阐述了渔场学的基本原理和研究内容,为渔场学学科体系的建立奠定了基础。1961 年 Laevastu 和 Hela出版了《Fisheries Hydrography》,1970 年又进行了补充和完善,并改名为《Fisheries Oceanography: new ocean environmental services》;1979 年 William E. Hubert, Taivo Laevastu 和 PaulWolff 主编出版了《A general overview of fisheries oceanography and meteorology》;1982 年 Laevastu,Hayes 和 Murry 合著了《Fisheries Oceanography and Ecology》;2000 年 Paul J. Harrison 和Timothy R. Parsons 编著了《Fisheries Oceanography: an integrative approach to fisheries ecologyand management》;Paul J. Harrison 和 Timothy R. Parsons 于 2011 年主编出版了《FisheriesOceanography》。这些著作的出版和发表对渔场学的进一步发展和研究都做出了较大的贡献。

联合国粮农组织(FAO)专门对渔业遥感、渔情预报等方面进行了专题研究,并出版了相关技术报告和专著,如由 Yamanaka 和 Ito 等(1988)编著《The fisheries forecasting system in Japan for coastal pelagic fish》(FAO Fisheries Technical Paper 301),《The application of remote sensing technology to marine fisheries: an introductory manual》(FAO Fisheries Technical Paper T295,1988),《Geographical information systems—Applications to marine fisheries》(FAO Fisheries Technical Paper T356,1996),《Empirical investigation on the relationship between climate and small pelagic global regimes and El Nino-southern oscillation》(ENSO)(FAO Fisheries Circular C934,1997),《Climate change and long-term fluctuations of commercial catches: the possibility of forecasting》(FAO Fisheries Technical Paper T410,2001),《Future climate change and regional fisheries: a collaborative analysis》(FAO Fisheries Technical Paper T452,2003),《Review of the state of world marine fishery resources》(FAO Fisheries and Aquaculture Technical Paper T569, 2011),《Advances in geographic information systems and remote sensing for fisheries and aquaculture(Summary version)》(FAO Fisheries and Aquaculture Technical Paper T552,2013)等,对渔情预报、气候变化与渔业资源变动关系,海洋遥感和地理信息系统在海洋渔业中的应用以及海洋渔业资源开发状况进行了专题报道,促进了渔业资源与渔场学的不断发展。

第六节　渔业资源与渔场学研究的重要意义

渔业资源种类繁多,主要有鱼类、甲壳类(虾、蟹)、软体动物、藻类和哺乳类(鲸、海豚),其中鱼类就有 2 万余种,但主要的捕捞对象只有 130 余种,鱼类居多数。单种产量较高的有秘鲁鳀鱼、远东拟沙丁鱼、太平洋和大西洋鲱鱼、狭鳕、毛鳞鱼等。长期以来,人类在不断地开发各种渔业资源,从海洋中取得大量价廉味美的动物蛋白质。近年来,世界海洋捕捞的年总渔获量的增长速度下降,1990 年全球海洋捕捞量第一次出现下降,比 1989 年减少3%,分布在大陆架海区的许多传统捕捞对象已经相继处于资源衰竭状态。自 2000 年以来,世界海洋捕捞业总产量稳定在 $7\,800 \sim 8\,000 \times 10^4$ t。根据 FAO 测算,不包括头足类资源且传统渔业资源得到合理的管理,世界海洋捕捞产量的潜力最大可达 1×10^8 t。

20 世纪 60 年代末,许多渔业国家相继确立了 200 海里专属经济区,1982 年又通过了《联合国海洋法公约》,促使沿海国家加强了其管辖区域内渔业资源的保护和管理,极力限制他国渔船在专属经济区内的捕捞活动。一些渔业大国的远洋渔业也因此面临着严重威胁,加之深海渔业因受捕捞技术等的限制,开发前景并不理想。因此,加强渔业资源的保护,增加和合理利用近海渔业资源引起了越来越多的国家和科学家的普遍重视。海洋渔业的发展已经由掠夺式的捕捞即开发型转向保护、增殖和合理利用即管理型的新时期。

渔业资源除供人类食用外,还用做经济动物饲料、工业和医药原料,经济价值很高。渔业资源具有更新、再生、共享、移动和对水域环境的变化极为敏感的特性。因此,它们的数量变动与人为捕捞和环境条件的变化密切相关,这样为渔业资源数量的评估和监测以及渔场分析和预报增加了难度,同时为制定有效的资源管理条例和措施带来了许多困难。资源数量波动是决定渔业生产不稳定的重要因素。

在世界渔业发展的不同阶段,渔业资源与渔场学的研究都发挥了极其重要的作用。当一种渔业资源处于初期开发阶段时,渔业种群生物学研究的目的侧重于探索种群洄游分布和数量变动的规律及其与外界环境之间的关系,世代数量与渔获量之间的关系,种群的持续产量与捕捞力量之间的关系,并据此进行资源评估,预测渔业发展的规模,常规地发布渔场、渔期和渔获量预报。同时,还应当从生物学的角度对渔业种群的组成和结构、种群动态进行监测性调查以防止过度开发。

当一种渔业处于充分甚至过度开发阶段时,渔业生物学研究将更加重视捕捞对资源的影响和亲体与补充量相关关系的研究,并为渔业资源的管理或者合理利用提供依据。

当一种渔业处在管理阶段时,制定渔业资源管理措施的主要目标是有效地控制捕捞死亡或捕捞力量以持续获得稳定的产量和保持足够的资源量。而种群的生长、死亡、补充特性等渔业生物学的研究正是为资源的评估提供必要的参数,根据种群资源动态确定最适捕捞死亡和捕捞定额而实施的渔业资源管理,可以使渔业最大限度地适应资源的变化,真正达到合理利用渔业资源的目的。现代渔业管理正在向更加细致、具体、定量、多样性和复杂化的方向发展,而这一切都要求渔业资源生物学的研究更加深入和广泛。

在追求可持续发展的今天,要确保渔业资源的可持续利用,必须妥善解决好上述问题,首先应该查明渔业资源的生物学特性以及它们与栖息环境的有机联系,进而获得控制和改造这些生物资源所遵循的生物学规律,以便为人类合理开发和利用渔业资源提供服务和基础,营造海洋渔场环境。随着科学技术的不断发展和人类对水产品蛋白质需求的进一步增加,人类也正在从单纯捕捞业向增养殖业与捕捞业协调发展的方向转变,因此渔业资源与渔场学的研究也显得越来越重要。

思考题

1. 渔业资源、渔场的基本概念。
2. 渔业资源与渔场学的概念及其研究内容。
3. 国内外渔业资源与渔场学的研究概况。
4. 研究渔业资源与渔场学的重要意义。
5. 查阅联合国粮农组织(FAO)有关世界渔业资源的专题报告。

第二章　渔业基础生物学

第一节　鱼类种群及其研究方法

一、研究种群的重要意义

种群是物种存在、生物遗传、进化、种间关系的基本单元,是生物群落和生态系的基本结构单元,同时也是渔业资源开发利用和管理的具体对象,因此,研究种群不仅在理论上有十分重要的意义,而且在生产实践中也具有十分重要的作用。在渔业上种群鉴定是研究鱼类种群数量变动和生活习性的基础,只有在了解鱼类种群结构的基础上,才能对鱼类资源的合理利用和管理措施提供科学依据。

每一个种群都处在某一区域生物群落的特定生态位中,同时,每个种群又有着各自固有的代谢、繁殖、洄游、生长、死亡等特征,所以对种群的研究有助于阐明物种之间相互关系及生态系统的能量转化和物质循环。从演化的观点来看,种群是物种的基因库,物种形成或新种诞生以及物种多样性的发展,都是物种基因库内的基因流受到某种隔离机制破坏时发生的,因此种群对研究演化机制和过程以及物种形成等有重要意义。在群体生态学研究中,种群数量变动规律是其中心内容。从种群生态学的观点来研究渔业资源的合理利用与保护,可认为是现代生态学最重要的研究内容之一。在人类生产实践中,渔业资源被过度开发利用或栖息地被破坏的现象普遍存在,并已危及到资源的利用及其可持续性,因此为了可持续开发和利用渔业资源,研究如何应用种群数量变动理论以指导渔业资源的开发和养护,具有十分重要的现实意义。

二、种群的形成和基本概念

(一)种群的形成的一些理论见解

种群(Population)一词最早源于拉丁文"populus"。种群是物种的基本结构单元,作为繁殖群体的物种是由个体综合组成的,即物种是个体的综合。但是种内的个体并不是散沙般地存在着,而是分别以种群形式存在的。这些种群是不连续分布的,因为每一种都有一定的生活习性、一定的居住场所。但在物种的整个分布区域内,它可能的生存场所是和不能生存的场所或区域相互交替着的。所以在自然情况下,物种由于要求有一定的生活条件,形成为不连续的种群形式而存在,可是在不连续的种群之间,可以通过迁移杂交而相互交流,组成为统一的繁殖群体。

生物进化过程的基本方式之一是分化式的进化,由于种群的间隔分化,可能形成亚种,由亚种连续分化,可能形成新种。所以物种的形成就是从一个统一的繁殖体发展为新的、间隔的繁殖体。隔离机制的作用造成种群分化,一般隔离机制表现在地理、生态、生殖、季节、性心理等方面。

(1)地理隔离。将多个群体不论是在一个连续生存的地域内,或是被分布的空隙所分开,都是存在于不同的区域中,即使它们的空间分布不重叠,彼此间不能相互交配。

(2)生态隔离。群体生存在同一地域内而各受不同的生存条件,久而久之,各自积累了不同的遗传性,以适应不同的生境。

(3)生殖隔离。群体间性生理造成差别,使它们之间的繁殖交流受到限制或抑制。

(4)季节隔离。即交配或成长的时期发生在不同季节。

(5)性的心理隔离。不同物种性别间的相互吸引力微弱或缺乏,或者生殖器在体质上的不相符合。

(二)种群的基本概念

在描述和研究渔业资源数量变动的研究中,我们首先应该确定数量变动的基本单位。在渔业资源研究的初期,Heincke(1898)将这一基本单位定为"种族"(Race),也有少数人用"族"(Tribe);后来随着生态学内容的引入和影响,许多渔业资源学家都赞成用"种群"作为研究的基本单位。

众所周知,动物在自然界中的分布并不是均匀的,而是分散在一些地域中生活,具有明显的区域性。这种在一定环境空间内、同种生物个体的集群便逐渐形成了种群。不同的学者对种群有着不同的描述和理解,主要有以下几种。

(1)恩斯特·迈尔(Mayr E,1970)指出:在现代分类学种群遗传学的影响下,一个正在生物学中流行的用法,把"种群"一词限制在指局部的种群,一个规定地区内具有可能交配的个体群,一个局部种群内所有个体组成的一个基因库。这样一个种群可以定为一群个体,其中任何两个有相等机会交配而繁衍后代。当然它们是性成熟的、异性的,而且对性选择是相同的。

(2)尤金 P. 奥德姆(Odum E P,1971)认为:"种群系指一群在同一地区、同一物种的集合体,或者其他能交换遗传信息的个体集合体。它具有许多特征,其中最好用统计函数表示,是集体特有而不是其中个体的特性。这些特征是密度、出生率、死亡率、年龄组成、生物潜能、分布和生长型等。种群又具遗传特征,特别与生态有关的,即适应性、生殖适应和持续性如长期遗留后代的能力。"

(3)登泼斯特(Dempster J P,1975)认为:"一个种群是一群同物种的个体,具多少明晰地在时间和空间及其他同物种的群体分开。所有物种都是不均匀分布的,种群的形成在一定程度上是由于不能生存的地域所造成的。动物种群总是很少形成截然分立的单位,因为个体仍可以从一个种群到另一个种群。一个种群可以当做一个单位,其特征如出生率、死亡率、年龄组成、遗传特质、密度和分布等是可以确定的。"

(4)威尔逊(Wilson E O,1975)则认定:"种群指一群生物属于同一物种,在同一时间和居住在同一局限的地区。这个单位有着遗传上的稳定性。在有性生殖的生物中,种群是一群被地理上局限的个体,在自然情况下,能彼此自由交配、繁殖。"

(5)埃姆尔(Emmei T C,1976)提出:"一个种群是由一群遗传相似而具一定时间和空间结构的个体所组成的。"

(6)索思沃思和赫希(Southworth D,Hursh F M,1979)则指出:"种群是一群同物种的生物个体、生活得能够接近而形成一个杂交繁殖的单位。"

(7)我国一些学者也对种群作了定义,如陈世骧(1978)认为"每一物种都有一定的生活习性,要求一定的居住场所,每一物种又占有一定的分布区域,但是在它的区域内,有可能生存的场所,又有不能生存的场所,彼此相互交替着的。因此,每一物种都有一定的空间结构,在其分散的、不连续的居住场所或地点,形成大大小小的群体单元,称为居群。"居群也就是我们所说的种群。

方宗熙(1975)在《生物的进化》中也提到物种、种群和群落,并给种群下了一个简单的定义:"种群是由同一物种的若干个体组成的,种群是生活在同一地点、属于同一物种的一群个体,个体跟种群的关系好比树木跟森林的关系那样。"

此外,在遗传学上,种群被认为是地理上分离的一组组群体,有时称"种族"(Race)。它可定义为同一物种内遗传上有区别的群体。种群的划分对认识地理群体在遗传上有某种程度的分化很有意义,因为它是对局部条件的适应和演变的结果。

综上所述,种群是渔业生物学、水域生物群落组成、种间关系、生态系统研究的基本单元。种群的各个特征,并不是种群各个个体的特征,而是各个个体特征的集合。因此我们可以将种群定义为:"特定时间内占据特定空间的同种有机体的集合群"。换句话说,种群是一个在种的分布区内,有一群或若干群体中的个体,其形态特征相似,生理、生态特征相同,特别是具有共同的繁殖习性,即相同遗传属性——同一基因库的种内个体群。如终年生活在黄海的太平洋鲱鱼可称为黄海种群;生活在渤海和黄海西部的对虾可称为渤海 – 黄海西部种群等。由于地理分布、环境条件和种之间的生活史各不相同,种群具有一定的特征。一般来说,有以下三个主要特征。

(1)空间特征。种群都有一定的分布范围,在该范围内有适宜的种群生存条件。其分布中心通常条件最适宜,而边缘地区则波动较大,边界往往又是模糊的,时有交叉。

(2)数量特征。种群的数量随时间而变动,有自己固有的数量变化规律。密度和大小常常变动,幅度甚至很大。但应有一个基本范围,有较为确定的上、下限,进而形成自己相应的出生率、补充率、生长率和死亡率等生活史。

(3)遗传特征。种群有一定的遗传性,即一定的基因组成,同属于一个基因库。由此不难看出,种群是一个相比较而区别、相鉴别而存在的物种实体。也正由于它是物种的真实存在,所以在分类学上它是种下分类的阶元;正因为种群有自己固有的结构特征和数量动态特点,因而也成为生态学和资源学上研究的基本单元。更是由于种群都有自己的遗传属性,所以它又是种群遗传学(population genetics)研究的基本单位。一方面个体之间能够交换遗传因子,促进种群的繁荣,另一方面种群之间保持形态、生理和生态特征上的差异。

（三）种族、亚种群与群体的含义

国内外学者曾经做过大量的种群、种族的鉴定工作，并为渔业资源管理和生产活动提供了科学依据。19 世纪 80 年代以来，人们在理论研究和实践的基础上，认为将种族、族或种群作为渔业资源的基本单位，对于有的渔业资源来说还是太大，因而选用亚种群或称种下群（Sub population）、群体（Stock）这一实体。群体和亚种群作为研究数量变动的基本单位可能更为合适。19 世纪末以来，鱼类学家、渔业资源学家和生态学家都十分重视开展种族、种群、群体的研究，但遗憾的是，关于它们的定义至今还没有一个公认的说法。

1. 种族

种族首次出现在 Heincke（1898）"北海大西洋种群鉴别的研究"中，以后也常常出现在渔业生物学的文献中。Heincke（l898）通过对北欧大西洋鲱生活史的系统研究，认为该水域的鲱存在两个种族，即春汛鲱和秋汛鲱。在研究具体事例的基础上，他将种族的定义归纳为"在同一或极相似条件的水域及海底的、多多少少接近的产卵场所，在同一时期产卵，之后离去，并在翌年同时期，又以同样的成熟度回来"的鱼类群体。他认为种族的各种形态特征和生态习性具有固定的遗传性，这样反过来，也可通过测定形态特征来鉴定种族。

Ebroabaum（1928）对上述的种族定义又加以补充并指出："在一定的环境条件下产卵孵化的稚鱼群，每年在同一季节同一海区长大，而获得同一时期的特征，并能保持形态特征的共同性，对这样的鱼群称为同一种族。"

Liassaes（1934）在研究分布在东北大西洋鲱时，将种族和地方型（Local form）加以区别。他认为种族为亚种"栖息于有限的水域，包含着同一时期产卵的若干地方型"。他所定义的地方型与 Heincke 定义的种族完全一样。

种群与种族通常两者混用，如将大黄鱼岱衢洋地理种群称为岱衢族，渤海、黄海的小黄鱼种群称之为渤海、黄海地理族。种群与种族的鉴别方法和手段大同小异，可以通用。种群在生态学和渔业生物学范畴内较种族具有更广泛的内涵，因此后者已逐步被前者所替代。

2. 亚种群或种下群

自 Clark 和 Mayr（1955）使用"亚种群"之后，国内外对群体和亚种群的概念及其研究十分重视。1980 年，在"群体概念国际专题讨论会"上重点阐明群体概念及其鉴别方法，而且论述了地方种群的遗传离散性取决于基因流动、突变、自然选择和遗传漂移的相互作用，以实例说明由于基因流动受到地理、生态、行为和遗传的限制，使鱼种或多或少地分化为地方种群，又再分为群体（亚种群或种下群）的鱼种分化论点。

我国学者徐恭昭（1983）亦对种下群作如下解释："任何一种鱼，在物种分布区内并非均匀分布着，而是形成几个多少隔离并具有相对独立的群体，这种群体是鱼类生存和活动的单位，也是我们渔业上开发利用鱼类资源的单位，它在鱼类生态学和渔业资源学中被称为种下群"。种下群内部可以充分杂交，从而与邻近地区（或空间）的种下群在形态、生态特性上彼此存在一定差异。各个种下群具有其独立的洄游分布系统，并在一定的水域中进行产卵、索饵、越冬洄游。各种下群间或者在地理上彼此形成生殖隔离，或者在同一地理区域内由于生殖季节的不同而形成生殖隔离。仅仅从上面的描述，通常仍难看出种群与亚种群的实质区别,最终的判断往往求助于统计学分析,方可得出明晰结论。

3. 群体

在渔业生物学中更加普遍使用的是群体这个概念或术语。关于群体的定义说法不一。Gulland(1969)指出"能够满足一个渔业管理模式的那部分鱼,可定义为一个群体"。Larkin(1972)认为共有同一基因库的群体,有理由把它考虑为一个可以管理的独立系统。他把重点放在群体作为生产或管理单位,强调鱼类群体是渔业管理的单位。Ricker(1975)认为"群体是种群之下的一个研究单位"。Ihssen(1977)把重点放在遗传的离散性方面,并认为群体具有空间和时间的完整性,是可以随机交配的种类个体群。Gulland(1975)也认为"群体就是一些学者所说的亚种群"。Gulland(1980,1983)还从渔业生产和科学研究需要出发,认为划分单位群体往往带有主观性,主要是为了便于分析或政策的制定,并随目的不同而变化。日本学者川崎(1982)认为:"重要的是以固有的个体数量变动形式为标准,通过对生活史的全面分析探讨确定鱼类群体"。我国学者张其永、蔡泽平(1983)认为:"鱼类群体是由随机交配的个体群组成,具有时间或空间的生殖隔离,在遗传离散性上保持着个体群的形态、生理和生态性状的相对隐定,也可作为渔业资源管理的基本单元"。

从上述诸多学者对群体所下的定义来看,他们的认识并不完全一致,但当前多数学者倾向于群体与亚种群是等同的概念,不过它更强调渔业生产与渔业资源管理需求而定义的一个渔业资源研究单位,是在渔业资源评估、管理问题研究和实践中形成的。综上所述,我们将群体定义为:"鱼类群体是由可充分随机交配的个体群所组成,具有时间或空间的生殖隔离以及独立的洄游系统,在遗传离散性上保持着个体群的生态、形态、生理性状的相对稳定,是渔业资源评估和管理的基本单元"。

(四)种群与种族、群体的区别

我们认为资源单位——种族、种群、群体或亚种群是物种存在的具体形式。在种下分类的水平中,种族和种群属于同一水平,而群体和亚种群属于同一水平。这一水平比种族和种群低一级。也就是说:一个种族即为一个种群;一个群体也等同于一个亚种群,但一个种群(或种族)可以由一个或多个群体(或亚种群)所组成。

严格地说,种族在分类学上,是种或亚种以下的一个分类单位,偏重于遗传性状差异的比较。而种群是在生态学上方面,是有机体与群落之间的一个基本层次。群体则偏重于渔业管理的单元,即能够满足一个渔业管理模式的那部分鱼,是在渔业资源评估、渔业管理研究和实践中形成的,受到开发利用和管理的影响。我们认为,种群是客观的生物学单元,群体是渔业管理单元。两者关系密切,但并不存在从属关系。如某一生殖群体,它可能是种群之下的一个生物学繁殖单位。而对某一捕捞群体开发利用和管理中的"群体"可能是种群之下的一个群体,也可能是一个种群,甚至是几个种群的集合。

实际上,我们很难找到如严格定义的群体、亚种群(种下群)和单位群体(Unit Stock),特别是对于那些广泛分布、数量大的鱼类以及作长距离游动的大洋性鱼类。因此,Cushing(1968,1981)对渔业资源群体作了比较宽泛的解释,他认为,理想的群体具有单一产卵场,而成鱼每年返回产卵。由于产卵场保持在一个或几个海流系统中,因而又保持一定的地理位置。通常在海洋捕捞作业中,其渔获物几乎都是单一特定的单位群体,但不是所有鱼类都是这样的,如关于如何确定太平洋鲑的群体问题,曾引起广泛关注。这种鱼可能回到其他河流进行产卵,可能造成群体或种族遗传分离。因此,对这些不同群体需要采用不同捕捞对策,以达到获得最佳产量是有重大实际意义的。

在划分单位群体时,既要考虑生态、生理、形态和遗传异质性,又要辩证地考虑渔业管理等实际需要,从而确定出适当的单位群体。单位群体选得过大,会忽略一个单位群体中所存在的重要差别;选得过小,会使其与其他单位群体的相互关系变得突出,增加分析时的复杂性。研究中不要被一些表面现象所蒙蔽,比如有时虽然没有发现群体间的遗传性差异,但有可能存在不同的群体;或者即使发现存在遗传性差异,也有可能是群体内部的异质性所致。

三、种群结构及其变化规律

种群结构是指鱼类种群内部各年龄组和各体长组的数量和生物量的比例,种群中性成熟鱼群数量的比例,高龄鱼与同种群中其余部分的比例,整个种群或是各年龄组成或是种体长组中雌雄性别数量的比例。或者说是一个世代(或整个种群)形态异质性的状况。就渔业资源生物学而言,描述种群基本结构的主要特征为年龄组成、性别组成、长度组成(长度、重量)和性成熟组成4个变量。

不同鱼种、不同种群,其群体结构不同。同时,种群结构也具有明显的稳定性。但由于种群是生活在不断变化的环境之中,所以种群结构与种群的其他属性一样,在一定限度内不断地变动着,以便适应于生活环境变化。

(一)年龄结构及其变化

1. 年龄结构概念及其内涵

一个种群包括着各个不同年龄的个体,从而构成种群的年龄结构。年龄结构是指鱼类种群的最大年龄、平均年龄以及各年龄级个体的百分比组成,是种群的重要特征。

(1)各种鱼的最大年龄和平均年龄。鱼类寿命极不相同。某些鰕虎鱼只能生活几个月,而一些鲟鱼可生活上百年。经济鱼类的寿命多在2龄至几十龄间。根据北半球中纬度177个鱼种的最大长度和104个鱼种最大年龄的资料分析,其鱼类的年龄、长度有如下规律:鱼类在5—15龄、长度在30~50 cm的鱼种数量最多。赤道水域的鱼类,平均寿命要低一些。寿命最长而个体又是最大的鱼类,一般多属短期内剧烈捕食的大型凶猛鱼类。以底栖生物食性的鱼类,部分草食性和肉食性鱼类基本上属于个体中等(大于1 m或稍大些),年龄为30龄左右。短生命周期的小型鱼类中,浮游生物食性和小型底栖生物的鱼类占多数,几乎没有属于凶猛性的鱼类。

同一种鱼类的不同种群,其年龄范围和最大体长也极不相同,这反映了种群对生活环境的适应性。较长寿命和中等寿命的鱼类种群结构差别很大,短生命周期的鱼类也有差别,但要小一些。

在北半球,南部海域鱼类的平均年龄和年龄变动范围较小,性成熟也较早,这首先与凶猛动物的影响程度不同有关,也是保证种群有较强增殖能力的适应。

在同一水域,沿岸定居型种群与洄游性种群相比,一般具有生命周期较短和个体较小等的特性。这种差异主要同食物保障的差异有关,多数情况下与凶猛动物的影响无关。

鱼类种群年龄结构与其寿命的长短有关。寿命长的鱼类,种群年龄组组数多,结构复杂,属多年龄结构类型。寿命短的鱼类,种群年龄组组数少,结构相对比较简单,属年龄结构简单的类型。因此,鱼类寿命长短各不相同,其年龄结构也不尽相同。即使同一鱼种的不同种群,其年龄结构也不尽相同。这是种群保障其在具体生活环境中生存的适应属性。

多年龄结构的种群,其饵料对象相对较广泛,饵料基础较稳定,成鱼对敌害的防御能力较强,所以凶猛动物对种群中性成熟个体的危害较弱,同时种群性成熟较晚,增殖节律平缓。年龄结构较简单的鱼类,则饵料基础相对较不稳定,凶猛动物对其影响较强烈,自然死亡率较高,种群数量的变动也较明显,种群性成熟较早,增殖节律变动大。

(2)种群年龄组成的变化。种群的年龄组成是组成种群的各个世代数量的比例。世代数量的变动是种群补充、生长和减少这三个过程相互作用的结果。年龄结构的变化,无论是整个种群,还是其性成熟部分均取决于这三个相互作用过程的比例。各世代的数量不同,对种群年龄结构会产生直接影响。有些鱼类,某强盛世代的数量比弱世代的数量可高出几十倍,甚至几百倍。世代数量的如此变动,必然要影响到种群的年龄组成,尽管同一世代的鱼类补充到生殖群体中的进程由于个体性成熟时间的不同而有先后,但它对整个种群年龄结构的影响应该是显著的。强盛世代的加入,必然引起高龄鱼所占比例的减少;相反,新补充进来的世代数量少,种群中高龄鱼的比重则相对提高。

除世代发生量的变动对种群年龄结构产生深刻的影响外,食物保障的变化和种群内鱼类的生长,对种群年龄组成也产生很大影响。多数鱼类初次性成熟的体长,大约为该鱼类所能达到的最大体长的一半。因此,若种群营养条件良好,食物保障提高,索饵季节延长,从而促使鱼类生长加速,就会在较低年龄阶段达到性成熟的体长范围。性成熟提早,有时甚至引起性比的改变和寿命的缩短。例如北海鲽的年龄组成,在强化捕捞年份,鱼群营养条件改善,饵料基础加强,鱼体生长节律加快,从而出现生殖群体低龄化;在第一次和第二次世界大战期间,由于休渔,群体密度提高,营养条件相对恶化,鱼体生长缓慢而生殖群体中个体平均年龄和最大年龄均提高,即种群高龄化。

种群体长和体重结构的变化反映着生活条件的改变,体长组组数的增加,使种群能够更广泛地利用各种饵料,扩大饵料基础,从而保障有更加稳定的补充群。体长组组数缩短,在食物保障提高的情况下,当繁殖条件相对稳定时可使其提高增殖强度和数量。

多龄结构的长生命周期种群,不仅其重复生殖的鱼群是由较多的年龄组组成,而且补充鱼群也是多年龄组结构。例如浙江近海的大黄鱼,其补充鱼群即由3~4个年龄组成。这一方面保障强盛世代连续加入生殖群体,另一方面保障每年新补充的鱼群数量,占整个种群的百分比相对较小,从而保障群体总数有一定的稳定性。因此,其年龄结构的年变化相对来说较稳定。

由较少年龄组组成的种群,其结构简单,种群数量年间变动较强烈。一个世代的丰歉,会很快在种群数量上反映出来。当环境不利时,它就迅速减少,有利时就很快增加;另一方面,由于世代初次性成熟时间较一致,因而也强烈地影响到生殖群体数量的变动。

总之,种群年龄结构的变化,主要意义在于保障种群数量和生物量同食物保障稳定的平衡。这种适应性不随种群的意愿而起作用,而是反应性地自动调节。当然,这种调节机制也不是无止境地"工作",而是在种群所适应的生活条件下,在一定限度范围内起作用。超过这一限度,自动调节则不起作用。

2. 年龄结构类型及其与种群数量变动的关系

(1)年龄结构类型。年龄结构一般可分为单龄结构和多龄结构。单龄结构是指一年生的个体,如对虾和大部分中小型的头足类;多龄结构是由多个年龄组成的,如大多数鱼类的种群,我国近海海洋鱼类大多数是属于简单的多龄结构。多龄结构的稳定性和变异性受到条件的限制,由于捕捞压力过大,导致一些渔业资源出现衰退,年龄结构偏低,如东海带鱼在20世纪50年代末期,最高龄为6龄,1龄和2龄的比重为77%,而到了70年代末期,1龄和2龄占到了98%,最高龄仅为4龄。

(2)年龄结构与种群数量变动的关系。种群的出生率和死亡率对其年龄结构有很大影响。一个种群中具有繁殖能力的个体,往往仅限于某些年龄级,死亡率也因年龄不同而异。因此,通过年龄结构特征的分析,可以预测一个种群变化的动向。从理论上说,种群在一个较恒定的环境里,迁入及迁出保持平衡或甚至不存在,且当其出生率与死亡率相等时,各年龄级的个体数则基本保持不变。

一般来说,可通过对在不同渔场和不同季节使用有代表性渔具捕获的渔获物年龄结构进行分析,从而具体了解种群的年龄结构。对一个未开发利用的自然种群,从其年龄结构的变化可以看出:①若是迅速增大种群,有大量的补充个体,年龄组成偏低;②若是稳定的种群,年龄结构分布较为均匀;③若是资源量下降的种群,高龄个体的比例较大,年龄组成偏高。而对于一个已开发利用的种群,从其年龄组成结构的变化可以看出:①开发利用过度,即年龄组成明显偏低;②若是开发利用适中,则反映其自身的典型特征;③开发利用不足,即种群年龄序列长,组成偏高。因此,渔获物的年龄结构反映了种群的繁殖、补充、死亡和数量的现存状况,预示着未来可能出现的情况。因此,不断收集渔获物的年龄组成资料是种群动态研究的一项重要内容。

种群的年龄组成既取决于种的遗传特性,又取决于其具体的环境条件,即表现为种群对环境的适应属性。此外,鱼类种群的年龄组成在很大程度上还取决于捕捞利用状况。捕捞作业的结果,通常是使高龄个体的相对数量下降和高龄组过早消亡。不过当捕捞强度降低之后,在一定范围内种群的年龄组成可望逐渐恢复。

在一般情况下,用柱型图来表示种群的年龄组成和分布(图2-1),这是一种简便而有用的方法,可以直观地反映出年龄结构的特点以及各个年龄段的重要性,如果是连续多年的年龄组成资料,便可以清楚地反映出各个世代在种群中的地位及其它们的变化。分析种群的年龄结构的重要意义在于据此判断捕捞强度的大小,是研究种群数量变动、编制渔获量预报的重要基础资料。

由于长度组成和重量组成的资料要比年龄组成资料容易获取,并可迅速给出百分比组成图或柱型图供分析使用,因此长度组成和重量组成已成为渔业资源研究中被广泛收集和使用的一项基本的渔业生物学资料(图2-2)。特别是对于一些年龄鉴定困难又费时的种

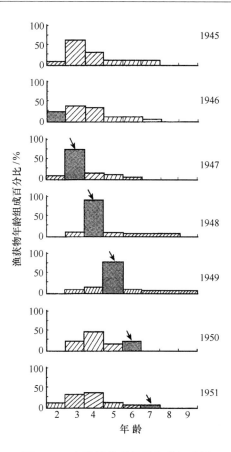

图 2-1　白鲑捕捞群体的年龄组成图

类或没有年龄标志的渔业种类来说,更有其重要意义。使用体长频率混合分布分析方法可以把不同年龄或出生时间的几个群体区分开来(图 2-3)。体长和体重组成资料还可以用来换算对应的年龄求取生长或死亡等其他渔业生物学参数。

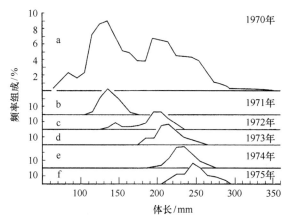

图 2-2　1959 年东海北部小黄鱼长度变异曲线及 1—5 龄组的体长分布

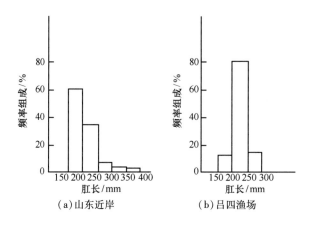

图 2 - 3　不同种群带鱼的肛长组成图

在渔场分析中,渔获物的个体组成也是一个重要指标。如在渔获物中,长度组成个体均匀,则预示着渔汛旺期的到来。如果渔获个体极不均匀,说明渔汛就要结束或者是处在不稳定的渔场。

(二)性比和性成熟度组成及其变化

1. 性比组成及其变化

性比是指鱼群中雌性个体与雄性个体的数量比例(表 2 - 1)。通常以渔获物中的雌雄数比来表示。渔获物中性比组成是种群结构特点和变化的反映,这种变化的自身是种群自然调节的一种方式。例如鱼类种群在生活条件(主要指营养条件)较好时期,将增加雌性个体的比例,以增强种群的繁殖力;反之,雄性增加,群体繁殖力下降(但也有报道,在饵料保障条件恶化的情况下,有些鱼类采取优先保证雌鱼成熟的策略,以保证种族的延续),这也是种群对环境条件变化的一种适应。鱼类性比通常是通过改变代谢过程来调节的,一般可以用下式表达:食物保障程度变化→物质代谢过程改变→内分泌作用的改变→性别形成。

表 2 - 1　东海北部带鱼种群性别组成的季节变化

月份	1	2	3	4	5	6	7	8	9	10	11	12	合计
雌(%)	60	56	59	46	49	38	38	42	45	54	55	54	48
雄(%)	40	40	44	41	54	51	62	62	58	55	46	45	46
样本	193	198	836	994	1445	1305	317	502	866	345	231	347	7 579

引自罗秉征等,1983。

另外,某些鱼类种群的个体性别在不同发育年龄阶段可以在一定条件下实行性别转换,如黑鲷初次性成熟的低龄鱼,全部是雄性,随着发育成长逐步转化为雌鱼,高龄鱼以雌性占优势。石斑鱼则相反,低龄鱼皆为雌性,到高龄鱼时通过性逆转才变成雄性,所以这类鱼种的性比随年龄组成而异。还有一些鱼类在非繁殖期实行雌、雄分群栖息,也导致性比组成随季节和地域而异,如半滑舌鳎等。这些都是种群对环境条件变化的一种适应属性。

总的说来,海洋鱼类种群的性比组成多数为1:1左右。我国近海各个渔业种类的种群性别比大多数接近1:1。性比组成还与鱼体生长、年龄、季节以及其他外界因子有关,包括受捕捞的影响而变化。如比目鱼类,低龄鱼时通常是雄性占优势,高龄鱼则以雌鱼为主;黄海南部、东海和南海沿岸等5个主要生殖群体都是雄性多于雌性,两者的性比为2:1(徐恭昭,1962);东海黄鲷在个体较小时,雌性占到70%,当体长210~220 mm时,雌性占到50%,而在高龄阶段,雌性占到10%~20%;又如东海小黄鱼,在2—3月和5月时,雌性多于雄性,而在10月至翌年1月,雌性接近雄性;东海北部带鱼生殖群体的肛长在220 mm以下者雄鱼居多,肛长在220 mm以上则雌鱼多于雄鱼,这表明雌性的生命力高于雄性,但是捕捞强度的变化对种群的影响掩盖了这个特点。20世纪70—80年代,随着捕捞强度增大,东海北部带鱼全年的性比发生了变化,由60年代中期的雌性多于雄性变为70—80年代的雄性多于雌性(罗秉征等,1983)。

2. 性成熟度及其变化

性成熟组成也是种群结构的一个重要内容。性腺开始发育并达到性成熟的年龄和持续时间因种类不同而异,这取决于种群不同的遗传特性。同一种群个体性成熟早晚则明显地与生长速度和生活环境的变化有关,性腺成熟度能够反映出外界(如环境和捕捞)对种群的影响,如水温适宜,生长好,则种群个体成熟快。同时性成熟作为种群数量调节的一种适应,可因种群数量减少和增加而提早、推迟性成熟的年龄。目前我国近海小黄鱼、带鱼等种群性成熟年龄明显提前,充分反映了种群资源数量衰退的现实。

对于群体的性成熟组成,我们通常利用补充部分和剩余部分(所谓"补充部分"系指产卵群体中初次达到性成熟的那部分个体;"剩余部分"则指重复性成熟的那部分个体)的组成来表示。因此,掌握和积累"补充"与"剩余"的组成资料,不仅可及时了解种群结构的变化,而且对研究和分析种群数量动态也有着十分重要的意义。

此外,性比组成资料对于捕捞生殖群体来说关系则更大,它能够间接地反映出渔场大致的发展趋势及其目前所处的状态。如在生殖期间,雄性与雌性数量差不多,但在生殖过程的各个阶段稍有变化。其规律为:生殖初期雄性多于雌性个体;生殖旺期雄性个体与雌性个体差不多;而在生殖后期,雄性个体少于雌性个体。从渔场角度来说,对产卵场,性未成熟占多数时,说明渔场未到产卵阶段,鱼群不稳定;若性腺已成熟个体占多数,说明接近产卵阶段,鱼群稳定;若渔获物中已产卵的个体占多数,说明产卵阶段接近尾声,鱼群不太稳定。

四、种群的鉴定方法

(一)种群鉴定的原则及其方法

生殖隔离及其隔离程度是划分种、种群的基本标准,而生殖隔离又是生物防止杂交的重要生物学特征。因此,种群鉴定的材料,一般应采用产卵群体,并在产卵场采样,这样才能有可靠的代表性。因为,产卵鱼群中可以把形态等生物学特征显著表现出来,变异也具有规律性,所以利用这个时期的个体进行种群或群体鉴定较为合适。其次,鱼体要求新鲜、完整,尤其是使用生理、生化遗传学方法更要求现场鲜活采样,使用形态学方法时则要求鱼体的鳞片、鳍条等完整无缺损,以减少测定误差。最后,采集有足够代表性和数量要求的样本,是开展种群鉴别研究的前提。

鉴定种群的方法一般有形态学、生态学、生理学、渔获物统计、生物化学和遗传学等方法。前四种方法属于传统方法。但随着计算机技术、数理统计以及智能技术等的发展,给这些传统方法增加了新的内容和新的途径。后一种新方法(生物化学和遗传学)在一定程度上丰富了种群、群体概念的资料,提高了鉴定工作的准确性,并且计算更为方便。在这五种方法中,形态学方法用得最为广泛。当然,在进行一项具体的鉴定工作时,极少只用单种方法进行,而是采用多种方法进行综合应用,从而做出最后结论。

（二）形态学方法

形态学(morphology)方法,又称生物测定学方法,属于传统鉴别方法。众所周知,分类学上鉴别种的常规程序是根据对个体的形态特征和它相应性状检索而得。这里所谓"特征",既包括生物个体"质"的描述,如鱼类体型,也包括"量"的计测,如分节和量度的特征参数。由于物种在形态和遗传学上的稳定性,导致种间在质和量的特征上的间断或显著差异,所以种的鉴别通常只要对少数个体的检索即可确定。而种群因是种内的个体群,所以在其特征和性状上则往往呈现不同程度的连续与性状变异,这就要求收集不同产卵群体并达到一定数量的个体样品,对它们的各项分节特征、体型特征和解剖学特征进行测量和鉴定,然后将各样品的这些特征的差异程度作为种群鉴定的指标。

1. 分节特征

主要是计数和测定鱼体解剖前后的各项分节特征,并进行统计分析。通常计数测定的鱼体分节部分有:脊椎骨(脊椎骨数、躯椎数和尾椎数)、鳞片(侧线鳞数、侧线上鳞数、侧线下鳞数和棱鳞数)、鳍条、幽门垂数、鳃耙数、鳃盖条数、鳔支管数、鳞相和耳石轮纹数。

（1）脊椎骨。

脊椎骨分躯椎(位于胸腔部分)和尾椎两部分。尾椎末端连接尾杆骨(尾部棒状骨)。一般椎骨数目是由头骨后方的第一椎骨起开始计算,算至尾杆骨,但也有不把尾杆骨计算在内的。这种情况往往应在记录中加以说明。

根据以往的资料说明,在形态特征中最常用的是计算椎骨数,而且用这一指标来鉴别种群是行之有效的。在鉴定种群时,常常分别计算躯椎数和尾椎数。对于尾部十分发达的鱼,如绵鳚属,把躯椎骨数分开计算和鉴定很有作用。但在很多情况下,特别是鲱类,只计算椎骨总数较为适宜。总之,计算和鉴定的方法因不同的鱼类而异。如鉴定中国近海的带鱼种族时,林新濯(1965)用躯椎数和头后多髓棘椎骨数,而张其永等(1966)则采用腹椎数。

国内外许多资料早已查明相近的种和分布区内同一种鱼的椎骨数量的变化规律:北方类型的椎骨比南方类型的多,椎骨数自北向南逐渐减少。此现象也发生在峡湾和浅水区,且该处的鱼椎骨数也少于外海的。值得注意的是,Tester(1938)指出各个年份椎骨数的变动会使其平均数发生显著差异。Jensen(1936)认为,水的比重(以及盐度)及含氧量的变化能影响椎骨的数目。

过去,为了获得脊椎骨数目,最常用的方法是解剖,当样本数量较少时,特别是遇到模式标本和稀有珍贵种类时,则要求标本保存完整无损不宜解剖。为了解决上述问题,人们也应用 X 射线技术,进行拍片观察和计数脊椎骨及其他骨骼的数目和形态。

(2)鳞片。

通常计数侧线的鳞片数目。侧线上下的鳞片数则是由背鳍基部斜向侧线计算其鳞片列数和自臀鳍基底部斜向侧线数鳞片列数,并分别记录。如蓝圆鲹,计算其体侧的棱鳞数,鲱鱼则计数腹部的棱鳞数。

(3)鳍条。

鱼类有背鳍、胸鳍、腹鳍、臀鳍和尾鳍 5 种。鳍条数具有表现种群形态特征的性质。但其中多少有些变异。计数的各鳍鳍条和鳍棘应分别记录。鉴定种群应采用何种鳍条应视不同鱼种而定。在国内现有的资料中,上述 5 种鳍条都曾有人用于研究。如田明诚等(1962)在探讨中国沿海大黄鱼形态特征的地理变异时,把鳍条形态特征的比较放在重要的位置。

Jensen(1939)对不同年度海鲽的臀鳍鳍条数变化进行了观察和研究后认为,臀鳍鳍条数的变化是水文因子作用的结果,平均温度变化1℃,臀鳍鳍条就发生 0.4 条的变化。

(4)幽门垂。

许多鱼类在幽门的附近长有许多须状的被称为幽门垂的盲管。幽门垂的形状和数量因鱼的种类不同而异,有的很多,有的很少(1~200 个),有的仅留一个痕迹。在计数幽门垂的时候,应根据其基部的总数来测定,在计测时,应用解剖针区别检查,以免发生计数上的误差。

(5)鳃耙。

鱼类鳃弓朝口腔的一侧有鳃耙,一般每一鳃弓长有内外两列鳃耙,其中以第一鳃弓外鳃耙最长。在利用鳃耙数来鉴定种群时,一般利用第一鳃弓上的鳃耙数。有时因鱼种不同,需分别计算鳃弓上部和下部的鳃耙数。鳃耙的形状和构造因鱼类的食性而不同。一般以浮游生物为食的鱼类的鳃耙密而细小,以动物性食物为饵料的鱼类的鳃耙稀疏而粗大。此外,像里海鲱类等的鳃耙数则随年龄和生长而不断增长。因此,比较不同种群或群体的鳃耙数差异时,最好能分年龄组进行。

(6)鳔支管。

石首鱼类鳔支管的两侧常有多对侧肢又向背腹方向的分支,形成鳔两侧成树状的分支。分支状态是石首鱼鉴定种群的根据。鳔支管的复杂分支是石首鱼科的一种特有现象,如小黄鱼的每侧鳔支管,通常从大支又分出背腹支及许多小支。林新濯等(1965)在计数时一般只计数其右侧的大支,在计数鳔支管时,需先将腹膜清除,再找出位于最前方的第一个大支(第一个大支甚为粗大,而位于后面的鳔支管则往往有几个性状很小而不再分小支),这些在计数时需要特别注意。

(7)鳞相。

鳞片一般计测第一年龄与核的距离(即第一年轮半径)和在该距离中的轮纹数目,或判别其休止带的宽窄,也有将鱼类休止带系数的变异情况作为鉴定种群的参数。休止带的系数,即自鳞片的核部至各休止带的距离除以核部至最外侧的休止带外缘的距离所得的商。当然,还可根据鳞片的其他特征鉴定种群。如为了易于划分各个种群,在挪威鲱鱼中区分出四个年轮型,即轮纹明显的北方型年轮、轮纹模糊的南方型、大洋型年轮和产卵型年轮。

2. 体型特征(度量特征)

主要是测量鱼体有关部位的长度和高度,计算它们之间的比值,并对其进行统计分析,比较平均数和平均数误差。通常所求的体型长度比值有:全长/体长,体长/头长,体长/体高,头长/吻长,头长/眼径,尾柄长/尾柄高。另外,根据可能存在的体型特征差异,还可测量上颌长、眼后头长、眼径、背鳍基长、背鳍后长、肛长、胸鳍长、腹鳍长等,并计算各种比值。

以往在划分两个单位群体的各项分节特征和体型特征的差异程度时,常用统计学上的平均数差异标准差公式(见本节"检验种群特征显著性的数学方法")。但确定"单位群体"仅仅根据某一项特征指标是不够的,应结合其他多项指标进行综合分析。所以,人们已经采用多元统计方法来进行种群鉴定,如根据测定的多项指标应用判别分析、聚类分析等方法鉴定粤东蓝圆鲹、台湾海峡和北部湾二长棘鲷、东海曼氏无针乌贼的种群和群体等。

有关学者认为,分节特征不同于度量特征。实践使人相信,度量特征不能作为判断种群的可靠资料,因为它经常导致错误的结论。这种情况的发生,是因为该特征中大部分不是稳定的,是随着年龄和性别发生变化的,特别会随着海洋环境条件的变化而产生变化。此外,我们还应当注意资料必须是能比较的,即尽可能是同样程度或同一年龄的资料,而且还必须对雌雄个体分别进行比较。

因此,在划分种群或群体时,不能完全采用度量特征。在全部生物学特征中,应该偏重于分节特征。由于在分节特征中,腹鳍和尾鳍的鳍条数量相当稳定,故通常不用。

与形态学方法关系较为密切的还有解剖学特征。由于不同种群的鱼体内部存在一些不同的特征,因此,可通过解剖鱼体去寻找这些有差异的特征,借以鉴定种群。解剖学特征主要内容有:①脊椎骨的横突起,上突起位置,血管弧的形态(愈合情况),多棘椎骨数,椎骨有无骨瘤等;②神经间棘的数目及其分布;③尾舌骨构造特征及形态;④脊椎骨突起形状等。这些特征在以往研究中用得很少,国内还没人使用过。

计数特征和度量特征是传统种群鉴别方法的主要手段,需要进行大量的生物学测定工作,取样和测定工作容易实现,因而在我国得到广泛应用。但这些特征容易受环境因子的影响,形成年间差异,降低了特征本身的稳定性,使鉴别结果的可信度受到影响。

林新濯(1965)分析了带鱼体形度量特征(全长与肛长之比;肛长与头长之比;头长与吻长之比;吻长与眼径之比)与体节形质计数特征(背鳍、胸鳍、幽门盲囊、躯椎等),结果如图 2-4 所示。从 12 个地点的样本分析来看,大致可分为四个类群,即黄渤海群(63Y,63P,64P 和 64Y);东海—粤东群(63E_1,63E_5,64E_2 和 64S_1);粤西—北部湾群(65T,64T_2 和 64S_3)和北部湾外海群(64T_1)。根据带鱼耳石生长的地理变异资料(罗秉征等,1981),11 个地区样本主成分分析的结果与度量特征和体节特征的主分量分析结果基本趋势颇为一致(图 2-5)。表 2-2 为中国近海带鱼四个类群的主要特征。表 2-3 为大黄鱼 7 个产卵群体的主要分节特征。

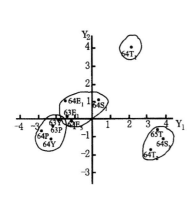

图 2 - 4 中国近海 12 个区域带鱼
形态特征的二维排序
（占总信息量的 78.9%）（林新濯，1965）

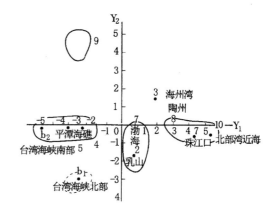

图 2 - 5 中国近海 11 个区域带鱼耳石与体长
生长特性的二维排序（占总信息量的 92.7%）
（罗秉征等，1981）

表 2 - 2 中国近海带鱼四个类群的主要特征（依邓景耀等，1990）

种群	全长/肛长	幽门盲囊	背鳍	第二臀担骨缺如(%)	尾前愈合脉棘	头后多髓棘椎骨	肛长/头长	耳石重量	相同长度轮纹数目	开始成熟平均肛长/mm	主要生殖期
黄渤海	3.04	$\frac{22.86}{19-28}$	$\frac{139.84}{134-145}$	68	$\frac{2.21}{0-4}$	$\frac{2.69}{1-4}$	$\frac{2.71}{2.70-2.75}$	较轻	多	245	6 月
东海	1.96	$\frac{23.00}{18-29}$	$\frac{140.56}{134-148}$	74	$\frac{1.91}{0-4}$	$\frac{2.61}{2-4}$	$\frac{2.61}{2.55-2.65}$	最重	少	184	4 - 6 月
粤西 - 北部湾近海	2.55	$\frac{30.98}{25-40}$	$\frac{136.21}{131-142}$	87	$\frac{1.52}{0-3}$	$\frac{2.24}{1-4}$	$\frac{2.58}{2.55-2.60}$	最轻	少	167	3 - 5 月
北部湾外海	2.65	$\frac{25.40}{20-30}$	$\frac{138.05}{135-141}$	89	$\frac{1.05}{1-3}$	$\frac{2.73}{2-4}$	2.65	次重	多	156	1 - 3 月

表 2 - 3 大黄鱼 7 个产卵群体的主要分节特征变异表（依田明诚，1962）

群体	特征	背鳍棘数	胸鳍条数	幽门垂数	脊椎骨数	背鳍条数	鳃支管数		鳃耙数	臀鳍条数
							右侧	左侧		
岱衢	吕四洋	9.90	16.79	15.35	28.0	32.47	29.65	29.74	28.14	8.03
	岱衢洋	9.92	16.80	15.16	26.01	32.65	29.94	30.11	18.67	8.11
	猫头洋	9.97	16.87	14.89	26.0	32.41	29.12	29.64	18.35	8.04
闽 - 粤东	官井洋	9.97	16.89	15.40	26.0	32.75	30.69	30.97	28.01	8.03
	南奥	9.96	16.71	15.17	26.0	32.53	30.44	30.40	27.97	8.05
	汕尾	9.91	16.65	14.81	25.07	32.41	30.30	30.51	28.13	8.03
硇洲	硇洲	9.96	16.68	15.29	25.89	32.37	31.42	31.74	27.39	8.01

（三）生态学方法

在海洋中,鱼类种群的离散性是一种动态特性,是由于生态和遗传过程的相互作用而产生的。在渔业资源分布中,生态离散性产生于时间和空间的不均匀性。因此,可利用它们在生态方面的差异及各自具有的特点来进行鉴定种群。因为种群乃至种的变化,实际上是种内个体不同程度隔离的产物,因此生殖及分布区的隔离往往成为判别种群的最重要标志。尼科里斯基(1982)提出的鱼类种群量变动理论中,认为鱼类种群就是靠这种时间和空间的隔离来达到食物保障,从而增加种群数量的。可见,生态学(Ecology)方法是鉴定种群的重要方法之一。

研究和比较不同生态条件下种群的生活史及其参数,几乎包括了鱼类所有的主要生物学特性:①生殖指标:生殖时期,怀卵量,繁殖力,排卵量等;②生长指标:长度和重量,生长速度,丰满度等。如刘效舜等(1966)以同年龄但生长率变化值作小黄鱼种群划分的重要依据;③年龄指标:寿命,年龄组成,性成熟年龄等。如罗秉征等(1981)根据耳石与体长相对生长的地理变异研究中国近海带鱼的种群问题;④洄游分布:根据标志放流的结果确定洄游路径。如邓景耀等(1983)利用标志放流方法研究黄海、渤海对虾的洄游分布,进而确认了渤海及黄海中北部的对虾同属一个种群;⑤摄食指标:摄食种类,摄食频率等;⑥种群数量变动的节律;⑦寄生虫:寄生物的种类等。

通常用于鉴定种群的生态习性有以下几个方面。

(1)洄游分布。最直接的方法就是标志放流,同时也应深入生产实际,进行系统的渔场资源调查,判断种群各种洄游的时间、路线和越冬场、产卵场、索饵场的分布范围,调查幼鱼与成鱼洄游分布的差别。例如,林景祺(1985)根据系统的渔场调查资料,研究带鱼对海洋环境条件自然调节适应性问题,将自南而北分布的带鱼分为三个种群。日本学者根据西太平洋(30°—40°N)鲕鱼标志放流的重捕结果以及鲕鱼洄游范围,以33°N以北的潮岬为界,将鲕鱼分为北部和南部两个不同的种群。此外,我国黄海、渤海真鲷,每年春季由黄海东南部集群游向海州湾和渤海的莱州湾产卵。海州湾的真鲷体长组成较小,年龄结构也较简单,以3龄以下的个体为主;而渤海的真鲷,其体长、年龄组成均偏大,以3龄以上的成鱼居多。所以曾经有人认为是两个群系,但1951年秋季在海州湾北部进行了真鲷的标志放流试验,结果翌年春季在渤海湾被重捕,得以证明上述两个产卵群体在生殖上互有交流,故仍同属于黄渤海种群。

(2)生长、生殖习性和年龄组成的比较。不同的种群或群体,由于生活环境的不同生长状况也产生差异,因此可以依据它们的生长差异来鉴定不同的单位群体。徐恭昭等(1962,1984)对中国沿海大黄鱼3个地理种群、8个生殖群体的体长和纯体重的相对增长量及纯体重与体长的回归参数作了比较,结果发现各个种下群之间不论是纯体重还是体长的相对增长量均存在差异,它们的纯体重与体长的回归参数也存在或大或小的差异。陈新军(2002)在《西北太平洋柔鱼种群的聚类分析》一文中,利用灰色变权聚类的方法对西北太平洋柔鱼(Ommastrephes bartramii)种群进行了初步划分,采用了鳍长、鳍宽、眼径、右1腕长、右2腕长、右3腕长、右4腕长、右触腕穗长与胴长的比值8个形态特征指标值(图2-6),结果表明西北太平洋柔鱼可划分为两个种群(表2-4)。

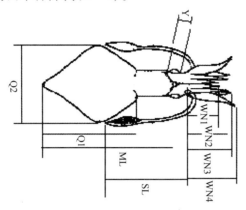

图2-6　柔鱼各种形态长度的度量方法(引自陈新军,2002)

表2-4　柔鱼两个种群的形态特征平均值

	特征值	S_{Q1}/S_{ML}	S_{Q2}/S_{ML}	S_Y/S_{ML}	S_{W1}/S_{ML}	S_{W2}/S_{ML}	S_{W3}/S_{ML}	S_{W4}/S_{ML}	S_{SL}/S_{ML}
第一类	平均值	0.437 2	0.771 7	0.078 5	0.492 9	0.584 7	0.625 6	0.584 6	0.601 6
第二类	特征值	S_{Q1}/S_{ML}	S_{Q2}/S_{ML}	S_Y/S_{ML}	S_{W1}/S_{ML}	S_{W2}/S_{ML}	S_{W3}/S_{ML}	S_{W4}/S_{ML}	S_{SL}/S_{ML}
	平均值	0.422 3	0.752 1	0.072 3	0.454 5	0.544 9	0.580 1	0.531 1	0.556 1
差异系数(%)		3.41	2.54	7.90	7.80	6.81	7.27	9.15	7.56

引自陈新军,2002。

生殖习性的比较内容主要包括各群体的成熟年龄、产卵时间、怀卵量和卵径大小等。如大黄鱼的开始性成熟年龄和大量性成熟年龄从南至北变大;对于同一种族的大黄鱼的不同群体,其产卵时间也存在不同程度的差异,如有的是春季产卵,有的是秋季产卵。

由于生态习性包含较多内容,因此除了上述的几个生态习性鉴定单位群体外,还可以根据研究种类的感官生理机能对外界条件的反应的差别以及研究种类生活的外界环境状况,如产卵场面积、深度等的差别,作为鉴定单位群体的有用参考资料。

(3)寄生虫标志。栖息于不同水域的群体,往往有自己固有的寄生虫区系。因此,可以从一些鱼体身上找到某些生物指标而予以区别,如分布在长江的鲚鱼,有陆封和海陆洄游的群体。当它们混群时则可依鱼体上是否有海洋寄生甲壳类来加以区别。同样,在海洋栖息时期的大麻哈鱼,亦可根据鱼体内寄生物的种类不同,而判别其不同出生河流区系的归属。日本学者在研究北太平洋中东部海域的柔鱼种群时,也采用柔鱼体内寄生虫种类的不同进行鉴定和划分。

(四)生化遗传学方法

生化遗传学(biochemical genetics),是生物化学和遗传学相结合的学科,研究遗传物质的理化性质以及对蛋白质生物合成和机体代谢的调节控制。在种群划分中,应用生物化学、细胞分子遗传学和免疫学的原理,采用同工酶电泳、染色体变异、线粒体分类分析和 DNA 多态分析、血清凝集反应测定等技术,测量种群的生理特征差异。

1. 血清凝集反应法

这种方法是根据许多生物在传染病源或某一异性蛋白(抗原)从肠道以外的路径侵入机体时,其血浆蛋白都起着重要的保护作用,而使机体发生保护性反应的原理制定的。有机体的保护反应表现在:形成所谓抗体的特殊蛋白体;抗体进入血浆,与各种抗原相遇后使其变为无害。血清凝集反应法就是根据这一原理鉴定鱼类种群的。

具体方法是:取鱼的蛋白质作抗原,注入兔或其他试验动物体内,使其产生抗体,经过一定的时间,抽取其血液制成血清,称为抗血清。由于这种血清含有抗体,因此在其上面滴入原来作为抗原的鱼的蛋白质时,便能产生浑浊沉淀。该反应称为血清凝集反应。亲缘关系近的鱼类的相应蛋白质对该抗血清有此反应,而且亲缘关系愈远所产生的沉淀便愈少。这个沉淀即作为鉴定鱼类种群的指标。张其永等(1966)使用这一方法作为鉴定我国东南沿海带鱼种群的依据之一。

2. 同工酶电泳方法

近20多年来,生物化学、遗传学方法被用于鉴定单位群体研究,从而丰富了种群概念的资料,提高了种群鉴别的准确性。遗传学方法主要通过电泳技术对所分析的物质进行测定,如鱼体蛋白质分子在一定缓冲液中带有电荷并可移动,不同位种群的蛋白质分子不同,所显示的迁移率也不同,以此可判别种群的标准。更为准确的鉴定是进行同工酶电泳分析,且从电泳获得表现型及其频率,进而计算出等位基因频率和遗传距离。不同种群之间的遗传性差异,主要表现在基因频率不同,而同一种群不同个体之间的差异,一般在于等位基因的差异。近些年来,随着分子生物学的进展,具有高分辨力的电泳技术和组织化学、染色等新技术的应用,可在电泳板上直接组化染色判读蛋白质或同工酶的多型现象,用较简单的多元分析法计算基因频率,进而识别不同种群。例如美国科学家对大西洋西北部 8 个地点的鳕鱼种群和格陵兰西部 5 个地点的鳕鱼种群研究,根据遗传距离值的差异(D" = 0 时,则无种群间差异;D" = 1 时,则种群基因频率有明显差异),证明了在格陵兰西部有 2 个种群,美国北部有 4 个种群,并明显表现出这 6 个鳕鱼种群的进化历史。

李思发等 (1986) 采用平板电泳仪、聚丙烯酰胺凝胶电泳等方法,研究了长江、珠江、黑龙江水系鲢、鳙鱼种群的生化遗传结构与变异。研究表明,同种鱼的不同水系种群间存在着明显的生化遗传变异,如长江、珠江、黑龙江鲢鱼种群的多态位点的比例分别为 13.3%、26.7% 和 13.3%;平均杂合度分别是 0.049 3、0.048 4 和 0.051 1,其密码子差数分别为 0.050 6、0.049 6 和 0.052 5(表 2 - 5)。同时,南方种群的多态位点比例有比北方升高的趋势。长江鲢—珠江鲢、长江鲢—黑龙江鲢、珠江鲢—黑龙江鲢的遗传相似度与遗传距离依次为 0.995 7、0.004 3,0.995 5、0.004 5 及 0.969 6、0.030 4(表 2 - 6)。可见长江与珠江两种群间的遗传差异较小,而黑龙江种群与上述两种群间的遗传差异较大(图 2 - 7)。

表 2-5　三条江河鲢鱼多态位点比例、平均杂合度及密码子差数（引自李思发，1986）

种群	检查位点数	多态位点数	多态位点比例 P	平均杂合度 H	密码子差数 D_X
珠江鲢	15	4	26.7	0.0484 ± 0.0009	0.0496
长江鲢	15	2	13.3	0.0493 ± 0.0010	0.0506
黑龙江鲢	15	2	13.3	0.0511 ± 0.0011	0.0525

表 2-6　三条江河鲢鱼遗传相似度与遗传距离（引自李思发，1986）

种群	珠江鲢	长江鲢	黑龙江鲢
珠江鲢	—	0.9957	0.9696
长江鲢	0.0043	—	0.9955
黑龙江鲢	0.0304	0.0045	—

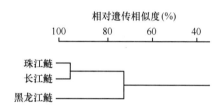

图 2-7　三条江河鲢鱼种群的遗传相似度聚类分析图（引自李思发，1986）

（五）渔获量统计法

根据各海区的长期渔获量统计，比较渔况的一致性、周期性和变动程度，也可以作鱼类种群鉴别的依据。鱼类种群数量变动是种群的属性，是鱼类种群与其生活环境相互作用的一种适应。由于鱼类各种群的生活环境存在一定的差异，因此所表现的种群数量变动节奏也不一致。渔获量是渔业活动的结果，尽管渔获的丰歉受到人为的和自然的因素的影响，但从渔获量的变动也能间接地反映出种群数量变动的趋势，借以判别种群。例如库页岛鳟鱼分布在堪察加半岛的东岸和西岸，两者各年间产量丰歉的情况刚好相反，因而被认为两岸的鳟鱼分属不同的种群。

以上几种鉴别方法都有一定的优缺点，可以采用优势互补的方式使用多种方法进行综合分析。用不同的分析方法，通常可以得到相同结论。Ihssea 等（1981）对群体鉴定的材料和方法做了综述，他认为现代生物化学、细胞学、免疫学、形态学以及生态学技术的应用，使得我们能够把任何生物的集合再分为类群，其范围从一个或两个个体到完整的集合。同时，他也强调了遗传学技术在种群鉴定中的应用。

（六）检验种群特征显著性的数学方法

在对种群进行数学分析时，需要收集足够多的并满足统计学意义上的大样本资料。统计检验方法主要有：

1. 差异系数(Coefficient of difference,CD)

$$C.D = \frac{M_1 - M_2}{S_1 + S_2}$$

式中:M_1 和 M_2 分别表示两个种群特征计量的平均值;S_1 和 S_2 为两个种群特征计量的标准差。

按照划分亚种75%的法则(Mayret et al,1953)。若 C.D > 1.28 表示差异达到亚种水平;C.D ≤ 1.28 属于种群间的差异。

2. 均数差异显著性(M_{diff})

$$M_{diff} = \frac{M_1 - M_2}{\sqrt{\frac{n_1}{n_2}m_2^2 + \frac{n_2}{n_1}m_1^2}}$$

式中:M_1 和 M_2 为两个种群特征计量的平均值;m_1、m_2 为两个种群特征计量的均数误差;n_1、n_2 为两个种群特征的样品数。

根据统计学概率论原理,若平均数差异标准差大于3,则说明两个样品在该指标上差异显著,并判断可能为不同的种群。若小于3,则说明无显著差异,即是从该指标分析两个样品没有成为不同单位群体的特征。

3. 判别函数分析

检验种群特征的综合性差异,特别是单项特征差异不显著时,可应用判别函数的多变量分析方法来检验种群间是否存在综合性差异。

根据线性方程组

$$\lambda_1 s_{11} + \lambda_2 s_{12} + \cdots + \lambda_k s_{1k} = d_1$$
$$\lambda_1 s_{21} + \lambda_2 s_{22} + \cdots + \lambda_k s_{2k} = d_2$$
$$\cdots$$
$$\lambda_1 s_{k1} + \lambda_2 s_{k2} + \cdots + \lambda_k s_{kk} = d_k$$

由上述方程组可解出判断系数 λ_1、λ_2、$\cdots$、λ_k。

式中:d_i 表示 i 项种群特征的离均差;s_{ij} 表示 i、j 项种群特征的协方差之和;k 为种群特征项;i、$j = 1,2,\cdots,k$;判断函数为 $D = \lambda_1 d_1 + \lambda_2 d_2 + \cdots + \lambda_k d_k$。

差异显著性检验为

$$F = \frac{n_1 \times n_2}{n_1 + n_2} \times \frac{n_1 + n_2 + k - 1}{k} \times D$$

式中:n_1、n_2 为 2 个样品的数量。

根据 F 值检验,当 $F > F_{0.05}$ 或 $F_{0.01}$ 时,差异为显著。

实际上该方法是对各个指标的综合评价,计算出各特征值的总差异性,λ_1、λ_2、$\cdots$、λ_k 相当于权重。

随着数学和计算机的广泛应用,统计检验技术越来越多,如有方差分析、变异系数、均值聚类、模糊分析、灰色聚类、空间距离分析等。

（七）种群鉴定及其生物学取样注意事项

鉴定种群是一项复杂细致的基础研究,特别是采样和测定工作,要有代表性和统一性。其次在分析资料时应当采取慎重的态度,既不可忽视形态学方法,又不能机械地依靠它,尽可能采用多种鉴别方法,相互比较和综合分析,以免由主观片面的判断而导致错误的结论,因此在取样和资料分析中应注意如下事项。

（1）由于渔业资源种群的生殖特性以及种群概念所强调的生殖隔离的重要性,从产卵场取样是最理想的,且必须是在不同产卵场上按同样的标准分组进行取样。特别是组成样品要在生殖期开始到结束的整个过程进行。

（2）取样必须要考虑到网具的选择性和渔获量的变动等因素。

（3）在进行形态特征中的体型特征测定时,样品须取同一体长范围的鱼进行,并须特别注意年龄和性别的差异;同时也应充分考虑生活条件场所的变异。对分节特征进行分析时应注意它是否与环境条件有密切的联系。因此必须考虑同质的资料（如同一年份和统一捕捞方法等）作比较更为可靠。

（4）生态学指标作分析依据时,须充分考虑它们世代和生活条件可能产生的变动。

（5）对统计学的分析要采取慎重的态度,在判断时要充分考虑到生物学的意义。

（6）确定种群时应对各种指标进行综合分析,避免个别指标所产生的片面性和偶然性。

五、种群数量增长及其调节方式

（一）种群数量增长

任何动物的种群,与生物群落中的其他生物密切相关,但为了了解种群的增长与动态规律,常从单种种群开始。种群数量的增长,决定于种群增量与减量之间的差别。影响种群增长的因子有内部因子和外部因子。内部因子主要指繁殖力和死亡率;外部因子包括生物因子和非生物因子,生物因子主要指竞争者或捕食者,而非生物因子主要指物理环境方面的约束,如光、水温、盐度等。从理论上来讲,如果上述内部和外部影响的因子都已知及其关系都较为明确的话,计算或预测种群数量增长的速率是可能的。目前,研究种群增长的模型很多,主要有几何增长模型、指数增长模型、逻辑斯谛增长模型、崔—Lawson 增长模型、随机增长模型等。现在简述在无限环境中的指数式增长和在有限环境中的逻辑斯谛增长。

在讲述种群增长模型以前,我们需要先了解一下的种群生态增长过程。

1. 种群数量增长过程

为了解释种群数量增长的过程,我们假设外部因子对种群的增长没有影响,只探讨内部因子对种群的增长,并假设种群的数量因出生和迁入而增加,因死亡和迁出而减少。这些因子相互作用,从一个时刻到另一个时刻,种群在数量上发生的变化可以用下式来表达:

$$\Delta N = N_{t+1} - N_t = B + I - D - U$$

式中:B、I、D 和 U 分别为在时间 t 到 $t+1$ 内出生、迁入、死亡和迁出的种群数量;N_t 为在时刻 t 时种群的数量。对一个单种种群来说,I 和 U 可取值为 0,则上式为:

$$N_{t+1} - N_t = B - D$$

种群中出生和死亡的总数均为种群个体数量的函数。因而有 $B = bN_t$ 和 $D = dN_t$，其中 b 和 d 分别为种群的繁殖率和死亡率，也就是说，b 为每一个体能生产或繁殖的新个体数，d 为给定时间内个体死亡的概率。则可变为：

$$N_{t+1} - N_t = (b - d) N_t$$

显然，如果繁殖率大于死亡率，则种群数量将增加；如果死亡率大于繁殖率，则种群数量减少。

2. 种群数量增长模型

（1）在无限环境中的指数增长模型。

在一些种群中，有机个体几乎是连续繁殖的，没有特殊的繁殖期。在这种情形下，种群大小的变化可用微分方程来表示

$$dN/dt = (b - d) \times N$$

式中：dN/dt 表示种群数量在很短的时间间隔的变化；b 和 d 为在相同时间内每一个体的生殖率和死亡率。生殖率与死亡率之差用 r 表示，即 $r = b - d$，则 r 可称为种群的内禀增长率。上述等式可表示为：

$$dN/dt = r \times N$$
$$N_t = N_0 \times e^{rt}$$

式中：N_t 为时刻 t 时的种群数量。

可以看出，如果 r 大于 0，则种群数量将增加；如果 r 小于 0，则种群数量减少；如果 $r = 0$，则种群数量维持不变。

（2）在有限环境中的逻辑斯谛（Logistic）增长模型。

在指数模型中，当 r 为正值时，种群增长将一直维持下去，直到无限大，这种现象在自然界中并不太常见。一般来说，受环境中食物、空间或其他可供资源的限制，种群数量将趋向一有限值。也就是说，每一种群个体的繁殖率、死亡率将受到种群分布密度的影响。这种限制由特定环境条件下的资源条件来确定，也称之为载容量。一定的环境条件会支持一定数量的个体。一个自然种群的载容量大小，在很大程度上，也由一定环境条件下的资源水平所确定。

负载容量可在种群数量增加而生长率下降的种群增长模型中应用。当种群大小与负载容量相等时，种群增长停止，而种群数量保持不变。如果用 K 表示负载容量，则指数型的增长模型可以变为：

$$\frac{dN}{dt} = rN\left(1 - \frac{N}{K}\right) = F(N)$$

式中：N 为种群数量；r 为种群内禀增长率；K 为负载容量。

上述方程式称为逻辑斯谛（Logistic）生长模型。通过求解上述方程，逻辑斯谛生长模型也可表示为：

$$N_t = K/\left[1 + (K/N_0 - 1)e^{-rt}\right]$$

（二）种群数量的调节方式

　　种群数量变动反映着相互矛盾的两个过程——出生和死亡、迁入和迁出相互作用的结果,影响种群数量变动过程是综合因素的作用,因此,变动的机制是复杂的。生态学家提出了许多不同的学说,有的强调外源,如气候学派和生物学派;有的强调内因,如自我调节学派。在这些学派中,还有许多不同学说,如强调捕食、疾病、食物、内分泌调节、行为调节、遗传调节等。这些不同的学说,对揭示种群调节的机制是有利的和必要的。目前人们把限制或控制种群数量变动的因素区别为两大类,即非密度制约因素和密度制约因素。

　　1. 非密度制约因素

　　这类因素当种群在一定水平时起限制种群数量的作用,但它本身不受种群密度所制约,也就是说,它的作用强度是独立于种群之外的。非密度制约因素通常包括风、下雨、降雪、pH 值和污染物等非生物因素,它们都会对种群数量产生强烈的影响,但这些因素的作用强度同种群的数量无关。

　　我们以物理因素在种群数量调节中的作用为例进行说明。环境的物理条件包括气候条件在内,影响着一种生物能够存活的范围,决定了某一环境对某种生物种群的温度是否过高、湿度是否过大、潮汐是否适合等。这些因素对于群落的形成来说,不仅在大的范围内决定着存活区,而且在微小的天气变动中,也影响着种群数量的波动。例如第二次世界大战前有一种沙丁鱼(*Ardinops metanostica*),到战后几乎绝迹,根据各种调查结果,其减少的原因是在日本本州东南洋面出现了冷水团,破坏了沙丁鱼的产卵场所致。此外,美国的近缘种沙丁鱼(*Sardinella* spp.)在某年种所生的年龄群的个体数量,也是与产卵的水温有关。某年水温越高,该年年龄群所产卵的密度越高,说明海水温度与气温对鱼类种群数量变动有着强烈的影响。

　　2. 密度制约因素

　　这类因素的作用强度随种群密度而变动。例如,一个传染病,在密度大的种群总比在密度小的种群中更容易传播。在密度大的种群中,物种竞争的程度比较强烈。诸如此类的因素作用,都与种群密度大小有关。

　　(1)食物因素在种群数量调节中的作用。食物是一个很重要的限制因素。环境中任何生物因子和非生物因子都能够影响种群的数量和生物量,但是左右种群数量和生物量波动的调节机制,几乎总是经由食物保障的改变、种内关系的改组而起作用。例如北海道的鳕鱼(*Gadus aeglifibus*),将其渔获资料依年龄群来分组,求其最大体长 L_{∞} 值与前一年鱼的密度关系图表进行比较,可以发现不论在何年龄,密度越高,生长越差,其程度以鱼幼小时更为显著。对于这种水中的密度效果主要是由于食物不足所致。还有,在第一次和第二次世界大战中,出海捕鱼停止以后捕获的鱼类数量多,但体重却减轻。这些例子都说明了食物因素在种群数量中的调节作用。这个系统的作用机制通常是种群作用于饵料基础,使之发生变化,而变化了的饵料基础,通过改变种群的食物保障和个体的物质代谢进程影响着种群的增殖速度。

　　(2)种间竞争与数量调节。如果两个种群有机体为了争夺同一资源(食物、空间或水体),那么种群的数量就会因为这种作用而受到影响,这种相互的争夺,如果出现在不同物种之间的个体,称为种间竞争。如果出现在同一物种之间的个体,随着种群密度上升,对于个体或种内水平的增殖和生长给予不利的影响,则称为种内竞争。

种内竞争是种群数量调节的一个重要因素。这种种内竞争随着种群密度增大而加剧,尤其当种群密度接近环境负载容量时,竞争就更加剧烈。许多种有机体都产生各种各样的机制,使生物在高密度时能降低生长率,低密度时能增加生长率。种群自身没有反馈系统,而是通过改变其生殖率、死亡率和迁移率而进行种群密度的自我调节。鱼类数量自身调节的各种适应形式,其作用往往是相互联系的,但并不是所有的自身调节都同时起作用。

鱼类经由生长和丰满度变化的调节表现在:生长速度和生长变异,性成熟时间,个体初次性成熟年龄和同一体长鱼类繁殖力的变化;凶猛动物捕食强度随着生长速度的改变而变化(生长慢的捕食强度大于生长快的);通过性产物质量的变化,其中包括卵径大小、卵内卵黄积累和含脂量的变化幅度而改变后代的食物保障;随着性成熟年龄的变化而改变种群个体衰老年龄和寿命,提高卵子和仔稚鱼存活率等。上述所有调节机制既改变着增殖强度,也直接改变种群的数量。

自我调节学派研究重点放在种群内部各个体、成员之间的相互关系上,包括行为、生理和遗传特征上。此外还有行为调节学派、内分泌调节学派和遗传调节学派。种群数量调节理论是理论生态学中最关键、最复杂的问题,又与许多实践问题密切相联系。因为种群数量动态与动物的营养、繁殖、死亡、迁移活动等各方面都有关系,不仅外部环境条件影响种群密度,而且在构成种群成员的生理、行为,甚至遗传方面的限制也都影响着种群的调节。目前整个问题的研究正在不断深入。

六、案例分析:大黄鱼地理种群划分及其与地理环境的关系分析

地理种群的形成与分化与区域性的环境条件有着密切的关系,因而在种群的形态和生态等特征方面也有着明显的差异。徐恭昭等(1962)和田明诚等(1962)对大黄鱼种群结构的地理变异及其与环境关系研究结果如下(表2-7,表2-8)。

表2-7 大黄鱼地理种群主要生物学指标(徐恭昭等,1962)

地理种群	性别	最高年龄	平均年龄	开始性成熟年龄	大量开始性成熟的年龄	生殖鱼群年龄组数目	剩余群体(%)	渔获量(相对重量)
岱衢族	♀	18—29	5.49—12.98	2	3—4	17—24	80—85	100
	♂	21—27	6.33—14.00	2	3	20—24		
闽-粤东族	♀	9—13	3.23—4.98	1—1	2—3	8—12	60—65	25
	♂	8—17	3.30—4.92	2	2	8—16		
硇洲族	♀	9	3.06	1	2	7	60—65	1
	♂	8	2.94	1	2	8		

表2-8　大黄鱼各地理种群的主要分布区以及与种群数量有关的几个因素(徐恭昭等,1962)

地理种群	岱衢族	闽—粤东族	硇洲族
分布区的大致范围	黄海南部—东海中部(约到福建北部瑜山岛)	东海南部(瑜山岛以南)—广东珠江口	广东珠江口以西—琼州海峡以东
主要产卵场	吕四洋、岱衢洋和猫头洋	官井洋、南澳、汕尾	硇洲附近
主要产卵场面积(相对数)	100	47	12
60 m等深线以内的面积(相对数)	100	38	19
100 m等深线以内的面积(相对数)	100	33	19
主要结合年径流量(相对数)	100	42	1.5
主要作业方式	定置和半流动性渔具;南部温州外海1956年开始敲鼓作业	福建沿海为定置和半流动性渔具;1956—1957年福建南部有过敲鼓作业,广东为敲鼓作业	定置和半流动性渔具,仅1956年有过敲鼓作业

(1)在鱼类中随着寿命的提高和性成熟过程的延长而种群结构愈趋复杂,在大黄鱼种内的不同地理种群中也一定程度地得到反映。分布在浙江北部的岱衢族,寿命最长,性成熟(特别是大量性成熟年龄)较迟,组成复杂,剩余群体占着稳定的优势。生活在南海珠江口以西的硇洲族,寿命短,性成熟最早,组成简单,补充群体比重较大。而分布在福建北部至珠江口海区的闽—粤东族,则介于它们之间。

上述各个地理种群的寿命和组成的变异也表现出动物界中依温度而改变的一般性规律,即栖息于我国沿海具有明显不同纬度分布区的大黄鱼地理种群,随着分布区纬度的增高,种群寿命延长,世代性成熟推迟以及种群组成愈趋复杂,种群数量变动的稳定性更加提高。

(2)大黄鱼地理种群与环境的关系。①大黄鱼三个地理种群的数量与产卵场的面积有关;②与所掌握的生活区域的大小以及主要江河径流量的多少有关,即岱衢族为最广阔,硇洲族最狭小,闽—粤东族介于两者之间;③我国东海和南海鱼类区系种类组成的数目,南海要比东海多一倍以上,因此,在生存竞争和敌害上岱衢族看来也较南部的两个地理种群大大地削弱;④从增殖能力和种群数量变动的稳定性来看,岱衢族既有随着寿命延长,种群结构复杂而较为稳定的特点,同时又具有补充速度相对迅速的特性;⑤作业的方式与强度,特别是捕捞性未成熟幼鱼和在产卵期以前的强度捕捞,无疑是引起种群数量波动的主要因素之一。敲鼓作业和沿岸定置网是进行捕捞和损伤幼鱼的主要渔具。因此,20世纪60年代初期广东近海和福建以及浙江南部各主要大黄鱼渔场的渔获量显著下降。综上所述,构成大黄鱼三个地理种群之间数量以及寿命的长短和组成复杂或简单的程度等的如此悬殊差别,是各个种群对其生活海区的海洋学条件与地理位置特点在历史过程中的适应性的表现。

(3)形态特征的地理变异。大黄鱼大部分分节特征,特别是鳃耙和鳔侧枝数及体型量度特征的眼径、尾柄高、体高和D—A等特征的平均数,都表现出明显的由北向南、与纬度平行的级次的地理变异(表2-9)。背鳍鳍棘数、幽门盲囊数和鳔侧枝数是由北向南逐渐增加,鳃耙数、脊椎骨数、臀鳍鳍条数则相反,是由北向南依次减少;眼径的大小是北部的第一类群大于南部者;尾柄高、体高和 D—A 等三个特征则是由北向南逐渐增高。

表 2 – 9　大黄鱼三个种群的形态特征差异(田明诚等,1962)

特征	背鳍棘数	幽门盲囊数	鳔侧枝数		鳃耙数	脊椎骨数	臀鳍条数
			左侧	右侧			
岱衢族	9.91	15.12	29.81	29.65	28.52	26.00	8.07
闽—粤东族	9.96	15.20	30.57	30.46	28.02	25.99	8.04
硇洲族	9.96	15.29	31.74	31.42	27.39	25.98	8.01

特征	胸鳍条数	背鳍条数	眼径/头长	尾柄高/尾柄长(%)	体高/L(%)	D—A/L(%)
岱衢族	16.82	32.53	20.20	27.80	25.29	46.31
闽—粤东族	16.78	32.64	19.19	28.42	25.58	46.46
硇洲族	16.68	32.27	19.40	28.97	25.96	47.02

根据大黄鱼三个主要生殖种群的资料来看,各种群眼径平均大小的变异与分布海区的海水透明度有一定的关系,即眼径平均较大的种群所在海区的海水透明度较低(表 2 – 10)。

表 2 – 10　三个大黄鱼种群眼径大小与海水透明度的关系(田明诚等,1962)

种群	眼径/头长(%)		主要产卵场地海水透明度	
	波动范围	平均	波动范围(m)	主要数值(m)
岱衢族	17～23	20.16	<0.5 – 1.5	<0.5
闽—粤东族	17～21	19.19	0.5 – 1.1	0.6 – 0.8
硇洲族	17～22	19.40	0.5 – 2.0	1.0 – 2.0

大黄鱼三个种群在统计形态上有一定的差异,而且它们在生态学方面也具有相应的区别。从三个种群的主要栖息分布区的海洋环境条件来看,首先是所处的纬度不同而产生的气候学上的差别,即从最北分布区的温带—亚热带到最南分布区的亚热带—热带性质的海洋气候的差别。其次,受我国近岸海流及江河径流的影响而形成的不同特点。第一类群的主要分布区大致是北到黄海南部或中部,南到台湾海峡以北,它们的大部分区域受到长江径流的影响。第二类群的分布区约在瑜山岛以南至珠江口,这一区域均直接或间接地受到台湾海峡所特有的海洋条件的影响。第三类群的分布区是珠江口以西至琼州海峡的南中国海沿岸带有内湾性质特点的区域。

(4)综上所述,大黄鱼三个种群的主要形态和生态学特征差异较为明显,呈现出连续性的梯度地理变异,在地理上较隔离的岱衢族和硇洲族之间的差异较为明显,处于中间地带的闽 - 粤东族则大部分特征具有过渡的性质。岱衢族的主要形态特点是较南部的两个族的鳃耙数多,鳔侧枝数少,眼径较大,尾柄和身体相对地较低。在生态特征方面,寿命最长,性成熟较迟,组成最复杂,种群数量相对地较为稳定,以春季生殖期为主。硇洲族的主要形态特征是鳃耙数较少,鳔侧枝数较多,眼径较小,尾柄和身体相对地较高。在生态学方面,寿命最短,性成熟较早,组成较为简单,以秋季生殖期为主。而闽—粤东族的形态和生态学的特点均介于岱衢族和硇洲族之间(仅眼径稍小于硇洲族);在生殖期方面,北部群体以春季为主,南部则以秋季为主。

第二节　鱼类的生命周期与早期发育

一、鱼类的生命周期及其时相划分

(一)鱼类生命周期的定义

鱼类的生命周期系指鱼类个体从受精卵发育到成鱼,直至衰老的整个一生的生活过程,又称之为生活史或个体发育。其整个过程所经历的时间,即是我们通常所谓的"寿命"。

鱼体的发育,是指在其生命周期中,结构和功能从简单到复杂的变化过程,也是其生物体内部和外界环境不断变化与统一的适应性过程。发育过程因鱼类种类的不同、生态类型的不同而各具自己的特殊性。它是在种的形成过程中适应环境而形成的,种在该环境中形成,并在同环境的统一中生存下来。

发育过程贯穿于鱼类的整个生命周期。形态发生过程同生长过程一样贯穿着整个生命过程。当生物达到性成熟时,在构造上往往发生很大的变化。成熟生物体不会超越形态发生而生存。

不同种的鱼,各发育时期包括着数目不等的阶段。通常可把鱼类的发育阶段分为以下四个时期。

1. 胚胎发育期

母体内卵细胞的数量,不仅取决于种类的特性,同时也决定于鱼的生活环境。母体在卵细胞原基分化至卵完全排出期间的环境条件决定其发育状况的好坏,假如母体生存条件严重恶化,可能导致卵细胞被吸收。卵子产出和受精之后,母体与子体的发育过程和成活率不发生联系。卵期、仔鱼期(前仔鱼期)的主要危险是呼吸和被凶猛动物的吞食,这是造成它们死亡的主要原因。筑巢和保护自己后代的种类,凶猛动物的食害作用则显著下降。

鱼类从一发育阶段转入另一发育阶段的时刻是通过短时间的突变完成的。这时往往伴随着个体的大量死亡,特别是早期发育阶段,这从许多人工饲养中得到证明。如受精卵孵化时往往发生大量死亡;许多鱼类从自身营养转入外界营养时,也往往发生大量死亡。转入下阶段的所有准备,均在上阶段完成,而后者在保证转入下阶段时,变化可能不很明显。

2. 幼鱼时期

鱼类性未成熟期可分为稚鱼亚期和性发育亚期,其特点是捕食者和被捕食动物的紧张关系继续缓和,自然死亡率下降。在这期间的某一定阶段死亡率可能再度迅速上升,如在溯河性和半溯河性鱼类降河阶段。

在这期间鱼体生长的主要适应特点是能量消耗于个体生长,体内的贮备物质一般不积累或很少积累。因此,鱼体食物保障的变化,在线生长节律和性成熟年龄的变化上很敏感地反映出来。在这一段生活期间,鱼体的生长成为进入生殖群体的补充节律及成活率的主要机制。

3. 成鱼期

在鱼类的生命过程中,这一时期是具有特殊生长特性的短暂时期——性成熟时期。在该期间,生物体的主要功能是保障性腺的形成、性产物的成熟和体内积累储备物质,供生殖洄游和生殖过程中的物质代谢,届时鱼体需大量消耗能量,而进食大幅度地减少或者完全停止。因此,这一时期,体长的增长急剧减缓,体内储备物质的积累,首先是脂肪的积累开始强化。与此同时,线性生长时期缩短。

4. 衰老期

衰老是重复生殖的鱼类所特有的生命阶段。一生生殖次数少的种类,基本上不存在衰老现象。所谓衰老,系指鱼的正常代谢过程受到破坏,绝大部分饵料用于维持生命活动而不是用于生长。对摄食饵料的消化和吸收能力降低,所产出后代的质量和数量下降,性机能逐渐衰退,不能每年参加生殖活动。这些衰老特征与生物体内发生的一系列其他过程,首先与物质代谢过程的变化有关,是属于功能性的。呈现衰老过程的高龄鱼,在食物成分、摄食频率和索饵地点,和鱼群中其余未衰老的个体有明显的不同。因此其数量的多寡对鱼群其余部分个体的食物保障,一般不会造成特别明显的影响。

开始衰老的年龄,不同鱼种是不同的,即使同一鱼种,也因生活区域不同而不同。由于食物保障的变化和进入性成熟年龄的改变,同一鱼群的个体,衰老开始的时间也会有变化。

同一年出生的个体,其衰老年龄也有不同,性成熟提早,通常会造成寿命缩短和较早衰老。一般是生长越慢,其参加生殖的次数就越多。

(二)鱼类生命周期的时相划分

鱼类的生命周期往往要经过许多个性质不同、不相重复的发育时相方可完成。这里所谓发育,就是指"质"的、阶段性的变化过程,与此相反,所谓生长,则指"量"的增加过程,生长的结果引起发育,同时发育的过程又是生长的继续,两者相互制约,又相辅相成。依其发育性质与特征通常划分为如下几个主要时相。

(1)卵期(egg stage):是鱼类个体在鱼卵膜内进行发育的时期。

(2)仔鱼期(larval stage):是鱼苗脱膜孵化,从卵膜内发育向卵膜外发育的转变时期,口尚未启开,属内源性营养(靠卵黄、油球)性质,也是从依赖亲体内部环境向直接在外界环境中进行发育的转变时相。

(3)仔鱼后期(post-larval state):是开始依靠外源性营养(动物幼体与小型浮游生物)进行发育与生活的时期,也是鱼和环境关系的一个转机。在鱼体外形与内部结构上,为一生中变化最剧烈的时期,但与成体相比仍有很大差别。

(4)稚鱼期(juvenile stage):是体形迅速趋近成鱼的时期。消化器官不仅在质上向成鱼的基本类型发育,而且胃、肠、幽门垂等也均达到各个"种"所固有的类型和数量。鳞被发育完全及完成变态是该时期结束的基本标志。此期生态习性的一个主要特征是集群性显著加强。

（5）幼鱼期（young stage）：一般是指性未成熟的当年生幼鱼，在体形上与成鱼完全相同，但斑纹、色泽仍处于变化中，是个体一生中生长最快的时期。

（6）未成熟鱼期（immature stage）：这是形态和成鱼完全相同而性腺尚未成熟的时期，一般是从当年生幼鱼向性成熟转变的时期。

（7）成鱼期（mature stage）：已具备生殖能力，于每年一定季节进行繁殖发育的时期，第二性征发达。

（8）衰老期（aging stage）：是性机能开始衰退、生殖力显著降低、长度生长极为缓慢的时期。

关于鱼类生命周期各发育阶段的划分，鱼类学工作者之间仍稍有差异：有的学者将仔鱼期直接分为仔鱼前期和仔鱼后期，或将仔鱼前期和卵子期作为胚胎期的两个亚期；有的文献将稚鱼期、幼鱼期并入未成熟期；有的不划分衰老期等。据日本学者渡部和服部（1971）相关文献，将一些学者对鱼类的发育阶段术语综合成下表（表2－11）。

表2－11　鱼类的发育阶段术语

著者	发育阶段						
	卵（egg）	仔鱼（larva）		稚鱼（juvenile）	幼鱼（young）	性未成熟鱼（immature）	成鱼（adult）
		前期仔鱼（prelarva）	后期仔鱼（postlarva）				
Sette（1943）	卵（egg）	仔鱼（larva）		后期仔鱼阶段（postlarval stage）			
		具卵黄囊阶段（yolk sac stage）	仔鱼阶段（larva stage）				
Hubbs（1943）	胚胎（embryo）	仔鱼（larva）		稚鱼（juvenile）	幼鱼 [young and half-grown young of year (O Age) yearling-two year old]		
		前期仔鱼（prelarva）	后期仔鱼（postlarva）				
		具卵黄囊的鲑鱼苗（alevin）					
		被认为是Salmonidae的后期仔鱼					
内田（1958）	胚胎（embryo）	仔鱼（larva）		稚鱼（juvenile）	幼鱼（young）	性未成熟鱼（immature）	成鱼（adult） / 衰老鱼（senescent old fish）
		前期仔鱼（prelarva 或 prolarva）	后期仔鱼（postlarva）				
Nakai（1962）	卵（egg）	前期仔鱼（prelarva）	后期仔鱼（postlarva）	稚鱼（juvenile）			

续表

著者	发育阶段						
	卵（egg）	仔鱼（larva）		稚鱼（juvenile	幼鱼（young）	性未成熟鱼（immature）	成鱼（adult）
		前期仔鱼（prelarva）	后期仔鱼（postlarva）				
Nikolsky（1962）	胚胎期（embryonic）					性成熟期（period of the adult organism）	高龄鱼期（period of senility）
	卵（egg）	前期仔鱼（free living embryo）（prelarva）	仔鱼期（larva period）	性未成熟期（period of the immature organism）			
服部（1970）	卵（egg）	前期仔鱼（prelarva）	后期仔鱼（postlarva）	稚鱼（juvenile）		性未成熟鱼（immature）	成鱼（adult）
渡部（1970）	卵（egg）	前期仔鱼（prelarva）	后期仔鱼（postlarva）	稚鱼（juvenile	幼鱼（young）	性未成熟鱼（immature）	成鱼（adult）

资料来源：渡部和服部，1971；赵传绸，1985。

自 Hubbs（1943）提出将仔鱼划分为前仔鱼和后仔鱼期以来，这两个命名沿用了 30 年。但 20 世纪 70 年代以后，在欧美文献中已逐渐少见。理由是这两个命名概念模糊。目前一般用卵黄囊期仔鱼（yolk - sac larva）或早期仔鱼（early - stage larva）代替前仔鱼期，而用晚期仔鱼（late - stage larva）代替后仔鱼期。卵黄囊期仔鱼的命名简单正确地表达了这一期相仔鱼的形态、功能和生态特征，因此，已被广泛使用。

Kendall 等（1984）认为早期史阶段存在着两个过渡期，即卵黄囊期和变形期仔鱼（transformation larva）。这两个期相的仔鱼，其形态、生态和生理变化相当剧烈，很有必要专门命名和研究。变形仔鱼的命名提出了这样一个观点：早期史阶段的变态是共性，而不是鳗鲡和比目鱼等少数鱼类特有的。这种变态在外形上包括某器官的有无和位置变更，鳍褶、外鳃、体透明等仔鱼器官和特征的消失，鳍条和鳞片的形成。变形期可延续到稚鱼期。

前述诸时期，日本学者川崎健（1982）又概括为两大阶段：一段是成鱼期—卵期—仔鱼期；另一段是仔鱼后期—稚鱼期—幼鱼期—未成熟期。前者是种族维持阶段，即主要致力于使种族得以维持、发展的阶段；后者是个体维持阶段，主要致力于使各个个体得以维持、发展的阶段。鱼类的生命活动也就是由个体维持和种族维持这相互矛盾的两个侧面构成。即个体的存在是以种族的继续为前提，而种族的存在又以个体的维续为前提。生物的生命活动贯穿于这两个方面的矛盾与统一之中。

（三）鱼类生命史类型

在鱼类漫长的进化过程中，由于各种鱼类栖息于特殊的环境中以及其固有的形态、生理和生态特征，使得各种鱼类的生命周期的长短存在差异。现知某些鲟科鱼类寿命可达上百年，而热带小型鱼类的寿命则较短，有的鰕虎鱼的寿命甚至仅有几个月的时间。同种鱼类的不同种群,其生命周期往往也存在明显的差异,如中国沿海的大黄鱼,岱衢族、闽—粤东族和石匈洲族的生命周期分别约为30年、12年和9年。

一般来说,随着地理纬度的增加,鱼类的生命周期延长,即生活于热带低纬度水域中的鱼类生命周期比生活于中纬度和高纬度水域中的鱼类生命周期短。由于生命周期长的鱼类与生命周期短的鱼类在生态习性上存在较为显著的差异,因此在研究工作中,又将鱼类的生命周期划分为以下三种不同的类型。

1. 单周期型鱼类

年满1周龄便性成熟,终生只繁殖一次,产后即死亡,种群只由一个年龄级组成,如大银鱼、矛尾刺鰕虎鱼等。属于此类型的鱼类,生殖群体全由补充量组成,参加生殖活动之后的个体,基本上全部死亡。因此,各年参加生殖活动的补充量的多寡决定了生殖群体数量的多少,世代的丰歉又深刻地影响着群体数量。所以这一类型的鱼类,种群数量变动较为剧烈,其变动幅度大。若强化捕捞,其资源容易受到破坏,但也容易恢复。

2. 短周期型鱼类

虽可重复性成熟,但寿命较短,年龄组简单,如蓝圆鲹、带鱼、沙丁鱼、鳀鱼、青鳞小沙丁鱼及一些常见的小型鱼类。但不同种的群体结构和性成熟时间有很大差别。其数量变幅往往很大,这也意味着该鱼资源易受过度捕捞等破坏。不过措施得当,资源也较易得到恢复。

3. 长周期型鱼类

如小黄鱼、大黄鱼、牙鲆和蛇鲻等一些大、中型肉食性鱼类,生命周期长,一生中重复产卵次数多,年龄结构复杂,其资源逐年变动较为平稳,变动过程较为和缓,变动幅度不大,但该类型鱼类资源受到破坏之后,恢复速度较缓慢。

鱼类的生命史类型是各个鱼种固有的生物学特征,其主要意义在于它作为研究种群特征的基础资料,决定着鱼类数量动态。随着渔业资源学的兴起,这方面的研究更成为渔业科学的重要问题,并取得了大量研究成果。

二、鱼类的早期发育

(一)鱼类早期发育的一般特征与过程

鱼类生命周期中的早期阶段,即从鱼卵到幼鱼的各个时期,是鱼类数量最大、死亡最多,也就是鱼类数量变化率最高的敏感时期。它的残存量多寡,将决定鱼类世代的发生量,即后备群体资源的高低。因此,进行鱼类早期发育规律的研究,对阐明鱼类数量动态及开展资源增殖、保护,具有非常重要的现实意义。下面以斑鰶为例,简述其早期发育过程中的主要形态特征、生态习性(图2-8)。

1. 卵期

斑鰶的卵子为圆形浮性卵,卵膜光滑,无色透明,卵径为1.15~1.55 mm,卵黄色淡而透明,其上布有网状纹理,内含淡棕红色油球一个,卵黄径为0.8~1 mm。其受精卵的发育过程,可分四个不同发育阶段(发育水温15.5~18℃)。

(1)卵裂阶段:从受精卵到囊胚期结束。其特点是由1个单细胞的有机体,经过频繁分裂而成为一个囊胚期的多细胞体。这阶段约经历 10 ~ 12 h,其中 1 至 4 细胞的早期分割胚,约为 3 ~ 4h。

（2）原胚形成阶段:从原肠作用开始到胚孔关闭为止。本阶段延续时间最长,变化也较复杂,诸如中胚层分化、神经胚和肌节的出现等,约需 18 ~ 22 h。

（3）胚胎形成阶段:从尾芽形成到心脏开始跳动。本阶段的特点是主要器官系统原基的分离和组织结构的分化,色素细胞也开始出现。持续时间约 13 ~ 16 h。

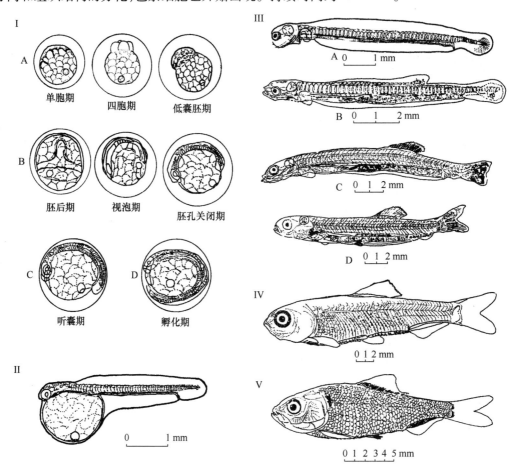

图 2 - 8　黄渤海斑鲦早期发育图（陈大刚,1991）

第 I 期——卵膜内发育期:A. 卵裂阶段;B. 原肠形成阶段;C. 胚胎形成阶段;D. 孵化阶段;

第 II 阶段——仔鱼初期;

第 III 阶段——仔鱼后期:A. 卵囊消失阶段;B. 背鳍条出现阶段;C. 臀鳍条出现阶段;D. 腹鳍条出现阶段;

第 IV 阶段——稚鱼期;

第 V 阶段——幼鱼阶段

（4）孵化阶段:从心脏开始跳动到仔鱼破膜孵出。约经 6 ~ 10 h。其特点是胚胎在长度方面显著增长,特别尾芽加速生长,头与卵黄分离及孵化腺体的出现,胚体不停地在卵膜内收缩摆动,即将破膜孵化。至此胚胎期结束,共经历 51 ~ 57 h。

2. 仔鱼期

斑鰶的初孵仔鱼全长仅 0.4~4.4 mm,肌节 52(44 +8)。有发达的卵黄囊,全身透明,色素稀少。仔鱼仰浮于水面,不时作波状游动。水温 18~22.6℃时,鱼体随胸鳍芽出现,黑色素增加,卵黄囊渐被吸收。到口部初开,肠管明显,历经 3 天,全长达 5.5~6mm,从而结束仔鱼期。鱼苗在水中姿态亦从仰游到垂直倒挂,最后开始转平,进入仔鱼后期。

3. 仔鱼后期

从这时起仔鱼转为外源性营养时期。由于鱼苗变态复杂,持续时间较长,故又可分成以下几个具体阶段(发育水温为 18.0~28.20℃)。

(1)卵黄囊消失阶段。孵出 4~5 天进入此阶段,全长 5.5~6.5 mm,肌节 55(43 +12)。此时鱼体细长,口部明显,肠腔褶皱可见,仔鱼已转为波状平游。开始摄食酵母等微小生物。

(2)背尾鳍原基及鳍条出现阶段。孵出 6~10 天进入此阶段。全长 6.5~8.5 mm(前期)或 10~11 mm(后期),肌节 54(43 +11)。此时下颌长度超过上颌。听囊达最大,肛门和尾鳍各有一丛黑色素,背鳍、尾鳍原基出现。到背鳍条、尾鳍条出现时,头部后缘也出现两块黑色素。鱼苗转为摄食双壳类担轮及其面盘幼体。

(3)臀鳍原基与鳍条出现阶段。孵出 12~16 天进入此阶段。全长 10.5~11 mm(前期)或 11~14 mm(后期),肌节 52(42 +10)。当臀鳍原基出现时,鱼体黑色素增多,但除肛门色素丛加深外,肠管上下缘尚未形成色素带,背鳍条 12 枚,臀鳍条出现时,听囊处的色素已成"∨"型的色素丛,尾鳍也开始分为上下叶。这阶段大量摄食双壳类幼体、海洋桡足类及其幼体。

(4)腹鳍芽及腹鳍条出现阶段。孵出 18~23 天进入此阶段。全长 15.5~17 mm(前期)或 17~20 mm(后期),肌节 50(41 +9)。腹鳍芽出现时,背鳍 15~16 枚,臀鳍条 13~15 枚,鱼体中轴部位出现黄色素点,随腹鳍条出现,中轴黄色素点逐渐成黄色素带,鳔开始充气。奇鳍鳍条数亦趋稳定(背鳍 16~18,臀鳍 12~19)。这阶段除摄食桡足类外,人工培育时还大量投喂卤虫无节幼体,鱼苗摄食强烈,生长迅速。

4. 稚鱼期

孵化 28 天左右进入此发育期,水温 23.8~25.0℃。全长 22 mm,体长 18 mm。鱼苗体高显著增大,奇、偶鳍鳍条已似成鱼,均达定数(背鳍 16~17,臀鳍 22~24,胸鳍15,腹鳍7),棱鳞出现,体渐不透明,系为稚鱼期。待全长达 30 mm、体长 25 mm 时,棱鳞完全,为 19 +14。鳞片开始出现,体背青绿色,腹侧呈银白,已到稚鱼的后期阶段。此时鱼苗个体大,活动能力强,开始结群索食,除大量吞食桡足类外,尚强烈摄食人工投喂的卤虫稚、幼体。

5. 幼鱼期

大约 35 天左右,鱼苗已达全长 36 mm,体长 30 mm。鳞片覆满体表,背鳍后端鳍条开始延长,鳃盖后上方的黑斑尚不明显,即已进入幼鱼期。斑鰶的早期发育至此结束。

诚然,鱼类早期发育的形态、生态学特征依种而异,尤其降河性的鳗鲡、深海型的鮟鱇以及底栖生活的比目鱼等变态复杂的鱼类,其早期发育形态与斑鰶差异甚多,但通常也都经历了上述主要发育阶段,并具有上述的基本特征。所以我们只有循其规律,认真观察,海洋中千姿百态的各种仔、幼鱼是可以识别的。

（二）鱼类早期发育阶段理论及其在苗种培育中的意义

鱼卵和仔鱼的研究工作目的可概括为四个方面：①以鱼卵和仔鱼本身为研究对象，了解有关胚胎发育和仔鱼的形态、分类及其生长和死亡生理、生态习性等。因为无论是浮性卵、沉性卵或粘着性卵，从一个卵子发育、孵化到一尾几乎被动地带有卵黄囊的仔鱼，再从这种依靠卵黄囊为营养的被动漂流的前期仔鱼发育到一尾可以自由游泳、能主动吸摄食的后期仔鱼，甚至再往后长到一尾能在水体表层群聚或底层栖息的幼鱼，其间具有形态学、生理学和生态学等不同特性的几个发育阶段的变化。②从研究海洋（或淡水）水域的生态学出发，研究鱼卵、仔鱼作为被捕食者、捕食者以及评价污染作用的指标。③作为养殖对象，从水产养殖的苗种需要出发，也要研究选育良种的鱼卵和仔鱼。④从研究天然资源的补充资源出发，研究鱼卵、仔鱼的生长和成活数量是衡量亲鱼资源量大小和预报补充资源量所必需的资料。

苏联学者 B. B. Bacuehob（1946；1948；1950）更从形态、机能与环境统一的观点出发，通过鲤科鱼类形态发育阶段的研究，导出"鱼类阶段发育的理论"，归纳其要点如下：①鱼类的个体发育过程，依其形态特征可以划分出许多发育小阶段；②在一个发育阶段内（以一定体长变化为基础），通常只有量的生长，形态、生态也不发生质的变化，当向下一阶段转移时，则几乎全部器官系统都产生质的变化。③在各发育阶段中，鱼类和环境之间具有特殊的关系，其形态特征则是对环境适应的结果。

因此，深入开展对鱼类生命周期的研究，揭示各个发育阶段与环境的相互关系，阐明其生命活动的基本规律，无疑对渔业资源增殖与合理的开发利用具有十分重要的意义。

三、鱼卵、仔鱼、稚鱼的形态及鉴别要点

（一）鱼卵的形态结构及鉴别要点

1. 鱼卵的形态结构

卵子是一种高度特化的细胞，对受精、胚胎发育和营养有特殊的适应性，其结构由下列几部分组成。

（1）卵膜。卵膜位于卵的最外层，保护卵细胞免受外界因素的伤害，并使卵子保持一定的形状，对外部环境起着隔离的作用，以保证胚胎的正常发育。由于物种不同和细胞成熟过程所处的条件不同，卵膜的厚度、构造也不一样。

一般卵膜表面为光滑的透明角质，但有些种类的卵膜上有特殊的构造，如板鳃类卵生的种类（鳐类等），卵形很大，并且外面有角质的卵壳包裹。最大的卵壳长 180mm、宽 140mm。卵壳的外形有匣形、螺旋形，卵壳外面常有卷曲的长丝，以用它缠络在海藻或岩石上，以便有一个安定的孵化环境。蛇鲻鱼类（Lizard fishes）的卵膜为皱纹状或不规则的碎片状。深海发光鱼类的卵膜则有许多三角柱形突起，而且种类不同，突起也不同。燕鳐鱼的卵为黏性卵，卵膜厚，表面有 30～50 条长丝状物，卵子借此附着于海藻上（图 2－9、图 2－10）。带鱼的卵膜呈淡红色。青鳞小沙丁鱼的卵膜略呈浅蓝色。

（2）卵黄。卵黄是一种特殊的蛋白质,是由卵细胞质的液泡酿造而成的,是胚胎发育所需用的营养物质。卵黄的大小一般和胚胎发育时间长短有关。卵黄大的胚胎发育时间长,卵黄小的胚胎发育时间短。

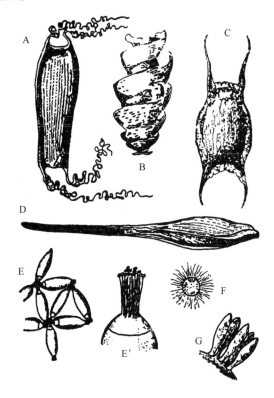

图 2-9　海洋鱼类卵的形态(一)(陈大刚,1997)

A. 猫鲨;B. 虎鲨;C. 花鳐;D. 银鲛的卵壳;E. 加利福尼亚盲鳗的
卵;E'. 一个卵子的动物极;F. 颚针鱼;G. 黑鰕虎鱼

　　卵黄的颜色有多种,有浅红色、淡绿色,但绝大多数是黄色的,有透明和不透明之分。卵黄的形状随卵黄量的多少而不同,在卵黄含量不大丰富的卵中,常呈细微的颗粒状,在卵黄含量多、卵体大的卵中,卵黄常为球状。卵黄含量的多少以及它的分布状况,决定了以后卵裂的方式和分裂的大小。根据卵黄量的多少和卵黄分布的位置,又可将卵区分为:均黄卵、间黄卵、中黄卵和端黄卵四种类型,绝大多数海产硬骨鱼类的卵属于端黄卵。

　　卵黄的表面构造因种类不同也存在差异,有的是均匀的;有的表面呈龟裂状,如斑鰶卵黄表面具不规则的网状龟裂。鲹科鱼类黄卵表面则为整齐的泡状裂纹,遮目鱼的卵黄表面龟裂很小,呈细密排列的小点状。

　　（3）油球。油球是很多种硬骨鱼类卵子的特殊组成部分,是含有脂肪的、表面围有原生质薄膜的小球状体,油球对于浮性质卵不仅是营养的储藏,也起"浮子"的作用,使卵能经常保持在一定水层中;但是它对于沉性卵只是作营养的储藏。

　　一般油球为圆球状,但有些种类在发育过程中油球变形。有些鱼卵仅含一个油球(如鲐

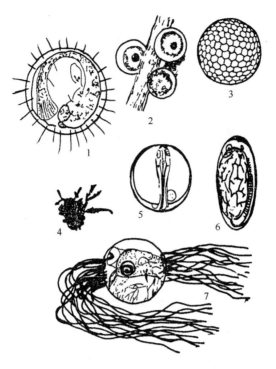

图 2-10　海洋鱼类卵的形态(二)(陈大刚,1997)

1.飞鱼卵;2. 河鲀卵;3. 条鳎卵;4. 大线鱼卵附着在海藻
上;5.白姑鱼卵;6. 鲲鱼卵;7.燕鳐鱼卵

鱼、带鱼、大黄鱼、鲇鱼、鲷类等)是为单油球卵,也有些鱼卵含有多个大小不同的油球(如鲕鱼、凤鲚等)或含有更多更细小的油球(东方鲀、阔尾鲦鱼)。

有的种类虽然是浮性卵,但没有油球,如蛇鲻鱼、毛烟管鱼等。各种鱼卵除在油球的数量上有差别外,油球的颜色也不同,有的呈淡黄色,有的呈暗绿色、橙色等,但一般都非常透明。

(4)卵质。卵质就是卵子的细胞质(原生质),是构成卵细胞体的主要部分,是卵细胞营养和生命活动中心。一个鱼卵内细胞质的多少决定了细胞的大小。

(5)卵核。又称生殖核或细胞核,卵裂、生长、新陈代谢都和核有直接的关系。核的形状一般为圆形或杆状,比较大,核的位置在正常情况看不到,有时在卵的侧面,有时在中间,但一般都在细胞质较丰富的极性一侧。

(6)极性。由于卵质(细胞质)中卵黄分布不均匀而形成了卵子的极性。卵黄多的一端称植物极,卵黄少的或没有卵黄的一端,即主要是细胞质集中的一端称动物极。静置时总是动物极朝下,而植物极朝上。受精卵在动物极形成胚盘,细胞的分裂从胚盘开始,这个时候较容易看到动物极的位置。

(7)卵黄间隙或围卵腔。指介于卵膜和卵细胞本体之间的空隙。受精卵的围卵腔将随着精子进入吸水膨胀而增大。

2.鱼卵类型

鱼卵类型一般可按生态和形态分为两大类。根据鱼卵的不同比重以及有无黏性和黏性强弱等特性,可以将鱼卵区分为以下几种类型。

(1)浮性卵。卵的比重小于水,它的浮力通过各种方式产生的,许多鱼类的卵含有使比重降低的油球,有的鱼卵卵径大,卵粒小,但卵黄间隙很大,便于漂浮。这样鱼卵产出后即浮在水中或水面,随着风向和水流而漂移。我国主要海产经济鱼类如大黄鱼、小黄鱼、带鱼、鲐鱼和真鲷等,都产浮性卵。

大部分浮性卵没有黏性,自由飘动。但也有少数种类的卵是黏聚在一起,有的呈卵带状,有的呈卵囊状或卵块状,例如鲛鳒的卵连成一条带状的卵囊,漂浮于水面,有时可长达数米。

(2)沉性卵。卵的比重大于水,卵子产出后沉于水底,卵一般较浮性卵为大,卵黄间隙较小。沉性卵又可分为几类:①不附着沉性卵:卵子沉于海底或亲鱼自掘的坑穴内,不附着在物体上;②附着沉性卵:在附着型内又有粘着和附着两种,粘着卵的卵膜本身有黏液,粘着于其他物体上;附着卵的上面有一个附着器,通过附着器固定于其他物体上;③有丝状缠络卵:如燕鳐鱼的卵属此类,卵球形,无油球,卵膜较厚,表面有 30 ~ 50 枚丝状物,它的长度为卵径的 5 ~ 10 倍,分布在卵膜的两极,卵子借此附着于海藻上。在各种鱼卵中,沉性卵数量不多。

有些鱼卵的特性介于两种类型之间,卵膜微黏。在咸淡水生活的梭鱼,鱼卵在盐度为0.015 以上的海水中呈浮性,在盐度为 0.008 ~ 0.01 的半咸淡水中悬于水的中层,在淡水中则沉于底部。另有一些鱼类的卵子分布在很大的深度范围,如鳕科一些种类,在深海 1 000 ~ 2 000 m 范围均可拖到其鱼卵,在 100 m 深的海中也可以拖到其鱼卵,这就难以进行分类了。

3.鱼卵的鉴别要点

由于鱼类种类的多样性和它们在早期发育过程中的多变性,给鱼种鉴定工作带来很大困难,以至于难以找到一份较系统的、实用的鱼卵、仔鱼检索表,故此处仅将鉴别要点简列如下。

基本方法是:首先了解并掌握该海区、该季节出现的鱼种及其产卵期,以判断可能出现鱼卵的种类,在此基础上,以不同发育阶段卵子比较"稳定"的形态和生态学特征,特别是鱼卵的外部特征进行鉴别。

(1)鱼卵类型。浮性卵(游离卵,如斑鰶;凝聚卵,如鲛鳒)。沉性卵(附着卵,如鱵;非粘着性,如鲑、鳟)。

(2)卵子大小和形状。卵径大小和形状是鉴别鱼种的主要依据之一,如鳀鱼和鰕虎鱼卵虽都呈椭圆形,但前者为游离型浮性卵,后者则是带有固着丝的沉性卵,附着于产卵室的洞壁上(矛尾刺鰕虎鱼)或空贝壳里(纹缟鰕虎鱼);又如,同是圆形浮性,但黄海、渤海带鱼的卵径为 1.79 ~ 2.20 mm,小黄鱼的卵径则为 1.35 ~ 1.65 mm。

(3)卵膜特征。海产鱼类的卵膜,通常较薄,表面光滑而透明。但是部分鱼种的卵膜上有六角形龟裂和网状花纹(条鳎);有的卵膜上有小刺状突起(短鳍鲔);还有的卵膜表面上更着生细丝(燕鳐、大银鱼)等。

(4)卵黄结构。由于卵黄含量的丰富程度不同,卵黄的结构和形态也不相同,如大部分浮性卵的卵黄分布均匀,透明,略带黄色,但斑鰶等却因卵黄粒较粗而呈现不规则网状纹理。

（5）油球。卵内有无油球及其数量、大小、色泽和分布都是鉴定卵子的重要依据,如牙鲆,只有1个大油球。而条鰤则有几十个小油球。

（6）卵黄间隙。卵黄间隙(围卵腔)的大小在同种鱼或不同种鱼而有差异。

（7）胚胎的特征。胚胎形成后,是鱼卵整个发育期中外部形态比较"稳定"的阶段,也是识别鱼卵十分重要的时期,诸如胚体的形状、大小以及色素出现的早晚、形状和分布等也都是鉴定卵子的最重要依据。

（二)仔、稚鱼及其鉴别要点

基本要点和方法与鱼卵相同,掌握各个发育期鱼苗的形状特征,是鉴别仔、稚鱼的基础。

1. 仔鱼期

鱼体的形状,卵黄囊的形状,油球在卵囊中的位置,肛门的位置,鳍膜的形状,肌节数目以及色素的形状、颜色和分布等都是鉴别仔鱼种类的主要特征。

2. 仔鱼后期

鱼体长度、体长与各部分比例,肛门开口的位置,肌节数目以及色素的类型和排列,各鳍原基或鳍条的形状和位置等。

3. 稚鱼期

鉴定要点除与仔鱼后期相同外,更应注意头部和尾部的形状、鳍条的数目和脊椎骨的数目等可数性状和量度特征(图2－11)。

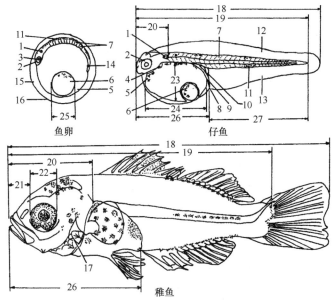

图 2 － 11　鱼卵、仔鱼、稚鱼测定部位及名称(赵传纲等,1985)

1.听囊;2.眼;3.晶体;4.心脏;5.卵黄(卵)、卵黄囊(仔鱼);6.油球;7.肌节;8.肛门;9.消化道;10.膀胱;11.黑色素;12.背鳍膜(背鳍褶);13.腹鳍膜(腹鳍褶);14.克氏泡;15.卵间隙;16.卵膜;17.前鳃盖骨外缘棘;18.全长;19.体长;20.头长;21.吻长;22.眼径;23.卵黄囊短径;24.卵黄囊长径;25.油球径;26.肛前距;27.肛后距

（三）鱼类发育形态研究方法

在研究海洋鱼类各发育阶段的形态变化时,目前国内外最常采用的三种方法简述如下。

1. 人工受精法

用某种成鱼的人工受精取得的资料,与天然采集到的样品进行比较,并据以鉴定种类。这种方法鉴定的种类可靠。

2. 动态研究法

用大量不同大小的标本,按发育期先后进行追踪观察,比较形态和器官的发育,并据形态方面进行分类。

3. 静态研究法

以单个个体完整性作重点,追寻个体的形态发育阶段的主要特征的研究方法。其优点是即使只有少数标本也可进行鉴定分类。不过运用这种方法必须熟悉各科、属、种的幼体形态特征。

在活卵的胚胎上以及活体仔、稚鱼上,往往表现出鲜艳的色彩,但死后很快就褪了色,所剩下的仅为黑色素细胞,而黑色素细胞的出现时间、数量、大小、形状以及分布的位置都是鉴定鱼种的主要依据。在活体标本观察时,对各种色素细胞均予描述,而对固定标本则主要是描述其黑色素细胞。

第三节　年龄和生长

水域环境,包括生物性环境(如饵料生产的量和质)和非生物性环境(如水温和盐度等的季节性变化)对鱼的形态和生活方式产生了一定的影响。我们可以根据这些影响在鱼体上所留下的标志来研究这些鱼群过去的生活、生长速度、性成熟年龄、产卵时期及其产卵习性等,这就是鱼类年龄和生长的研究内容。我们在实际研究中常常采用鳞片、脊椎骨、耳石、鳍条、匙骨、鳃盖骨等作为年龄鉴定、生长速度计算等材料。头足类和贝类则用其内壳、耳石鉴定年龄。

有关年龄和生长方面的研究历史悠久,国内外研究得比较普遍,资料积累也很丰富。1716 年荷兰学者烈文·虎克(Leeuwen hoek)就采用鳞片观察鲤鱼的年龄。1898 年霍夫蒲(Hoffbauer)发现鲤鱼鳞片上许多排列疏密相间的同心圈轮纹,并确定冬季所生长的紧密环纹,借此推测鲤鱼的年龄。1910 年李安(Lea)提出鱼体长度与鳞片长度成正比的关系。20 世纪 30—40 年代,薛芬(Selphin)曾在英国发表了《鳞鱼的年龄和生长关系》的论文,1943 年他又发表《怎样用鳞片研究群体》和《鲤鱼、鲫鱼脊椎骨数目与水温关系》的论文。Rounsefell 与 Everhart(1953)、Tesch(1971)和 Gljsaeter 等(1984)总结和评论了鉴定年龄的各种技术;Weatherley(1972)、Ursia(1979)和 Ricker(1979)等对鱼类生长及生长曲线、生长模型作了全面的综合评述和总结。

我国学者寿振黄和 Lee(1939)发表了《数种食用鱼类年龄和生长之研究》。50 年代后,我国学者进行了更为深入地研究,如张孝威(1951)用耳石和第 2 辐鳍骨研究鳓鱼的年龄与生长。1958 年之后许多学者曾对鳓鱼、黄姑鱼、大黄鱼、小黄鱼等进行研究,并用鳞片、耳石进行年龄鉴定。在淡水鱼类中,对白鲢、鳙鱼等用鳞片、鳍条、鳃盖骨等的年龄与生长进行了较系统地研究。

一、鱼类年龄与生长研究在渔业上的意义

(1)为制定合理的捕捞强度提供科学的依据。渔业生产的目的是能从水域中获取合理、优质的渔获物,并确保其可持续利用。判断最佳渔获量的基本指标一是渔获量多、质量好,二是鱼体生长速度的适宜,使它较快地进入捕捞商品规格。一般认为在原始水域中,高龄鱼稍多,各龄组的鱼类有一定的比例,未经充分利用的水域就出现这种现象。相反地,已经充分利用的水域或特别是过度捕捞的水域,年龄组出现低龄化,第一次性成熟的长度小型化,高龄鱼的比例很少。

鱼类的生长速度和资源蕴藏量存在一定的关系。如果水域中饵料没有变化,鱼类数量增加,势必影响到鱼类的生长速度,性成熟推迟,体长变小,这对渔获量提高不利。反之,鱼类的数量适当,有利于合理觅食饵料,生长迅速,性成熟时体重增加,有利于渔获量的提高。即鱼类资源蕴藏量与鱼体长度成反比。

(2)确定合理的捕捞规格。在捕捞水域中限定捕捞规格是十分重要的。鱼类第一次性成熟和第一次进入捕捞群体的大小,取决于鱼体生长速度。我们知道,高龄鱼数量过多,不利于水域饵料的合理利用,因为它们生长缓慢,不利于提高水域的生产力。在生长速率最快的时期,对饵料的消费合理,增长率最佳,这是养殖业提倡的原则,也是渔业资源管理原则。

(3)为渔情预报提供基础资料。在积累了某些鱼类历年渔获量及该鱼种的年龄组成、生长规律、渔场与环境之间关系等资料后,掌握不同鱼类的生物学特性,便可能编制出渔获量预报,为渔情预报提供基础。

(4)拟定水域养殖种类的措施。通过鱼类的生长特点,特别对饵料的需求状况、生长速率以及对环境条件的需求,判断水域中应该养殖鱼类的品种、数量、各品种间的合理搭配以及饲料供应等,提高养殖质量和产量。

(5)提高种类移殖和驯化效果。查明影响鱼类的生长速度的因素及其规律以及对饵料的需求,进而改善环境条件,以适应鱼类的生长、发育和繁殖,增加移殖和驯化的新品种,增进驯化效果,提高商品价值。

(6)鱼类的生长特点也是研究鱼类种群特征的一个重要依据。太平洋西北部的狭鳕分布广泛,在年龄组成、形态特征和生态习性上存在差异,以此能分析出狭鳕的种群:白令海群、鄂霍茨克海群和北日本海群等三个种群。北日本海群在春季到近海产卵,主要群体由5—6龄组成,体型也大于北部其他两个群体。

二、鳞片、耳石等构造和年龄鉴定

(一)年轮形成的一般原理及其鉴定材料

鱼类的生长和大多数脊椎动物的生长相同,其生长过程中发生了两种变化,一是体型的生长;另一个是体质的发育。通常这两种生长现象是同时进行的,且是互补的。体形的生长

是体长和体重增加的过程,而体质的生长则是性腺的发生和性成熟的过程。鱼类的生长不会因达到性成熟而终止,它的生命仍在不断繁衍下去,直至衰老死亡而终止。但也有例外,如鲑鱼在产卵洄游期仅是形状上的生长,而在体积上则有缩小的现象,因此该鱼类的生长呈现不均衡性。鲑鱼的寿命为2~4年,产完卵后,亲鱼则因体力衰竭而死亡。多数鱼类的生长呈均衡性,即鱼类随着时间的推移,在体质方面也不断地增长下去。鱼类这一生长特点主要是营养条件起决定作用。

当夏季鱼类大量摄取营养物质时,生长就十分迅速,而在冬季鱼类缺少食物时,其生长速度就缓慢下来,甚至停滞。鱼类的这种生长规律,具体反映在骨片、鳞片的生长上,即春夏季节鱼类生长十分迅速,在鳞片上形成许多同心圈,而且呈宽松状况称为"疏带",也称"夏轮";但到了秋冬季节,鱼类生长缓慢甚至停滞,这时在骨片上或鳞片上形成的同心圈纹较窄,称为"密带",也称"冬轮"。疏带与密带结合起来构成生长带,这样,每年就形成一个生长轮带,也就是一个年龄带或一个年轮。通常,大多数鱼类是这样生长的,但有个别是例外的,如东海区的黄鲷一年形成两个年轮;黄鲷到高龄时,年轮形成无规律性,有时2~3年才出现一轮。

总之,年轮的形成不应该看成只是由于季节性水温变化所致,而是鱼类在生长的过程中(遗传的作用),由于外界环境的周期变化通过内部生理机制产生变化的结果,也就是鱼类的生理周期性变化的结果。

用于鉴定鱼类年龄的材料有鳞片、耳石、鳃盖骨、脊椎骨、鳍条、匙骨等,然后配以现代化设备如显微镜、解剖镜等。但不同的鱼类其理想的鉴定材料也不同,所以在有条件的情况下,往往需要用几种材料进行鉴定、对比分析后再确定。如我国一些经济鱼类采用下列材料鉴定年龄:大、小黄鱼以耳石为主,鳞片为辅;带鱼以耳石为主,脊椎骨为辅;鲐鱼以耳石为主,脊椎骨和鳞片为辅等;鲻鱼以鳞片为主,耳石为辅;蓝圆鲹以鳞片为主;沙丁鱼以鳞片为主;太平洋鲱鱼以鳞片为主,耳石为辅。

鉴定鱼类年龄是一项细致的工作,尤其是老龄鱼的年龄鉴定常常存在相当大的困难,因此至今还没有一个能自称对所有鱼类的年龄鉴定是绝对准确的鉴定方法。鱼类和无脊椎动物的年龄鉴定可以通过饲养、标志放流、观察年轮及分析长度分布等方法,较为适用的方法为年轮法和长度频率法。而年轮法又包括了利用鳞片、耳石、脊椎骨鉴定年龄等。

(二)利用鳞片年轮鉴定方法

鳞片是鱼类皮肤的衍生物,是适应水域环境的一种构造。它作为鱼类的外骨骼,广泛存在于现生硬骨鱼类的体表。鳞片的数目和形态特征是鱼类分类的主要特征之一,也是鱼类年龄鉴定和生长状态分析的重要依据。自20世纪70年代以来,国内外一些学者如谢从新等、张春光等开始将扫描电镜技术应用于观察鳞片表面结构特征,并对多种鱼类鳞片进行了扫描电镜观察研究,此项研究对于系统研究鱼类的分类区系和种群特征具有重要的意义。用于观察鳞片的仪器通常有:显微镜、解剖镜、投影仪、照相放大机和幻灯机等设备。

1.鳞片的结构

鱼类的鳞片主要分为侧线上鳞、侧线下鳞和侧线鳞三个部分,其结构直接反映出鱼类的分类特征和生长特征,是研究鱼类分类、生存环境和生长趋势的重要组成部分。每个鳞片朝鱼头方向而埋入鳞囊内的部分为鳞片的前区,朝着鱼尾部而露出囊外的为后区,位于前后区之间的部位为侧区。环轮的生长同鱼体生长的快慢有着密切联系,鳞片的生长是宽带和狭带相间排列而构成的(图2-12至图2-14)。鳞片结构介绍如下:

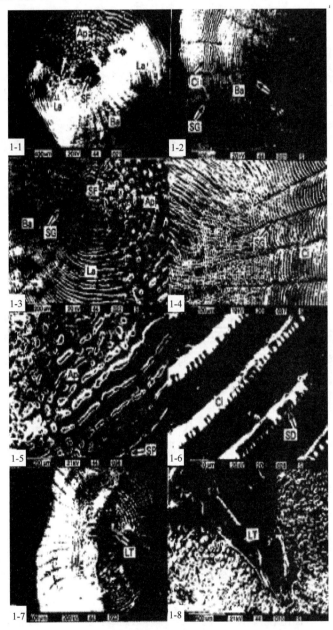

图2-12　蓝罗非鱼鳞片示意图

1-1.蓝罗非鱼鳞片的结构,Ap为顶区,La为侧区,Ba为基区,SF为鳞焦;1-2.鳞片基区的结构,SG为鳞沟,Ci为鳞纹,(→)为年龄纹;1-3.鳞焦的结构;1-4.基区的放大图像;1-5.顶区的放大图像,SP为鳞棘;1-6.鳞纹的高倍图像,SD为鳞齿;1-7.侧线鳞的结构,LT为侧线管;1-8.侧线管的高倍图像,(→)为突起物

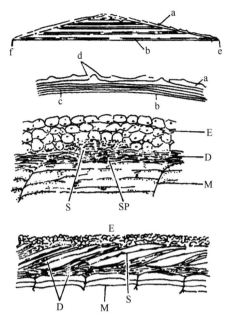

a. 环片；b. 基片；c. 底面；d. 背面；e. 后区；f. 前区；E. 表皮细胞；D. 真表皮；M.
皮下层；S. 鳞片；SP. 鳞囊

图 2 – 13　鳞片的横断面以及公鱼鳞片的早期形成

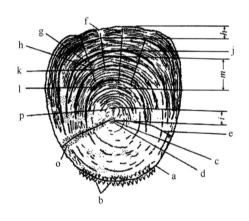

a. 后区；b. 栉齿；c. 鳞焦；d. 中心区；e. 侧区；f. 前区；g. 环片；h. 年轮；i. 幼轮间
距；j. 生殖轮；k. 副轮；l. 第一年轮；m. 年龄间距；n. 边缘间距；o. 疣状突起；p. 幼轮

图 2 – 14　鱼类鳞片的模式图

（1）辐射沟（scale grooves）。辐射沟又称鳞沟或辐射线，是鳞片骨质层出现的凹陷。由
于骨质呈局部折曲而形成，使鳞片容易弯曲，增加其柔软性及弹性，适于运动和输送营养。
又称鳞沟。在鳞片角质层里，由特殊的浅纹断裂而成，完全由环轮的存在而显现出来。通常
辐射沟自鳞片中心或稍偏离向边缘方向延伸，呈放射排列。鲥型鳞片无辐射沟，鳕型鳞辐射
沟由小枕状的环片排列，各自分离的间隙沟分布于整个鳞片；鲱型鳞和鲷型鳞辐射沟发达。

有的鱼类辐射沟朝四方辐射,如鰍科、弹涂鱼科;有的鱼类辐射沟只朝前区辐射,如鲷科、食蚊鱼;有的鱼类辐射沟呈曲折状,如鲥鱼;有的鱼类辐射沟形成圆环状,如泥鳅。

(2)环片(circuli)。又称鳞嵴。是鳞片表面的骨质层隆起线。环片在鳞片上排列的特点与鱼体生境的季节性变化及鱼体生理状况(如性成熟状况、血液中钙质的含量等)的改变一致,因而反映了鱼类在过去年份的生长情况。围绕鳞焦中心排列许多隆起线,这些隆起线称为环纹,又叫轮纹或环片。环纹的排列一般以同心圆圈形式,但也有矩形或其他形状,主要依据鳞型不同而有区别。鱼类鳞片上的轮纹结构,又分为年轮、幼轮、副轮和生殖轮。

(3)鳞焦(scale focus)。居于鳞片的中心,是鳞片的最早形成部分。鳞片表层构造以此为中心向四周扩展,年轮一般在两侧区先形成,然后逐渐包围前区,形成一个完整的年轮。焦核在鳞片的中心或偏在一边,如小黄鱼、大黄鱼、鲥鱼、白鲢等鱼类的焦核位于鳞片正中心,而鳊鱼的焦核位于鳞片的后区。焦核的位置取决于三种因素:①鳞片的生长是否在同一个生长轴上,或生长轴有些偏离;②生长中心的原始条件不同,它可以决定鳞片大小和鳞焦的位置;③鳞片埋入前区时大小的情况有差别。

2. 鳞片类型

通过对多数硬骨鱼类鳞片的研究,将鳞片类型初步划分为四种代表性类型(图2–15)。

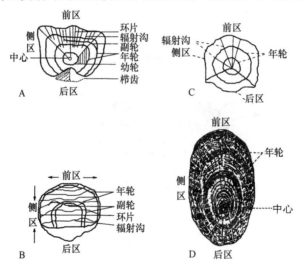

A. 鲷型(小黄鱼);B. 鲱型(太平洋鲱);C. 鲑鳟型(大麻哈鱼);D. 鳕型(狭鳕)

图2–15　鱼类鳞片类型图

(1)鲷型。鳞片呈矩型,前端左右略似直角,前区边缘具有许多缺刻。环纹排列以鳞焦为中心,形成许多相似的矩状圈。轮纹间有明显的"透明轮"。年轮间的距离向外圈逐渐缩小。自鳞焦向前缘形成辐射沟。这一类型的鳞片有真鲷、黄鲷、大黄鱼、小黄鱼、黄鳍鲷等。

(2)鲱型。鳞片呈圆形,质薄而透亮,鳞片上密布微细的环纹,疏密排列与中轴几乎成直角相交。辐射沟从居中的半径上向两旁分出,如同白桦树枝状。年轮十分清晰,以同心圆环显示出来。这一类型的鳞片有太平洋鲱、鳓鱼、沙丁鱼、刀鲚、凤鲚等。

（3）鲑鳟型。以鳞焦为中心，环纹以同心圆圈排列。依鱼类不同，着生位置不同，鳞片的外形也略有差异。鳞片质薄，无辐射沟。环纹以疏密相间形式，规律性显著。这一类型的鳞片有红鳟、大西洋鲑、大麻哈鱼等。

（4）鳕型。鳞片细小呈椭圆状，环纹亦呈同心圆状排列于鳞片上，系由许多小枕状突起组成。其年轮的轮纹标志则以环片的疏密状排列，特别在鳞片的后区更为清晰。这一类型的鳞片有大头鳕、狭鳕、大西洋鳕等。

3. 鳞片的年轮特征

硬骨鱼类常见的年轮标志的主要形态特征，一般可分为五种类型（图2-16）。

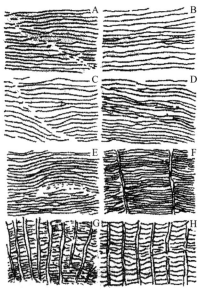

A. 鲱鱼；B. 鲑鱼；C. 鲐鱼；D. 金眼鲷；E. 真鲷；F. 濑户鲷；G. 虫鲷；H. 鰤鱼（据久保,1957）

图2-16　几种鱼类鳞片上年轮的形态

（1）疏密型。环片形成宽而疏的生长带以及窄而密的生长带，窄带与宽带的交界处就是年轮。鱼类在春夏季期间，新陈代谢十分旺盛，生长迅速，在鳞片上形成宽的环纹，而在冬季期间生长减缓下来，形成密的环纹，二者相互交替。之后，第二年又是如此重复生长，在鳞片上留下第二年的宽、密轮带。依此类推，延续几年、十几年。在最后十几年的年轮中，我们仍可在鳞片上找到这些轮纹来，只是轮带间的距离愈来愈短，愈来愈紧密，直到难以判别为止。

鳞片上的这种疏、密、疏、密的排列特点，是绝大多数鱼类所具有的，如大黄鱼、小黄鱼、黄姑鱼、真鲷、刀鲚、牙鲆等鱼类。

（2）切割型。在正常生长时，环纹呈同心圆排列，当生长缓慢时环纹不成圆形，而是逐渐缩短，其两端终止于鳞片后侧区的不同部位，当下一年恢复生长时，新生的环纹又沿鳞片的全缘生长，形成完整的环纹，引起环纹群走向的不同，即在一周年中环纹的排列都是互相平行的，在新的一周年开始时，前一周末的环纹群和新周年开始的第一条环纹相交界而形成切割，该切割处即为年轮，一般在鳞片的顶区和侧区交界最清晰。此种类型的鱼类有蛇鲻、白鲢、鲤鱼等。

（3）明亮型。由于鳞片上年轮上的环片发育不全，往往出现1~2环片的消失或不连续，形成明亮带，其宽度约有1~2个正常环片的间隙。在透射光下进行观察，呈现明亮环节，如鲫鱼。此类型的鳞片多出现在前区。

（4）平直型。由于鳞片上环纹排列一般为弧形，在正常生长下突然出现1~2个呈平直的环纹排列，与相邻环纹截然不同，即将二个年度的环纹由平直排列隔开。这种类型的鳞片多发生于前区，如白姑鱼等。

（5）乱纹型。两个生长带之间环片排列方向杂乱，呈波纹状，有时断断续续，有时交叉、合并等。年轮表现为环纹的疏密和碎裂结构，间或也有疏密与切割的情形。第一个生长年带（有时也出现第二个生长年带）临近结束时，常有2~3个环纹彼此靠拢，在放大镜下观察，一般呈现粗黑的线状阴影，其余的生长带为环纹排列，凡出现破碎结构即为年轮。有的环纹为波浪状断断续续出现，有的出现交叉或合并为一些点状纹。这类特征在鳞片的前区或侧区出现较多，如赤眼鳟等。

4. 副轮、生殖痕和再生鳞

除了年轮标志外，鱼类的鳞片上还会出现其他轮纹，如副轮、幼轮等。因此在鉴定年龄时，要学会正确判别其他轮纹和年龄标志。

（1）副轮（假轮）：是鱼类在正常生活中由于饵料不足、水温变化、疾病等原因，使鱼的生长速度突然受到很大的影响，以致在鳞片上留下的痕迹。一般来看，副轮没有年轮清晰，为支离破碎的轮圈。需要周年观察或鳞长与体长关系进行逆算等手段去认真分析与加以验证。

（2）幼轮：也是副轮之一，是有些鱼鳞片中心区的一小环圈，也称为"零轮"，最容易与第一年轮混淆。判断幼轮可根据鳞片与体长关系的逆算方法结合对鱼类的溯河降海、食性转变等生物学特征的分析来完成。

（3）生殖痕：即产卵轮或产卵标志，是由于生殖作用而形成的轮圈。其特征为：鳞片的侧区环片断裂、分歧和不规则排列，鳞片顶区常生成一个变粗了的暗黑环片，并常断裂成许多细小的弧形部分，环片的边上常紧接一个无结构的光亮的间隙。

（4）再生鳞：由于一些原因鳞片产生脱落，在原有部位又长出的新鳞片。这种鳞片的中央部分已看不见有规则的环片，不适用于年龄鉴定。

5. 鳞片的采集

由于获得鳞片比较方便以及运用它能够较清楚地看到年轮，因此鳞片成为目前最常用的鉴定年龄的材料。一般来说，在未了解某种鱼类鳞片的年轮形成的性质之前，应先对该鱼体侧进行分区采集，然后进行观察比较，选择鳞片正规、轮纹明显的区域为采鳞部位。取鳞后，可以立即做成片子。作片子时，可将新鲜的鳞片浸在淡氨水或温水中数分钟，然后用牙刷或软布轻擦表面，再放到清水中冲洗，拭干后即可用于观察。

（三）利用耳石鉴定年轮

1. 鱼类耳石日轮的发现、研究进展及其意义

1971年美国耶鲁大学地质和地球物理学系的潘内拉首先提出了银无须鳕（*Merluccius*

bilinearis，Mitchill)耳石上存在日轮,之后一些学者陆续证实其他鱼类也具有耳石日轮。美国、加拿大、英国、日本等国诸多学者已采用多种方法研究报道了鲱形目、鲑形目、灯笼鱼目、鳗鲡目、鲤形目、鲉形目、鳕形目、鲈形目、鲽形目等百余种海淡水鱼类的耳石日轮,表明耳石日轮是鱼类普遍存在的现象。加拿大研究者用耳石日轮宽度(间距)与体重的线性关系推算红大麻哈鱼稚幼鱼的体重、生长。美国学者拉特克用电子微探针测定耳石日轮中铝和钙的含量比例,作为环境历史变化指标,来研究鱼类的生活史。我国在这方面的研究处于初始阶段,在鲤鱼、脂眼鲱、白仔鳗、鲍鱼等9种生物种类上已取得研究成果。耳石日轮的发现,是20世纪70年代以来世界鱼类生物学研究最重要的进展,它拓宽并深化了鱼类生物学研究领域。因此,鱼类耳石通常被用来鉴定鱼类(特别是海洋鱼类)的年龄或生态类群。

耳石日轮研究具有广阔的发展前景,特别是耳石的同位素分析,耳石日轮的化学组成和微细结构,耳石日轮与鱼类早期生活史等可能成为热门课题。但耳石日轮研究属新兴领域,尚有许多问题诸如亚日轮、过渡轮、多中心日轮的形成,日轮沉积速率,影响日轮形成的主要因子,日轮形成机理等,均有待深入研究。

耳石日轮揭示了鱼类自身的生长发育与外界环境的关系,不仅具有理论意义而且有重要的应用价值:①能精确研究鱼类的生长,用日龄为时间单位描述鱼类的生长能客观地反映出鱼类生长特性。拉持克等依据日龄推算体长很好地描述了南极银鳕日龄与生长之间关系,建立了生长方程。②研究鱼类的生活史,耳石日轮具有一定的环境敏感性,可依日轮间距变化等追溯鱼类生境的变化。根据白仔鳗的日龄确定鳗鲡产卵期、变态期、漂移规律等,澄清了以往不确切的提法。③可促进鱼类种群生态和渔业资源研究,用耳石日轮研究种群的补充率和死亡率,鉴别不同繁殖的群体等,均可获得更为准确可靠的结果。

2. 鱼类耳石日轮的形态特征

在鱼类内耳中的椭圆囊、球囊和听壶中,分别具有微耳石、矢耳石和星耳石3对耳石,其上均有日轮沉积。大多数鱼的矢耳石较大,因此一般采用矢耳石研究日轮。但一些学者报道鲤科鱼类的微耳石形态变化较稳定,更适于日轮生长研究。图2－17为梭鱼仔鱼耳石轮纹宽度测定示意图。

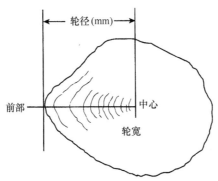

图2－17　梭鱼仔鱼耳石轮纹宽度测定示意图(李城华等,1993)

在光镜或扫描电镜下观察制片,耳石中心是一个核,核的中心是耳石原基,核外为同心排列的日轮(图2-18)。由于耳石形态随鱼体生长而发生变化,日轮形态也相应改变,一般由最初正圆形耳石的同心圆轮到最后稳定的梨形或长圆形耳石的同心梨形或长圆形轮。当耳石由正圆形变成一端圆一端稍尖的梨形或长圆形时,其中心位于偏近圆的一端,耳石形成长短半径。通常短半径日轮排列紧密、清晰,长半径日轮排列较疏且多有轮绞紊乱不清的区段,所以多以短半径计数测量日轮。在透射光镜下,一个日轮是由一条透明的增长带和一条暗色间歇带组成。超微结构显示,增长带由针状碳酸钙晶体聚集而成,间歇带为有机填充物,而且这两个带互相穿插渗透。某些鱼类耳石上除正常日轮外,还有由于鱼体发育阶段或生态条件变化产生的比日轮粗且明显的过渡轮,有些鱼类卵黄营养或混合营养期仔鱼日轮中出现纤细的亚日轮。

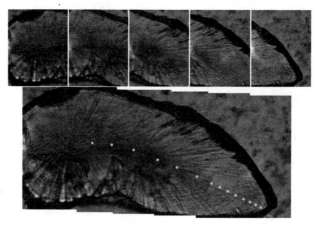

图2-18　柔鱼(Ommastrephes bartramii)耳石切片叠加图 (刘必林等,2011)

3. 鱼类耳石日轮生长规律

耳石日轮研究首先要确证耳石上的轮纹是不是一天形成一轮? 这可采用饲养鱼日龄与日轮对照法、耳石日轮标记法(用化学印迹或环境刺激留在实验鱼耳石上)等,但最简便可靠的方法是日龄与日轮对照法。从胚胎发育后期耳囊内出现耳石开始,连续跟踪观察第一个日轮出现时间,则可知日龄与日轮对照确定耳石轮纹是否是日轮。从已研究报道的鱼类来看,大多数是孵出之后第二天开始形成第一个日轮(如遮目鱼、香鱼、草鱼、鳙鱼等),或卵黄接近吸收完转为外源营养时形成第一轮,如大菱鲆、大西洋鲱等。第一轮形成之后,正常条件下一天形成一轮,即日轮。

耳石日轮间距随鱼体生长发育和环境条件变化而发生规律性变化。在自然条件下,通常前几个日轮间距放宽,之后间距稍窄,一月龄之后随着鱼体生长发育和鱼摄食活动能力增强而轮距增宽。夏秋水温较高,食饵丰盛,轮距增宽,越冬期日轮间距变窄;鱼类生长期日轮间距放宽,性成熟产卵期间距变窄。当鱼类栖息环境(如盐度)发生变化时,耳石上会留下比日轮粗显的过渡轮。美洲鳗、日本鳗鲡和香鱼的幼鱼由河口进入淡水时耳石上都有过渡轮。过渡轮是由生态生理因素造成日轮沉积暂时停止形成的,一般需3~5天。对于不同的鱼类来说,其耳石的形状和大小相差很大,如石首鱼科的耳石体积甚大,而鲐鱼和带鱼等的耳石比较小。

4.鱼类耳石日轮的观察研究方法

耳石材料应取自新鲜鱼。保存在福尔马林溶液中的鱼类耳石已变得极脆,而且丧失了透明性。因此在大多数情况下,不适用于鉴定年轮。由于硬骨鱼类的种类较多,它们的生长方式多种多样,耳石的大小和形态也有不同。因此不可能描述一个对所有的鱼类年龄鉴定研究的通用方法学程序,但一般来说包括①耳石采集;②耳石的保存、固定和贮藏;③耳石的测量;④准备和检测;⑤摄影;⑥计数;⑦作标记使之有据可查等步骤。

胚胎后期和仔稚鱼期的耳石,可从活体鱼耳囊内剖出,用中性树胶封片,在透射光镜暗视野下观察为好。但需注意应在封片干固后再用高倍镜观察,因为挤压会使耳石碎裂。幼、成鱼的耳石可用75%酒精或中性矿物油保存。一般用40～60 nm细度磨石或700粒度金相砂纸两面磨制成耳石中心所在的平面(镜检可清晰见到轮纹),清洗后,用中性树胶封片,制成光镜观察材料。磨制时应注意用指尖压平用力均匀地圆圈式湿磨,避免耳石破碎。而用扫描电镜观察材料,耳石经环氧树脂包埋,磨制成通过中心的矢切面,用 EDTA(乙二胺四乙酸)液蚀、清洗、镀金后使用。可在光镜、扫描电镜下直接或在拍制的照片上测定耳石直径和各部比例,鉴定、计数日轮,测量轮距等。

目前国际上多采用计算机控制的显微照相系统,用图像处理软件进行清晰化处理,然后输出到视频打印机中制片,获得高清晰度的日轮图像,以提高研究工作的精度和质量。磨片时需注意切勿失去其中心。

(四)鳞片和耳石鉴定方法的比较

在我国,鳞片长期以来一直被认为是可靠的年龄鉴定材料,特别是在淡水鱼的年龄鉴定上,除少数无鳞鱼或鳞片上年轮特征不明显的种类外,通常仅用鳞片作为年龄鉴定材料,只是偶尔用些脊椎骨、鳍条等作为年龄鉴定的佐证。但已有一些研究者指出用鳞片鉴定会产生困惑,有时可能将年轮忽略或误认为副轮而造成年龄鉴定的误差。国外许多研究表明鳞片只适用于生长较快的低龄鱼的年龄鉴定,它通常低估高龄和生长缓慢个体的年龄,其准确度和精确度要比耳石、鳍条、鳃盖、脊椎骨、匙骨等低,差距有时很大。耳石被认为是比其他钙化结构更可靠,更精确的材料。Erickson 发现鳞片和鳍条鉴定生长较快的大眼梭鲈年龄,其结果与耳石相近,而鉴定生长较慢的高龄鱼,耳石比鳞片和鳍条更容易、更准确。

一般认为,对年龄组成较为简单、生长较快的种群,用耳石、鳞片都是可行的,而鳞片则具有采集方便、处理简单的优点,在精确度要求不是很高的情况下,可仅取鳞片作为年龄鉴定的材料;而对年龄组成复杂、生长缓慢的种群,选用鳞片作为鉴定材料则显然不适用,而应采用耳石。

三、鱼类年龄的研究方法

(一)年龄组的名称

1.当年鱼

当年鱼是已完全成形的小鱼,鳞片已具备(通常是以鱼的生命开始那一年的下半年或秋季起),鳞片上未出现年轮的痕迹。对这一组的鱼类用零龄组(0)来代表。

2. 一冬龄鱼

一冬龄鱼是已越冬的当年鱼,生长的第一期已完成。"一冬龄鱼"这个名称在春季也可以用于去年秋天孵化的鱼,一冬龄鱼可能还不满一足岁,通常鳞片上有一个年轮痕迹。对于这一组的鱼,也称为第一龄组(I)。

3. 二夏龄鱼

二夏龄鱼是已度过两个夏季的鱼,这个名称自鱼的生命开始后的第二年的下半年和秋季起称之。鳞片上有一个年轮痕迹,年轮外围或多或少有第二年增生的部分轮纹。二夏龄鱼同样也属于第一龄组(I)的范畴。

4. 二冬龄鱼

二冬龄鱼是已越冬的二夏龄鱼,鳞片已有 2 个年龄,或是有一个年轮和差不多已完成了的第二年的增生部分轮纹。但是增生部分轮纹的边缘上还没有出现第二个年轮。有时在第二个年轮的外围还有几个宽亮的环纹所组成的第三年的增生部分轮纹。根据环纹的宽度和排列稀疏的情况以及整个生长带(狭窄轮纹)出现,这种新增生轮纹是很容易和上一年已完全长好了的轮纹区别开来的。

在第三年春季或上半年时,鳞片上具有两个年轮和少许第三年的增生部分轮纹,同样也称为二冬龄鱼。二冬龄鱼属于第二龄组(II),依此类推。

5. 鱼类的年龄归并

鱼的年龄是指完成一个生命的年数或生活过的年数。鱼群中相同年龄的个体,称为同龄鱼。在统计中,把这些同龄鱼归在一起,称为同龄组,如当年出生的鱼称为 0 龄鱼。出生第二年的鱼称为 1 龄组,出生第三年的鱼称为 2 龄组,依此类推。一个鱼群,同一年或同一季节出生的全部个体,称为同一世代。一般以出生的年份来表示属于某一世代。若该世代的鱼发生量极充足,也就是亲鱼的数量丰富,产卵量很高,幼鱼的发育阶段环境良好,饵料丰盛,成活率高,构成了丰富的可捕资源。可捕量高的世代称为强盛的世代。如 1971 年秘鲁鳀鱼属于强盛世代,导致 1972 年鳀鱼产量达到 1 200 多万吨的高水平。在同一种鱼的渔获物中,各年龄的个体数和全部个体数之间的比率,称为渔获物中年龄组成。有的鱼类年龄组数很多,可达到 20 多个,如大黄鱼,有的鱼类的年龄组数很少,只有几个,如竹筴鱼;有的鱼类的年龄数仅 1~2 年,如沙丁鱼、鳀鱼。

对于各年龄组的大小比例,我们可以进行生物学测定,经过年龄鉴定后,就可以分出若干个年龄组。以年度为单位,求出各个世代的强弱程度。有的鱼类的世代强盛,可以由几个年龄组组成,使好几年的产量均处于丰渔的状态。有的鱼类只有 1 个强盛世代组成,如黄海鲱鱼,只有 1 个强盛世代起作用。

6. 鉴定年轮的记录

一般来说,鱼的实际年龄往往很少是整数,但在研究鱼类种群年龄状况时,并不需要了解那么准确,因此习惯上用"n 龄鱼"或"n 龄组"等名称加以统计。为了表示年轮形成后,在轮纹外方又有新的增生部分,常在年轮数的右上角加上" + "号,如 $1^+, 2^+, 3^+, \cdots\cdots n^+$ 等。

（二）鉴定年龄的方法

1. 直接方法

（1）饲养法。饲养法是最原始、最直接的鱼类年龄鉴定方法，即将已知年龄的鱼饲养在人工环境里，定期检查生长状况，研究年轮的结构和年轮的形成时期，而且进一步探索年轮形成的原因和环境因素对鱼类生长的影响。这种方法对于养殖鱼类是可靠的，但只能说明在养殖条件下的年龄和生长情况，还不能反映在自然条件下的真实情况，因为在大自然环境中远远比人为环境要复杂得多。

（2）标志放流法。采用这种方法鉴定鱼类的年龄，是比较有效、有说服力的。因为鱼类标志放流时鱼体长度和体重是经过测定的。根据重捕后的测定结果，可以对年龄和生长作对比分析。这种方法可研究鱼类年龄和生长之间的关系。标志的鱼类是生活在大自然条件下进行的，但是由于标志放流的技术不够完善，鱼体上带有标志牌，多少会影响其生长，而且放流相隔了一年或数年后再重捕的数量不多，会影响研究的效果。

2. 间接方法

（1）彼得生（Peterson，1895）的鱼体自然长度分布曲线法。该方法是利用鱼体自然长度分布曲线测定渔获物的年龄组成，如图 2－19 标本模式分析。一般而论，鱼类的年龄和体长之间存在着一定的联系，年龄越大，体长也越长，体重就越重。每相隔 1 年，其平均长度和体重相差一级。在大自然海区中，由于自然死亡和捕捞死亡的影响，当年世代的鱼数量最多，以后逐年逐渐减少。即随着年龄的增加，鱼类个体数逐渐减少。在搜集大量体长与年龄之间关系资料的样品后，将各个长度组的数量绘制在坐标纸上，可以看出某些连续长度组的数量特别多，而某些长度组的数量特别少，或者没有，形成一系列的高峰与低谷。各个高峰代表着

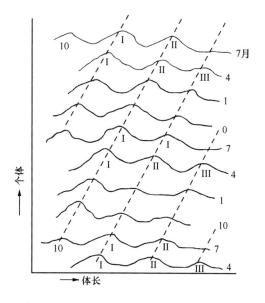

0－当龄鱼；Ⅰ表示 1 岁鱼；Ⅱ表示 2 岁鱼；Ⅲ表示 3 岁鱼

图 2－19　连续标本模式分布（海洋渔业资源调查手册，1960）

一个年龄组,每个高峰的长度组即代表该年龄组的体长范围。在渔具不具备选择性的条件下,长度组分布曲线的高峰一般是依次降低的,如冰岛东部鳕鱼的长度分布曲线(图2-20)。

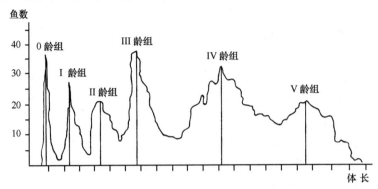

图 2-20　冰岛东部鳕鱼的长度分布曲线(丘古诺娃,1952)

用这种方法鉴定鱼类年龄有一定的局限性。渔具对渔获物有着一定程度的选择性,如拖网、围网、张网、钓具等,都有其限制性的一面,在所捕获的总渔获物中很难包括各个长度组(或年龄组)的鱼类。鱼群在各个渔场,并不是按体长或年龄的自然数目成比例地混合着。老年鱼进入衰老期,生长缓慢,甚至停止生长,因此不免出现长度分布的重叠现象,所以不容易根据长度分布曲线来确定高龄鱼的年龄组成。鱼类在生长发育过程中,饵料的丰富与否和水温的适宜状况,都直接影响鱼体的大小。

尽管这种方法具有上述的缺点,精度不高,特别是那些年间生长差异小的种类和高龄鱼,在分布图上波峰极不明显。但仍可作为一种间接测定年龄的方法。对生命周期短、生长快、没有年轮标志的无脊椎动物和低龄鱼,仍然是有用的。通常可确定第一年龄,甚至第二年龄和第三年龄。

(2)葛莱汉姆(Graham M.)法。通过常年分析渔获物组成状况,利用优势长度组的生长,断定鳞片上(或骨片上)的轮纹是否每年生长一次,如某种鱼在上一年20cm的体长组特别多,而今年以30cm体长的鱼体鳞片上的年轮数比去年多一圈,这样鳞片上的轮圈应属真的年轮。所以鱼类年复一年的生长周期,在骨骼、鳞片等形质上形成重复出现的轮圈。根据这些轮圈的出现,可鉴定鱼类的年龄。运用这种方法的先决条件,是必须有一个鱼类群体的优势年龄组(优势体长组)的出现,也就是这种鱼类资源的每个世代的波动数量在不太悬殊的情况下才可采用。按照 T. H. 蒙纳斯蒂尔斯基划分的产卵群体类型,即属于第二类型——补充群体经常比剩余群体占优势的种类。如我国烟台外海鲐鱼就属于这种类型(表2-12)。

表 2-12　烟台外海鲐鱼的优势年龄组

年份	1953	1954	1955	1956	1957	1958
优势年龄组	IV	V	VI	VI-VII	VIII	X

同样,赫克林(E. E. Hlekling,1933)根据爱尔兰鳕鱼耳石轮群组成资料,用连续数年占优势的轮群组(图 2-21)来确定年龄(黑色条柱为优势年龄组)。

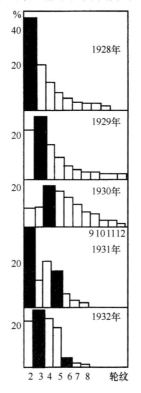

图 2-21　鳕鱼的耳石轮群组成

(3)相对边缘测定法。在一周年内逐月以渔获物中采集一定数量的标本,并观察鳞片上轮纹在鳞片边缘成长的变化情况,即可证明鱼类年龄的形成周期和时间,测量鳞片边缘增长的方法有两种。

第一种是计算鳞片边缘增长幅度与鳞片长度的比值。

$$K = \frac{R - r_n}{R}$$

式中:r_n 为各轮距长度;R 为鳞片长度;K 为相对边缘增长值。

这个计算式的缺点在于分母值 R 因年龄增加而变大,以至于在愈高的年龄组中该比值也愈小。

第二种计算方法是根据鳞片边缘增长幅度($R - r_n$)与鳞片最后两轮之间的距离 $r_n - r_{n-1}$ 的比值 K 的变化,作为确定年轮形成周期和时间的指标。

其计算公式为:

$$K = \frac{R - r_n}{r_n - r_{n-1}}$$

式中:K 为边缘增长值;R 为中心到边缘的距离;$R - r_n$ 为边缘到倒数第一轮的距离;$r_n - $

r_{n-1}为倒数第一和第二轮之间的距离。

边缘愈宽,K值愈大;反之,K值就愈小。在新轮形成之初,K值极小,接近于0。当K值逐渐增大,边缘幅度接近两个轮间的宽度时,则表明此时新轮即将出现(图2–22)。

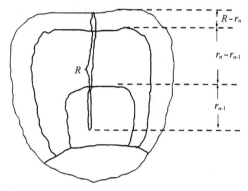

图2–22   测量鳞片边缘增长的幅度(根据 Hickling, 1949)

以东海白姑鱼为例,白姑鱼的第一个年轮恰好在鳞片边缘,其绘制的频率曲线如图2–23所示。在曲线下部表示第一个年轮在鳞片边缘形成的百分比,在曲线上部表示未形成的数值百分数,中间疏密线部分表示年轮构成上有怀疑部分的百分数。从图2–23中可以看出,构成年轮的时期为6–8月。这样表示一年中只有一次最高峰,因此只能形成一个年轮,于是即可确认为第一个年轮。

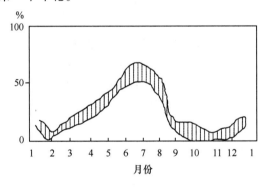

图2–23   东海白姑鱼鳞片上的年轮出现频率图(根据木部和真子,1957)

四、鱼类生长及其测定方法

(一)鱼类生长的规律及其一般特性

1. 鱼类生长阶段的划分

鱼类的生长阶段可分为三个时期:第一阶段,未达到性腺成熟的鱼,生长波动十分剧烈,饵料充足,生长迅速,饥饿是影响生长的主要因素;第二阶段,鱼类处于性成熟时期,所有的体内贮藏物质大多转化成生殖产物,每年在繁殖季节进行产卵或排精活动,各年间的生长是稳定的,增长率变化不显著;第三阶段,进入衰老期,新陈代谢减弱,生长缓慢,随着年龄的增加,体长和体重增加极慢直到死亡。

2. 未成熟鱼体的生长调节

鱼类各发育阶段不同,其生长特点有异。鱼类的体长增长最迅速的时期,通常是在结束稚鱼阶段之后到性腺完全成熟之前,也就是幼鱼期间。这时觅食的饵料,大部分的营养物质可转化成体内的物质,使鱼体不间断地增长着,这时鱼体内不过多积累和储存物质,特别是脂肪。淡水鲑鳟的稚、幼鱼,一年三个季节都处于觅食的旺盛阶段,只在冬季才减缓下来。进入春季之后,水温略回升,又强烈地觅食,使体长和体重保持快速增长。经过四年的洄游、觅食,性腺才逐渐成熟起来;性腺一旦成熟,体长的增长就减慢下来。

鱼类有如此生长特点是因为鱼类在性成熟之前,体长迅速增加可保障免遭敌害生物的袭击,以降低死亡系数。鱼类的生长特性还与繁殖有关,当鱼类达到一定大小长度时,性腺就会迅速成熟起来。在饵料丰富的水域,生长十分迅速,仅几个月或 1 年内性腺就能达到成熟程度,若在饵料贫乏的水域,即使性成熟也将推迟较长时间。如大黄鱼在生长良好的情况下,第三年就达到性成熟,但有些个体要推迟 5~6 年的时间,才能性成熟。因此我们说鱼类的性成熟与体长生长密切相关,而与年龄无直接关系。

3. 性成熟期间生长的调节

鱼类性腺成熟期间,饵料的营养大部分用于性腺的发育和成熟过程,以保证生殖产物代谢活动的需要,提高种群的繁殖能力和子代成活率。在性成熟期间,繁殖力的高低与鱼体体长和体重密切相关。通常,体长大、体重高的个体,怀卵量一般较高,繁殖后代的能力就强。反之,体长小、体重低的鱼,怀卵量也少,繁殖下一代的能力就弱。鱼类的生长属于不可逆的特性。体长和体重的增加还与季节的节律有关。大多数栖息于温带水域的鱼类,具有越冬习性特点,无论个体的大小或鱼群的密度,最大的增长量均处于秋季,而最小的增长量处于产卵时期。热带区的鱼类,在一年之中不同季节里,其生长量的变化较小,不如温带区的鱼类那么显著。

4. 衰老期的生长调节

鱼类的衰老期是指鱼类正常代谢过程的减缓或停滞,此期的饵料只用于维持生命活动,体长和体重的增加较缓慢。衰老期鱼类的繁殖力下降,特别是性腺发育不健全、萎缩或受精率低。

进入衰老期的鱼类,随种类不同而有差别,同一种鱼栖息于不同水域也有差别。例如鳊鱼在咸海生长 7~9 年就进入衰老期,在莫斯科一带水域 8~10 年进入衰老期,在芬兰的湖泊要生活 9~12 年才进入衰老期。同一种鱼类的个体,其衰老期也不同。性成熟提早的鱼,通常造成寿命的缩短;而性成熟较晚的鱼,生殖排卵的次数可能增加,衰老期就减缓,如拟鲤是一种生长迅速的鱼类,在 3^+ 龄时性成熟,其最后一次生殖产卵活动在 7 龄;而在 5^+ 时才性成熟的个体,年龄在 12 龄时还参加生殖活动。

(二)影响鱼类生长的主要因素

鱼类的生长受到多方面因素的影响,一般可分为内部因素和外部因素。内部因素主要是指生理和遗传方面,这是生物学研究的主要内容。例如在鱼类中,一般来说,雌鱼个体要大于雄性个体,雄性个体一般比雌性个体先成熟,生长速度也提前减慢。而外因是指外界环境因子对生长的影响。

鱼类生活的外界环境又可分为生物学和非生物学两个方面。生物学方面主要体现在捕食与被捕食的关系,即凶猛动物的捕食。鱼类在性成熟之前生长较快以防御凶猛动物的捕食。而饵料生物是鱼类生长的能量来源,它的多少直接影响到鱼类的生长和发育。在最适水温的条件下,充足的饵料供应(即饵料的质量和数量)是促进鱼类生长的关键因素。若饵料生物稀少,质量低,就严重影响鱼类的生长和性腺的发育。在自然海区,食饵的丰歉由于季节、地区而有差异,在人工饲养的池塘里,投喂的饵料十分重要,是养鱼成败最关键的因素。

在非生物性方面,包括温度、盐度、溶解氧、光照等因子。鱼类对温度有一定的要求,不管生活在哪一阶段,都将直接或间接地影响到鱼类的生长,一般来说,在适宜的水温范围内,温度越高,鱼类生长代谢也越快。每一种鱼都具有最适的水温变化范围,在此温度条件下鱼类的新陈代谢最活跃、最旺盛,生理反应能力最强,鱼体迅速生长和发育。若水温过高或过低,都能影响性腺的发育以及卵子或精子的成活率,甚至死亡。如鲑鱼受精卵在水温 0 - 12℃时孵化,亲鱼能忍受 0 ~ 20℃ 的水温变化。

鱼类的生长速度有季节性变化,不同纬度地区的鱼类生长状态也不相同。不同世代出生的鱼,生长速度有显著差异的鱼类的生长受环境因素所限制,对于不同世代出生的鱼,其生长速度有明显的差别,所以有丰歉年的现象出现。

(三)测定鱼类生长的方法

1. 直接测定法

根据每批渔获物各样品所测定的年轮和生长资料,按年轮组归并计算出各年龄组的平均长度,即为直接观测鱼类的生长数值,进而算出每年实际增长的长度。只要年龄的生长率在各个世代间没有显著差别,各个年龄组由随机样品组成,这些年龄的平均长度就可用来直接估计鱼类逐年的增长率。

研究表明,鱼类在生命的最初阶段长度的绝对值迅速增加,体重的绝对值也呈正相关增加。随后随着年龄的增加,体长和体重的增加减缓下来。有的种类最初阶段可维持 3 ~ 5 年,有的 8 ~ 9 年,甚至更长一些。也就是说与鱼类寿命这个生物学特点相联系,短寿命的鱼类,最初增长阶段在 1 ~ 2 年内完成,长寿命的鱼类最初增长阶段可适当延长若干年,大多数经济鱼类的体长增长或体重增加均在最初 2 ~ 3 年内完成。

运用直接测定法而采集样品的时间,最好是在鱼类处于繁殖期或者在冬季,或者在新年轮形成的季节(便于与逆算法得出的数据相对照)。直接测定法的优点是最接近实际状况,反映事物的真实性。缺点是一次的数据不能包含全部所需要的年龄标本。不同渔场获得的标本,可能生长速度有差异,不能很好地反映同一世代鱼的生长情况,得到的数据只能反映不同世代鱼群以同样速度生长的状况。

2. 长度的逆算

进行鱼类体长的逆算,原理是鱼类的生长与饵料的(种类、数量、大小)关系极为密切,并与栖息环境的水温、水质以及栖息密度有关。饵料极丰富,栖息水域条件适宜,则鱼类生长迅速。

1901 年华尔特(Walter)研究了鲤鱼的生长,首先发现鳞片的轮纹与鱼体长度成正比关系(图 2 - 24)。同年挪威学者李安(Lea)和戴尔(Dahl)对此发现做进一步补充,他们认为鱼类鳞片的增长随年龄而增加,鳞片长度与鱼类体长成正比例。其公式为:

$$L_t = \frac{r_t}{R} \times L$$

式中:L_t 为鱼类在以往年份的长度;L 为捕获时实测的长度;R_t 代表于 L_t 相应年份鳞片的长度;R 代表捕获时鳞片的长度。

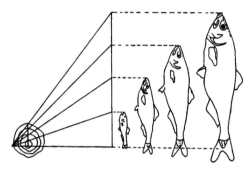

图 2 - 24 鱼体生长及其鳞片生长的相互关系(丘古诺娃,1956)

此后,许多学者经过不断地研究,又引伸出一系列公式。同时发现上述公式在推算鱼类生长时,与实测存在一定的误差,即推算的鱼类长度要小于直接测定的数值。这种误差特别在老龄鱼体上表现得越为显著,这种现象称为罗查 - 李(Rosa - Lea)现象。

该方法不足之处在于没有考虑鱼体长度和鳞片长度的生长特征,因为鱼类时在生长到一定长度后才出现鳞片,并非刚一孵化就出现鳞片。为此,1920 年 Rosa - Lee 将公式修正为

$$L_t = \frac{r_t}{R} \times (L - a) + a$$

式中:a 为开始出现鳞片时的鱼体长度;

上式表示鳞片的生长与鱼的生长呈直线相关,即

$$L = a + bR$$

其中 a,b 为常数;a 为生物学意义,是出现鳞片时的体长;b 相当于每单位鳞片的体长。

后来经过进一步研究,许多学者认为,有的鱼类鳞片与体长的增长并非呈直线关系,而是采用了其他模式(相关关系)进行分析研究,如幂指数、抛物线、双曲线等。邓中麟等(1981)在研究汉江主要经济鱼类的生长时,利用了下述几个逆算模型,并进行了比较。

$$L = as^b$$
$$L = a + bs + cs^2$$
$$L = \frac{1}{b + a/s}$$

3. 鱼类生长率类型和生长指数的计算

鱼类的生长可依据体长(L)或重量(W)描述方式,划分为几种:

(1)在某一年份的绝对增长率(或增重率):$L_2 - L_1$ 或 $W_2 - W_1$。

(2)相对增长率:$(L_2 - L_1)/L_1$ 或 $(W_2 - W_1)/W_1$(通常用百分比计算)。

(3)瞬时增长率:$\ln L_2 - \ln L_1$ 或 $\ln W_2 - \ln W_1$,代表各种形式的典型种群生长曲线。

在比较不同水域中同一种鱼的生长率或不同种类鱼的增长率时,大多数采用对比同龄鱼的长度或重量和对比它们在同一年龄上所增加的长度或重量的方法。

增长的绝对值不能用来比较不同种或不同属的鱼类生长速度。同一增长值在鱼体长度不同情况可具不同的意义,因此在确定鱼的生长速度时,不能等量齐观。

比较不同大小鱼的增长时,不用增长的绝对值而用相对值来表示,也就是用增长值和鱼在年初时的体长两者之间百分率来表示:

$$C_e = \frac{L_2 - L_1}{L_1} \times 100\%$$

该数值百分率来表示一年的生长速度或一年之中的各段时期的平均生长速度,也把它称为“比速”。但是用这样的公式来表示生长的比速,并非十分恰当,为此,鱼的生长速率也可用生长对数来表示。Vasnctsov 的生长对数式如下:

$$C_e = \frac{\lg L_2 - \lg L_1}{0.4343(t_2 - t_1)}$$

式中:0.434 3 为自然对数转换为以 10 为底数一般对数的系数;

L_1 和 L_2 为计算生长比速的那一段时间开始和结束时的鱼体长度或重量;

t_1 和 t_2 为以鱼生长开始的时候(孵化时)起,即需要计算生长比速的那一段时期开始和结束的时间。生长速率的变动范围很大,例如不同水域的鲷鱼,成熟前的生长系数变动在 0.97～7.22 之间,比值为 8 倍,但成熟的鲷鱼则在 0.90～4.0 之间变动,比值为 4 倍。

但是鱼类生长拐点的出现以及生长比速的大小,并不是和生长开始以后所经历的时间相联系,而是与鱼体已达到的长度相联系。因此,可用生长指标来表示,如果以 1 年为期,则 $t_2 - t_1$ 总是 1。因而计算生长指标时可以将($t_2 - t_1$)从公式中省略去。

计算生长比速、生长对数(或相对生长速率)和生长指标时,在任何场合下所用的都是每个年龄的平均长度,而不是各个个体的长度。生长指标能用来划分某水域中该鱼类的生长阶段,例如小黄鱼生长特性的研究中,通过计算生长比速和生长指标的结果,小黄鱼的周期可分为三个生长阶段:第一个阶段属于生长旺盛阶段,为生命最初的一年或二年,鱼体此时尚未达到性成熟,体长的增长迅速。第二个阶段属于生长稳定阶段,从第二年到第六年性腺渐渐地成熟,在第二年还有部分鱼类的性腺未完全成熟或正在趋向成熟,故这一阶段生长稳定,第二年的增长量高达 53 mm。第三阶段为生长衰老期,以第六年开始生长缓慢下来,进入衰老阶段,年增长率变得很低(表 2 - 13)。此外,生长速率是受着一系列的内外因子的影响而引起的。王尧耕等(1965)作出小黄鱼各月的生长与水温、成熟系统和饱满指数等有一定的关系(图 2 - 25)。

表 2-13 东海北部小黄鱼的生长状况

年龄	体长/mm	年增长量/mm ($L_2 - L_1$)	生长比率(%) ($L_2 - L_1$)/L_1	生长指标 ($\lg L_2 - \lg L_1$)/0.434 3
1	139			
2	192	53	0.323	4.54
3	214	22	0.108	2.08
4	233	19	0.085	1.82
5	249	16	0.066	1.55
6	259	10	0.039	0.98
7	260	1	0.004	0.09
8	261	1		

资料来源：王尧耕等，1965。

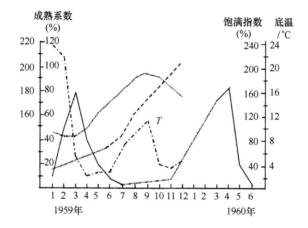

图 2-25 黄海南部小黄鱼生长速率变化因子
（引自王尧耕等，1965）

相对率和瞬时率大多数用在鱼类的重量方面，长度的瞬时增加率和重量的瞬时增加率（G）是类似的统计量，它们的差别仅在于所用常数。因此瞬时重量增长率为：

$$G = \ln W_2 - \ln W_1$$
$$= \ln a + b(\ln l_2) - \ln a - b(\ln l_1)$$
$$= b(\ln l_2 - \ln l_1)$$

式中：只要 b 是已知的，就可提供一个根据体长资料估算 G 的简便方法。式中 b 为重量-长度指数，乘以体长的自然对数的差，即为该年的瞬时重量增长率。

4. 平均生长率的计算估算

计算平均生长率的通常顺序是：①以鳞片测定年龄，并对各个年龄进行测量；②建立鳞片大小与鱼体大小的关系;③对每一条鱼逆算鳞片上所代表的最后一个完整年份开始和结束时间的体长;④计算各个鱼的函数斜率 b,其公式 $\ln W = \ln a + b(\ln L)$;⑤取每尾鱼最后一个完整的生长年的起始长度和末期长度的自然对数,并相减,即可得到每尾鱼的瞬时长度增长率;⑥每一年龄组的瞬时增长率进行平均,其平均值乘以 b 便得到各年龄的平均瞬时重量的增长率 G。

5. 鱼类体长与体重关系

渔业生物的生长是指个体的线性大小,体长、肛长、胴长、壳长和头胸甲长等与体重随时间增加的过程。生长是种群动态变化的主要影响因素,对于种群的生长规律及其相关的影响因子的研究可为资源量评估和渔业管理提供有关的参数。

渔业生物个体可测量和计数的特征之间都有一定的关系,在鱼类的体长、肛长,虾、蟹类的体长、头胸甲长,头足类的胴长,贝类的壳长与其体重之间存有显著的相关关系(图 2 - 26,图 2 - 27)。通常用下式来表示:

$$W = a \times L^b \qquad \ln W = \ln a + b\ln L$$

式中:W 为体重;L 为体长、肛长、胴长、壳长、头胸甲长;a、b 为两个待定的参数;当 $b = 3$ 时为均匀生长,个体具有体形不变和比重不变的特点;当 $b \neq 3$ 时,为异速生长。

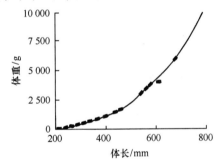

图 2 - 26　体长与体重的关系

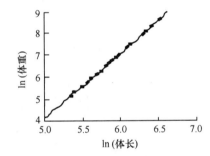

图 2 - 27　经过取对数之后的体长与体重关系

b 值的变化与鱼类的生长和营养有关,不同种群之间或同一种群不同年份之间 b 值有所差异。

同一种群不同生活水域,不同生活阶段以及雌雄之间存有一定差异,我国近海海洋鱼类和无脊椎动物的 b 值均为 2.4 ~ 3.2 之间。淡水鱼类稍大一些,Brawn(1957)认为 b 值在 2.5 ~ 4.0 之间。华元渝等(1981)用数学的观点阐述了上式的生物学意义,认为当 b 值发生微小的变化时,a 值的变化比较明显,b 值的大小反映了不同种群或同一种群在不同生活阶段或性别和环境等的变化。

6. 鱼类生长方程

(1)生长的基本原理。伯塔兰菲(Von Bertalanffy)把生物体看作类似于作用着的化学反应系统,根据质量作用定律,他把决定生物体质量的生理过程,在任何时候,都归结于分解和合成。根据一般生理学概念,伯塔兰菲指出合成代谢率与营养物质的吸收率成比例关系,也就是说与吸收表面的大小成比例,而分解率可以取为与生物总量成比例。以这一设想出发,提出 Von Berta1anffy 公式：

$$\frac{\mathrm{d}W}{\mathrm{d}t} = HS - \beta W$$

式中：S——生物体有效生理表面；

H——每"生理表面"单位的物质合成率；

β——单位重量的物质分解率。

如果生物体为匀称生长，比重不变，通过换算，上式可换成：

$$\frac{\mathrm{d}W}{\mathrm{d}t} = \alpha W^{2/3} - \beta W$$

上式以代谢角度看，生长是瞬时体重的增加量，同体重成比例，同化作用（即物质合成）与异化作用之差出现生长。α 代表同化率，β 代表异化率。

（2）Bertalanffy 体长与体重生长方程。Von Bertalanffy（1938）在假定有机体的重量与长度的立方成比例的条件下，从理论上导出一个表示生长率的方程：

$$\frac{\mathrm{d}L}{\mathrm{d}t} = K(L_\infty - L)$$

解方程：

$$L = L_\infty - C \times e^{-Kt}$$

假定 $t = t_0$，$L = 0$，则有 $L_\infty - C \times e^{-Kt_0} = 0$，$C = L_\infty e^{Kt_0}$

则

$$L_t = L_\infty \times \left[1 - e^{-K(t-t_0)}\right]$$
$$W_t = W_\infty \times \left[1 - e^{-K(t-t_0)}\right]^3$$

式中：L_t 和 W_t 分别为 t 时的个体长度和重量；

L_∞ 和 W_∞ 分别为渐近长度和重量；

K 为生长参数，与鱼类的代谢和生长有关；

t_0 为一假定常数，即 $W = 0$ 时的年龄，在理论上应小于零。

水产经济动物的整个生长过程可用图 2 - 28 来表示。其整个生长过程呈现出一渐近的抛物线，其体长达到一个渐近的最大值。

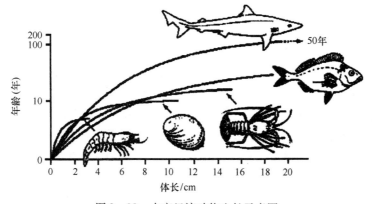

图 2 - 28　水产经济动物生长示意图

五、案例分析:基于耳石微结构的头足类年龄与生长研究

柔鱼是重要的经济头足类,广泛分布在北太平洋海域。通常可划分为冬春生群体和秋生群体。通过耳石日轮计数发现,柔鱼胴长 200~400 mm 对应的年龄范围为 120~260 d;7~10 月份采自亚北极海域的柔鱼,其孵化高峰为当年的 1—4 月,隶属冬春生群体;7—10 月份,雌性个体生长速度要快于雄性,线性生长模式较适合描述此时期柔鱼的生长,但雌雄个体生长曲线存在显著差异。

(一)耳石微结构特征

柔鱼耳石的生长轮纹由明暗相间的环纹组成,生长起点即耳石中心颜色较暗(图 2 - 29A),核心区(nuclear)为零轮以内的区域,通常呈水滴状,耳石的轮纹结构则由核心区向吻区、侧区和背区扩展而形成。因各区大小不同,各区轮纹的清晰度和间距也不相同:吻区最小,轮纹结构不清晰,难于计数(图 2 - 29B);耳石侧区轮纹明显,轮纹生长规则,但是轮宽和轮间距小,侧区边缘轮纹紧凑,难于计数(图 2 - 29C);耳石背区的轮纹明显(图 2 - 29E),轮纹清晰且轮纹间距大于侧区和吻区,方便计数,轮纹读取时从核心零轮至背区边缘逐一计数。另外,一些个体的耳石还存在标记轮或过渡轮,标记轮的宽度较宽,在显微镜下的成像颜色较深,比较明显(图 2 - 29D)。

(二)群体组成

雌性个体胴长范围为 200.3~395.4 mm,平均胴长 289.7 ± 37.2 mm,优势胴长组为 240~320 mm,占雌性个体总样本数的 72.7%;雄性个体胴长范围为 205.1~353.3 mm,平均胴长 276.8 ± 29.7 mm,优势胴长组为 240~300 mm,占雄性个体总样本数的 80.3%。

雌性个体体重范围为 304.9~1 903.2 g,平均体重 776.8 ± 321.4 g,优势体重组为 300~900 g,占雌性个体总样本数的 71.8%;雄性个体体重范围为 286.3~1 307.9 g,平均体重 680.6 g ± 228.1 g,优势体重组为 300~900 g,占雄性个体总样本数的 80.6%。

(三)年龄结构

从年龄组成来看,雌性个体年龄范围为 123~258 d,平均年龄 189 d ± 28 d,优势年龄组为 150~240d,占雌性个体总样本数的 90.5%;雄性个体年龄范围 127~274 d,平均年龄 196 d ± 24 d,优势年龄组为 150~240 d,占雌性个体总样本数的 93.6%(图 2 - 30);雌雄个体相同胴长范围下(205~353 mm),雌性个体年龄均值显著小于雄性个体($P < 0.05$)。

7 月,柔鱼年龄为 121~210 d;8 月份开始出现年龄大于 210 d 的个体;9 月份,年龄大于 240 d 的个体开始出现(图 2 - 31,图 2 - 32)。7 月、8 月,柔鱼优势年龄组为 151~180 d;9月,年龄为 181~210 d 的个体占主要部分;10 月,年龄为 211~240 d 的个体则最多(图 2 - 31,图 2 - 32)。

A. 核心;B. 吻区;C. 侧区;D. 标记轮;E. 背区

图 2 - 29 柔鱼耳石生长纹结构

（四）孵化日期

根据每个柔鱼个体的年龄数据及其对应的捕捞日期,逆算得到每个个体的孵化日期。柔鱼的孵化日期从 2006 年 12 月下旬持续至 2007 年 6 月上旬,1—4 月为柔鱼的孵化高峰期（图 2 - 33）,可判定柔鱼样本隶属冬春生群。

雌性个体的孵化高峰期出现在 2 月上旬至 3 月上旬（图 2 - 33）,占雌性个体样本总数

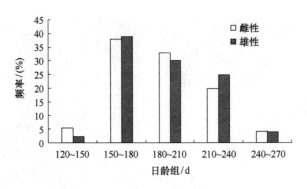

图 2 - 30　柔鱼年龄分布

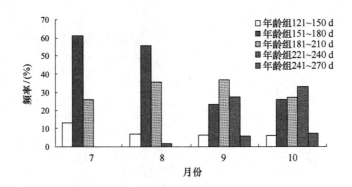

图 2 - 31　各月柔鱼雌性个体年龄分布

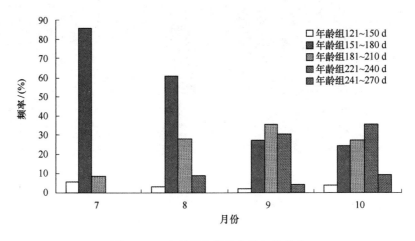

图 2 - 32　各月柔鱼雄性个体年龄分布

的 60.3%;在 4 月还存在一个孵化小高峰(图 2 - 33),孵化个体占雌性个体样本总数的 17.2%。雄性个体的孵化高峰期出现在 2—3 月(图 2 - 33),占雄性个体样本总数的 73.7%。

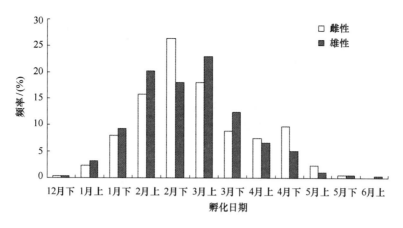

图 2 - 33　柔鱼的孵化日期

（五）生长

1. 生长率

（1）胴长生长率。雌性个体，胴长绝对生长率为 0. 999 ~ 1. 385 mm/d，平均值为 1. 175 mm/d ± 0. 127 mm/d，胴长绝对生长率最大值出现在 201 ~ 220 d 年龄阶段，对应的胴长范围为 297. 8 ~ 358. 2 mm，均值 318. 6 mm ± 13. 2 mm，胴长绝对生长率最小值出现在 141 ~ 160 d 年龄阶段，对应的胴长范围为 200. 3 ~ 246. 9 mm，均值 225. 3 mm ± 19. 2 mm（表 2 - 14）。

雌性个体，胴长瞬时相对生长率为 0. 319%/d ~ 0. 455%/d，平均值为 0. 406%/d ± 0. 051%/d，胴长相对生长率最大值出现在 201 ~ 220 d 年龄阶段，对应的胴长范围为 297. 8 ~ 358. 2 mm，均值 318. 6 mm ± 13. 2 mm，胴长相对生长率最小值出现在 241 ~ 260 d 年龄阶段，对应的胴长范围为 304. 4 ~ 395. 4 mm，均值 366. 3 mm ± 23. 7 mm（表 2 - 14）。

表 2 - 14　柔鱼雌性个体胴长的生长率

年龄等级/d	胴长范围/mm		平均胴长/mm	标准差/mm
	最小值	最大值		
121 ~ 140	200. 3	246. 9	225. 3	19. 2
141 ~ 160	221. 2	258. 0	245. 3	9. 6
161 ~ 180	250. 6	281. 7	267. 7	7. 5
181 ~ 200	250. 7	339. 5	290. 9	12. 0
201 ~ 220	297. 8	358. 2	318. 6	13. 2
221 ~ 240	307. 1	360. 9	343. 1	11. 0
241 ~ 260	304. 4	395. 4	366. 3	23. 7

雄性个体，胴长绝对生长率为 0. 547 ~ 1. 109 mm/d，平均值为 0. 952 mm/d ± 0. 213 mm/d，胴长绝对生长率最大值出现在 141 ~ 160 d 和 201 ~ 220 d 年龄阶段，对应的胴长范围分别为

205.1 ~ 224.2 mm、251.6 ~ 346.2 mm,均值分别为 214.1 mm ± 10.1 mm、298.9 mm ± 13.5 mm,胴长绝对生长率最小值出现在 241 ~ 260d 年龄阶段,对应的胴长范围为 292.8 ~ 352.5 mm,均值 328.3 mm ± 12.2 mm(表 2 - 15)。胴长相对生长率为 0.174% ~ 0.492%/d,平均值为 0.356 mm ± 0.109%/d,胴长相对生长率最大值出现在 141 ~ 160d 年龄阶段,对应的胴长范围为 205.1 ~ 224.2 mm,均值 214.1 mm ± 10.1 mm,胴长相对生长率最小值出现在 241 ~ 260d 年龄阶段,对应的胴长范围为 292.8 ~ 352.5 mm,均值 328.3 mm ± 12.2 mm (表 2 - 15)。

表 2 - 15　柔鱼雄性个体胴长的生长率

年龄等级/d	胴长范围/mm		平均胴长/mm	标准差/mm
	最小值	最大值		
121 ~ 140	205.1	224.2	214.1	10.1
141 ~ 160	218.1	269.2	236.3	10.9
161 ~ 180	231.3	289.3	255.4	9.9
181 ~ 200	250.9	291.8	276.7	8.8
201 ~ 220	251.6	346.2	298.9	13.5
221 ~ 240	272.9	353.3	317.4	18.0
241 ~ 260	292.8	352.5	328.3	12.2

雌雄个体胴长生长率随年龄增长的变化趋势如图 2 - 34 所示,在 121 ~ 260 d 的年龄时期,雌性个体胴长绝对生长率出现先增加后减小的变化趋势,雄性个体胴长 AGR 总体呈下降趋势;在 121 ~ 260 d 的年龄时期,雌雄性个体胴长相对生长率与各自绝对生长率变化趋势一致。总体上,雌性个体的胴长生长率均值大于雄性个体(P < 0.05)。

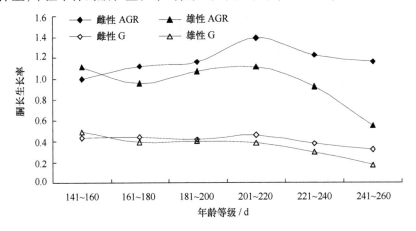

图 2 - 34　柔鱼雌雄个体胴长生长率对比
绝对生长率 AGR;相对生长率 G

（2）体质量生长率。雌性个体，体重绝对生长率为 1.737 ~ 13.219 g/d，平均值为 9.015 g/d ± 4.305 g/d，体质量绝对生长率最大值出现在 201 ~ 220 d 年龄阶段，对应的体质量范围为 667.6 ~ 1 451.9 g，均值 1 018.8 g ± 145.6 g，体质量绝对生长率最小值出现在 141 ~ 160 d 年龄阶段，对应的体质量范围为 304.9 ~ 586.5 g，均值 439.5 g ± 63.6 g（表 2 - 16）。

雌性个体，体质量相对生长率为 0.402 ~ 1.530%/d，平均值为 1.078%/d ± 0.412%/d，体质量相对生长率最大值出现在 201 ~ 220d 年龄阶段，对应的体重范围为 667.6 ~ 1 451.9 g，均值 1 018.8 g ± 145.6 g，体质量相对生长率最小值出现在 141 ~ 160 d 年龄阶段，对应的体质量范围为 304.9 ~ 586.5 g，均值 439.5 g ± 63.6 g（表 4 - 21）。

表 2 - 16 柔鱼雌性个体体重的生长率

年龄等级 /d	体质量范围/g		平均体质量/g	标准差	绝对生长率 /(g/d)	相对生长率 %/d
	最小值	最大值				
121 ~ 140	322.5	489.0	404.7	57.7	—	—
141 ~ 160	304.9	586.5	439.5	63.6	1.737	0.402
161 ~ 180	426.0	839.0	582.0	83.4	7.124	1.407
181 ~ 200	399.9	1 273.5	754.4	133.1	8.621	1.269
201 ~ 220	667.6	1 451.9	1 018.8	145.6	13.219	1.530
221 ~ 240	905.2	1 647.7	1 224.6	146.8	10.291	0.935
241 ~ 260	864.4	1 903.2	1 486.5	253.0	13.098	0.927

雄性个体，体重绝对生长率为 2.013 ~ 9.699 g/d，平均值为 5.845 g/d ± 2.772 g/d，体质量绝对生长率最大值出现在 201 ~ 220 d 年龄阶段，对应的体重范围为 513.6 ~ 1 243.2 g，均值 860.1 g ± 118.2 g，体质量绝对生长率最小值出现在 141 ~ 160 d 年龄阶段，对应的体质量范围为 299.2 ~ 564.2 g，均值 398.9 g ± 67.5 g（表 2 - 17）。

表 2 - 17 柔鱼雄性个体体质量的生长率

年龄等级/d	体重范围/g		平均体质量/g	标准差/g
	最小值	最大值		
121 ~ 140	286.3	415.4	358.3	55.8
141 ~ 160	299.2	564.2	398.9	67.5
161 ~ 180	305.6	989.6	507.0	90.6
181 ~ 200	467.8	989.9	666.2	88.0
201 ~ 220	513.6	1 243.2	860.1	118.2
221 ~ 240	718.1	1 307.9	984.0	151.2
241 ~ 260	839.3	1 232.0	1 059.6	102.0

雄性个体,体质量相对生长率为 0.405%/d ~ 1.399%/d,平均值为 0.908%/d ±
0.428%/d,体质量相对生长率最大值出现在 181 ~ 200 d 年龄阶段,对应的体质量范围为
467.8 ~ 989.9 g,均值 860.1 g ± 118.2 g,体重相对生长率最小值出现在 241 ~ 260 d 年龄阶
段,对应的体质量范围为 839.3 ~ 1 232.0 g,均值 1 059.6 g ± 102.0 g(表 2 – 17)。

雌、雄个体体质量生长率随年龄增长的变化趋势如图 2 – 35 所示,在 121 ~ 260 d 的年龄
阶段,雌性个体体质量 AGR 随年龄增长呈增加趋势,相比 200 ~ 260 d 年龄阶段,121 ~ 200 d
年龄阶段的体质量绝对生长率处在较小的生长水平上;在 121 ~ 260 d 的年龄时期,雄性个体
体质量绝对生长率先增加后减小,在 201 ~ 220 d 达到最大值,相比雌性个体,雄性个体体质
量生长率提前减慢;在 121 ~ 260 d 的年龄时期,雌、雄性个体体重与各自绝对生长率变化趋
势一致。总体上,雌性个体的体重生长率均值大于雄性个体($P < 0.05$)。

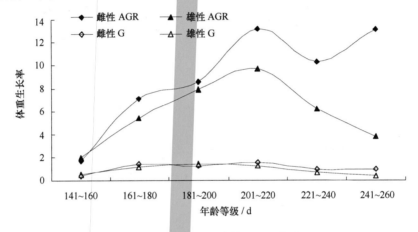

图 2 – 35　柔鱼雌雄个体体重生长率对比

绝对生长率 AGR;相对生长率 G

2. 生长模型

胴长生长的线性和指数模型的参数值和 AIC(Akaike Information Criterion)值见表
2 – 18,相比指数模型,线性模型的 AIC 较小,雌雄个体胴长生长用线性方程模拟为佳。雌雄
个体胴长生长方程为 $L = 50.149 + 1.272t$、$L = 73.048 + 1.06t$,经检验,两直线差异显著($P <
0.05$)。

表 2 – 18　胴长生长方程的拟合数据

胴长生长方程	参数		样本数	R^2	AIC
线性	a	b			
雌性群体	50.149	1.272	348	0.927 0	1 608.159
雄性群体	73.048	1.060	376	0.861 5	1 702.805
指数	a	b			
雌性群体	128.801	0.004 3	348	0.928 8	1 617.741
雄性群体	134.913	0.003 7	376	0.860 2	1 727.130

体质量生长的线性和指数模型的参数值和 AIC 值见表 2 – 19,相比线性模型,指数模型的 AIC 较小,雌雄个体胴长生长用指数方程模拟为佳。雌雄个体胴长生长方程为 $W = 69.54e^{0.012t}$,$W = 90.48e^{0.01t}$,经检验,两曲线差异显著($P < 0.05$)。

表 2 – 19　柔鱼体质量生长方程的拟合数据

体质量生长方程	参数		样本数	R^2	AIC
线性	a	b			
雌性群体	– 1 208.436	10.545	348	0.851 2	3 357.891
雄性群体	– 801.715	7.708	348	0.768 7	3 322.075
指数	a	b			
雌性群体	69.544	0.012	376	0.870 3	3 326.090
雄性群体	90.480	0.010	376	0.774 1	3 291.375

第四节　鱼类性成熟、繁殖习性与繁殖力

渔业资源群体的繁殖活动是其生命活动的最主要组成部分之一,是增殖群体和保存物种的最主要活动,每一渔业资源群体所具有的独特繁殖特性是群体对水域生活条件的适应属性之一。这方面的内容不但重要,而且还因为其中包含着很复杂的机理,使其成为渔业资源学研究的难点之一。因此,从理论上来说,研究这方面的课题很有学术价值;从实际出发,掌握繁殖机理,可以提高捕捞效益,也可以作为合理捕捞,制定渔业管理措施的重要科学依据。另外,作为基础生物学的内容,研究和探索渔业资源群体的繁殖,对于正确解决人工繁殖、杂交育种,进而解决苗种来源,进行人工放流等都具有很大的实际意义。

研究渔业资源群体的繁殖,包含着很广泛的内容,涉及发育生物学、生理学、生态学、遗传学等生物学的诸门学科,其中有关渔业资源,特别是鱼类的性成熟特征、产卵群体的结构、生殖力及其与环境因子的关系等,已成为渔业资源调查和研究的常规性工作。

一、鱼类性别特征及其性成熟

(一)雌雄的区别

许多渔业资源动物并不都像哺乳动物那样,可以从外生殖器上区分出雌雄来。区别许多鱼类的雌雄往往只能依据鱼体的其他部位,如身体大小、体色和生殖孔向外开口的情况等。有些鱼类的两性差别是在繁殖季节方显现出来的,并常在雌性个体中表现得尤其明显,如珠星、婚姻色等。这一类特征即为通常人们所说的第二性征或称副性征。但是,也有不少鱼类从外形上不易区分雌雄。其实,鱼类的性别特征分为:雌雄异体,正常的雌雄同体和在同一种内一部分是雌雄异体,一部分是雌雄同体或性逆转现象的个体等三种类型。所以渔业资源个体两性的区别并不像人们想象的那样简单、准确。科学地区分鱼类的两性,有时甚至需要用组织学观察的方法(何大仁等,1981)。

一般用于区分两性的都是鱼体的外部特征,如体形、鳍、生殖孔和嗅球等。形态特征的雌雄差异是判断鱼类雌雄的常用方法。两性形态特征的差别,一般来说是比较稳定的,但有些鱼在繁殖季节时雄鱼在体形上也发生很大变化,如大麻哈鱼在进行溯河产卵洄游期间,雄鱼两颌皆弯曲成钩状,并长出巨齿。细鳞大麻哈鱼的雄鱼背还有明显隆起,故又被叫做驼背大麻哈鱼。

有些鱼类的雌雄生殖孔的结构不同,如罗非鱼雌鱼在肛门之后有较短的生殖乳突和生殖孔,其后还有一泌尿孔;而雄鱼在肛门之后只有一个较长的泄殖乳突,生殖、泌尿共开一尿殖孔。真鲷也是如此。

用嗅球的大小及嗅板的多少可以容易地区分出拟鲹鲦的雌雄个体。其雄鱼嗅球比相同体长的雌鱼大2~3倍,嗅板也多1倍。通过鱼类的外部生殖器官可以很容易辨别鱼类的两性。但是需要注意的是,有的鱼类的外部生殖器官并不存在。

许多鱼类在繁殖时期出现鲜艳的色彩,或者原有的色彩变得更为鲜艳,这一点一般在雄鱼中表现得比较突出,并且在生殖季节之后即消失。这种色彩称为婚姻色。如大麻哈鱼在海中生活时身体呈银色,繁殖季节进行溯河洄游时,体色变成暗棕色,而雄性个体的两侧还出现鲜红的斑点。

在繁殖季节,一些鱼类的身上的个别部位(如鳃盖、鳍条、吻部、头背部等处)出现白色坚硬的椎状突起,这就叫珠星(或追星),是表皮细胞特别肥厚和角质化的结果。珠星大多只在雄鱼中出现,但有些种类雌雄鱼在生殖时皆有出现,只不过雄体较多。这一特征在鲤科鱼类中较常见,如青、草、鲢、鳙四大家鱼都在胸鳍鳍条上出现珠星。一般认为珠星可使雌雄亲鱼在产卵排精时起兴奋和刺激作用,发生产卵行为时,可以看到雌雄身体接触的部分,多是珠星密集的地方。

绝大部分的渔业资源动物都是雌雄异体的,但是有些种类,如鲷科的少数鱼类,有时性腺中同时存在着卵巢组织和精巢组织的雌雄同体现象。性逆转即性腺转变的现象的典型例子是黄鳝。该种鱼虽有雌雄之分,但从胚胎期一直到性成熟期全是雌性,待成熟产卵后,才有部分个体转变为雄性。

总之,一般是根据外部特征区分两性,但要达到准确的结果,往往还需解剖,以了解鱼体内部的生殖系统,并区别出雌雄鱼体。

(二)性成熟过程及其生物学最小型

1. 性成熟过程

鱼类开始性成熟的时间是种的属性,是各种鱼类在不同环境条件下,长期形成的一种适应性,它有较大的变化幅度,在一个种群范围内也有变化。研究鱼类成熟的过程,对群体变动趋势的估计以及进一步对其合理开发利用是有意义的。

同一种群内,鱼的性腺成熟的迟早首先同个体达到一定体长有关。Fulton认为,鱼类性成熟开始的时间为鱼体达到最大长度的一半时才开始。因而鱼体生长越快,其性成熟的时间就越早。生长较快的个体与生长缓慢的个体相比,其性成熟年龄较低。因此,个体年龄不同,当大致达到性成熟体长时,就开始性成熟。现以东海带鱼为例,简述其性成熟过程的主要变化。

东海北部带鱼种群,早春鱼群在 180 mm 肛长以下者主要为性未成熟个体。从 150 mm 开始出现正在成熟鱼个体,3 月尚未发现有成熟者。随着卵巢的发育,开始出现正在成熟鱼的肛长组逐渐前移。在 4 月肛长 200 mm 的带鱼中,约有 5% 性成熟,大量成熟的长度组在 240 mm 左右。龚启祥等(1984)对东海群带鱼卵巢变化的研究也表明,3—4 月第 4 时相卵母细胞成为卵巢中的主要组成部分。5—7 月,未成熟（Ⅱ期）和正在成熟带鱼(Ⅲ 期和Ⅳ 期早期)减少,成熟和产卵带鱼(Ⅳ 期后期和 Ⅴ 期以及产后个体)大量增加,即 6—7 月肛长 170mm 左右者,约有 15% 开始性成熟,肛长 200mm 以上的全部为成熟和正在成熟的个体。从 7 月开始出现卵母细胞退化吸收的个体,8—10 月逐月增多,成熟率则逐月降低,8—9 月分别为 38% 和 18%,10 月降到约为 1%,说明生殖期即将结束。11 月至翌年 2 月,残余的第 3、4 时相卵子经过退化,吸收后,卵巢进入Ⅱ期不久发育成为Ⅲ 期。

带鱼开始性成熟的体质量(纯体质量)也具有非同时性,到一定体质量时才能成熟。3—6 月开始出现正在成熟的体质量组为 20～50 g,7—10 月向后推至 80～120 g。性成熟鱼开始出现的体质量组 4—6 月为 80～100 g,7—10 月延至 100～120 g,在此体质量以上者为完全成熟。

在同龄鱼的成熟过程中,达到或将要达到性成熟的鱼体长度,均较性未成熟者大,不论年龄大小,各年龄鱼的成熟比率均随鱼体的增长而逐月增加(图 2 - 36)。带鱼的出生时间虽不同,但初次达到性成熟的鱼体大小却基本一致(约为 180 mm 左右)。可见,带鱼性成熟与长度的关系较年龄更为密切。

一般来说,多年生的种类其首次性成熟产卵的年龄种间差异很大,一般来说性成熟早的种群生命周期短,世代更新快;性成熟晚的种群生命周期长,世代更新慢。生活在热带、亚热带的鳉,仅几周龄便可达性成熟;而鲟科鱼类如黑龙江鳇要到 17 龄才开始性成熟;鲽形目鱼类性成熟年龄变动的范围为 1—15 龄。我国海洋鱼类中性成熟的年龄多为 1—2 龄。如大黄鱼性成熟的年龄为 2—5 龄(徐恭昭,1962)。同一种群性成熟年龄提前是因捕捞过度导致资源衰退的标志,这也是种群为繁衍延续后代的一种适应特性。不同种群的个体首次性成熟时要达到一定的长度(称之为性成熟的最小体长),这个体长一般处于 Von Bertalanffy 重量生长方程的拐点处(唐启升,1991)。

2. 鱼类生物学最小型

卵子从受精到孵出仔鱼之后,逐渐生长,生长到一定程度之后,体内的性腺开始发育成熟。各种鱼类开始性成熟时间不同,即使同一种鱼类,由于生活的地点不同,其开始性成熟的时间也不同。这种从幼鱼生长到一定程度之后,性腺开始发育成熟的时间,一般称为初次性成熟时间。鱼类达到初次性腺时间的最小长度即称之为生物学最小型。

初次性成熟时间与鱼达到一定体长有关,同其经历过的时间关系较小。生长越快,达到性成熟的时间就越短,反之则越长。大多数分布广泛的鱼类,生活在高纬度水域的鱼群通常比生活在低纬度水域的鱼群开始性成熟期晚,而且雌雄性成熟时间也不同。例如同是大黄鱼,生活在浙江沿海的鱼群,2 龄开始性成熟,大量性成熟期,雄鱼为 3 龄,雌鱼分别为 3 龄和 4 龄,到达 5 龄时不论雌雄鱼都已性成熟。生活在海南岛东部硇洲近海的鱼群,1 龄时便有

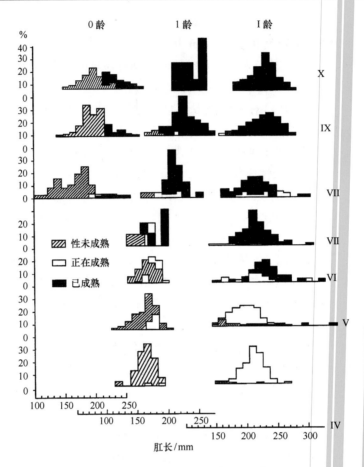

图 2 - 36　带鱼性成熟与生长的关系（罗秉征，1983）

少数个体开始性成熟，2 龄和 3 龄时期大量成熟。由此可见，在北半球，大黄鱼初次性成熟时期由北而南逐渐提早。雄性个体性成熟时间早于雌性。浙江近海的大黄鱼，雄鱼体长为 250 mm，体质量达 200 g 左右时大量开始性成熟，而雌鱼体长 280 mm，体质量达 300 g 左右时才大量开始性成熟。其性成熟的体长和体质量，雄鱼均比雌鱼为小。又如绿鳍马面鲀，生活在日本海的鱼群，性成熟年龄为 2 龄，其生物学最小型为 190 mm 左右。分布在钓鱼岛的马面鲀鱼群，其性成熟年龄在 1 龄时就大部分成熟，其生物学最小型为 128 mm 左右。

　　规定最小可捕标准，一方面保证有一定的亲鱼量，使捕捞种群有足够的补充量，另一方面为了使资源达到最大的利用率，即能取得最大的生物量，因此在制定可捕标准时，有必要考虑捕捞对象的生物学特性，即掌握其生物学最小型，所以正确地测定最小型对资源的保护有着重要意义。

3. 性成熟与外界环境

　　在鱼类的整个生活史过程中，无时不受环境因子的影响，鱼类的性成熟和产卵时期，由于对环境因子的要求更加严格，因此外界环境因素（包括生物学因子和非生物学因子）与鱼类存在更为显著的关系。

有些鱼类对产卵的环境因子或某一因子要求得非常严格,如溯河性鱼类,每年一定要历尽艰辛洄游到一个特定的河川去产卵;大黄鱼等鱼类的产卵,即使温度、溶解氧等合适,但如果没有一定的水流冲击,它们也无法产卵。

由于大多数的鱼类需长到一定的大小才能成熟产卵,而食物保障又是促进生长的最重要条件,因此饵料条件与鱼类产卵的迟早也存在密切的关系。

一般地说,在平均温度高,光照时间长,饵料丰富和水质条件(如溶解氧、pH 值等)优良的水体中渔业资源生物成熟得比较早。如南海的鱼类就要比黄海、东海的鱼类早成熟。正因为鱼类的产卵与环境因子有着密切的关系,所以在渔情预报与分析时就可利用这种关系。

4. 性比

性比是指鱼群中雌鱼同雄鱼的数量比例,通过以渔获物中的雌雄鱼数量之比来表示。

适当的雌雄比对繁殖的有效性来说,是很重要的环节。保持一定的雌雄比,会使后代得到不断的繁荣。因此,雌雄比是生物学特性的具体表现之一。

生活栖息地区和季节的不同,鱼类的性比会起变化。例如栖息于东海的海鳗,冬季雌鱼多于雄鱼,春季则雄鱼多于雌鱼,夏秋期间相近,而栖息在日本九州地区的海鳗,冬春季节性比的变化也很大,但是恰与东海的海鳗相反。

性比亦会随鱼群中个体大小的不同而变化。例如东海的黄鲷,在个体较小的阶段,雌鱼占 70%,体长达 210～220 mm 时,雌鱼占 50%,高龄阶段,雌鱼只占 10%～20%。又如大黄鱼平均体长小于 280 mm 的鱼体中,雄鱼占多数;体长 280～360 mm 的鱼体中,性比等于1∶1;大于 360 mm 的鱼中则雌鱼居多。

鱼类的性比也随着生活阶段不同而有变化,例如东海的小黄鱼,2—3 月、5—8 月,雌鱼比雄鱼多;10 月至翌年 1 月雌雄性比相接近。在产卵场中一般性比为 1∶1。

生殖期间,鱼类的总性比一般是接近于相等的。在生殖过程中的各个阶段却稍有变化。生殖初期,一般是雄鱼占多数,生殖盛期性比基本相等,生殖后期雄鱼的比例又逐渐增加。在产卵群体中,往往是在小个体的鱼中,雄鱼占多数,大个体者,以雌鱼居多。这是由于雄鱼性成熟早,因此参加到产卵群体中也较雌鱼为早,而寿命一般较短,所以在大个体鱼(高龄鱼)中,雄鱼的数量较少,这对于种群繁荣来说,有着重要的意义,因为雄鱼死亡早,能保证后代和雌鱼得到大量的饵料。

但是,在生殖季节中,聚集在产卵场所的产卵群体,两性比例也常出现相差悬殊情况,有时是雄鱼多得多,如对我国沿海大黄鱼的五个主要生殖群体的性比分析表明(表 2 - 20),全部是雄多于雌,大约呈 2∶1 的关系。据认为大黄鱼在流速甚急的水域中进行产卵,这样的性比对保证卵子受精率,提高后代数量有一定关系,对繁殖条件具有适应性的一种属性。

表 2 - 20　大黄鱼五个主要生殖群体的性比例

生殖群体	吕四洋	岱衢洋	猫头洋	官井洋	硇洲
♂(%)	66.0	72.82	81.86	69.11	69.96
♀(%)	34.0	27.18	18.14	30.89	30.04
n	2 370	5 814	1 803	2 289	4 434

总之,鱼类性比的形式多种多样,是不同鱼类对其生活环境多样性的适应结果。这在渔业资源的研究中,具有较大的意义。

(三)性腺成熟度的研究方法

1. 目测等级法

判断鱼类的性腺成熟度是渔业资源调查研究的最常规项目之一,常用和实用的方法是目测法,此外还有组织学方法等。在实际工作中,用目测法所观察的结果基本上能够满足需要。用目测法划分成熟度等级标准,主要是根据性腺外形、血管分布、卵与精液的情况等特征进行判断。欧美国家、苏联和日本等所采用的标准并不完全相同,如欧美学者通常采用稍加改进的 Hjort(1910)判断大西洋鲱性腺成熟度的标准,这一标准得到了国际海洋考察理事会(ICES)的采用,并被称为国际标准或 Hjort 标准。此标准将鱼类性成熟分为七个等级。而苏联学者则常采用六期划分法,日本学者将鱼类的性腺成熟度划分为五期,即休止期、未成熟期、成熟期、完全成熟期和产卵后期。我国所采用的标准则基本上是 K. A. 基谢列维奇(1922)鲤科鱼类的性腺成熟度划分标准。这一标准经过几十年的实际应用效果不错,并稍加修改编入《海洋渔业资源调资手册》(黄海水产研究所,1981)。不过无论用什么标准来划分鱼类成熟度,都应该考虑以下几点要求:

(1)成熟度等级必须正确地反映鱼类性腺发育过程中的变异;

(2)成熟度等级应该按照鱼类的生物学特性来制订;

(3)为了确定阶段的划分,在等级中必须估计到肉眼能看见的外部特征及肉眼看不到的内部特征的变异;

(4)划分等级不应过多,以适应野外工作。

现将我国常用的划分鱼类性腺成熟度的六期标准说明如下(黄海水产研究所,1981):

Ⅰ期:性未成熟的个体。性腺不发达,紧附于体壁内侧,呈细线或细带状。肉眼不能识别雌雄。

Ⅱ期:性腺开始发育或产卵后重新发育的个体。细带状的性腺已增粗,能辨认出雌雄。卵巢呈细管状(或扁带状),半透明,分枝血管不明显,呈浅肉红色。但肉眼看不出卵粒。精巢偏平稍透明,呈灰白色或灰褐色。

Ⅲ期:性腺正在成熟的个体。性腺已较发达,卵巢体积占整个腹腔的 1/3 – 1/2,卵巢大血管明显增粗,卵粒互相粘成团块状。肉眼可明显看出不透明的稍具白色或浅黄色的卵粒,但切开卵巢挑取卵粒时,卵粒很难从卵巢膜上脱落下来。精巢表面呈灰白色或稍具浅红色,挤压精巢无精液流出。

Ⅳ期:性腺将成熟的个体。卵巢体积占腹腔的 2/3 左右,分枝血管可明显看出。卵粒明显,呈圆形。很容易彼此分离,有时能看到半透明卵。卵巢呈橘黄色或橘红色。轻压鱼腹无成熟卵流出。精巢明显增大,呈白色。挑破精巢膜或轻压鱼腹有少量精液流出,精巢横断面的边缘略呈圆形。

Ⅴ期:性腺完全成熟,即将或正在产卵的个体。性腺饱满,充满体腔。卵巢柔软而膨大,卵大而透明,挤压卵巢或手提鱼头,对腹部稍加压力,卵粒即行流出。切开卵膜,卵粒各个分离。精巢发育达最大,呈乳白色,充满精液。挤压精巢或对鱼腹稍加压力,精液即行流出。

Ⅵ期:产卵、排精后的个体。性腺萎缩,松弛,充血;卵巢呈暗红色,体积显著缩小,只占体腔一小部分。卵巢套膜增厚。卵巢和精巢内部残留少数成熟或小型未成熟的卵粒或精液,末端有时出现淤血。

根据不同鱼类的情况和需要,还可对某一期再划分 A、B 期,如 V_A 期和 V_B 期。如果性腺成熟度处于相邻的两期之间,就可写出两期的数字。比较接近于哪一期,就把这一期的数字写在前面,如Ⅲ—Ⅳ、Ⅳ—Ⅲ期。对于性腺中性细胞分批成熟,多次产出的鱼类,性腺成熟度可根据已产过和余下的性细胞发育情况来记,如Ⅵ—Ⅲ期,表明产卵后卵巢内还有一部分卵粒处于Ⅲ期,但在卵巢外观上具有部分Ⅵ期的特征。

2. 性成熟度系数

测定卵巢的成熟度,除了上述的目测法以外,成熟系数也是衡量性腺发育的一个标志,它以性腺质量和鱼体质量相比,求出的百分比表示,其计算公式为:

$$成熟系数 = \frac{性腺质量}{去内脏后的体质量} \times 100\%$$

成熟系数的周年变化能反映出性腺发育的程度,一般来讲,成熟系数越高,性腺发育越好。比如蓝圆鲹的繁殖习性是:在每年的 10 月至翌年 7 月期间均有性成熟个体出现,产卵时间相当长,2—5 月为产卵盛期。

成熟系数的分布频率可作为区别鱼类性成熟与性未成熟的指标之一,但因成熟状况不同而有显著的差异,波动幅度也很大,所以如果将它作为主要依据是不够恰当的。一般认为,鱼类的初次性成熟迟早与其体长大小存在着最密切的关系。这是由于捕捞作用能够改变鱼类群体的结构,此外,还有资源密度、营养条件恶化、凶猛鱼类等方面的因素。这是鱼类在性成熟之前的营养主要用于体长方面的生长的原因,使得鱼类性成熟年龄有所变动。如东海带鱼由于受到不断加大的捕捞力量的影响,出现性早成熟现象。从 20 世纪 60 年代初期性成熟(当时性成熟Ⅳ期)的最小肛长为 238 mm,至 20 世纪 70 年代末期性成熟最小肛长为 180 ~ 216 mm,两个时期相比,减小 58 mm。

鱼类性腺成熟系数变化的一般规律,大致如下。

(1)每种鱼类都有自己的成熟系数;不同种类的成熟系数都不相同。

(2)成熟系数个体变异甚大,且随着年龄及体长的增加而稍有增加;这说明大个体和小个体同阶段的性腺成熟系数可以相差一倍。

(3)分批产卵鱼的最大成熟系数一般都比一次产卵鱼类的最大成熟系数稍小一些。如果成熟系数的变化用曲线表示,分批产卵鱼类保持在高水平的时间比一次产卵的鱼类长,一次产卵的鱼类在产卵后成熟系数剧烈下降,致使产卵后的曲线出现陡削的下降坡度。

(4)鱼类由性未成熟过渡到性成熟的转折阶段,由于卵巢的质量比鱼类体质量增长得更迅速,因此,成熟系数逐步上升。当卵巢长期处在Ⅱ期时,即使鱼类的体长与体质量增加,成熟系数也不会发生多大变化(一般小于 0)。

(5)大多数北半球的鱼类,在春天成熟系数达到最大,夏天最小,秋天又开始升高,秋冬季产卵的鱼类(鲑科和江鳕)最大成熟系数是在秋季。

3. 性腺指数

在鱼类繁殖习性的研究中,性腺指数也是一个重要的研究内容。通过性腺指数的分析,可以掌握鱼类性腺发育的程度以及性腺发育与鱼类体长、体质量等之间的关系。一般地,性腺指数包括以下研究内容:

精巢体指数($J_{T,s}$) = 精巢质量/体质量 × 100%

精巢长指数($J_{T,L}$) = 精巢长/体长 × 100%

缠卵腺体指数($J_{NL,s}$) = 缠卵腺质量/体质量 × 100%

缠卵腺长指数($J_{NG,L}$) = 缠卵腺长/体长 × 100%

陈新军(1999)采用上述指数,对新西兰海域双柔鱼的性腺指数进行了分析和研究。各性腺指数与体质量、胴长的关系见图2-25,雄性个体精巢体指数与体质量的关系式为:

$$J_{T,S} = 1.18 + 0.001\ 1\ W \quad (R = 0.789\ 1)$$

由图2-37可见,一般精巢体指数小于1.40的个体,其性成熟度为Ⅰ期;在1.4~1.7之间的个体性成熟度为Ⅱ期;1.7以上的个体性成熟度为Ⅲ期;精巢体指数为1.9时,已有部分个体达到Ⅳ期。

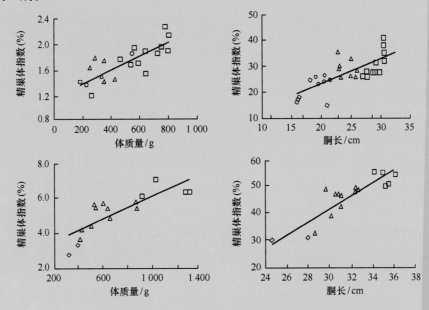

图2-37　各种性腺指数与体质量和体长的关系(陈新军,1999)

雄性个体精巢长指数与胴长的关系式为:

$$J_{T,L} = 4.740 + 0.932\ 1\ L \quad (R = 0.770\ 7)$$

由图2-37可见,一般精巢长指数小于26的个体,其性腺成熟度为Ⅰ期;在26~30之间的个体性成熟度为Ⅱ期;30以上的个体基本上达到Ⅲ期,极个别可能达到Ⅳ。

雌性个体缠卵腺体指数与体重的关系式为:

$$J_{NG,S} = 2.942 + 0.003\ 0\ W(R = 0.808\ 4)$$

由图2-37可见,一般缠卵腺体指数小于3.5的个体,其性成熟度为Ⅰ期;在3.5~6.0

之间的个体性成熟度为Ⅱ期,大于6.0的个体达到Ⅲ期。

雌性个体缠卵腺长指数与胴长的关系式为:

$$J_{NG,L} = 31.894 + 2.430\ 1\ L\ (R = 0.898\ 6)$$

由图2-25可见,一般缠卵腺长指数小于30的个体,其性腺成熟度为Ⅰ期;在30~50之间的个体性成熟度为Ⅱ期;50以上的个体为Ⅲ期,性成熟度达到Ⅳ期的雌性个体没有捕获。

二、繁殖习性

(一)鱼类繁殖期

种群的繁殖时间和繁殖期长短,是种的重要属性。繁殖时间和产卵场具有相对的稳定性和规律性。鱼类的繁殖期依种以及种内的不同种群而异,它们各自选择在一定季节中从事产卵活动,以保证种族的延续。同时,产卵时间早晚有较大的年间变化,与性腺发育的状况和产卵场的环境因素(特别是水温)密切有关。如在温带水域中国对虾5月上中旬开始产卵,产卵的最低水温为13℃。

就黄海、渤海而言,周年都有某些种类在产卵。但是,产卵季节依种而异,产卵持续时间长短也不尽相同。现仅以比目鱼类为例,油鲽、黄盖鲽的产卵期在2—4月,牙鲆、高眼鲽、尖吻黄盖鲽为4—5月,条鳎为5—6月,宽体舌鳎为6—7月,木叶鲽为8—9月,半滑舌鳎为9—10月,石鲽为11—12月,故几乎周年都有比目鱼类在产卵。但从总体而言,黄海、渤海水域中鱼类的产卵期有两个高峰,一为春、夏季,即升温型产卵的鱼种最多,数量最丰。另一高峰在秋季,属降温型产卵的鱼种,但无论种类或是数量均不及春、夏季。余下在盛夏或是隆冬季节产卵的鱼种则更少,前者多属暖水性种类,后者则为冷水性地域分布种。此外,同一鱼种的产卵期亦因地而异,如同是斑鰶,黄渤海在5—6月、福建沿海在2—4月、南海北部为11月至翌年1月、日本列岛在5—6月。

分布纬度比较高的种类一般每年产卵1次。不同生态类型的种类产卵时间变异较大,黄盖鲽在3月上中旬,鲈鱼则在9月底开始产卵,暖水性的鹰爪虾的产卵期为高温的8—9月。分布在寒带和寒温带的鲑科鱼类为秋季(9—11月)产卵型。分布在热带、亚热带低纬度水域的一些种群全年均可产卵繁殖。至于繁殖季节产卵持续时间的长短则与种群繁殖特性、产卵是否分批以及产卵群体的年龄组成密切有关。

(二)生殖方式

鱼类的生殖方式极其多样,可以归纳成下列三种基本类型。

1.卵生(oviparity)

鱼类把成熟的卵直接产在水中,在体外进行受精和全部发育过程。有的种类,其亲体对产下的卵并不进行保护。由于卵未受到亲鱼保护,就有大量被敌害吞食殆尽的可能性,因此这些鱼类具有较高的生殖力,以确保后代昌盛,大多数海洋鱼类属于这一类。例如翻车鲀的产卵最多,达3亿粒。还有些鱼类对卵进行保护的,能使鱼卵不遭敌害吞食。进行护卵的方式颇不相同。有些种类如刺鱼、斗鱼、乌鳢等在植物中、石头间、砂土中挖巢产卵,而后由雄鱼(偶尔也由雌鱼)进行护巢,直到小鱼孵出为止。有些种类如天竺鲷在口中育卵,直到小鱼孵出;有些种类在腹部进行孕卵。另外,某些板鳃鱼类(如虎鲨、猫鲨、真鲨、鳐等)也是卵生的,但是卵是在雌鱼生殖道内进行体内受精,而后排卵至水中,无须再行第二次受精即可完成发育。

2. 卵胎生(ovoviviparity)

这种生殖方式的特点在于卵子不仅是在体内受精,而且还是在雌鱼生殖道内进行发育的,不过正在发育的胚体营养系依靠自身的卵黄而进行的,母体不供应胚体营养。胚体的呼吸是依靠母体而进行的。如白斑星鲨、鼠鲨、魟、鳐等和硬骨鱼类中鳉形目的食蚊鱼、海鲫、剑尾鱼等都采用这种生殖方式。

3. 胎生(viviparity)

在鱼类中也有类似哺乳动物的胎生繁殖方式。胎体与母体发生循环上的关系,其营养不仅依靠本身卵黄,而且也靠母体来供应,如灰星鲨等。

(三)产卵类型

不同种类的卵巢内卵子发育状况差异很大,有的表现为同步性,有的为非同步性,反映出不同的产卵节律,因此形成了不同的产卵类型。鱼类的产卵类型,决定着资源补充的性质,因此与鱼类种群的数量波动形式有密切关系。如果按卵径组成和产卵次数可把产卵类型分为:单峰,一次产卵型;单峰,数次产卵型;双峰,分批产卵型;多峰,一次产卵型和多峰连续产卵型(川崎,1982)。通常是根据Ⅲ—Ⅵ期卵巢内卵径组成的频数分布及其变化来确定产卵类型(邱望春,1965;唐启升,1980)。由于卵巢内发育到一定大小的卵子(如有卵黄的第4时相的卵母细胞)仍有被吸收的可能,仅采用卵径频数法来确认产卵数型有时难以奏效,因此,还需要用组织学切片观察的办法加以证实(吴佩秋,1981;朱德山,1982;李城华,1982;张其永等,1986)。

我国沿海的主要经济鱼类带鱼的排卵类型,有些研究认为带鱼卵巢是一次成熟(三栖宽,1959;邱望春,1955;张镜海,1966;朱德山,1982);也有的根据生殖季节对卵巢组织学的观察,认为属多次排卵(王震亚,1963)。一些研究者通过对带鱼卵母细胞发育的变化和细胞学观察,认为带鱼属多次排卵类型(双峰,分批产卵类型)(李城华,1982;杜金瑞等,1983;龚启祥等,1984)。李富国(1987)根据性腺成熟度Ⅲ—Ⅵ期卵巢内卵径分布没有突出的高峰,认为鳀鱼的卵细胞在卵巢内的发育是序列式的,并非是同步的,成批的,属多峰连续产卵型。黄海鲱鱼和中国对虾属单峰一次产卵型(唐启升等,1980;邓景耀等,1990)。渤海的三疣梭子蟹属于双峰两次产卵型(邓景耀等,1986);东海的带鱼和南海的条尾绯鲤等属于双峰、分批产卵型(杜金瑞,1983);南海北部的多齿蛇鲻属于多峰数次产卵型,真鲷属于多峰、连续产卵型(南海水产研究所,1966)。

(四)产卵群体的类型

对于不同的渔业资源群体来说,其体长和年龄组成、性别比例等是不同的,即使是同一群体,在开发的不同阶段往往也存在差异。对于产卵群体,即性腺已经成熟,在将到来的生殖季节中参加繁殖活动的个体群,包括两大部分,即过去已产过卵的群体,称为剩余群体;初次性成熟的群体,称为补充产卵群体。因此,研究产卵群体的组成,除了研究体长、年龄、性比外,还需要阐明产卵群体中剩余群体与补充产卵群体的比例。

蒙纳斯蒂尔斯基(1955)将鱼类的生殖群体分为三种类型:

第一种类型 $D=0,K=P$;

第二种类型 $D>0,K>D,K+D=P$;

第三种类型 $D>0,K<D,K+D=P$。

其中:D 为剩余群体;K 为补充产卵群体;P 为产卵群体或生殖群体。

属于第一种类型的渔业资源群体是短寿命的鱼类和甲壳类等,如中国对虾、毛虾、香鱼、银鱼、大麻哈鱼等,它们首次产完卵后一般就会死亡。

属于第二种类型的渔业资源群体是那些中等寿命的鱼类、软体动物等,如带鱼等。

属于第三种类型的渔业资源群体是长寿命鱼类和鲸类等,如大黄鱼和长须鲸等。

不过,渔业资源生殖群体属于哪种类型是相对的。过度捕捞对第二、三种类型的渔业资源影响很大,这是因为捕捞活动往往针对剩余群体,并随着捕捞强度的不断增加,使群体中的剩余部分不断减少。当达到捕捞过度时,生殖群体的类型往往也发生变化,如大黄鱼群体受到过度捕捞,其群体中的剩余部分不断减少,而补充部分逐渐增多,使原属于第三类型的生殖群体逐渐向第二类型转化。认识鱼类产卵群体的特征,还可进一步分析它的体长、年龄组成和性比。

三、繁殖力及其测算方法

(一)个体繁殖力的概念

繁殖力又称生殖力。其含义原系指一尾雌鱼在一个生殖季节中可能排出卵子的绝对数量或相对数量。但因在调查研究中往往难以实测,故多采用相当于Ⅲ期以上的卵巢(即卵子已经累积卵黄颗粒)的怀卵总数或其相对数量来代替。

鱼类的繁殖力可以分为个体绝对繁殖力和相对繁殖力。个体绝对繁殖力指一个雌性个体在一个生殖季节可能排出的卵子数量。实际工作中常碰到两个有关的术语为怀卵量与产卵量,前者是指产卵前夕卵巢中可看到的成熟过程中的卵数,后者是指即将产生或已产出的卵子数。两者实际数量值有所差别。如邱望春(1965)等认为,小黄鱼产卵量约为怀卵量的90%左右。从定义的角度看,"产卵量"更接近于"绝对生殖力"。但是,在实际工作中,卵子计数多采用质量取样法,计算标准一般由Ⅳ—Ⅴ期卵巢中成熟过程中的卵子卵径来确定的,如大黄鱼卵子的卵径范围为 0.16~0.99 mm,黄海鲱为 1.10 mm 以上,绿鳍马面鲀为 0.35 mm 以上(郑文莲,1962;唐启升,1980;密崇道,1987),这样计算出的绝对生殖力又接近于"怀卵量"。可见,我们获得的"绝对生殖力"实际上是一个相对数值。这个相对数值接近实际个体绝对繁殖力的程度,取决于我们对产卵类型的研究程度,即对将要产出卵子的划分标准、产卵批次以及可能被吸收掉的卵子的百分比等问题的研究程度。

个体相对繁殖力指一个雌性个体在一个生殖季节里,绝对繁殖力与体重或体长的比值,即单位质量(g)或单位长度(mm)所含有的可能排出的卵子数量。相对繁殖力并非是恒定的,在一定程度上会因生活环境变化或生长状况的变化而发生相应的变动。因此,它是种群个体增殖能力的重要指标,不仅可以用于种内不同种群的比较,也可用于种间的比较,比较单位质量或体长增值水平的差异。如表2-21所列,黄海、东海一些重要渔业种类单位重量的繁殖力有明显差别。

具体计算公式如下:

$$绝对繁殖力 = n \text{克样品的卵粒数} \times \frac{卵巢总重(g)}{n}$$

$$相对繁殖力 = \frac{绝对繁殖力}{鱼体长(或纯体质量)}$$

表2-21 个体相对繁殖力比较(唐启升,1991)

种类	单位重量卵子数量/(粒/g)	作者
辽东湾小黄鱼	171 ~ 841	丁耕芜等,1964
东海大黄鱼	268 ~ 1 006	郑文莲等,1962
黄海鲱	210 ~ 379	唐启升,1980
东海带鱼	108 ~ 467	李城华,1983
东海马面鲀	674 ~ 2 490	宓崇道等,1987

(二)鱼类个体繁殖力的变化规律

从众多的研究中,可以发现,鱼类的繁殖力是随着体重、体长和年龄的增长而变动。例如研究结果表明(邱望春等,1965;朱德山,1982;李城华,1983;杜金瑞,1983),带鱼个体绝对繁殖力随鱼体长度和体重的增长而提高,并随着体长和体重的增长繁殖力增加的幅度逐渐增大,即绝对繁殖力与肛长和体重呈幂函数增长关系。从图2-38可以看出,带鱼绝对繁殖力随体质量增长而提高比随长度增长而提高要显著得多,例如在长度190~210 mm和体质量50~150 g之间的繁殖力基本一致,而在此以后繁殖力依体质量的增幅度逐渐大于依体长的增幅。同时,从图中还可看出,同一年龄的带鱼绝对繁殖力随长度与体重增长均比不同年龄的同一长度和同一体重组的增长明显。即带鱼个体绝对繁殖力与体质量最为密切,其次是鱼体长度,再次为年龄。

带鱼个体相对繁殖力 r/L 的变化规律与个体绝对繁殖力一样,均依肛长、体质量和年龄的增加而增加。而 r/W 与肛长和体质量的关系显然不同于 r/L 与肛长和体质量的关系,后者呈不规则波状曲线。说明 r/W 并不随肛长或体质量的增加而有明显变化,因此较稳定。带鱼系多次排卵类型,第一次绝对生殖力是依长度、体质量或年龄增加,但排卵量均少于第二次(图2-39)。例如,台湾海峡西部海域带鱼的第一次绝对排卵量变动范围为15.3~117.6千粒,平均为37.4千粒;第二次绝对排卵为18.4~156.6千粒,平均为57.1千粒(杜金瑞等,1983)。

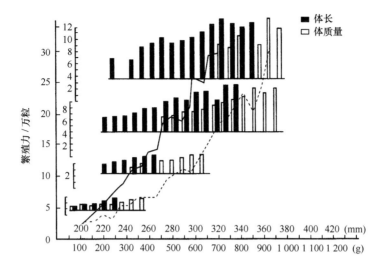

图 2 - 38 东海带鱼个体生殖力与鱼体长度、体质量和年龄的关系
（邓景耀,1991）

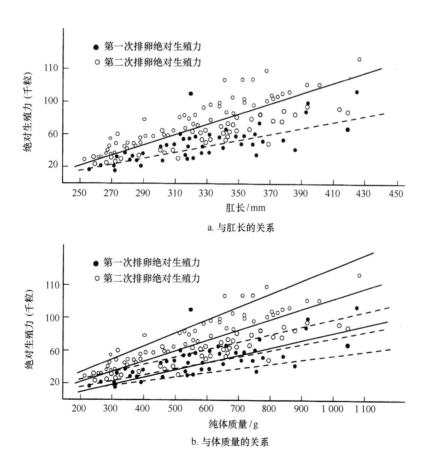

a. 与肛长的关系

b. 与体质量的关系

图 2 - 39 台湾海峡西部海区带鱼个体分次绝对繁殖力与肛长、体质量的关系（杜金瑞等,1983）

水柏年(2000)根据 1993—1995 年从吕四渔场和舟山渔场采集的样品,对小黄鱼生殖力与体质量、体长及年龄的关系进行研究(图2－40),并对小黄鱼的生殖力作了对比分析,揭示了变化规律。研究结论认为,小黄鱼的绝对繁殖力与纯质量、体长和年龄有关,且个体绝对生殖力与体长及纯质量的关系比与年龄关系更为密切。分析表明,同一地理种群个体绝对生殖力和个体相对生殖力均随体长及纯重的增大而增大,而个体相对生殖力与体长及纯质量关系则不甚密切。

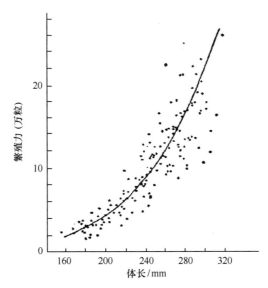

图 2 － 40　小黄鱼体长与繁殖力的关系(水柏年,2000)

(三)鱼类个体繁殖力的调节机制

鱼类繁殖力的变化规律是鱼类种群变动中最重要的规律。在食物保障变化的同时,种和种群繁殖力的变动通过物质代谢的变化进行自动调节,以便在变化着的生活环境中,调节增殖度和控制种群数量以适应其食物保障。

(1)由不同年龄和鱼体大小而引起的繁殖力变化。大多数鱼类的繁殖力同鱼体质量的相关比同体长的相关性密切,而与体长的相关性又比与年龄的相关性密切。

鱼类达到性成熟年龄后,随着鱼体的生长,繁殖力不断地增加,直至高龄阶段才开始降低。低龄群的相对生殖力一般是最大,高龄个体并不是每年都生殖。这是因为初次生殖的个体卵子最小,相对繁殖力较高,在尔后的较长时间里,随着鱼体的生长,繁殖力的提高而较缓慢。高龄鱼的衰老,是因为其相对生殖力(包括绝对繁殖力)和卵粒被吸收的数量增加,同时也与种群所处的环境有关,所以往往出现生殖季节不产卵的现象。

(2)鱼类繁殖力由于饵料供给率的不同而有变异。鱼类繁殖力的形成过程较明显地分成两个时期,第一时期是生殖上皮生长时期,该种群所具有的总的个体繁殖力就在这时期形成。形成繁殖力的第二时期,是由于食物保障变化所引起的生殖力和卵子内卵黄积累的显著变化。因此,鱼类生殖力年间的变动,与生殖前索饵季节的索饵条件有关。

　　同一群体的繁殖力,在饵料保障富裕的条件下,调节繁殖力的主要方式是加快生长,鱼体越肥满卵细胞发育越良好,卵数越多,其繁殖力相对地提高。相反,当饵料贫乏的年景,部分卵细胞因萎缩而被吸收,其繁殖力亦降低。

　　(3)个体繁殖力随着鱼体的生长而变化。个体繁殖力由鱼类生命期的转变,一般可分为三个阶段,即繁殖力增长期、繁殖力旺盛期和繁殖力衰退期。在繁殖力增长期,繁殖力迅速增加;旺盛期繁殖力增长节律一般较稳定,但繁殖力达到最大值;衰老期,繁殖力增长率下降。例如浙江岱衢洋的大黄鱼,2—4龄和部分5龄鱼,繁殖力较低,属开始生殖活动的繁殖力增长期。5—14龄鱼的繁殖力,随着年龄的增加而加大,是繁殖力显著提高的旺盛期。约在15龄以后,繁殖力逐渐下降,为繁殖力衰退期,是机体开始衰退在性腺机能上的一种反映。

　　(4)同种不同种群繁殖力的差异。同一种类生活在不同环境中的种群,其繁殖力是不同的。不同种群生活环境差异越大,其繁殖力的差别就越大。例如鲱鱼(*Clupea harengus L.*)栖息于北太平洋水域的种群与栖息于北大西洋的种群繁殖力迥然不同。

　　生活于同一海域,个体同样大小,或年龄同样的鱼,若生殖时间不同,其生殖力也会变异。例如浙江近海的大黄鱼,春季生殖鱼群的生殖力就比秋季生殖的鱼群来得高。

　　对海水鱼类相近种类来说,分布在偏南方的类型具有高繁殖力的特点。其种类繁殖力的增长,是通过提高每批排卵数量来达到的。因此相近种类繁殖力表现出从高纬度至低纬度方向而增加,这一情况在非分批生殖的种类研究中很明显。

　　(四)鱼类个体繁殖力的测算方法

　　各种鱼类的繁殖力变化很大。例如软骨鱼类的宽纹虎鲨、锯尾鲨只产2~3粒卵,而鲀形目的翻车鱼可产3亿粒卵。那些产卵后不进行护卵、受敌害和环境影响较大的鱼类一般怀卵量都比较大,如真鲷一般为100万卵左右,福建沿海的真鲷最高达234万粒,鲻鱼290万~720万粒,鳗鲡700万~1 500万粒。通常海洋鱼类的繁殖力比淡水鱼类和溯河性鱼类强,产浮性卵的繁殖力最强,其次是产沉性卵的鱼类,生殖后进行保护或卵胎生的鱼类,其繁殖力最弱。

　　计算卵子的方法也有多种,有计数法、重量比例法、体积法、利比士(Reibish)法等,卵粒计数法多用于数量少的大型卵粒,如鲑鳟等,通常采用质量比例法。

　　1. 质量比例法

　　在进行生物学测定以后,取出卵巢,称其质量,然后根据卵粒的大小,从整个卵巢中取出1 g或少于1 g的样品,计算卵粒数目,如果卵巢各部位的大小不一则应从卵巢不同部位取出部分样品,并算出其平均值(如前、中、后的三部位各取0.2~0.5 g),然后用比例法推算出全卵巢中所含的卵粒数。公式为:

$$E = \frac{W}{w} \times e$$

　　式中:E为绝对繁殖力(粒);e为样品卵数(粒);W为全卵巢质量(g);w为取样质量(g)。

　　鱼类相对繁殖力,系指单位体长或体重的怀卵量。

　　计算个体繁殖力时,应注意须用第Ⅳ期成熟度的卵巢,而不应用第Ⅴ期的,因为它可能已有一部分卵子被挤出体外。选取的一部分作为计算用的卵子,切需注意其代表性。另外,繁殖力的计算,最好是采用新鲜的标样,有困难时,也可以用浸制在5%甲醛溶液中的标样进行。

2.体积比例法

利用局部卵巢体积与整个卵巢体积之比,乘以局部体积中的含卵量,即可求出总怀卵量。求卵巢和局部卵巢的体积时用排水法。公式为:

$$E_i = \frac{V}{U} \times e$$

式中:E_i 为卵巢总怀卵量;V 为卵巢的体积;U 为卵巢局部质量(g);e 为卵巢局部 U 中的含卵量。

选取的局部卵巢 U 使用辛氏溶液(Simpson)浸渍,将卵全部分离吸出,计其数量。不过 e 常常因所取卵巢部位的不同而不同。因此应在卵巢上的不同部位采取几部分卵块,求 e 的平均值。

(五)鱼类种群繁殖力及其概算方法

由于生长状况、性成熟年龄、群体组成、亲体数量等因素的变化,个体繁殖力有时还不能准确地反映出种群的实际增殖能力,需研究种群的繁殖力。种群繁殖力系指一个生殖季节里,所有雌鱼可能产出的卵子总数。迄今仍缺乏一个完善的估计方法,此处仅介绍种群繁殖力估算的近似公式予以说明:

$$E_p = \sum N_x \times F_x$$

式中:E_p 为种群繁殖力;N_x 为某年龄组可能产卵的雌鱼数量(尾数);F_x 为同年龄组的平均个体繁殖力(卵粒数)。

在单位重量繁殖力比较稳定的情况下,种群繁殖力也可用个体相对繁殖力与产卵雌鱼的生物量乘积来表示。

从黄海鲱的研究实例来看,黄海鲱 2 龄鱼基本达到全面性成熟(即 1、3 龄第一次性成熟所占比重甚少,可忽略不计),产卵群体的性比较接近 1:1,其个体繁殖力随年龄而变化,结合逐年世代分析,列表计算见表 2 - 22。

表 2 - 22　黄海鲱种群繁殖力

年龄	平均怀卵量 F_x(万粒)	1969 年 产卵雌鱼* (万尾)	1969 年 种群繁殖力 (亿粒)	1970 年 产卵雌鱼 (万尾)	1970 年 种群繁殖力 (亿粒)	1972 年 产卵雌鱼 (万尾)	1972 年 种群繁殖力 (亿粒)
2	3.07	3 337.50	10 246.13	6 487.15	19 915.55	70 598	216 735.86
3	4.90	5 724.55	28 050.30	1 996.60	19 783.34	493.8	2 419.62
4	5.45	302.45	1 648.35	3 215.05	17 522.02	585.25	3 189.61
4 龄以上	5.43			246.90	1 340.67	831.8	4 516.67
合计		9 364.50	39 944.78	11 945.70	48 561.58	72 508.85	226 861.76

资料来源:陈大刚,1991。

* 各年产卵雌鱼数 = (当年产卵群体资源量 N_x - 产卵群体渔获量 C_x)/2。

从表 2-22 可见,黄海鲱的种群繁殖力依年份有很大波动,约在 4 亿～22.7 亿粒之间,这乃受产卵群体的优势世代强弱的影响,如 1972 年的 2 龄鱼即 1970 世代非常强盛,致使该年种群繁殖力猛增。其他鱼种亦皆有波动,其变动范围则视鱼种而异。

徐恭昭等(1980)研究认为:种群繁殖力的计算方法和表示形式可以有多种多样(表 2-23),其基本结构与个体繁殖力计算方法的区别在于,个体繁殖力的平均值仅仅是依年龄、体长、体质量分组统计数值或全部样本测定值的简单算术平均数;而种群繁殖力,则是在个体生殖力测定基数上,依种群结构、生殖鱼群的平均年龄、雌鱼一生中的产卵次数等予以加权平均计算所得几何平均数。对于在随机取样中获得较好代表性的生物学测定样本来说,两者的计算结果理应相同,但往往限于随机采集生殖力群体样本相当困难,因而依种群结构和繁殖特征加权计算的种群繁殖力数值,较个体繁殖力的算术平均数,更能了解种群的繁殖力特性。从表 2-23 所示两个繁殖群体的对比数值可以明显地看出,不论是种群绝对繁殖力或相对繁殖力,都是岱衢洋繁殖群体高于官井洋繁殖群体,种群繁殖力指数或繁殖系数则与之相反,不论哪一种方法的计算结果,均表明官井洋繁殖群体高于岱衢洋繁殖群体。此种差异的基本原因,在于两者的种群结构、性成熟特性、生长速度以及寿命等种群补充特性的地域差异。

表 2-23　不同大黄鱼种群生殖力特性

繁殖种群		浙江岱衢洋	福建官井洋
种群绝对繁殖力	$\sum r(\times 1\,000)$	10 357	5 444
	$\sum p \times r(\times 1\,000)$	39 814	24 160
种群相对繁殖力	$\sum r / \sum q(粒/g)$	168	134
	$\sum r / \sum l(粒/cm)$	3 227	1 663
种群繁殖系数	$\sum l \times \sum q / \sum r(cm \cdot g/粒)$	19.1	24.4
	$\sum r / \bar{r} \times x$	1.12	2.50
种群繁殖力指数	$\sum p \times r / \sum p \times t$	46.1	68.6
	$\bar{r} \times s_1 / t_1$	12.3	16.5

资料来源:(徐恭昭等,1980)

不同种类和种群繁殖力的大小差异甚大,这种差异反映出物种和种群对产卵场环境变化的适应特性,一般来说海水鱼比淡水鱼和溯河性鱼类繁殖力大;洄游性和溯河性鱼类比定居性种类大。浮性卵鱼类繁殖力最大,沉性卵鱼类次之,卵胎生鱼类最小。同一种不同种群之间的繁殖力差异很大,环境条件差异越大其差别就越大。同一种群同样体长、体重和同龄的鱼的繁殖力有显著的年间变化,因此系统了解种群繁殖力的年间变化资料,对探讨其补充量动态规律十分重要。

第五节　鱼类饵料、食性与丰满度

一、研究鱼类摄食习性的意义

渔业资源与其他水产生物所构成的生物群落是通过食物网联结而成的。某群体数量的多少不仅与它的捕食者、食物的数量存在一定的关系,同时还在很大程度上取决于鱼类的食物保障,即水域中食物的数量、质量及可获性、索饵季节的长短、进行索饵的鱼类种群的数量和质量。这些即构成了渔业资源学研究摄食习性的主要内容。

在以往的渔业资源学文献中,众多的渔业资源工作者曾对渔业资源的摄食习性进行了大量的研究。但由于渔业的发展,渔业生产和管理的实践向我们提出了更高的要求,即不仅需要静态的研究,而且更需要了解摄食习性的动态,即随时间和空间的变化规律以及群体之间的捕食与被捕食的定量关系。因为这些成果将为资源评估数学模型、特别是多种类渔业管理模型的建立和改进提供非常有价值的基础资料,如 Pope 和 Yang(1987)根据 Tone (1981)的体长股分析法而建立的所谓方阵分析,就是从种间的食性关系着手的。

鱼类摄食生态学是鱼类生态学的重要组成部分,通过摄食生态学研究可为进一步研究和掌握种群动态提供基础资料。鱼类摄食生态学的研究以胃(肠)含物分析为基础,其研究层次可分为个体、种群水平和群落水平等三个水平。

二、鱼类的食饵关系与食物链

(一)鱼类的食饵组成

饵料作为鱼类最重要的生活条件之一,构成了鱼类种间关系的第一性联系。鱼类饵料保障状况,制约着鱼类的生长、发育和繁殖,影响着种群的数量动态以至渔业的丰歉。

从总体来说,鱼类的食谱十分广泛,十分复杂。水生植物类群,从低等单细胞藻类到大型藻类以及水生维管束植物;水生动物类群,几乎涉及无脊椎动物的各个门类以至脊椎动物的鱼类自身;腐殖质类,也是某些底食性鱼类的重要饵料。

但就不同鱼种而言,其食饵组成却存在着千差万别,有的以水层中的浮游生物为食,有的则以水域中的虾、蟹、头足类以至自身的幼鱼为食而成为水中的凶猛肉食者,有的却偏爱水底有机腐屑,成为腐殖消费者。鱼种不同,其食饵的广谱性亦存在巨大差别。这是鱼类物种长期适应与演化的结果。

(二)鱼类食物链、食物网及其生态效率

1. 食物链和食物网

水域生态系统中各种生物种内、种间纵横交错的食物关系,主要表现为捕食与被捕食和竞争的关系,形成食物链和复杂的网状结构统称为食物链及食物网。

食物链是指鱼类同饵料生物及捕食的凶猛动物的食物关系。它们之间呈现食物—消耗

者—二级消耗者及以上营养级的关系。多级营养关系中的几个环节同样也存在有复杂的营养级关系,如小型动物本身既要摄取更小型动物或植物为生,而本身又要被大型动物所摄食,即低级消耗者本身又为高一级消耗者提供食物。如此一个环节扣着一个环节,呈现出链状。

一种动物往往是摄食多种生物,而其他各种生物也同样存在相互依存的营养联系。因此整个水域中的各种生物彼此之间相互联系着,相互制约着,形成一个复杂如网格那样的网络状态,称为食物网。食物网是在生态系统长期发展过程中逐步形成的,对于维持生态系统的稳定和平衡有主要作用。食物链上的每个环节叫做营养级(trophic level)。

湖泊中、海洋中食物链中最低级的一环是水生植物,即浮游植物和底栖藻类(包括高等维管束植物),它们是初级生产者(或称原始生产者);其次是摄食植物的动物,是初级消耗者,即草食性动物;再次是捕食这些动物的动物,是次级消耗者,属二级捕食动物……依此类推。最后是异养性细菌,亦称还原者。它能把湖泊中、海洋中动植物尸体、碎屑分解还原成浮游植物生长繁殖所需要的营养盐类。这样,从营养盐经过一系列环节,最后又还原成营养盐,形成了一个封闭环,故又称为食物环。这种食物链的存在不仅是湖泊、海洋生物的生存条件,而且也是维持整个水域物质转换和能量流动的重要结构。查明这些关系,对开发湖泊或海洋生物资源有极为重要的意义。

当食物链由一个环节转入另一个环节时,都伴随着一定的消耗。从能量角度来看,存在一定的转化率。例如,浮游植物被浮游动物所摄食,转换为浮游动物机体,其转化率经过推算为20%,浮游动物为小型鱼类所摄食,组成小型鱼类的机体,其转化率为10%,而小型鱼类被大型鱼类所摄食,其转化率为10%。这就是说,要组成食物层次上高一阶层动物一个单位机体时,约需要消耗食物层次低一级动物的十个单位机体能量。由此可见,距离食物链第一环越近,即处于食物层次越低级的生物,其数量就越多。这种情况尤如一座金字塔,越上一级其数量越少,这就是所谓金字塔定律,如图2-41所示。

图2-41　鱼类食物金字塔

图2-42表示食物网中各营养级之间的相互关系,绿色植物(生产者)居1级营养水平,植食性动物(初级消费者)居2级营养水平,依次类推,由低级→高级呈金字塔型,一般认为各营养级的转换效率均为10%左右。据邓景耀等(1997)计算渤海肉食性鱼类的营养级的平均值从1982—1983年的3.9降至1992—1993年的3.73。具体地讲,以浮游动物为主要饵料的低级肉食性鱼类的营养级稍有增加,主要是中高级肉食性鱼类营养级降低,这与10

年来浮游动物数量减少,鳀鱼、赤鼻棱鳀等小型低级肉食性鱼类数量增加有关。

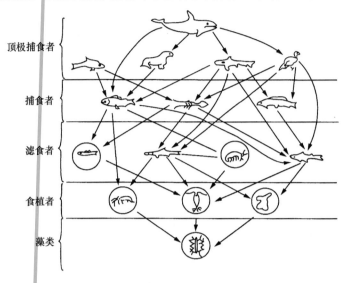

图 2 - 42　可捕获海洋生物资源和初级生产者间的食物网

　　世界渔获量组成中以中上层鱼类所占比重最大。在食物层次中,最低级的浮游植物和浮游动物以及幼体类,数量是十分庞大的,它们维持着产量巨大的中上层鱼类,由此才能支持其他肉食性鱼类和掠食性鱼类的生存。因此,为了提高水域的生产力,要尽可能地减少食物链的环数,也就是说,我们所捕捞的经济鱼类在食物链中的位置越靠近第一环,所获得的产量就越大。

　　当然,该类型的鱼类多数属于小型低质鱼类,如鲱科、鳀科、鲐鲹鱼类等,其质量不如食性级较高的鱼类,如石首鱼科、鲷科、鲆鲽鱼类。因此,合理利用不同层次营养级渔业生物的生产力十分重要。

2. 生态效率

　　食物链是生态系统中能量流动的路径。能量从一个营养级转换到另一个营养级,并不是保持不变的,而且食物链的后一个营养级所摄取利用的食物能量只占前一个营养级所提供的食物能量中很少的一部分。即在流动的过程中,能量是逐步减少的,林德曼(Lindeman, 1942)提出了"十分之一"定律,表示生态系统中能量在各个营养级间流动的定量关系,能量通过不同营养级转换的效率,称为林德曼效率或生态效率。许多研究资料表明:食物链中能流量在经过各营养级时急剧减少带有普遍性,但 10% 的转换率是一个估算的平均值,在不同食物链之间变化很大,通常在生态系统中消费者最多只能把食物能量的 4.5% ~20% 转变为自身物质(原生质)。按陈一骏(1983)估测洪湖各营养级的生产量,次级生产者对初级生产者的转换效率为 2.98% ,三级生产者对次级生产者的转换效率为 7.72% ,而顶级生产者对三级生产者的转换效率为 10.36% 。斯蒂尔(Steele,1974)在研究北海食物网结构时,计算得出中上层鱼类对次级生产者的转换率为 4.71% 。食物链中通常分为五个营养级,绿色植物作为初级生产者为第一营养级,草食性动物为第二营养级,低级、中级和高级肉食性动物分别为第三、第四和第五营养级。当物质和能量通过食物链的各营养级由低向高流动时,每经过一个营养级能量呈阶梯状递减,形成了一个金字塔形,称为能量锥体或生态学金字塔。可以分别用生物体数量和重量以及能量和净生产力表示金字塔,其中能量金字塔最能保持和确切地表达金字塔的形状。

三、鱼类摄食的类型

由于鱼类食谱的广泛性,绝大多数水生生物都能被鱼类吞食,所以鱼类的食饵十分多样。当然,在自然界并不存在某种鱼类能吃遍所有的动物、植物种类,也很难发现某种鱼类专吃一种个体。通常我们可以发现鱼类能够吃几十种甚至上百种的种类,这些与鱼类的咀嚼器官、觅食方式有密切关系。因此,依据鱼类的摄食特点摄食类型有以下五种划分方式。

(一)依据鱼类所摄食的食物性质划分

1. 草食性鱼类

草食性鱼类(Herbivores)以水生植物性饵料为营养,又可按主食性质分四类。

(1)以摄食浮游植物为主的鱼类。如斑鰶(*Clupanodon Punctatus*)、沙丁鱼(*Sardinops sagax*)、白鲢(*Hypophthalmichtbs molitrix*)等。该类型的鱼鳃耙十分密集,适宜过滤浮游单胞藻类,肠管发达便于吸收营养。斑鰶的鳃耙约285条。肠管长度为体长的3~8倍。

(2)以周丛生物为主的鱼类。该类型的鱼口吻突出,便于摄食附着于礁岩上的丝状藻类,如突吻鱼(*Varicorhinus heratensis*)、软口鱼(*Chondrostoma nasus*)等。

(3)以高等水生维管束植物为主的鱼类。这类鱼咽喉齿坚强发达,肠管较长,适宜啃吃水草等。如草鱼(*Ctenopharyngodon idellus*)咽喉齿呈栉状,与基枕骨三角骨垫进行研磨,能把植物茎叶磨碎,切割以利消化,肠管为体长的3~8倍以上,且淀粉酶的活性高。

(4)以腐殖质、碎屑为食的鱼类。如鲻鱼(*Mugil cephalus*),口端位,具有发达肌胃,像鸟类的砂囊,以研磨单细胞藻类。如梭鱼(*Mugil soiuy*)的鳃耙在61~87条,肠管为体长的3倍以上。

2. 动物食性鱼类

动物食性鱼类(Carnivorous)以动物性饵料为主,鳃耙疏稀,肠管较短。它们又可分为以下3种。

(1)以浮游动物为主的鱼类。如太平洋鲱(*Clupea pallasi*)、鳀鱼(*Engraulis japonicus*)、黄鲫(*Setipinna gilberti*)、鲐鱼(*Scomber japonicus*)等。鲱鱼的鳃耙63~73条,消化管较长。它们以磷虾、桡足类、端足类为食。

(2)以底栖动物为主的鱼类。如鲆鲽类、舌鳎类、红鳍类,它们的饵料很丰富,牙齿形态多样化,有铺石状、尖锥状、犬牙形、臼齿形或喙状。鳃耙数和肠管的长度介于食浮游动物与食游泳动物之间。

(3)以游泳性鱼类为食。如带鱼(*Lepturus haumela*)、蓝点马鲛(*Scomberomorus niphonia*)、大黄鱼(*Pseudosciaena crocea*)等,它们主食游泳虾类、小型鱼类,牙齿锐利,肠管较短,消化蛋白酶活性极高。

3. 杂食性鱼类

杂食性鱼类(Omnivorous)以植物性或动物性饵料为食,口型中等,两颌牙齿呈圆锥形、窄扁形或臼齿状。鳃耙中等,消化管长度与小于食植性鱼类,消化碳水化合物的淀粉酶和蛋白酶均较高,有利于消化生长。

(二)依据鱼类所摄食的食物生态类型划分

1. 以浮游生物为食的鱼类

这一类型的鱼类分布广泛,产量极高,体型以纺锤形为主,游泳速度快,消化能力强,生长迅速的小型、中型鱼类占绝大多数,如鲱科、鳀科、鲹科等。

2. 以游泳生物为食的鱼类

这一类型的鱼类个体较大,游泳能力很强,口大型,消化酶十分丰富,生长快速,专门追觅稍小的鱼类、头足类和虾、蟹类为食。它们的渔业价值颇高,如带鱼、石首鱼类、鲷科鱼类等。

3. 以底栖动物为食的鱼类

这类鱼类鱼群疏散,不能形成密集的群体。它们的牙齿变化较大,为适应多样性的底栖无脊椎动物类型而特化,如鲆、鲽、魟、鳐、鳎等。

(三)依据所摄食的饵料种数划分

1. 广食性鱼类

广食性鱼类指广泛觅食各种饵料生物的鱼类,很多杂食性的鱼均属此类,如大黄鱼摄食对象近 100 种之多,带鱼的饵料在 40~60 种,还有其他鱼类。

2. 狭食性鱼类

狭食性鱼类指少数鱼类或分布于某一特定水域的鱼类,专门猎食某些植物或动物性的饵料,其口器和消化功能较为特化,难以适应外界环境条件激烈的变化,如烟管鱼、颚针鱼(*Tylosurus*)、海龙(*Syngnathus*)、海马(*Hippocampus*)等。

(四)依据鱼类捕食性质划分

1. 温和性鱼类

温和性鱼类一般以小型浮游植物、浮游动物、小型底栖无脊椎动物或有机碎屑、动物尸体等为食,如鲻鱼、梭鱼、鳀鱼、沙丁鱼等。

2. 凶猛性鱼类

这类鱼牙齿锐利,游泳迅速,以追捕其他较小于自己的鱼类、无脊椎动物为生,如常见的带鱼、海鳗以及噬人鲨,后者体长可达 12m,性极凶残,牙齿呈尖锐三角形,边缘还有细小的小锯齿,能撕咬大型鱼类或哺乳动物。

(五)依据鱼类摄食的方式划分

1. 滤食性鱼类

滤食性鱼类指专门过滤细小的动、植物为食的鱼类,它们以口型大、鳃耙细密、牙齿发育较弱为特点,食物直接从口咽处进入胃肠消化,如鳗鱼、虱目鱼等。

2. 刮食性鱼类

刮食性鱼类以独特的牙齿和口腔结构,专门刮食岩石上的生物,特别以门牙为发达,如鲀科、鹰嘴鱼等。

3. 捕食性鱼类

捕食性鱼类以其游泳迅速、牙齿锐利为特点,能迅速、准确追食猎物并一口吞入胃中,如带鱼、海鳗。

4. 吸食性鱼类

吸食性鱼类以特化的口腔形成圆筒状,专门将食物和水一同吸入口腔中,造成吸引流,将小型的动植物饵料吸入胃中,如海龙、海马等。

5. 寄生性鱼类

寄生性鱼类以其寄主的营养或排泄物来养育自己,如鲫鱼专门吞食大型鱼类排泄物或未完全消化的食物为生。如角鮟鱇的雄鱼以寄生在雌鱼身上吸取营养为生。

需要说明的是,鱼类或其他生物的食性是生物对环境适应的产物。比如,由于低纬度的环境比高纬度稳定,使得低纬度的鱼类的饵料基础也较稳定,这就造成了高纬度动物区系中鱼种的食谱一般比低纬度鱼类广泛。又如,在鱼类长期的进化过程中形成了一定特点的消化系统,从而决定了一定的食性。当然,鱼类及其他渔业资源生物体的摄食类型并不是固定不变的,它除了具有一定的稳定性外,还具有可塑性,特别是那些杂食性鱼类,活动海区大,活动能力强,食饵十分复杂,因而可塑性较强。

四、鱼类摄食的特征

鱼类在何时、何地摄取何种食物,不但与其本身的生命周期的各发育阶段、生活周期的不同时期等生物学特性有关,还受环境条件的强烈影响,因此使得鱼类在其整个生命周期的各个时期不可能摄食到同样的食物,即使是凶猛的鱼类,其早期生活史阶段也只能吸取小型藻类和浮游动物等。这些都是我们需要了解的摄食习性的重要特征。

(一)在不同发育阶段摄食习性不同

鱼类在其不同的发育阶段,摄食的对象往往是不同的。这一方面是由于其营养形式的改变,摄食器官的变化,另一方面还由于不同的发育阶段,其生活环境也往往发生变化。例如,乌鳢在不同的发育阶段有各自的特点。食物成分几乎没有交叉和逐渐过渡的现象。在鱼苗期,摄食的是浮游甲壳动物;幼鱼期则改吃虾、水生昆虫和小型鱼类;到了成年期,除了相当数量的虾类之外,食物组成几乎完全是鱼类。

(二)在不同生活周期食物组成发生变化

成鱼在不同的生活周期中,其摄取的食物不仅在数量上是不同的,而且在种类组成上也不一样。在数量上的不同,这是众所周知的事实,如许多鱼类在生殖期、越冬期很少摄食,在摄食和索饵期则大量摄食。铃木(1967)对鲐鱼食性特征进行研究,将鲐鱼的成鱼生活年周期食物组成的变化归纳如下。

（1）北上期（从生殖期至摄食的过渡期）。在寒、暖流两系交汇区,主要为挠足类、磷虾类、端足类、纽鳃樽类、日本鳀幼鱼和灯笼鱼类等。

（2）南下期（摄食期）。主要为无角大磷虾。

（3）越冬期。主要为暖水性挠足类、十脚类幼体、纽鳃樽类、端足类、浮游性软体动物、夜光虫。

（4）产卵期（生殖期）。主要为挠足类、端足类、日本鳀幼鱼、海樽、纽鳃樽类、日本鳀的卵等。

从上面可以看出,处在各个时期鲐鱼食物组成发生了较大的变化。

（三）在不同水域鱼类食物组成发生变化

鱼类在长期的进化过程中,以其生物特征的改变来不断适应环境的变化,其中由于不同的水域其饵料生物组成不同,鱼类为了适应环境也不得不改变其食物组成。如鲣鱼在各水域食物组成的变化就是一例,其各水域的胃含物可归纳如下:

（1）东北、北海道东方水域,主要为日本鳀、日本鳀幼鱼、乌贼类、磷虾类。

（2）伊豆诸岛周围海域,主要为日本鳀、日本鳀幼鱼、乌贼类、鲐类、磷虾类、虾类。

（3）小笠原群岛周围水域。主要为飞鱼类、鲣幼鱼、乌贼类、篮子鱼类、金鳞鱼类。

（4）四国南岸水域。主要为竹笼鱼幼稚鱼、鲐类、乌贼类、虾类、钻光鱼类。

（5）巴林塘水域（台湾南方）。主要为乌贼类、鲹类。

（6）吐噶喇 - 冲绳水域。主要为鲐类、鲣幼鱼、飞鱼类等。

如上所述,鲣鱼基本上是以鱼类为食,但在不同水域,其对象的种类也大不一样,从洄游性的到定居性的,广泛地捕食浮游生物和无脊椎动物等。

（四）摄食习性的昼夜变化

由于光线等外界环境条件的作用,许多渔业资源动物以及饵料生物往往存在垂直移动的习性,外海渔业资源动物的摄食习性也发生昼夜变化。如东海绿鳍马面鲀,昼夜内摄食强度在傍晚到上半夜最大（69.9%）,下半夜到黎明次之（27.5%）,上午最小（16.9%）;傍晚到夜里,其胃含物主要以浮游甲壳类的挠足类、等足类和介形类为主;下半夜到黎明以吞食鱼卵为主;上午捕获的标本除了主要吞食鱼卵外,胃含物中还出现不少珊瑚。

鱼类昼夜摄食的变化的一般取决于鱼类辨别食物方位的方法。但又与饵料对象的行动有很密切的联系。饵料对象的行动不仅在很大程度上决定着摄食行动,而且决定着食物组成的昼夜变动。

（五）鱼类食物的选择性

一般来说,鱼类对于众多的饵料生物,并不具有均等的兴趣,而是有所偏好,即通常所说的,它对食物具有选择性。不过有的种类表现得明显些,有的表现得不那么明显。这可根据两方面的因素来判断:①栖息环境中各种饵料生物的数值比例情况;②鱼类吞食各种饵料生物的数量比例情况。

鱼类对食物的选择具有一定的可塑性。鱼类在得不到它所喜好的食物时，照样也能以其他饵料为食，特别是在仔幼鱼阶段的可塑性更强些。根据其偏好性和所得性，鱼类所摄食的食物通常可以分为以下几个类型。

(1)主要食物：构成主要部分，能完全满足生活的需要。

(2)次要食物：经常在鱼肠中见到，但数量不多，不能完全满足鱼类生活的需要。

(3)偶然食物：是偶然被鱼类所摄取的饵料。

此外，有时由于环境条件的改变，鱼类缺乏主要食物而摄取一些应急食物。例如有时在鱼的胃内能发现一般不摄取的棘皮动物、蛇尾类动物，这显然是由于缺乏食物而被迫吞下的。

五、鱼类的食物保障

(一)鱼类食物保障

鱼群和饵料生物量以及栖息水域中所有鱼类的总生物量很大程度上取决于鱼类的食物保障。所谓食物保障是指水域中不仅要有鱼类所能摄食的饵料生物，而且要具备保证鱼体有可能摄食。消化吸收这些食物用以营造其机体的条件，利用的饵料生物和适合的水文环境，从而保证鱼体新陈代谢过程的进行，促进生长发育的条件，称为食物保障。而其中作为鱼类食物的浮游生物、底栖生物和鱼类等饵料生物的数量和质量，又称为饵料基础。由此，可看出鱼类食物的保障，首先取决于水域中食物的数量、质量及其可获性。鱼类食物保障一定程度上受索饵季节长短的影响，但索饵季节的长短并非随时影响着鱼类食物保障，例如咸海鳊鱼绝大部分达到一定的丰满和含脂量之后就停止摄食，而开始向大海越冬洄游。当然，饵料基础处于低水平时，索饵季节的长短对鱼类食物保障就形成限制作用。若饵料基础高，索饵季节的长短对鱼类食物保障的影响通常仅表现在其分布区域的边缘地带。鱼类食物保障同样也依索饵期间的非生物性环境，温度、光照、风情、波浪、饵料分布范围大小的变化以及其他许多因素而转移，而且在很大程度上也取决于索饵期间对敌害的防卫程度。

Bop(1854)指出，鱼类种群数量与生物量以及该种类的食物保障有密切关系。鱼类食物保障受下列因子制约：水域中食饵的数量和质量及其可获性，索饵季节的长短，索饵鱼类的数量，生物量及质量。鱼类种群对食饵基础发生影响，而食饵基础保证种群的生长、性产物的成熟度、鱼体的丰满度、种群内个体的异质性等。所以在评价鱼类食物保障时，最好是根据鱼体本身的状况：生长丰满度、含脂量、鱼群内个体的异质性以及其他指标来判断。

(二)鱼类对食物保障的适应

各鱼类在进化过程中形成使其在复杂环境中能够最大限度地充分利用饵料基础的适应性。同一群落的鱼类，它们既适应于摄食一定种类的饵料，又通过其食谱的分歧而解决了由于同其他种类摄食相似的食物类群的饵料矛盾。成鱼一般仅在次要摄食对象方面才存在类似的食谱，而其食谱的主要成分却是不同的，通过叉开索饵期来解决食性矛盾的现象较少。

而幼鱼食性矛盾主要通过错开消耗类似食物时间而解决。因幼鱼阶段食物成分不同,情况一般比成鱼期少得多。但不同种类的幼鱼消耗某种食物的时间却不同。例如同一水域,狗鱼、鲈鱼和斜龄鳊等的幼鱼主要摄食轮虫类和无节幼虫阶段的桡足类等类似食物,但这些鲈鱼和斜龄鳊更早生殖,当鲈鱼稚鱼转为摄食这些饵料食物的时候较早出生的狗鱼幼鱼已转为摄食其他体型较大的饵料,而鲈鱼幼鱼和斜龄鳊幼鱼消耗类似食物的时期间隔的时间更久。其幼鱼多半是狭食性,局限于摄食特定种类。这可能也是往往造成它们大量死亡的直接原因,当然对幼鱼来说所需要的饵料在水域中几乎总是十分充分的,但在幼鱼密集的地方有时也会出现不够的现象。

鱼体在发育生长过程中,从一个阶段转入另一阶段,其食性随之亦转换,这是其扩大饵料基础的重要适应。鱼体发育过程中,早期阶段食物保障低的鱼种只待个体较大时才转为外界营养,因此其卵子中卵黄的积累比高食物保障的鱼种来得多。

鱼类随年龄不同,索饵地点分开是促进其食物保障提高的一种适应,鱼体大小相同,但性别不同,食物成分分异也是鱼类提高其食物保障的适应属性。例如亚速海的鳊鱼,雄鱼更多地捕食 Narels succirea,而雌鱼则捕食 Hyparisla kowvalevskii;海鳕鱼的雄鱼相对多地吞食甲壳类和蠕虫。

若世代数量相当大而食物保障又较低的鱼群,很大程度上转变为广食性,使其具有最为广泛的食谱。食谱的广度随着食物保障的变化而改变。

若亲鱼食物保障低,则其所发生的卵子大小不同,小鱼由卵膜内孵出所经过的时间长短也不同,从而延长了稚鱼开始向外界觅食的时间;在食性转换阶段,鱼体卵黄积累不同,其昼夜间消耗饵料的节律也不同,从而提高食物保障。例如斜龄鳊卵黄积累多的个体会出现在夜晚时分,暂停觅食的现象,卵黄积累少的个体则整天觅食。由食物保障低的雌鱼所产出的卵粒,其孵出的小鱼的个体大小多数不同,这样同一时期孵出的小鱼在外界所获得的饵料层次也各不相同。即便是同一时间孵出的小鱼,转入外界营养时饵料基础稍微扩大,其较小个体消耗一些种类的饵料,而个体较大的则摄食另一些种类。当食物保障恶化到一定程度之后,鱼类中原先基本上一致的个体在生长速度上开始出现差异,部分个体开始加快生长,而大部分则落后下来。迅速生长的个体较早转入下一个发育阶段,例如北哈萨克湖沼中银鲫,生长缓慢的个体食物较单纯,主要摄食碎屑食物,而迅速生长的个体,则以摄食摇蚊幼虫为主,这样一来,食物保障就提高了,当食物保障较好,这一现象即消失。

索饵洄游是鱼类提高其食物保障的重要适应,当鱼群密度变化时,其索饵范围的大小亦起变化。由于某种原因,鱼类数量减少时,有时也显著地缩小其索饵场所的面积。例如大西洋鲱鱼和鳕由于数量减少,索饵范围也缩小,洄游距离也改变。

许多鱼种在索饵期间集群生活方式是最高食物保障很重要的适应属性。此在中上层鱼类表现得显著,索饵集群使其能直接地轻易地找到摄食饵料,而且又有利于防止敌害和洄游。集群生活的群体比单个鱼体更易发现饵料生物密集群,而且较易同其保持接触,如果饵料生物密集群处于移动之中,单个鱼体比群体较容易失去移动中的饵料生物密集群。某些凶猛鱼类组成群体,不仅较易发现运动中的被捕食对象,并保持与其接触,而且有利于直接捕食。鱼类成群时的摄食活动比分散状态来得更强烈。集群索饵的鱼体一般以相近的节律进行摄食和消化,这使整个鱼群的摄食活动能在同时间开始和同一时间结束,这使饵料生物密集群易于为鱼群所利用。因此,在索饵期间组合成群,能使鱼体寻找到寻觅饵料时消耗较少能量,提高其食物保障。

许多鱼类在其鱼群出现丰产世代,而高龄鱼的食物保障又不稳定情况下,会发生吞食本种的卵子和幼鱼现象,这是一种扩大饵料基础和调节其数量以适应于水域饵料基础的重要适应属性,这在许多鱼类,例如鳕鱼、鲭鱼、胡瓜鱼、狗鱼、鲈鱼等均可发现,甚至有人根据鱼胃肠中本种鱼卵数量的多少来估计生殖鱼群的数量。

（三）水域理化环境对食物保障的影响

水域理化环境条件的变化在很大程度上影响着鱼类的食物保障。

1. 水温

如英格兰湖一年中水温高于14℃的天数越多,该年淡水鲈的生长就越快。因为在适宜的温度范围内,适当的增温,能促使饵料生物的生长和繁殖,从而增加食饵的丰富程度,同时也促进鱼类新陈代谢的提高。因此,鱼类就能加快生长。反之,若水温比正常年度偏低,降低了鱼类的新陈代谢速率,引起鱼类生长缓慢。例如鲤鱼索饵季节水文状况同其肝脏中脂肪含量和性产物重量之间存在明显的关系。

2. 光照

光照的长短和强弱对鱼体摄食活动有影响,尤其是借助视觉判别食物方位的鱼类,光照在其觅食过程中意义更大。如江鳕当光照高于0.1lx时,才有可能摄食小赤梢鱼。

3. 波浪

浅海水深只有8~10 m,当风暴袭来影响浅海引起巨浪时,巨浪袭来从底层至表层都受影响。一些摄食底栖鱼类的生物,如白眼鳊(*Abramis brama orientalis*)便会停止摄食活动,立即上浮到表层。

4. 风力

适当的风力可影响陆上昆虫的分布,如英格兰每年的5月、8月、9月为风季,昆虫受风力的吹刮,使小溪、池塘、湖泊的食饵有所增加,这对淡水鲑鱼的生长发育十分有利。我国舟山地区浅海处,每年秋季由于风力的影响,陆上的昆虫纷纷被刮入浅海区,使该海区的昆虫数量急剧增加,使鱼类特别是幼鱼阶段的食饵得到补充。

5. 海流

海水影响着食饵的分布,如秘鲁鳀(*Engraulis ringins*)的群体数量与浮游生物的分布、数量多寡密切相关。若热带暖流进入秘鲁外海渔场,导致该渔场浮游生物量的下降,渔获量就减少。如秘鲁鳀主要分布于秘鲁外海。1970年由于有丰富的浮游生物摄食,其生长发育十分迅速,当年的年产量高达$1\,300 \times 10^4$ t;而1972年由于厄尔尼诺现象,浮游生物受到影响,水域的生产力下降,秘鲁鳀鱼的产卵率也大大下降,只有常年的1/7,导致捕捞量大幅度下跌,1975年为331.9×10^4 t,1980年下降到82.3×10^4 t。

6. 底质

底质不同,底栖动物的分布和数量也不同,影响着鱼类捕食所消耗的能量的大小也不同。鱼类觅食所消耗的能量和代谢的高低有密切关系。如沙质地、泥质地、岩石地、深海区等不同,饵料生物栖居的地方也不同,鱼类的觅食活动所消耗的能量自然也就不相同。

由此可见外界非生物性环境条件对食物保障具有较大意义。但它不是孤立地影响食物保障,而是同生物学方面的条件一起作用。

六、鱼类摄食研究方法

现代鱼类生态学中鱼类食性研究的标准方法是胃含物分析法。其目的是为了估测鱼类群落的营养结构以及每种鱼类在群落中的营养水平,进一步研究生态系统中食物链和食物网上的物质循环。其研究内容可能包括同种各世代间或不同亚种食性的季节变化,同一种群的日摄食强度、摄食节律及摄食周期等。在两种鱼同时存在的情况下,还可以研究种间的食物竞争关系。此外,研究鱼类种群消费食物量,即能量收支问题(能量生物学),也是个体摄食生态研究的主要方向之一。鱼类摄食研究的主要传统方法有直观法、出现频率法、计数法、体积法和重量法。

(一)样品的采集与处理

1. 样品的采集

用于研究分析用的鱼类肠胃样品必需严格要求标准化,以保证分析结果的可靠性。为此必须做到以下几点。

(1)样品应力求新鲜。当捕到鱼类后,就立即进行样品的采集,以免时间长胃含物继续酶解影响分析精度。

(2)样品要具有较强的代表性,能真正代表所研究目标群体。在进行鱼类的胃肠内含物分析时,取样要大小样品齐全。在捕捞工具方面如定置网、鱼笼、延绳钓一般较缺乏代表性,仅可供参考;而拖网、围网、流网等的样品则较有代表性,可选用分析。定置网或鱼笼等工具捕获的胃肠样品,由于相隔时间较长,胃肠内的食饵大部分已消化或排泄,严重影响食物的精确度,而延绳钓等工具所捕获的样品,鱼类的空胃率较高。据比较,钓具的空胃率比拖网高2～4倍。在大数量的鱼群中取样,故一般以流动性的渔具为佳,如拖网、围网以及流网。

(3)样品的数量。在资源调查研究中,采样数通常从鱼获总数中抽取1/8～1/4的胃肠样品,以每网采样数为一单元。然后加以编号,放进标签,用5%～8%的福尔马林溶液固定。在胃肠样品采集时,一并记录鱼的体长、体质量、性别、性腺成熟度等项目,以便对照。

2. 胃含物的处理

鱼类胃含物的处理是一项十分认真、细微的分析工作。由于鱼类的消化能力很强,我们要及时分析胃含物处于半消化之前的状况或未消化的状况,这样就能较好地进行食饵生物种类、数量的分析工作。

在鉴定胃含物之前,需要了解该海域的饵料生物样品的种数、质量及其他参数,这样就能顺利地进行分析、比较。肉食性的鱼类可依据鳞片、耳石、舌颌骨、匙骨、鳃盖骨、咽喉齿、颌骨、鳍条的形状、大小进行鉴定食饵生物的种类。草食性鱼类或以浮游生物为食的鱼类,可依据水草的茎、叶、果实、种子、浮游动物的外形、附肢、口器、刚毛等的大小、数量分别鉴定其原来的饵料生物。进行食饵的鉴定工作,可由浅入深,逐步深化,切勿粗糙从事。

（二）鱼类摄食的现场观察

由于渔业资源调查工作往往需要在比较艰苦的环境中进行,对分析结果的精度不可能要求很高,因此采用简单易行的研究方法是一个好的途径。所谓直观法,即用肉眼直接估计各饵料体积占整个胃含物体积的百分比,以此判断各饵料占胃体积的比例大小。

当仅用胃囊判断鱼类吃食的饱满度不够明确时,可以借助于肠等消化器官的其他部分。苏联学者在《鱼类食性研究方法指南》中对直观法有详细的论述,现将其介绍如下。

1. Cylopob E. K. (1948)的摄食等级划分

00 级:无论在胃内还是在肠中都无食物;

0 级:胃中无食物,但在肠中有残食;

1 级:胃中有少量的食物;

2 级:胃中有中等程度的食物,或占 1/2;

3 级:胃中充满食物,但胃壁不膨大;

4 级:胃中充满食物,胃壁膨大。

2. Eotopob T. B. 对浮游生物食性鱼类划分

A 级:胃膨大;

B 级:满胃;

C 级:中等饱满;

D 级:少量;

E 级:空胃;

3. 对底栖生物食性鱼类划分

0 级:空胃;

1 级:极少;

2 级:少量;

3 级:多量;

4 级:极大量;

4. 通常用于判断消化道中食物饱满度等级的标准

00 级:无论在胃中还是在肠中都无食物;

0 级:胃中无食物,但在肠中有残食;

1 级:胃中有少量的食物;

2 级:胃中有中等程度的食物;

3 级:胃中充满食物,但胃壁不膨大;

4 级:胃中充满食物,胃壁膨大。

（三）定性与定量分析方法

1. 定性分析方法

在完成全面准备工作之后,进行食饵定性分析就较为方便。为了定性分析,最好取胃部和肠前端的食物块,因为该处饵料比较完整,容易鉴定,若食物已被开始消化,就需要根据残留物来鉴定。

大型饵料用肉眼即可判断其种类,小型饵料可借助解剖显微镜进行鉴定。根据渔业生物学调查的不同要求,鉴定工作可以分别进行到纲、目、科或属甚至到种。研究饵料的消化程度可以将消化道前段和后段进行对照而确定。

2. 定量分析方法

(1)计数法。也称为个数法,即以个数为单位,分别计算鱼类所吞食的各种饵料生物的个数,然后计算每一种饵料生物在总个数中所占的百分比。即胃含物中某一种(类)食物成分的个体数占胃含物中食物组成总个体数的百分比。例如,蓝圆鲹的胃中有挠足类生物 100 个、磷虾类 75 个、糠虾类 50 个、长尾类 20 个、介形类 5 个,那么每一类饵料生物在总个数中所占的百分比分别为 40%、30%、20%、8% 和 2%。

如果食物成分容易确定,则该方法迅速、简便、实用。在某些场合下尤为方便,如食物个体规格相近的鱼食性鱼类及浮游生物食性鱼类的胃含物分析,虽然浮游生物计数比较繁琐,但可借助辅助采样法简化,即从已知体积的均匀水体中部分取样,计算微小生物数量,然后计算总生物数量,计算时可借助于 Sedgwick - Rafter 计数框。

个体数法亦不能单独全面反映鱼类食物成分,主要受以下因素限制:①个体数法过分强调了被大量摄食的小型生物的重要性。但有些情况下,又因小型生物被消化得迅速,可能在食物组成中被忽略。②因为很多生物如原生动物等在到达胃囊之前已成糊状,所以很难计数出所有食物成分的个体数。③没有考虑到鱼体大小的影响。④这种方法不适用于联合体食物如大型藻及碎屑等。⑤这种方法得出的各饵料成分组成的概念往往会产生误会,因为各种饵料生物的个体大小及营养价值不一致,将它们等量来看是不合理的。通常与其他方法,特别是质量法配合起来使用的。

(2)质量法。质量的表现方法有两种:一为剖开鱼胃,把挖出的胃含物在小天平上称取的当场质量,另一为更正质量,更正质量是在饵料分析过程中,随时注意挑取完整的饵料生物个体,量其长度或估算其大小并称其质量,这样经过一段时间之后,即可知道各种饵料生物的大小和质量的范围,然后再以个数乘质量。食物质量百分比指某一食物的更正质量占食物团更正质量的百分比。胃含物质量有干质量及湿质量两种。一般湿质量测量比较方便;而测定干质量较费时间,但在计算能量收支时需要应用该测定方法。用更正质量按下式能计算出某种饵料成分占胃含物总质量的百分比:

$$质量百分比 = \frac{某饵料成分的更正质量}{食物团更正质量} \times 100\%$$

除了质量百分比这一指标外,饱满指数也可帮助分析胃含物的质量。所谓饱满总指数是指胃含物当场的质量乘以 10 000 除以鱼的纯质量,所得的万分比数值可用下式表示:

$$饱满总指数 = \frac{食物团实际质量}{鱼体纯质量(去内脏)} \times 10\,000‰$$

如果用于计算的食物团的质量为更正质量,那么上式中的食物团实际质量一项改为更正质量,所得出的数字为更正的饱满总指数。更正的饱满总指数比根据当场质量求出的饱满总指数更正确些。如果把胃含物中各个成分分别开来,把各个组成成分的当场质量乘

10 000 除以纯质量所得的万分比数值,则称为该成分的饱满分指数;同理,也可获得更正的该成分的饱满分指数。同样地,更正的饱满分指数比根据当场质量求出的饱满分指数较为正确。上述所称的质量实际上是饵料的湿质量。

测定湿质量时,一般用滤纸把食物外部水分吸干,但水分仍是误差的一个重要原因,需用滴干及在热盘中预干或用离心法进一步减小误差。测定干质量可通过将湿质量蒸发至恒重完成,而不同食物种类的干质量温度亦不同(一般在 60~150℃ 之间),温度太高可能导致挥发性脂肪的消失,而且耗时,所以冻干法效果较理想。

Sikora 等(1971)用生物量单元表述饵科生物的干质量,一般用胃含物平均总质量相对于鱼体大小的变化来表述摄食行为的节律。而胃含物平均质量的周年变化能很好地反映鱼类摄食强度的周年变化。

质量法在食物重要性研究中易过高估计单个大个体食物成分的重要性,另外食物被福尔马林浸泡后,质量与现场湿质量不同,由此会产生测量误差。它比体积法适用范围小些,但基本能适用于通常饵科生物成分的分析。

(3)体积法。鱼类食物体积组成指某一种(类)食物的体积占胃含物总体积的百分比。一般采用排水法测定胃含物的总体积或分体积,求出各种类型食物占有的百分比。常用有刻度的小型试管或离心管,先装上 5~10 mL 清水,然后把食物团放于滤纸上吸干,待至水被吸干为止。再将食物团放入已知刻度的试管内,根据此时的总体积,就能精确求出排开的水。食物团中各大类饵料食物的成分组成,以出现频率百分数或以个数数量的百分比求之。

这种方法比较复杂,分析时手续繁琐,但能较准确确定体积的大小,再求出质量来。由于繁杂,采用此法的人不多。

(4)出现频率法。这是最为简单和最常用的测定饵料成分的方法之一。出现频率即含有某一食物成分的胃数占总胃数(非空胃数)的百分比。其具体的计算公式为:

$$出现频率 = \frac{含有该成分的实胃数}{总胃数} \times 100\%$$

出现频率法的优点是测定快速而且需要应用的仪器少,但是这种方法不能表达胃中各类饵料的相对数量或相对体积。尽管如此,此法还是能够提供饵科种类的定性分析。

如果食物种类容易确定,则该方法迅速、简便,但它仅能粗略地反映鱼类食谱的一个侧面,即鱼类对某种食物的喜好程度,不能明确表达某一种(类)食物成分占胃含物数量和体积的比例。

Frost 和 Went(1940)提出了"优势法",估算含有某一优势种的胃数占总胃数或实胃数的百分比,但这种方法也不能反映鱼类食物的实际组成,况且"优势度"标准也不易统一。

上述几种胃含物分析方法的综合性总结和评论可见 Hyslop(1980)和波罗日尼科夫(1988)等有关文献。在对鱼类进行胃含物分析结果处理时,上述方法(出现频率 $F\%$,数量百分比 $N\%$,体积百分比 $V\%$,重量百分比 $W\%$)的优点在于评价每一饵料类别重要性时的可比较性以及容易获得和处理,其中重量百分比指标可用湿质量、干质量或是更正质量百分比表示。各类指标在评价鱼类食性时各有优点。出现频率法可以反映鱼类对某种饵料生物的喜好程度,数量百分比能较好地表达食物个体规格相近的鱼类的食物组成,因食物的重量

(体积)与热量值有一定关系,质量百分比(体积百分比)能反映出种群中所消耗的每一种饵料类别占总消耗量的比例。然而这些指标也有一定的局限性。出现频率不能准确表达该饵料生物在胃含物中所占的实际比例。数量百分比无法客观阐述食物个体大小相差许多的鱼类的食性,出现频率和数量百分比都受小型食物种类很大影响。总质量(体积)百分比则过分强调了个别个体捕食利用超出鱼类种群利用的那部分食物的重要性。

(5)综合性指数法。针对上述几种方法的缺陷,Pinkas 等提出了相对重要性指数(IRI):

$$IRI = F(W + N) \text{ 或 } IRI = F(N + V)$$

George 和 Hadleey 也提出基于绝对重要性指数 AI 的基础上的相对重要性指数 RI,计算公式为:

$$AI = F\% + N\% + W\% , RI = 100 AI \sum AI$$

Hyslop 对 RI 指数进行研究,指出这些方法未必是衡量食料重要性的更准确的指标。因为其中两个指标对判别饵料重叠所起作用不大,出现频率和数量百分比都受小型食物种类很大的影响,而这些小型食物仅占鱼类食物重量中很小的一部分。为此提出了综合指标——优势指数(Index of preponderance),把重量百分比和出现频率综合成一个指标 I_p。计算公式为:

$$I_P = (W_i F_i) / \sum (W_i F_i)$$

式中:W_i 为饵料 i 的质量百分比;F_i 为饵料 i 的出现率。该方法可根据饵料组成中各饵料数值排序,适合于度量饵料组成中的主要饵料。然而这种方法不能通过质量百分比或出现率来区分饵料类别的重要性。

(6)图示法。一般来说,数据结果以图表示更易于理解。一般以饵料的出现频率和相对丰度为二维复合坐标进行图示说明,这种图示法克服了以往许多摄食生态学的野外研究结果往往局限于对饵料的描述而没有对摄食者的摄食策略作进一步分析的缺点,它能更直接地描述饵料组成、饵料的相对重要性(主要食物或是偶然食物)以及摄食者中对食物选择的均匀性。

Amundsen(1996)在 Costello 图示法基础上,提出了相应的改进方法(图 2 - 43)。这种方法以特定饵料丰度和饵料出现频率共同构成二维图,可显示饵料的重要性、摄食者的摄食策略以及生态位宽度和个体间的组成成分。

改进的 Costello 图示法以特定饵料丰度和出现频率为指标构成二维图(图 2 - 44a)。特定饵料丰度 P_i 及出现频率用分数表示:

$$P_i = (\sum S_i / \sum S_{ti}) \times 100\%$$

式中:S_i 是饵料 i 在胃含物中的含量(体积、重量、数量);S_{ti} 是胃内有饵料 i 的摄食者胃含量。

特定饵料丰度和出现频率的乘积相当于饵料丰度,可用与坐标轴共同围起来的方框表示(图 2 - 44b),所有饵料种的方框面积总和等于图的总面积(100% 的丰度),任一特定饵料丰度与出现频率的乘积代表某一饵料丰度,饵料丰度的不同值可以在图中用等值线表示(图 2 - 44c)。

运用 Costello 改进图示法,有关摄食者的摄食策略和饵料重要性可以通过观察沿着对角线和坐标轴分布的散点来推知(图 2 - 43)。在纵轴中,根据广食性或是狭食性来阐明摄食者的摄食策略,摄食者种群的生态位宽度可以通过观察值在图中的位置来判明。沿对角线从左下角到右上角增加的丰度百分比用以衡量饵料的重要性,重要的饵料(主要食物)在顶端、而非重要的饵料(次要食物或偶然)在底端。

图示法的优点在于在作进一步的数理统计分析之前能在图中对数据作一个迅速而直观的比较。与其他综合指标(例如 IRI、RI、I_p)相比,图示法没有把重量百分比和出现频率简单地相加或是相乘,却可以通过重量百分比和出现频率从许多鱼的小型饵料中区分出仅存在于少数鱼中的大型饵料,对结果进行更细致地分析,以便更好地比较结果。

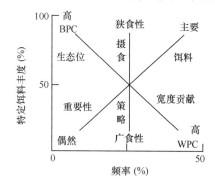

图 2 - 43 Costello 改进法解释摄食策略、生态位宽度贡献和
饵料的重要性(Amundsen,1996)

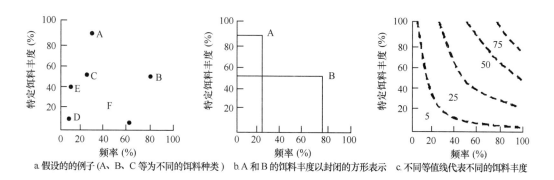

a.假设的的例子(A、B、C 等为不同的饵料种类)　b.A 和 B 的饵料丰度以封闭的方形表示　c.不同等值线代表不同的饵料丰度

图 2 - 44 摄食策略

(四)影响鱼类摄食的主要因素

1.摄食器官的形态特征与鱼类摄食关系

鱼类的食性及其摄食行为受其摄食器官的形态特征,环境生态因子如食物保障、水温等影响。生理活动如产卵、越冬等以及鱼类的摄食器官的形态特征与其摄食方式密切相关,但此类研究很少,尚未形成系统的理论与研究方法。Groot(1971)比较分析了世界 132 种比目

鱼的消化器官的主要形态特征及其与食性的关系,并依此把鱼类划分成不同摄食方式的生态类群。陈大刚等(1981)利用生物数学方法研究了鱼类的消化器官的形态特征与其食性的关系。其具体方法是:选择鱼类消化器官中典型的定量指标,如吻、头、口、肠、幽门垂等(平均值)及性状指标如牙齿、鳃耙、胃、肛门等(用数字之间的距离表示各种鱼类之间的差异),由此得到鱼类形态学指标的资料矩阵 x,然后计算各鱼种之间的欧氏距离(标本点距离) d_{ij}:

$$d_{ij} = \left\{ \sum \left[(x_{ij1} - x_{ij2})/s_i \right] \right\}^{1/2}$$

式中: s_i 是行的标准差,按标本点距离聚类分析划分鱼类的摄食生态类型。三尾真一等(1984)研究了鱼类与捕食相关的探索器官(嗅房、眼、视叶等)、接近器官(体形、鳍、小脑等)、捕食器官(口、齿、鳃耙等)以及消化器官(胃、肠、幽门垂等)的形态指标并进行主成分分析,按鱼种间差异的显著性把鱼类划分成不同的摄食类型如嗅觉型与视觉型(探索)、侧扁型与扁平型(接近)、齿型与鳃耙型(捕食)、胃型与肠型(消化)等。

2. 食物保障与鱼类摄食关系

食物保障即环境中饵料生物的可获度,包括饵料生物量的供应及消费者的捕获利用能力,它是影响鱼类摄食的主要生态因子之一。鱼类及其饵料生物生活在不断变动的环境中。所以只能对消费者及饵料生物同步取样,比较消费者的胃含物组成及其环境中饵料生物组成,才能较客观地评价鱼类对饵料生物的自然选择。但此类研究所需要的很多测试手段尚不完备或方法不成熟,加之取样中存在的一些困难,不易获得充分的精确的定量资料,所以人们往往借助于实验生态学中的食物选择指数 I 来研究鱼类对饵料生物的选择:

$$I_i = (r_i - p_i)/(r_i + p_i)$$

式中: I_i 是鱼类对饵料生物 i 的选择指数; r_i 是饵料生物在鱼类胃含物中的比例; p_i 是同种饵料生物在环境饵料生物中的比例。 I_i 值范围为 $-1 < I_i < 1$。 $I_i > 0$ 时,鱼类主动选择饵料生物 i; $I_i < 0$ 时,鱼类回避饵料生物 i。

此外,有些学者还采用另一选择性指数 I。

$$I = \frac{r_i - p_i}{p_i}$$

式中: I 为选择指数; r_i 为食物中某一成分的百分数; p_i 为食料基础中同一成分的百分数。大小用来判断某种鱼对某一种饵料的选择程度。当选择指数为 0 时,表示对这种成分没有选择性;选择指数为正数值时,表示有选择性;选择指数为负数值时,则表示对这种食物不喜好。

七、肥满度和含脂量

(一)鱼类肥满度

鱼类的肥满度(丰满度)是鱼体质量增减的一个量度,它是反映鱼体在不同时期和不同水域摄食情况的一个指标。Fueton(1902)提出了用肥满度来表示,其计算公式为:

$$Q = \frac{W \times 100}{L^3}$$

式中:Q 为丰满度;W 为体质量(单位为"g");L 为鱼体长度(单位为"cm")

这是用鱼体重量与体长立方的关系表示鱼类生长情况的指标之一。这一指标是假定鱼类不随它们的生长而改变体型。丰满度系数的改变,说明鱼体长度和质量之间的关系改变了。在体长不变的情况下,体质量的增加,肥满度提高;相反地,体质量减少则表明肥满度降低。

肥满度系数实际上就是两个量度的比例,即鱼体的体积(与鱼体质量成正比)对鱼体长度立方积之比。因此在比较不同时期和不同水域鱼类的肥满度时,应分别就每个年龄组和每个长度组分别进行计算,并以同龄组、同长度组的数值进行比较。

此外,鱼类性腺成熟情况和肠胃饱满情况等,也影响到肥满度,并使之产生误差和变动。为了消除这一影响,一般利用纯体重来代替鱼体总质量。但是在去除内脏后,体内的脂肪也将有一部分被去掉,从而影响到肥满度的正确性。为了解决这一问题,最好同时计算两个肥满度,以便修正。

(二)含脂量

含脂量是鱼体内储存脂肪的含量,也是反映鱼类在不同时期和不同水域摄食营养情况的一个指标,它比肥满度更为准确。

鱼体内的脂肪是鱼类摄取的食物经同化与异化作用后,在体内逐渐积累起来的营养物质。有的分布在肌肉和肝脏中,有的分布在体腔膜和内脏周围,鱼类体内脂肪的积累,会随着个体的发育和不同生活阶段而有变化。未成熟的稚幼鱼,生长迅速,这时从外界摄食的食物,经同化后主要用于发育,生长体内脂肪积累很少。随着鱼体的逐渐长大,体内脂肪逐渐积累。性成熟前后的鱼,体内含脂量高且常随性腺的发育而变化,一般当产卵结束恢复摄食后,性腺与脂肪量同时增长。但从摄食停止,脂肪量逐渐减少,而性腺继续增长,因此在产卵期前后,含脂量降低,这是由于摄食减少,营养来源短缺,而体内积存的营养转化为性腺发育的缘故。鱼类的含脂量还与季节变化有关,一般在索饵后期,体内含脂量增加,越冬期因停止或减少摄食,体内的脂肪不断地转化为能量而消耗和用于性腺的发育,所以含脂量逐渐减少。

相近种类和同一种类的含脂量,除了因生理状况和生活阶段的不同外,还和其生活习性的特点有关,凡洄游路线长的群体,其含脂量均较高。而越冬生活的群体,因其一定季节停止摄食,因而其代谢强度相应地降低,于是其体内的含脂量仍较高。

鱼类含脂量的测定方法通常有目测法(含脂量等级)、化学测定法和比重估计法三种。具体测定方法可参见《水产资源调查手册》(1981)等参考书。

思考题:

1. 种群的概念及其研究种群的意义。

2. 种群、群体、种族的区别。

3. 种群结构及其变化规律。

4. 种群的鉴定方法。

5. 检验种群特征显著性的数学方法。

6. 鱼类种群数量的调节方式。

7. 鱼类的生命周期可分哪些基本时期？各时期又具有哪些主要特征？

8. 鱼类的早期发育过程可分几个主要阶段？各阶段有哪些基本特征？

9. 鱼类卵子的基本结构与类型及其鉴别的主要特征是什么？

10. 鱼类仔、稚鱼时期的基本形态特征及其识别要点是什么？

11. 鱼类年龄与生长研究在渔业上的意义。

12. 鱼类年龄形成的一般原理及其鉴定材料。

13. 硬骨鱼类中鳞片上的年轮标志有哪些？

14. 鳞片类型及其鳞片的年轮特征。

15. 鳞片和耳石鉴定方法的比较。

16. 鉴定年龄的方法有哪些？

17. 影响鱼类生长的主要因素是什么？

18. 性别的鉴定方法有哪些？

19. 生殖群体有哪几种类型？举例说明。

20. 绝对繁殖力和相对繁殖力的概念及其影响因素。

21. 性成熟系数和性腺指数的概念。

22. 产卵群体的概念及其类型。

23. 研究繁殖力主要有哪些方法？

24. 研究鱼类摄食习性的意义。

25. 食物链和食物网的概念。

26. 食物保障的概念及其影响因素。

27. 饵料选择指数的概念。

28. 鱼类摄食研究方法有哪些？

29. 影响鱼类摄食的主要因素。

30. 性腺成熟度的划分标准的具体内容。

31. 目测胃含物等级的划分标准。

第三章　鱼类集群与洄游分布

栖息在海洋中的鱼类，一般都有集群和洄游的生活习性，这是鱼类生理上与生态习性上所引起的条件反射，是鱼类在长期生活过程中对环境(包括生物和非生物环境)变化相适应的结果。

鱼类出于生理上的要求和保存其种族延续的需要，通过集群进行产卵洄游，完成其产卵繁殖；由于季节变化而导致水温逐渐下降，作为变温动物的鱼类，为了避开不适宜生活的低温水域，于是结集成群，寻找适合其生存的水域，进行越冬(或适温)洄游；鱼类在生殖或越冬洄游过程中，消耗了大量的能量，为了维持其生命的需要，集群向富有营养生物的海域洄游，以补充营养；在其生活环境中，经常遇到敌害的突然袭击或天气的突然变化，于是集结成群以逃避敌害；还有受到环境的刺激(如声、光、电等)而集结成群的。因此，它们集群时间有长短，集群的群体有大小，集群的鱼种有单一种类的，也有几个种类混杂的；有些集群有规律性，有些却没有规律性。总之，鱼类的集群与洄游是一种较为复杂的鱼类行为反应现象，是对自然海洋环境条件的适应和选择。

作为海洋捕捞者和渔业资源研究者，所关心的是：鱼类究竟在什么时间、什么地点、什么海区出现并集群，集群的时间有多长、鱼群的规模有多大等，鱼类集群的海洋环境条件是什么等问题。因此，我们研究鱼类集群与洄游的目的，就是要掌握鱼类集群与洄游的规律，以实现合理开发利用海洋渔业资源的目的。由于海洋捕捞业中，我们大多数是以鱼群为捕捞对象的，所以，研究鱼类集群行为更有直接的实践意义。此外，通过对鱼类集群行为的研究，可以找到人为聚集鱼群的方法或控制鱼群行为的方法，如金枪鱼围网流水集群，从而大大地提高捕捞效率和经济效益。

第一节　鱼类集群与洄游的意义

一、鱼类集群的概念及其类型

鱼类集群(shoaling fish)是由于鱼类在生理上的要求和生活上的需要，一些生理状况相同又有共同生活需要的个体集合成群，以便共同生活的现象。鱼类集群在不同的生活阶段和不同的海洋环境条件下，其集群的规模、形式等是有变化的。

鱼类集群根据其产生原因的不同，一般可分为四类：生殖、索饵、越冬和临时集群。

(一)生殖集群

凡由性腺已成熟的个体汇合而成的鱼群，称为生殖鱼群或产卵鱼群。其群体的结构一般为:体长基本一致,性腺发育程度也基本一致,但其年龄则不一定完全相同。此外,生殖鱼群群体的密度较大,也较为集中和稳定。

(二)索饵集群

根据鱼类的食性,捕食其爱好的饵料生物为目的的鱼群,称为索饵集群。索饵集群的鱼类,其食性相同。一般来说,食性相同的同种鱼类,其体长一般相近;不同种类的鱼,往往为了摄食系统的饵料也聚集在一起。索饵鱼群的密度大小主要取决于饵料的分布范围、多少和环境条件。

随着鱼类肥满度的增大以及环境条件的改变,索饵鱼群会发生改组;分布在热带和亚热带的索饵鱼群,到了性腺成熟度或重复成熟阶段形成生殖鱼群;而分布在温带和寒带的鱼类,则由于环境温度的改变,形成越冬集群。

(三)越冬集群

由于环境温度条件的改变,集合起来共同寻找适合其生活的新环境的鱼群,称为越冬集群。凡是肥满度相近的同种鱼类,不一定属于同一年龄和同一体长的个体,都有可能集群进行越冬。在集群前往越冬场的洄游过程中,不少鱼群根据其肥满度的差异又分成若干小鱼群,但达到越冬场后,则多数小群又集合成较大的鱼群,其数量巨大。在越冬场集群的鱼,依其食性和肥满度的不同,有停止摄食或减少摄食的现象。越冬鱼群一般群体较为密集,但由于环境条件的不同,鱼群密度也不相同。

(四)临时集群

当环境条件突变或遇到凶猛鱼类时,引起的暂时性集中的集群称为临时集群。在一般情况下,分散寻食的鱼群或在移动的鱼群,不论其属于任何生活阶段,当遇到环境条件突然变化时,特别是温度、盐度梯度的急剧变化或遇到有鱼类忌食和不能吞食的大量生物以至凶猛鱼类出现的时候,往往会引起鱼群的暂时集中,这样的集群就是临时性集群,当环境条件恢复正常时,它们又可能离散、正常生活。

二、鱼类集群的一般规律

一般情况下,鱼类集群的规律如下:在幼鱼时期,主要是同种鱼类在同一海区同时期出生的各个个体集合成群,群中每个个体的生物学状态完全相同,以后的生物学过程的节奏也一致,这就是鱼类的基本种群。此后,随着个体的发育生长和性腺成熟的程度不同,基本种群就发生分化改组;由于幼鱼的生长速度在个体间并不完全相同,其中有的摄食充足、营养吸收好、生长较快且性腺早成熟的个体,常常会脱离原来群体而优先加入到较其出生早而性腺已成熟的群体;在基本种群中,那些生长较慢而性成熟度较迟的个体,则与较其出生晚而性腺成熟度状况接近的群体汇成一群;在基本种群中,大多数个体生长一般,性腺成熟度状况较为相近的个体仍维持着原来的那个基本群体。由基本种群分化而改组重新组合的鱼类集合体,我们称为鱼群(shoal of fish;stock of fish)。在这一鱼群中,鱼类各个体的年龄不一定相同,但生物学状况相近,行动统一,长时间结合在一起。同一鱼群的鱼类,有时因为追逐食物或逃避敌害,可能临时分散成若干个小群,这些小群是临时结合的,一旦环境条件适宜它们会自动汇合。

三、鱼类集群的作用

尽管目前对鱼群集群作用和生物学意义了解和研究的还不够充分,但是,我们认为至少在以下几个方面具有重要的作用。

(一)鱼类的防御方面

在鱼类集群行为的作用和生物学意义中,最有说服力的就是饵料鱼群对捕食的防御作用。现在普遍认为,集群行为不仅可以减少饵料鱼被捕食鱼发现的概率,而且还可以减少已被发现的饵料鱼遭到捕食鱼成功捕杀的概率。由几千尾甚至几百万尾鱼汇集的鱼群看来也许十分显眼,但实际上,在海洋中一个鱼群并不比一个单独的个体更容易被捕食鱼发现。因为由于海水中悬浮微粒对光线的吸收和散射等原因,物体在水中的可见距离都是非常有限的,即使在特别清澈的水中,物体的最大可见距离也只有 200m 左右,并且,这个距离与物体的大小无关。实际上,最大可见距离还要小得多。在长期的进化过程中,作为一种社会形式而发展起来的鱼群,不仅可以减少饵料鱼被发现的概率,而且必然还有其他形式的防御作用,以减少已被发现的饵料鱼遭到捕食鱼成功捕杀的概率。有人在水族箱里做过试验,试验结果表明:单独行动的绿鳕稚鱼平均26 s 被鳕鱼吃掉,而集群的绿鳕稚鱼平均需要 2 min 15 s 才被鳕鱼吃掉一尾。

此外,集群行为也有助于鱼类逃离移动中的网具。当鱼群只有一部分被网具围住时,往往全部都可逃脱。有经验的渔民懂得,只有把全部鱼群围起来,才可能获得好的捕捞效果。这是因为鱼群中的个体都十分敏感,反应极快,只要一尾鱼受惊而改变方向,整个鱼群几乎在同时产生转向的协调运动。通过上述分析,鱼类的集群可以减少危险性,以便及早地发现敌害。

(二)鱼类的索饵方面

食物关系是生物种间和种内生物联系的基本形式。鱼类的集群使得它们更容易发现和寻找到食物。人们在研究中发现,不但饵料鱼会集结成群,而且某些捕食鱼也是集群的。由此可以断定,集群行为在捕食鱼生活中也有一定的作用。但是,至今为止,对这个问题的研究仍然很少。

有人认为,捕食鱼形成群体之后,不仅感觉器官总数会增加,而且还可以增加搜索面积。鱼群中的一个成员找到了食物,其他成员也可以捕食。如果群中成员之间的距离勉强保持在各自的视线之内,则搜索面积最大。因此,鱼类在群体中比单独行动时能更多更快地找到食物。

(三)鱼类的生殖方面

性腺成熟的个体,为了产卵聚集在一起,形成生殖鱼群,以提高繁殖效果。由于生殖鱼群对水温有特别高的要求,往往限制在一定的水温范围内,因此集群密度大,有效地提高了繁殖力。对于大多数鱼来说,集群成了产卵的必要条件,而且,许多个体聚集于一起进行产卵、交配,在遗传因子扩散方面也起到了某些作用。毫无疑问,这对于鱼类繁衍后代、维持种族有着决定性的意义。

(四)鱼类的其他方面

通过大量的研究已经表明,鱼类集群除了防御、捕食和生殖等方面的作用和生物学意义外,在鱼类生活中还具有其他各种各样的作用。Ahe(1931)认为,与单独个体鱼相比鱼群对不利环境变化有较强的抵抗能力。集群行为不但能够增强鱼类对毒物的抵抗,而且还能降低鱼的耗氧量。Shaw(1972)、Breder(1979)等认为,从水动力学方面来看,在水中集群游泳可以节省各个体的能量消耗,正在游泳的鱼所产生的涡流能量可以被紧跟其后的其他鱼所利用,因而群体中的各个体就可减少一定的游泳努力而不断前进。

Shaw(1972)认为,将集群行为的生物学意义只限于一种加以考虑是严重的错误,鱼群的生存效应不是一种生物学意义的结果,而应该是许多种生物学意义综合而成的。例如,集团互利效应、混乱效应、拟态行为(假装成大的数量和大的动物等)、能量效应及其他效应全部综合起来,从而使集群行为有利于鱼类的生存。

四、鱼类集群的行为机制及其结构

(一)鱼类集群的行为机制

鱼是通过什么机制来形成群体并使之维持下去的呢? 至今的研究表明,鱼的信息主要是通过声音、姿态、水流、化学物质、光闪烁和电场等来传递的。因此,视觉、侧线感觉、听觉、嗅觉及电感觉等在鱼群形成和维持中均起到重要的作用。但是鱼类集群的行为机制研究目前还没有一个较为统一的说法和理解。

1. 视觉在鱼类集群行为中的作用

许多学说都断言视觉是使鱼类集群的最重要感觉器官,甚至有的学说还断言视觉是与集群行为有关的唯一感觉器官。但是,现在我们已经知道这些看法是片面的,因为除视觉之外,听觉、侧线、嗅觉等也都与集群行为有着密切的关系,而且,它们的作用也未必就不如视觉。不过,视觉的确在集群行为中发挥了重要的作用。

Radakov(1973)认为,视觉在集群行为中的作用有二:①各个体通过视觉相互诱引同伴;②通过视觉使群体的游泳方向得到统一。诱引力是集群的第一阶段,起着使分散于任意方向个体集中于一处的作用,主要在群体静止状态下发挥作用。方向的统一性则起着使聚集在一块的各个体朝向同一方向,使各个体周围保持充分的空间,给其行为以统一性的作用,主要在群体移动状态下发挥作用。Shaw 的看法也大致相同。此外,Keenleyside(1955)调查了刺鱼、雅罗鱼对同种伙伴的视觉反应。木下(1977)通过对鳗鲇的视觉试验,来研究集群中视觉的起因、程度和所起的作用。

研究认为,视觉能够提供一种鱼群成员间的相互引诱力,使鱼群内的各个体相互诱引和相互接近,因而在集群行为中发挥了重要的作用。但是,最近的研究还进一步表明,视觉系统似乎是一种以保持最邻鱼的距离和方位的重要感觉器官。

2. 侧线感觉在鱼类集群行为中的作用

大多数鱼类在身体的两侧都具有侧线系统。虽然过去人们曾提到侧线在鱼群形成过程中能发挥一定的作用,但多数研究者都认为视觉比侧线更为重要。Partridge(1982)通过详细的研究认为,侧线感觉在鱼类集群行为中具有与视觉同等重要的作用。Partridge 通过进一步的研究指出,视觉系统是一种用以保持距离最邻近鱼的距离方位的重要感觉器官,而侧线看来则是一种用以确定邻近鱼的速度和方向的最重要感觉器官。有充分的证据证明,鱼类在游动时共同利用了这两种感觉器官。

3. 嗅觉在鱼类集群行为中的作用

Hemmings(1966)研究了嗅觉在鱼类集群行为中的作用。结果发现,活泥鳅和死泥鳅的皮肤渗出液给予同伴的诱引效果是相同的,泥鳅皮肤渗出液没有使同伴发生恐怖反应。Kleerkoper(1966)通过对脂鲹的研究发现,在视觉不能起到集群作用时,嗅觉作用对集群至少是重要的。木下(1977)对鳗鲇的嗅觉在集群中的作用也进行了研究。

通过上述分析,我们可以看到,鱼类的集群行为是通过把不止一个感觉源来的信息加以比较而实现的。这种情况也许只能从进化上找原因,这就是自然选择势必有利于能够利用多种信息的动物。可以相信,除了视觉、侧线感觉和嗅觉以外,当鱼群的复杂行为得到充分了解之后,或许还会发现有另外的感觉系统参与集群。例如,近年来已有人提出听觉、电感觉也与集群行为有关,但有关这方面的系统研究还很少。

(二)鱼群的结构

研究鱼群的结构,对于进一步阐明鱼类集群行为和侦察鱼群、渔情预报有着重要的意义。我们研究鱼群的结构,可以从两个方面对鱼群的结构加以考虑:①外部结构,如鱼群的形状、大小等;②内部结构,如鱼群的种类组成、体长组成、各个体的游泳方式、间距及速度等。在鱼群的外部结构方面,对于不同种类的鱼类,鱼群的形状、大小都是不同的。即使同一种类的鱼,鱼群的这些外部构造也将会随时间、地点、鱼的生理状态及环境条件等变化而改变。

但是在鱼群侦察中,我们主要从鱼群的形态方面来考虑。鱼群的形态在不同种类、不同生活时期、不同环境条件和中上层与下层鱼类均不相同,主要表现在形状、大小、群体颜色等方面,特别针对中上层鱼类。例如分布在我国北部海区的鲐鱼鱼群以及南海北部大陆架海域的蓝圆鲹和金色小沙丁鱼群的形状可归为 9 种:三角形、一字形、月牙形、三尖形、齐头形、鸭蛋形、方形、圆形、哑铃形(图 3-1 和图 3-2)。

对中上层鱼类的鱼群来说,一般可根据群体形状、大小、群色和游泳速度来推测鱼群的数量。从鱼群的游速来说,游泳速度快的鱼群,其群体规模较小;游泳速度较慢的群体,其群体数量大。从鱼群的颜色来看,群体的颜色越深,说明鱼群的规模较大;群体的颜色较浅,说明鱼群的规模较小。鲐鱼群(图 3-1),前三种群形的鱼群,一般群体小或较小,通常无群色,行动迅速,天气晴朗风浪小时,常可看到水面掀起一片水波;第 1、2 种群形约数百尾,至多不过一二千尾,第3种群体较大,游动稍迟缓;第4、5、6种群形群体稍大,第7种方形群,群体较第4、5、6种为大,游动也较稳,其数量视群色而定,一般有数千尾至万余尾;第8种圆形群,从海面上看起来起群不大,群色深红或紫黑,越往下群体越大,估计一般二三万尾以上,甚至可达六七万尾,鱼群移动极缓慢,便于围捕;第9种哑铃形群又称扁担群,群体最大,一般不达水面,移动最缓,也不受干扰,如船只在其上通过时鱼群立即分开,船过后,鱼群又合拢,估计一般在三四万尾以上,如群色深紫或深黑可达十余万尾,可是这样的群体不常发现。

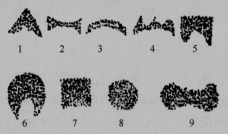

1. 三角形;2. 一字形;3. 月牙形;4. 三尖形;5. 齐头形;6. 鸭蛋形;7. 方形;8. 圆形;9. 哑铃形

图3－1　黄海北部鲐鱼鱼群形状图
（中央水产实验所,1954）

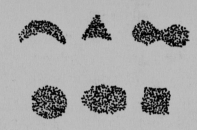

图3－2　蓝圆鲹、金色小沙丁鱼群形状图
（黄宗强等,1981）

群色反映于海面,色泽深浅依群体密度而异。群色一般分黄、红、紫、紫黑四种,色泽越浓群体越大,也越稳定。有时鱼群接近底层,海面仅几尾起水,像吹起的波纹,如群色呈深紫或紫黑色,则为大群体。

第二节　鱼类的洄游分布

一、鱼类洄游的概念与类型

（一）鱼类洄游的概念

由于遗传因素、生理习性和环境影响等要求,会出现一种周期性、定向性和集群性的规律性移动,我们将这一现象称之为洄游(fish migration)。洄游是鱼类为扩大其分布区和生存空间以保证种的生存和增加种类数量的一种适应属性,具有周期性、定向性和集群性的行动,一般以周年为单位。洄游是一种社会性行为,是从一个环境到另外一个环境,是种的需要和适应。洄游是按一定路线进行移动的,洄游所经过的途径,称为洄游路线。鱼类在洄游过程中,会定期大量地出现在某一海域,并形成可捕捞的密集群体,因此在鱼类洄游经过的海域,又可能形成渔场。研究并掌握鱼类洄游规律,对于探测渔业资源量及其群体组成的变化状况,预报汛期、渔场,制订鱼类繁殖保护条例,提高渔业生产和资源保护管理的效果及放流增殖等具有重要意义。其他水生动物如对虾等也有洄游习性。

　　鱼类的洄游是一种先天性的本能行为,有一定的生物学意义。洄游过程在漫长的进化过程中逐渐形成而且稳定之后,就成为它的遗传性而巩固下来。不同的鱼类或同一种鱼类的不同种群,由于洄游遗传性的不同,各有其一定的洄游路线与一定的生殖、索饵和越冬场所,这是自然选择的结果,有着相当强的稳定性,不是轻易可以改变的,在一定的内外因作用下,鱼类是依靠其遗传性进行洄游的。

　　但是并非所有的鱼类都会进行洄游。根据进行洄游与否,鱼类可分为洄游性鱼类和定居性(Resident and straggle)鱼类两大类。对于大多数鱼类来说,洄游都是其生活周期中不可缺少的一环。只有较少数的鱼类经常定居,不进行有规律的较远距离的移动,如鰕虎鱼科的某些种类等。有些种类如许多鲑鱼只有已达到性成熟的成鱼会进行洄游,幼鱼从产卵场游到索饵场后就在那里一直生活到性成熟,不进行较远距离的移动。但另一些种类如分布在里海的勃氏褐鲱鱼等幼鱼却会像成鱼一样进行较远距离的洄游。一般来说,鱼类洄游分布经历了仔鱼从产卵场→肥育场→索饵场→产卵场,这样一个生命的周期。而成鱼则直接从产卵场到索饵场,从索饵场到产卵场。温寒带的鱼类,由于鱼类的适温性作用,对温度有一定的要求,因此又有一个越冬洄游。

　　(二)鱼类洄游的类型

　　洄游是一种有一定方向、一定距离和一定时间的变换栖息场所的运动。这种运动通常是集群的,有规律的,有周期性的,并具有遗传的特性。鱼类洄游的类别按照不同的标准有以下几种划分方法。

　　1.按洄游动力划分

　　根据洄游动力的不同,可以分为主动洄游和被动洄游两大类。鱼类凭借本身的运动能力,进行主动的洄游活动,称为主动洄游。如接近性成熟时向产卵场的洄游,达到一定肥满度时向越冬场的洄游,生殖或越冬后向索饵场的洄游等。鱼类的浮性卵、仔鱼或幼鱼由于运动能力微弱,常会被水流携带到很远的地方,这种移动称为被动洄游,鳗鲡的仔鱼会被海流携带到很远的地方,便是一个典型的被动洄游例子。

　　2.按洄游性质划分

　　根据洄游性质的不同,可分为生殖洄游(或称产卵洄游)、索饵洄游(或称摄食洄游)和越冬洄游(或称适温洄游)。

　　(1)生殖洄游(spawning migration;breeding migration)。生殖洄游是指从索饵场或越冬场向产卵场的移动。生殖洄游是当鱼类生殖腺成熟时,由于生殖腺分泌性激素到血液中,刺激神经系统而导致鱼类排卵繁殖的要求,并常集合成群,去寻找有利于亲体产卵、后代生长、发育和栖息的水域而进行活动的洄游。通常根据洄游路径和产卵的生态环境不同,将鱼类的产卵洄游分为三种类型,即向陆洄游、溯河洄游和降河洄游。

　　向陆洄游是指从大洋深处向沿岸浅水区洄游,大多数鱼类是属于这一类型。溯河洄游是指在海洋中成长,成熟时溯河川进行产卵,如鲑、鲟、大麻哈鱼由海入河,逆流而上,到产卵场生殖。降河洄游是指在河川中成长,成熟时游往海洋产卵,如鳗鲡由河入海,到产卵场生殖,其洄游方向与大麻哈鱼相反。

生殖洄游的特点如下。

1)游速快,距离长,受环境影响较小。如果事先了解生殖洄游鱼群的前进速度和方向,就可以根据当前的渔况推测下一个渔场和渔期。

2)在生殖洄游期间,分群现象最为明显,通常按年龄或体长组群循序进行。

3)在生殖洄游期间,性腺发生剧烈的变化,无论从发育情况或体积和重量来看,前后的差异是非常明显的。

4)生殖洄游的目的地是产卵场,每年都在一定的海区,但在水文条件(如温度、盐度的变化等)的影响下,会发生一些变化。

(2)索饵洄游(feeding migration)。又称摄食洄游或肥育洄游。索饵洄游是指从产卵场或越冬场向索饵场的移动。越冬后的性未成熟鱼体和经过生殖洄游和生殖活动,消耗了大量能量的成鱼,游向饵料丰富的海区强烈索饵,生长育肥,恢复体力,积累营养,准备越冬和来年生殖。

索饵洄游的特点如下。

1)洄游目的在于索饵,因此其洄游的路线、方向和时期的变更较多,远没有生殖洄游那样具有比较稳定的范围。

2)决定鱼类索饵洄游的主要因子是营养条件,水文条件(温度、盐度等)则属于次要因子。

饵料生物群的分布变化和移动支配着索饵鱼类的动态,鱼类大量消耗饵料生物之后,如果饵料生物的密度降低到一定程度,这时摄食饵料所消耗的能量多过能量的积累,那么索饵鱼群就要继续洄游,寻找新的饵料生物群。其洄游时间和空间往往随着饵料生物的数量分布而变动。因此了解与掌握饵料生物的分布与移动的规律,一般能正确判断渔场、渔期的变动。如带鱼在北方沿海喜食玉筋鱼、黄鲫等,每年在这几种饵料鱼类到达带鱼渔场以后,经过十来天左右,便可捕到大量带鱼。

3)索饵洄游一般洄游路程较短,群体较分散,例如,我国许多春夏产卵的鱼,产卵后一般就在附近海区索饵。

(3)越冬洄游(overwintering migration)。又称季节洄游或适温洄游。越冬洄游是指从索饵场向越冬场的移动。鱼类是变温动物,对于水温的变化甚为敏感。各种鱼类适温范围不同,当环境温度发生变化的时候,鱼类为了追求适合其生存的水域,便发生集群性的移动,这种移动叫越冬洄游。

越冬洄游的特点如下。

1)鱼类越冬洄游时通常向水温逐步上升的方向前进。因此,我国海洋鱼类洄游的方向一般是由北向南、由浅海向深海进行的。

2)在越冬洄游期间,鱼类通常减少摄食或停止摄食,主要依靠索饵期中体内所积累的营养来供应机体能量的消耗。所以在这时期饵料生物的分布和变动,在一定程度上并不支配鱼类的行动。

3)鱼类只有达到一定的丰满度和含脂量,才有可能进行越冬洄游,所以鱼体生物学状态是洄游的根据。达到一定的生物学状态,并受到环境条件的刺激(如水温下降),才促使鱼类开始越冬洄游,因此,环境条件的变化是洄游的条件。未达到一定的丰满度和含脂量的鱼,则继续索饵肥育,而不进行越冬洄游。

越冬洄游在于追求适温水域越冬,所以越冬洄游过程中深受水域中水温状况,尤其是等温线分布情况的影响。

生殖、索饵和越冬三种洄游是相互联系的,生活周期的前一环节为后一环节作好准备。过渡到洄游状态是与鱼类的一定生物学状态相联系的,如丰满度、含脂量、性腺发育、血液渗透压等。洄游的开始主要是取决于鱼类的生物学状态,但也取决于环境条件的变化。它们之间的关系如图3－3所示。

但是并非一切洄游性鱼类都进行这三种洄游,某些鱼类只有生殖洄游和索饵洄游,但没有越冬洄游。还有些鱼类这三种洄游不能截然分开,并且有不同程度交叉。如分次产卵的鱼类,小规模的索饵洄游就已经在产卵场范围内进行了;在索饵洄游中,由于饵料生物量或季节发生变动,有可能和越冬洄游交织在一起。

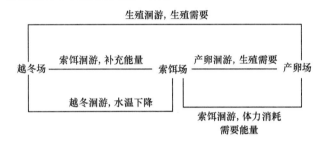

图3－3　各种洄游种类的关系图

3. 按鱼类所处生态环境划分

按鱼类所处生态环境不同则可分为海洋鱼类的洄游、溯河性鱼类的洄游、降海性鱼类的洄游和淡水鱼类的洄游4种。

(1)海洋鱼类的洄游(Oceanodromous)。最多洄游鱼类是海洋鱼类,大约有500种海洋洄游鱼在国际水域洄游。大约有104个不同的种类。最重要的称为"高度洄游种类",包括鲭亚科(Scombridae),乌鲂科(Bramidae),旗鱼科(Makaira spp.),颌针鱼科(Belonidae)和帆鳍鱼科(Istiophoridae),箭鱼(Xiphias gladius),竹刀鱼科(Scomeberesocidae),鲯鳅科(Cory-phaenidae),以及软骨鱼类(Elasmobranchii)的17个属。

海洋洄游鱼类完全在海洋中生活和洄游,同种鱼往往分成若干种群,每一种群有各自的洄游路线,彼此不相混合,各海区的鱼群有不同的变异特征,每个海区都分布有它自己的洄游群体。如中国东海、黄海的小黄鱼可分为4个种群,分别有自己的越冬、产卵与索饵的洄游路线。海洋鱼类洄游最简单的方式,乃是鱼群在外海(越冬场)和近岸(产卵和索饵场)之间作季节性迁移。(比如黄海冷水团,中国近海鱼类的越冬洄游)。

(2)溯河性鱼类的洄游(Anadromous)。溯河性鱼类生活在海洋,但溯至江河的中上游繁殖。这类鱼对栖息地的生态条件,特别是水中的盐度有严格的适应性。典型种类有太平洋鲑、鲥、刀鲚、凤鲚、中华鲟等。如北太平洋的大麻哈鱼溯河后即不摄食,每天顶着时速几十千米的水流上溯数十千米,在洄游过程中体力消耗很大,到达产卵场时,生殖后亲体即相继死亡。幼鱼在当年或第二年入海。但某些生活在河口附近的浅海鱼类,生殖时只洄游到河口,如长江口的凤鲚等,溯河洄游的距离较短。

(3)降海性鱼类的洄游(Catadromous)。降海性鱼类绝大部分时间生活在淡水里而洄游至海中繁殖。鳗鲡是这类洄游的典型例子。欧洲鳗鲡和美洲鳗鲡降海后不摄食,分别洄游到数千千米海域后产卵,生殖后亲鱼全部死亡。其幼鱼回到各自大陆淡水水域的时间不同,欧洲鳗鲡需3年,美洲鳗鲡只需1年。中国的鳗鲡、松江鲈等的洄游也属于这一类型。

(4)淡水鱼类的洄游(Potamodromous)。在整个淡水中迁移,有季节性向产卵区回归运动,通常位于上游;在河中,称为河流洄游;如果索饵区或产卵区在湖泊,称淡湖泊洄游型(limnodromous)。湖泊洄游型有鲈鱼等;淡水鱼类完全在内陆水域中生活和洄游,其洄游距离较短,洄游情况多样。有的鱼生活于流水中,产卵时到静水处;有的则在静水中生活,产卵到流水中去。我国著名的四大家鱼草鱼、青鱼、鲢、鳙等都是半洄游鱼类。这些鱼类平时在江河干流的附属湖泊中摄食肥育,繁殖季节结群逆水洄游到干流的各产卵场生殖。产后的亲鱼又陆续洄游到食料丰盛的湖泊中索饵。

海、淡水盐度不同,渗透压有差异,因此作溯河或降海洄游的鱼类,过河口时往往需要在咸淡水区停留一段时间,以适应这种生理机能的转变。

二、鱼类洄游的机制与生物学意义

(一) 鱼类洄游的机制

1. 影响鱼类洄游过程的因素

影响鱼类洄游过程的因素很复杂,既有内部因素,也有外界的因素,其洄游过程是内部因素和外部因素综合作用的结果。即鱼类在生理活动状态达到一定程度时,同时又有相应的环境因素的刺激,才促成了洄游。

(1)内部因素。

影响鱼类洄游过程的主导因素是其内部因素,也就是其生物学状态的变化,如性腺发育、激素作用以及肥满度、含脂量、血液化学成分的改变等。性腺发育到一定程度时,性激素分泌作用就会引起神经系统的相应活动,从而导致鱼类的生殖洄游。肥满度和含脂量必须达到一定的程度,才能引起越冬洄游。由于在生殖或越冬后对饵料的需要,才会进行索饵洄游。

鱼类血液化学成分和渗透压调节机制的改变,也是影响洄游过程的内部因素。鳗鲡入海以前,血液中二氧化碳含量逐渐升高,因而增加了血液渗透压,这时入海就成了生理上的迫切需要。鲑科鱼类进入淡水时,血液渗透压逐渐降低,消化道萎缩,停止摄食,这能够使其生殖洄游得以积极进行。

鱼类如果性腺发育不好,即使已达到生殖的年龄,生殖洄游还不会开始。同样,鱼类如果肥满度和含脂量尚未达到一定的程度,即使冬天已经来临,越冬洄游也不会开始。所以,内部因素是影响鱼类洄游过程的主导因素,而外界环境条件的变化对洄游起着刺激或诱导作用。

（2）外界因素。

鱼类已完成洄游准备并不意味着其洄游立即就会开始,通常已作好洄游准备的鱼类只有在一定的外界因素刺激下才会开始洄游,同时,已经开始的洄游也仍然要受到外界因素的影响,由于出现不利的外界因素,鱼类往往会暂时停止洄游活动,或偏离当年的洄游路线。所以,外界因素不仅可以作为引起洄游开始的信号或刺激,而且还会影响洄游的整个过程。

影响鱼类洄游的外界因素很多,但各种外界因素的作用大小并不相同,必须把它们区分为主要因素和次要因素。值得指出的是,这种主次划分并不是固定不变的,不但依鱼类种类而异,而且即使同一种类在不同的发育阶段和生活时期,外界因素的主要因素和次要因素也会发生相互转化的。鱼类在生殖洄游时期,洄游主要是为了寻求生殖的适宜场所,它在游向产卵场的过程中,水温、盐度、透明度和流速等外界因素对其行为往往有较为显著的影响;在索饵洄游时期,洄游主要是为了寻求饵料,所以,决定鱼群行为的主要外界因素已转化为饵料;在越冬洄游时期,洄游主要是为了寻求适合的越冬场所,它们逐渐游至水温较高的海区或水流较缓的深水区,这时决定洄游的外界因素主要是水温和地形。

影响嵊山渔场带鱼越冬洄游的外界因素主要有水温、盐度、水团、风、流、透明度和水色等。水温的影响最为明显,当嵊山渔场水温(表温)降到20℃时,带鱼进入渔场;水温为13℃时带鱼离开渔场,旺汛时的水温是15.3~18.6℃,依据水温预报能够预测渔期发展。带鱼一般沿着30~40 m等深线南下,渔场水色为11~14号,渔民常称之为"白米米"水色。在沿岸低温低盐水系与外海高温高盐水系的混合区,鱼群很密集。沿岸流强的时候,洄游路线偏外,反之则偏内。风情也会影响渔情,偏东风时,加强了外海高温高盐水系的势力,洄游路线偏内;偏西风时则反之。长时间缺少大风时,水温垂直分层明显,带鱼结群较差,不利于生产;风暴后流隔明显,鱼群密集,有利于生产。如果连续风暴,鱼群则加速南下,渔汛提早结束,对生产也是不利的。由上可知,探讨影响带鱼越冬洄游的各种外界因素,并抓住主要的因素,可以作为渔情预报的科学依据,而且在生产上能起到一定的指导作用。

根据捕捞作业积累的经验,栖息在北海的大西洋鲱,夏秋季都聚集在水温为6~7℃的近底层。但在初夏从斯卡格拉克海峡流出寒冷和低盐度的水流时,大西洋鲱则回避这种较冷的底层温度。大西洋鲱与浮游动物特别是哲镖水蚤之间有着明显的关系。浮游生物数量的年度波动,可使大西洋鲱的肥育场转移。浮游动物丰盛的海区可形成较大的鱼群。鱼群在食物丰盛的地带强烈摄食,甚至可推延产卵洄游。物理条件如温度的长期改变,可持久地影响鱼群的繁殖时期。例如,在20世纪60年代以前洄游到挪威沿海的大西洋鲱,有逐年推迟的现象,这样就很可能根本改变产卵的时间。温度的长期改变,可使鱼群越出原来的栖居区域,并且影响到生长以及第一次性成熟的时间。

综上所述,我们将鱼类各类型洄游的影响因素简要归纳为表3-1。内部因素是主导的,而外部因素是条件。

表 3 - 1　各种洄游产生的内外部因素

洄游类型	内部因素中的主要因子	外部因素中的主要因子
产卵洄游	生理状况达到一定程度,性腺已经开始成熟。如鲑鱼由于性腺刺激,改变体形和体色等,进入河川	外界环境条件的刺激,主要为温度,温度没有达到要求,即使性腺完全成熟,也不能排卵
越冬洄游	肥满度和含脂量也达到一定的要求	水温下降
索饵洄游	因产卵体力消耗或越冬后饥饿	饵料生物的分布

2. 洄游过程中的定向机制

几乎所有的鱼都是以集群方式进行洄游的。洄游鱼群一般均由体长和生物学状态相近的鱼类所组成。洄游鱼群中的鱼类并无固定带路者,先行的鱼过一段时间后就会落后而被其他鱼所代替。洄游鱼群通常具有一定的形状,这种形状能保证鱼群具备最有利的动力学条件。鱼群的洄游适应作用不仅在于使运动得到比较有利的水动力学条件,而且在于洄游中易于辨别方位。不同种类鱼的洄游鱼群大小各不相同,这无疑与保证最有利的洄游条件有关。

鱼类能够利用其感觉器官进行定向,从而顺利地完成有时长达数千千米的洄游。至于鱼类洄游的方向和路线为什么会向着一定的方向和一定的路线进行,并会在同一的地方进行产卵,目前还没有一个较为圆满的答案。值得指出的是,有关这方面的研究仍很不完善,很多看法还都仅只是一种推测。一般认为主要有以下几个方面的原因:

(1)水化学因素。水化学成分,特别是盐度是影响鱼类洄游的重要因素,因为水中的盐度变化会引起鱼类渗透压的改变,从而导致鱼类神经系统的兴奋而产生反应。另外,水质的变化对影响洄游的作用也很大。

大量的研究已经表明,鲑鱼依靠嗅觉能够顺利地找到自己原来出生的河流进行产卵,在这种情况下,它们出生河流的水的气味起到了引导的作用。有些人认为,盐度和溶解氧含量等的梯度分布也常会被鱼类洄游定向所利用,鱼类根据这些化学因子的梯度也许可以感知自身正在离开还是靠近沿岸,从而使洄游能够顺利地得以实现。同样,鱼类也可能会利用水温的梯度分布进行定向。但另一些人认为,盐度、溶解氧含量以及水温等的分布梯度很小,鱼类感觉器官是不能感受到的,因而在洄游定向过程中可能没有多大的意义。

水中悬浮的泥沙使水增加一种特性,也就是混浊度。鲑、白鲈、杜父鱼回避混浊水;鲤、鲶鱼正好相反,它们洄游时,正是水最混浊时候。因此,混浊度与水的其他特性一起有条件地通过鱼的感觉器官,并与产卵洄游相联系。这些悬浮的泥沙不仅在淡水河川,而且在大洋中亦能感觉出来。按一定路线流动的这些泥沙材料是一种稳定因素,能引导鱼类从海洋向河流洄游。

(2)水流。鱼类感受水流感觉器官主要是眼睛和某些皮肤感觉器官,如侧线有感流能力,通过侧线的感流刺激,能指示鱼类的运动方向。一般来说,鱼类的长途洄游是由水流作为定向指标的,仔鱼的被动洄游则完全取决于水流。现在还普遍认为,鱼类能够依靠水流感觉进行洄游定向,这在溯河性鱼类以及海、淡水鱼类中都存在。例如,鳕鱼和大西洋鲱鱼;游入黑龙江产卵的大麻哈鱼,进入鄂霍茨克海后就依阿穆尔海流定向向前游泳。赤梢鱼和拟鲤也会根据水流进行定向。

（3）鱼类的趋性。在一定的条件下,鱼类一般都具有正趋电性。有些研究指出,由地球磁场形成的海中自然电流在鱼类的洄游定向过程中也许有一定的作用。但有人认为,能够引起鱼类正趋电性的电流强度比在海中所测得的自然电流强度要大 4～9 倍,所以,鱼类根据自然电流定向似乎不大可能。

（4）温度。纬度对于鱼类的洄游方向、路线起着很大的作用。鱼类是变温动物,产卵时对温度的要求特别严格,因此沿着一定的等温线进行。

（5）地形等。许多种鱼类在洄游时还可能依靠海岸线和底形进行定向,这在一定程度上可能与水压感受有关。

（6）历史遗传因素。鱼类洄游是具有遗传性的,这种遗传性在每一个种、每一个种群是特殊的,所以不同种群具有不同的特性。遗传性是从其祖先在种的形成开始经过漫长的历史过程不断选择而产生并存在于神经系统之内的特性,进化历史所引起的差异也参与遗传性形成的过程,因此,在内部和外部条件刺激下,就会产生一种特定的行为,这就是本能。这也就是鱼类进行一年一度的产卵洄游、索饵洄游和越冬洄游的主要原因之一。

（7）宇宙因子。环境水文因素对洄游方向起着重要影响,特别是海流周期性的变化,导致鱼类的周期性洄游。海流的周期性变化同地球物理和宇宙方面的周期变化,首先是从太阳所获得的热量的变化有关。太阳热量的辐射与太阳黑子的活动有关,太阳黑子活动有 11 年的周期性。当黑子活动增强,热能辐射也增强,海洋吸收巨大热量,水温增高,从而影响到该年度的暖流温度与流势,这对海洋鱼类的发育和洄游发生了直接的影响。

（二）鱼类洄游的生物学意义

由于鱼类的洄游是在漫长的进化过程中逐渐形成的,是鱼类对外界环境长期适应的结果,所以其必然会具有一定的生物学意义。现在普遍认为,鱼类通过洄游能够保证种群得到有利的生存条件和繁殖条件。生殖洄游是作为保证鱼卵和仔鱼得到最好发育条件的适应,尤其是作为早期发育阶段防御凶猛动物的适应而形成的。索饵洄游有利于鱼类得到丰富的饵料生物,从而使个体能够迅速地生长发育,并使种群得以维持较大的数量。越冬洄游是营越冬生活的种类所特有的,能保证越冬鱼类在活动力和代谢强度低的情况下具备最有利的非生物性条件并充分地防御敌害。越冬是保证种群在不利于积极活动的季节生存下去的一种适应。越冬的特点是活动力降低,摄食完全停止或强度大大减弱,新陈代谢强度下降,主要依靠体内积累的能量维持代谢。

先以海洋上层鱼类的洄游为例。这类鱼群的索饵、生殖洄游一般是从外海到沿岸区。沿岸区水温较高,有强大的水流,营养有机物质丰富,鱼的饵料更有保证。由于沿岸地区较狭窄,对于鱼类繁殖时雌雄相遇来说较之无边的海洋好得多。因温度升高较快,同时有充足的饵料,鱼卵发育期可以缩短,可以更早地摆脱危险期,孵出仔鱼。另一方面,从大陆流到海洋的水流对这些鱼也会有影响。然而沿岸区并不是各个时期对鱼都是有利的。寒冷来临,水温会迅速下降,食物也会减少。这样就需要到一定深度海区越冬,即所谓越冬洄游。

鲤科鱼类溯河洄游的生物学意义也很明显。如果在河中出生的鲤科鱼类留在河中索饵而不入海肥育，那么，由于河中饵料生物的不足，其种群数量必然会受到很大的限制，这对种群的生存和繁衍将都是不利的。显然，它们通过溯河洄游到达饵料生物丰富的海洋，能够得到良好的营养条件，从而使种群得以维持较大的数量。另一方面，鲑科鱼类有埋卵于河床石砾中缓慢发育的习性，由于海洋深处比较缺氧，而靠岸的石砾又受到海浪的冲击，所以这种生殖习性如果在海洋中是不利的。由此看来，鲑科鱼类仍旧留在河中生殖，能够保证其幼鱼有较大的成活率，也是鱼类为维持较大种群数量的一种适应。既然河中对鱼卵及仔鱼有良好的发展条件，为什么鳗鲡却到海中产卵？据目前的研究，欧洲鳗鲡产卵场正是大西洋中吞食鱼卵仔鱼的凶猛动物最少的地区，而且盐分高，是最适于鳗鲡卵子发育的地区。

有人还提出所谓历史因素的作用问题。冰川融化形成强大的水流倾泄入海，使河口及附近海区的海水被冲淡，因而成为鱼类游入河川的有利过渡水域。因此，溯河鱼类洄游与冰川期以后环境变迁有关。如鲑科鱼类随着冰川后退和河流延长而扩大分布，从而产生愈来愈远的洄游并在自然选择的基础上形成完善的洄游本领，形成强有力的肌肉和储备物质的能力，以克服各种障碍到达产卵场。大西洋鳕鱼长距离洄游是在短距离洄游上延伸的结果。冰川盛期，鳕鱼被大量冰块挤到南方，以后冰川逐渐消失，大西洋暖流向北移动，鳕鱼就向北洄游进行索饵，但产卵场仍留在南方。又如欧洲鳗鲡洄游到遥远的西大西洋中产卵的原因，也只有用历史因素才能解释。因为自鳗鲡出现时的中新世纪至今，地球上的海洋、陆地产生了很大的变迁，当时欧洲鳗鲡离出生地较近，以后随西欧大陆的东移，欧洲鳗鲡的洄游路程就变远了。

三、鱼类洄游的研究方法及案例

(一) 鱼类洄游的研究方法

研究鱼类洄游分布是渔场调查的主要内容，其目的是掌握鱼类的洄游规律、与海洋环境之间的关系以及机制。

研究鱼类洄游分布主要方法有探捕调查法、标志分流法、渔获物统计分析法、运用仪器直接侦察法以及鱼类生物学指标的研究等方法。这些方法各有利弊。如果大量渔船能长期提供详尽、准确、连续的生产记录，那么渔获物统计分析方法是最实用的，但往往由于各方面利益及受船员素质因素影响，不能达到预期目的；专门派出调查船，所取得数据准确，有针对性，但是花费大，另外所调查的范围有限，耗时很长。标志放流是一种比较传统的方法，结果是最直观、最有效的。随着卫星遥感技术的应用和电子技术的发展，赋予了标志放流法新的生命力，如数据存储标志、分离式卫星标志等的出现。

1. 渔获物统计分析法

长期大量的收集生产作业渔船的渔捞记录，按渔区、鱼种、旬月进行渔获量统计，将统计资料按鱼种分别绘制各渔区渔获量分布图。根据渔获量分布图可以分析鱼类的洄游路线和分布范围。长期不断地进行这项工作，可以绘制各种经济鱼类的渔捞海图，对分析渔场、渔期具有重要的参考价值。该种方法的优点是成本低，效果明显，缺点是需要长时间系列的捕捞日志，特别精确的作业船位和各种类的产量及其生物学特性，同时该方法难以分析出鱼类洄游与环境之间的关系等。

2. 标志放流法(Tagging)

(1)标志放流的概念。

标志放流就是在捕获到的鱼体身上拴上一个标志牌或作上记号或装上电子标志,再放回海中自由生活,然后根据放流记录和重捕记录进行分析研究。标志放流在水产资源学中占有重要的地位,这项工作早在 16 世纪就已经开始(久保和吉田,1972),至今已有很久的历史。标志放流的对象不断增加,用途不断扩大,目前除经济鱼类外,还进行了蟹、虾、贝类和鲸类等各种水产动物的标志放流。标志放流按所采用的方法的不同,主要分为两大类,即标记法(marking method)和标牌法(tagging method)。标记法是最早使用的方法之一,是在鱼体原有的器官上做标记,如全部或部分地切除鱼鳍的方法。标牌法是把特别的标志物附加在水产资源生物体上,标志物上一般注明标志单位、日期和地点等,它是现代标志放流工作所采用的最主要方法,可分为体外标志法、体内标志法、生物遥感标志法、数据储存标志和分离式卫星标志等。

(2)标志放流的意义。

标志放流的水产资源生物体,经过相当时间重新被捕,根据放流与重捕的时间、地点,加以分析,可以了解鱼类的来踪去迹和在水中生长情况,是调查渔场、研究鱼群洄游分布与生长常用的方法。这种资料记录并可作为估计资源蕴藏量的参考。标志放流对于渔业生产具有很重要的意义,主要表现在以下方面。

1)了解鱼类洄游移动的方向、路线、速度和范围。标志放流的鱼类(或其他水产资源生物体),伴随其鱼群移动,在某时间某海区被重捕,这样和原来放流的时间、地点相对照,可以推测它移动的方向、路线、范围和速度。这种措施,是直接判断鱼类洄游最有效的方法。不过根据放流到重捕地点的距离,推算洄流速度,仅能作概念性的参考,不能确定为绝对的洄游速度。

2)推算鱼类体长体重的增长率。根据放流时标志鱼类的体长和体重的测定记录,与经过相当时间重捕鱼类的体长和体重作比较,可以推算出鱼类的体长和体重的增长速率。

3)推算近似的渔获率和递减率以估计资源蕴藏的轮廓。如大量标志放流鱼类,则游返原群的尾数可能较多,被重捕的机会亦可能较大,这些鱼类倘能适当地混散于原群,则重捕尾数与放流尾数的比率,将与渔获量和资源量的比率相近似。因此,利用渔汛期间,在某一渔场标志放流的鱼类总尾数和全面搜集的重捕尾数作基础,并对放流的结果加以各种修正,可以估算出渔获率的近似值,结合渔获的总量,又可估计资源蕴藏量,为捕捞和管理提供借鉴意义。

设标志放流的鱼类尾数为 X,渔讯期间的渔获的总尾数为 Z,重新捕到的有标志牌的鱼类尾数为 Y,则标志放流鱼类的资源量 N 为:

$$N = XZ/Y$$

4)可以分析鱼类洄游与海洋环境之间的关系,探讨出渔场形成的指标等。

(3)标志放流的方法。

1)体外标志牌法(External Tags)。这是一种常用的标志放流方法。即在放流鱼体外部的适当部位刺上或拴上一个颜色明显的标志牌。这种方法是传统的、简单的方式,存在着不少缺陷。但是相对操作成本低,可获得的有效数据少。

在利用体外标牌时,应当考虑鱼类在水中运动时所受阻力的大小和材料腐蚀等问题,才可能达到标志放流的目的。目前一般多用小型的金属牌签,材料以银、铝或塑料为主,其次为镍、不锈钢等,目前较多使用牌型和钉型(图3-4)。所有标志牌均应刻印放流机构的代表字号和标签号次,并在放流时,将放流地点和时间顺次记入标志放流的记录表中,以便重捕后,作为标记鱼类的基本数据。标志部位依鱼的体型而不同(图3-5)。

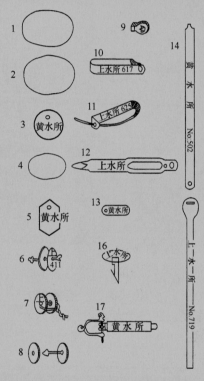

1-5.挂牌型;6-8.扣子型;9-12.夹扣型;13.体内标志;14—15.带型;16.掀扣型;17.静水力学型

图3-4　标志牌的种类

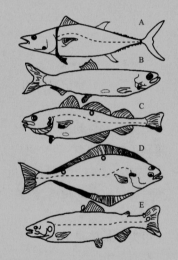

A.金枪鱼 B.鲱鱼 C.鳕鱼 D.鲽类
E.鲑鳟

图3-5　不同体型鱼类的标志部位
(引自久保和吉田,1972)

标志放流是研究在自然海区的生长、洄游、资源量变动及种群形成和放流增殖效果的一种最为常用的方法。浙江省海洋水产研究所对虾增殖研究课题组为摸索对虾在新的海域环境条件下生长、成活情况及移动分布的规律,于1982—1984年共放流各种标志虾19.3万尾,其中36 221尾为挂牌标志虾,回捕9 987尾。为进一步了解放流虾群的洄游分布规律,于1986—1990年继续进行海区标志放流的试验。通过标志放流,可以基本反映出放流虾群的移动分布情况,阐述了中国对虾在新的海域环境条件下生长、成活情况及移动分布的规律。

通过标志放流可获得对虾的洄游速度。对虾的洄游速度,取决于对虾的本身条件,即个体大小,游泳能力,运动方向和洄游性质及海况条件等。根据重捕标志虾资料分析测算,中国对虾在本海区每昼夜的平均洄游速度,在生活不同阶段有所不同。

通过标志放流可以获得对虾的生长速度,统计结果表明,标志虾的生长速度一般随标放时间的推迟而减慢。8 月中旬标放的对虾,一个月内雌、雄虾日生长最大速度为 1.5~1.3 mm,但到 11 月份交尾前标放的对虾却有显著差异,雄虾日增长为 0.7 mm,雄虾为 0.3 mm。如标志对虾在 9—10 月份生长阶段计算,日增长范围为 1.1~1.3 mm,月平均增长 3.5 cm。

2)同位素标志法。用放射周期长(一般为 1~2 年)而对鱼体无害的放射性同位素引入鱼体内部作为标志,用同位素检验器检取重捕的标志鱼。目前采用最多的同位素 P^{32}、Ca^{43}。将放射性同位素引入鱼体的方法有两种:用含有同位素的饵料喂鱼,或者将鱼放入溶有同位素物质的水中直接感染。该方法放流的操作简单,但是回收较为困难,因为标志的鱼类难以发现。

3)生物遥感标志法。这是利用遥感器的功能,在鱼体上装以超声波或电波发生器作为标志,标志放流后,可用装有接收器的试验船跟踪记录,连续观察,以查明标志鱼的洄游路线、速度、深度变化、昼夜活动规律等。该方法简单,可以较为详细地记录鱼类的生活规律,但是一般使用周期不长。

4)数据储存标志。数据储存标志是由微电脑控制的记录设备。此方法就是把数据储存标志装在被捕获的鱼体腔内,一旦鱼被释放后,标志每隔 128 s 激活一次,一天共有 675 次记录来自 4 个传感器的水压、光强和体内外温度数据。每天标志利用记录定额数据计算当天的地理位置,并有相当的准确度。根据存储在标志中的信息,研究者可以详细知道鱼的洄游和垂直运动。但是要成功做到这一步就要在鱼被重捕时找回标志。

数据储存标志的安装:小鱼标志装在体腔内,大鱼标志插在紧靠第一背鳍的背部肌肉上。实践经验也证实肌肉插入法完成较快,而且比置于体腔内危险小。

数据储存标志特征:标身由不锈钢制成,重 52 g,直径 16 mm,长 100 mm;传导竿聚四氟乙烯制造,直径 2 mm,长 200 mm,电池寿命超过 7 年。

5)分离式卫星标志。分离式卫星标志的主要组成部分包括时钟、传感器、控制存储装置、上浮控制部分、能量供给装置及外壳等。其时钟装置为该标志装置提供时间;传感器作用在于获取不同的环境参数资料,常用配置包括温度传感器、压力传感器和亮度传感器等;上浮控制部分可用于控制卫星标志释放脱离鱼体,进而也表明着放流过程的结束,其主要由浮圈和天线组成,保证该标志物可与 Argos 卫星进行通信;能量供给装置是该标志的动力系统,从标志物的获取存储数据到上浮后与卫星的通信均需要该装置的工作,因此此能量系统具有持久高容量性能;控制储存装置是该标志的中枢系统,控制着以上其他部分的正常运行;外壳通常由耐腐蚀、耐高压的环氧羟基树脂组成,呈流线型以减少鱼体的运动阻力(图 3-6)。

卫星标志放流方法已广泛用于研究海洋动物的大规模移动(洄游)和其栖息的物理特性(如水温等),如海洋哺乳动物、海鸟、海龟、鲨鱼以及金枪鱼类等,并取得了成功。1997 年 9—10 月在北大西洋海域首次进行了金枪鱼类的卫星标志放流,20 尾蓝鳍金枪鱼被挂上

图 3 - 6　卫星标志放流牌示意图（PAT 型号）

PTT - 100 卫星标志牌后放流,并设定于 1998 年 3—7 月释放数据。其中 17 尾被回收并成功地释放了采集的数据。其回收率达到 85%。每个标志平均记录数据为 61 天。通过这次放流,获得一些宝贵的资料,如金枪鱼不同时段的垂直分布与水平分布、洄游方向及其路线、栖息水温等(图 3 -7)。

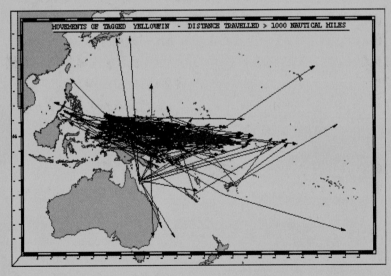

图 3 -7　20 世纪 90 年代初期在中西太平洋海域进行黄鳍金枪鱼卫星标志放流(RTTP)

　　通过卫星标志放流,可以获得放流对象的洄游分布以及移动速度、昼夜垂直移动规律、在不同水层的栖息规律以及最适水层、栖息分布与温度的关系以及适宜水温和最适水温等,同时也可为较为准确地评估鱼类的资源量提供科学依据。

（二）案例分析——分离式卫星标志放流技术在金枪鱼研究中的应用

由于金枪鱼属于高度洄游鱼类,回捕率较低,因此分离式卫星标志放流技术因其不依赖于回捕的优点而得到了广泛应用,目前已针对大西洋和太平洋等海域金枪鱼进行了实验。标志的金枪鱼鱼种主要有蓝鳍金枪鱼（*Thunnus thynnus*）、大眼金枪鱼（*Thunnus obesus*）和黄鳍金枪鱼（*Thunnus albacares*）等。

1. 大西洋

虽然大西洋金枪鱼产量是三大产区中产量最低的,但目前为止,却是金枪鱼卫星标志放流研究最为集中的海区（表3-2）。我国于1993年起开始在大西洋进行金枪鱼渔业生产,渔获的主要种类是黄鳍金枪鱼和大眼金枪鱼。

表3-2　卫星标志放流技术在大西洋金枪鱼渔业研究中的应用

放流时间	标志鱼种	样本数量	回收（%）
1996—2001年	蓝鳍金枪鱼	182	79
1997—2004年	蓝鳍金枪鱼	273	87
1997—2006年	蓝鳍金枪鱼	320	80
1998—2000年	蓝鳍金枪鱼	59	20
2007年	蓝鳍金枪鱼	1	100
2003—2004年	蓝鳍金枪鱼	6	83
1997—2000年	蓝鳍金枪鱼	98	–
1998—2000年	蓝鳍金枪鱼	84	31
2002—2003年	蓝鳍金枪鱼	68	88
1997年	蓝鳍金枪鱼	20	85
1997—2000年	蓝鳍金枪鱼	79	82
1998,2000—2001年	蓝鳍金枪鱼	35	94
1999年	蓝鳍金枪鱼	21	81
1998—2000,2003年	蓝鳍金枪鱼	127	41
1998年	蓝鳍金枪鱼	30	70
1999—2000,2002年	蓝鳍金枪鱼	74	100
1997—2005年	蓝鳍金枪鱼	36	–
2005年	蓝鳍金枪鱼	50	–
2007年	蓝鳍金枪鱼	18	61
2007—2009年	蓝鳍金枪鱼	25	96
1999年	蓝鳍金枪鱼	57	100
1997年	蓝鳍金枪鱼	37	92
2001—2002年	蓝鳍金枪鱼	17	88
2000—2002年	蓝鳍金枪鱼	7	100
2000年	蓝鳍金枪鱼	10	60

已开展的金枪鱼卫星标志放流的对象主要是蓝鳍金枪鱼以及少量的大眼金枪鱼和黄鳍金枪鱼(表3-2)。大西洋蓝鳍金枪鱼卫星标志放流始于1996年启动的Tag-A-Giang(TAG)标志放流计划(1996—2001年),获得了西北大西洋的海温以及洄游路径等生物和物理参数。规模较大的标志放流计划分别实施于1996—2001年(182尾)、1997—2004年(273尾)和1997—2006年(320尾)。标志放流规模最大的一次是1997—2006年,在北大西洋用近10年的时间标志放流了320尾7—10龄的蓝鳍金枪鱼(表3-3),296尾于北大西洋西部放流,另外的24尾则在北大西洋东部放流,该研究报告同时指出由于附着分离式卫星标志,可能会对金枪鱼的迁移速度造成低估。标志放流规模最小的是2007年于北大西洋东部爱尔兰海域标志放流1尾体长为160cm的蓝鳍金枪鱼,该卫星标志在6个月后浮出水面发回的数据显示蓝鳍金枪鱼的活动范围横贯北大西洋的东西部。此外,2003—2004年在爱尔兰岛附近海域进行了另外一次蓝鳍金枪鱼卫星标志放流活动,共标志放流了6尾体长为221~264 cm的大西洋蓝鳍金枪鱼。从1996—2007年在大西洋共实施标志放流23次,标志蓝鳍金枪鱼1 700尾。

表3-3　1997—2006年北大西洋蓝鳍金枪鱼卫星标志放流及回收情况

时间	样本数量		回收率(%)	
	4—8龄	9+龄	4—8龄	9+龄
1997年	35	1	91.4	100.0
1998年	0	8	-	75.0
1999年	1	3	100.0	0.0
2000年	32	21	71.9	52.4
2001年	47	37	68.1	78.4
2002年	49	14	89.8	92.9
2003年	12	9	100.0	88.9
2004年	0	19	-	89.5
2005年	2	26	100.0	84.6
2006年	1	3	100.0	66.7

2. 太平洋

太平洋是世界上最大的金枪鱼渔场。在太平洋进行的金枪鱼卫星标志放流活动始于1999年。标志的金枪鱼鱼种包括了蓝鳍金枪鱼和大眼金枪鱼,其中以蓝鳍金枪鱼为主。在1999年实施的东太平洋蓝鳍金枪鱼卫星标志放流活动中共标志放流了蓝鳍金枪鱼2尾,发现蓝鳍金枪鱼73%的时间生活在20 m以内的水域。太平洋海域2001—2005年实施了规模最大的一次蓝鳍金枪鱼标志放流活动,共标志放流体长为156~200 cm的蓝鳍金枪鱼52尾(表3-4)。数据结果显示标志的蓝鳍金枪鱼的适宜水温在18~20℃,大部分时间生活在50 m以内的水域。太平洋蓝鳍金枪鱼的卫星标志放流计划共进行了4次,标志放流了117尾蓝鳍金枪鱼。放流数量最少的为2尾(1999年),其中一尾设置记录数据24天,另一尾设置为52天。获得的卫星标志数据表明太平洋蓝鳍金枪鱼80%的时间是在40 m以上海域活动,海水适宜温度为 15.7~17.5 ℃。

表 3 - 4　2001—2005 年太平洋蓝鳍金枪鱼卫星标志放流情况

时间	样本数量	放流纬度(S)	放流经度(E)	体长/cm	回收纬度(S)	回收经度(E)
2001 年	6	33.42°—35.88°	151.53°—151.60°	158~200	33.38°—37.43°	151.85°—156.62°
2002 年	3	35.02°—35.12°	151.65°—151.67°	157~173	35.07°—36.82°	152.10°—152.68°
2003 年	9	34.23°—36.82°	150.77°—151.80°	160~200	30.60°—42.59°	122.67°—154.96°
2004 年	20	34.13°—36.42°	151.87°—153.27°	169~189	17.72°—44.61°	111.07°—163.88°
2005 年	14	32.24°—36.22°	151.55°—153.82°	156~187	33.32°—43.91°	137.08°—155.11°

思考题：

1. 集群的概念及其类型。

1. 集群的作用及其生物学意义。

2. 鱼类洄游的概念及其类型。

3. 产卵洄游、索饵洄游、越冬洄游的概念及其特点。

4. 生殖洄游的类型。

5. 影响鱼类洄游的因素。

6. 试从产卵、越冬和索饵洄游来说明产生洄游的原因。

7. 研究鱼类洄游的方法。

8. 研究鱼类洄游的意义。

9. 标志放流的概念、类型及其作用意义。

第四章 海洋环境及其与鱼类行动的关系

第一节 世界海洋环境概述

一、世界海洋形态

(一)海洋面积与划分

海洋面积为 $3.16 \times 10^8 \text{ km}^2$,约占地球总面积的 70.8%。海洋在南北半球分布不均匀,在北半球,海洋占半球总面积的 60.7%,陆地占 39.3%;在南半球,海洋占 80.9%,而陆地只占 19.1%。同时地球也可分为两个半球,一个为水半球,集中了大部分水面,约占 91%;另一个叫陆半球,集中了大部分陆地,但陆地也仅占 47%(图 4 – 1)。

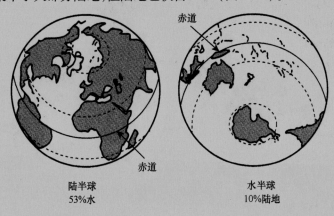

陆半球　　　　　　水半球
53%水　　　　　　10%陆地

图 4 – 1　陆半球和水半球

根据海洋要素及形态特性,海洋水域可分为主要部分及其附属部分。主要部分为洋,附属部分为海、海湾和海峡。现分述如下:

1. 大洋(Oceans)

洋是指远离大陆、深度在 2 000 ~ 3 000 m 以上的水域。其面积约占海洋总面积的 89%。海洋因素如盐度、温度等不受大陆影响。盐度平均值为 35,年变化小,水色高,透明度大,并且有着自己独立的潮汐和海流系统。

根据上述特征,可将世界大洋分为三部分,即太平洋(Pacific Ocean)、大西洋(Atlantic Ocean)和印度洋(Indian Ocean)。各个大洋的分界点如下:太平洋与大西洋在 70°W 南美洲顶端的合恩角,大西洋与印度洋以好望角(20°E)为界,太平洋与印度洋的分界线为由马来半岛、苏门答腊、爪哇、东帝汶、再经澳洲的伦敦德里角至塔斯马尼亚岛到南极(以147°E 为界)。但有人亦将围绕南极大陆的海洋称为南大洋或南冰洋、南极洋(Southern Ocean 或 Antarctic Ocean),北极海亦有人称为北冰洋(Arctic Ocean)。

2. 海(Seas)

海是指深度较浅,一般在 200~300 m 以内的水域。面积较小,只占海洋总面积的 11%。温度受大陆影响很大,并有着显著的季节变化。盐度在没有淡水流入而蒸发强烈的内海地区较高,但大量河水流入而蒸发量又小的海区则较低,一般在 32 以下。水色低,透明度小。几乎没有独立的潮汐和海流系统,主要是受所属大洋的影响。海又可分为地中海和边缘海两种。地中海介于大陆之间或伸入大陆内部,如欧洲地中海、波罗的海、南海、墨西哥湾、波斯湾、红海等。边缘海位于大陆边缘,如北海、日本海、东海、黄海等。

3. 海湾(Bays)

海湾是指洋或海的一部分延伸入大陆,且其深度逐渐减小的水域。一般以入口处海角之间的连线或入口处的等深线作为与洋或海的分界。海湾中海水的性质由于它和邻接的海洋可以自由沟通,所以与洋或海的海洋状况很相似。在海湾中常出现最大潮差,这显然与深度和宽度的不断减小有关。

4. 海峡(Strait)

海峡是指海洋中相邻海区之间宽度较窄的水道。海峡中海洋状况的主要特征是流急,尤其是潮流速度很大,底质多为岩石或砂砾,细小的沉积物很少,这和它具有较大的流速有关。海流有的由上、下层流入或流出,如直布罗陀海峡;有的由左、右侧流入或流出,如渤海海峡等。由于海峡中具有不同海区的两种水团,因此海洋环境状况便形成明显的差异。

必须指出的是,由于历史上的原因,很多分类名称都被混淆。有的海被称为湾,如波斯湾、墨西哥湾等;而有的则把湾称为海,如阿拉伯海等。

(二)海底形态

海底地形是渔场形成中一个重要的因素,如平坦的大陆架渔场、隆起的海底地形等。海底地形一般分为大陆架、大陆坡、大洋底(大洋盆地)、海沟等。此外还有沙洲、浅滩和礁堆等,这些都与渔场的形成有一定的关系。凸起地形如海隆或隆起(Rise)、海岭或海脊(Ridge)、海台(Plateau)、浅滩(Banks)、海峰(Crest)、海礁(Reef)、沙洲(shoal)等都与渔场的形成、鱼类的集群有关。

海底形态大体可分为以下几个主要部分:海岸带、大陆边缘(包括大陆架、大陆坡、大陆隆起)和大洋盆地(包括深海平原、各种海底高地和洼地等)。

1. 海岸带(Coast)

海岸带是海陆之间的界限,是指那些当水位升高时(由于潮汐、风等因素引起的增水)便被淹没,水位降低时便露出的海陆相互作用的区域。

由于海岸带是陆地和海洋的相互作用区,因此是引起海岸轮廓的改变、海底地形的变化和海底沉积物移位进行得最为迅速的地方。海岸线是指海陆的分界线,它在某种程度上是不固定的。由于潮位的升降和风引起的增水或减水的作用,海岸线能发生移动,在垂直方向海面升降的幅度能达到 10~15 m,而在水平方向的进退有时能达数十千米。在海岸带中,潮汐涨落的区域称为潮间带。潮间带在渔业生产和科学研究中具有一定的重要性。

2. 大陆边缘(Continental Margins)

大陆边缘具体包括了大陆架(Continental Shelf)、大陆坡(Continental Slope)、大陆隆起(Continental Rise)等(图 4-2)。

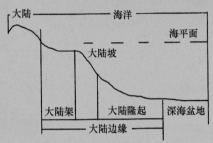

图 4-2　海底形态的示意图

(1)大陆架(或称陆架)。

大陆架简称陆架,亦称大陆浅滩或陆棚。根据 1958 年国际海洋法会议通过的《大陆架公约》,大陆架定义为"邻接海岸但在领海范围以外深度达 200 m 或超过此限度而上覆水域的深度,容许开采其自然资源的海底区域的海床和底土"以及"邻近岛屿与海岸的类似海底区域的海床与底土"。依自然科学的观点,大陆架则是大陆周围被海水淹没的浅水地带,是大陆向海洋底的自然延伸。其范围是从低潮线起以极其平缓的坡度延伸到坡度突然变大的地方为止,是从低潮线延伸到坡度向更大深度显著增加的大陆周围地带。此地带虽被海水淹没,但实际上仍是大陆的一部分。它的深度一般不超过 200 m,个别地区深度也有大于800 m 或小于 130 m 的。平均深度在 130 m 左右。

陆架的特点是坡度不大,平均坡度为 7′,大多数陆架只不过是海岸平原的陆地部分在水下的延续。在岩岸附近,陆架的坡度较大,但一般情况仍不超过 1°~2°。

陆架的宽度和深度变化很大,它与陆地地形有密切的联系。在崇山峻岭的海岸外,陆架狭窄;反之,在曾经遭受冰川作用的海岸或者是宽广的平原海岸和大河河口外,陆架却非常宽广。以全世界而论,陆架平均宽度约为 70 km,但其幅度变化可从零米至六七十万千米,欧洲北部和西伯利亚沿岸陆架十分宽广,达 600~800 km,中国沿岸陆架也很宽广,陆架的面积约占整个海底面积的 7.6%。

陆架区的许多海洋现象都有显著的季节变化,潮汐、波浪和海流的作用比较强烈,因此水层之间的垂直混合十分发达,底层海水不断得到更新,从而使海水含有大量的溶解氧和各种营养盐类。因此陆架区特别是河口地带是渔业和养殖事业的重要场所。

陆架的沉积物主要是由河流从大陆带来和波浪冲蚀作用形成的陆屑沉积物,有大石块、砾石、卵石、砂和细泥等。这些沉积物在海底的分布是有规律的,离岸愈远,卵石、砂子就逐渐被细砂和泥的沉积物所替代。

（2）大陆坡（或称陆坡）。

陆坡是指陆架外缘以下更陡的区域，实际上是指大陆构造边缘的以内区域，且处于由厚的大陆地壳向薄的大洋地壳的过渡带之上。它的坡度达到4°～7°，有时达到13°～14°，如比斯开湾。但在火山岛等的岸旁可能有特别大的倾角，最大可达40°，有时几乎是垂直的。

大陆坡的坡度随海岸性质而不同，位于沿岸多山地区的大陆坡，其平均坡度为3°33′，而在沿海平原以外的大陆坡，其平均坡度只有2°。大陆坡能伸展到的深度是不一致的，大多数人认为应包括200～2 500 m的深度。

位于大陆坡的海区，由于距离大陆较远，受大陆的影响较小，因此，这里的海洋状况一般来说，较大陆架海区稳定。海洋要素的日变化不能到达底层，就是年变化也已经十分微弱。底层海水的运动，主要是海流和潮汐的作用，风浪的影响在此已经逐渐消失。海底的沉积也不同于大陆架，这里主要是陆屑软泥。由于光能经过上层海水的吸收和散射以后，到达底部的已经极其微弱或完全消失，因此，基本上没有深层和底层的植物，而以植物为食料的动物也逐渐被食泥的动物所代替。这些动物的残骸形成生物软泥，混杂于陆屑软泥之中。在倾斜最大的海底，常会发生地滑现象，使疏松沉积物沿坡面滑向深处，因此在这些地区海底常为石礁底。

大陆坡上最特殊的地形是海底峡谷，它具有峭壁的狭窄形状，呈"V"字形，长达数十千米至数百千米。据认为，大多数海底峡谷是由于地层结构的变动而产生的。大陆坡是地壳的活动地带，地壳断裂作用在大陆坡上会造成一些巨大的裂缝，在强大的海底浊流和冰的作用下，形成了现在的海底峡谷。日本海沿岸、北美西岸、印度、非洲、南美沿岸和其他地区都有海底峡谷存在。

（3）大陆隆起。

如果大陆坡在达到深海底以前变为平坦，则其下部称为大陆隆起或大陆裙。它是由陆坡基部向海洋深处缓慢倾斜的沉积裙，一般包括水深2 500～4 000 m的范围，可横过洋底而延伸达1 000 km之多。大陆隆起的面积约为1 900 km²，约占整个大洋底的5%左右。大陆隆起在大三角洲附近特别广阔，如印度河、恒河、亚马逊河、赞比亚河、刚果河以及密西西比河的三角洲。

3. 大洋盆地（大洋床）（Deep-Ocean Basin）

大洋盆地是海洋的主要部分，地形广阔而平坦，占海洋面积的72%以上。倾斜度小，大约在0°20′～0°40′左右。深度从大陆隆起一直可以延伸到6 000 m左右。按照地形的性质，大洋底就是一片平坦的平原，与地球的曲率相适应，并微微地拱起。有许多横向和纵向的海岭交错绵延着，将海底分为一连串的海盆。在大洋中还有自海底起到5 000～9 000 m高度的珊瑚岛和火山岛所形成的个别高地和深于6 000 m的陷落地带。最常见的地形有下列几种：

（1）海沟。深海海底的长而窄的深洼地，两壁比较陡峻。

（2）海槽。在深海海底长而宽的海底洼地，两侧坡度平缓。

（3）海盆。面积巨大而形状多少带盆状的洼地。

（4）海脊。深海底部的狭而长的高地，比海隆具有较陡的边缘和不太规则的地形。

（5）隆起地（海隆），深海底部长而宽的高地，其突起和缓。

（6）海底山与平顶山。近 1 000 m 或更大一些的深海底部的孤立的或相对孤立的高地，叫海底山。深度大于 1 200 m 的海底山，其顶部大致呈平的台地称为平顶山。海底山与平顶山成线状排列或在一个范围内密集成群时，则称为海山群。

（7）海底高原（Abyssal Plains）。深海底部广阔而不明显的高地，其顶部由于较小的起伏而可以变化多端。

上述两种都是分布范围广阔延伸绵长的海底山脉，故又通称为海岭，如大西洋中央海岭、东太平洋海岭等。但从成因上看，两者是不相同的。

由于没有光线和温度很低，大洋深处的海底动物群稀少，因此不能形成显著的堆积。所有这里出现的沉积物，都是由于繁殖在大洋上层的浮游生物的石灰质和硅质骨骼沉到海底上堆积形成的。在大洋区的生物软泥主要有属于根足类的抱球虫软泥、硅藻软泥和放射虫软泥。

4. 海沟（Ocean Trenches）

海沟是指大洋中深于 6 000 m 的长而窄的陷落地带。海沟和海岭常常是连在一起的，而且通常呈弧形，海岭有时露出海面形成海岛或群岛，而深海沟一般位于弧形海岭的凸面。深度在 10 000 m 以上的深海沟共 5 个，全在太平洋，最深海沟是马里亚纳海沟（11 500 m）。太平洋海沟多集中在西岸，沿太平洋亚洲沿岸，太平洋与印度洋交界线一直起伸至澳洲的一条弧线上。

（三）海底地质（Marine sediments）

由于海底的底质与底栖生物的分布关系特别密切，因此鱼类特别是以底栖生物为食的鱼类，通过掌握底质的分布状态，对开发底层鱼类资源关系重大。

大陆架海底的底质，主要来源于陆地。在没有强流的情况下，一般规律为：由岸到外海，底质出现颗粒由粗变细的带状分布，近岸是较粗的砂质，向外依次是细砂、粉砂、粉砂质泥和淤泥等。但在很强海流通过的海域，粗大的颗粒会被带到很远，从而打破了上述分布的规律。

二、世界大洋海流

（一）海洋环流的概念及其成因

海流（Ocean Circulation）是指海水大规模相对稳定的流动，是海水重要的普遍运动形式之一。所谓"大规模"是指它的空间尺度大，具有数百千米、数千千米甚至全球范围的流动；"相对稳定"的含义是在较长的时间内，例如一个月、一季、一年或者多年，其流动方向、速率和流动路径大致相似。

海流一般是三维的，即不但水平方向流动，而且在垂直方向上也存在流动，当然，由于海洋的水平尺度远远大于其垂直尺度，因此水平方向的流动远比垂直方向上的流动强得多。尽管后者相当微弱，但它在海洋学中却有其特殊的重要性。习惯上常把海流的水平运动方向狭义地称为海流,而其垂直方向运动称为上升流和下降流。

海洋环流一般是指海域中的海流形成首尾相接的相对独立的环流系统。就整个世界大洋而言,海洋环流的时空变化是连续的,它把世界大洋联系在一起,使世界大洋的各种水文、化学要素及物理状况得以保持长期相对稳定。

海流形成的原因很多,但归纳起来不外乎两种。第一是海面上的风力驱动,形成风生海流。由于海水运动中黏滞性对动量的消耗,这种流动随深度的增大而减弱,直至小到可以忽略,其所涉及的深度通常只为几百米,相对于几千米深的大洋而言是一薄层。海流形成的第二种原因是海水的温、盐变化。因为海水密度的分布与变化直接受温度、盐度的支配,而密度的分布又决定了海洋压力场的结构。实际海洋中的等压面往往是倾斜的,即等压面与等势面并不一致,这就在水平方向上产生了一种引起海水流动的力,从而导致了海流的形成。另外海面上的增密效应又可直接地引起海水在铅直方向上的运动。海流形成之后,由于海水的连续性,在海水产生辐散或辐聚的地方,将导致升、降流的形成。

为了讨论方便起见,也可根据海水受力情况及其成因等,从不同角度对海流分类和命名。例如,由风引起的海流称为风海流或漂流,由温盐变化引起的称为温、盐环流;从受力情况分又有地转流、惯性流等;考虑发生的区域不同,又可分为洋流、陆架流、赤道流、东西部边界流等。

（二）上升流与下降（沉）流的产生

上升流(Upwelling)是指海水从深层向上涌升,下降流(Downwelling)是指海水自上层下沉的铅直向流动。实际上海洋是有界的,且风场也并非均匀与稳定。因此,风海流的体积运输必然会导致海水在某些海域或岸边发生辐散或辐聚。由于连续性,又必然会引起海水在这些区域产生上升或下沉运动,继而改变了海洋的密度场和压力场的结构,从而派生出其他的流动。有人把上述现象称为风海流的副效应。

由无限深海风海流的体积运输可知,与岸平行的风能导致岸边海水最大的辐聚或辐散,从而引起表层海水的下沉或下层海水的涌升。而与岸垂直的风则不能。当然对浅海而言,与岸线成一定角度的风,其与岸线平行的分量也可引起类似的运动。例如,秘鲁和美国加利福尼亚沿岸分别为强劲的东南信风与东北信风,沿海岸向赤道方向吹,由于漂流的体积运输使海水离岸而去,因此下层海水涌升到海洋上层,形成了世界上有名的上升流区。又如非洲西北沿岸及索马里沿岸(西南季风期间),由于同样原因,都存在着上升流。上升流一般来自海面下 200～300 m 的深度,上升速度十分缓慢。自 20 世纪 60 年代开始,直接采用铅直海流计测量的结果,所得流速要大些。尽管上升流速很小,但由于它的常年存在,将营养盐不断地带到海洋表层,有利于生物繁殖。所以上升流区往往是有名的渔场,例如秘鲁近岸就是世界有名的渔场之一。

在赤道附近海域,由于信风跨越赤道,所以在赤道两侧所引起的海水体积运输方向相反而离开赤道,从而引起了赤道表层海水的辐散,形成上升流。大洋中由于风场的不均匀也可产生升降流。表层海水的辐散、辐聚与风应力的水平涡度有一定的关系,其关系式可表达为:

$$散度（海水辐散）= \frac{\partial \tau_y}{\partial x} - \frac{\partial \tau_x}{\partial y}$$

当散度为正值时,海水辐散,产生上升流;当散度为负值时,海水辐聚,产生下降流。

大洋上空的气旋与反气旋也能引起海水的上升与下沉。例如台风(热带气旋)经过的海域表层观测到"冷尾迹",就是由于下层低温水上升到海面而导致的降温。

在不均匀风场中,由于漂流体积运输不均,使表层海水产生辐散与辐聚(图4-3)。在气旋风场中,同样会因辐散产生上升流(图4-3)。在北半球,不均匀风场中表层辐散、辐聚与气旋式风场中的上升流,在沿岸地区受到风力作用所产生的上(涌)升流与下(沉)降流(图4-4)。

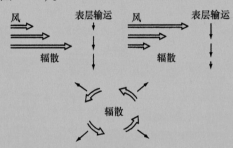 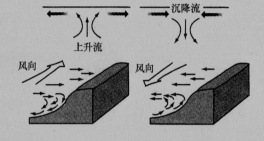

图4-3　不均匀风场和气旋风场中产生辐散与辐聚　　　　图4-4　北半球风海流产生示意图

(三)世界大洋环流和水团分布

世界大洋上层环流的总特征可以用风生环流理论加以解释。太平洋与大西洋的环流型有相似之处:在南北半球都存在一个与副热带高压对应的巨大反气旋式大环流(北半球为顺时针方向,南半球为逆时针方向);在它们之间为赤道逆流;两大洋北半球的西部边界流(在大西洋称为湾流,在太平洋称为黑潮)都非常强大,而南半球的西部边界流(巴西海流与东澳海流)则较弱;北太平洋与北大西洋沿洋盆西侧都有来自北方的寒流;在主涡旋的北部有一小型气旋式环流。三大洋表层环流见图4-5。

各大洋环流型的差别是由它们的几何形状不同造成的。印度洋南部的环流型,在总的特征上与南太平洋和南大西洋的环流型相似,而北部则为季风型环流,冬夏两半年环流方向相反。在南半球的高纬海区,与西风带相对应为一支强大的自西向东的绕极流。另外在靠近南极大陆沿岸尚存在一支自东向西的绕极风生流。

1. 赤道流系(Equatorial Current)

与两半球信风带对应的分别为西向的南赤道流与北赤道流,也称信风流。这是两支比较稳定的由信风引起的风生漂流,它们都是南北半球巨大气旋式环流的一个组成部分。在南北信风流之间与赤道无风带相对应是一支向东运动的赤道逆流,流幅约300~500 km。由于赤道无风带的平均位置在3°—10°N间,因此南北赤道流也与赤道不对称。夏季(8月),北赤道流约在10°N与20°—25°N间,南赤道流约在3°N与20°S间。冬季则稍偏南。

赤道流自东向西逐渐加强。在洋盆边缘不论赤道逆流或信风流都变得更为复杂。赤道流系主要局限在表面以下到100~300 m的上层,平均流速为0.25~0.75 m/s。在其下部有强大的温跃层存在,跃层以上是充分混合的温暖高盐的表层水,溶解氧含量高,而营养盐含量却很低,浮游生物不易繁殖,从而具有海水透明度大,水色高的特点。总之赤道流是一支高温、高盐、高水色及透明度大为特征的流系。

印度洋的赤道流系主要受季风控制。在赤道区域的风向以经线方向为主,并随季节而变化。11 月至翌年 3 月盛行东北季风,5~9 月盛行西南季风。5°S 以南,终年有一股南赤道流,赤道逆流终年存在于赤道以南。北赤道流从 11 月到翌年 3 月盛行东北季风时向西流动,其他时间受西南季风影响而向东流动,可与赤道逆流汇合在一起而难以分辨。

赤道逆流区有充沛的降水,因此,相对赤道流区而言,具有高温、低盐的特征。它与北赤道流之间存在着海水的辐散上升运动,把低温而高营养盐的海水向上输送,致使水质肥沃,有利于浮游生物生长,因而水色和透明度也相对降低。

太平洋在南赤道流区(赤道下方的温跃层内,有一支与赤道流方向相反自西向东的流动,称为赤道潜流或克伦威尔流)。它一般成带状分布,厚约 200 m,宽约 300 km,最大流速高达 1.5 m/s。流轴常与温跃层一致,在大洋东部位于 50 m 或更浅的深度内,在大洋西部约在 200 m 或更大的深度上。赤道潜流的产生显然不是由风直接引起的,关于其形成、维持机制有许多观点,其中,有的认为它是由于南赤道流使表层海水在大洋西岸堆积,使海面自西向东下倾,从而产生向东的压强梯度力所致。由于赤道两侧科氏力的方向相反,故使向东流动的潜流集中在赤道两侧。这种潜流在大西洋、印度洋都已相继被发现。

2. 西部边界流(Western Boundary Currents)

西部边界流是指大洋西侧沿大陆坡从低纬度向高纬度的海流,包括太平洋的黑潮与东澳大利亚海流,大西洋的湾流与巴西海流以及印度洋的莫桑比克海流等。它们都是北、南半球反气旋式环流主要的一部分,也是北、南赤道流的延续。因此,与近岸海水相比,具有赤道流的高温、高盐、高水色和透明度大等特征。

3. 西风漂流(West Wind Drift)

与南北半球盛行西风带相对应的是自西向东的强盛的西风漂流,即北太平洋流、北大西洋流和南半球的南极环流,它们分别是南北半球反气旋式大环流的组成部分。其界限是:向极一侧以极地冰区为界,向赤道一侧到副热带辐聚区为止。其共同特点是:在西风漂流区内存在着明显的温度经线方向梯度,这一梯度明显的区域称为大洋极锋。极锋两侧的水文和气候状况具有明显差异。

(1)北大西洋海流。湾流到达格兰德滩以南转向东北,横越大西洋,称为北大西洋流。它在 50°N、30°W 附近与许多逆流相混合,形成许多分支,已不具有明显的界限。在欧洲沿岸附近分为三支:中支进入挪威海,称为挪威流;南支沿欧洲海岸向南,称为加那利流,再向南与北赤道流汇合,构成了北大西洋气旋式大环流;北支流向冰岛南方海域,称为伊尔明格流,它与东、西格陵兰流以及北美沿岸南下的拉布拉多流构成了北大西洋高纬海区的气旋式小环流。北大西洋流将大量的高温、高盐海水带入北冰洋,对北冰洋的海洋水文状况影响深远,同时对北欧的气候状况也有巨大的影响。

(2)北太平洋海流。北太平洋海流是黑潮延续体的延续,在北美沿岸附近分为两支:向南一支称为加利福尼亚流,它汇于北赤道流,构成了北太平洋反气旋式大环流;向北一支称为阿拉斯加流,它与阿留申流汇合,连同亚洲沿岸南下的亲潮共同构成了北太平洋高纬海区的气旋式小环流。

(3)南极环流(Antarctic Circulation)。由于南极周围海域连成一片,南半球的西风漂流环绕整个南极大陆(应当指出南极绕极流是一支自表至底自西向东的强大流动,其上部是漂流,而下部的流动为地转流)。南极锋位于其中,在大西洋与印度洋平均位置为 50°S。在太平洋位于 60°S。由于风场分布不均匀,造成了来自南极海区的低温、低盐、高溶解氧的表层海水在极锋的向极一侧辐聚下沉,此处称为南极辐聚带。极锋两侧不仅海水特性不同,而且气候也有明显差异,南侧常年为干冷的极地气团盘踞。海面热平衡几乎全年为负值,海面为浮冰所覆盖;北侧,冬夏分别为极地气团与温带海洋气团轮流控制,季节性明显。故称极锋南部为极地海区,北部至副热带海区为亚南极海区。

南极环流在太平洋东岸的向北分支称为秘鲁流;在大西洋东岸的向北分支称为本格拉流;在印度洋的向北分支称为西澳大利亚海流。它们分别在各大洋中向北汇入南赤道流,从而构成了南半球各大洋的反气旋式大环流。

北半球的极锋辐聚不甚明显,只在太平洋西北部的黑潮与亲潮的交汇区以及大西洋西北部的湾流与拉布拉多海流的交汇区存在着比较强烈的辐聚下沉现象,一般称为西北辐聚区。由于寒暖流交汇所产生的强烈混合,海洋生产力高,从而使西北辐聚区形成良好的渔场。这正是世界有名的北海道渔场和纽芬兰渔场的所在海区。

4. 东部边界流(Eastern Boundary Currents)

大洋中东部边界流有太平洋的加利福尼亚流、秘鲁流,大西洋的加那利流、本格拉流以及印度洋的西澳大利亚海流。由于它们从高纬度流向低纬度,因此都是寒流,同时都处在大洋东边界,故称东部边界流。与西部边界流相比,它们的流幅宽广,流速小,而且影响深度也浅。

上升流是东部边界流海区的一个重要海洋水文特征。这是由于信风几乎常年沿岸吹,而且风速分布不均,即近岸小,海面上大,从而造成海水离岸运动所致。前已提及上升流区往往是良好渔场。

另外,由于东部边界流是来自高纬海区的寒流,其水色低,透明度小,形成大气的冷下垫面,造成其上方的大气层结构稳定,有利于海雾的形成,因此干旱少雨。与西部边界流区具有气候温暖、雨量充沛的特点形成明显的对比。

5. 极地环流

在北冰洋,其环流主要有从大西洋进入的挪威海流以及一些沿岸流。加拿大海盆中为一个巨大的反气旋式环流,它从亚美交界处的楚科奇海穿越北极到达格陵兰海,部分折向西流,部分汇入东格陵兰流,一起把大量的浮冰携带进入大西洋。其他多为一些小型气旋式环流。

南极环流在南极大陆边缘一个很狭窄的范围内,由于极地东风的作用,形成了一支自东向西绕南极大陆边缘的小环流,称为东风漂流。它与南极环流之间,由于动力作用形成南极辐散带。与南极大陆之间形成海水沿陆架的辐聚下沉,即南极大陆辐聚。这也是南极陆架区表层海水下沉的动力学原因。

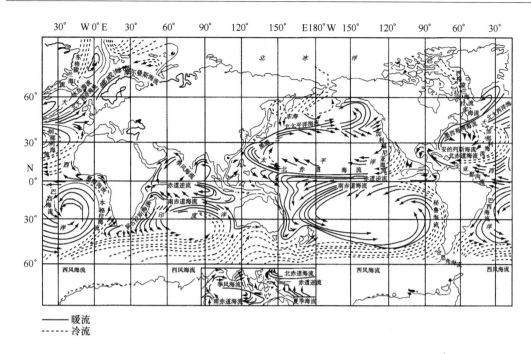

图4-5　三大洋表层环流图

极地海区的共同特点是:几乎终年或大多数时间由冰覆盖,结冰与融冰过程导致全年水温与盐度较低,形成低温低盐的表层水。

6. 副热带辐聚区的特点

在南北半球反气旋式大环流的中间海域,因季节变化而分别受西风漂流与赤道流的影响,海流的流向不定,一般流速甚小。由于它在反气旋式大环流中心,表层海水辐聚下沉,称为副热带辐聚区。它把大洋表层盐度最大、溶解氧含量较高的温暖表层水带到表层以下,形成次表层水。

在该海域,天气干燥而晴朗,风力微弱,海面比较平静。由于海水辐聚下沉,悬浮物质少,因此具有世界大洋中最高的水色和最大透明度,也是世界大洋中生产力最低的海区,故也有"海洋沙漠"之称。

以上就是世界大洋表层在水平方向上的主要环流及其特征。除此之外尚有一些区域性海流,例如,瑞德(Ried,1959)在南太平洋的赤道流中,发现了一支赤道逆流;宇田(Uda,1955)在北太平洋发现了一支副热带逆流等,但它们的持续性及其在总的大洋环流中的作用,目前尚不完全了解。

(四)各大洋主要海流

1. 太平洋

在北太平洋海域,主要环流系统有北赤道流(North Equatorial Current)、黑潮(Kuroshio Current)、北太平洋海流(North Pacific Current)和加利福尼亚流(California current)及附属海的海流有阿拉斯加流(Alaska current)、亲潮(Oyashio current)、东库页海流(East Karafuto current）、里曼海流（Liman Current）、中国沿岸流（China Coastal current）、对马海流（Tsushima Current）和南海季风流（South China Sea Monsoon Current）。在南太平洋海域，主要环流系统有南赤道流（South Equatorial Current）、东澳大利亚海流（East Australian Current）、西风漂流（Antarctic Circumpolar Current）和秘鲁海流（Humboldt Current，Peru Current）。在赤道太平洋海域的海流有反赤道流（Equatorial Counter Current）和赤道潜流（克伦威尔流，Cromwell current）。现就在渔场学中影响较大的主要海流做一分析。

（1）黑潮。北太平洋环流从北赤道海流开始，向西流至西边陆界一分为二，一部分往南而另一部分往北。向北一支形成强大的太平洋西部边界流，这就是黑潮。向南的一支称为明达瑙海流。黑潮的主流经日本本州南岸，沿36°—37°N线向东流去。离开日本后继续往东流至170°E左右，称为黑潮续流（Kusoshio Extension），续流之后便是北太平洋海流。黑潮在流经琉球群岛附近，有一支沿大陆架边缘北上，成为对马暖流，通过朝鲜海峡流入日本海（图4-6）。

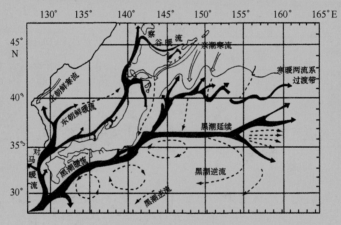

图4-6　黑潮流系分布图（Stommel et al，1972）

在日本三陆近海，黑潮与来自北方的亲潮相遇，形成暖寒流相交汇的流界渔场，也称为流隔渔场，盛产秋刀鱼、鲸类和金枪鱼类等。

（2）亲潮。亲潮主要来自白令海，部分来自鄂霍次克海。北太平洋海流接近北美大陆时分为南北分支，部分往南为加利福尼亚海流，最后接上北赤道海流，其他部分则往北，在阿拉斯加湾形成阿拉斯加环流，然后一部分流经阿留申群岛间而进入白令海。亲潮的生物生产力高，浮游植物含量丰富，水色、透明度均低于黑潮（通常，黑潮水色3以上，亲潮水色4以下）。

（3）加利福尼亚海流。加利福尼亚海流沿北美西岸南下，成为大洋东部边界流。其表面流速一般较小，约为0.5 kn。夏季，在强盛的偏北风作用下，沿岸南下的加利福尼亚海流，其表层水向外海方面流去，其下层的深层水作为补偿流并在沿岸上升而成为著名的加利福尼亚上升流。加利福尼亚海流的一部分沿中美海岸南下到达东太平洋低纬度海域。另外，沿赤道附近东流的赤道逆流，其东端在墨西哥近海流向转北-西而成为北赤道流，以10°N为中心向西流去。北赤道流与转向西流的加利福尼亚海流汇合，继续西流，而成为北太平洋大规模水平循环的一部分。在此汇合海域附近,形成金枪鱼围网渔场。

(4)赤道海流及其潜流。太平洋的赤道海流系统至少包括四个主要海流,其中三个延伸到海面,另一个在海面以下,三个主要的上层海流在表面都很明显,一为向西的北赤道海流,约在2°—8°N的范围,二为向西的南赤道海流,约在3°N—10°S的范围,三为上述两海流之间,较窄而向东流的北赤道逆流,而在海面下往东流的赤道潜流,跨过赤道占2°N—2°S的范围,该海流可由东边巴拿马湾一路追踪到西边的菲律宾,约15 000 km的距离。夏季,赤道逆流在转变流向的哥斯达黎加近海形成逆时针回转涡流,从而诱发强烈的上升流。该上升流即为哥斯达黎加冷水丘(Casta Rica Dome),是形成金枪鱼渔场的重要海洋条件。

赤道潜流,又称克伦威尔海流,在赤道表面下往东流。赤道潜流的海水运送量,与向西流的南北赤道海流相等,它在赤道表面下100 m(或少于100 m)向东流,直到1952年才发现它的存在。赤道潜流至少长达14 000 km,就像一条薄缎带,厚约0.2 km,宽约300 km,分布在2°N—2°S之间。

在赤道海域,向西流的北、南赤道流的表层水在北半球向北流,在南半球向南流。因此赤道海域产生较强的辐散现象的上升流,使富有营养盐类的深层水上升,促进生物生产力提高,并形成水温、溶解氧跃层。在北赤道流流域的温跃层,一般自西向东逐渐变浅。温跃层的深度影响金枪鱼的分布水层,在渔业上具有重要意义。

(5)秘鲁海流。秘鲁海流相当于东南太平洋逆时针回转环流的寒流部分,它起源于亚南极海域。高纬度的西风漂流到达南美西岸40°S附近,向北流去的这支海流,就是秘鲁海流。秘鲁海流靠近沿岸的称秘鲁沿岸流,在外海的一支称秘鲁外洋流。这两支海流是由南下的不规则的秘鲁逆流把它们分开的,该逆流称为太平洋赤道水,通常为距岸50—180 km的次表层流;在11月至翌年3月间秘鲁逆流最强时,浮出表面;在11月之前流势弱,不浮出海面,此时秘鲁海流不分沿岸和外洋两支而成为单一的海流,是秘鲁海流的最盛期。秘鲁沿岸海流的南端即为在智利沿岸形成的上升流区的南限,其位置约在36°S附近。

另外,据日本学者研究,在20°—30°N处有一支向东流的亚热带逆流,其位置几乎与亚热带辐合线的位置相重合,该海流的东端至少可达160°E,流速一般0.2~1.3 kn,流幅60~180 km,厚度达300 m。日本学者认为,该逆流水域是蓝鳍金枪鱼(bluefin tuna)和鲣鱼(skipjack tuna)的产卵场,也可能是日本鳗鲡(Japanese eel)的产卵场。日本学者宇田道隆指出,亚热带逆流和亚热带辐合线对鲣鱼初期的生长与生活环境有极大的影响。

2. 大西洋

在大西洋海域,大西洋的上层有两个很大的反气旋环流,在南大西洋逆时针转,在北大西洋则顺时针。大西洋的主要海流有湾流(Gulf Stream)、北大西洋海流(North Atlantic Current)、拉布拉多海流(Labrador Current)、加那利海流(Canary Current)、本格拉海流(Benguela Current)、巴西海流(Brazil Current)和福克兰海流(Falkland Current)等。

顺时针转的大环流由北赤道海流开始,流到了西边,加入流进北大西洋的部分南赤道海流,然后分成两部分,一部分流向西北而成安地勒斯海流(Antilles Current),另一部分经加勒比海入墨西哥湾,经加勒比海时受当地东风的吹送,造成海水在墨西哥湾堆积,然后经佛罗里达和古巴之间入北大西洋而成佛罗里达海流,这一海流的海水很少是墨西哥湾当地的,它穿过墨西哥湾时常形成一个大圆圈,这个圆圈常产生反气旋转的涡漩在湾内往西移动,佛罗里达海流与安的列斯海流在佛罗里达外海会合,流过哈德勒斯角后,海流离岸而去,称为湾流。湾流往东北一直流到纽芬兰附近,大约40°N、50°W 的地方,之后续往东、往北而成北大西洋海流(North Atlantic Current),然后它又一分为二,一部分流向东北,经苏格兰和冰岛之间而成为挪威、格陵兰和北极海环流的一部分,其他部分则转向南流,经西班牙和北非沿岸后回到北赤道海流而完成北大西洋环流。

信风吹起的南赤道海流向西流向南美洲,最后分开,一部分跨过赤道流入北大西洋,其余的向南沿着南美洲海岸而成巴西海流,后来转向东流而成南极绕极流的一部分,到非洲西岸转向北流而成本格拉海流;巴西海流来自热带,海水的温度和盐度都高,而本格拉海流受亚南极海水及非洲沿海上升流的影响,海水温度及盐度都较低,南大西洋海水有部分来自福克兰海流由德雷克水道往北流到南美东海岸,在30°S 左右把巴西海流推离海岸。

现就在渔场学中影响较大的主要海流做一一分析。

(1)湾流。在西北大西洋海域,对渔业极为重要的海洋学特征是由于有暖流系的湾流和寒流系的拉布拉多海流的存在。湾流沿北美大陆向东北方向流去,它是由佛罗里达海流(Florida Current)和起源于北赤道流的安的列斯海流(Antilles Current)的合流组成的。它和太平洋的黑潮一样,成为大西洋的西部边界流,其流速,在北美东岸近海最强流带为 4 ~ 5 kn,其厚度达 1 500 ~ 2 000 m。

湾流运动呈显著蛇行状态,这种现象是以金枪鱼为主的渔场形成的主要海洋学条件;蛇形运动自哈德勒斯角向东行进逐步发展,从而形成伴有涡流系的复杂流界。有人把湾流的流动称为多重海流。在加拿大新斯科舍(Nova Scotia)附近海域,由于周围的地形影响,特别在夏季,形成非常复杂的局部涡流区,这一海洋学条件被认为是许多鱼类等渔场形成的主要因素之一。

湾流在到达纽芬兰南方的大浅滩(Grand Bank)之南时流幅扩大,成为北大西洋海流,向东北方向流去,其中继续向东北方向流去的一支成为挪威海流直达挪威西岸海域,这是分布于 70°N 附近的金枪鱼渔场的主要成因;向北流的一支到达冰岛之南向西流去,成为伊尔明格海流,该流大部分在格陵兰东岸与南下的东格陵兰海流形成合流。

(2)东格陵兰海流(East Greenland Current)。东格陵兰海流源于北极洋,它与伊尔明格海流之间形成流界;东格陵兰海流的一部分和伊尔明格海流一起合成西格陵兰海流。该流又和从巴芬湾的南下流合流成为拉布拉多海流,沿北美东岸南下在纽芬兰近海与湾流交汇形成极锋,使得该海域渔业资源丰富,是传统的世界三大渔场之一。

(3)北大西洋的海流(North Atlantic Current)。由于受北大西洋海流的影响,从英国到挪威沿岸的北欧地方呈现暖性气候。北大西洋海流的前部经法罗岛沿挪威西岸北上后,分为两支,一支向斯匹次卑尔根的西部北上,另一支沿挪威北岸流入北极洋,这一分支使巴伦支海的西部和南部变暖。

沿英国西岸北上的北大西洋海流,有一股经北方的设德兰岛附近沿英国东岸南下的支流,和英国南岸从英吉利海峡流入的另一支海流,这些都是支配北海渔场海洋学条件的主要因素。

(4)加那利海流。北大西洋海流的南下支流,沿欧洲西北岸南下,经葡萄牙和非洲西北岸近海形成加那利海流。加那利海流的流向、流速的变化受风的影响,在它到达非洲大陆西岸后,通常向西流去,具有北赤道海流的补偿流性质。加那利海流在葡萄牙沿岸和从西班牙西北近海到非洲西岸近海一带沿岸水域形成上升流,这是葡萄牙沿岸水域发生雾的主要成因。

加那利海流的一部分沿非洲西岸继续南下,通常这支海流在北半球的夏季发展成为东向流的几内亚海流。几内亚海流冬季仍然存在。

(5)巴西海流。南赤道海流在赤道以南附近流向西,至南美沿岸分为北上流和南下流两支,南下的一支为盐度很高的巴西海流。该海流约在35°—40°S处与从亚南极水域北上的福克兰海流汇合,形成亚热带辐合线,在夏季,以表温14.5℃为指标。在巴西海流与福克兰海流的辐合区即巴塔哥尼亚海域,该海域水产生物资源丰富,是世界上主要的作业渔场。

3. 印度洋

在印度洋北部海域,特别在阿拉伯海域的海流受季风的影响很大。该海域的主要海流夏季为西南季风海流,冬季为东北季风海流,南半球的主要海流是莫桑比克海流(Mozambique Current)、厄加勒斯海流(Agulhas Current)、西澳大利亚海流(West Australian Current)和西风漂流(Antarctic Circumpolar Current)。

印度洋的范围往北只有到25°N左右,往南则到副热带辐合带大约40°S的海域。此处的环流系统和太平洋、大西洋的不太相同。在赤道北方由于陆地的影响,风的季节性变化十分明显,11月至翌年3月吹东北信风,而5—9月吹西南季风;赤道南方的东南信风则是整年不停,而西南季风可视为东南信风越过赤道的延续。

赤道北方的风向改变时,当地海流也改变,11月至翌年3月吹东北季风期间,从8°N到赤道有一向西流的北赤道海流,赤道到8°S有一向东的赤道逆流,而8°S到15°—20°S之间则有一向西的南赤道海流。在5—9月吹西南季风时,赤道以北的海流反过来向东流,与同向东流的赤道逆流合称(西南)季风海流,约占15°—7°S的范围,南赤道海流则在7°S以南依旧往西流,但比吹东北季风时强了些。在吹东北季风期间,60°E以东在温跃层的深度有赤道潜流,比太平洋和大西洋的弱,吹西南季风时则看不出潜流的存在。

在非洲沿海部分,11月至翌年3月吹东北季风期间,南赤道海流流近非洲海岸后,一部分转向北进入赤道逆流,另一部分则往南并入厄加勒斯海流,该海流深而窄,宽约100 km,沿非洲海岸往南流,到了非洲南端转向东流而进入南极环流。5—9月吹西南风时,部分南赤道海流转而向北而成索马里海流沿非洲东岸北上,大部分在表层200 m内,南赤道海流、索马里海流和季风海流构成了北印度洋相当强的风吹环流。

在西南季风期的5—9月,索马里海流是低温水域,它和黑潮、湾流一样都是有代表性的西部边界流。冬季索马里沿岸近海的东北季风海流的流速,比索马里海流的流速小。在印度洋其他海区,当东南信风强盛时出现上升流;分布在东部的阿拉弗拉海,在东南信风盛行期也有上升流存在。在上升流发展期间,磷酸盐的含量相当于周围水域的6倍左右。

第二节　海洋环境与鱼类行动的关系

一、研究海洋环境与鱼类行动的意义

鱼类对海洋环境因素的适应性和局限性决定了鱼类的洄游、分布和移动。研究它们之间的关系实际上就是研究它们的适应性和局限性。外界环境是鱼类生存和活动的必要条件,环境条件发生变化,鱼类的适应也就随之发生变化,以适应变化了的环境条件。环境条件的变化必然要影响到鱼类的摄食、生殖、洄游、移动和集群等行为,但是环境条件对鱼类行为的影响首先取决于鱼类本身的状况,具体包括鱼类个体大小、不同生活阶段和生理状况等。同时,鱼类本身的活动也影响着环境条件的变化。此外,不但鱼类与各环境因子之间存在着相互影响,各因子之间也有密切联系和相互影响。因此,鱼类与环境的关系是相互影响的对立统一关系,两者始终处于动态的平衡之中。

鱼类的外界环境包括非生物性的和生物性的两个方面。非生物因素指不同性质的水体、水的各种理化因子以及人类活动所引起的各种非生物环境条件,包括温度、盐度、光照、海流、底形、底质和气象等。生物因素是指栖居在一起包括鱼类本身的各种动植物,它们多数是鱼类的食物,有的还以鱼类为食,包括了饵料生物、种间关系等。通过了解这些外界环境因子对鱼类行为的影响规律,既可为渔况分析、渔场寻找等提供基础,同时也为渔具、渔法的改进提供了依据。

二、温度与鱼类行动的关系

在环境条件的各项物理因素中,温度是一项最重要的因素。陆地上最高气温为65℃,最低为-65.5℃,两者相差130.5℃,但海水最高温度只有35℃,最低仅-2℃,两者相差37℃。水温变化尽管只有几摄氏度,但也是属于较大的变化。因此,水温变化对于鱼类的集群、洄游及渔场的形成都具有重大的影响,甚至可以说,鱼类的一切生活习性直接或间接地受到水温的影响。因此,水温在侦察鱼群、确定鱼类在海域中分布、移动以及渔场形成时具有决定性的作用。

(一)鱼类对温度的反应

鱼类是变温动物,俗称"冷血动物",它们缺乏调节体温的能力,其体内产生的热量几乎都释放于环境之中,体温随环境温度的改变而变化,并经常保持与外界环境温度大致相等。尽管如此,鱼类体温和它的环境水温还不完全相等。一般来说,鱼类体温大多稍高于外界水域环境,但一般不超过0.5~1.0℃。

通常,鱼类体温是随着环境温度的不同而发生改变的。通过大量的研究,已知道活动性强的中上层鱼类的体温一般都比较高,如金枪鱼类体温通常比其外部水温高3~9℃。一般认为,活动性强的中上层鱼类体温大于水温的原因是其体内具有类似热交换器的结构,但不同种类其体温调节能力差异明显,例如金枪鱼因它们的体温调节能力具有明显的差异而分成两大类,第一类为暖水种,包括鲣鱼、黄鳍金枪鱼、黑鳍金枪鱼等,主要栖息在热带海域的温跃层之上;第二类为冷水种,如大眼金枪鱼、长鳍金枪鱼和马苏金枪鱼等,它们栖息在较高纬度的海域或是热带海域的温跃层之下。通过对鱼类体温的研究与分析,认为鱼体温度可间接地反映出其所处地环境水温,从而为渔场的寻找、鱼群的侦察等提供科学的依据。

(二)鱼类对水温变化的适应

随着环境水温的变化,鱼类的体温也会发生改变,同时对温度变化也会产生适应性,但这种适应能力非常有限。根据鱼类对外界水温适应能力的大小,我们可以将鱼类分为广温性鱼类和狭温性鱼类,大多数鱼类属于狭温性鱼类。一般来说,沿岸或溯河性鱼类的适温范围广,近海鱼类的适温范围狭,而大洋或底栖鱼类的适温最狭。热带、亚热带鱼类比温带、寒鱼类更属狭温性。狭温性鱼类又可分为喜冷性(冷水性)和喜热性(暖水性)两大类。暖水性鱼类主要生活在热带水域,也有生活于温带水域,冷水性鱼类则常见于寒带和温带水域。

水温对鱼类的生命活动来说,有最高(上限)、最低(下限)界限和最适范围之分。鱼类对温度高低的忍受界限以及最适温度范围因种类而有所不同,甚至同一种类在不同生活阶段也有所不同。一般认为,最适温度和最高温度比较接近,而与最低温度则相距较远。通常鱼类对温度变化的刺激所产生的行为是主动选择最适的温度环境,而避开不良的温度环境,以使其体温维持在一定的范围之内,这也就是鱼类体温的行为调节。鱼类的越冬洄游主要就是由于环境温度降低所引起的。

(三)鱼类的最适温度范围

鱼类在最适温度范围内活动正常,若超出此范围,鱼类的活动便受到抑制,若温度过高或过低,鱼类就会死亡。因此鱼类总是主动地选择最适的温度环境,以避开不良的温度环境。显然,在最适温度范围内鱼类将有大量的分布,这一特点对海洋捕捞业来说是极为重要的。研究结果认为,鱼类对水温具有选择性,其选择水温随适应温度不同而改变,并且可以推断选择水温还会随着其他各种环境因子及本身生物学状态的不同而发生变化,所以同种鱼类的选择水温并不是固定不变的。

在自然环境中,鱼类对水温也同样会表现出选择性。但由于各种环境因子的影响极其错综复杂及个体生物学状态的变化,所以选择水温常表现为一定的温度范围。从行为学角度看,这一温度范围可能就是鱼类的最适温度范围。在渔业生产方面,常常把对于某一鱼类具有高产量时的水温称为鱼类的最适温度,这种水温不是某一个固定值,而有一个范围。一般来说此值与最适温度范围相对应。

通过大量的渔业生产实践表明,不同种鱼类的适温范围是不同的,而且范围的大小也不一致。据研究,我国近海主要经济鱼类的适温范围如下:大黄鱼的适应水温一般为 9 ~ 26℃,小黄鱼一般为 6 ~ 20℃,带鱼为 10 ~ 24℃,黄海青鱼为 0.5 ~ 9.0℃等。

同种鱼因栖息水域不同或种群不同,其适应的水温也不相同,例如东海岱衢族大黄鱼产卵期适温为 14 ~ 22℃,最适水温为 16 ~ 19.5℃;而闽粤族大黄鱼在产卵期的适温为 18 ~ 24℃,最适水温为 19.5 ~ 22.5℃;硇洲族大黄鱼在产卵期的适温为 18 ~ 26℃,最适水温为 22℃左右。南海北部大陆架的蓝圆鲹因栖息水域不同,它们的产卵适温也不同,每年春汛洄游到珠江口万山渔场产卵的蓝圆鲹,其产卵期适温为 18~24℃,而夏汛在海南岛近海清澜渔场产卵的蓝圆鲹其产卵适温为 24~28℃。据调查,吕四洋小黄鱼幼鱼的适应水温为 16~24℃,广东大亚湾蓝圆鲹幼鱼的适温为 26~28℃,均比该水域同种成鱼的适温为高。这说明鱼类在不同的发育阶段其对水温的适应也是不同的,一般幼鱼比成鱼对较高的温度更具有适应性。

另外,成鱼在不同生活阶段,其适温范围也是不一样的(表 4-1)。如浙江近海大黄鱼产卵适温为 14~22℃,在舟山外海越冬适温为 9~12℃。在烟威渔场产卵的鲐鱼其产卵最适水温为 14~12℃,产完卵后在海洋岛水域索饵时的最适水温为 17~19℃,在越冬场越冬的适温不低于 8~9℃。总之,鱼类的适温会随种类、种群、栖息水域、发育阶段及生活阶段等不同而改变。研究并掌握各种鱼类的不同适温范围及其最适水温,对于探索鱼类的行为、掌握中心渔场和预测渔汛非常重要。

表 4-1　不同鱼类不同生活时期适应水温范围　　　　　　　　　　　单位:℃

鱼种	越冬时期	产卵时期	索饵时期
小黄鱼	8~12	12~14	16~23
带鱼	14~21	14~19	8~25
鲐鱼	12~15	12~18	19~23
鲅鱼	8~14	10~12	15~18
青鱼	5~8	2~3	8~12

图 4-7 为长鳍金枪鱼渔场表层水温与渔获量的关系。从图 4-7 中可看出,在某一特定表层水温值处,其渔获量呈山峰状分布,人们把渔获多时的水温称为渔获最适水温。金枪鱼类不同发育阶段、生活年周期所对应的最适水温值各不相同。除了长鳍金枪鱼外,其他种类金枪鱼、枪鱼、旗鱼类鱼类也有能利用表层水温来判断海洋环境,进而找到渔场的例子。例如,大西洋的黄鳍金枪鱼主要中心渔场,形成于表层水温极高的热带赤道海域。日本学者宇田研究了日本产的主要金枪鱼类和枪鱼、旗鱼类鱼类的适温范围(图 4-8),图中斜线的区域为这种鱼类的最适水温,效果十分清晰。

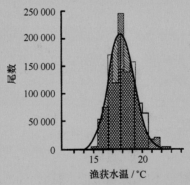

图 4-7　长鳍金枪鱼渔场表层水温与渔获量的关系

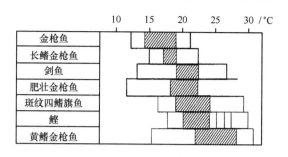

图 4 - 8　日本产金枪鱼类和枪鱼类等的适温范围

但是需要注意的是,水温只能作为判断鱼类可能存在或出现的一种指标,并不是凡是具有鱼类适温的水域都有鱼类存在或出现。例如普通小沙丁鱼可在温度为 6 - 22℃ 的海水中发现。但是具有这种温度的海水约占世界海洋面积的 3/8,而普通小沙丁鱼实际栖息的水域则不到上述面积的 1/10。由此可见,利用水温作为探测鱼类存在或出现的指标,还必须结合其他有关环境因素和鱼类的生物学要素进行综合考察。但是,有一点我们可以肯定,通过水温的判断,可以提高渔场分布和鱼群范围预报的准确性。

（四）水温对鱼类洄游集群的影响

一年四季温度的变化导致了鱼类进行洄游,即在北半球实行了南、北洄游和近海、深海洄游。因此,水温是影响鱼类洄游移动的重要因素。每年春季,水温逐步回升,栖息在黄海中、南部越冬场的中国对虾、小黄鱼就会集群向北洄游,其中大部分经山东半岛进入渤海产卵场产卵。在洄游过程中,渤海流出的冷水系和北上的黄海暖流之间的强弱消长影响到鱼、虾类进入渤海的时间或在烟威渔场停留时间和距岸的远近。在渤海沿岸河流径流量多的年代和该海区冷水势力强的年代,鱼、虾类一般在烟、威外海 40 ~ 50 m 水深的海区逗留。如1955—1958 年庙岛列岛的水温在 4℃ 以下,比烟威外海(4℃ 以上)的水温低,因此对虾、小黄鱼等在烟威渔场大量聚集,且停留较长的时间,从而形成烟威渔场渔获量大增。

渔汛开始的时间(或鱼群洄游到渔场的时间)、鱼类集群的大小以及渔期的长短,往往与渔场水温有着密切的联系,因此,在渔汛到来之前,可以利用水温作为指标来预测渔发的水域和时间。如大黄鱼在浙江近海各产卵场,当水温(5 m 水层)上升到 13 ~ 16℃ 时,有蓬头鱼群出现并开始产卵,俗称为“花水”;当水温上升到 17 ~ 19.5℃ 时,鱼群密集而普遍旺发,渔汛最旺,俗称为“正水”;待水温上升到 22 ~ 23℃ 时,又成为“花水”,产卵即将结束。带鱼在东海北部近海进行越冬洄游,对水温也有一定的要求。汛初,嵊山渔场水温(10 m 水层)下降到 20 ~ 22℃ 时,鱼群开始时在花鸟岛北偏西至北偏东 20 ~ 40 n mile 的海区(一般在 11 月中旬);当渔场水温下降到 12 ~ 15℃ 时,在花鸟岛东北至海礁、嵊山、浪岗之间海区(一般在12 月上、中旬)形成旺汛;待水温下降到 l5℃ 左右(一般在 12 月下旬),则渔汛接近尾声,鱼群通过浪岗并南下。因而在渔汛前、中期,水温下降的快慢,将会直接影响到带鱼南下洄游的速度和渔汛的迟早。在舟山渔场秋汛,(9 月下旬)汛初至汛末(11 月中旬),鲐鲹渔发较佳的表层水温为 20.5 ~ 25℃。随着水温的下降,鲐鲹鱼群南下洄游日趋明显,水温下降愈快,南游的速度也愈快,渔汛也将提前结束。当表层水温下降到20℃时,便很少发现鱼群,即使偶尔发现,鱼群也不稳定,渔民依此作为判断渔汛结束的一项指标。因此可以利用水温作为指标来预报渔发的时间和水域。在我国近海渔场,一般来说水温上升快,渔汛来得早,水温下降快,渔汛结束早。

鱼群的移动和集结与水温的水平梯度有密切的关系,最好的渔场往往在两个不同性质的水系交汇区,或水温水平梯度大的区域,特别在等温线分布弯曲呈袋(锋)状的水域,鱼群更为密集。通常在渔场范围内,水温水平梯度大的水域鱼群集中,水温水平梯度小的地方鱼群分散。例如,南海北部粤东海区鲐鲹渔汛期间,鱼类一般都集聚在沿岸水和外海水的交汇区。若在此范围内水温水平梯度大,容易形成主要渔场;若水温水平梯度变小,等温线分布稀疏的水域,鱼群分散,渔场广阔。又如日本附近海域的秋刀鱼、金枪鱼、沙丁鱼,通常也都集群在黑潮(暖流)和亲潮(寒流)的交汇区域,并且经常向表层水温梯度最大的地方集中。

水温对鱼类的影响,在产卵前期和产卵期间也表现得特别明显。鱼类的成熟、产卵有其一定的适温范围,一般来说产卵(繁殖)适温范围比其生存的适温范围要狭。在成熟、产卵的适温范围内,水温升高,性腺成熟将会加快,低于或高于适温范围,其性腺发育就会受到抑制,或即使成熟也不能产卵。例如鲑鱼成熟的适温范围,上限为12~13℃,下限为4~5℃,若水温为16℃时,卵巢虽已很大,但仍不产卵。又如金鱼产卵前将其放在水温保持在14℃以下的水域,这时即使卵巢十分成熟也不会产卵;当将其移至水温20℃的水域时,一天后即行产卵。因此,某一产卵场出现产卵鱼群的时间,往往由该海区水温变化的情况而定。如果产卵场的水温不正常,偏高或偏低,就会迫使该产卵群体离开产卵场而转移到水温合适的临近水域产卵。长期的水温变化,还可以促使产卵场(渔场)向北或向南移动。水温对进行产卵洄游的鱼类结群行为也有非常明显的影响。例如,分布在浙江近海,大黄鱼产卵的适温范围为14~22℃,当渔场温度达到16~19.5℃时,鱼群密集,渔期进入旺汛。在莱州湾产卵的小黄鱼,当底层水温达到8℃时,鱼类到达产卵场,水温升至9.5℃时,出现中等密集鱼群或大鱼群;当水温达到12℃左右时,进入产卵高峰,鱼群密集,结成大群,捕捞作业出现高潮。因此,鱼群密集的旺汛期的水温也就是鱼群集聚的最适温度。

鱼类的索饵强度不仅与饵料有关,而且与水温也直接有关。当水温低于最适值时,索饵能力一般较低。鲑鱼的最适索饵温度为15.5~22℃,当温度低于1℃时,就即停止摄食。另外,水温偏高,对鱼类摄食也不利。许多鱼类,特别是温带地区的鱼类,摄食强度存在着季节性的变化,这与相应的水温变化紧密相关。温带地区的鱼类在春夏季强烈摄食,冬季停止摄食或显著降低摄食强度。相反,冷水性鱼类在较高温度条件下,摄食强度下降。鲱鱼在冬季月平均水温为4.7~9.1℃时,仍继续摄食的个体占3.2%~4.9%;而春末夏初水温提升到22.7~30.6℃时,多数个体强烈摄食。

(五)水温的垂直结构与鱼类的分布

影响鱼类分布产量水温的水平结构外,还有温度的垂直结构。水温的垂直和水平结构对鱼类的移动和集群有密切的关系。在水温急剧下降的水层,往往出现水温垂直梯度大的温跃层。北半球温跃层的垂直分布趋势通常是高纬度海区接近海面,25°~30°N附近的亚热带海区温跃层所在水层最深,朝赤道方向逐渐上升至10°N附近最浅,再往南又有深潜的趋势。亚热带以北的海区,一般在春、夏季有季节温跃层存在,而在秋、冬季垂直对流期温跃层消失,下层营养盐类随着海水的对流循环补充到表层。所以,温跃层的存在与浮游生物、鱼类生产的关系甚为密切,特别是中上层鱼类的分布水层和温跃层的形成与消长关系更为密切。

温跃层是指水温在垂直方向急剧变化的水层。根据形成的原因,温跃层可分为两类:第一类是由于外界环境条件引起的如增温、风力的作用;第二类是由于不同性质的水系叠置而成的。图4-9为温跃层的示意图,图中水温垂直分布曲线上曲率最大的点A、B分别成为跃层的顶界和底界,A点所在的深度Z_A为跃层的顶界深度,即混合层深度(Mixed Layer Depth,简称MLD);B点所在的深度Z_B为跃层的底界深度,ΔZ为跃层厚度;当A、B两点对应的水温差值为ΔT时,则$\Delta T/\Delta Z$为跃层的强度;当温度的垂直分布自上而下递减时,强度取正号,反之取负号。跃层强度最低标准值依需要和海区具体情况而定,一般情况下做出如下规定:浅海温跃层强度为$\Delta T/\Delta Z = 0.2℃/m$,深海温跃层强度为$\Delta T/\Delta Z = 0.05℃/m$。

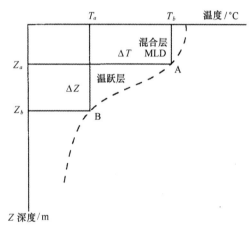

图4-9 温跃层结构示意图

中上层鱼类的栖息水层,在很大程度上取决于水温的垂直结构。分布在我国黄海的鲐鱼,最低忍耐水温为8℃,最低起群水温为12℃。据调查,鲐鱼5—6月份一般伴随表层水温8~10℃等温线的移动而洄游到烟台、威海和海洋岛渔场,由于该区有温跃层存在,支配着鲐鱼的栖息水层,从而形成鲐鱼起群,而下部有冷水团存在时,鲐鱼为避免下层的冷水而在表层起群,温跃层深度越浅,鲐鱼集群越大,且温跃层越接近表面,渔获量也越多。

有的鱼类生活在温跃层之上,有的常出现在温跃层,有的则主要生活在温跃层下的深层水域。许多鱼类具有昼夜垂直移动的习性。在温跃层上下,由于水温差异显著,跃层本身相当于一道天然的环境屏障,它限制了鱼类的上下移动,特别是对中上层鱼类。因此,水温的垂直结构分布在渔场形成中起着极为重要和关键的作用,特别是在金枪鱼围网渔业中。图4-10表示了热带水域中几种金枪鱼的垂直分布情况与温跃层的关系。

多数金枪鱼类、枪鱼和旗鱼类鱼类,生活在海洋表层至100 m水深的海域中,具体分布

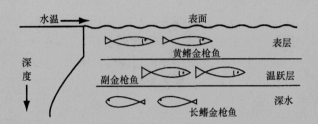

图 4 - 10　热带水域中几种金枪鱼的垂直分布(Laevastu et al, 1971)

水层随鱼种和生活年周期不同而异。以垂直水温分布为基础,有关金枪鱼渔场环境的研究和理解,取得了明显的进展。从垂直水温的结构可以知道,水域的表层状况、混合状况、温跃层深度和强度,把这些资料扩大了三维结构,可以推知道流界的位置以及了解不同种类鱼类的混栖或分开栖息和每一个深度钓获率不同等现象。

从图 4 - 11 和图 4 - 12 看出:长鳍金枪鱼渔场形成于黑潮暖流外侧的流界区,温跃层的上部。根据日本学者川崎认为,在日本近海,长鳍金枪鱼竿钓渔场形成条件为:表层至中层的水温差小,中心水温约为 17 ~ 19℃,水平、垂直方向上的环境条件基本均匀,多分布在黑潮主干外侧向的最高水温带更外的暖水海域。日本学者川合根据 100m 水层海域的水温(以及盐度)分布研究,查明日本近海、东部太平洋的长鳍金枪鱼的栖息环境条件随着鱼的年龄而变化,在低温(而且低盐)渔场,低龄鱼占优势,在高温(高盐)渔场,高龄鱼占优势。日本学者久丰指出:在北太平洋的肥壮金枪鱼渔场(30°N 附近),冬季温跃层所处水层深度深,肥壮金枪鱼栖息水深也深;夏季温跃层所处水层深度比较浅,肥壮金枪鱼栖息水深也浅。

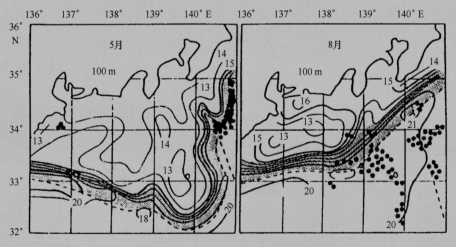

图 4 - 11　长鳍金枪鱼渔场 100 m 水深层的水温平面分布
图中黑潮流轴(网目状)、数字(℃)、渔场(黑点)

在太平洋东部(美洲西海岸),围网、竿钓渔场多数是在温跃层浅的水域形成。这时水温梯度越大,鱼群集群得越好,这是因为温跃层作用,阻止鱼类向下逃逸,因此围网的成功率提高。此外,温跃层多数与密度跃层在空间分布上相一致。图 4 - 13 为东太平洋热带海域的

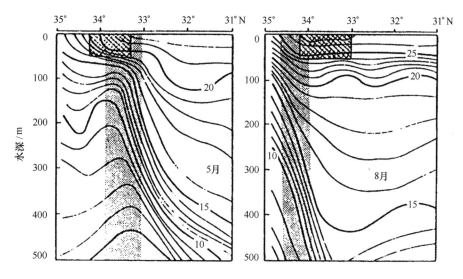

图 4 - 12　长鳍金枪鱼渔场 140°E 水温垂直断面
图中黑潮流轴(细网目)、渔场(粗网目)

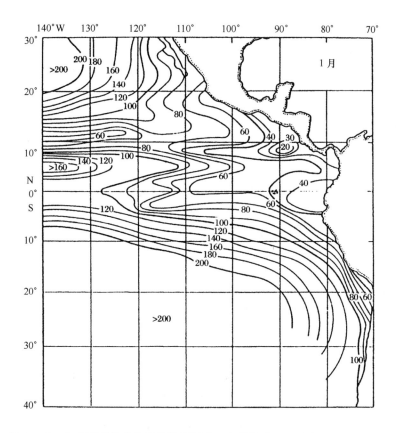

图 4 - 13　东太平洋热带海域的温跃层中心部的深度(m)分布(图中的数字)

温跃层深度的分布。从上述例子可以看出,温跃层形成的深度,是根据不同海域和季节而变化。在某些海域,温跃层呈碗状向下凹陷,在某些海域,温跃层向上抬升呈圆丘状。前者表示暖水堆积;而后者表示冷水向上抬升。究其因,既有力学性质的,又有地形造成,或者两者都有作用而造成。

（六）水温的长期变化对鱼种分布的影响

水温的长期变化,在不同海洋,甚至在同一海洋的不同海区,具有不同的特征(图 4 - 14)。这些变化由基本流系的变化和海区气象条件所决定。据前人研究分析,水温长期变化和鱼种分布变化之间有密切的联系,但是要阐明这种联系的原因往往是比较复杂的。例如,波罗的海水温曾经不断升高,使鳕鱼渔获量增长。波罗的海水温升高,是大气环流增强的结果。大气环流还使盐度较高的海水从卡特加特海峡进入波罗的海西南盆区,使盆区积滞的含丰富营养物质的海水波及到波罗的海广大海区,从而使以后几年鳕鱼旺发。另外,冰岛、格陵兰鳕鱼的丰产与北大西洋水温普遍升高同时发生。7—8 月,格陵兰西部渔场鳕鱼减产,与进入渔场的法韦尔低温海流(Farewell Current)有关。水温连续升高,也使冬季在日本海南部和春季在日本海北部连续几年获得沙丁鱼丰产。以后几年,日本沿海水温降低,使沙丁鱼向长崎附近主要产卵场的北部转移。沙丁鱼渔获量的波动与金枪鱼类的波动趋势一致,而与鲱鱼、鱿鱼类、太平洋秋刀鱼、鳕鱼的渔获量波动趋势相反。

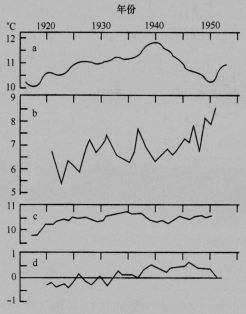

a.加拿大奥特谢斯特维湾;b.加拿大圣恩得留斯港;c.澳大利亚埃林港;d.法罗群岛海区水温距平值

图 4 - 14　太平洋和大西洋表面水温的长期变化

在北半球海洋中,水温不断升高,对鱼类分布等可能产生影响,主要表现在:①减弱南部海区鱼类的产卵能力,加强北部海区鱼类的产卵能力;②表层温度升高,改变产卵场的分布;

③向北部新的产卵场和索饵场洄游;④水温升高,海流和营养盐类含量发生变化,可增加较高纬度海区饵料生物的数量;⑤延长鱼类的生长时间;⑥远距离洄游到有利于仔、稚鱼生长的海区北缘。

三、海流与鱼类行动的关系

调查研究表明,海流的水平运动是海洋环境产生局部变化的主要因素,这些因素的变化对鱼类的分布、洄游、集群等的影响极大。

(一)海流对仔鱼成活率的影响

种群不同世代实力的大小取决于仔、稚鱼的成活数量。环境对种群数量变动有很大影响,特别是对鱼卵、仔、稚鱼的死亡率影响特别显著。在鱼类的一生中适应环境的能力最低、死亡率最高的是在鱼类早期发育阶段,这一时期如果环境条件适宜,饵料充足,鱼卵的发育孵化、仔稚的成活及其生长条件得到保证,仔鱼的成活率就高,种群世代的实力就强,反之则弱。因此,种群的数量不取决于产生卵子的多少,而是取决于鱼类早期发育和仔鱼的成活条件。大量的调查研究证明,大多数鱼类资源数量波动,首先是由于早期发育和仔鱼成活等条件引起的。

在鱼类早期发育阶段,正常的海流把浮性卵和仔、稚鱼从产卵场输送到肥育场,仔、稚鱼在环境适宜、饵料充足的肥育场发育成长,长大到一定程度再随海流洄游到索饵场进行索饵。如果这样的正常海流的输送发生变化,把仔、稚鱼带到不利于发育生长的海区,这一代的仔鱼可能会大量死亡,将对鱼类的后代和生长产生很大的影响,从而引起鱼类资源的数量波动。如厄尔尼诺现象使得秘鲁海域大量的鳀鱼死亡。数量波动与海流的关系很大,而海流又随着各年不同的风场而发生变化,所以有些学者通过对各年风场变化的研究,对仔鱼的成活率做出预报。

(二)海流与鱼类分布洄游的关系

海流系不同的海水各具有一定的温度、盐度和各种化学性质,并栖息着一定种类和性质不同的海洋生物,因而各鱼类对不同的水系、水团和海流都有一定的适应性。一般暖水性鱼类多栖息在受暖流影响的海区,其洄游移动也多随暖流的变动而变动;冷水性鱼类对于寒流及沿岸性鱼类对于沿岸水系的关系,也具有同样的规律。在我国近海由于外洋水系(黑潮)与沿岸水系之间的消长推移,对我国近海渔业影响极大。若外洋系势力强,渔汛来得早,渔场偏内;若外洋系势力弱,渔汛来得迟,渔场偏外。

不同流系相交汇的混合水区以及不同水团相接触的锋区,往往形成一条水色明显不同的境界,通常称为"流隔",或称为"潮境"。流隔处往往会产生涡流和上升流,从而将底层的营养盐类带到表层,有利于浮游生物的生长繁殖,因而,鱼类喜欢密集于流隔附近进行摄食。流隔有多种类型,除寒流和暖流的流隔、沿岸水和外洋水的流隔外,还有在岛礁、岬角等附近水流受地形障碍物影响所引起的流隔以及水质、水温不同的水流交汇所形成的流隔等。例如,在西北太平洋,亲潮(寒流)与黑潮(暖流)交汇所形成的流隔,是秋刀鱼、柔鱼类、金枪鱼以及鲸类等的好渔场;在东北大西洋,北大西洋暖流与北极寒流的流隔区域形成鳕鱼、鲱鱼的良好渔场等。

在浙江近海的冬季带鱼渔汛,带鱼鱼群通常喜欢聚集在外洋水与沿岸水交汇的混合水区附近,并形成中心渔场。在浙江嵊山渔场,11月中旬前后的渔汛初期,等温线的水平和垂直梯度均很稀疏,这时中心渔场主要分布在外海高盐水舌边缘(盐度为33)附近。到11月下旬,等温线密集,流隔也随之形成,在花鸟岛东北25 n mile以及浪岗至甩山一带有两个西北—东南向的海水混合锋区,其温度、盐度的水平梯度逐渐增大,两个锋区的附近常是带鱼渔发比较稳定的渔场。根据渔民生产经验,带鱼喜欢聚集在"白米米"的水隔中,实际上就是指水系交汇的混合水区。因此,掌握渔场水系交汇的锋区位置和其变化规律,是判断中心渔场和鱼群移动的有效指标。

在黄海中部海域,每年早春黄海暖流开始活跃后,在黄海中央深沟洼地形成水体很大的冷水团。这个水团每年4月上旬开始出现,夏季最为明显,至11月下旬或12月初消失,其中心区的水温年变化幅度为8℃(3.5～11.5℃)。黄海冷水团对鱼群的活动起着抑制作用,暖水性的底层鱼类在洄游前进时受到冷水的阻挡,往往逗留于冷水的边缘,而在冷水边缘曲率较大的水域比较集中。如1963年和1969年在较强冷水团的影响下,石岛、烟威等渔场的底层鱼类普遍偏向近岸,因而近岸定置渔业生产很好。又如1968年春汛期间,叫姑鱼曾在威海附近高度集中,生产获得丰收,就是因为黄海冷水团边缘南伸冷水边缘曲率较大,在鱼群西侧又有低于3.5℃的低温水阻挡所形成。又如青鱼的索饵和越冬适温范围为6～9℃,因而在黄海冷水中心附近能形成良好渔场,其中以7℃处最为密集。冷水性的鳕鱼渔场也和冷水团有密切关系,鱼群的密集区都在低温8℃等温线范围内,尤其是5—7月份最为明显。当冷水团的位置有移动以至缩小范围时,中心渔场也随着移动并缩小,到8月份9℃等温线出现时,鱼群便分散,并向8℃等温线方向移动。但其适温下限不低于6℃。在南海珠江口、粤东海区蓝圆鲹渔场也在沿岸水与外海水(南海暖流)交汇的混合区,中心渔场往往随混合区位置的变化而变动。

大量生产实践证明,水系、水团的消长和海流的变化,对于鱼群的集散和分布有着非常密切的关系,它们的变化都将影响渔场的变动、渔期的早晚或长短以至渔获量的多少。以大西洋东北部渔场为例,1938年大西洋暖流的流势特别强,因而使鲱鱼的洄游分布较往年向东推进100 n mile。但另一些年份大西洋暖流的流势较弱,使北极区的冷水流到挪威沿岸,从而寒流性的鱼类也随着到达挪威沿岸。由于海流的突然异常,往往给渔业带来重大损失。如秘鲁鳀鱼分布在近岸受寒流控制的水域,1971年产量超过1 200×10⁴ t,1972年由于自北而来的赤道流的侵袭,使得该海域的温度剧增,鳀鱼集群大受影响,产量急剧下降,年产仅有往年的一半。

我国近海传统高产的经济鱼类多为沿岸浅海性鱼类,特别是底栖和近底层鱼类,经常栖息在沿岸水系范围内。但也有少数上层鱼类如鲐鱼、沙丁鱼、鲣鱼、竹筴鱼等以及部分暖水性中下层鱼类如马面鲀、黄鲷、蛇鲻、大眼鲷、金线鱼等经常栖息在外洋水系。每年外洋(即黑潮暖流和其支流)和沿岸水系的消长推移,对我国近海渔业的影响甚大。如1954年暖流流势来得弱而迟,沿岸水势强而向外海扩展范围广,因而许多鱼类的集群洄游发生异常变动,渔场发生变迁,渔汛推迟,渔获产量普遍降低。1963 年外洋流势强,且来得较早,而沿岸水势弱,清水迫近沿岸,因而使鱼类集群偏拢,渔场普遍内移,渔汛也提早,不少鱼类特别是产卵的带鱼都获得高产,同时多年不常见的舵鲣、竹筴鱼等也靠近浙江浅海。1971 年夏秋汛,舟山渔场海礁、浪岗一带由于长江径流冲淡水势很弱,台湾暖流势力显著增强并向沿岸靠拢,因而夏秋季鲐鲹渔发偏内,渔发时间提早,鱼群较密集,渔获物中以大个体的鲐鱼和蓝圆鲹为多(1970 年以扁舵鲣为主),大个体的鱼较靠里,小个体的鱼稍偏外,两者交替出现(1970 年分栖明显),同年后期黄海冷水和沿岸水势力逐渐增大,水温下降快,鲐鱼群迅速南下进行越冬洄游,渔汛比常年提早结束。1972 年 9 – 11 月舟山渔场外洋暖流比 1971 年偏弱偏南偏外,暖流与沿岸水交汇的混合水区范围广,渔发偏外,中心渔场的温盐梯度均小,因而鲐鱼渔发不好,进入渔场的鲐鱼比往年少,渔发的面积小,渔获普遍减产,在渔获物中外洋性种类少,兼捕物中沿岸性的带鱼和枪乌贼较多,大个体的成鱼集群偏外,小个体的幼鱼分布偏拢,混群少。又如南海北部的蓝圆鲹栖息于大陆架底层冷水,每年初春,蓝圆鲹随着冷水向沿岸延伸而洄游到珠江口、粤东近海产卵,中心渔场往往与冷水上升处相一致。总之,水系、水团和海流对于鱼群行为的影响极为显著,在渔业资源分布、鱼群动态侦察、渔情预报包括中心渔场的预测时,必须要对水团、海流等进行分析和研究。

（三）海流与金枪鱼分布的关系

在一定程度上,金枪鱼分布与世界海洋海流分布的关系相当紧密。因为海流要承担包括鱼卵、仔稚鱼在内的各种物质的输送,还要承担热、盐的输送(即水温、盐度等海水各种特性的输送),所以在同一海流系统中,可以发现相似的海洋特点,若从生物角度看,生物的生活圈是根据海流系统形成的。

日本学者中村等提出:在太平洋西中部的热带海域,肥壮金枪鱼的分布区位于以赤道逆流为中心的海域,在西部位于赤道潜流北侧的流界附近,在东部即位于赤道潜流的南侧。但是,随着肥壮金枪鱼延绳钓渔场向东部扩大,在太平洋东部赤道逆流区域,没有形成肥壮金枪鱼渔场,因而延绳钓作业向南部海域移动。花木认为:以赤道逆流为中心的太平洋西中部热带海域,其肥壮金枪鱼的适温(10 ~ 15℃)水层与延绳钓钓钩设置深度是一致的。此外,在太平洋东部的赤道逆流区,没有形成肥壮金枪鱼渔场的原因,主要是由于这一海域,从 100 m水深以内到深层海域,溶解氧均在 1 mL/L 以下,导致肥壮金枪鱼在这些海域无法生存的结果。

金枪鱼类和枪鱼、旗鱼类鱼类都是太平洋洄游鱼类,它们的分布和洄游移动,与海流的关系密切,几乎每一种鱼类都有这方面的实例。例如,在太平洋 8°—10°S 线偏南的海域里,长鳍金枪鱼多,黄鳍金枪鱼少,而北侧海域则黄鳍金枪鱼多。其分界海域,与 10 月至翌年 3月间为南赤道流和赤道逆流,4—9 月为南赤道流和不定向海流域的境界是一致的。长鳍金枪鱼分布在南赤道流系,黄鳍金枪鱼则分布在赤道逆流和不定向海流的海域里。又如图 4 –11 长鳍金枪鱼渔场的形成和区域,与黑潮暖流关系密切,一般多形成于黑潮暖流外侧的流界区。

(四)潮流与渔业的关系

潮汐及其形成的潮流,在沿岸浅海尤其是岛屿之间、岬角、港湾和河口邻近海区变化最为显著。由于潮汐和潮流的变化,可以调剂水体间的差异,改变温盐梯度的分布和邻近水体间的含有物,还可使水位、水深、流向、流速等发生有规律的周期性水平和垂直变化,从而使栖息的鱼类受到一定影响,鱼类集群密度和栖息水层以及移动的方向和速度会发生相应的变化。所以,在研究海洋环境和鱼群行为的关系以及渔场变动时,必须考虑到潮汐和潮流的影响。

研究结果表明,鱼类的行动与潮汐关系极为密切,特别是在大小潮汛时。Tester(1937)在研究鲱鱼渔获量与潮汐的关系时发现,潮汐和鲱鱼渔获量之间存在负相关,在朔、望时鲱鱼集群数量最少,而在上弦和下弦时集群数量最多。鱼类的昼夜节律行为与强潮流之间的互相作用影响到各种鱼类的移动。

有些鱼类在产卵期进行排卵时,需要有一定的水流速作为刺激。例如浙江近海的大黄鱼产卵时除了需要有一定的温度外,还要有一定的流速。在岱衢渔场一般要在海流流速达到 $2 \sim 4$ kn 时才会有集群并大批产卵,所以捕捞大黄鱼通常在大潮汛期间渔获好。由于潮流流速和潮位差成正相关,所以在预报渔发时常用潮位差作为指标。有人观察到,江苏近海的大黄鱼在小潮汛时,流速较小,鱼的性腺基本上维持在一定成熟阶段;大潮汛时,性腺发育变化较快,$3 \sim 5$ 天内性腺发育即可由第Ⅳ期发育到第Ⅴ期,这时大黄鱼结成大群,同时发出强烈的叫声,游向较急的潮流中进行生殖活动。

潮流的变化对渔业生产影响也很大。生产实践表明,大潮汛时底层鱼类分散,有时使渔场转移。大潮汛时由于鱼受到水压和流速的影响,行动比较活跃,常使底层鱼类离开海底起浮到中上层,鱼群密度稀薄,因此,大潮汛时不利于底拖网捕捞。小潮汛时流速小,鱼群游速缓慢而密集,比较平静地贴近海底,渔场稳定,有利于底拖网生产。上层鱼类恰和底层鱼类相反。大潮汛时表层流速增大,鱼群往往分散下沉,集群机会少,同时由于流速大作业也困难,故大潮汛时不利于围网作业。小潮汛时,水流缓慢,鱼群多起浮于海面,有利于围网作业。对定置网具来说,大潮汛时流大,鱼类往往不能保持位置而被流冲走,过滤水体又多,鱼虾进网率就高,渔获量亦高;反之,小潮汛时水体过滤体积小,则渔获量低。鱼类一般有晚上起浮、白天下沉伏底的习性;若晚上潮流大,鱼类起浮易被流水冲移,故大潮汛时张网作业夜间渔获量较多。

潮流的大小和方向也直接影响鱼类结群的程度,但因渔场、地势和鱼种而有所不同。近海渔场,特别是径流注入较强烈的水域,在涨潮或落潮时往往发生上下层潮流方向与流速不一致的现象,渔民称之为"潮隔乱",海洋学上称为"二重潮"。这时鱼群不会有较大的集结,且作业也不方便,渔获量将大幅度降低。

四、盐度与鱼类行动的关系

(一)鱼类对盐度的反应

鱼类能对 0.2 的盐度变化起反应,鱼的侧线神经对盐度起着检测作用。鱼类对水中盐度微小差异具有辨别能力,这一特点在溯河性、降河性鱼类中尤为明显,如鲑鳟、鳗鲡等。

盐度的显著变化是支配鱼类行为的一个重要因素。海水的盐度变化对鱼类的渗透压、浮性鱼卵的漂浮等都会产生影响。在大洋中,盐度变化很少,近岸海区由于受大陆径流的影响,海水盐度变化很大。所以,经常栖息于海洋里的鱼类一般对于高盐水的适应较强,一到近海或沿岸,则适盐的能力有显著的差异。往往有些鱼类遇到盐度大幅度降低,超过了它们渗透压所能调节的范围,而使其洄游分布受到一定的限制,使盐度突然剧烈变化,往往造成鱼类死亡。只有少数中间类型的鱼类才适应于栖息在盐度不高(0.02 ~ 15)的水域。这些被称为半咸水类型的种类主要是在近海岸一带见到,但是它们的数量不多,其原因是由于能稳定地保持它们能适应的盐度的水域不多。

各种海产鱼类对盐度有不同的适应性。根据海产鱼类对盐度变化的忍耐性大小和敏感程度,可将其分为狭盐性和广盐性两大类。狭盐性鱼类对盐度变化的忍耐范围很狭,广盐性鱼类对盐度变化的忍耐性较广。近岸鱼类一般属广盐性鱼类,外海鱼类属狭盐性。

同种鱼类的不同种群,同一种群在不同生活阶段,对盐度的适应也是不同的。例如分布在我国近海的大黄鱼,在浙江近海的一般适盐范围为26 ~ 30,产卵期在岱衢渔场的为17 ~ 23.5,在猫头和大目渔场为26 ~ 31,越冬期在舟山外海渔场的为32 ~ 33.5,在福建北部近海的产卵适盐范围为27.5 ~ 28.7,在广东硇洲海域为30.5 ~ 32.5。而小黄鱼,在黄海中部越冬期的适盐范围为32 ~ 33.5,在吕四近海产卵期为29.5 ~ 32。在东海南部越冬期为33 ~ 34,产卵期为30 ~ 31。分布在我国近海的带鱼,其产卵期的适盐范围,在大陈山附近为31 ~ 33,在洋鞍、嵊山、海礁一带为31 ~ 34。冬季带鱼越冬期的适盐范围为31 ~ 33。鲐鱼在黄海北部的产卵适盐范围为30.3 ~ 31.4(0 ~ 10 m 水层),在东海则为32 ~ 34;黄海鲅鱼的适盐范围为24 ~ 33,在吕四、大沙渔场为31 ~ 33,在青岛、乳山渔场为30 ~ 31.5。

(二)鱼类对盐度的反应通过渗透压来调节

鱼类对海水盐度的变化能引起反应,主要是由于海水的盐度影响鱼体的渗透压。一般来说,溶液的渗透压随溶液浓度的增加而增加,海水的盐度越大,其渗透压越高。渗透压的大小通常用以溶液冰点下降的度数作为指标,一般用 Δ 值表示。例如盐度为 35 的海水,冰点为 −1.91℃,其渗透压的值 Δ = 1.91。各种鱼类和水产动物的体液浓度不同,其冰点也不一样,故 Δ 值各不相同。

根据水产动物的内介质 Δ 值与外介质 Δ 值的大小进行比较,可以分为四类:

(1)当内介质 Δ 值与外介质 Δ 值相等时,为等渗性,主要为无脊椎动物。

(2)当内介质 Δ 值大于外介质 Δ 值时,为高渗性,主要为淡水鱼类。

(3)当内介质 Δ 值小于外介质 Δ 值时,为低渗性,主要为海水硬骨鱼类。

(4)由于血液中有尿素存在,内介质 Δ 值略高于外介质 Δ 值,为高渗性,但也可列入等渗性,如海水软骨鱼类。

而广盐性鱼类(如鳗鲡)的渗透压调节机能较发达。当它们从淡水移到海洋的头几天,往往失水消瘦;相反,从海洋进入淡水时,往往吸水增重。经过几天之后,由于渗透压调节机能发挥作用,可使体重恢复正常。

（三）盐度与鱼类行动的关系

盐度与鱼类行动的关系主要表现在间接方面,其间接影响是通过水团、海流等来表现的
(图4-15)。如暖水性鱼类随着暖流(高温高盐)进行洄游;冷水性鱼类随着寒流(低温低
盐)进行洄游。盐度对大多数鱼类的直接影响可以说是很少的,这一研究成果已被国外一些
学者所证实。

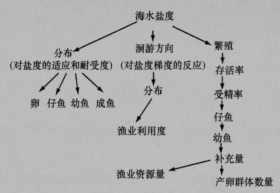

图4-15　盐度与鱼虾蟹贝类的繁殖与洄游的关系(Laevastu et al, 1971)

在盐度水平分布梯度较大的海区,盐度对于鱼群的分布或渔场的位置有一定的影响,有
时还会成为一项制约的因素。一般在判断渔场位置的偏里或偏外的趋势时,常根据实测到
的等盐线的分布来确定。但是对于适盐范围较广的鱼类在外海形成中心渔场时,盐度便没
有明显的制约意义,只有在径流很大的河口地区或在不同水系的交汇区,盐度对于渔场的形
成才上升为主导因素。例如处在钱塘江口外的岱衢渔场,1954年春汛雨水过多,大陆径流大
量冲入渔场,盐度急剧下降为10~11,超过了每年来此进行生殖的大黄鱼的适应下限(盐度
为17),因此,造成大黄鱼生殖集群外移到外海海域,渔民几乎找不到密集鱼群,造成历史上
罕见的减产。又如邻近长江口的海礁渔场有外洋流、黄海冷水锋和沿岸水相互交错,在交汇
区盐度为32~34,往往是中上层鱼类以及底层鱼类密集成群的海区,常常形成较好的渔场。
由于海水盐度的变化不是孤立的物理变化现象,它会随水系、水流等运动而变化,所以盐度
和鱼类之间的关系间接地受到海流等因素的影响。例如,夏威夷群岛的金枪鱼渔场的形成
和生产表现为:当该海区受到盐度为34.7的加利福尼亚海流影响的年份,渔获量较高;当盐
度在35.0以上的西太平洋高盐水侵入时,渔获量较低。

一般来说,鱼卵和幼鱼能忍受较大的盐度变化。如鲱鱼鱼卵的受精、发育和孵化全过程
可以在盐度5.9~52.2下进行,鲱鱼幼鱼能在盐度为2.5~52.5的海水中生活68小时以上。
通常,我国近海海洋经济鱼类在产卵期大致都趋向盐分较稀薄的近海沿岸或河口附近产卵。
例如北方群系的小黄鱼,每年春天在莱州湾的黄河口附近形成小黄鱼集群的产卵场,该海区
盐度为26.4~29.6,盐度超过这个范围的邻近海区,产卵亲鱼群就很少,孵化出的小黄鱼仔
鱼密集于盐度为25.3~28.1的沿岸水中,这充分说明小黄鱼在产卵期和仔鱼期都有趋集于
低盐水域的特性。

有关水温、盐度与太平洋金枪鱼的关系,研究认为,同一种鱼在每一个生长阶段都要选择不同的水团,同时随着生活年周期的变化而要洄游,移动到别的水团中去生活。例如,马苏金枪鱼与水温、盐度的关系,是随着发育以及生活年周期的变化而变化的。马苏金枪鱼在印度洋爪哇南部近海"澳加渔场"产卵,在澳大利亚沿岸度过幼鱼期,再经过北上索饵期后,向广阔的南极环流海域进行索饵洄游,随着性腺逐渐发育成熟,再向"澳加渔场"洄游,在马苏金枪鱼的低龄鱼阶段,被竿钓捕获相当数量的渔获量。

也有学者从水温－盐度关系中研究了马苏金枪鱼的渗透压问题,认为"马苏金枪鱼从索饵期到产卵阶段,是向高温、高渗透压水域移动;产卵之后又回到低温、低渗透压水域"。

盐度在侦察鱼群上具有指导作用,在海洋中进行捕捞时必须经常对其进行了解。但是,盐度的调查较为复杂,在作业时不能随时得出较正确的结果,而水色与盐度具有一定的内在联系,在某些情况下,它可以是盐度的一种表征,因此渔民习惯上常以水色探索鱼群的存在。事实上,在盐度水平梯度大的海域,也即水系不同、盐度悬殊的不连续处,水色也呈现不连续现象,这时水色就成为盐度的一种特殊表象。

五、光与鱼类行动的关系

光对鱼类及其饵料生物的习性的影响很大,其重要性已被各种渔法所证实,甚至在原始的捕鱼技术阶段就为渔民所了解。但是,由于光和温度的变化具有一定的平行性,所以光的独立作用常常不为人们所理解。现对光与鱼类行动的关系进行简述。

(一)鱼对光的反应

实验证明,鱼类受光照度 0.01～0.001 lx 的刺激就能引起反应,其能引起反应的光照度的大小取决于鱼类原先对光明或黑暗的适应性,使鱼类产生最大锥体反应(cone response)的最低光照强度为 50～200 lx。

鱼类对光的反应有趋光性(phototaxis)和避光性(negative phototaxis)。就目前所知,海洋中一些体型较小,生命周期短,数量多,集群性强而且比较喜暖的中上层鱼类如鳀鱼、鲱鱼、沙丁鱼、青鳞鱼、燕鳐、秋刀鱼、竹筴鱼、蓝圆鲹、鲐鱼、鲣鱼等,底层鱼类如鲆、鲀类等以及对虾、蟹、头足类等均有趋光习性,其中不少种类以浮游生物为饵料。避光性鱼类,如海洋中的鳗鱼、大黄鱼、淡水中的鲇鱼、成年鲈、泥鳅等。还有一些鱼类对光无反应,如当年鲤。人们可以利用鱼类的趋光和避光习性采取相应的渔法。光诱围网作业就是利用鱼的趋光性而采取的有效渔法。海鳗是避光的,白天躲在洞穴,晚上出来觅食,渔民利用海鳗的这一习性在夜间进行捕捉。

不同种类的鱼趋光性的强弱是不同的,同一种鱼不同性别、在不同生活阶段、在不同季节以及不同环境条件,其趋光性的强弱也是不同的。一般来说,幼鱼的趋光性比成鱼强,鱼类在索饵期间比产卵时期的趋光性强,饥饿鱼的趋光性比饱食鱼的趋光性强,春夏季节(暖温季节)鱼类的趋光性比寒冬季节要强。由此可见,鱼类对光的反应强度主要取决于机体的生理状态,趋光性的强度与摄食强度相适应,因此,在夜间光就成为鱼类的一种觅食信号。

许多鱼类(甚至包括没有趋光性的鱼种和成熟状态中躲避光线的鱼类)的幼鱼,夜间对电光呈正反应(趋光),如鲻鱼的成鱼只有个别在某些时期才被诱来,但它的幼鱼则在夜间有大量被电光诱来;成年鳕鱼在照明区从来看不到,但它的幼鱼当电灯一开,立刻就活动起来升到表层。

(二)鱼类的最适光照度

可以肯定各种鱼类对水中的光照度有特定的选择,鱼类在其最适光照度的水域环境中,行动应该是最活泼的,但对于各种鱼类最适光照度的研究,到目前为止,还进行得不多。

试验证明,喜光性的幼鲱在光照度为 20 lx 时开始趋光,400 lx 活动能力最大,光照度增加到 6 500 lx 活动减弱;喜暗性的鲱仅在光照度 31x 时就开始反应,最适光照度约为 100 lx;鲤鱼的最适光照度为 0.2~20 lx。日本学者根据探鱼仪测定鱿鱼群栖息水层的观察,初步认为鱿鱼最适光照度为 0.1~10 lx,从光诱作业观察也表明鱿鱼趋向弱光。

实际观察发现,白天鳀鱼集群游泳于不同的水层,在早晨和黄昏时刻,鳀鱼游到表层或浅水区,正午水清光照度强则下沉到深水处,其游泳的深度与天气和水的透明度有关,晴朗天气或水透明度大时游至深处,阴天或水透明度低时游至浅处,与鱼群的大小和季节无关。这说明鳀鱼的栖息水层与光照度有密切关系。鳀鱼适应于一定的光照度,但鳀鱼的最适光照度为何值尚未见报道。欧洲北海的鲱鱼,幼鲱趋光性强,成鲱趋光性弱,为了避开强光,在白天成鲱多栖息于深层。

趋光和避光是鱼类所固有的特性,任何鱼类对于光线都有其特有的适应照度。在自然光照射下,它们能自己进行照度的选择,并在其适应照度的水域或水层中进行集群,因此对重要经济鱼类在不同光照度下的适应情况,并确定其最适光照度以及开展渔场海区光照度的垂直分布的研究,在渔业上具有重要意义。

(三)鱼类的昼夜垂直移动

许多鱼类随着光照度的变动进行以昼夜为周期的垂直移动。常见的经济鱼类如小黄鱼、带鱼、鲱鱼、鳀鱼、鲐鱼、蓝圆鲹、叫姑鱼、鳕鱼、鳓鱼、鲳鱼、红鳍笛鲷等都有这种现象。

鱼类昼夜垂直移动的原因,有多种因素,一般认为:①浮游生物白天下沉,夜间上升,鱼类为了摄食而进行相应的垂直移动;②白天浮游植物进行光合作用时,放出一种对动物有毒的物质,浮游幼体为避开这种毒素而下沉,鱼类也作相应运动而移至较深水层;③鱼类对光照度各有一定的适应范围,白天光照强,为了避免强光而下沉于较深水层。当然这些看法并不全面,情况比较复杂。

鱼类的垂直移动既决定于鱼的生理状态(尤其是性腺成熟度和肥满度),又决定于周围环境(风、流、水温等海况),也决定于饵料和凶猛动物的分布以及那些生物的一天内的昼夜变化和季节变化。上层鱼类的索饵不在夜间,而是在早晨和傍晚,它与饵料生物的垂直移动并不完全一致,有些食浮游生物的鱼类结成小群,每天黄昏上升到表层,黎明后又向下沉降,似与饵料生物的升降有联系。

昼夜垂直移动的幅度在某种程度上取决于水温,不少鱼类(如黑海鲱、波罗的海鲱,大西洋鲱等)都不下降到低于一定的水层,这时温跃层成为环境上的限制(如有假海底)。

季节不同,鱼类的垂直移动也不同。在冬季,某些鱼(如鳀鱼)游向深层,这时它有无垂直移动取决于丰满度,提前丰满的先降至深处,仍然摄食时,也进行垂直移动,但不像春季在沿岸洄游时那样活泼;春季对光呈现不同的反应,许多鱼类在此期改变了昼夜垂直移动的性质,性成熟期鱼类需要阳光,白天上升到表层,而在较上层产卵。

浮游生物(图4-16)和以此作为食物的鱼类,将黄昏时光线的消失,即薄暮的降临,视为索饵的信号,于是鱼类随之移向表层而到水的上层摄食,白天浮游动物和鱼类随其饱满度的提高而下降到深层。这是一种生物学上防御的适应,这种适应可以理解为它们游到深层是寻找水文条件平稳而少受凶猛动物袭击的较安全所在。在黄昏,鱼上升到较浅水层乃至表层时,所有的种类都在一个较短时间同时上升,而下降到深层时则有先有后,有些种类是在黎明到来之前下降,有些种类是黎明到来时或稍后才陆续下降。

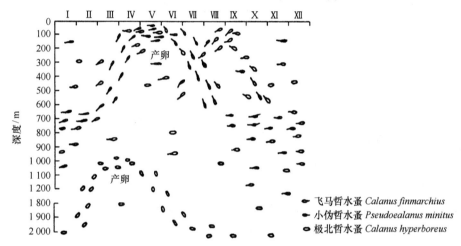

图4-16　挪威海某些浮游动物的季节垂直洄游(唐逸民,1980)

年幼而在发育的个体,需要较恒定的营养,因此可以不下降或完全不下降,或者留在上层的时间比成体长。尚未贮足脂肪的鱼多留在上层,其开始向近底层下降较迟,游抵越冬场的较肥满的鱼下降到较低水层中要比不太肥满的鱼早。

许多上层鱼类在暗夜时鱼群散开,随着天明的到来,鱼群再行恢复。生产实践证明,鱼类的垂直移动对不同云层所引起的光照变化,甚至月夜的光照变化也能发生相应的变动,渔民利用月夜捕捞带鱼,就是根据这个规律。

鱼类在无月光的黑夜里,由于失去视觉不能发现同类而群体分散,如偶然受到人工光线的照射,在集鱼灯的光照范围内发现同类,就会产生集群反应,形成群体,结果往往有大量鱼群在集鱼灯附近出现。

六、溶解氧与鱼类行动的关系

(一)海水中的溶解氧

鱼类和其他动物一样,需要从水中吸收(一般通过鳃)溶解氧,通过血液进入机体,以保证新陈代谢的进行。空气中氧的含量每升约为 200 mL,水中气体溶解度与温度和盐度有关。海洋中氧的来源主要有三方面:①从空气中溶解氧(通过波浪、对流等);②河水供给;③浮游植物通过光合作用产生氧。海面含氧量通常接近饱和,水深 10～50 m 处,一般出现过饱和,水深 100 m 以上主要由于动植物的呼吸和有机物尸体被细菌氧化,含氧量逐渐减少,至海底含氧量又大量增加,其原因是由于极地富氧海水流入大洋深处的缘故。热带中层水和某些海区深层停滞水域常出现缺氧状态。

（二）缺氧水对鱼类的危害和对鱼类行动的影响

海水中氧的含量达到饱和程度,海水鱼类在海洋中生活一般不缺氧,即使在深海中的生物也是足够的。对于多数海洋生物的分布、移动来说,氧气并不是一项决定性的因素。然而,在特殊情况下,如与外海不交流的内湾,夏季表层水受热、无风,或淡水流入,海水强烈层化,上下不对流,缺氧层上升等,都会造成海水缺氧现象;近底水缺氧,则会出现硫化氢,致使生物全部死亡,缺氧水层上升对鱼类行动产生影响。

在缺氧的海区,鱼卵的发育受到抑制。当某些海区缺氧时,鱼类就会转移,例如苏联季克斯湾(Tiksi Bay)的目笋白鲑,平时栖息于离岸较远的较深水区,该水域饵料生物丰富,但氧的含量少,不能长期停留,因此发生定期的向岸洄游。又如美国的莫比尔湾(Mobile Bay),夏季,在东风劲吹的夜间涨潮时分,由于东部沿岸沟缺氧水向岸推移,大量底层鱼类、虾、蟹类以及其他河口型生物涌向东北沿岸形成极好的渔汛。

涌升流使缺氧深层水上升,对鱼类也有很大的影响。这些缺氧深层水有两类:一类是回归带的缺氧深层水;另一类是海底有机沉积物大量消耗氧而造成的缺氧深层水。回归带和亚热带具有明显的缺氧层,大洋东侧比西侧更为显著。在正常条件下,缺氧层大体分布在100～150 mm 水层,顶界清晰。阿拉瓦海的缺氧层最明显,层内含有大量的硫化氢。太平洋的缺氧层比较弱,分布水层也较深。形成缺氧层的原因,是一部分有机物产生的氧,不足以补偿另一部分有机物大量消耗的氧,从而形成稳定的缺氧层。当海底沉积物中含有大量的有机物时,近底层海水的氧就被大量消耗。在大陆架浅水区,海底沉积中的有机物含量丰富,就会产生这种情况。另外,在孤立的大陆架盆地,海水停滞,也会出现这种情况。当回归带缺氧深层水沿大陆架涌升时,近底层鱼类被迫游向浅水区域或近表层。

（三）溶解氧和金枪鱼分布的关系

水中的溶解氧是水中生物生息中一个不可缺少的环境因子,特别对游泳能力很强的金枪鱼类,溶解氧是一个非常重要的环境要素。以前由于水中氧含量的测定很困难,因此这方面的研究较少,特别是对渔获水层的氧含量以及鱼类的生息能耐氧含量,基本上没有研究。

理论研究表明:金枪鱼类为了保持高速游泳,肥壮金枪鱼、黄鳍金枪鱼、长鳍金枪鱼在鱼体长为 50 cm 时,其必需的氧含量分别是 0.5 mL/L、1.5 mL/L、1.7 mL/L,在鱼体长为 75 cm时,其必需的氧含量分别为 0.7 mL/L、2.3 mL/L、1.4 mL/L。另据日本学者原田氏对金枪鱼氧气缺乏抵抗力的试验表明:金枪鱼窒息时的极限氧含量为 1 mL/L。根据延绳钓钓获率和氧含量分布研究表明:肥壮金枪鱼的生息能耐氧含量为 1 mL/L 以上。据 Boggs (1992),氧含量在 1.4 mL/L 以下时,肥壮金枪鱼几乎没有渔获。通过上述分析,很显然金枪鱼类的氧含量生息能耐的下限是随金枪鱼的鱼种、鱼体体长以及研究方法而变化。综合以上研究结果表明:肥壮金枪鱼的能耐氧含量的下限约在 1 mL/L 左右。

日本学者对太平洋海域金枪鱼延绳钓渔获水深(100～250 m)以及适温(10～15℃)、生息能耐氧含量(1 mL/L)等海洋环境因子对肥壮金枪鱼渔获分布的影响进行了研究,发现好渔场出现在钓钩设置深度和适温水层一致及溶解氧含量在 1 mL/L 以上的海域。图 4－17 为太平洋肥壮金枪鱼渔获较好海域与适温、溶解氧的关系。研究结果表明,水温、氧含量是影响肥壮金枪鱼分布的海洋环境因子,肥壮金枪鱼全都分布在 10～15℃ 的适温水层中,但是即使在适温水层里,若溶解氧含量低于 1 mL/L,那么肥壮金枪鱼也没有分布和生息。为了得到肥壮金枪鱼的好渔获物,应该把延绳钓钓钩位置设置在 10～15℃ 的适温水层,溶解氧在 1 mL/L 以上的海域。

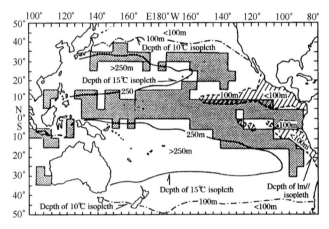

图 4－17　太平洋肥壮金枪鱼渔获较好海域与适温、溶解氧的关系示意图

日本学者研究发现(图 4－18 至图 4－20),适温水层的深度在南北方向上,以 10°N 为中心的低纬度海域较浅(如图 4－19 中的 180°断面上为 150～250 m),在 20°N、20°S 的中纬度海域逐渐变深(如图 4－19 中的 250～400 m、350～500 m)。而随着向两极接近深度又变浅,在 40°～50°N,40°～50°S 海域,即出现于海表面上,在东西方向上,都有东侧浅(在赤道区为 100～400 mm),西侧深(在赤道区为 200～400 m)的趋势。

从图 4－20 中可看到,1 mL/L 溶解氧等值面出现在 100 m 水深以内的海域是从以东太平洋、10°N 为中心的北美大陆至 150°W 的海域以及从南美的秘鲁、智利近海至 120°W 的赤道海域。大西洋 15℃ 等温面深度分布(溶解氧 1 mL/L 以上)情况如图 4－21 所示。

七、气象因素与鱼类行动的关系

气象因素变化会引起海况变化,从而影响鱼类的集散和移动,同时恶劣的天气还将影响到海上捕捞作业生产的正常进行,因此研究气象因素在鱼类洄游分布以及渔业生产中有重要的意义。

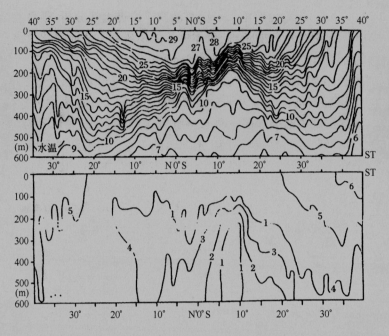

图 4-18　180°E 断面水温(℃)(上图)溶解氧(mL/L)(下图)的分布

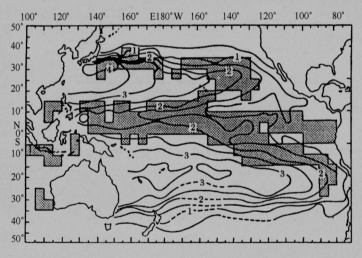

图 4-19　太平洋 15℃ 水温等温面深度分布(单位为 100 m)
图中点状表示好渔场,数字为溶解氧的数值(mL/L)

（一）风

风会使海水产生运动,导致水温的变化,从而使鱼类产生移动。风向与海岸线走向的关系、风速大小及持续时间等都会对渔场和渔业资源的变动产生影响。在我国近海,一般来说,当季风风向与海岸线的走向大致平行时,春秋季期间,南风送暖,北风来寒;当西风或东

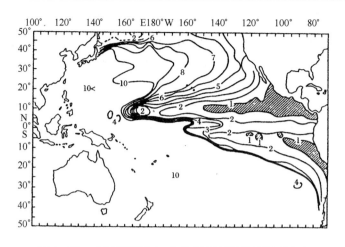

图4-20　太平洋海域1 mL/L溶解氧等值面深度分布

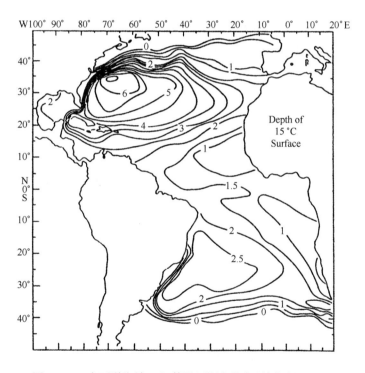

图4-21　大西洋海域15℃等温面深度分布(单位为100 m)

北风向时,鱼群远离近岸或向深海游动;东南或西南风向时,鱼群偏向近岸浅海区域。在山东半岛附近的渔场(烟台、威海、石岛等渔场),春季产卵洄游期间,西北风向多时,渔场位置偏移外海,南或西南风向偏多时,渔场位置偏移近岸;秋季洄游期间,偏北风向偏多时,鱼群停留渔场时间短,偏南风向偏多时,鱼群停留渔场时间长。向岸风向偏多时,产生向岸海流,鱼群随着海流游向近岸。

在日本沿岸偏南风向多时,鲱鱼成群来临;在富山湾连续有西北和西南风向、相模湾有强南风向时,青鳞渔获量增多;在九州的平户岛和生月岛附近,连续吹强北风时,则飞鱼渔获量增多。离岸风向偏多时,由于风向和海底地形的影响产生上升流,将海底营养物质带到表层,鱼类在这里集群并形成渔场。世界沿岸上升流区域的面积仅为海洋总面积的千分之一,但渔获量却占世界总渔获量的一半。说明沿岸上升流区域是最好的渔场。主要上升流分布在美国加利福尼亚、秘鲁、本格拉等海域,中国沿岸海域随季节不同也产生上升流。

在渔汛期间,一般风力在 5 ~ 6 级风前后,鱼群都有集群过程,风前集群是鱼类感受到"气压波"和"长浪"的刺激作用;风后集群则由于大风改变了海水理化条件,鱼类趋向其适宜环境集群。因此有"抢风头"和"赶风尾"的说法,可使渔获量增多。

由于风向促使海面升温,水温超过鱼类适温范围,使渔讯期结束早。春季在黄海北部海洋岛渔场捕捞鲐鱼时,最忌东南大风,在烟台和威海渔场最忌偏北大风,上述方向大风在渔汛后期经过渔场时,则渔汛期提前结束。

寒潮经过海面时,产生大风、降温、蒸发、引起海面扰动,使海水表层至底层温度和盐度分布均匀。寒潮入侵的时间早晚,与鱼类越冬洄游早晚一致。随着寒潮入侵的频率增加和强度变化,渔场从浅海区向越冬场转移,幼鱼生长时期,活动能力较弱,极易受风浪冲击的影响,往往一次大风过后,幼鱼大量漂浮死亡。

(二)波浪

低气压出现或风暴过境,往往造成海水剧烈运动,一般鱼类都经受不住这种强烈的冲击而畏避分散,游向深处,栖息于静稳的低洼地带。因为波浪表面上是波形的传播,实际上是海水的质点在平衡位置上作圆周运动,圆周的半径(振幅)随深度的增加而迅速减小。设表面波的高度为 H,波长为 λ,在深度 Z 处的波高为 H_Z,按摆动波的理论,其关系式为:

$$H_Z = He^{2\pi\frac{Z}{\lambda}}$$

式中: Z 为水深; H 为波高; λ 为波长。

根据该公式,在等于波长的深度处,水质点运动的轨迹半径仅为表面波的 1/536;二倍波长的深处则 H_Z 只有表面波高的 30 万分之一左右。可见,尽管海面风浪很大,而在深处的波高很小。例如,表面波高 2 m,波长 60 m,水深 60 m 的海底波高只有 4 mm;120 m 深处的波高接近于零。故波浪的影响并不达及很深的地方。在暴风雨来临之际,鱼类游向深处.就是为了避免上层海水波浪的冲击。潜水艇潜水时,其摇摆度便显著减小,也是此理。渔民掌握这个规律,往往在大风之后到深水区捕鱼。广东闸坡深水拖网渔民就有大风浪后要拖"正沥"的经验,渔场的"正沥"就是指地势低洼的地方。

在渔业上,风暴情况对渔业生产关系甚大。在渔汛初期有强烈风暴,如风吹方向与鱼群洄游方向一致,往往可将鱼群向渔场推进,渔汛提前,如风吹方向与鱼群洄游方向相反,则风浪可把先头的鱼群打散,渔汛推迟;在渔汛期间,大风或风暴可使海水产生垂直混合或短暂的上升流,表温下降,海水温度的分布发生明显变化,鱼群分布也即发生较大的变动,特别是小型中上层鱼类更是如此,从而导致渔获量下降;在渔汛末期,大风、风暴可使鱼群提早结束。

连续晴朗天气,风平浪静,鱼类一般不密集,产量低,最好是隔几天来一次大风,风力强,过程短,可以促使鱼类密集成群,利于捕捞;但是,如遇大风暴或连续的风暴,风暴期长,则情况相反,鱼群被打散,转移渔场,致使渔业减产。舟山渔场冬汛带鱼的情况就是这样。在偏北大风频繁时,鱼群偏外、偏深,迅速南移,给追捕鱼群带来困难,造成渔业减产。

风暴过境或向岸风持续劲吹,造成浅海海水混浊,某些鱼类不适应混浊的海水环境而迅速避离,有的甚至由于鳃丝积厚污泥而致死。但海水骚动混浊,使某些鱼类惊畏群起急游,同时由于海水混浊鱼类看不见渔具而无法回避,在这样情况下,往往给刺网和定置网渔业带来丰收。

(三)降水量

近岸海区降水量的大小、持续时间等可影响渔场的水温、盐度、无机盐含量及入海径流量等。渔汛前期降水量的多少,常影响沿岸低盐水系势力,从而影响其与外海高盐水系交汇界面的位置,而渔场位置则随交汇界面的变动而改变。从降水量的多少,可以预测鱼类资源数量变动的趋势。挪威根据2—3月降水量预测该年的鳕鱼渔获量。中国渤海辽东湾春季毛虾捕捞数量与前一年6—9月份平均降水量有直线相关。降水与渔场关系主要表现在以下几个方面。

(1)降水量的多少可引起沿岸水系和水团的分布、变动,从而影响到渔场。如降水量多,渔场外移,渔期推迟,反之相反。

(2)近岸海水和河口淡水的交汇界是渔场,是饵料生物集中的区域,降水量的多少直接影响到其位置的变动。

(3)径流量的多少影响到沿岸饵料生物、仔稚鱼、虾类的繁殖生长,饵料生物取决于径流量的多少。

(4)降水量的多少还可以影响到海水的垂直对流。降水量多,混入的淡水多,表层水低盐,海水分层稳定;降水量少,表层水盐度高,降温时可引起垂直对流。

(四)气候与渔场关系

渔场位置受气候条件影响显著,根据渔场所处位置,分为热带渔场、亚热带渔场、温带渔场和寒带渔场:①热带渔场受赤道洋流的影响,鱼类适温高,分布在太平洋和大西洋赤道附近海域。②亚热带渔场受热带海洋性气候的影响,鱼类终年繁殖,生长迅速,鱼类群体补充快,一年四季都可以捕鱼。③温带渔场受温带海洋性气候影响,四季明显,春季鱼类进行生殖洄游,并产卵、繁殖、生长;秋季则进行越冬洄游。渔汛期分为春汛和秋汛。④寒带渔场受极地寒流影响,鱼类适温低,分布在南极附近海域,白令海东部和鄂霍次克海附近。中国渔场属亚热带和温带渔场:亚热带渔场包括南海和东海南部,温带渔场包括东海北部、黄海和渤海渔场。

现代渔业气象研究始于20世纪初期,日本学者三浦定之助和宇田道隆于1927年分别对低气压、气象要素与渔获量之间的关系进行研究。中国于50年代中期,开始了局部海区气象要素的观测,并就天气对渔场的影响进行研究。随着科学技术的发展,国内外开始利用气象卫星监测气象和海况变化,预测渔场的变化。

（五）气压

在西汉《淮南子》一书中曾记载，当时已察知阴雨前低气压来临之际，鱼类浮出水面呼吸。长期以来渔民上观天象，下察物候，决定出海捕鱼的时机。低气压经过渔场前后，都是很好的捕捞时机。低气压通过渔场前，海面风平浪静，由于海水缺氧，引起一些鱼类如鲐鱼集群海面，是捕捞的良机；低气压通过渔场时，天气恶劣无法捕捞；低气压通过渔场后，引起渔场环境条件的改变，鱼群向适宜的环境条件集群。

（六）气温

气温通过对水温的影响，改变鱼类产卵时期的适温条件。波罗的海鲱鱼当春季气温上升快时，水温达 8～12℃ 时产卵，当气温上升慢时，则在水温 6～10℃ 时就产卵。产卵过程中由于气温突降，可能使产卵中断。春季气温的偏高或偏低，与渔汛期、洄游提前与推迟是一致的（气温高，渔汛提前），秋季气温的偏高或偏低，与渔汛期、洄游迟早相反（气温低，渔汛提前）。

八、水深、底形和底质等因素与鱼类行动的关系

除了上述经常在变动的环境因素之外，还有一些变动比较小的海洋地理环境因素，如水深、底形和底质等。后者对于鱼类行为的影响虽不甚明显确切，但在了解它们之间的关系后，可以把探索鱼群的范围缩小到最小限度，这在鱼群侦察、中心渔场掌握方面将起到一定的作用。

（一）水深和底形

水深和海底底形联系密切，底形虽不被人们直接察觉，但能以水深的分布来考察底形的概况。海水深浅直接影响着海区各种水文要素，特别是温度、盐度、水色、透明度、水系分布、流向、流速等的空间和时间变化，从而间接影响生物的分布和鱼类的聚集。不同水深的海区各有其水文分布与变化的特点，水深愈小，其变化愈为剧烈。

海区的底形不同，鱼类的分布也有不同。倾斜度大的陡坡不适于鱼类的长期停留，海底较为平坦的盆区和沟谷是鱼类聚集的良好场所，如黄海中央深处就是不少经济鱼类的越冬场或冷水性鱼类的渔场。海底局部不平偶有起伏，鱼类多聚集在较深凹地。因此，范围不大的局部深沟或低洼坑谷，鱼群经常聚集较密，而凸岗或陡坎所在鱼群稀少。但是由于后者隆起的底形导致深层海水发生涌升流，所以表层往往有上层鱼类聚集。这是围网渔业生产者所熟悉的事实。

海洋鱼类根据其生理和生活的要求，在不同的生活阶段对于水域环境可粗略地用不同水深表示。我国主要经济鱼类多分布在我国近海大陆架范围以内，产卵场多在 30～80 m 范围内的海区，如黄海中央，济州岛西北、西南以至舟山正东一带是多数洄游于渤海、黄海、东海海鱼类的越冬场。小黄鱼和带鱼等分布一般都不超过 100 m 等深线，除产卵季节聚集在30 m 以内浅海外，它们的密集区多在 40～80 m 的水深范围内，其他许多底栖鱼类也都聚集

在这一水深地带,因而这一带就成为底拖网的良好渔场。大黄鱼分布的水深一般不超过80 m。蛇鲻分布的海区在60~200 m的倾斜地带,黄鲷主要分布在80~200 m的倾斜地带,特别在100 m等深线附近最多,较浅的海区则很少捕到。南海北部底层鱼类金线鱼多分布在60 m以浅水域,以30~60 m为主,60 m以深很少。多齿蛇鲻成鱼主要分布在60~120 m海区,生殖时移至50~80 m水域。二长棘鲷的栖息水深以60 m以浅为主,30 m以浅以幼鱼为主,超过90 m的海区很少。红鳍笛鲷分布的水深范围以30~120 m为主,30 m以浅次之,120 m以深甚少。鱼类分布与水深和底形的关系表述如下。

1. 同一种类的鱼,在不同生活阶段或不同季节分布的水深不同

如浙江近海的大黄鱼在产卵期间栖息水深都在5~20 m;索饵期间栖息水深为20~40 m,很少超过50 m;冬季主要栖息在水深40~80 m处。其他各种经济鱼类各个生活阶段的栖息水深也有差别。另外,同一种鱼类即使在同一生活阶段,在不同的海区,其栖息的水深也是不同的。如越冬期的小黄鱼,在东海的栖息水深为30~70 m,在黄海为55~75 m。在黄海、渤海进行产卵洄游的鲅鱼,在吕四、大沙渔场栖息水深为25~50 m,在海州湾为15~25 m,在青岛、乳山渔场为15~40 m,在烟威渔场为16~50 m,在海洋岛渔场为15~30 m,在渤海中南部渔场和辽东湾渔场为10~25 m。

2. 鱼类分布与底质有一定的关系

鱼类对于底质的性质和色泽的适应与选择,因种类的不同而不同。多数鱼类不经常接触海底,有的终生不接触海底。这些鱼类的分布似乎与底质的关系不大,或根本没有关系。但是海洋鱼类中有些种类经常接近海底或栖息在海底,有些种类虽不接触海底,但在某些时期其分布和底质有一定的联系。因此,在研究鱼类行为时,底质还是不能忽视的。

据研究,海洋鱼类对于底质的适应,有以下几种类型:

(1)经常埋藏或潜伏在海底。这些鱼类的体型多为扁平,行动较为迟缓,为躲避敌害或猎取食物而经常栖息在海底,成为底栖鱼类。如鲆、鲽、鳎等种类都属于这一类型。它们适应或选择的底质是较细的粉砂质和由砂泥混合组成的砂泥质或泥砂质。

(2)为摄取食物而在某些时期潜伏于水底。属于这种类型的鱼类种类甚多,当其接触或接近海底时就成为下层或近底层鱼类。它们能自由浮沉,行动也颇敏捷,嗜食和追逐的饵料多为底栖生物,其选择喜好的底质性质与底栖饵料生物的分布有密切的联系,故常有多种类型。

(3)为了生殖的需要而到达具有一定底质的场所。鱼类在进行生殖时,必须洄游到适于产卵、孵化的场所,产沉性、粘着性卵或埋藏卵的鱼类,一到性腺成熟,就到具有适于鱼卵附着或埋藏的处所进行生殖。如太平洋鲱鱼(青鱼)产沉性粘着性卵,它的产卵场一般选择在具有岩礁、海草丛生的近岸。乌贼把卵产在岩礁海底,粘着在海藻或其他物体上。银鱼则产卵在河口,使卵粘附在水底泥表或水生植物上。多数产浮性卵的鱼类对于产卵场的底质也有一定的选择。如大、小黄鱼产卵场的底质多为粉砂质软泥或为黏土质软泥;带鱼产卵场的底质多为粉砂质软泥、粉砂或细砂;真鲷产卵场的底质多为砂,并夹杂着砂砾、石砾、贝壳或丛生的水生生物,也有局部为砂质泥和泥砂的;鲥鱼产卵场的底质为泥砂、黄烂泥、黑色硬泥砂和砂泥质;对虾的产卵场底质为黏性软泥,其在洄游过程中喜栖息的底质和越冬场的底质

也几乎都是泥或黏性软泥。

在有丰富的陆上供给的有机物质沉积的外海海区,一般地底质较细,分选性较好,在一定程度上保持住海水的稳定性,形成不少优良渔场。在泥质或泥砂质海区,沙蚕类和其他柔软纤维的饵料生物较多,因而以此类饵料生物为食饵的鱼类在这里就聚集较多。在砂质或砂泥质海区,有虾、蟹、贝、海星、蛇尾、海百合和其他短小生物,底栖生物相当丰富,鱼类常成群来游,或到此追索食饵或进行生殖或选择较稳定的深水区越冬,所以这一带往往是良好渔场。

离开海岸的岩礁(包括人工鱼礁)和远离大陆的岛屿边缘以及大洋中的"孤礁"附近,根据水深、底质等的不同,分布着相应的底栖生物群落。岩礁附近,除海藻外,有鲍鱼、贻贝、龙虾、章鱼、石斑鱼等附礁性海洋动物栖息其间,也有其他鱼类来此洄游,从而形成较好的渔场。

生物群集的海区,必然是鱼类的聚集场所,有的是产卵场,有的是索饵场,也有的是越冬场,或兼为两种渔场。如我国渤海的三大海湾、海洋岛附近、烟威近海、石岛近海、乳山近海、海州湾、黄海中部、舟山附近、鱼山附近等重要渔场,多分布于细颗粒沉积物和有机物质含量较高而生物茂盛的海区。底质的微妙差异,常使底层鱼类的分布发生显著的差别。例如,自上海至日本长崎的半途有一弧形底界,在其东侧是较粗的泥质砂海底,多产鲷类和黄鲷类;在其西侧是较细的砂质泥海底,多产大、小黄鱼,带鱼,红娘鱼等。又如同本东京湾的木更津至本牧间有一条纵走的界线,比其周围的海底稍隆起,因常受潮流的冲刷,浮泥沉积较少,底质是较粗的泥质砂,但其周围地带则水深稍增,底部是较细的单纯泥质,此处鲆、鲽类分布较多。

3. 海底地形和渔场关系

鱼类渔场的形成与特殊的海底地形有关。图 4-22 为南非厄加勒斯浅滩 8 月肥壮金枪鱼钓获率与等深线的关系。图中纵线海区钓获率为 1.0% 以上,横线海区钓获率则低于 1.0%。由此看出,沙洲、浅滩和大陆架陡坡等附近,均可能有好渔场出现。纽约近海的肥壮金枪鱼渔场,新西兰近海的马苏金枪鱼渔场的出现,都是相同的实例。

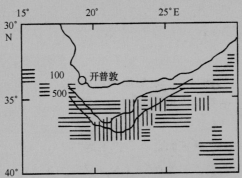

图 4-22　南非厄加勒斯浅滩 8 月肥壮金枪鱼渔场分布与等深线的关系(数字为英寻*)

---

* 1 英寻 = 1.828 8 m。

产生上述好渔场的原因,主要是受渔场海底地形影响,海水发生扰动产生复杂的涡动以及由此而形成的上升流和下降流海域,因此饵料生物在此繁殖和集聚,使得大型鱼类在这里滞留和集聚,形成良好的渔场。实际上深海的海区,也会对海面的海水运动带来影响。

综上所述,非生物环境因素与鱼类行动的关系为:持续安定的或长时间的保持均一海况的海域,鱼类分散,不大可能浓密集群。只有在环境条件(如水温等)的时空分布梯度较大或这些因素发生剧烈变化时,鱼类才会集群,形成好的渔场。因此,我们可以用"变则动,动则集"六个字来表达非生物环境因素与鱼类行动的关系。一般可以用下式来表示:

$$N = f_n(S \cdot \Delta S \cdot \dot{S})$$

式中:N 为鱼类的集群;S 为环境条件群;ΔS 为空间梯度分布;$\dot{S}$ 为变化率。

九、饵料生物与鱼类行动的关系

鱼类与生物性环境因素的关系,主要是指鱼类与生活在水体中各种动植物之间的关系。在海洋中,鱼类的生物性环境因素主要包括:可以直接或间接作为鱼类饵料生物基础的海洋生物;成为鱼类敌害的海洋生物。现分别叙述如下。

(一)饵料生物

海洋中鱼类的饵料生物虽有多种多样,但归结起来可以分为浮游生物、底栖生物和游泳动物三大类。

1.浮游生物

浮游生物个体很小,但数量很多,分布又广,在水生生物界占据重要的位置,是鱼类的饵料基础。一般鱼虾类都吃浮游生物。根据它们的食性,有的以浮游动物为主要食物,如鲐鱼、鲹鱼(包括蓝圆鲹、竹筴鱼)、鲱鱼、鳀鱼、鲚鱼、小黄鱼等;有的以浮游植物为主要食物,如沙丁鱼、蛇鲻、鲛鱼等;有的兼食动物性和植物性浮游生物,如对虾、脂眼鲱等。多数鱼类仔鱼或幼鱼期食浮游生物,到成鱼期则改食大型动物,如大黄鱼、带鱼、鳕鱼、鲈鱼、鲅鱼、鲨鱼、鳐鱼等。因此,浮游生物的分布与数量变动,可以直接或间接影响各种鱼类的行为,特别在索饵期间影响更为显著。调查表明,各种鱼类喜食的太平洋磷虾、太平洋哲镖水蚤、细长脚蛾、真刺唇角镖水蚤、糠虾、毛虾、各种箭虫和宽额假磷虾等浮游动物,广泛分布于我国近海,尤其在外海暖流、沿岸水系和黄海冷水团混合海区及其附近,有不少浮游生物密集区。这些密集区的分布与各种鱼类的中心渔场有密切关系。如大沙渔场、长江口渔场、舟山渔场、鱼山渔场、温台渔场、石岛渔场、烟威渔场、海洋岛渔场等之所以成为良好渔场就是由于这个原因。海洋岛附近每年鲐鱼、竹筴鱼等渔场的变动一般可以根据磷虾和长脚蛾集群分布情况来判断。遇有大量磷虾和长脚蛾密集群团散布在海洋岛近海时,就预示着鲐鱼、竹筴鱼即将丰产;如果磷虾等集群延续时间长,鲐鱼、竹筴鱼等停留的时间就可能延长;反之,磷虾等分布稀疏,或密集的浮游生物群团受气象、风力影响,使其栖息时间短暂或突然消失,则鲐鱼、竹筴鱼的渔汛将提前结束而使渔业减产。在舟山渔场秋汛对网作业时发现,磷虾多的海区,鲐、鲹等中上层鱼类常结群起浮水面,是围捕的最佳时机,可见磷虾可以作为寻找渔场的指标。

由于鱼类的行为与浮游生物具有密切的联系,所以根据浮游生物的数量变化可以预测渔获量的变动。有人曾就英国近海1903—1907年5年间的浮游生物和鲐鱼渔获量间的关系进行过研究,结果表明,浮游动物的生物量多时鲐鱼的渔获量高,反之则低,两者呈正相关;但鲐鱼的渔获量和浮游植物的生物量则呈负相关。有关调查资料表明,南海北部浮游动物生物量的高低与蓝圆鲹渔获量关系也十分密切。珠江口渔场春汛蓝圆鲹渔汛期是11月至翌年3月,而珠江口一带浮游动物总生物量的变化也是从11月开始上升,高生物量一直持续至翌年3月,至4月开始下降,这种高生物量的持续期恰好是珠江口一带蓝圆鲹的渔汛期,由此说明形成蓝圆鲹渔汛的原因和饵料基础的丰盛有着密切关系。

2. 底栖生物

底栖生物包括终生或某个生活阶段在海底营固着生活的生物或长时期栖息于近底层但能作短距离移动的生物。底栖鱼类或近底层鱼经常捕食底栖生物。如黄鲷、二长棘鲷、金线鱼、鳕鱼等。在索饵期间,这些鱼类的分布往往与底栖生物群有密切关系。因此,在探索鱼群时,可以用一些与捕捞对象有密切关系的底栖生物作为侦察指标。

底栖鱼类或近底层鱼类嗜食的底栖生物的种类也因鱼种的不同而有所不同。如鳕鱼、鲷鱼、鲆鲽类、鳐类等底层鱼类都以底栖无脊椎动物的瓣鳃类、甲壳类、环节动物和棘皮动物等为食物,但鳕鱼嗜食脊腹褐虾和寄居蟹等,高眼鲽则嗜食萨氏真蛇尾、脊腹褐虾等。多数近底层鱼类的食性较复杂,因其常游动到中上层,底栖生物只能是它嗜食的饵料中的一部分。例如带鱼的胃含物中,底栖的小虾和蟹类只占1/4左右,头足类和细脚蛾占的比重更少;黄鲷的主要饵料是糠虾类、蛇尾类、长尾类、端足类、短尾类以及鱼类等,它以食底栖生物为主,兼食浮游生物和游泳动物;二长棘鲷主要食蛇尾类、长尾类、多毛类、端足类等,以食底栖生物为主,也食底栖性的浮游生物。

渔场现场调查证明,我国黄海、东海底栖生物的高密度分布区,特别是在冬季,大体和各经济鱼类的密集区相一致。如黄海南部和东海北部水深50～80 m等深线间的海底斜坡上底栖生物密集,也正是小黄鱼、白姑鱼、带鱼、大黄鱼、鲆鲽、红娘鱼等鱼类越冬时密集成群的好渔场。最明显的是,凡底栖生物量最大的海区,正是高眼鲽集中的场所,而在底栖生物量最低的海区,高眼鲽的数量便少,甚至不易捕到。

利用某些底栖生物的分布作为探索渔场的指标是行之有效的。例如棘皮动物中蛇尾类的分布与高眼鲽或小黄鱼的鱼群动态有一定联系。捕捞实践证明,凡萨氏真蛇尾占优势的海区,多为高眼鲽的优良渔场;而筐蛇尾丛生的海区多为小黄鱼群集区,20世纪50、60年代沿着筐蛇尾分布区(大沙渔场中央偏西北海区水深43～50 m自西北向东南延伸的斜长地带)的边缘投网,可以捕获大量的小黄鱼。

3. 游泳动物

在许多经济鱼类中,有不少是属于以游泳动物为主要食物的肉食性鱼类。一般经济鱼类在仔鱼期摄食微小而不太活动的浮游生物,待逐渐长大后便改食较大的浮游生物,以后随着鱼体的渐趋成形又改食较大型的游泳动物或底栖生物以至各种动物的幼体,其中鱼类的幼体也占一定的比重。虽然少数鱼类终生摄食浮游生物,但大多数鱼类的成鱼则兼食浮游生物、底栖生物以及较它个体小的游泳动物或鱼类,所以鱼类的饵料生物也应包括鱼类。供鱼类捕食的弱小鱼类,也可称为饵料鱼类。我国近海的经济鱼类属于肉食性的种类也不少,它们的成鱼往往吞食或捕食鱼类。因此,在某一生活阶段,它们的鱼群是依饵料鱼类的分布而转移的。如带鱼、大黄鱼、马鲛鱼、鲈鱼、鳕鱼等都是以较其个体小的鱼类为主要食物,有的甚至残食其同类或自身的幼体。在小黄鱼、鲐鲹类、鳓鱼、大眼鲷等类的食物中,中小型鱼类和幼鱼也占一定的比重。如果弄清这些鱼类的食性,再结合当时环境中饵料鱼类的分布和动态,就可以掌握中心渔场。例如,浙江近海的带鱼以鳀鱼、七星鱼、梅童鱼、龙头鱼、黄鲫鱼、青鳞鱼、小黄鱼幼鱼等为主要食物,在嵊泗渔场带鱼汛前,渔民常以上述饵料鱼类的分布作为探索渔场的指标。进入渤海的鲅鱼在产卵基本结束以后,立即强烈摄食,这时常成群追逐其主要饵料鳀鱼等小型鱼类,所以,掌握鳀鱼等小型鱼类的分布活动规律,是掌握鲅鱼中心渔场的重要参考指标。

(二)敌害生物

1.凶猛鱼类和凶猛动物

肉食性鱼类往往捕食成群的鱼类。就被追捕对象来说,这种凶猛的鱼类就是它们的敌鱼。此外,一些海洋凶猛动物也对鱼类进行摄食,如带鱼、大黄鱼、小黄鱼、鳕鱼、鲐鱼、竹筴鱼和鲅鱼等都捕食鳀鱼;鳕鱼、带鱼等也捕食鲱鱼;鲕鱼、鲣鱼等捕食沙丁鱼;鲨鱼、魟鱼、鳐鱼、海豚、鲸类和海鸟等也时常捕食各种鱼类。在掌握它们之间的相互关系和活动规律之后,就可以根据凶猛鱼类或凶猛动物的活动情况来探索鱼群的行为动态。有人发现,某些鳀鱼白天栖息在深层(20 m以下),到晚间则上升到表层或转移到浅海区,半夜又离开表层或沿岸,回到较深水层,在垂直移动过程中同时进行水平移动。产生上述有规律的移动的原因,主要是由于鳀鱼是某些凶猛鱼类或凶猛动物的捕食对象,鳀鱼为了防御敌害而进行回避移动,白天在表层易遭敌害袭击,于是潜入较深水层而分散为小群,以躲避敌害的威胁;但是鳀鱼是上层鱼类,不宜经常停留在深层,当追捕者的威胁稍轻时,乘天黑又移到上层和适于活动的近岸进行索饵。因此,可以根据这种规律,利用敌害动物的情况作为探索鳀鱼鱼群动态的指标。值得指出的是,凡是正在觅食中的敌鱼,不能作为鱼群大量存在的指标;只有遇到那些已经找到捕食对象而正在袭食中的敌鱼,才能作为指标;但是经敌鱼大量追食之后,鱼群往往被驱散,这时敌鱼又将成为指标。一般情况下,如该海区尚未发现鱼群来到,敌鱼也不会立即到来,一旦发现有了敌鱼的踪迹,则可断定鱼群已经来到。

捕捞上层鱼类时,如遇海鸟成群飞翔在上空,用它作为探索鱼群的指标是很有成效的。因为海鸟发现鱼群以后,常成群鸣啼叫嚣,上下俯冲。根据它们的动态,可以从远处知道那里是否有鱼群。海鸟追逐鱼群时,数量聚集愈多,反映水中的鱼群越大。当鸟群在高处飞行时,说明鱼群潜入深层尚未浮到水面;当飞得低时,说明鱼群游在浅层;当鸟群上下飞翔频繁,鱼群已出现在表层;如鸟群停留在水面并不断地注视水中,或有时更换地点,或有时成群一致飞掠水面,反映鱼群已游集深层;多数海鸟向同一方向飞行,反映鱼类游在鸟群的前面;鸟群如移动,反映鱼群也在移动,这时鸟群飞行的方向,就是鱼群移动的方向,鸟飞得快,鱼群也游得快。

吕四渔场鳓鱼渔汛期常常发现大鲨鱼捕食鳓鱼,有时几条,有时成群,根据鲨鱼的动态,可以推测鳓鱼的聚散。若渔场原来没有鳓鱼,在出现大鲨鱼后就预知鳓鱼将要到来,并且将有浓密的鱼群;但若渔场已有鳓鱼,大鲨鱼一到,鳓鱼群随即被驱散。在渔场出现鲸鱼后,鳓鱼群也要被驱散奔逃。福建东山渔民也有经验,农历六月半后,发现鲨鱼猛吃鳓鱼,鱼就很少捕到。齿鲸类遇到鱼群就会不断进行追逐,如发现鲸类的行动很不规则,在海面忽上忽下出没不定时,水下就必然有鱼群。有些底栖生物经常残食鱼类的幼鱼或成鱼,如海星、海胆、梭子蟹等。腔肠动物中的一些水母类,常以其延长的触手捕食鱼类。海洋中的乌贼类也摄食鱼类,如分布在北大西洋海域的乌贼类食物中,鱼类出现率可达62%;分布在印度沿岸海域的拟乌贼,在其食物中鱼类有时占到73%。

2. 赤潮生物

赤潮是由于海域环境条件的改变,促使某些浮游生物暴发性繁殖,引起水色异常的现象。发生赤潮的海水颜色并非都是红色,它随形成赤潮的浮游植物种类不同而呈现不同颜色。目前我国沿海海域中能引起赤潮的生物有260多种,其中已知有毒的就有78种。这种现象在古代文献中就有记载,达尔文也曾于1832年报道了智利外海发生的赤潮现象。20世纪后,尤其是进入60年代以来,由于沿海水域污染日趋严重,因而赤潮在亚洲、美洲和欧洲许多国家沿海水域相继发生,次数也随之逐年增加。赤潮发生的原因尚未完全查明,但从理化环境的变化分析,初步认为与气候、海温、盐度、营养料和环境污染等多种因素有关。

归纳起来,赤潮的危害方式主要有:①分泌黏液,黏附于鱼类等海洋动物的鳃上,妨碍其呼吸,导致窒息死亡;②分泌有害物质(如氮、硫化氢等),危害水体生态环境并使其他生物中毒;③产生毒素,直接毒死养殖生物或者随食物链转移引起人类中毒死亡;④导致水体缺氧或造成水体有大量硫化氢和甲烷等,使养殖生物缺氧或中毒致死;⑤吸收阳光,遮蔽海面,使其他海洋生物因得不到充足的阳光而死亡。

在发生严重赤潮的水域中,常造成鱼类、虾类和贝类大量死亡,对渔业危害极大。如1958年5月浙江近海发生大规模赤潮,使大黄鱼遭到大量减产;1952年5月5日起渤海沿岸发生赤潮,许多鱼虾死亡,渔民捕不到鱼,使渔业大幅度减产;1972年9月下旬至11月初,浙江海礁、浪岗东侧发生面积很大的"臭水",使上层鱼的渔发不佳。

思考题:

1. 海底的形态、特征及其与渔场的关系。

2. 海底底质分布的一般规律。

3. 上升流和下降流产生的原因。

4. 世界大洋环流的特征。

5. 西部边界流和东部边界流的特征,哪些海流属于西部边界流? 哪些属于东部边界流?

6. 列举说明三大洋的主要海流。

7. 研究海洋环境与鱼类行动的意义。

8. 水温与鱼类集群之间的关系,主要表现在哪些方面?

9. 温跃层的概念及其判断标准。

10. 海流与鱼类分布洄游的关系。

11. 盐度与鱼类分布洄游的关系。

12. 气象与鱼类分布洄游之间的关系。

13. 水深、底形和底质与鱼类分布洄游之间的关系。

14. 如何理解"变则动,动则集"这句话?

15. 饵料生物与鱼类分布的关系。

第五章　渔场学的基本理论

第一节　基本概念与类型

一、渔场的概念及其类型

(一)渔场基本概念

1. 渔场(Fishing ground)

在广阔的海洋中,蕴藏着极为丰富的鱼类和其他海洋生物资源,但是海洋中并非到处都有可供捕捞的密集鱼群分布。因为海洋中的鱼类和其他海洋动物并不是均匀分布在各个水域中,而是由于它们本身的生物学特性和受外界环境因素的共同影响或作用呈现出不同的分布状态。因而,有的海域鱼类比较密集,有的海域比较稀疏;有的海域具有开发利用价值,有的海域则不具备开发价值。我们通常所说的海洋渔场,一般是指海洋经济鱼类或其他海产经济动物比较集中,并且可以利用捕捞工具进行作业,具有开发利用价值的一定面积的场所(海域)。

2. 渔场的基本特性

我们所说的渔场并非是一成不变的,而是具有动态变化的基本特性。即渔场会随着一些环境条件的变化、一些因素的制约或者捕捞强度过大等因素,使得原来的渔场发生变化,如消失或变迁等。譬如20世纪50、60年代分布在浙江舟山群岛附近海域的大黄鱼,在正常年份按其一定的路线进入产卵场,但是由于机动渔船的大量发展,机器噪声等因素的影响,导致了大黄鱼产卵群体偏离原来靠岸边洄游的路线。又如分布在广东硇洲附近海域的大黄鱼,在资源未受到破坏之前,历年秋汛在硇洲岛北部海域首先形成产卵场,继而进入南部渔场。但是在环境条件发生变化的年份,在硇洲岛附近海域的大黄鱼秋汛几乎形不成渔场。有些渔场由于鱼群分散成若干个小群体,鱼群疏散,渔场的利用价值也就随之下降。由于目前我国近海渔业资源被过度捕捞,传统重要的经济鱼类如大黄鱼等已经没有渔汛和渔场形成。

此外,由于新捕捞对象的发现、捕捞能力的提高、捕捞对象利用价值的发现等因素使得一些新渔场得到开发。实际上,人们对渔场的认识是在渔业生产发展过程中不断提高和完善的。在远古时代,我们的祖先只是在潮间带、浅滩或岛屿附近从事简单的渔业活动,在生产实践中,逐渐发现并认识和掌握各类鱼群与水产动物的密集程度、季节变化规律,进而产生了渔的概念。同时由于科学技术的进步和渔业生产的不断发展,捕捞生产工具得到了改进和提高,到外海和远洋的能力得到加强,因此渔场也从潮间带向浅海、外海和深海、大洋发展,不断地开发出新的作业渔场。这一切都得益于捕捞能力的提高。

当然,由于海域污染等现象的发生,也会使得渔场发生变迁甚至消失。如在我国近海,大量污染物质的排放造成产卵场环境改变和破坏。据统计,2001 年全国经济鱼虾产卵场的污染面积达 70%以上,资源调查表明:中国对虾由最高年产 4×10^4 t 左右锐减到 2 000 t 左右,其中一个重要原因就是这些鱼虾类的产卵场(如渤海湾、杭州湾)的环境污染过重。污染改变了鱼虾类的洄游路线和方向,导致捕捞产量下降,并改变了生物种群结构,导致生态平衡失调,使许多低质鱼类数量增加,优质鱼类数量下降。

3. 渔场学研究的几个基本问题

在海洋中,鱼类的集群、分布和洄游,除了受鱼类本身的生理特征、生态习性影响外,还与外界环境因素有着密切关系。因此,在渔场形成原理的研究中,必须要研究有关经济鱼类和海产经济动物的生理特征和生态习性及其与周围环境因素的相互关系,找出渔场形成、波动和变化的规律。因此,我们认为渔场学研究必须要抓好以下几个基本问题:①经济鱼类和海产经济动物的生理特征和生态习性。生理特征主要包括生长、繁殖、摄食和种群等。②渔场环境(包括生物和非生物环境)及其变化情况。生物条件是指饵料生物和共栖生物以及其他各种生物种间关系。而非生物条件是指海流、水系、水温、盐度、水深、底质、地貌和气象等。③渔场环境因素及其变动与鱼类行动状态的关系,掌握影响鱼类分布、洄游和集群的主要环境指标。④渔况及其变动规律等,主要是渔情预报的基本原理、主要指标及其变动规律等。也就是说通过对渔业生物资源的行动状态(集群、分布和洄游运动等)及其与周围环境之间的相互关系的研究,查明渔况变动的基本规律。

4. 渔场形成应具备的基本条件

海洋中虽然到处可见到鱼类或其他经济海洋动物,如在河口、海湾、浅海和大洋等,但是这并不意味着到处是渔场,或者说任何时候都有渔汛。渔场往往局限在某一海区的某一水层,甚至局限于某一时期。这种局限性主要取决于鱼群的密集程度及其持续时间的长短以及鱼类(经济海洋动物)的生物学特性和生态习性及其环境条件的变化,因此,形成渔场必须要具备以下几个基本条件。

(1)要有大量鱼群洄游经过或集群栖息。

海洋渔业生产的主要捕捞对象是那些在进行洄游、繁殖、索饵或越冬等活动的鱼类或经济动物的密集群体,特别是繁殖群体,密度大且稳定,而且多数鱼群是以同一体长组或同一年龄组进行集群的,如鲑鳟鱼类特别明显。因此,在进行捕捞作业时,如果对不达到捕捞规格的对象(如低龄或性未成熟的幼鱼)进行酷捕,则必然会得不偿失,严重影响来年的资源量,甚至导致渔业资源的衰退,后患无穷。

(2)要有适宜鱼类集群和栖息的环境条件。

如果在某一海区的某一时期,具有适宜鱼类和其他经济动物进行洄游、繁殖、索饵和越冬的外界环境条件(包括生物和非生物条件),它们就可以集群或栖息在一起,为渔场的形成创造了条件。

如前所述,外界环境条件主要包括了生物条件和非生物条件。在外界环境因素中,特别是海洋环境因素,更有着重要的作用。海洋水温状况的变化,对于经济鱼类的洄游分布和集散有着极为密切的关系,而鱼类在不同的生活阶段对其周围的环境条件又有着不同的要求,因此海洋环境条件是形成渔场的重要条件,而在海洋环境的各个因子中,水温和饵料生物为最重要的因子。当然其他因子也有着各自不同的作用,同时它们彼此之间又有着密切的联系,绝非是单一因子所能左右的。也就是说生物与其各个非生物性和生物性环境因素的关系并不是孤立存在的,而是处于统一的不可分割的相互联系的系统中。所以,在进行渔场的调查研究和分析时,需要用全面系统的观点来看待问题,既要注意到形成渔场的主要海洋环境因素,同时又要注意到与其他环境因子之间的密切联系。

(3)要有适合的渔具、渔法。

尽管具备了大量的鱼群和其他经济水产动物,同时也具备了适合于鱼类停留的海洋环境条件,但是渔场的开发还必须考虑到合适的渔具渔法,才能达到最大限度地提高渔业生产力。

首先应根据捕捞对象的洄游、移动、集群的生物学特性和生态习性,根据群体组成的大小和体型状况,结合水文、气象和底质、地貌等环境条件,然后科学地选择最佳的作业方式和捕捞技术,如拖、围、刺、钓或定置作业等,合理调节作业参数。选择和应用合适的渔具渔法是必不可少的关键性问题。如北太平洋中东部海域分布着资源量极为丰富的柔鱼(*Ommastrephes bartramii*),20 世纪 70 年代中期开始采用流刺网进行作业,取得了较好的效果。但由于混捕鲑鳟类以及损害海洋哺乳动物等,联合国通过决议,公海大型流刺网于 1993 年 1 月 1 日起被禁止使用。

总之,在上述三个主要条件中,首先要有大量的鱼群存在,这是先决条件。其次是要有适宜的环境条件,否则鱼群不可能洄游经过或停留栖息。因此,在选择或确定作业渔场时,应该根据生物与环境统一的基本原则,将上述的两个条件有机地结合起来。最后能否使用适合的捕捞工具进行捕捞作业,并获得一定的产量,这是构成渔场的次要条件。只要有鱼群的存在和适宜的海洋环境条件,随着科学技术的进步以及人类的不断实践,一般来说可以找到合适的渔具渔法。

(二)渔场的类型

由于渔场形成是海洋环境与鱼类生物学特性之间对立统一的结果,同时渔业资源极为丰富,种类繁多,因此人们根据实际生产与管理的需要进行划分渔场。渔场划分的类型多种多样。一般来说,根据渔场离渔业基地的远近和渔场水深、地理位置、环境因素、鱼类不同生活阶段的栖息分布、作业方式及捕捞对象等的不同划分。

1. 根据离渔业基地的远近和渔场水深可划分

(1)沿岸渔场:一般分布在靠近海岸,且水深在 30 m 以浅的渔场。

(2)近海渔场:一般分布在离岸不远,且水深在 30～100 m 的渔场。

(3)外海渔场:一般分布在离岸较远,且水深在 100～200 m 的渔场。

(4)深海渔场:分布在水深 200 m 以深水域的渔场。

(5)远洋渔场:是指分布在超出大陆架范围的大洋水域,或离本国基地甚远且跨越大洋在另一大陆架水域作业的渔场。

2. 根据地理位置的不同划分

（1）港湾渔场：分布在近陆地的港湾内渔场。

（2）河口渔场：分布在河口附近的渔场。

（3）大陆架渔场：分布在大陆架范围内的渔场。

（4）礁堆渔场：分布在海洋礁堆附近的渔场。

（5）极地渔场：分布在两极海域圈之内的渔场。

（6 按具体地理名称的渔场：如烟威渔场是指分布在烟台、威海附近海域的渔场,舟山渔场是指分布在舟山附近海域的渔场,北部湾渔场是指分布在北部湾海域的渔场等。

3. 根据海洋学条件的不同划分

（1）流界渔场：是指分布在两种不同水系交汇区附近的渔场。

（2）上升流渔场：是指分布在上升流水域的渔场。

（3）涡流渔场：是指分布在涡流附近水域的渔场。

4. 根据鱼类生活阶段的不同划分

（1）产卵渔场：是指分布在鱼类产卵场海域的渔场。

（2）索饵渔场：是指分布在鱼类索饵场海域的渔场。

（3）越冬渔场：是指分布在鱼类越冬场海域的渔场。

5. 根据作业方式的不同划分

（1）拖网渔场：是指使用拖网作业的渔场。

（2）围网渔场：是指使用围网作业的渔场。

（3）刺网渔场：是指使用刺网作业的渔场。

（4）钓渔场：是指使用钓具作业的渔场。

（5）定置渔场：是指使用定置渔具作业的渔场。

6. 根据捕捞对象的不同划分

（1）带鱼渔场：是指以带鱼为目标鱼种的海域。

（2）大黄鱼渔场：是指以捕获大黄鱼为主的海域。

（3）金枪鱼渔场：是指以捕获金枪鱼为主的海域。

（4）柔鱼渔场：是指以捕获柔鱼为目标鱼种的海域。

7. 根据地理位置（作业海域）、捕捞对象和作业方式等综合分类

（1）北太平洋柔鱼钓渔场：是指在北太平洋利用钓捕作业方式进行捕捞柔鱼的海域。

（2）长江口带鱼拖网渔场：是指在长江口利用拖网作业方式进行捕捞带鱼的海域。

（3）大西洋金枪鱼延绳钓渔场：是指在大西洋利用延绳钓方式进行捕捞金枪鱼的海域。

在海洋中,凡营养盐类充足、初级生产力高、饵料生物丰富的海域,大都是鱼类和其他海产动物繁殖栖息的良好场所,往往能够形成优良渔场。在上述渔场中,上升流渔场、流界渔场、涡流渔场、大陆架渔场和礁堆渔场等均属优良渔场之列,但是在某一海域,既有可能属于大陆架渔场,也有可能属于流界渔场、涡流渔场或礁堆渔场。如秘鲁渔场,既是上升流渔场,也是大陆架渔场。

二、渔期（渔汛）

在某一海域,一年中某一段时期内能提供一定捕捞规模和价值的鱼群和其他水产经济动物,则该段时期就称为渔期或渔汛,或者是指在渔场中能够完成(生产)一定高产的时期。

渔期一般可根据渔场发展的前后(时期)分为初汛、旺汛和末汛。同时根据捕捞季节的不同,可分为春汛、夏汛、秋汛和冬汛等。根据捕捞对象的不同,也可分为大黄鱼汛、带鱼汛、墨鱼汛和对虾汛等。同时也可以综合加以命名,如舟山带鱼冬汛等。

渔汛期的长短,不仅取决于鱼类(或其他经济水产动物)的生物学特性,而且还与渔场的地理位置、年度的变化以及海洋环境条件的变化等有关,有些年份渔汛旺发期提早或推迟,有些年份汛期持续很长,有些年份却很短甚至不明显。因此准确地掌握好渔汛期是渔业生产取得高产的重要保证,也是提高渔业生产效率的重要条件。

三、渔区及其划分

(一)联合国粮农组织(FAO)的渔区划分方法

为了便于渔业科学的研究和渔业资源的管理,联合国粮农组织(FAO)专门针对世界内陆水域和三大洋进行了渔区统计的划分(图 5－1)。一共划分为 24 个大渔区,其中内陆水域 6 个,海洋中有 18 个,并都用两位数字来表示,其中 01—06 表示各洲的内陆水域。我国属于 61 渔区。具体说明如下。

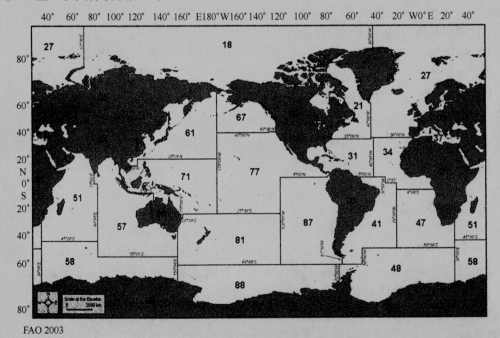

图 5－1　FAO 渔区划分示意图

内陆水域:01 渔区为非洲内陆水域;02 渔区为北美洲内陆水域;03 渔区为南美洲内陆水域;04 渔区为亚洲内陆水域;05 渔区为欧洲内陆水域;06 渔区为大洋洲内陆水域。

大西洋海域:21 渔区为西北大西洋海域;27 渔区为东北大西洋海域;31 渔区为中西大西洋海域;34 渔区为中东大西洋海域;41 渔区为西南大西洋海域;47 渔区为东南大西洋海域;48 渔区为大西洋的南极海域。

印度洋海域:51 渔区为印度洋西部海域;57 渔区为印度洋东部海域;58 渔区为印度洋的南极海域。

太平洋海域:61 渔区为西北太平洋海域;67 渔区为东北太平洋海域;71 渔区为中西太平洋海域;77 渔区为中东太平洋海域;81 渔区为西南太平洋海域;87 渔区为东南太平洋海域;88 渔区为太平洋的南极海域。

其他海域:37 渔区为地中海和黑海海域。

(二)各国渔区的划定方法及其面积计算

1. 渔区划分方法

为了渔业生产、管理和科研的需要,把渔业水域划分为若干个区划单位,这些区划单位就称为渔区。其目的是为了便于海洋捕捞生产、统一管理以及渔业资源的分析与研究。一般依照经、纬度来划分渔区,但是各个国家划分渔区的方法不尽相同。有的国家采用 26 个字母来表示,如福克兰海域的作业渔场;有的国家采用经纬度来表示;有的国家则采用数字来表示,如我国和日本等。

我国渔区具体划分办法是:以经、纬度各 $30'$ 的范围为一个渔区单元,每个渔区又按经纬度各 $10'$ 细分成 9 个小区(图 5 - 2)。每个渔区单元进行编号,我国采用从西向东、从北向南按顺序编号(图 5 - 2)。在我国近海,原来的渔区划分从辽东湾 1 号开始,到南海曾母浅滩 945 号为止。后来随着渔业生产发展和科学研究的需要又向东部海域延伸。

311	321	331	341	351	361	371		1	2	3
312	322	332	342	352	362	372				
313	323	333	343	353	363	373		4	5	6
314	324	334	344	354	364	374				
315	325	335	345	355	365	375		7	8	9
316	326	336	346	356	366	376				
317	327	337	347	357	367	377				

图 5 - 2　渔区划分示意图

在渔业生产中,渔业生产者通常将作业渔场位置按照统一划分的渔区填写在渔捞日志上。其方法为:如作业位置在 422 渔区第 8 小区,则写为 422 - 8。如中心渔场位于 422 渔区第 5、6、8、9 小区,则写为 422 - 5、6、8、9。

2. 渔区面积的计算

由于地球是一个巨大的球面,因此不同纬度上的渔区面积存在着显著的差异。随着纬度的逐步增加,渔区的面积逐渐变小。在赤道附近海域,一个渔区的面积约为 900 n mile^2；在 5°N(或 5°S)附近海域,一个海区的面积为 896.2 n mile^2；10°N 附近海域,一个渔区的面积为 885.6 n mile^2；20°N 附近海域,一个渔区面积为 884.6 n mile^2；30°N 附近海域,一个渔区的面积为 777.4 n mile^2；在 40°N 附近海域,一个渔区的面积为 687 n mile^2。渔区面积的简易计算公式可用下式表示：

$$S(\alpha) = \frac{1}{2} \times 30 \times [\cos\alpha + \cos(\alpha + 30')] \times 30 \text{ n mile}$$

若以 35°N 的一个渔区为例,则其面积为：

$$S(35°) = \frac{1}{2} \times 30 \times [\cos 35° + \cos(35° + 30')] \times 30 \text{ n mile} = 734.98 (\text{n mile})^2$$

四、渔场价值的评价

某一渔场是否具有开发利用价值,主要根据以下标准:①渔业资源的蕴藏量,这可以在渔获量中得到反映;②渔场密集,即能够进行作业且获得一定产量的海区;③渔期的持续时间,即能够获得一定产量的时间;④适合捕捞的程度,主要从渔具和渔法上来分析;⑤远离基地的距离。其中以资源量的多少为最重要。

渔业资源是渔业生产的物质基础,没有丰富的渔业资源,就不可能有数量众多的可供捕捞的鱼群,也就不可能有高的渔获量,因此,渔获量一般能够反映渔业资源量的多少,两者之间有一定的联系。在一般情况下,渔业资源的蕴藏量越大,则在渔汛期间渔场出现的鱼群数量也就越多;反之则少。

但是,总渔获量往往与捕捞强度有直接关系,例如,对某一渔场来说,某年由于某种原因渔船数减少,或由于燃油的限制,出渔率降低,在这种情况下,总渔获量下降,这不能说资源量减少。又如海洋渔业的发展,渔船数逐年增多,吨位增加,马力加大,渔具、渔法改进以及设备改善等,捕捞能力逐年加强,在这种情况下,渔获量年年上升,也不能说资源量年年增大。

在资源丰富的情况下,总渔获量是随着捕捞努力量(fishing effort)的增加而按比例增大的。但在资源量不稳定的情况下,总渔获量并不随捕捞努力量的增加而按比例增大。由于捕捞强度常有变动,所以用单位捕捞努力量渔获量(catch per unit fishing effort, CPUE)作为基准来评价渔场价值是适宜的。单位捕捞努力量渔获量反映着渔业资源密度,它可作为资源密度指数。捕捞努力量必须按标准换算,至于标准的捕捞努力量,则可根据不同作业方式或其他条件,按具体情况而定。

我们以底拖网作业为例,同一捕捞能力的渔船,通常以每小时的产量或网次产量作为单位捕捞努力量渔获量。不同捕捞能力的渔船,则按某一捕捞能力的渔船作标准进行换算,这个单位捕捞努力量渔获量可以作为评价渔场价值的基准渔获量,以此基准渔获量,核定该渔场有无开发利用价值。从渔业经营者的角度看,根据渔获量的收入除去各项消耗的支出,是否有利可图或经济效益高低,来判定渔场价值。

以围网作业为例,有以平均每艘渔船每日的渔获量(日捕捞能力)或每月的渔获量作为单位捕捞努力量渔获量,用以比较历年资源变化的情况。刺网作业则以每片网刺挂鱼的尾数为基准。在延绳钓渔业中,通常以每100钓钩的渔获尾数(钓获率)作为评价渔场价值的基准。根据日本渔民的经验,在南太平洋海域,金枪鱼延绳钓渔场的钓获率平均为6% ~ 8% ,10%以上即为很好的渔场。

需要说明的是,网渔具的网目有大小的差异;钓渔具也有钓钩的大小、构造和饵料等的差别,这在捕捞鱼群时有很大的选择性。因此,应当按标准换算后进行比较,把上述各项所得的资料,分别制作成各种渔场图,对分析渔况、判定渔场变化是非常有用的。

但必须注意的是,渔场内集结的鱼群数量仅是渔业资源数量在一定条件下的一种反映,毕竟两者不是同一事物,它们的概念含意完全不同,不能把鱼群密集与渔业资源丰富混为一谈,两者有着本质上的区别。渔场上集结的鱼群数量是鱼类在某一生活阶段受一定的环境条件影响出现的渔业资源蕴藏量中的一部分,具有严格的时间性限制。在评价渔场的价值时,应以渔业蕴藏量的总量为标准。

渔业资源数量是一个复杂的问题,也是评价渔场价值时要着重探讨的一个根本问题。如果对渔业资源数量有所了解,然后再联系到渔场密集的大小,渔期时间的长短,适合捕捞的强度以及距离渔业基地的远近等,进行全面的评价,那么渔场的评价问题就可以迎刃而解,并做出较符合实际的较为客观的结论。

第二节　优良渔场形成的一般原理

根据渔场形成的条件和栖息环境,流界渔场、上升流渔场、涡流渔场、大陆架渔场和礁堆渔场是五大优良渔场。各渔场形成的基本原理描述如下。

一、流界(隔)渔场

(一)流界的概念

两个性质显著不同的水团、水系或海流交汇处的不连续面,我们称它为流界,也就是海洋锋。日本学者把海洋锋称作潮境或海洋前线,而在我国,有的把它叫作流界或流隔。

在流界的两侧包括水温、盐度、溶解氧、营养盐等海洋学要素的量以及生物相的质和量都发生剧烈变化,尤其是在寒、暖两流的交汇区,海洋学各要素的变化更为显著。沿着其不连续线,明显地产生局部涡流、辐散、辐聚(又称辐合)现象。流界区的这些水文条件,有利于生物群体的繁殖、生长和聚集,交汇区往往出现饵料生物和鱼类等群体汇合的环境条件,因而往往形成了良好渔场,即流界渔场。

(二)流隔渔场产生原因

流界区鱼类生物聚集的现象,主要有生物学、水文学等方面的原因。

(1)两种不同性质的海流交汇,由于辐散和反时针涡流把沉积在深层未经充分利用的营养盐类和有机碎屑带到上层,从而使浮游植物在光合作用下迅速地进行繁殖,给鱼类饵料生物以丰富的营养物质,形成高生产力海区,因此有利鱼类聚集栖息。如在北赤道流与赤道逆流之间的辐散区,下层海水上升,呈穹丘形或山脉状,是金枪鱼类的好渔场。

（2）在交汇区的界面,两种不同水系(团)的水温和盐度发生显著的变化,出现较大的梯度,可以认为是不同生物圈生物分布的一种屏障(barrier)或境界。随流而来的不同水系的浮游生物和鱼类至此遇到"障壁",不能逾越均集群于流界附近,从而形成良好的渔场。

例如,日本东北海区的秋刀鱼每年11月随亲潮南下洄游到常磐海面产卵,有些年份,常磐近海暖水团控制形成暖水屏障,寒流不能向南伸展,秋刀鱼群由于这个水屏障而停止南下,密集成群。又如日本近海的鲣鱼鱼群,每年5月向常磐海面北上进行索饵洄游,6月上旬黑潮前锋附近表面水温急变,其北侧在17℃以下,形成冷水屏障阻止鲣鱼北上,而在这黑潮前锋南侧的黑潮水域中集群。如果在屏障处有一股狭窄的亲潮(或黑潮)楔入暖水域(或冷水域)而形成屏障水道时,秋刀鱼(或鲣鱼)就会沿水道急速南下(或北上)。

（3）两种不同水系的混合区,其饵料生物兼有两种水系性质不同的生物群体,既有高温高盐水系的种类,又有低温低盐水系的种类,从而形成了拥有两种水系带来的丰富的综合饵料生物群,为鱼虾类提供了一种水系所不能独有的饵料条件。辐聚和顺时针涡流使表层海水辐聚下沉。于是,处于流界附近的各类生物在此汇集,即从浮游生物、小鱼到大鱼都汇集于辐合区的中心,形成良好渔场。

（三）北原渔况法则

在海洋中,两个不同性质的水团或海流交汇的流界区是形成良好渔场的重要条件,这是沿海渔民很早就知道的。不过,最早从理论上总结其规律,提出法则性见解的是日本学者北原多作。他根据捕鲸船于1910—1912年3月的生产报告,结合多年调查研究的资料进行分析,于1913年做出"金枪鱼、秋刀鱼、沙丁鱼、鲸大群聚集最多的场所就在两海流的冲突线(交汇)附近"的结论(图5-3)。此后,又作进一步调查研究,于1918年提出三条"北原渔况法则",即:①鱼类都聚集在两海流冲突线附近;②由于外海洋流逼近沿岸,能驱赶鱼群浓密集结;③在相通两海流的水道区,由于双方面流来海流的逼近而使水道鱼群聚集。

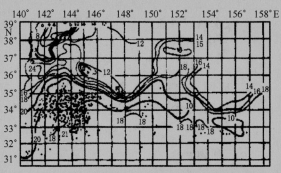

图5-3　长鳍金枪鱼的交汇区渔场(引自唐逸民,1980)

宇田道隆根据"北原渔况第一法则"又对流界渔场作了进一步的海洋调查,于1936年发表了《东北海区渔场中心与流界的关系》一文,对流界渔场鱼群分布情况作了"鱼群一般都集群于流界附近,尤其是在流界凸凹曲折大的地方鱼群更加集中"的论述,发展了"北原渔况法则第一法则"。

(四)流界的判断方法

流界一般经历了发生、发展到衰减的过程。在发展阶段,往往能够形成较好的渔场。而流界一般采用流裂或潮目作为其标志,即指局部水域表面流的辐合现象。沿流裂一带海域,一般浮游物质聚集多,或有泡沫、海雾和不规则波出现。但流裂也可以在同一性质的水团中形成,在实际观察中往往与流界混同,故应按两侧的表温、盐度、水色等特征来加以识别。

海洋锋一般以一线表示,实际上具有一定的宽度和面积,因而又有称为"锋区"(或交汇区、混合带等)。海洋锋可以用计算、目测或仪器观测等方法发现。在群众渔业中,常以海上漂浮物之聚集线或以海水不同水色、透明度界线加以识别。由于海洋遥测仪器的发展,因此也采用海洋卫星图像、遥测资料进行海洋锋的描述。计算方法则取温度、盐度、密度、声速场的最大水平梯度确定。

一般取 $\Delta T/\Delta X \geqslant 1\text{℃}/20\ \text{n mile}$ 　或　$\Delta S/\Delta X \geqslant 0.4‰/20\ \text{n mile}$ 来决定海洋锋的位置,式中,ΔT 为温度水平变量;ΔS 为盐度水平变量;ΔX 为水平距离。

海洋流界在大洋和沿岸任何水域均可形成。在大洋,有代表性的如黑潮锋、亲潮锋、亚热带辐合线和南极辐合线等。在沿岸海区,靠近大陆架边缘有沿岸水和外海水交汇形成沿岸锋,在河口大陆径流和沿岸水之间也会形成流界,叫河口锋,另外,在岛屿、礁、岬角等附近还有由地形引起的流界。

(五)流界渔场中浮游物质的聚集量

这里只说明两海流辐合时浮游物质的聚集情况。顺时针涡流(北半球)对浮游物质的聚集作用,在涡流渔场中阐述。

在流界区,往往存在辐合现象,海面浮游生物等浮游物质的聚集量可用下式表示:

$$A = -\int \delta\left(\frac{\partial u}{\partial x} + \frac{\partial v}{\partial y}\right)\mathrm{d}t = \bar{\delta}KT$$

式中:u、v 为水平流在 x、y 轴方向的分量;K 为辐合度,$K = -\left(\frac{\partial u}{\partial x} + \frac{\partial v}{\partial y}\right) > 0$;$\bar{\delta}$ 为浮游物质在时间 T 内的平均密度。

上式表明,在时间 T 内,浮游物质的聚集量 A 与辐合度 K 成正比,因此它是判明渔场条件的重要因素之一。但是,海流的辐合与鱼类聚集之间的关系并不是简单的统计关系,实际上,它们之间的关系有下列三种情况。

(1)辐合度较弱,流速低于鱼类定位的临界速度,这时辐合区逐步积聚浮游动物和鱼类。

(2)辐合度中等,浮游动物的聚积量较少,鱼类能在流中保持定位,一般聚集在辐合区的上流。

(3)辐合度强,鱼类顶流游泳并随流漂移,一般聚集辐合区的下流,由于流速大,浮游动物不可能聚集,在此情况下,不能形成渔场。

(六)流界渔场分布

主要流界渔场分布在:大西洋西北部纽芬兰外海的湾流与拉布拉多寒流交汇的流界渔场,产鳕鱼等;大西洋东北、冰岛到斯匹次卑尔根群岛、熊岛、挪威近海的北大西洋暖流与北极寒流交汇的极锋渔场,产鳕鱼、鲱鱼等;太平洋西北部,日本东部近海以及千岛群岛、堪察加半岛至阿留申群岛的黑潮暖流与亲潮寒流交汇的极锋渔场,盛产秋刀鱼、鲸、鲣鱼、金枪鱼、鲱鱼等;澳大利亚东海岸－新西兰沿岸和外海的东澳大利亚海流与西风漂流交汇的流界渔场,产金枪鱼等;南美东南方的巴西暖流与福克兰寒流交汇的流界渔场,产鳕鱼、金枪鱼、沙丁鱼、鱿鱼等;南非厄加勒斯海流与西风漂流交汇的流界渔场;南极群冰带—南极辐合带的南极鲸渔场。

二、涡流渔场

在流界水域(不同的温度、盐度的水系)或在不规则地形处如岛、礁等均会产生涡流。各种规模的涡流引起上下层水的混合,促进了饵料生物的大量繁殖,从而形成鱼虾类的良好索饵场所。如对马列岛东北近海的地形涡流是鲐鱼渔场的良好环境。在浅水礁堆处,阳光透射到海底,促进了藻类的大量繁殖,给鱼类提供了良好的栖息场所。按照涡流形成的原因,可分为力学涡流系、地形涡流系和复合涡流系。

(一)力学涡流系

流界两侧相对流速之差,由于切变不稳定性而产生不稳定的波动,从而发展成为涡流,这种由于力学原因产生的涡流称为力学涡流系。

根据 Bjerknes 的环流理论,涡度可用下式来表示:

$$\xi = \frac{u_1 - u_2}{L} = \frac{\int \frac{gdp}{\rho_2} - \int \frac{gdp}{\rho_1}}{2\omega L^2 \sin \phi} = \frac{\rho_1 - \rho_2}{\rho_1 \rho_2} \times \frac{1}{2\omega L^2 \sin \phi} \int gdp$$

式中:ρ_1、ρ_2 和 u_1、u_2 分别是两个水系的密度和速度;L 为两水系的距离。

由于密度与水温成反比,因此涡度与两水系的密度梯度或水温梯度成正比。也就是说,集积在涡流区的生物量与水温梯度成正比关系,温差越大,形成好渔场的可能性也就越大。

两水团运动的相对速度,如果依据地点的不同(不同纬度)而发生差异,那么相应的夹角也会发生变化,这样为两者之间形成很多涡流创造了条件,所以流界水域往往有涡流存在。在北半球,涡流有两种类型:顺时针涡流,其中心部表层海水辐合下沉;反时针涡流,其中心部下层海水上升扩散。同时在流界水域,也会产生辐散和辐合现象。在辐散区,表层海水扩散,下层海水上升;而在辐合区,表层海水辐聚下沉。

(二)地形涡流系

由于岛屿、半岛和海峡、海礁等地形因素所形成的涡流系列称为地形涡流系。存在于流水中的岛屿或突出于流水中半岛,在流的下方,岛屿、半岛的后背一面产生背后涡流,并出现局部的辐合现象。在海洋中从底部隆起的礁、堆处也会产生涡流。各种规模的地形涡流,引起上下水层混合,促进饵料生产而成为鱼类良好的索饵场所。

例如,以前南极海南乔治岛(South Geogia island)附近的鲸渔场,该渔场的形成是由于别林斯高晋海水系(Bellingshausen sea water)和威德尔漂流(Wedell drift)通过南乔治亚岛时,在该岛的东侧形成涡流,从而促进南极磷虾在该海域大量繁殖,成为南极磷虾的重要渔场。同时也是白长须鲸和长须鲸的好渔场。

为了了解各类地形涡流系的结构,宇田道隆于1952—1954年间在水槽中进行了模型试验研究,研究和比较各类模型的地形涡流系情况(图5-4)。

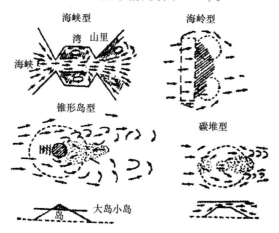

图5-4　不同类型地形模式试验结果(宇田道隆,1958)

(三)复合涡流系

由于力学和地形两种因素共同作用产生的涡流系列称为复合涡流系。例如在对马海峡附近海域就是典型的复合涡流系。

例如,在日本海春夏期间,中层以下被冷水团盘踞,其上方为对马暖流,由于地形作用,影响着对马暖流的行进路线,使其成为蛇行状,冷水团在等深线曲率大的海域突出,出现上升性的冷水涡,在冷水涡流群中间相应地产生冷水性涡流群,这是沙丁鱼、鲐鱼等的良好渔场。这些涡流群的变化、移动与鱼群的分布有着很大的关系。在对马海流强时,水层反时针涡流显著,同时流界也发展,渔发也就旺盛(图5-5)。

三、上升流(涌升流)渔场

(一)上升流渔场形成的一般原理

上升流海域是世界海洋最肥沃的海域之一,它的面积虽然只占海洋总面积的 1×10^{-3},但渔获量却占了世界海洋总渔获量的一半左右。那塔松(Nathansohn A.)经过对大量的渔业生产资料及其实践的研究后,于1906年首先提出"上升流水域,一般生产力高,因而形成

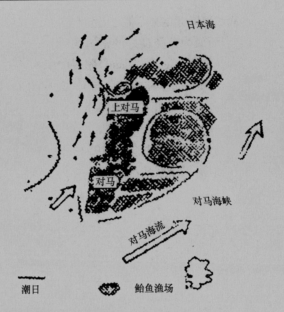

图 5 - 5　辐合涡流系(宇田道隆,1960)

优良渔场"的论断,我们将其称为那塔松法则(Nathansohn's Law)。

其形成的原理可作如下解释:通常在海洋的上层,浮游植物光合作用较强,海水中含有的营养盐类(磷酸盐、硝酸盐等)被消耗,现存量逐渐减少。相反,在海洋的深层和海底的沉积物中,有机物遗骸被细菌分解还原而不断积蓄着丰富的营养物质。这些营养物质必须通过海水的上升运动把它们引到表层,并在光合作用下产生有机物质。引起海水上升运动的重要过程就是上升流(upwelling)。

在上升流区,下层冷水上升,水温下降,盐度增加,营养盐不断补充丰富,促进浮游植物大量繁殖,海水透明度降低;下层水含氧量较少,上升到表层时,由于大气中的氧气在低温水面能大量溶入而得到补充。因此含有丰富营养盐的下层水上升量多的地方,就是生产力高的场所,于是饵料生物丰富,从而形成良好渔场。上升流区域,海洋生物的生产力一般都较高。印度洋的索马里海区到阿曼湾海域,初级生产力(以碳计)可达每天 5 g/m²,秘鲁海区的生产力也很高。

上升流水团与同一深度的水团比较,具有低温、高盐、低含氧量、富营养盐、浮游生物繁盛等特点。另外,如果大气气温比上升流水温高,就会产生雾气,所以,上升流现象对沿岸水的气象状况产生影响。

(二)上升流的类型

上升流一般是由回归带和亚热带相对稳定的风沿海岸连续吹刮及赤道区风的辐散所造成的。从原则上讲,上升流是由海洋表层水流动辐散作用引起,而这种辐散,又是由于某种特定的风场、海岸线的存在或其他特殊条件形成的,因此上升流一词在广义上包括辐散和垂直环流等其他海洋过程。至于垂直对流过程只限于中、高纬水域冬季表层水冷却下沉而产生。

　　上升流的类型一般分为：①大陆沿岸盛行风引起的风成上升流；②两流交汇区和外洋海域辐散引起的一般上升流；③反时针环流诱发而产生的上升流（北半球、南半球相反）。此外还有岛屿、突入于海中的海角（岬）、礁或海山等特殊结构地形形成的局部上升流等，其中以风成上升流势力最大。

　　1. 风形成的上升流

　　由于风海流的副效应，在沿岸会产生上升流。设在北半球有一海岸，风向与岸线平行或成一交角（如图5-6所示）。在这种情况下，表层海水的输送方向在风向之右，因而产生离岸流。由于流体连续性条件的要求，下层海水便补充上升到海面，这种过程称为上升流。这种上升流涉及的深度一般较浅，大约200 m左右。上升流沿垂直方向的流速一般非常小，大约为0.1~3.0 m/d，上升流的垂直流速对海洋生物生产起着重要的作用。据测定结果：如上升率愈小，初级生产力愈大。上升水团的扩散在渔场形成方面有着重要意义，其扩散范围大致离岸50~100 km，在此宽度的最外边界为动力边界。在该边界的一边，海水辐合下沉，在另一边，相应地产生辐散而海水上升。上升流的强度，与风速、风向岸线夹角以及地形都有密切关系。据日本学者日高的研究，在理论上，认为加利福尼亚上升流的强度以风向与岸线的交角为21.5°为最大，每月上升80 m左右。沿海上升流海域是沙丁鱼、鲲鱼和鲐鱼等中上层鱼类的良好场所，在上升流水域的外缘可以形成金枪鱼类等大型中上层鱼类的渔场。

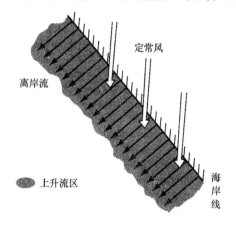

图5-6　风形成的上升流示意图

　　世界大陆沿岸著名上升流，主要有四处：北美大陆西岸近海的加利福尼亚海流、南美西岸近海的秘鲁海流、非洲西北沿岸近海的加那利海流和非洲西南近海的本格拉海流，上述大陆架沿岸上升流区的位置，都在大陆的西岸，即大洋的东部形成。

　　2. 辐散上升流

　　两海流交汇区辐散引起的上升流已在流界渔场一节中讨论。这里讨论赤道海流系产生的上升流。在赤道海流系中，赤道流自东向西流，北赤道流位于8°—18°N，南赤道流可以穿过赤道延伸到5°N，在两赤道流之间，有一支赤道逆流存在，其方向由西向东，位于3°—10°N之间，在这一流系中有若干辐散系，这些辐散系位于南、北赤道流的边沿。图5-7是太平洋

10°S—20°N间,温、盐、流速、溶解氧、磷酸盐的垂直断面分布图。从图5-7看出,在赤道逆流南部边界有下降流,北部边界有上升流,相应地,在赤道和逆流之间,靠逆流边界产生下降流,靠赤道这一边界产生上升流,从而形成两个垂直环流系统,即逆流北界上和赤道上产生辐散,而在逆流南界则产生辐合。由辐散和辐合所产生的上升流和下降流叠置于主要海流之内,呈螺旋式运动。由于海水的上升运动,把富含营养盐的下层海水带入表层,故在赤道和逆流北界的那两个辐散海区,浮游生物丰富,生产力高。

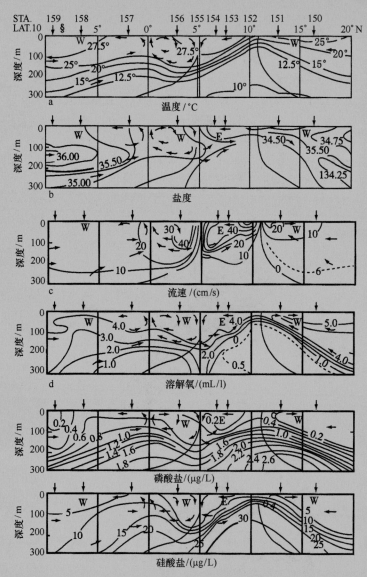

图5-7　太平洋10°S-20°N间,温、盐、流速、溶解氧、磷酸盐的垂直断面分布图

3. 水温的斜背结构

由于上层水域的辐散,引起深层冷水上升,使跃层隆起(图5-8),这种水温分布叫做水

温斜背结构。在热带大洋东部,特别在热带太平洋的东部,赤道逆流在大陆架分歧,向北和向南分别进入北、南赤道流。在赤道 150 m 深处,有一支由西向东流的赤道潜流,其上方营养盐丰富。这支潜流,由于赤道一带海水产生辐散,冷水上升,故等温线分布呈山脉状隆起而形成脊状水温结构。

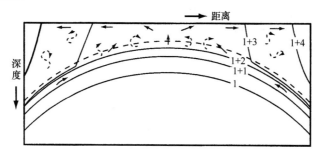

图 5 - 8　水温斜背结构示意图

在水温斜背结构的上升流海区,温跃层升高到海面附近,使中上层鱼的栖息水层缩小,鱼群更加密集成群形成良好渔场,这种海区生产力一般很高。调查结果表明,大洋赤道水域温跃层的深度分布规律是自东向西递增。例如,在赤道太平洋东部温跃层的深度很浅,最浅的只有 10 m 或 15 m,一般都在 50 m 以浅,但自东向西深度逐渐增大,在太平洋西部至少达 150 m ~ 200 m,从赤道水域表面水温自东向西递增的分布也可看出热带赤道水域的东部海水有较强的辐散。

4. 冷水丘

在热带太平洋东部哥斯达黎加外海,由于赤道逆流在此逆转,引起反时针环流,诱发下层冷水上升,等温线呈圆丘状隆起而形成穹丘状水温结构,也叫冷水丘,这就是著名的哥斯达黎加冷水丘。这一冷水丘的周边海域往往是各种鱼类的重要渔场,如金枪鱼、茎柔鱼等。

一般来讲,上升流水域是渔业生产高产的主要条件,但也有例外。在实际渔业生产中,因为上升流海区的深层水含氧量少,也会发生鱼群逸散的情况。如印度洋科钦沿海,上升流水域含氧量很低,约为 0.25 mL/L(氧饱和度 5% 以下),使得底层鱼类和龙虾等逸散,不能进行拖网作业;又如亚丁湾海域,由于上升流底层水的含氧量在 2 mL/L 以下,拖网渔获量显著减少。

(三)上升流渔场分布

在上升流海域,尤其是在远离大陆的深海区,如有深层含有营养盐类的海水涌升,则该海域即会出现良好的渔场。主要渔场分布在:亲潮水域,产鲑、鳟、鲱等;北朝鲜寒流海域,产狭鳕等;加利福尼亚海流域,产沙丁鱼、鲭、长鳍金枪鱼等;秘鲁海流域,产鳀鱼、金枪鱼、狗鳕等;本格拉海流域,产沙丁鱼等;西澳大利亚海流域,产金枪鱼等;赤道逆流和赤道潜流海域,产金枪鱼、旗鱼等;西北非加那利海流域,产沙丁鱼、鲐鱼、鳕鱼、金枪鱼、章鱼、鱿鱼、底层鱼类等(图 5 - 9)。

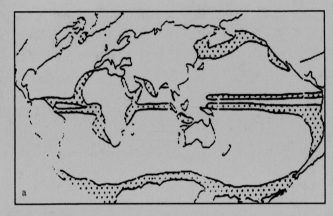

(引自ww2.mcgill. ca/biology/undergrad/c441b/lect03/worldupw.gif, 2003)

a. 上升流分布

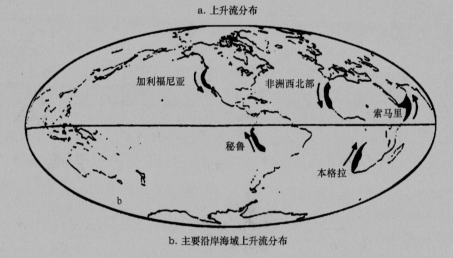

b. 主要沿岸海域上升流分布

图 5-9　世界海域主要上升流分布示意图(Thompson,1977)

四、大陆架渔场

大陆架尤其是近陆浅海,从海面到海底都有较为充分的阳光透射,还有从大陆径流带来和从外海深层运来的各种营养物质,是鱼虾贝类等经济动物的繁殖、索饵和越冬的良好场所,各种捕捞对象在这些海域洄游集群。

(一)影响大陆架渔场的主要水系

一般来说影响大陆架渔场的主要水系为沿岸水和外洋水(大洋水)。一般来说,海岸线到 200 m 等深线之间的大陆架水体,称为沿岸水。200 m 等深线以外的大洋水体,称为大洋水。由于它们的温度、盐度和水色透明度等的不同,因而在它们的交汇区形成了锋面,为渔场的形成提供了很好的条件。影响沿岸水的主要因素有大陆径流,特别是在河口、海湾等海域。同时由于沿岸水域,潮汐、潮流、波浪等也有较大影响,使得水体充分混合。

（二）大陆架渔场形成的条件

大陆架是开发率最高的好渔场，只有7.6%的面积，却占了世界90%的渔获量。据现有资料分析，全世界海洋中水深在100 m以内浅海的渔业产量约为12.5 L/km²，100～200 m次浅海区为5.4 L/km²，到了次深海300 m水深只有1 L/km²。

大陆架渔场形成的条件主要有以下几个方面：①江河输入大量营养物质；②水域浅，在风浪、潮汐和对流等作用下，水体混合充分，底层补充到上层，整个水体营养好；③光合作用充分，浮游植物大量繁殖，一般来说光合作用层为60～150 m；④水域浅，因此物质循环快，初级生产力高；⑤由于饵料生物丰富，大陆架一般都为产卵场，海湾还是鱼类的肥育场所；⑥大陆架的水深适宜，海底较为平坦，适合于渔具作业；⑦在大陆架边缘，由于上层流的离岸作用，外海下层水被引入，产生上升流；⑧另外，在大陆架边缘附近海域，沿岸水系和外海水系产生沿岸锋面。

尽管前面已经介绍，大量江河入海，但其输送的营养物质与上升流的作用是微不足道的，世界上几大著名的大江河如长江、密西西比河和亚马逊等河口水域均属于优良渔场，但不是世界著名的大渔场，而秘鲁近海、美国西南岸近海及北美东岸等，没有大河，却是世界上著名的大渔场，说明上升流海区的生产力更高。

（三）主要大陆架渔场分布

目前已经开发利用的渔场大多数都分布在大陆架上，其中较著名的渔场有：中国海（包括渤海、黄海、东海和南海）、鄂霍次克海、白令海等海域的底层鱼类、虾蟹类及中上层鱼类的渔场；欧洲的北海、挪威近海、巴伦支海是鲱鲽、鳕鱼、沙丁鱼和鲐鱼等的渔场；南美洲东南岸的巴西至阿根廷近海等海域的鳕鱼类、金枪鱼类、沙丁鱼和鱿鱼、蟹等渔场；西非几内亚沿海等底层鱼类、虾蟹类及沙丁鱼等中上层鱼类的渔场；印度、阿拉伯、伊朗近海等的底层鱼类、虾类和沙丁鱼等鱼类的渔场；澳洲近海的底层鱼类、金枪鱼、鱿鱼等渔场；美国阿拉斯加到加拿大沿海的底层鱼类渔场；加拿大大西洋海岸至纽芬兰附近一带的鳕鱼、鲱鱼、比目鱼及鲑鱼等鱼类的渔场。

五、礁堆渔场

（一）大陆斜坡，岛屿边缘和岩礁周围以及没有露出水面的岩礁海域

这些地方的周围都具有陡坡，沿着陡坡从外海流进的海流或潮流，可把深海底层未经充分利用的营养盐带到中上层甚至表层。同时，时常冲击着陡坡或岩礁的波浪也在一定程度上使上下层海水混合。因此，在大陆斜坡、岛屿边缘和岩礁周围海域的海水比较肥沃，饵料生物较丰富，从而为渔场的形成创造了条件，例如我国著名的嵊山渔场、海礁渔场和东海边缘的钓鱼岛渔场等。

（二）河口、海湾、海峡、水道和岬角等海域

在河口、海湾、海峡、水道和岬角等海域，除了具有上升流和上下层海水对流混合作用

外,在这些海域还常常发生由于地形关系而造成的背涡流,使含有较丰富的饵料生物随海水的流动而扩散到一定的范围,从而形成某些鱼类良好的集聚环境。

在大江、大河入海的吞吐口,水深较浅,具有咸淡水混合区的特点,既有淡水里带来的有机物质,又有随潮流冲来的大量营养盐类,有利于浮游生物的大量繁殖。所以,许多鱼类的主要产卵场处在河口附近。河口外有各种程度不同的混合区,一般是多种鱼类繁殖、肥育及稚幼鱼较完全的肥育场所,同时也是较好的作业渔场。例如,长江口既是鲥、银鱼等鱼类的产卵场,又是带鱼、银鲳、鲻鱼等鱼类的产卵场。

(三)海底隆起的海丘、海脊和海岭等海域

由于这些海底隆起处,可以导致海水沿斜坡上升,形成上升流海域,使饵料生物丰富,是形成良好渔场的条件。如北太平洋中部的天皇山渔场和日本海的大和堆渔场。

(四)海底的凹陷处等海域

在大陆架海区的海底凹陷处,由于海底深浅悬殊,经过这里的海流和潮流的流速发生了变化,近底层水流较稳静,而且水文条件也较稳定,可以容纳集群的鱼类栖息、索饵或移动。有实践经验的渔民都知道,在这些深度突然发生变化的深水潭、沟底等处,常是鱼群密集的良好场所。

(五)礁堆渔场分布

有礁堆海岭的海域,由于上升流的出现而形成较好的渔场。一些典型的礁堆渔场为:豆南—小笠原—马利亚纳群岛渔场和萨南—琉球渔场,产鲣鱼、金枪鱼等;南北太平洋外海的礁堆海岭渔场,产金枪鱼类;南北大西洋外海的礁堆海岭渔场,产底层鱼类(大浅滩)、金枪鱼类等。

第三节 掌握中心渔场的基本方法

海洋鱼类是变温性动物,在它们的一生中,为了生存、发育、生殖而觅食。为了生存,为了适应海况的变迁,在一年四季中,从某一海域朝着另一海域一定方向有周期性、有规律性地进行产卵、索饵、越冬洄游。鱼类洄游均是有规律、有秩序的进行,有一定的时间和地点,这就形成渔期、渔场。但是由于海况(水温、盐度、海流、潮流等)的变化,导致渔场、渔期的变化,为此在渔业生产中必须准确掌握各种鱼类生活习性和它的洄游规律、洄游路线以及海况的变化,只有这样才能牢牢掌握中心渔场,才能达到捕捞高效率。在本节中,我们主要从鱼类生物学及其行动和外界环境条件两个方面来论述掌握中心渔场的方法。

一、鱼类生物学及其行动状态

鱼类中心渔场的形成是通过鱼类本身的一系列活动和行动等来反映的,鱼类是渔场形成中的主体,因此我们可以从鱼类集群、移动、生物学特性等指标来反映中心渔场的形成与否。

（一）鱼类集群、移动

鱼群，特别是中上层鱼类，在水域表层所形成的波纹及其群形、群色是鱼群存在的直接标志。由于鱼群所在海区的水色同周围海区有显著的不同，有经验的"鱼眼"可以通过这种现象判断是否有鱼和鱼的种类、数量。一般地说，群色越浓，鱼群越大。若发现鱼群表层水色有些黄褐色，下部有黑色，且边缘分明、整齐为大群；鱼群分布面广，水色较淡，或没有水色，表明下部无鱼，群体不大；鱼群色浓，呈圆形或椭圆形，移动慢，领头鱼不明显为大群；呈带状、行动快是小群。但是在观察水色找鱼时，必须注意不要把云块的影子误认为鱼群。

根据大量的生产经验与实践，渔民针对不同的捕捞种类，得出一些规律与结论。

（1）鲐鱼。水色常呈深绿色。在起群的水面有较细而密的波纹，行动一般较慢，特别是产卵后的鲐鱼，因行动快激浪花，远远看去好像冒烟似的，所以渔民称其为"冒烟"鱼。领头鱼较明显，鱼群移动时常成箭头形、半圆形、方形等前进。

（2）竹筴鱼。水色呈汞红色。在索饵时向前移动得较快，鱼群稳定，水面上有气泡。

（3）扁舵鲣。若群体不大，鱼群水色与周围水色没有很大区别，一般移动较快，鱼群对水面波纹突起而粗大，起群不稳定，容易下沉。

（4）蓝点马鲛。个体大，游泳敏捷，游动时激起的波纹较高，群体分散，无色鱼，没有一定辨向，常跃出水面，有时露出背脊，或将尾柄伸出水面摇动。

（5）马面鲀。鱼群分散，行动迟缓，激起的水花较鲐鱼小，而面积却比鲐鱼大。常与鲐鱼混群，鲐鱼在前，马面鲀在后，当渔船靠近时，下潜迅速，且不见翻肚现象。

（6）鳀鱼。起浮水面时，激起小而密集的波纹，远看上去很难同鲐鱼区别。而鲐鱼行动快，鲐鱼行动慢，鲐鱼起水和下沉都缓慢，鳀鱼起水快，下沉也快。当船接近鳀鱼时。受惊后很快向四下分散，过后又集中在一起。

（7）磷虾。不论在水面或水下均呈淡红色，形状近似圆形，船到跟前能跳动一下即下沉，移动速度很慢。

（二）鱼类生物学特性

在海洋渔业生产中，可以采用各种手段和方法来侦察鱼群，其主要目的是掌握中心渔场。一般来说，在渔业生产和调查中，除水文因子外，鱼类的各种生物学特性也是一个重要依据。在生产中应结合历史资料和生产经验，尽可能测定生物学等特性，这对进一步了解鱼群动态和掌握渔场的发展动向等具有重要意义。

1.体长组成

许多洄游性鱼类（如带鱼、大黄鱼、鲐鱼等）有以年龄和体长大小分批洄游的规律，特别是鱼类在进入索饵场和产卵场的时候表现更明显。大个体鱼所组成的鱼群洄游在最前面，个体中等鱼组成的鱼群紧跟后面，个体小的鱼组成的鱼群在最后面。个体大的鱼群一般数量不大，中等个体其群体组成均匀，多数群体较大，在渔业生产中一般应跟踪这一群体。若渔获物中个体大小参差不齐，说明渔汛已接近尾声。因此，只要把握了鱼类洄游路线上各长度组鱼的前进次序，就可以分析这种鱼目前是处于哪个阶段，进而可判断渔场、渔期的初衰。

2. 性腺成熟度

根据鱼类性腺成熟度,可以分析鱼类洄游的早、晚及进入产卵场的状态,这对掌握中心渔场是十分重要的。性腺发育的快慢与鱼类年龄、体长、丰满度、水温等因素有关,年龄大或个体长,丰满度高,水温高发育则快,反之发育就慢。根据性腺发育情况,成熟度相近的个体,会聚集成群,分期分批向产卵场洄游。在产卵场的渔获物分析中,如性腺未成熟的鱼占多数时,则说明尚未到产卵阶段。这时鱼群不甚稳定,栖息较分散,当性腺已成熟的鱼占多数时,则说明接近产卵阶段,这时鱼群稳定程度和密度都增加。当性腺已完全成熟,则说明即将产卵或正在产卵。这时鱼群最稳定,密度也最大。若渔获物中主要为已产卵或尚未成熟的鱼占多数,则表示该鱼群已产卵将分散,此时可去迎捕另一群来产卵的鱼群。

如分布在黄海产卵的鲅鱼,当性腺成熟度为Ⅲ期时,鱼群不起群。当性腺成熟度以Ⅳ期为主时,鱼群开始到水面活动。性腺成熟度Ⅴ期及Ⅵ—Ⅲ期、Ⅵ—Ⅳ期时,起群频繁,渔汛进入盛期。性腺成熟度降为Ⅵ—Ⅱ期为主时,则是渔汛末期。

3. 性比组成

根据雌雄性比来判断渔场,也是渔业生产中常用的标志之一。有不少鱼类在生殖阶段的初期,一般雄鱼进入渔场的多于雌鱼,群体数量较少;盛渔期,雌雄比例较接近,群体数量较大;末期,雌鱼多于雄鱼,群体数量较少,如东海带鱼等。而黄海、渤海对虾在春季生殖洄游过程中,一般是雌虾先行,雄虾随后,因此雄虾在渔获物中占绝大多数时,意味着对虾主群已转移或表示渔汛即将结束。所以渔民说"雌虾捕的多,船只别挪动,雌虾捕的少,另把渔场找"。

4. 肠胃饱满度

鱼群在索饵阶段,摄食是侦察鱼群的重要指标。为此可通过观察肠胃饱满度及食物组成来推断中心渔场位置及其渔汛的好坏。根据鱼类的摄食习性,解剖鱼类肠胃,观察食饵种类,可以判断鱼体胃里的食饵是属于主要饵料还是次要饵料。如果主要饵料占多数,鱼类在此处停留的时间可能长些,渔场相对较稳定,如肠胃里杂食多,说明此处缺少此种鱼类所喜欢摄食的饵料生物,鱼群不可能久留。例如带鱼虽然属于广食性的凶猛鱼类,但其饵料组成的98%是甲壳类和鱼类,如磷虾、毛虾、日本鳀鱼、七星鱼、玉筋鱼和带鱼幼鱼等。若发现鱼的肠胃中多属这些饵料生物,说明作业船只已进入中心渔场。

还应指出的是,鱼群的稳定性与饵料数量、组成的相互关系不是一成不变的。由于昼夜不同,鱼的摄食强度也不同,饵料消化速度也不同。因此必须进行全面具体的分析,鱼类在越冬洄游时,经常解剖观察肠胃饱满度和测定丰满度,对了解越冬洄游途中的鱼群状态也是很有价值的。

二、外界环境条件

(一)生物性条件

1. 饵料条件

了解鱼类饵料生物组成分布和变化,是侦察鱼类索饵肥育期间的重要环节。这种侦察必须首先了解鱼类的食饵习性与组成,同时侦察海区的水生生物(浮游生物和底栖生物)地区分布、种别组成与量的季节变化,做好调查研究,绘成渔场辅助图。在侦察鱼群时,利用浮游生物指示器、底栖生物采集器对现场捕获的生物加以分析,根据饵料的指标生物出现的多寡,参照以往渔获物记录与现场试捕作为判断鱼群栖集的标志。

根据我国渔轮在黄海中南部大沙渔场生产作业的经验,掌握筐蛇尾(俗名芥菜头,属棘皮动物的蛇尾纲)的分布情况,可以决定捕捞小黄鱼的场所,因为在筐蛇尾的边缘是小黄鱼比较集中的地方,也就是小黄鱼的优良渔场。

在东海,作为带鱼主要饵料的磷虾资源丰富,有太平洋磷虾、微型磷虾、宽额假磷虾和中华假磷虾。冬春期间这几种磷虾常集聚于浙江近海的沿岸水和暖流的交汇区,为带鱼摄食提供有利条件。实践证明,东海的带鱼渔场常形成于磷虾的密集分布区内,如1963年3月东海磷虾密集分布区在鱼山、韭山附近,平均数量达50 ind/m。以上,而带鱼在该海区的产量也属东海区最高。可以认为,冬春期间磷虾等大型浮游生物可作为探捕带鱼渔场的良好指标。

根据对浙江沿海肛长在120mm以下的幼带鱼饵料分析结果表明,带鱼幼鱼几乎全部以浮游生物为主食。每年5—8月,浙江近海张网作业区内,大量出现小黄鱼、带鱼、大黄鱼、鳓鱼和鲳鱼的幼鱼,其中以大、小黄鱼和带鱼幼鱼的产量为最高。这种现象的产生和张网作业区内饵料基础雄厚密切相关。因为台湾暖流在5—8月间逐日增强,流隔区向沿岸明显靠拢,流隔区内浮游动物生物量为$250 \sim 1\ 000\ mg/m^3$,远高于浙江外海暖流区内生物量值($50 \sim 250\ mg/m^3$),因此浙江近海张网作业区实际上是多种经济鱼类的仔、幼鱼良好索饵场。

2. 渔获物组成

捕鱼作业中,如所捕主要目标鱼类的鱼体小,数量少,而杂鱼较多,这时即使产量较高,也可以判断它不是中心渔场;如果渔获物大部分为目标鱼类,且鱼体整齐,即使产量不太高,也表明作业地点已接近中心渔场,不宜过远地转移渔场。

另外从敌、友鱼的分布情况也可作为判断是否中心渔场的依据之一,如发现在渔获物中某种经济鱼类的"友鱼",且有一定数量,即可在其附近找到经济鱼类的集群。小黄鱼经常与黄鲫混栖,鲳鱼常与鳓鱼为邻。所以了解它们之间的关系,就可以根据一个鱼种的出现来判断另一鱼种的存在。

同样,如在渔获物中或海面上,出现"敌鱼"时,也可在其附近找到经济鱼类的集群。鲨鱼是捕食经济鱼类的凶猛性鱼类。鲨鱼的出现,意味着附近海域可能有捕捞对象栖息,但大量鲨鱼的出现往往会驱散鱼群。

3. 海鸟等海洋动物行动状态

根据水鸟及海洋哺乳动物的集群和行动的侦察观察鸟类(海鸥)在渔场上的飞翔情况,可以作为侦察鱼群动态的标志,这种方法对中上层鱼类尤其有效。如在渔场中,鸟群的数量大小可暗示水中鱼群的多少;鸟群飞翔的高低,能决定鱼群在水中栖息层的深浅,高飞时表示鱼群潜在水的较深处;鸟群飞翔迅速,表示鱼群移动很快;鸟群飞行的方向表示鱼群移动的方向;海鸥上下飞翔频繁,则鱼群已出现在表层。

此外,渔场上发现海豚、鲸鱼、鲨鱼,则表示有鱼群存在,因为这些是以鱼类为食饵的动物。当海豹、海豚等大群出现时,象征渔汛可能丰产。

(二)非生物环境条件

1. 水温

水温不仅明显地影响个体性腺发育的速度,同时也约束群体的行动分布,是很重要的非生物性预报指标。水温对生殖鱼类行动的影响主要反映在渔期的变化上。渔汛初期水温的高低,直接影响生殖鱼群到达产卵场时间的迟早。这是由于水温的变化对生殖鱼群的性腺成熟度起着加速或延缓的作用,而生殖鱼群性腺成熟度与产卵场渔期的发展关系紧密相关。因而利用水温这个指标来判断各产卵场的渔期及其发展情况将是有效的。例如,4.5～5.0℃等温线的出现和消失及其变动趋势与6.5℃等温线的出现,可作为判断小黄鱼烟威渔场范围的渔期发展的有效指标;20.5～23℃、18～19℃、15℃和12～13℃等温线被看作秋季渤海对虾集群、移动和游离渤海的环境指标(刘效舜,1965;张元奎,1977;刘永昌,1986)。又如,浙江嵊山渔场冬季带鱼汛,水温是预报渔场、渔期的有效指标。当平均底温降至21℃左右时,北部渔场开始渔发,水温降至18～20℃时,渔发转旺,鱼群逐步南移,当平均底温降至15℃左右时,渔汛已趋结束(浙江海洋水产研究所等,1985)。

2. 水深

不同鱼类生活水深范围不同,如外海暖温性鱼类的马面鲀,主要栖息在水深100m左右海域,带鱼大多生活在水深100m以浅海域。同一种鱼类在不同生活阶段栖息的水深也有变动,海底地形比较复杂的水域,在一定条件下,有利于较大数量鱼群的集聚,因此,可以参考水域水深分布情况来寻找渔场和捕捞对象,提高经济效益。

3. 底质

底质对于底栖生物和中下层鱼类栖息分布有着密切关系,一般鱼类的栖息水域受底质的限制,如对虾喜欢栖息在烂泥且浮游生物丰富的地方。一般泥质或泥沙质沉积带,营养物质丰富,有利于底栖生物繁殖生长。但不同鱼类对底质要求不同,如小黄鱼、鲵鱼等喜栖于泥质地,马鲛鱼、鲥鱼产卵时多栖息在沙泥底质等。

4. 水色、透明度

水色、透明度与水深、水质和水系均有联系,水深、水质和水系不同,其水色、透明度也不相同。由于鱼类聚集的水域有其特殊适应的环境条件,那么环境条件综合反映出的水色透明度也自然有其特殊表象,在现场作业中,可以根据水色、透明度的观测来作为判断中心渔场的参考,这也是比较简捷而有效的方法之一。广大渔民在这方面积累了丰富的经验。

5. 潮流

根据潮流掌握渔场是现场作业中极为重要的技术措施,因为潮流不仅影响鱼群的分布和动态,而且能够影响船位和航向,如果不能很好地利用潮流,也就不能正确地掌握中心渔场。

6. 风和低气压

气象要素中的风和低气压对鱼类的集群与洄游有明显的影响,可根据渔汛期间风与低气压的情况作为掌握中心渔场的参考。风能形成巨大的风海流,直接影响着水温的增减,间接控制鱼的行动,特别是冬季北风和寒流对渔业生产影响很大。沿岸风的走向和季节风,在春秋渔汛期间,"南风送暖北风寒",离岸风和降温是一致的,向岸风和增温是一致的。实践证明东南、西南风,是增温,鱼群离岸,捕捞应向内。西北、北、东北风,是降温,鱼群向外或栖息较深水层,捕捞应向外。

"抢风头、赶风尾"是捕捞实践经验的总结,实践中得知,大风前和大风后,鱼类集群明显,往往形成生产高潮。"抢风头",在大风来临之前、海面出现低气压和长波浪,鱼类为了逃避上层海水激烈运动对它的冲击,在此种情况下,鱼易集群、游向低气压中心海区,寻找适宜的栖息场所,如果抓住鱼群,及时捕捞,就能获得高产。"赶风尾",由于大风,造成海水垂直对流运动,海水涡动,引起混浊水层,海水大量散热,造成海水表层变冷,这时鱼群分散,当风减弱,鱼群又一次集群寻找新的栖息场所,所以风后,及时赶赴渔场抓住鱼群,能获高产。

如嵊山冬季带鱼鱼汛,风暴情况对于鱼群的集散和游动影响颇大。如渔汛初期,若接连几次强冷空气南下,天气阴冷,等温线外移,则渔发偏外;反之,风暴少,天气晴暖,潮流稳定,则渔发偏内。

气压的变动对于鱼类的集群和分布也有一定的影响,它可以引起渔获量的显著变动。渔汛期间,当低气压出现之时,鱼类往往集聚成大群,容易获得高产。如闽东渔场的带鱼汛,在出现 1 002 hPa 低气压时,网产量就增多。又如分布在日本本州附近日本海海域的沙丁鱼、鲐鱼和柔鱼等渔汛期内,若日本海出现低气压而太平洋成为高气压时,都可获得高产。反之,则渔获量不高。

综上所述,在现场作业时要及时掌握中心渔场,必须不断地观察有关情况,利用各方面的侦察材料,进行综合分析作出比较全面的判断。必须指出,使用上述指标进行预报是建立在对预报对象的洄游分布、行动规律、生活习性、生物学特性和渔场的环境条件以及与环境之间的相互关系有了充分调查研究的基础之上。只有这样,才能找到有效的预报指标,正确地运用预报指标,收到预期效果。预报过程中所运用的指标有主要指标和参考指标,在一定条件下它们是可以相互转化的。比如小黄鱼生殖期间,风情仅是参考指标,但在连续大风的情况下,风情则成为预报的主要指标。

三、仪器侦察

除了利用鱼类本身的生物学、行动和外界环境指标来寻找中心渔场外,还可以利用一些仪器设备来直接侦察鱼群和寻找中心渔场。主要有探鱼仪、飞机侦察和卫星侦察等。

（一）探鱼仪

探鱼仪是借助超声波在水中的传播来探测鱼群及其他水中障碍物的。探鱼仪是掌握渔场和鱼群活动规律必不可少的助渔仪器。目前在生产中使用的有水平式探鱼仪和垂直式探鱼仪。水平式探鱼仪利用超声波在水平方向的传播来探测渔船周围一定距离内的鱼群。垂直式探鱼仪是利用超声波在垂直方向的传播来探测渔船下方的鱼群。探鱼仪不能记录出鱼或鱼群的形状,而是记录各种不同的形状。这些记录的形状与鱼本身的外型、体长等无关,主要取决于鱼群的结构性能、垂直分布和活动性等。

（二）飞机侦察

随着科学技术和渔业工业的不断发展，目前已有不少国家利用飞机空中侦察鱼群。渔船队利用飞机来缩短侦察鱼群的时间已有较长的历史，而其重要性日益显现。目前在智利与秘鲁一带大部分鳀鱼与沙丁鱼船队作业中，飞机侦察是一个重要手段。多年来，飞机在美国捕鱼船队及加利福尼亚沙丁鱼渔业中，已起着重要的作用，甚至今日现代化的大型金枪鱼围网渔船，已经自备直升飞机侦察鱼群。

我国有关单位也于 1977 年 6 月 5 日至 7 月 5 日，在山东省南部渔场进行了 10 航次的飞机侦察鱼群科学试验。通过试验，不仅证明了使用飞机可以侦察到海上的起水鱼群，还为我国海洋渔业进一步应用航空技术的研究，积累了资料，摸索了经验。

飞机侦察不仅能在短时间内完成大面积的侦察工作，且能进行空中摄影，查明鱼群的分布数量及行动，这些对于引导生产渔船，组织调度，进行鱼类行动的研究，改进和提高捕捞技术，充分利用中层鱼类资源具有重要的意义。

（三）卫星侦察

除了利用飞机侦察鱼群外，还发展利用卫星来侦察鱼群，进行渔业资源调查。利用卫星来侦察鱼群，扩大了侦察鱼群的范围，大大提高了这项工作的及时性和准确性。日本曾在 1982—1984 年在东北海域、日本海海域和日本以东海域应用卫星侦察秋刀鱼、鲣鱼、枪乌贼、日本鲐鱼、圆鲹、舵鲣和竹筴鱼等渔场形成和外界环境相适应的调查。美国曾试验应用卫星对鲱鱼等的鱼群分布和数量进行调查。由于卫星遥感具有观测范围广、时间短和准确性高等特点，因此，利用卫星遥感来侦察鱼群和渔场正在得到越来越广泛的应用。

第四节　渔场图及编制方法

一、编制渔场图的意义

（一）渔场图的概念

渔场图也称渔捞海图，是指导渔业生产的科学参考图册。绘制捕捞对象在不同生活阶段的分布、洄游、海区环境特点、浮游生物的数量变化和渔获量分布等图册，可作为侦察鱼群和提高渔业生产的参考依据。这种图册是根据海洋综合调查的资料和水产科学研究单位及生产单位所侦察收集的第一手资料，用图解的形式表示出来的，并附以简明的文字说明，为渔业生产领导机关编制各个渔汛的渔情预报、安排生产、部署和调动渔船队提供科学依据。同时，可以使人们十分清楚地了解经济鱼类或其他捕捞对象在动态中的分布性质及其在水域里集成大群的地点和时间，对于现有渔业资源的分布有个全面的了解。

我国编制的渔场图（渔捞海图）内容主要包括：渔场的概貌（渔业基地、渔区的划分、渔场的地形和经济鱼类组成等）；渔场环境，包括海洋和生物环境；经济鱼类各生活阶段的生物学特性;渔捞生产统计等。

(二)渔场图在渔业生产上的意义

(1)为生产单位的鱼群侦察船减少盲目性,最大限度地保证尽快发现鱼群分布海域;

(2)为渔场预测和渔获量估算方面提供必要的参考;

(3)结合海洋环境条件,对可捕获高额产量的经济鱼类集聚地点和时期进行预报。

(三)渔场图的简史

1. 国外编制渔场图的简史

渔场图的编制是随着渔业经济生产活动的要求和渔业科学发展而产生的。最早是在20世纪初期苏联学者编制了里海渔场图,特别是欧洲的一些学者在第一次世界大战前对北海鲱鱼渔业进行地理分布图的绘制;第一次世界大战后,以谢维其(Sewedg)为代表的学者把英国沿海鲱鱼洄游与渔场环境的相互关系绘制为渔场图。此后苏联一些学者对编制渔场图做出很大贡献,尤其是对于巴伦支海、里海、远东海域,都有着优异的成就。

日本在第二次世界大战期间,曾由各渔业公司根据生产记录编印不很完善的有关我国东海、黄海和渤海的舷拖网作业渔场图,并列为密本;1946年以后,日本水产研究会福冈长崎分会每年编制东海底层鱼资源调查要报,其中包含渔场分布图;日本西海区水产研究所综合了1947—1955年的东海、黄海底鱼资源研究资料,并按季度编为渔场图,较战前完善。不过这些图册仅根据渔获物生产统计资料汇编,缺少环境因素与各种经济鱼类生活阶段的组成图,还不能把渔场环境条件与经济鱼类生活阶段的特征以及渔获物组成的相互关系作有机的联系。

2. 国内编制渔场图的简史

新中国成立前,我国有几个渔业生产单位虽然片段地编制了一些仅供各自单位在生产上用作参考的渔场图,但基本上属于空白。解放后,上海水产公司根据有关资料和部分生产统计,编制了东海、黄海鱼类洄游图。1957年黄海水产研究所根据各国营企业的机轮生产统计资料,编制了渤海、黄海及东海北部机轮底拖网渔捞状况的渔场图,它是运用我国资料编制的渔场图,为今后编制质量更好的渔场图奠定了良好的基础。1958—1960年,我国渔捞海图又有了较快的发展,根据全国海洋普查与生产资料,编制了一部综合性渤海、黄海、东海的渔捞海图。在此期间,上海水产学院资源教研室与上海水产研究所等单位近50人参加了东海、黄海鱼类资源调查,编制了一部26种经济鱼类的洄游分布渔场图,此后编制了某些海区某种经济鱼类或生物学的综合性渔捞海图(如辽东湾毛虾渔捞海图、浙江嵊山渔场冬季带鱼汛群众渔业渔捞海图、吕四小黄鱼产卵场渔捞海图、浙江春汛大黄鱼渔捞海图等)。1963年广东省水产研究所编制了一部北部湾渔场图。1972年福建省水产厅编制了两本群众渔业渔场图集。上海海洋渔业公司生产指挥室70年代至80年代初,每年都编制一本机轮底拖渔场参考资料。青岛海洋渔业公司在1980年前后也编制了机轮底拖渔场参考资料。此外还对某种经济鱼类编制了简明渔捞海图或渔场综合分析图(如带鱼、小黄鱼等的简明渔捞海图)。上述各渔场图汇编内容是由繁入简,由广及深,由局部综合向总体有机的联系发展,能为渔业生产提供很好的服务。

二、渔场图的种类

渔场图可分为一般性的渔场图和全面性的渔场图两种。前者系根据不完整的生产资料绘编出的鱼类分布图、渔场分区作业图、产量统计图等。这些资料的缺点是缺乏影响渔场环境变化的因素和经济鱼类各生活阶段的生物学特性,因此还不能成为完整的渔场图,而全面性的渔场图是我们所要讨论的。

由于探鱼仪的广泛使用与空中侦察鱼群及人造卫星侦察鱼群的发展,渔场图的种类已由原来的渔场环境、经济鱼类和生产统计资料的内容,发展到得到水域中上层鱼群的洄游资料和照片,充实了渔场图的内容,同时对经济鱼类行动的某些生态现象得到进一步的了解,这为侦察鱼群、渔情预报和研究鱼类动态提供了有利的依据。现将渔场图的种类分述如下。

(一)依编制方式来区分

1. 图解式渔场图

图解式渔场图是把渔场环境因素、经济鱼类各生活阶段的生物学特征和渔捞生产的情况,分别概括地或综合地将其相互依存的关系,用鲜明的图解方式表达出来。例如,某渔场的水文学总的特点和季节特点,浮游生物和底栖生物总生物量及按季度分布与组成情况,经济鱼类的产卵、索饵、越冬洄游各阶段的集中、密集、分散的地点和时间,它们和水文、饵料生物的联系与特点,渔获物生产量分布的年度、季度的渔区以及与环境的和鱼类生物学的相互关系等(图5-10)。总之,就是根据调查生产资料,用最鲜明的标志,把捕捞对象的分布用图解方式充分表示出来。

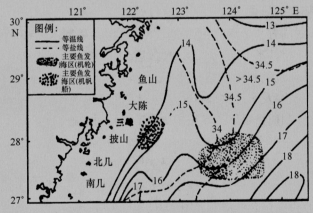

图 5-10　马面鲀主要渔场与温盐分布

2. 日历式渔场图

日历式渔场图是按照一定的时间间隔将调查的海况、鱼类生物学和渔捞统计等资料,编制成图册,其中以渔捞生产统计资料为最重要,其内容有总产量、作业次数、平均网产量的分布图。它分别按年、季、月、航次、旬、日绘制渔获量的分布,用以了解鱼类在生产中的动态,形成渔捞生产的基础。其次为海洋水文资料,一般以年、季、月、航次调查资料汇编显示出不同水层的水温、盐度、透明度、潮流、水系水团等内容,而底栖生物和浮游生物按年、航次调查进行编制,经济鱼类按年、季、月、航次绘制渔获组成分布图(图5-11)。

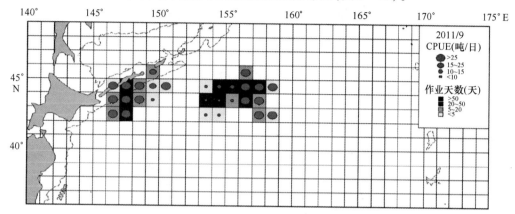

图5-11　2011年9月台湾省秋刀鱼渔船在北太平洋作业的日产量(CPUE)及作业天数分布示意图

3. 探鱼仪映像图和生物摄影图

(1)探鱼仪映像图。搜集生产渔轮和科研调查探捕船对于各海区(或一定渔区)在不同时间的探鱼仪的映像,用以判明海底形象和各种经济鱼类集群映像,并观察其因时间不同所出现的垂直或水平移动范围、群形大小及不同生活阶段的集群情况,用映像图来反映。在探察的同时,利用渔具捕捞水域中的集群鱼类,以判明其鱼体大小、雌雄性别、年龄组成和其他生态现象。有条件的可对某一海区密集鱼群进行连续探测,结合水域条件汇编成册,从而可以判明它的资源轮廓和密集场所反映的生态情况。

(2)生物摄影图。利用水下摄影,可了解小范围内的水域生物生态形状、生态群落的组成分布以及经济鱼类某一生活阶段的生态分布情况和海底形状等。在摄影后记录其时间、地点、渔区、站位、水深等,以便补充说明渔捞海图中关于经济鱼类生活阶段以及浮游生物和底栖生物分布的情况,使概念更为明确。

4. 空中摄影和人造卫星摄影图

(1)空中摄影。飞机观察和空中摄影能正确掌握中上层鱼类的分布洄游、群形大小和移动方向与速度以及海流、流界等海况现象。如对某海区全面长期摄影(按年、月、日、时、鱼类、海区等),可以编制较完整的空中摄影渔场图,用以判明中上层鱼类的生态活动。尤其是对于中上层鱼类的集群可获得概括的印象,苏联曾获得海兽资源的精确概貌。我国利用飞机侦察和空中摄影积累了有关中上层鲐鲹鱼的宝贵资料。

(2)人造卫星摄影图。近几年来,除了利用飞机进行空中摄影鱼群洄游分布图外,美国和日本先后从1975年起利用人造卫星编制渔海况、温度分布和沿岸海况图(图5-12)。目前日本渔情预报中心根据卫星遥感资料,结合渔业生产情况,分布了日本海、日本东北海域、太平洋道东海域等的渔海况速报,同时也分布太平洋近海、太平洋外海、太平洋北部、太平洋南部、东海、北太平洋、太平洋东南海域、太平洋西南海域、印度洋海域、南大西洋海域、北大西洋海域、地中海海域等的海况速报。

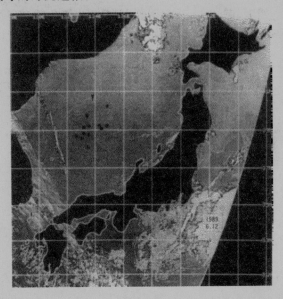

图 5 – 12　大和堆暖水涡(▼)与太平洋褶柔鱼渔场(●)的关系
(1989 年 6 月 12 日)(为石,1990)

(二)依编制性质来区分

(1)全面性渔捞海图。根据大面积的海区,将有关调查因子(海况、生物、鱼类和生产统计资料等)分别编册,在绘编时基本上采用日历式渔场图,并在单项绘编上应有单项因子图示。

(2)重点性渔捞海图。以重点渔场(经济鱼类、产卵、索饵、越冬)为主体,将其有关生活阶段必要的环境因子(水文、浮游和底栖生物)和鱼类生物学分别正确绘制图册,实际上为全面性渔捞海图的分册。在绘制上具有日历式、图解式渔场图的双重性质。

(3)简明式渔捞海图。将一种经济鱼类的重要环境(水文,生物等)、鱼类生物学因子以及渔业生产情况总的复合绘成整张或袖珍式的图册,一般绘制成图解式。

三、渔场图的编制原则、内容和方法

(一)渔场图的编制原则

(1)以一种经济鱼类的生活周期(年、季、旬或月)或某一生活阶段(产卵、索饵、越冬、稚幼鱼)进行编制图册。

渔场图应当在整个水域或水域中的某海区,标志出整个渔捞年度中各种经济鱼类的分布,不过一般应在一张渔场图上做到这一完整的概念是不可能的,因此要对每种经济鱼类分别编制出一种渔场图或图册。

（2）渔场图应明显地标志出鱼群在各生活阶段的分布,必须明显地标志出鱼群的游来去处,鱼群集大群(中心渔场)的地点及时期。这些是在掌握了整个水域或某水域海区短期和全年中经济鱼类的分布情况后,才能做到。

（3）根据要求确定渔捞海图的类型。

1）全面性渔捞海图(或称总图册)是对整个海区某一时期、某一种经济鱼类所编的图册。

2）重点渔捞海图(或称分图册)是针对经济鱼类某一生活阶段的特点所编制的图册。

3）简明渔捞海图(整个海区或某重点海区)是将海图的整个主要内容,简明扼要地绘编在单张图纸上。

（4）渔场图的渔区大小和图纸的比例。

渔场图的渔区大小各渔业国家不同,苏联采用经纬度各 $10'$(即 $10' \times 10'$)为一个渔区,而我国采用经纬度各 $30'$(即 $30' \times 30'$)为一个渔区,其他一些渔业国家也采用类似方法区划。

在渔捞海图比例方面,其比例一般为:表示水文、生物、鱼类生物学组成(长度、性比、成熟度、摄食强度等)及渔获产量图为:1/100 万 ~ 1/300 万;总图为 1/100 万;重点海区(分图册)为 1/50 万。

（5）资料来源在一定期限内的海上实地调查、试捕调查和渔业生产统计资料。

（二）渔场图的编制内容和方法

渔场图编制的内容应包括三个方面:渔场环境部分;经济鱼类的生物学特性;渔获物产量分布图。现分别叙述如下。

1. 渔场环境部分的渔场图——海洋学基础的渔场图

主要有沿岸特点;底质分布和底形;水深分布;水系和水团的分布与移动;海流、潮流和水温;底栖生物群聚的分布;浮游生物总量及优势种生物量的分布。

2. 经济鱼类生物学渔场图——生物学基础的渔场图

主要有各渔场和各季节的鱼类集群——产卵、索饵、越冬地点、环境变化而引起的集群,最大集群的地点等;鱼类的洄游路线;鱼卵、稚幼鱼分布和漂流路线及其出现时期;鱼种组成和渔获量大小;渔获量的变动;其他生物学方面的资料,如性比组成、体长和体重组成以及性腺成熟度、摄食等级等的分布。

3. 渔获物生产统计的渔场分布图——以捕捞为基础的渔场图

主要有分总产量、种类和渔区(海区)以及分时间段的渔获物生产统计图;平均渔获量分布图;生产渔具的分布图;渔场和渔期。

四、编制渔场图的程序

渔场图的编制程序一般分为以下三个阶段。

第一阶段:搜集资料。收集某种经济鱼类整个生活周期,尤其是在形成较大捕捞群体中,有关该种鱼类的生态学及各年龄组在某水域中分布特点的全部资料,特别是要收集实际渔获量在各个时间及各个捕捞地点的分布等材料,要注意材料的准确性和完整性。

第二阶段:分析材料。对已搜集的捕捞对象的生态学和分布性质的材料,进行分析,以便找出应该绘入海图中的最主要环境因素,并确定出应该先绘制草图。如用电脑绘制渔场图,需将基本素材编入程序正确分析。

第三阶段:修正绘制。将所有材料进行核对,然后把这些材料根据上述分析材料加以修正和补充。

为此,编制出上述一系列的供捕捞作业参考的图纸,有助于侦察鱼群与掌握渔场,是提高渔业生产的措施之一,作为从事海洋渔业工作者应熟练掌握编制渔捞海图的方法。

随着信息技术的发展,地理信息系统在海洋渔业中得到了应用。该技术的应用为渔场图的编制提供了有效、准确、快速等可能。目前正在得到广泛的应用,并逐步形成了渔业地理信息系统的学科。例如图 5-13 为利用地理信息系统软件处理获得的渔场图。

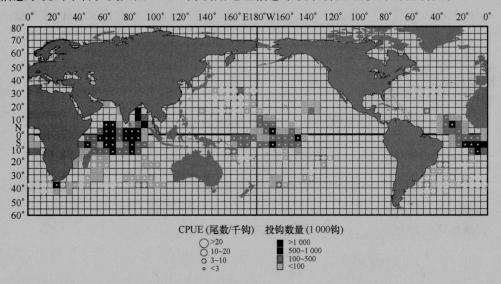

图 5-13 2009 年 1—3 月台湾省在三大洋钓捕长鳍金枪鱼的总下钩数和钓获率分布示意图

思考题:

1. 渔场的概念及其基本特性。

2. 渔场划分的类型以及优良渔场有哪些?

3. 联合国粮农组织将全球三大洋划分为哪些渔区?

4. 我国渔区的划分方法。

5. 渔期的概念。

6. 渔场应具备的条件有哪些? 优良渔场有哪些?

7. 渔场形成的一般原理。

8. 流隔(界)的概念以及流隔(界)渔场形成的原因。

9. 北原渔况法则的概念。

10. 流隔(界)的判断方法。

11. 涡流渔场的概念及其类型。

12. 上升流渔场的类型。

13. 为什么说上升流是极为重要的渔场？主要上升流海流分布在哪些海域？

14. 哪些地形可形成优良渔场？

15. 如何评价渔场的价值？

16. 掌握中心渔场的方法与手段有哪些？

17. 渔场图的概念、内容及其意义。

18. 我国渔场图编制的内容有哪些？

第六章 渔情预报基本原理与方法

第一节 渔情预报概述

一、渔情预报的基本概念

渔情预报也可称渔况预报,它是海洋渔场学研究的主要内容,同时也是渔场学中基本原理和方法在渔业中的综合应用,是为渔业生产服务的主要任务之一。渔情预报实际是指对未来一定时期和一定水域范围内水产资源状况各要素,如渔期、渔场、鱼群数量和质量以及可能达到的渔获量等所作出的预报。其预报的基础就是鱼类行动和生物学状况与环境条件之间的关系及其规律以及各种实时的汛前调查所获得的渔获量、资源状况、海洋环境等各种渔海况资料。渔情预报的主要任务就是预测渔场、渔期和可能渔获量,即回答在什么时间,在什么地点,捕捞什么鱼,作业时间能持续多长,渔汛始末和旺汛的时间、中心渔场位置以及整个渔汛可能渔获量等问题。

在我国近海,主要以追捕洄游过程中的主要经济鱼类为主,如带鱼、小黄鱼等,如从外海深水区游向近岸浅水区产卵的生殖群体、处于越冬洄游或索饵洄游的鱼群。渔情的准确预报为渔业主管部门和生产单位如何进行渔汛生产部署和生产管理等提供科学依据。我国自20世纪50年代以来,随着近海渔业资源的开发和利用,各水产研究单位对近海主要传统经济鱼类开展了渔情预报工作,并取得了一定成绩和积累了丰富的经验,为渔场学的研究和发展做出了一定的贡献。

随着我国近海渔业资源的衰退以及远洋渔业的发展,我国一些水产研究工作者如陈新军(2003)也开始了远洋渔业鱼种的渔情预报研究工作,如柔鱼类、金枪鱼类和竹筴鱼等。日本、美国和我国的台湾省等也在20世纪70年代以后利用卫星遥感所获取的海况资料,对重要捕捞对象的渔情进行预报,并专门成立渔情预报研究机构。随着信息技术(地理信息系统)和空间技术(海洋遥感)以及专家系统的发展和应用,渔情预报的手段和工具不断得到深化和发展,渔情预报的准确性也得到了提高,并将进一步得到完善和发展。

二、渔情预报的类型和内容

(一)依据预报时效来分

渔情预报的类型有不同的划分方法,主要是根据预报的时效性来划分,但目前还没有形成一个公认的划分标准。如费鸿年等(1990)在《水产资源学》中将渔情预报分为展望型渔

情预报、长期渔情预报、中期渔情预报或半长期渔情预报和短期渔情预报。展望型渔情预报
是指预测几年甚至几十年的渔情状况,如对某种资源的开发利用规模的确定。长期渔情预
报是指年度预报,是根据历年的资料来预测下一年度或更长时间的渔情状况,包括渔场位
置、洄游路线等,它是建立在海况预报的基础上。而中期渔情预报即季节预报或渔汛预报,
是预测未来的整个渔汛期间的渔情状况,主要着重于本渔汛的渔场位置、渔期迟早、集群状
况等。短期渔情预报可分为初汛期、盛汛期和末汛期等几种类型,是专门对渔汛中某一阶段
的渔发状况进行预报。

费鸿年等(1990)认为展望型和长期型预报属于根本性、战略性的预报,是预报的高级阶
段,主要供渔业主管部门和生产单位制定发展计划时参考。而中短期预报是实用性的、战术
性的预报,是预报的低级阶段,主要供生产部门安排生产时参考。

日本渔情预报服务中心(JAFIC)将渔情预报分为两类,即中长期预报和短期预报。中长
期预报是指利用鱼类行动和生物学等方面与海洋环境之间的关系及其规律,根据所收集的
生物学和海洋学等方面信息,特别是通过渔汛前期对目标鱼种的稚幼鱼数量调查,从而对来
年目标鱼种的资源量、渔获物组成、渔期、渔场等作出预报。该种长期预报实际上更具有学
术性,为渔业管理部门和研究机构提供服务。短期预报,也称为渔场速报,是指结合当前的
水温、盐度、水团分布与移动状况等,对渔场的变动、发展趋势等作出预报,该种预报时效性
极强,直接为渔业生产服务。

因此,从上述分析可以看出,渔情预报种类的划分主要是依据其预报时间的长短,不同
的预报类型,其所需的基础资料、预报时间时效性以及使用对象等都有所不同。在本书中,
根据海洋渔业生产的特点和实际需要,我们将渔情预报一般分为全汛预报、汛期阶段预报和
现场预报三种。

1. 全汛预报

预报的有效时间为整个渔汛,内容包括渔期的起讫时间、盛渔期及延续时间、中心渔场
的位置和移动趋势以及结合资源状况分析全汛期间渔发形势和可能渔获量或年景趋势等。
这种预报在渔汛前适当时期发布,供渔业管理部门和生产单位参考。其所需的基础资料和
调查资料是大范围(尺度)的海洋环境数据及其变动情况、汛前目标鱼种稚幼鱼数量调查、海
流势力强弱趋势等,比较从宏观的角度来分析年度渔汛的发展趋势和总体概况。

2. 汛期阶段预报

整个渔汛期一般分为渔汛初期(初汛)、盛期(旺汛)和末期(末汛)三个阶段进行预报,
也可根据不同捕捞对象的渔发特点分段预报。如浙江夏汛大黄鱼阶段性预报,依大潮汛(俗
称"水")划分,预测下一"水"渔发的起讫时间、旺发日期、鱼群主要集群分布区和渔发海区
的变动趋势等,浙江嵊山冬汛带鱼阶段性预报则依大风变化(俗称"风")划分,预测下一
"风"鱼群分布范围、中心渔场位置及移动趋势等。这些预报为全汛预报的补充预报,及时
地、比较准确地向生产部门提供调度生产的科学依据。预报应在各生产阶段前夕发布,时间
性要求强。其所需的基础资料和数据应该是阶段性的海洋环境发展与变动趋势以及目标鱼
种的生产调查资料。

3. 现场预报

现场预报也称为渔况速报。是对未来24小时或几天内的中心渔场位置、鱼群动向及旺

发的可能性进行预测,由渔汛指挥单位每天定时将预报内容通过电讯系统迅速而准确地传播给生产船只,达到指挥现场生产的目的。这种预报时效性最强,其获得的海况资料一般应该当天发布。其所需的基础资料是近几天渔业生产和调查资料,如渔获个体及其大小组成以及水温变化、天气状况(如台风、低气压等)、水团的发展与移动等。

(二)依预报的原理来分

在渔情预报中,根据其预报原理的不同,我们将其分为三类:①以水文资料为基础,利用水文状况与渔获量之间的关系进行预报;②以渔获量统计为基础,即以总渔获量和单位捕捞力量渔获量为基础,进行分析预报;③以鱼类群体生物学指标为基础,并根据其变化揭示群体数量和生物量的变动。第一种和第二种方法,完全忽略了鱼类群体状况,没有考虑现象的生物学特征。第三种方法是以鱼类群体生物学指标为基础,同时也利用渔获量统计和水文资料作为背景指标,而不是作为预报的唯一根据。

1. 以分析水域水文状况为基础

非生物环境的变化是以某种形式影响到生物的生活条件,而首先是鱼类繁殖条件和食物保障。渔获量周期性的变动,往往同某一非生物环境因素(热量、水位、江河径流量等)的变化密切相关。同一因素的变化(例如温度)对于不同动物区系的鱼类往往产生完全不同的影响。譬如说北大西洋温度的下降,对北方区系的鱼类(如鲱鱼和鳕鱼)造成不利的环境条件,但对北极区系的鱼类(北鳕和北极鲽)却是有利的。这点在东北大西洋 20 世纪 60 年代末期表现得尤为明显。当时北极区系复合体的鳕鱼和鲱鱼数量,首先因为连续几年的世代的歉产而迅速下降;然而北极区系的毛鳞鱼数量却大大增加。

查明世代丰歉波动与某一环境因素的关系,在一定程度上可以判断经济鱼类群体数量可能变动的情况。无疑,编制鱼类群体数量和生物量变动的长期预报,应该利用水文学的资料。

根据某些水文学指标编制的所谓背景预报,在许多情况下(当鱼类群体数量与所分析的环境因素的相关关系已查明时),能相当清楚地了解水域中发生的变化过程和经济鱼类的生活条件。但水文学预报的误差可能很大。例如波罗的海近底层盐度预报的准确率为78% ~ 88%,那么用这些资料作生物学现象预报的准确率就降低。

假如以水文学为背景预报是长期预报的必需因素,那么企图根据一个或几个水文因子作出每年经济鱼类种群数量和生物量的预报是不可靠的。如北极—挪威鳕鱼种群状况运用此方法预报,就发生过极严重的错误,严重地影响了拖网船队的生产。

以水文学资料编制渔业预报,表面上看起来似乎很简单,不需要进行生物学研究,只需搜集水文、气象和渔获量统计资料就行了。其实,为了编制可靠的经济鱼类种群数量和生物量的预报,必须有渔获群体状况的资料。至于渔场分布和渔场移动的预报,可以分析水文学条件为基础,但仍要考虑鱼类资源总量及生物状况。

2. 以渔获量统计为基础

这一方法的基本原理是以渔获量的变动——鱼类群体数量和生物量的变动为基础。这正如所假设的,死亡量由补充量所补偿。在许多情况下把总渔获量的统计分析同单位捕捞力量渔获量的分析结合在一起。在编制经济鱼类群体变动的任何性质的预报时,渔获量(总渔获量和单位捕捞力量渔获量)的统计分析是不可缺少的因素,因此为了编制可靠的预报,必须很好地整理渔获量统计。但这绝不意味着仅仅根据渔获量单一指标就可作出鱼类群体变动的可靠预报。正如经验所证明,仅仅根据渔获量统计来编制预报,曾造成了相当严重的错误,实践证明不能推广。

3. 以鱼类群体生物学指标为基础

即以分析各世代实力和补充群体与剩余群体比例为基础的预报。若某一捕捞群体(生殖群体),若全部或几乎全部是由补充群体所组成,其数量、生物量和可捕量的预报,主要应以成长中的世代数量多寡和未来发展情况及加入捕捞群体的特点为基础。对于补充群体不及生殖群体半数的鱼类,为了编制准确的预报,同样不仅需要掌握补充群体的未来状况,还要了解在生殖群体和渔获物中占多数的剩余群体未来状况。

(三)按预报内容来分

渔情预报是对未来一定时期和一定水域内水产资源状况各要素,如渔期、渔场、鱼群数量和质量以及可能达到的渔获量等所做出的预报。按照预报内容的不同,可将渔情预报分为三种类型,即关于资源状况的预报、关于时间的预报和关于空间的预报。每种预报的侧重点不同,相应的预报原理和模型也不同。

关于资源状况的预报,即预报鱼群的数量、质量以及在一定捕捞条件下的渔获量,这种预报主要是中长期的。准确的中长期预报对于渔业管理和生产都具有重要意义,不但渔业管理部门可以将预报结果作为制订渔业政策的参考信息,渔业生产企业也可以根据这些预报合理安排有限的捕捞努力量,在激烈的捕捞竞争中占据优势。目前,关于渔业资源状况的预报模型主要以鱼类种群动力学为基础,数学上则主要采用统计回归、人工神经网络和时间序列分析等方法。

关于时间的预报主要包括预报渔期出现的时间和持续的时间等。这类预报不但要求预报者对目标鱼类的洄游和集群状况非常了解,而且需要建立一定的观测手段,实时地了解目标区域的天气、海流、水温结构以及饵料生物情况,结合渔民和渔业研究者的经验来进行预报。随着国内渔业生产模式的改变,渔情预报研究者已从渔业生产一线脱离,因此目前这类预报主要以有经验的渔业生产者的现场定性分析为主,其原理很难进行明确的量化解释,已有的定量研究一般也仅采用简单的线性回归。

关于空间的预报,即预报渔场出现的位置或鱼类资源的空间分布状况,即通常所说的渔场预报。由于渔业资源的逐渐匮乏以及燃油、入渔等成本的不断升高,渔业生产过程中渔场位置的预报变得越来越重要,企业对其实时性、准确性的要求也越来越高。因此渔场位置的预报模型研究相当活跃,国内外大多数渔情预报模型都是渔场的位置预报模型。

三、渔情预报的基本流程

渔情预报的研究及其日常发布工作一般都由专门的研究机构或研究中心来负责。在该中心,拥有渔况和海况两个方面的数据来源及其网络信息系统,其数据来源是多方面的。如在海况方面,主要来源于海洋遥感、渔业调查船、渔业生产船、运输船、浮标等。在渔况方面,主要来源于渔业生产船、渔业调查船、码头、生产指挥部门、水产品市场等。

　　渔情预报机构根据实际调查研究的结果,迅速将获得海况与渔况等资料进行处理、预报和通报,不失时机地为渔业生产服务。对于渔况海况的分析预报,要建立群众性的通报系统。统一指定一定数量的渔船(信息船),对各种因子进行定时测定,然后将这些测定资料发送给所属海岸的无线电台,电台按预定程序通过电报把情报发送给渔况海况服务中心,或者从渔船直接传递给渔情预报中心。情报数据输入电子计算机,根据计算结果绘制水温等参数的分布图,图上注明渔况解说,然后再以传真图方式,通过电子邮件、网络、无线电台或通讯、广播机构发送。一般来说,渔况速报当天应该将收集的水温等综合情报作成水温等各种分布图进行发布。

　　渔业情报服务中心在发布各种渔况、海况分析资料的同时,要举办渔民短期培训班,使渔民熟悉有关的基础知识,以便充分运用所发布的各种资料,有效地从事渔业生产。在渔况海况分析预报工作中,通常都建立完整的渔业情报网,进行资料收集、处理、解析、预报、发布等工作。其预报处理的流程示意图见图6-1。

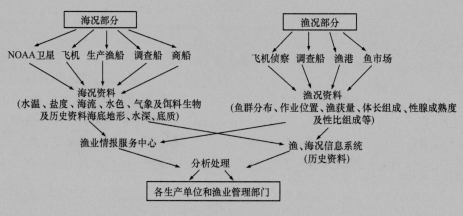

图6-1　渔情预报技术的流程示意图

四、国内外渔情预报研究概况

(一)美国在渔情预报方面研究情况

　　鱼群与渔场环境条件有密切关系,但以科学的方法探测渔场环境因子参数并用于分析、指导渔业生产是在飞机、海洋遥感卫星用于探测海洋环境条件出现之后。因为传统基础常规的做法是将各水文站(测站)和船舶测报的水文参数制成海洋参数分布图,这个方法既不准确又不及时。利用飞机、卫星进行某些海洋环境参数(如水温、水色)的探测是甚为成功的,将它用于渔业也是非常方便和快捷的。空间技术时代为渔业遥感带来新的前景。人类得到了在数分钟内观测整个洋区和海区的能力,使得根据及时掌握的海洋大环境特征参数可用于渔业资源调查和渔场分析测报。最早的研究是为了评价鱼群分布是否与卫星测到的水色和水温有关。

1972 年美国渔业工程研究所利用地球资源技术卫星(ERTS-1)和天空实验室的遥感资料来研究油鲱和游钓鱼类资源。1973 年美国利用气象卫星信息绘制了加利福尼亚湾南部海面温度图,提供给加州沿岸捕捞鲑鳟鱼和金枪鱼的渔民,效果甚佳。从 1975 年起卫星数据开始应用于太平洋沿岸捕捞业务。当时利用卫星红外图像,得出了表示大洋热边界位置的图件,这些图件(通过电话、电传和邮件)提供给商业和娱乐渔民,用于确实潜在的产鱼区。1980 年后,还使用无线电传真向海上渔船发送这些图件。这些图件每周绘制 1~3 次,重要由美国海岸警备队无线电传真播发。渔民们使用这些图件,以便节省寻找与海洋锋特征有关的产鱼区的时间。在东部沿岸和墨西哥湾,美国国家气象局、国家海洋渔业局和国家环境卫星、数据和信息服务署经常合作用卫星红外图像和船舶测报制作标出海洋锋、暖流涡流及海面温度分布图件,提供给渔民。在美国的带动下,英、法、日、芬、南非及联合国粮农组织都相继组织了各种渔业遥感应用研究和试验,部分国家还建立了相应的服务机构。1993—1998 年间,美国远洋渔业研究所(PFRP)通过 TOPEX/Poseidon 卫星测定海面高度数据,揭示了亚热带前锋的强度和夏威夷箭鱼延绳钓渔场的关系。期间,每年 1—6 月 75% 箭鱼渔业CPUE 的变化可用上述卫星测定的数据来解释。

美国 NOAA 国家海洋渔业服务中心(NMFS)将海洋遥感和地理信息系统应用于海洋渔业资源以及渔情分析的研究中,开发了一系列渔业信息系统,包括服务于阿拉斯加州的阿拉斯加渔业信息网络(AKFINC),服务于华盛顿州、奥尔良州、加利福尼亚州的太平洋渔业信息网络 (PacFIN)、渔业经济信息网络(EFIN)、娱乐渔业信息网络(ReCFIN),地区生产市场信息系统(RMISC)、PITtag 信息系统(PTAGIS)等。

（二）日本在渔情预报方面研究情况

日本海洋渔业较为发达,并于 20 世纪 30、40 年代就开展了近海重要经济鱼类的渔情研究与预报工作。由于海洋遥感技术的发展,20 世纪 70 年代日本开始了渔业遥感的应用和研究,其历史较久。1977 年由科学技术厅和水产厅正式开展了海洋和渔业遥感试验,每年每个厅经费在一亿日元以上。日本水产厅于 1980 年成立了"水产遥感技术促进会",目的是要将人造卫星的遥感技术应用于渔业。由水产厅委托"渔业情报服务中心"负责的"人工卫星利用调查检讨事业"共分两个阶段,第一阶段是 1977—1981 年,主要研究内容是收集解译人造卫星信息、绘制间距为 1℃ 的海面等温图;第二阶段是将这种图像经过处理加工、用印刷品和传真两种方式向渔民传递,其产品主要有海况图(水温图)、渔场模式预报(图 6-2)。1982年 10 月日本水产厅宣布,它利用人造卫星和电子计算机搜索秋刀鱼和金枪鱼等鱼群获得成功。现在,渔场渔况图(卫星解译图)成为日本水产信息服务中心的一个常规服务产品。在80 年代初,日本就约有 900 艘渔船装备了传真机,可接收传真图像。并由此相应成立了"渔业情报服务中心",建成了包括卫星、专用调查飞机、调查船、捕鱼船、渔业通讯网络、渔业情报服务中心在内的渔业信息服务系统。渔情预报服务中心负责搜集、分析、归档、分发资料,每天以一定频率定时向本国生产渔船、科研单位、渔业公司等发布渔海况速报图,提供海温、流速、流向、涡流、水色、中心渔场、风力、风向、气温、渔况等十多项渔场环境信息,为日本保持世界渔业先进国家的地位起到了重要的作用。他们有效地利用 NOAA 卫星的遥感资料编制渔情预报,可以在短时间内获得大量的海洋环境资料,如水文、混浊度、水色等资料,大大提高了渔情预报的效果和准确度。目前日本渔业情报服务中心已将其预报和服务的范围扩展到三大洋海域,直接为日本远洋渔船提供情报。

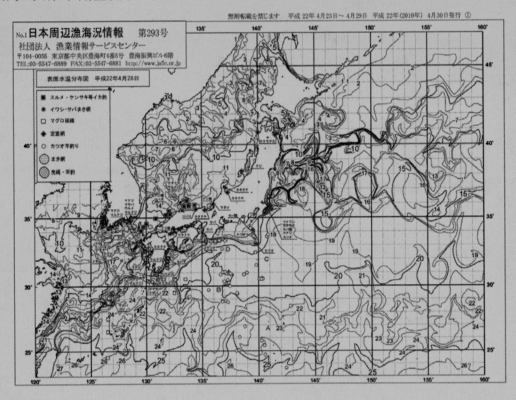

图 6-2　日本渔情预报服务中心分布渔海况示意图

日本渔情预报服务中心进行渔情预报的海域有西南太平洋、东南太平洋、北大西洋、南大西洋和印度洋海域,内容有太平洋近海、外海的渔海况速报、日本海海渔况速报、东海海渔况速报、太平洋道东海域海渔况速报、日本东北海域海渔况速报、日本海中西部海域海渔况速报、北太平洋整个海域海况速报、东部太平洋海域海况速报、东南太平洋海域海况速报、西南太平洋海域海况速报、印度洋海域海况速报、南大西洋海域海况速报、北大西洋海域海况速报等。渔情预报的鱼类种类为分布在日本近海的主要渔业种类,主要有鰮鲸、鲭、秋刀鱼、鲣鱼、太平洋褶柔鱼、柔鱼、日本鲐鱼、竹筴鱼、五条鰤、金枪鱼类、玉筋鱼、磷虾等。

(三)台湾省在渔情预报方面研究情况

我国台湾省水产试验研究所是对台湾省沿海海域进行渔海况预报的机构。水产试验研究所于 1976 年开始了台湾沿海的渔况海况调查与预报工作。其目的为分析渔海况关系,引导渔民对渔业资源做到更有效、更合理的开发与利用。

台湾省于 1954 年引进遥感技术,并于 1976 年成立了遥感探测技术发展策划小组,于

1985 年开始在水产试验所的卫星探测渔场研究,尝试建立 NOAA 卫星信息系统并进行一系列卫星探测渔场的研究,卫星遥感获得的海洋温度能为海况变动、渔场形成机制等的研究提供极有价值的数据,亦能用来判断潮境位置,并以此研判渔场。在确定鱼群的分布与海面水温关系后,将可在渔期中利用每日所得到的卫星水温影像配合其他渔场因素来推测出鱼群聚集程度、聚集位置和移动速度等渔场数据,并迅速发送给渔民参考,以提高渔船的渔获效率。

　　研究所先后开展了"卫星遥测系统在渔业上应用的研究"(1991—1996)、"卫星遥测系统于建立渔海况预测模式应用的研究"(1997)、"卫星遥测系统应用于渔场监测的研究"(1998)、"遥测技术之研发及其于渔场监测的应用"(1999—2000)等方面的研究。发布"台湾附近 NOAA 卫星等温线图"(约每周或鲷鱼汛期密集更新数据)、"冬季鲷鱼汛期 NOAA 卫星水温速报"、"最新西北太平洋 GMS 卫星水温影像"、"台湾附近 NOAA 卫星水温双周报彩图及解说"、"NOAA 卫星东海南海水文观测"等渔况、海况预报图及其资料(图 6-3)。研究所还在进一步开展渔情预报研究的深化工作,除了将信息处理自动化与计算机化外,拟对多获性鱼种进行解析,以掌握渔况与海况互变之关系,达到近海海况预报的最终目标。

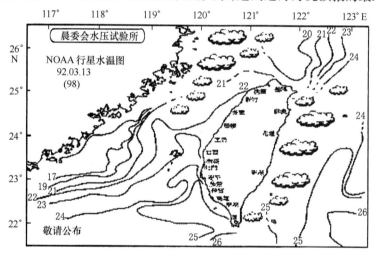

图 6-3　台湾省水产试验研究所发布海况图

(四)中国大陆渔情预报研究状况

　　我国在渔情预报方面的研究工作起步较早。20 世纪 50—60 年代受苏联和日本的影响,我国渔情预报侧重于预测渔场、渔期的渔情、渔汛预报。主要是根据渔场环境调查取得的水温、盐度和饵料生物数量分布和种群的群体组成、性成熟度等生物学资料、种群洄游分布及其与外界环境的关系,编绘渔捞海图,向渔业主管部门和渔民定期发布各种预报。随着遥感技术的发展,卫星遥感取代了大面积的渔场调查。各种预报在海洋主要经济种类资源开发过程中,发挥了很好的作用,其中特别值得提出的是 20 世纪 50 年代中期开始的渤海、黄海小黄鱼和黄海、东海大黄鱼的洄游分布、种群动态、资源评估和渔业预报,其中吕四洋小黄鱼渔情预报和数量预报,烟威外海和渤海春汛渔情预报,东海岱衢洋大黄鱼渔情预报,黄海的蓝点马鲛、鲐鱼、竹筴鱼、黄海鲱鱼、银鲳、鹰爪虾、毛虾和对虾的渔情预报,嵊泗渔场的带鱼,万山渔场蓝圆鲹的渔情预报等都取得了预期的效果。此外,1986—1990 年在海州湾和东海东北部对马附近水域使用卫星遥感资料进行的远东拟沙丁鱼的渔情预报也取得了很好的效果。

　　渔获量预报是以资源量为基础的另一类型的渔业预报。在我国最早的渔获量预报是吴敬南等(1936)应用降雨量为指标建立的毛虾渔获量预报模型,但是这类预报的稳定性较差,最终还是被以相对资源量为主要指标建立的预报模型所代替(张孟海,1986)。

　　渤海秋汛对虾渔获量预报始于 20 世纪 60 年代初,是我国首次使用相对资源量指数成功地建立了预报模型,并连续 30 余年定期发布预报的范例,预报的准确度和精度很高。带鱼、黄海鲱鱼、蓝点马鲛、海蜇、鹰爪虾以及移植滇池的太湖新银鱼等都先后使用相对资源量作为渔获量预报的主要指标,预报的准确度较高。而绿鳍马面鲀、小黄鱼、鲐鱼主要是使用世代解析的方法来预报渔获量和资源趋势。鳀鱼因使用精度较高的声学评估技术,可以直接估算其资源蕴藏量,通常是发布可捕量预报。但是海洋遥感和地理信息系统等技术在渔情预报方面的应用则相对较晚。

　　"七五"期间,卫星渔业遥感应用研究工作较为活跃、开展的项目以实用服务性为主。福建省水产厅(1986 年 10 月至 1987 年 4 月)利用卫星和水文资料结合,针对福建沿海海区发布的"海渔况通报",国家海洋局第二海洋研究所(1987—1988)以卫星图像为依据的用无线电传真方式发布的"东海、黄海渔海况速报图",渔机所(1988—1989)发布的"对马海域冬汛卫星海况图",中国科学院海洋研究所的"渔场环境卫星遥感图"及中国水产科学研究院东海水产研究所发布的"黄海、东海渔海况速报"(图 6 - 4),都是卫星渔业遥感应用的实例。上述图件大致分两种类型:一类是以卫星图像为主依据,制定和发布的卫星速报图;另一类则是以常规水文测量信息为主,有时结合卫星图像信息分布的定期报——如东海所的渔海况速报。前者信息丰富、真实、迅速,但受天气制约,难以保持长期的连续性和特定性,后者发布时间稳定,不受天气影响,但难以及时展现海面真实情况。

　　"八五"期间,我国有关科研院所展开了"RS"技术和"GPS"技术的研究和应用,利用"NOAA"卫星信息,经过图像处理技术处理得到海洋温度场、海洋锋面和冷暖水团的动态变化图,进行了卫星信息与渔场之间相关性的研究,为实现海、渔况测预报业务系统的建立进行了有益的探索;利用美国 LANDSAT 的"TM"信息,对十多个湖泊的形态、水生管束植物的分布、叶绿素和初级生产力的估算进行了研究,为大型湖泊生态环境的宏观管理提供了依据。

　　"九五"期间,国家 863 计划海洋领域海洋监测技术主题"海洋渔业服务地理信息系统技术"课题和"海洋渔业遥感服务系统"专题,以服务于东海区三种经济鱼类(带鱼、马面鲀、鲐鱼)的渔情速预报和生产信息服务为目标,在改进海洋渔业服务地理信息支撑软件的基础上,研制开发了具有海洋渔业应用特色桌面 GIS 系统、基于 SQLServer 的数据库系统——整个系统的数据核心、渔业资源评估模型库和模型库管理系统、渔情分析和资源评估专家系统、渔船动态监测系统和"三证管理"原型系统以及技术集成,基本形成了海洋渔业地理信息

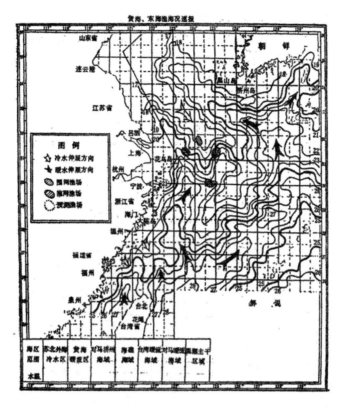

图 6 - 4　渔况海况通报示图(东海水产研究所东海区渔业情报服务中心,1992)

应用系统。

"九五"末期,在国家科技部的资助下,开展了以地理信息系统和海洋遥感技术为基础的北太平洋柔鱼渔情信息服务系统的研究,初步建成了远洋渔业渔情信息服务中心。基于 GIS 的中心渔场与环境要素时空相关分析等关键技术的基础上,开发北太平洋柔鱼渔情速预报系统和远洋渔业生产动态管理系统,为北太平洋鱿钓生产提供渔情速报与预测信息服务产品,为远洋渔业生产指挥调度提供决策支持。

"十五"期间,国家 863 资源与环境领域开展了大洋渔业资源开发环境信息应用服务系统,分别建立大洋渔场环境信息获取系统和大洋金枪鱼渔场渔情速预报技术,并开展了大洋金枪鱼渔场的试预报。"十一五"期间,利用自主海洋卫星、极地和船载遥感接收系统的探测能力以及大洋渔船的现场监测,建立我国全球渔场遥感环境信息和现场信息的获取系统;开展多种卫星遥感数据的定量化处理技术,重点获取大洋渔场的海温、水色和海面高度等环境要素,建立自主知识产权的全球大洋渔场环境信息的综合处理系统;在此基础上建立全球重点渔场环境、渔情信息的产品制作与服务系统,形成了我国大洋渔业环境监测与信息服务技术平台。所有这些研究都使得本项目的实现具有技术基础,能够实现预期的研究目标。

在远洋渔业渔情预报业务化方面,根据生产企业的需要,上海海洋大学鱿钓技术组从 1996 年开始,进行北太平洋柔鱼渔海况速报工作,每周发布一次,取得了较好的效果。渔海况速报的资料来源分为两个方面:①定期收取日本神奈川县渔业无线局发布的北太平洋海况速报(表层水温分布图)(每周近海2次和外海2次);②汇总由各渔业公司提供的鱿钓生产资料,主要内容有作业位置、日产量,1999年开始选取5～7艘鱿钓信息船同时提供水温资料。鱿钓技术组根据上述内容,对北太平洋的水温、海流进行分析,对渔场和渔情进行预报,编制成北太平洋鱿钓渔海况速报,发给各生产单位和渔业主管部门。

自2008年以来,在HY-1B卫星地面应用系统中,上海海洋大学和国家卫星海洋应用中心合作,针对东海鲐鲹鱼、西北太平洋柔鱼、东南太平洋茎柔鱼和西南大西洋阿根廷滑柔鱼、东南太平洋智利竹笺鱼和中西太平洋金枪鱼围网等三大洋主要种类进行了渔情预报的研究,获得了海面温度、叶绿素a浓度、锋面、涡流等多种海洋渔业环境信息(图6-5至图6-7),并开发了相应的软件系统,实现了业务化运行,取得了较好的经济效益和生态效益。

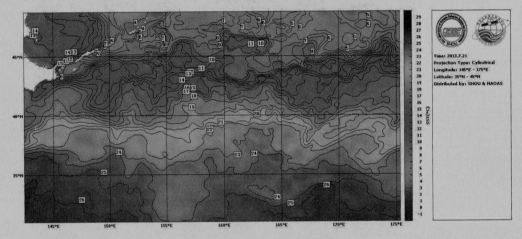

图6-5　西北太平洋表温分布图

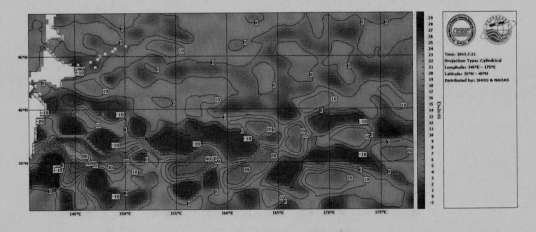

图6-6　西北太平洋海面高度分布图

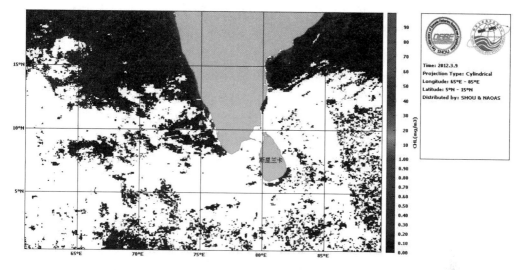

图6-7 印度洋东北海域黄鳍金枪鱼叶绿素分布图

第二节 渔情预报技术与方法

一、渔情预报的指标及筛选方法

(一)渔情预报指标

鱼类与海洋环境之间的关系是一种对立统一的关系。鱼类的集群和分布洄游规律是由于鱼类本身与外界环境(生物环境与非生物环境)条件相互作用的结果。渔情预报实际上就是研究分析和预测捕捞对象的资源量、集群特性和移动分布特征。因此,必须根据有机体与环境为统一体这一原理,查明捕捞对象的资源变动、行动习性、生物学特性和渔场环境条件及变化,以掌握捕捞对象的行动规律。一般认为,影响鱼群行动规律的生物性或非生物性因素均可成为预报指标。

在开展渔情预报之前和进行过程中,必须采用"三结合"的方法,即生产实践与科学理论相结合、群众经验与科学调查相结合、历史资料与现场调查相结合,多方面大量地收集捕捞对象生物学方面的和渔场环境方面的资料,并有选择地运用资料和群众经验,进行分析研究,找出与鱼类行动分布有密切关系的环境因子(海况、气象和生物学因子)及鱼类生物学特性的变化规律作为预报的指标。

预报指标的选择因不同捕捞对象而异,即使同一捕捞对象又因其在不同生活阶段具有不同的生活习性而对外界环境条件的要求不同,因而所采用的预报指标也不同。所以,应在搜集整理海况,气象、生物学等环境因子和产量的多年资料以及历年鱼类生物学资料的基础上,找出捕捞对象各生活阶段集群时的最适环境条件及其变化规律,以确定应选择的预报指标。利用所选定的指标和现场调查资料进行分析对比,然后作出预报。

影响鱼类行动的生物性和非生物性指标均可作为渔情预报的指标,一些比较重要的指标有性成熟、群体组成、水温、盐度、水系、风、低气压、降水量、饵料生物等。主要指标分析如下。

1. 性腺成熟度

性腺发育和成熟状况是影响生殖群体洄游和行动变化的主导因素,预示着渔期早晚、延续时间、集群状况和渔场动态等变化。一般来说,性腺成熟度达Ⅲ期,鱼群开始游离越冬场,进行生殖洄游。洄游过程中性腺发育迅速,鱼群到达产卵场初期性腺以Ⅳ期为主。渔汛期内,性腺成熟度以Ⅳ、Ⅴ、Ⅵ期为主,其中以Ⅴ期为主时,鱼群最为集中,渔场稳定,渔汛进入盛渔期(旺汛),形成生产高潮。当已产卵鱼(Ⅵ期)比例开始急增时,盛渔期已趋尾声,渔期末期即将来临。因此,性腺成熟度是生殖群体渔情预报的重要指标。

2. 群体组成

群体组成是一个与性腺发育密切关联的指标。由于生殖季节高龄个体的性腺发育早于低龄个体,个体的差异会使开始生殖洄游的时间早晚不一。如小黄鱼大型个体的性腺最早成熟,率先进行生殖洄游和产卵,中型个体次之,小型个体最迟。在洄游路线上的分布是大型个体鱼群在前,小型个体殿后。因此,从小黄鱼越冬鱼群的性腺成熟度和群体组成,可判断进行生殖洄游的进程。对于群体年龄组成有年变化的种类,这种差别将直接作用于整个群体的行动,形成产卵期和渔期的变化。例如黄海鲱年龄组成年变化大,直接影响到性腺发育期的变化,应用这一指标预测渔期的早晚曾取得令人满意的结果。

另外,群体性组成变化也是一个有用的指标,例如对虾洄游雌雄分群,雌虾在前,雄虾在后,因此可利用渔获物中雄虾的比例来预测渔汛结束的时间。

3. 水温

水温不仅明显地影响个体性腺发育速度,同时也约束群体的行动分布,是重要的非生物性预报指标。例如,根据4月上旬表层水温资料,应用直线回归和概率统计分析预测蓝点马鲛的渔期、渔场(韦晟等,1988)。

4. 风情、潮汐、气压、降水、盐度等

在小黄鱼、大黄鱼、带鱼、对虾、毛虾、鲅、鲱、鲐、蓝圆鲹、海蜇等渔情预报中业已证明,这些环境因子都是有用的预报指标。

(二)指标筛选方法

在选择预报因子时,可用以下两种方法来加以解决:①进行一些实验生态研究,弄清影响机制,选定稳定性较好的预报因子;②进行统计优选,挑出几个相关显著的因子,或对因子进行物理组合,以增强因子的稳定性。但是,因子用得过多,同样会降低预报效果的稳定性,因子个数一般以样本数的5%~10%为宜。

在统计分析中,常用线性直线相关系数、时差序列相关、灰色关联度和泛线性法(GLM)等。现分别论述如下。

1. 线性直线相关

为了获知渔获量(渔期)与各种环境因子是否有直接的关系,可以采用直线相关分析法,以检查环境指标是否对渔获量(渔期)有显著性,需要通过 F 检验。

$$r = \frac{\sum (x_i - \bar{x})(y_i - \bar{y})}{\sqrt{\sum (x_i - \bar{x})^2 (y_i - \bar{y})^2}}$$

$$F = \frac{r^2(n-2)}{(1-r^2)}$$

式中：y 为渔获量（或渔期）；x 为环境因子；r 为相关系数；F 为检验 r 的显著性；$n-2$ 为自由度。

2. 时间序列相关法

利用时差相关系数法对环境指标进行筛选，其计算方法是以反映渔情的渔获量或渔期等作为基准指标，然后使被选择指标（如环境因子）超前或滞后若干期，计算它们的相关关系。

设 $y = \{y_1, y_2, y_3, \cdots, y_n\}$ 为基准指标，$x = \{x_1, x_2, x_3, \cdots, x_n\}$ 为被选择的指标，r 为时差相关系数，则

$$r_l = \frac{\sum_{t=1}^{n} (x_{t-l} - \bar{x})(y_i - \bar{y})}{\sqrt{\sum_{t=1}^{n} (x_{t-l} - \bar{x})^2 \sum_{t}^{n} (y_t - \bar{y})}} \quad (l = 0, \pm 1, \pm 2, \cdots, \pm L)$$

式中：l 表示超前、滞后期，l 取负数时表示超前，取正数时表示滞后，l 被称为时差或延迟数；L 是最大延迟数；n 是数据取齐后的数据个数。

在时差相关系数中，找出不同时差关系时满足相关置信度为 0.95 要求的相关系数，一般取其绝对值为最大的。根据绝对值最大时差相关系数和各指标的实际情况，确定各指标与基准指标的时差相关关系。

3. 相似系数

相似系数是用来描述多维指标空间中现实点和理想点（最优点）之间的差异。假设现实点 X 的空间坐标为 $X = (x_1, x_2, \cdots, x_n)$，理想点 Y 的空间坐标为 $Y = (y_1, y_2, \cdots, y_n)$，若现实点和理想点越接近则相似系数 f_{xy} 就越大。通常，相似系数满足条件：$0 \leqslant f_{xy} \leqslant 1$，当理想点和现实点完全重叠时，相似系数为 1。

相似系数主要的计算方法有以下两种。

（1）夹角余弦：

$$f_{xy} = \cos \alpha_{xy} = \frac{\sum_{k=1}^{n} x_k y_k}{\sqrt{\sum_{k=1}^{n} x_k^2} \sqrt{\sum_{k=1}^{n} y_k^2}}$$

（2）相关系数：

$$r_{xy} = \frac{\sum_{k=1}^{n} (x_k - \bar{x})(y_k - \bar{y})}{\sqrt{\sum_{k=1}^{n} (x_k - \bar{x})^2} \sqrt{\sum_{k=1}^{n} (y_k - \bar{y})^2}}$$

4. 灰色关联度

灰色关联分析的基本思路是一种相对排序分析，它是根据序列曲线几何形状的相似程

度来判断其联系是否紧密的。关联分析的实质就是对数列曲线进行几何关系的分析。若两序列曲线重合，则关联度好，即关联系数为 1，那么两序列的关联度也等于 1。其关联度的计算公式为：

$$
\begin{bmatrix} r_1 \\ r_2 \\ \vdots \\ r_n \end{bmatrix} = \begin{bmatrix} w_1 \\ w_2 \\ \vdots \\ w_3 \end{bmatrix} \times \begin{bmatrix} \xi_{01}^1 & \xi_{02}^1 & \cdots & \xi_{0n}^1 \\ \xi_{01}^2 & \xi_{02}^2 & \cdots & \xi_{0n}^2 \\ \vdots & \vdots & \vdots & \vdots \\ \xi_{01}^m & \xi_{02}^m & \cdots & \xi_{0n}^m \end{bmatrix}
$$

式中：r_i 为第 i 个海况条件下的灰色关联度；w_k 为第 k 个评价指标的权重，且 $\sum\limits_{k=1}^{m} w_k = 1$；$\xi_i^k$ 为第 i 种海况条件下的第 k 个环境指标与第 k 个渔获量（渔期）指标的关联系数。

关联系数的计算过程如下。假定有经过初值化处理后的序列矩阵

$$
X = \begin{bmatrix} x_1^0 & x_2^0 & \cdots & x_m^0 \\ x_1^1 & x_2^1 & \cdots & x_m^1 \\ \vdots & \vdots & \vdots & \vdots \\ x_1^n & x_2^n & \cdots & x_m^n \end{bmatrix}
$$

式中：x_i^0 为第 i 个指标在诸方案中的最优值；x_k^j 为第 j 海况条件中第 k 个指标的原始数据。

关联系数的计算公式为：

$$
\xi_i^k = \frac{\min\limits_i \min\limits_k |x_k^0 - x_k^i| + \rho \max\limits_i \max\limits_k |x_k^0 - x_k^i|}{|x_k^0 - x_k^i| + \rho \max\limits_i \max\limits_k |x_k^0 - x_k^i|}
$$

其中：$\rho \in [0,1]$，一般取 $\rho = 0.5$。

若灰色关联度越大，说明第 i 个海况条件与渔获量（渔期）指标集最接近，即第 i 个海况条件优于其他海况条件。

5. 一般线性模型

一般线性模型（General Linear Model，GLM）当初主要用于探讨渔业中各种变动因素对资源量的影响。其后 Robson（1966）、Gavaris（1980）和 Kimura（1981）等学者也相继应用于各种渔业的单位捕捞努力量渔获量（CPUE）的标准化。实际上该方法也可作为影响渔情（渔获量、渔期等）各种环境因子的贡献度等方面的分析，从而找出影响渔情的主要环境指标。

GLM 法是假定所有变化因子对 CPUE 的影响程度皆可作为乘数效应，经对数变换后可得一般的线性函数。其一般方程模型为：

$$
\ln(cpue + \text{constant}) = \mu + y_i + s_i + a_k + s_j \times a_k + \varepsilon_{ijk}
$$

式中：$\ln$ 为自然对数；$cpue$ 为单位捕捞努力量渔获量（如延绳钓渔业中尾数/千钩）；constant 为常数，一般取 0.1；μ 为总平均数；y_i 为第 i 年的资源量效应；s_j 为第 j 时间的时间效应（如季度、月份等）；a_k 为第 k 渔区的效应；$s_j \times a_k$ 为季节及海域的乘数效应；ε_{ijk} 为残差值。

当然在上述因子项中，我们还可以增加一些环境因子如温度、叶绿素等。同时也可以根据渔情预报的需要结合，实际海域或鱼种，选择一些环境因子，利用泛线性法进行分析和研究。

除了上述方法之外,还有主成分分析、因子分析等数理统计方法和手段。

二、渔情预报模型的组成

一个合理的渔情预报模型应考虑三个方面的内容,即渔场学基础、数据模型和预报模型。其中,渔场学部分主要包括鱼类的集群及洄游规律、环境条件对鱼类行为的影响以及短期和长期的环境事件对渔业资源的影响。数据模型部分主要包括渔业数据和环境数据的收集、处理和应用的方法以及这些方法对预报模型的影响。预报模型部分则主要包括建立渔情预报模型的理论基础和方法以及相应的模型参数估计、优化及验证和不确定性分析。

(一)渔场学基础

鱼类在海洋中的分布是由其自身生物学特性和外界环境条件共同决定的。首先,海洋鱼类一般都有集群和洄游和习性,其集群和洄游的规律决定了渔业资源在时间和空间的大体分布。其次,鱼类的行为与其生活的外界环境有密切的关系。鱼类生存的外界环境包括生物因素和非生物因素两类。生物因素包括敌害生物、饵料生物、种群关系。非生物因素包括水温、海流、盐度、光、溶解氧、气象条件、海底地形和水质因素等。最后,各类突发或阶段性、甚至长期缓慢的海洋环境事件,如赤潮、溢油、环境污染、厄尔尼诺现象、全球气候变暖,对渔业资源也会产生短期和长期的影响,进而引起渔业资源在时间、空间、数量和质量上的振荡。只有综合考虑这三方面因素的影响,才能建立起合理的渔情预报模型。

(二)数据模型

渔场预报研究所需要的数据主要包括渔业数据和海洋环境数据两类,这些数据的收集、处理和应用的策略对渔情预报模型具有重要影响。在构建渔情预报模型时,为了统一渔业数据和环境数据的时间和空间分辨率,一般需要对数据进行重采样。由于商业捕捞的作业地点不具备随机性,空间和时间上的合并处理将使模型产生不同的偏差;与渔场形成关系密切的涡流和锋面等海洋现象具有较强的变化性,海洋环境数据在空间和时间尺度上的平均将会弱化甚至掩盖这些现象。因此在构建渔情预报模型时应选择合适的时空分辨率,以降低模型偏差、提高预测精度。另外,渔情预报模型的构建也应充分考虑渔业数据本身的特殊性,如渔业数据都是一种类似"仅包含发现"(presence – only)的数据,即重视记录有渔获量的地点,而对于无渔获量的地点的记录并不重视。最后,低分辨率的历史数据、空间位置信息等数据的应用也应选择合适的策略。

(三)预报模型

渔情预报模型主要可分为三种类型,即经验/现象模型、机理/过程模型和理论模型。总的来说,现有的渔情预报模型还是以经验/现象模型为主。这类模型常见的开发思路有两种:一种以生态位(ecological niche)或资源选择函数(resource selection function, RSF)为理论基础,主要通过频率分析和回归等统计学方法分析出目标鱼种的生态位或者对于关键环境因子的响应函数,从而建立渔情预报模型。另一种是知识发现的思路,即以渔业数据和海洋环境数据为基础,通过各类机器学习和人工智能方法在数据中发现渔场形成的规律,建立渔情预报模型。

　　总的来说,基于统计学的渔情预报模型以回归为中心,其模型结构是预先设定好的,主要通过已有数据估计出模型系数,然后用这些模型进行渔场预测,可以称之为"模型驱动"(model-driven)的模型。而基于机器学习和人工智能方法的预测模型则以模型的学习为中心,主要通过各种数据挖掘方法从数据中提取渔场形成的规则,然后使用这些规则进行渔场预报,是"数据驱动"(data-driven)的模型。近几十年来,传统统计学和计算方法都发生了很大的变化,统计学方法和机器学习方法的之间的区别也已经变得模糊。

　　借鉴 Guisan 和 Zimmermann(2000)关于生物分布预测模型的研究,可以将建立渔情预报模型的过程分为四个步骤:①研究渔场形成机制;②建立渔情预报模型;③模型校正;④模型评价和改进。

　　渔情预报模型的构建应以目标鱼种的生物学和渔场学研究为基础,力求模型与渔场学实际的吻合。如果对目标鱼种的集群、洄游特性以及渔场形成机制较清楚,可选择使用机理/过程模型或理论模型对这些特性和机制进行定量表述。反之,如果对这些特性和机制的了解并不完全,则可选择经验/现象模型,根据基本的生态学原理对渔场形成过程进行一种平均化的描述。除此之外,无论构建何种预测模型,都应充分考虑模型所使用的数据本身的特点,这对于基于统计学的模型尤其重要。

　　模型校正(model calibration)是指建立预报模型方程之后,对于模型参数的估值以及模型的调整。根据预报模型的不同,模型参数估值的方法也不一样。例如对于各类统计学模型,其参数主要采用最小方差或极大似然估计等方法进行估算;对于人工神经网络模型,权重系数则通过模型迭代计算至收敛而得到。在渔情预报模型中,除了估计和调整模型参数和常数之外,模型校正还包括对自变量的选择。在利用海洋环境要素进行渔情预报时,选择哪些环境因子是一项比较重要也非常困难的工作。韦晟和周彬彬(1988)在利用回归模型进行蓝点马鲛渔期预报研究时认为,多因子组合的预报比单因子预报要准确。Harrell 等(1996)的研究表明,为了增加预测模型的准确度,自变量的个数不宜太多。另外,对于某些模型来说,模型校正还包括自变量的变换、平滑函数的选择等工作。

　　模型评价(model evaluation)主要是对于预测模型的性能和实际效果的评价。模型评价的方法主要有两种,一种是模型评价和模型校正使用相同的数据,采用变异系数法或自助法评价模型;另一种方法则是采用全新的数据进行模型评价,评价的标准一般是模型拟合程度或者某种距离参数。由于渔情预报模型的主要目的是预报,其模型评价一般采用后一种方法,即考查预测渔情与实际渔情的符合程度。

三、主要渔情预报模型介绍

(一)统计学模型

1. 线性回归模型
早期或传统的渔情预报主要采用以经典统计学为主的回归分析、相关分析、判别分析和聚类分析等方法。其中最有代表性的是一般线性回归模型。通过分析海表面温度(sea surface temperature,SST)、叶绿素 a(chlorophyll – a,CHL – a)浓度等海洋环境数据与历史渔获量、单位捕捞努力量渔获量(CPUE)或者渔期之间的关系,建立回归方程:

$$Catch(或 CPUE) = \beta_0 + \beta_1 \cdot SST + \beta_2 \cdot CHL + \cdots + \varepsilon$$

利用这些方程对渔期、渔获量或 CPUE 进行预报。如陈新军(1996)认为,北太平洋柔鱼日渔获量 CPUE(kg/d)与 0 ~ 50 m 水温差 (℃)具有线性关系,可以建立预报方程 $CPUE = -880 + 365\Delta T$。

一般线性模型结构稳定,操作方法简单,在早期的实际应用中具有一定的效果。但一般线性模型也存在很大的局限性。一方面,渔场形成与海洋环境要素之间的关系具有模糊性和随机性,一般很难建立相关系数很高的回归方程。另一方面,实际的渔业生产和海洋环境数据一般并不满足一般线性模型对于数据的假设,因而导致回归方程预测效果较差。目前,一般线性回归模型在渔情预报中的应用已比较少见,逐渐被更为复杂的分段线性回归、多项式回归和指数(对数)回归、分位数回归等模型所取代。

2. 广义回归模型

广义线性模型(generalized linear model,GLM)通过连接函数对响应变量进行一定的变换,将基于指数分布簇的回归与一般线性回归整合起来,其回归方程如下:

$$g[E(Y)] = \beta_0 + \sum_{i=1}^{p} \beta_i X_i + \varepsilon$$

GLM 模型可对自变量本身进行变换,也可加上反映自变量相互关系的函数项,从而以线性的形式实现非线性回归。自变量的变换包括多种形式,如多项式形式的 GLM 模型方程如下:

$$g[E(Y)] = LP = \beta_0 + \sum_{i=1}^{p} \beta_i \cdot (X_i)^p + \varepsilon$$

广义加性模型(generalized additive model,GAM)是 GLM 模型的非参数扩展。其方程形式如下:

$$g[E(Y)] = LP = \beta_0 + \sum_{i=1}^{p} f_i \cdot X_i + \varepsilon$$

GLM 模型中的回归系数被平滑函数局部散点平滑函数所取代。与 GLM 模型相比,GAM 更适合处理非线性问题。

自 20 世纪 80 年代开始,GLM 和 GAM 模型相继应用于渔业资源研究中。特别是在 CPUE 标准化研究中,这两种模型都获得了较大的成功。在渔业资源的空间分布预测方面,GLM 和 GAM 也有广泛的应用。如 Chang 等(2010)利用两阶段 GAM(2 – stage GAM)模型研究了缅因湾美国龙虾的分布规律。但在渔情分析和预报应用上,国内研究者主要还是将其作为分析模型而非预报模型。如牛明香等(2012)在研究东南太平洋智利竹筴鱼中心渔场预报时,使用 GAM 作为预测因子选择模型。GLM 和 GAM 模型能在一定程度上处理非线性问题,因此具有较好的预测精度。但它们的应用较为复杂,需要研究者对渔业生产数据中的误差分布、预测变量的变换具有较深的认识,否则极易对预测结果产生影响。

3. 贝叶斯方法

贝叶斯统计理论基于贝叶斯定理,即通过先验概率以及相应的条件概率计算后验概率。其中先验概率是指渔场形成的总概率,条件概率是指渔场为"真"时环境要素满足某种条件的概率,后验概率即当前环境要素条件下渔场形成的概率。贝叶斯方法通过对历史数据的频率统计得到先验概率和条件概率,计算出后验概率之后,以类似查表的方式完成预报。已有的研究表明,贝叶斯方法具有不错的预报准确率。如樊伟等(2006)对 1960—2000 年西太平洋金枪鱼渔业和环境数据进行了分析,采用贝叶斯统计方法建立了渔情预报模型,综合预报准确率达到 77.3%。

贝叶斯方法的一个显著优点是其易于集成的特性,几乎可以与任何现有的模型集成在一起应用,常用的方法就是以不同的模型计算和修正先验概率。目前渔情预报应用中的贝叶斯模型采用的都是朴素贝叶斯分类器(simple Bayesian classifier),该方法假定环境条件对渔场形成的影响是相互独立的,这一假定显然并不符合渔场学实际。相信考虑各预测变量联合概率的贝叶斯信念网络(Bayesian belief network)模型在渔情预报方面也应该具有较大的应用空间。

4. 时间序列分析

时间序列(time series)是指具有时间顺序的一组数值序列。对于时间序列的处理和分析具有静态统计处理方法无可比拟的优势,随着计算机以及数值计算方法的发展,已经形成了一套完整的分析和预测方法。时间序列分析在渔情预报中主要应用在渔获量预测方面。如 Grant 等(1988)利用时间序列分析模型对墨西哥湾西北部的褐虾商业捕捞年产量进行了预测。Georgakarakos 等(2006)分别采用时间序列分析、人工神经网络和贝叶斯动态模型对希腊海域枪乌贼科和柔鱼科产量进行了预测,结果表明时间序列分析方法具有很高的精度。

5. 空间分析和插值

空间分析的基础是地理实体的空间自相关性,即距离越近的地理实体相似度越高,距离越远的地理实体差异性越大。空间自相关性被称为"地理学第一定律"(first law of geography),生态学现象也满足这一规律。空间分析主要用来分析渔业资源在时空分布上的相关性和异质性,如渔场重心的变动、渔业资源的时空分布模式等。但也有部分学者使用基于地统计学的插值方法(如克里金插值法)对渔获量数据进行插值,在此基础上对渔业资源总量或空间分布进行估计。如 Monestieza 和 Dubrocab(2006)使用地统计学方法对地中海西北部长须鲸的空间分布进行了预测。需要说明的是,渔业具有非常强的动态变化特征,而地统计学方法从本质上来讲是一种静态方法,因此对渔业数据的收集方法具有严格的要求。

(二)机器学习和人工智能方法

关于空间的渔场预测也可以看成是一种"分类",即将空间中的每一个网格分成"渔场"和"非渔场"的过程。这种分类过程一般是一种监督分类(supervised classification),即通过不同的方法从样本数据中提取出渔场形成规则,然后使用这些规则对实际的数据进行分类,将海域中的每个网格点分成"渔场"和"非渔场"两种类型。提取分类规则的方法有很多,一般都属于机器学习方法。机器学习是研究计算机怎样模拟或实现人类的学习行为,以获取新的知识的方法。机器学习和人工智能、数据挖掘的内涵有相同之处且各有侧重,这里不作详细阐述。机器学习和人工智能方法众多,目前在渔情预报方面应用最多的是人工神经网络、基于规则的专家系统和范例推理方法。除此之外,决策树、遗传算法、最大熵值法、元胞自动机、支持向量机、分类器聚合、关联分析和聚类分析、模糊推理等方法都开始在渔情分析和预报中有所应用。

1. 人工神经网络模型

人工神经网络(artificial neural networks, ANN)模型是由模拟生物神经系统而产生的。它由一组相互连接的结点和有向链组成。人工神经网络的主要参数是连接各结点的权值,这些权值一般通过样本数据的迭代计算至收敛得到,收敛的原则是最小化误差平方和。确定神经网络权值的过程称为神经网络的学习过程。结构复杂的神经网络学习非常耗时,但预测时速度很快。人工神经网络模型可以模拟非常复杂的非线性过程,在海洋和水产学科已经得到广泛应用。在渔情预报应用中,人工神经网络模型在空间分布预测和产量预测方面都有成功应用。

人工神经网络方法并不要求渔业数据满足任何假设,也不需要分析鱼类对于环境条件的响应函数和各环境条件之间的相互关系,因此应用起来较为方便,在应用效果上与其他模型相比也没有显著的差异。但人工神经网络类型很多,结构多变,要求建模者具有丰富的经验,相对其他模型来说应用比较困难。另外 ANN 模型对于知识的表达是隐式的,相当于一种黑盒(black box)模型,这一方面使得 ANN 模型在高维情况下表现尚可,一方面也使得 ANN 模型无法对预测原理做出明确的解释。当然目前也已经有方法检验 ANN 模型中单个输入变量对模型输出贡献度。

2. 基于规则的专家系统

专家系统是一种智能计算机程序系统,它包含特定领域人类专家的知识和经验,并能利用人类专家解决问题的方法来处理该领域的复杂问题。在渔情预报应用中,这些专家知识和经验一般表现为渔场形成的规则。目前渔情预报中最常见的专家系统方法还是环境阈值法和栖息地适宜性指数模型。

(1)环境阈值法(environmental envelope methods)是最早也是应用最广泛的渔情空间预报模型之一。鱼类对于环境要素都有一个适宜的范围,环境阈值法假设鱼群在适宜的环境条件出现,而当环境条件不适宜时则不会出现。这种模型在实现时,通常先计算出满足单个环境条件的网格,然后对不同环境条件的计算结果进行空间叠加分析,得到最终的预测结果,因此也常被称为空间叠加法。空间叠加法能够充分利用渔业领域的专家知识,而且模型构造简单,易于实现,特别适用于海洋遥感反演得到的环境网格数据,因此在渔情预报领域得到了相当广泛的应用。

(2)栖息地适宜性指数(habitat suitability index, HSI)模型是由美国地理调查局国家湿地研究中心鱼类与野生生物署提出的用于描述鱼类和野生动物的栖息地质量的框架模型。其基本思想和实现方法与环境阈值法相似,但也有一些区别:首先,HSI 模型的预测结果是一个类似于"渔场概率"的栖息地适应性指数,而不是环境阈值法的"是渔场"和"非渔场"的二值结果;其次,在 HSI 模型中,鱼类对于单个环境要素的适应性不是用一个绝对的数值范围描述,而是采用资源选择函数来表示;最后,在描述多个环境因子的综合作用时,HSI 模型可以使用连乘、几何平均、算术平均、混合算法等多种表示方式。HSI 模型在鱼类栖息地分析和渔情预报上已有大量应用。但栖息地适应性指数作为一个平均化的指标,与实时渔场并不具有严格的相关性,因此在利用 HSI 模型预测渔场时需要非常地谨慎。

3. 范例推理

范例推理(case-based reasoning, CBR)模拟人们解决问题的一种方式,即当遇到一个新问题的时候,先对该问题进行分析,在记忆中找到一个与该问题类似的范例,然后将该范例有关的信息和知识稍加修改,用以解决新的问题。在范例推理过程中,面临的新问题称为目标范例,记忆中的范例称为源范例。范例推理就是由目标范例的提示,而获得记忆中的源范例,并由源范例来指导目标范例求解的一种策略。这种方法简化了知识获取,通过知识直接复用的方式提高解决问题的效率,解决方法的质量较高,适用于非计算推导,在渔场预报方面有广泛的应用。范例推理方法原理简单,并且其模型表现为渔场规则的形式,因此可以很容易地应用到专家系统中。但范例推理方法需要足够多的样本数据以建立范例库,而且提取出的范例主要还是历史数据的总结,难以对新的渔场进行预测。

(三)机理/过程模型和理论模型

前面提到的两类模型都属于经验/现象模型。经验/现象模型是静态、平均化的模型,它假设鱼类行为与外界环境之间具有某种均衡。与经验/现象模型不同,机理/过程模型和理论模型注重考虑实际渔场形成过程中的动态性和随机性。在这一过程中,鱼类的行为时刻受到各种瞬时性和随机性要素的影响,不一定能与外界环境之间达到假设中的均衡。渔场形成是一个复杂的过程,对这个过程的理解不同,所采用的模型也不同。部分模型借助数值计算方法再现鱼类洄游和集群、种群变化等动态过程,常见的有生物量均衡模型、平流扩散交互模型、基于三维水动力数值模型的物理-生物耦合模型等。如 Doan 等(2010)采用生物量均衡方程进行越南中部近海围网和流刺网渔业的渔情预报研究,Rudorff 等(2009)利用平流扩散方程研究大西洋低纬度地区龙虾幼体的分布,李曰嵩(2011)利用非结构有限体积海岸和海洋模型建立的东海鲐鱼早期生活史过程的物理-生物耦合模型。另外一些模型则着眼于鱼类个体的行为,通过个体的选择来研究群体的行为和变化。如 Dagorn 等(1997)利用基于遗传算法和神经网络的人工生命模型研究金枪鱼的移动过程,基于个体的生态模型(individual-based model, IBM)也被广泛地应用于鱼卵与仔稚鱼输运过程的研究。

第三节 渔情预报实例分析

一、东海带鱼渔情预报

带鱼是东海最为重要的渔业,浙江近海冬季带鱼汛是我国规模最大的渔汛,其产量约占整个东海区带鱼产量的60%以上。因此,进行冬汛带鱼的渔情预报工作对掌握鱼群动态和指导渔业实践具有重要意义。冬季带鱼汛的预报始于 20 世纪 50 年代末期,主要预报内容为全汛中可能渔获量年景、渔场、渔期的趋势。现引用《海洋渔业生物学》中罗秉征撰写的带鱼一章有关内容进行分析。

（一）渔场、渔期分析

海洋环境条件的变化对鱼类的行动有关密切关系，它不仅影响着鱼群分布，集群程度，洄游速度，而且还制约着渔期的迟早与渔场的位置。浙江近海与嵊山渔场的水文环境主要受三个水团的影响。

1. 台湾暖流水

台湾暖流水具高温、高盐特征，盐度在34以上，它控制着渔场的外侧和东南部。如果汛前势力较强，中心渔场可能偏北、偏里，渔期也推迟，汛期相对延长，势力较弱，渔场将随之南移。

2. 沿岸水

沿岸水主要是长江冲淡水，具低温、低盐，盐度小于31。沿岸水位于渔场的里侧或西北部。入冬后沿岸水减弱并向西或西北退缩，渔场则向西偏拢。如汛初沿岸水势力较弱，花鸟渔场可能出现密集的鱼群，渔场偏里。如汛初其势力较强，渔场向东或向东南延伸，使渔场范围扩大，鱼群分散，不利捕捞。

3. 底层冷水、低温、高盐

若底层冷水、低温和高盐情况在汛前势力较强，嵊山渔场渔期可能推迟，势力较弱，渔期则可能提前，旺汛也相应开始较高。

海洋环境条件的变化，对带鱼群体十分敏感。带鱼喜栖盐度较高的海域一般分布在盐度33～34的范围内，而在盐度33.5左右海区，鱼群密集形成渔汛。因此，台湾暖流水的高盐舌锋位置可作为判断带鱼中心渔场概位的指标。渔汛的不同阶段，带鱼中心渔场的概位随高盐水舌锋的分布而变化；而且在年际间，汛期高盐水舌锋的变化与带鱼中心渔场的转移有三种类型（图6-8）。

（1）风与海流作用相对平衡，平均盐度变化甚小，高盐水舌锋分布稳定，汛末高盐水舌锋逐渐退缩。带鱼中心渔场由花鸟岛东北海域逐渐移至浪岗附近海域（图6-8a）。

（2）大风形成的涡动作用大于其他因素，平均盐度变化大，高盐水舌锋提前偏南退缩。带鱼中心渔场向南移动也相应提前。如1975年，渔汛中期以前东北大风较多，高盐水舌锋在11月上旬就退缩到30°N以南海域，此时带鱼中心渔场位置分布在浪岗至东福山一带海域，比往年偏南（图6-8c）。

（3）风力较弱，海流作用相对明显，平均盐度降又回升，高盐锋区退又出现，带鱼中心渔场因而比常年偏北（图6-8b）。

冬汛带鱼集群及中心渔场概位除与盐度相关外，与水温、风情（风向、风力和风时）都有密切关系。鱼群适宜水温为17～22℃。而风情又与气温密切相关。上述分析表明，鱼群的洄游分布与环境因子的关系是复杂的，它们相互影响，相互制约。因此，在编制渔情预报时，必须全面地综合研究和分析各项因子相互关系及其对渔情的影响。

（二）渔获量趋势预报

已经查明冬汛带鱼是夏、秋季带鱼群体的延续。夏、秋季带鱼资源状况可直接影响到冬

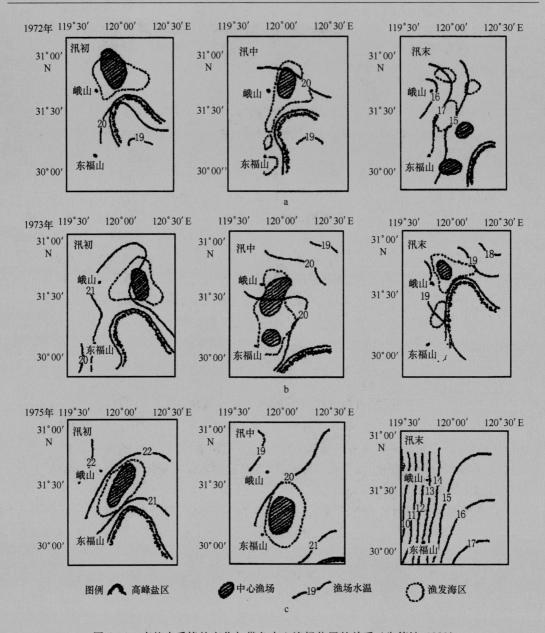

图 6-8　高盐水舌锋的变化与带鱼中心渔场位置的关系（朱德坤，1980）

汛渔获量的多寡,从拖网渔轮带鱼渔获量与冬汛渔获量的变化看,两者的变动趋势完全吻合。因此,可以拖网渔轮的平均网次渔获量作为夏、秋季带鱼的资源指数,与冬汛渔获量进行相关分析。资源指数公式

$$D = \sum_{i=1}^{n} C_i / E_i \qquad (6-17)$$

式中:D 为资源指数,C_i 与 E_i 分别为第 i 区带鱼渔获量和相应投入的捕捞力量。考虑到历年拖网的时间和捕捞效率变化不大,可作为常数,捕捞力量可用拖网次数表示。经相关分

析,两者存在非常显著的相关关系。选取东海区任一渔业公司机轮拖网同期的平均网次渔获量与冬汛带鱼渔获量进行相关分析,其相关程度均可达到极显著水平(表6-1)。因此,通过回归分析方法,可以求得冬汛带鱼可能渔获量的估计值。

表6-1 夏、秋季拖网渔轮带鱼平均网次渔获量与冬汛带鱼渔获量相关式及相关检验

内容	宁渔	舟渔	沪渔
直线回归式	$Y = 45.3 + 7.06X$	$Y = 43.8 + 6.11X$	$Y = 14.1 + 6.70X$
相关系数	$R = 0.928$	$R = 0.950$	$R = 0.959$
资料年份	1956—1968年、1970—1971年和1973—1978年	1965—1966年、1971和1973—1978年	1955—1967年和1973年

资料来源:吴家骅等,1985

注:Y为冬汛浙江渔场带鱼渔获量;X为夏秋汛(5—8月)拖网渔轮带鱼平均网次渔获量。

(三)冬汛带鱼渔获量预报

渔获量的变动受众多环境因子的综合影响,在建立预报方程时需要从许多影响因子中筛选与分析出与渔获量相关的因子。吴家骅和刘子藩(1985)经过分析认为,在冬汛带鱼渔获量中,夏、秋季的带鱼资源指数是最重要的因子,冬汛总捕捞力量为次要因子。由于实际值在汛前不能及时取得,预报时可暂给一个估计值。根据历年资料,建立冬汛带鱼可能渔获量的两个预报方程:

$$Y = 14.48 + 4.997X_1 + 0.133X_2 \quad (1954—1983年)$$
$$Y = 103.4 + 6.625X + 1.820X_9 \quad (1970—1983年)$$

式中:X_1为上海渔业公司5—9月带鱼资源指数;X_2为冬汛总捕捞力量;X为宁波渔业公司5—8月带鱼资源指数,X_9为9月带鱼相对资源修正数。冬汛的总捕捞力量是指冬汛中各汛(指汛期两次大风之间能进行捕捞的日数)的机帆船作业对数与实际作业日数乘积的总和(单位:100对日)。1960—1983年渔获量预报与实际总产量比较,大多数年份预报准确率在80%以上,80年代初预报准确率达到96%。

沈金鳌和方瑞生(1985)考虑到长江径流量的多少和强弱直接影响到中国沿岸流,从而间接地影响带鱼的渔场及其渔发,因此此在进行渔情预报中增加了长江径流量这一环境因子。他们利用带鱼资源量指数、各汛总捕捞力量、长江径流量等建立了预报方程:

$$Y_1 = 58.10 + 6.780X_1 + 0.062X_2 - 0.156X_3$$
$$Y_2 = 138.34 + 5.39X_1 + 0.007X_2' - 0.313X_3$$

式中:Y_1、Y_2分别为浙江近海各汛带鱼总产量和嵊山渔场各汛带鱼总产量;X_1为上海市海洋渔业公司夏秋汛带鱼资源量指数;X_2、X_2'分别为当年各汛投入浙江近海和嵊山渔场的总捕捞努力量;X_3为长江(9月份)平均径流量。

二、黄海、渤海蓝点马鲛渔情预报

蓝点马鲛为暖温性中上层鱼类,分布在渤海、黄海和东海海域。其洄游路线、分布状况,常随着其生活环境的水文状况变化而变动。渔期早晚、渔场位置的偏移、鱼群的集散程度和停留时间的长短等均与水文环境的变化密切相关,并在一定程度上受其制约。一些学者对蓝点马鲛与水温、气温、风以及与饵料生物环境的关系进行了分析与研究。韦晟(1988)根据渔汛期间的水文、饵料生物环境的变化与蓝点马鲛行动分布特性间的关系,预测蓝点马鲛渔期迟早、长短、中心渔场的位置及渔情发展趋势等,提出渔汛初期、盛期、后期的阶段性渔情预报及短期渔情预报。

(一)渔期预报

1.水温与渔期

以历年4月上旬长江口平均表层水温的距平值与历年长江口蓝点马鲛渔期绘制成图。从图6-9中可以看出,除1980年情况异常外,历年4月上旬的水温较高,渔期则早,反之则晚。

假如我们设 y 为渔汛日期(4月 y 日),以 x 为水温变化值,那么,可以得到如下关系式:

$$y = 42.641\ 9 - 2.118\ 7x, r = -0.819\ 6$$

对 r 作显著性检验,取 $a = 0.05$ 水平,有 $r = 0.819\ 6 > a_{0.05} = 0.666$,检验显著。

由此可见,4月上旬表层水温与渔期早晚有密切关系,根据历年实际预报工作验证,以水温为预报因子所作的渔期预报结果较为正确。因此,韦晟等认为,4月上旬表层水温可以作为预报渔期早晚的主要指标之一。

2.气温与渔期

以历年4月上旬长江口平均气温的距平值与历年蓝点马鲛渔期绘制成图6-10。可以看出,除1977年以外,渔汛期的早晚与气温的高低是有关的。除与前面相同设 x 与 y,可以得到关系式

$$y = 34.849 - 1.463\ 8x, r = -0.646\ 7$$

取 $a = 0.05$ 水平, $r = 0.646\ 7 > a_{0.05} = 0.666$,因此,用4月上旬气温作预报因子,是有其一定意义的。

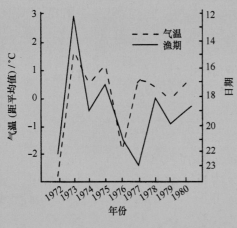

图6-9 历年4月气温与渔期的关系
(韦晟,1988)

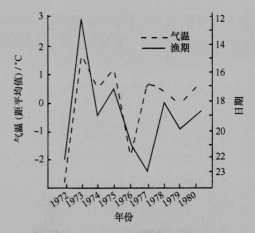

图6-10 历年4月水温与渔期的关系
(韦晟,1988)

由于气温的变化幅度比水温大,当气温大幅度上升或下降时,则渗透到表层水温而间接地影响到鱼群行动,但不如水温对鱼群行动的直接影响,故气温可作为参考指标。

综上所述,影响蓝点马鲛渔期的因子较多,但从几个因子通过多年来的生产实践表明,渔汛期间的表层水温是预测蓝点马鲛渔期的关键指标。以下利用一元线性回归方法进行计算,得出的结果列于表 6－2。

表 6－2　历年预报渔期与实际渔期的对比(韦晟,1988)

年份	预报因子值/℃	预报渔期	实际渔期	年份	预报因子值/℃	预报渔期	实际渔期
1972	9.8	4 月 22 日	4 月 22 日	1977	10.7	4 月 20 日	4 月 23 日
1973	13.5	4 月 14 日	4 月 12 日	1978	12.3	4 月 17 日	4 月 18 日
1974	11.3	4 月 19 日	4 月 19 日	1979	10.2	4 月 21 日	4 月 20 日
1975	12.0	4 月 17 日	4 月 17 日	1980	9.8	4 月 22 日	4 月 19 日
1976	10.0	4 月 20 日	4 月 21 日				

(二)渔场预报

根据多年来的现场调查资料表明,4 月上旬表层水温 10℃ 等温线的分布状况与蓝点马鲛中心渔场的变动有密切关系。现将历年中心渔场所出现 8~12℃ 线的频数统计结果列于表 6－3。

表 6－3　蓝点马鲛中心渔场出现频率(韦晟,1988)

组限/℃	频数	频率	累计频率	组限/℃	频数	频率	累计频率
8.25~8.50	1	1.5	1.5	10.0~10.25	9	13.4	46.4
8.50~8.75	2	3.0	4.5	10.25~10.50	9	13.4	59.8
8.75~9.00	2	3.0	7.5	10.50~10.75	8	11.9	71.7
9.00~9.25	2	3.0	10.5	10.75~11.00	7	10.5	82.2
9.25~9.50	3	4.5	15.0	11.00~11.25	5	7.5	89.7
9.50~9.75	5	7.5	22.5	11.25~11.50	5	7.5	97.2
9.75~10.0	7	10.0	33.0	11.50~11.75	2	3.0	100.2

由累积频率在正态概率纸上作点绘图,从图 6－11 可以看出,这些点近似于一条直线。可以认为,中心渔场在 10℃ 等温线附近出现的频率基本上呈正态分布。由直线与 50% 交点的纵坐标可以读得平均值 $\mu = 10.05$,又由直线与 15.9% 交点的纵坐标读得 $\mu - d = 9.275$,于是有方差 $d = 0.775$,可知中心渔场分布范围在 9.3~10.8℃ 等温线之间。若按 δ 标准,则基本上以 10℃ 等温线为中心的概率可达 95.6% 。综上所述,我们只要了解每年 10℃ 等温线分布状况,就可预测蓝点马鲛中心渔场所处的位置和范围。

(三)渔获量预报

蓝点马鲛渔获量预报可分为渔获量趋势预报和渔获数量预报两类。1970—1974 年期间

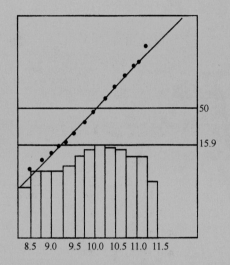

图 6 - 11　正态概率纸检验(韦晟,1988)

进行了渔获量趋势预报,1975 年起开展了渔获量预报。其预报方法主要有以下三种。

(1)用阶段回归分析法,分析了山东省收购量和环境条件(黄海径流量,渤海、黄海冬季水温指标,地区气温指标)的相关关系建立二级回归预报方程(毕庶万等,1965)。

(2)以 8—9 月单位捕捞力量渔获量作为相对资源量指标,进行估算。

(3)利用一龄幼鱼的渔获量作为相对资源量指标,预报翌年春汛渔获量。

经过实践检验(表 6 - 4),上述各种方法均取得预期的良好效果,预报的精度较高,准确率达到 80% 以上(韦晟,1988)。

表 6 - 4　历年春汛黄渤海渔获量预报结果检验(韦晟,1988)

年份	实际产量/t	预报产量/t	准确率(%)	年份	实际产量/t	预报产量/t	准确率(%)
1970	22 469			1977	26 674	27 000	98.8
1971	23 654			1978	16 658	15 000	90.1
1972	27 271	资源属较好年份	正确	1979	16 728	16 000	95.7
1973	32 510	资源将明显好于去年	正确	1980	17 026	14 000	82.8
1974	21 513	春汛渔获量不及去年	正确	1981	16 581	16 000	96.5
1975	19 984	20 000	99.9	1982	13 257	17 000	77.9
1976	24 438	17 000	69.6	1983	10 145	12 000	84.5

三、北太平洋长鳍金枪鱼渔情预报

(一)一般情况

美国加利福尼亚州拉霍亚资源研究室对北太平洋长鳍金枪鱼渔情预报进行了长期的试

验研究,把研究结果归纳为渔汛什么时候开始、渔汛从哪里开始、现有资源可以捕获多少等问题。1950—1959 年,北太平洋长鳍金枪鱼的年产量在 42 000 ~ 89 000 t 之间,平均年产量略高于 67 000 t。图 6-12 为北太平洋长鳍金枪鱼渔场,图 6-13 为 1950—1959 年北太平洋长鳍金枪鱼的渔获量。

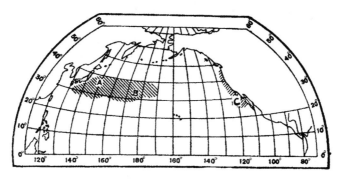

图 6-12　北太平洋长鳍金枪鱼渔场(唐逸民,1980)

A. 日本用活饵捕捞;B. 日本 10 月至翌年 3 月用延绳钓捕捞;C. 美国 6—11 月在北美沿岸用活饵捕捞

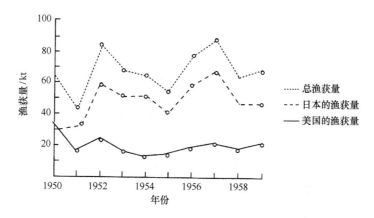

图 6-13　1950—1959 年北太平洋长鳍金枪鱼渔获量(唐逸民,1980)

　　长鳍金枪鱼在北美沿海的分布洄游受海洋环流的影响很大。表层流的原动力是风。北太平洋表层海流图与风场图极为相似,它们都具有顺时针方向回转的特征。在中纬度西风带,海洋表层产生西风漂流,至北美沿岸分成两支,一支流向北部的阿拉斯加湾,形成阿拉斯加海流,另一支成为较冷的流速较小的加利福尼亚海流(图 6-14)。大气和海洋分界面的热交换,能够改变海洋表面混合层的温度。研究海洋空间热交换的分布,能够很好地掌握海洋环流和水温结构的季节性和非季节性变化。

　　1960—1965 年,根据鱼类标志放流和渔获量资料,研究了长鳍金枪鱼在北美沿岸的洄游路线,得出了洄游模式(图 6-15)。显然,这一模式和该海区的环流图是一致的。从图 6-15 中可看出,金枪鱼在向美国沿岸洄游时的分支,类似于西风漂流在美国沿岸的分支。夏

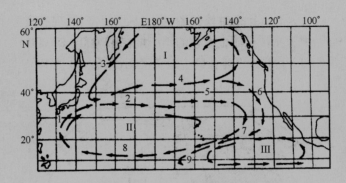

图 6 - 14　北太平洋水团和海流的基本型

Ⅰ.北太平洋北部冷水团;Ⅱ.北太平洋中央水团;Ⅲ.北太平洋赤道暖水团;

1.黑潮;2.西风漂流;3.千岛寒流;4.阿留申海流;5.北太平洋海流;6.加利福尼亚海流;7.加利

福尼亚漂流;8.北赤道流;9.信风带赤道逆流

初,鱼群大量游向加利福尼亚渔场南部。随着太平洋北部、东北部水温迅速上升,鱼群的洄游路线可向北推移数百海里。这时,某些群体从西南方向直接游向俄勒冈州 - 华盛顿州渔场,有些群体则游向加利福尼亚渔场的北部和中部,个别群体继续向南移动,在加利福尼亚南方渔场出现。缓慢的加利福尼亚海流,有明显的低温低盐特征的年份,洄游路线偏南,俄勒冈州和华盛顿州沿海捕不到鱼。因此,金枪鱼渔场的年度预报,主要是根据加利福尼亚南岸及其南方渔场汛前 2 ~ 3 个月的海水温度和盐度。

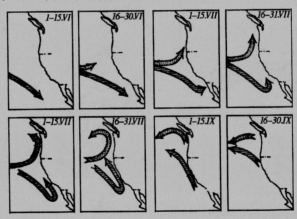

图 6 - 15　北美沿岸长鳍金枪鱼的洄游模式

(二)渔汛开始时间

北美沿海长鳍金枪鱼渔汛开始时间,各年很不相同,有时从 6 月底或 7 月初开始,有时从 7 月底或 8 月初开始。渔汛开始迟早,取决于外洋海水从冬季到春季温度回升的转折时间。通常,水温回升早,渔汛开始就早;反之则较迟。有些年度,虽然春季温度回升较早,渔汛开始时间仍然较迟,这是因为沿岸产生了强涌升流,使水温降低,抑制鱼群向沿海洄游,一直到夏季增温,能中和低温海水时为止。例如 1965 年加利福尼亚沿海由于涌升流的关系,渔汛开始时间推迟了 4~6 周。

为了获得太平洋北部气候年变化资料,根据大量测定结果,计算出月平均热流入量。北太平洋表面水温标准年变化曲线表明,最高水温在 9 月,然后开始降温,11 月至翌年 1 月降温速度最快,最低水温在 3 月,4 月水温回升,5—7 月升温速度最快。有些年度季节变化可提早 1 个月,有些年度则推迟 1 个月(图 6-16)。热流入量的变化是表面水温变化的指标,二者变化转折时间的间隔是 4~6 周。由图 6-16 看出,在不同测站,年变化特征差别很大。因此,为了正确预报渔场位置,在决定海洋热收支量时,必须考虑该渔场的地理位置及其不同气候变化特征。

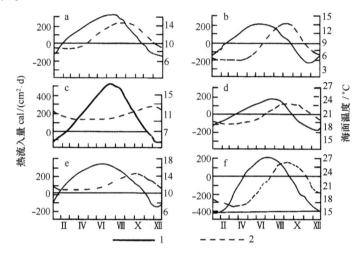

图 6-16　北太平洋某些站位的热流入量(1)和海面温度(2)的平均年变化
a. 科伦比河;b. P 站;c. 勃兰兹礁;d. N 站;e. 法拉隆岛;f. V 站

(三)中心渔场

北美沿海渔场最佳捕鱼区域,各年差别很大。1957—1959 年,加利福尼亚南岸水温偏高,鱼群中心北移。1952—1958 年,中心渔场有时偏南,有时偏北,是与环境条件变化密切相关的。

加利福尼亚海流具有明显的温度和盐度特征。它自北向南移动,温度和盐度要比同纬度其他水团的温度和盐度低。春、夏季在低温高盐涌升流的作用下,加利福尼亚海流东侧的温度和盐度特征发生变化。即在海流的西侧,愈接近太平洋中部水团,温度和盐度愈高。

渔汛开始早的作业区域,即 7 月开始稳定捕鱼的区域,其年间变化与加利福尼亚海流的温度和盐度变化有关。10 m 层温度盐度值与渔获量的大量资料研究结果表明,加利福尼亚沿海 4 月份温度盐度值与该区 7 月份渔获量之间存在相关关系,可用下列形式表示:

$$渔获量指数 = C \times \left(\frac{S_{1v}}{32‰} \right) \times \left(\frac{T_{1v}}{8.0} \right)$$

式中:S_{1v} 为 4 月份盐度;T_{1v} 为 4 月份温度;C 为系数。

　　根据计算,1951—1960 年的渔获量指数为 1.0 ~ 4.0,图 6 - 17 为 1951—1960 年 7 月份渔获量分布图。图上斜线表示渔获量指数为 2.2 ~ 2.8 的海区,这些海区的渔获量约为 7 月份总渔获量的 80% 。最佳渔获量指数在 2.5 左右。

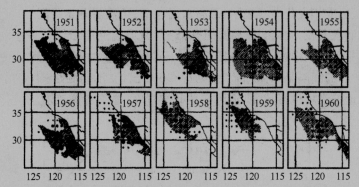

图 6 - 17　1951—1960 年 7 月份长鳍金枪鱼渔获量分布图(唐逸民,1980)

　　渔获量指数中,由于盐度变化很小,所以起决定作用的是温度。捕获长鳍金枪鱼的最适温度接近 17.9℃ ,95% 的渔获量是在温度为 15.6 ~ 20.0℃ 的范围内捕得的 (图 6 - 18)。加利福尼亚南部沿海渔区,4—7 月盐度变化小,温度升高不多,平均不超过 2℃ 。

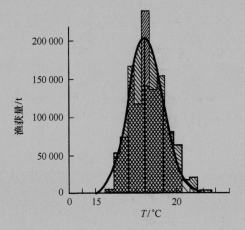

图 6 - 18　长鳍金枪鱼渔获量与海面水温的关系(唐逸民,1980)

（四）渔情预报

　　加利福尼亚州拉霍亚资源研究室每年 5 月定期发布长鳍金枪鱼渔情预报,内容包括渔汛开始迟早、中心渔场、各渔区可捕量估计等。这些预报起初是根据近似的经验相关关系编制的。预报所依据的假设是,该时期海水温度、盐度距平值保持稳定。根据实际观测资料证明,太平洋东部海区水温大面积距平值,3 ~ 5 个月内保持不变。

　　后来,加利福尼亚州拉霍亚资源研究室在 5 月份定期发布资源预报的基础上,进一步在渔汛期间每天为渔民发布咨询报告,编制和发布 15 昼夜的海面温度预报图(图 6 - 19),更准确地指明捕鱼地点和时间。1967 年金枪鱼资源研究室与加利福尼亚州蒙特里天气服务中心,建立了联系网。每隔 3 小时、12 小时或 24 小时,就可以获得近 30 种为渔业生产服务的图,保证资源研究人员在海况发生变化后,会很快知道。重要的海况变化资料,通过广播电台、通报和资料的形式发布。

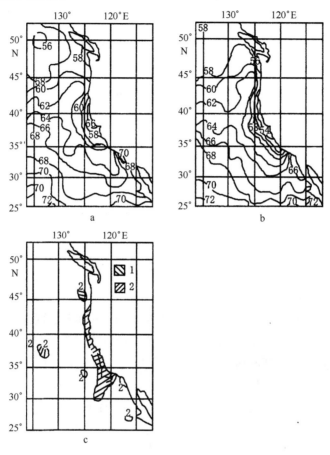

图 6 - 19　1966 年 7 月 16—31 日海面温度(°F)预报图
a. 海面水温预报值;b. 海面水温分析值;c. 预报误差;1. 冷水;2. 暖水

四、东海鲐鲹鱼渔情预报

(一)一般情况

鲐鲹鱼属暖温大洋性中上层鱼类,广泛分布在西北太平洋沿岸水域,在渤海、黄海、东海、南海均有分布,主要为围网、流刺网捕捞对象。东海是四面被大陆和岛屿包围的太平洋边缘海,从 1955 年起开发鲐鲹鱼围网渔场以来,鲐鲹鱼等中上层鱼类的产量,逐步上升到约占该海区总渔获量的 1/5 左右。图 6 - 20 为鲐鲹鱼围网渔场的变迁情况。从图 6 - 20 中可以看出,1955—1958 年试验开发初期,1—5 月捕捞产卵亲鱼群体为主。1959—1965 年到东海中部、北部的大陆架边缘海区和黄海区捕捞产卵鱼群,渔获量逐年跃增。特别是竹笺鱼的产量一度占东海、黄海中上层鱼类总产量的绝大部分。

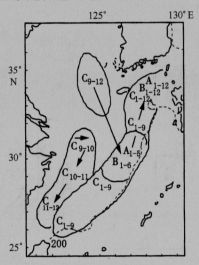

图 6-20　鲐鲹鱼围网渔场的变迁
A. 1955—1958 年;B. 1959—1965 年;C. 1966—1971 年;A、B、C 的下标为渔期

主要渔期和渔场,1—5 月在东海中部和北部,6—12 月在五岛西海面,9—12 月在黄海。可常年生产。1966 年以后,黄海渔场消失,竹笺鱼产量急剧下降,渔场从五岛西海面沿大陆架边缘海区,扩展到东海南部的钓鱼岛附近,渔获量逐年减少。但在 1968 年 6—12 月,在长江口以南的沿海附近开发了以蓝圆鲹为主、鲐鱼为次的渔场。1971 年,沿海蓝圆鲹渔获量减少。以后,鲐类和红背圆鲹类的产量逐年有所增加。从上面可以看出,中上层鱼类的鱼种变动幅度很大,主要鱼种在一定期间会产生交替。

鲐鲹鱼围网渔场,一般位于黄海冷水团的前锋区与黑潮水系边缘一侧的流隔间交汇区。黑潮水系混合比率大的海区是良好的渔场。从表层到 100 m 水层的平均水温和盐度是渔场的指标。当冷水带不断向南扩展时,鲐鲹鱼迅速南移。当黑潮水系势力增强时,鱼群北上,分散在东海广大的海区。冬、春季的渔场,即产卵亲鱼群的越冬场,多半位于东海中南部大陆架边缘海区,那里是黑潮左侧的边缘海区,海况变动剧烈,产量波动大。

东海鲐鲹鱼围网渔场的分析研究,主要是查明上述主要水系、水团的消长变化,分析不同鱼类在不同生活阶段时,对渔场海洋环境的适应性。丁仁福(1978)、王为祥(1973,1974,1984)等对鲐鱼的行动分布习性及其与环境的关系进行了较系统的研究。

(二)水系、水团分布

中国东海的主要水系,基本上可分为黑潮水系和中国大陆沿岸水系两大类。这两类水系的盛衰消长,使水团分布和配置有很大的变化。主要水系、水团的分布模式如图 6-21所示。

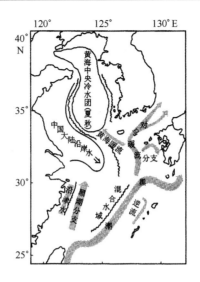

图 6 - 21 主要水系、水团分布模式

1. 黑潮和黑潮分支

黑潮起源于北赤道流,属高温高盐水系。它从台湾与石垣岛之间通过,进入东海,作小规模的蛇行运动,沿大陆坡,流向东北。在鹿儿岛、屋久岛西海面约 185 km 附近转向东—东南方向,通过吐噶喇海峡,朝太平洋流去。黑潮的流轴以 200 m 层的 16.5℃ 等温线作指标,流轴的短期变动很大,变动幅度 10 天可达 28 km。但是从总体来看,黑潮位置的常年季节变化小而稳定。黑潮的表面流速 1 ~ 3 kn,冬季(1—3 月)平均 1.0 ~ 1.7 kn,夏季(7—9 月)1.8 ~ 2.9 kn。流速超过 1 kn 的幅度不大。

黑潮在台湾东北海域,有一条黑潮分支,靠近长江口以南的沿岸水带的东侧海区,大体沿着 123°E 线北上。这条分支也可以认为是伴随南下的大陆沿岸水的一种补充流,流速比较缓慢。黑潮在屋久岛西海面分支成为对马暖流。它沿大陆坡向北流,同伸向东海的大陆沿岸水混合,并通过五岛与济州岛之间,经对马东、西二水道进入日本海。对马暖流北上途中又有两条分支,一条是向日本五岛滩、天草滩的分支,另一条是经济州岛南部海面流向黄海的黄海暖流分支。

黄海暖流的范围,可以从秋季到冬季的水温、盐度分布上清楚地显示出来。西北季风盛行,我国大陆沿岸水南移势力增强时,黄海暖流的势力也增强。这支暖流作为伴随沿岸水南下的一种补充流,其影响可达黄海中央海域,但流速较慢。

2. 中国沿岸水

中国沿岸水是我国大陆径流入海而形成的低盐水系。盐度在 23.5 以下。这种低盐水的温度季节变化显著。秋季到冬季,在寒冷的季风作用下,冷却的低温沿岸水不断发展,从黄海西部沿岸海区向东南方向伸展到东海,冷水舌端部可达大陆架边缘和钓鱼岛东北海域。

到了夏季,随着大陆径流量的增加,沿岸水盐度显著降低,在日照作用下形成高温水层,并一直伸展到大陆架边缘海区,与对马暖流的表层水混合。这种混合水进一步形成对马暖流的表层水,向日本九州西北海域和日本海方向移动。

沿岸水含有丰富的营养盐类。由于含丰富营养盐类的沿岸水不断补充,在沿岸水与对马暖流之间的交汇区中经常有赤潮出现。

3.黄海中央冷水

夏、秋季,黄海中央海区的中底层,有一个温度在10℃以下、盐度为33.0左右的低温水团,称为黄海中央冷水团。冬季,它同黄海暖流和我国大陆沿岸水混合,但是仍然保留黄海中央冷水团某些固有的特性。黄海中央冷水团是一种滞留性的水团,移动缓慢。

以上各种水系水团势力的消长,使中国东海的海洋环境不断地变化。我国大陆沿岸水的消长,又受大陆降水、径流量、秋冬季寒冷季风等气象变化所支配。

(三)海洋环境

由图6-22可见,冬季低温低盐的大陆沿岸水,从长江口东北海面,向东南方向呈舌状伸展,在大陆架边缘与黑潮混合。在水温梯度高的交汇区形成渔场。同时,在东海北部海域,温度不连续带阻止鱼群北上,所以在对马暖流的高温海区也有渔场分布。

由图6-23可见,夏季黑潮水系增强,突入大陆架海区。加上日照的影响,使水温普遍上升,但黄海中央冷水团经济州岛西南海面,向东海北部海域呈舌状伸展。其舌端周围有显著的不连续带。在不连续带海区附近及其外侧的高温海区,形成渔场。

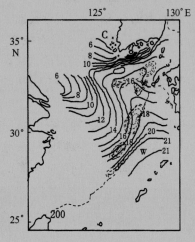

图6-22　1970年1月中旬至2月上旬
50 m层等温线与围网渔场

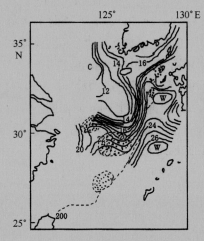

图6-23　1970年7月下旬至8月上旬
50 m层等温线与围网渔场

根据大量的断面观测资料,可以得出关于东海渔场形成的几点结论。

(1)从表层到底层,大致形成等温、等盐状态的对流期。冷水锋与黑潮锋的中间混合水域形成渔场,这时稳定的海况将持续一定时期。

(2)对流期以后,大陆沿岸水向大陆架方向伸展,渔场的表层水向高温低盐方向发展,但中、底层仍残存冷水团,在冷水团周围可形成渔场。

(3)黑潮水系向大陆架突入时,中、底层冷水团的残存范围缩小。在冷水团衰退期,其周围海区具有较高的渔场价值。

（四）围网渔场与交汇区的关系

东海围网渔场的形成,交汇区起着重要的作用。交汇区两侧,除了水温变化较大外,盐度、营养盐含量以及浮游生物量都有很大变化。这些非生物和生物的环境变化,在很多场合下支配鱼群的行动。

秋、冬季,围网渔场一般在交汇区附近的暖水侧形成。春季鱼群产卵后,分布在交汇区的大陆沿岸水和黄海冷水团一侧。这说明鲐鲹类在不同生活阶段的生态特性不同。

为了掌握中国东海交汇区的分布和变化,概观水团分布的模式,去推断渔场形成的可能性,曾利用 1958—1970 年的资料进行分析。分析时,作成与中国东海水团分布相对应的 50 m 层等温线分布图,标出水平梯度 $\Delta D/\Delta t = 0.054℃/km$ 以上的不连续带的中轴,冬季和夏季的图式分别如图 6-24、图 6-25 所示。这些不连续带是在黑潮、黑潮分支、对马暖流、我国大陆沿岸水、黄海中央冷水等水系、水团之间形成的。

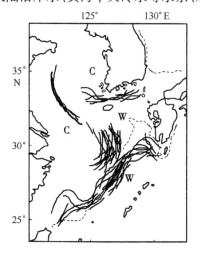

图 6-24　冬季(1—3 月) 50 m 层等温线分布

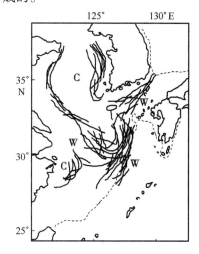

图 6-25　夏季(7—9 月) 50 m 层等温线分布

从图 6-24 可见,冬季在黑潮西侧的大陆架边缘海域与我国大陆沿岸水伸出的舌端部之间,形成两条显著的不连续带。它们相当于近海锋和沿岸锋,围网主要渔场就在这两个锋中间的混合水域形成。另外,朝鲜南岸也有一个比较显著的不连续带,在朝鲜沿岸水与对马暖流、黄海暖流之间也可形成渔场。

从图 6-25 可见,夏季不连续带位于冲绳西北海面的大陆架边缘海区,比冬季稍偏西,在 30°N 以北的东海北部海域转向东移,在大陆架边缘海区形成不连续带。这说明,对马暖流的流轴偏东。朝鲜南岸海区的不连续带比冬季偏南。同时,我国大陆沿岸水和朝鲜西岸沿岸水的温度升高,与盘踞在黄海中央海区的黄海冷水团之间,产生显著的不连续带。另外,夏季在 30°N 以南的我国大陆沿岸附近,也有盐度较高的低温水(18~19℃)在沿岸域出现,产生不连续带。

形成不连续带的位置,各年同一季节也有很大的变动,特别是我国大陆沿岸水伸展的舌端部,年变化显著。这和水团的消长有很大的关系。

（五）鱼群栖息水团

为了探明鲐鲹鱼群的分布、移动、渔况和环境的关系,以水温为指标进行分析。东海围网渔场鲐鲹鱼类的栖息水温,表层为 13 ~ 28℃,中层为 13 ~ 23℃,中层盐度为 31.6 ~ 34.9。

在渔场调查中,用探鱼仪发现鲐鲹鱼群时的自然游泳层的水温和盐度,作成温度 - 盐度分布图,与前述各水团相对应(图 6 – 26)。鱼群总体的 90% 以上是在水深 20 ~ 80 m 之间发现的。

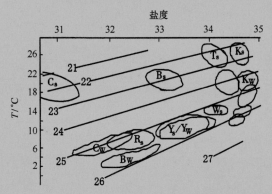

图 6 – 26　发现鱼群时的水团和主要海域水团的对应关系

黑点:鱼群栖息层的水团.大圈.主要海域 10 ~ 50 m 层的水团;T. 对马暖流水域;E. 对马东水道;W. 对马西水道;Y. 黄海中央水域;B. 朝鲜西岸水域;C. 我国大陆沿岸水;下标 W. 冬季;下标 S. 夏季

由图 6 – 26 可见,发现鲐鲹鱼群的水温范围为 14 ~ 22℃,盐度范围为 31.8 ~ 34.8,其中盐度为 33.4 ~ 34.4 时,发现鱼群的比例占总体的 85% 以上。按水域分布来看,冬季鱼群栖息在黑潮、对马暖流影响强的海域;在水温 12℃ 以下的低温水域未发现鱼群。夏季鱼群主要栖息在黑潮、对马暖流和我国大陆沿岸水的混合水域以及暖流水系影响强的海区;在高温高盐的黑潮流域、对马暖流主流区、我国大陆沿岸水域及黄海中央冷水区,均未发现鱼群。

由上可见,黑潮、对马暖流和我国大陆沿岸水,在鲐鲹类围网渔场形成上起着重要的作用。但是,不能单考虑渔场环境因素,还必须结合各类鱼群在不同生活阶段对渔场海洋环境的适应性,去进行全面的分析研究。

（六）渔期预报

20 世纪 70 年代以来,黄海鲐鱼产卵群体的主要年龄组成为 2—4 龄,各年变化不大。因而鲐鱼游离越冬场进入黄海产卵时间的早晚,主要与性腺发育的快慢有关。水温越高性腺发育越快,鲐鱼进行产卵洄游的时间越早。调查表明,鲐鱼进入黄海产卵的时间与黄东海区的水温有关(图 6 – 27)。以东海、黄海 5 月 1 日表层水温距平值为预报指标,建立回归方程式如下:

$$Y = 9.876\ 2 - 0.880\ 8x \qquad\qquad (6 - 18)$$

式中:Y 为黄海中部围网初渔期（5 月 y 日）;x 为东海、黄海 5 月 1 日表温距平值。1978 年起应用这个指标对黄海春汛鲐鱼初渔期进行预报,取得较好效果(表 6 - 5)。

表 6 - 5　黄海鲐鱼春汛渔期预报效果检验

年份	预报渔期	实际渔期
1977		初渔期 5 月中旬
1978	渔期提前,初渔期 5 月上旬	初渔期 5 月 3 日
1979	渔期推迟,初渔期 5 月中旬	初渔期 5 月 9 日
1980	渔期较常年略迟,初渔期 5 月 10 日后	初渔期 5 月 10 日

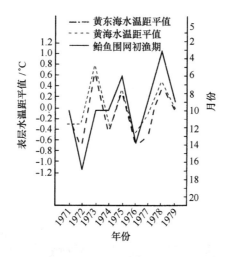

图 6 - 27　东黄海 5 月 1 日表层水温距平值变化与黄海中部
鲐鱼围网初渔期的关系(王为祥,1984)

五、中西太平洋鲣鱼渔情预报

鲣鱼广泛分布在热带海域,大多数栖息水温为 20 ~ 30℃,并喜欢集群在上升流及冷暖水团交汇海域。同时喜欢跟随海鸟、水面飘浮物、鲨鱼、鲸鱼和海豚以及其他金枪鱼类洄游。其渔获量主要来自于中西太平洋海域。目前年产量逾 $100 × 10^4$ t,是极为重要的金枪鱼渔业之一。

大量的研究表明,中西太平洋的鲣鱼分布、洄游、集群等与热带太平洋海域的水温变动、ENSO 等关系密切。Lehodey(1997)等根据 1988—1995 年美国鲣鱼围网船在西赤道太平洋捕获的鲣鱼渔获量等进行分析,证实鲣鱼的渔获位置随着暖池边缘 29℃ 等温线在经度线上的移动而移动(图 6 - 28,图 6 - 29)。台湾学者利用作业渔场分布的渔获量、海洋环境因子(海流、水温、南方涛动指数 SOI、叶绿素浓度等)对渔场移动与环境关系进行了分析,得出了一些重要结论。

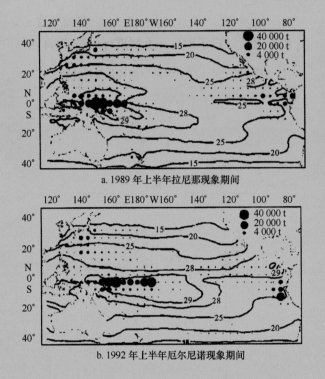

图 6-28　太平洋鲣鱼产量(t)与平均表温的关系(Lehodey et al,1997)

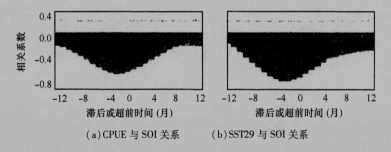

(a)CPUE 与 SOI 关系　　　　　　(b)SST29 与 SOI 关系

图 6-29　太平洋海域鲣鱼 CPUE 与南方涛动指数(SOI)
以及表温 29℃与南方涛动(SOI)之间的时差序列关系

(一)海况资料收集

收集的资料主要包括围网渔获统计数据、太平洋海域表层水温资料、热带大气 - 海洋的附表采集的垂直水文资料(TAO)、SOI 及 SEAWIFS 水色卫星影像资料等 5 个方面。

(二)数据分析方法

(1)对渔获物数据进行标准化处理,获得单位捕捞努力量渔获量(CPUE)。CPUE 代表鲣鱼的时空分布资源量密度。

（2）K – S 检验。

将各月别 SST 配以 CPUE 分别以下列方程作两条曲线,先比较两条累计曲线的分布,再以 K – S 检验来检查 SST 和以 CPUE 加权的 SST 值两变数的相关度。累计分布曲线方程式为:

$$f(t) = \frac{1}{n} \sum_{i=1}^{n} l(x_i)$$

$$g(t) = \frac{1}{n} \sum_{i=1}^{n} \frac{y_i}{\bar{y}} l(x_i) \quad D = \max | g(t) - f(t) |$$

式中:$f(t)$ 和 $g(t)$ 分别为表温、表温—平均日产量的 2 条累积频度曲线,n 为资料个数;t 为分组 SST 值(如以 0.1℃ 为组距,由 27.9 ~ 30.1℃ 共 13 组);x_i 为第 i 月 SST 观察值;y_i 为第 i 月的 CPUE;$\bar{y}$ 所有月别的平均 CPUE;$l(x_i)$:若 $x_i \leq t$ 时,$l(x_i)$ 值为 1,否则为 0。根据给定的显著水平 a,若 k-s 检验统计至 D 小于临界值 $d_{(na)}$,则在置信度（1 – a）下接受并服从假设的理论分布。反之,假设则不成立。

（3）利用直线相关和时差序列相关等方法对 CPUE 与 SST、叶绿素浓度等指标进行分析,以分析水温（SST）、叶绿素与渔场的关系。

（4）渔场重心分析。

其计算公式为:

$$G_i = \frac{\sum L_i (C_i/E_i)}{\sum (C_i/E_i)}$$

式中:G_i 为某月 CPUE 重心;L_i 为第 i 月经度（或纬度）的中心点位置;C_i 为第 i 月鲣鱼的渔获量;E_i 为第 i 月下网次数。

$$g(t) = \frac{1}{n} \sum_{i=1}^{n} \frac{y_i}{\bar{y}} l(x_i)$$

（5）渔场推移向量分析。

渔场推移向量分析采用天野（1990）研究海流的流向的计算方法,将资料划分为 3×3 排列组合的 9 个方格,每 1 度方格代表该渔区每个月别的 CPUE,将 X 分量及 Y 分量分别以相邻的 CPUE 用公式求得 A5 的向量与大小以及方向,由此获得各月别 CPUE 渔场的推移。其计算公式为:

A1	A2	A3
A4	A5	A6
A7	A8	A9

$$\Delta x = (A1 + A2 + A3) - (A7 + A8 + A9)$$

$$\Delta y = (A1 + A4 + A7) - (A3 + A6 + A9)$$

$$\Delta xy = (\Delta x^2 + \Delta y^2)^{1/2}$$

$$\theta = \tan^{-1}(\Delta x/\Delta y)$$

式中：Δx 为东西方向的向量大小；Δy 为南北方向的向量大小；Δxy 为 X 分量与 Y 分量的合力大小；θ 为向量的相位角。

(三)研究结果

1. CPUE 与表层水温的相关性

利用 K-S 进行检验分析,结果显示当 SST 介于 28～29℃时均可作为选择渔场和鱼群分布的指标水温。此温度范围其实就是暖池边缘的 SST,可作为鲣鱼鱼群在空间分布上的指标。

SST 与 CPUE 的直线相关分析发现,显著的正相关分布在 160°E 以东海域居多,显著负相关则以西海域居多。此外通过时差序列的相关分析,CPUE 与 SST 为正相关,且 CPUE 随 SST 的变动在时间上略有延迟影响的现象,延迟时间为 3 个月。

2. CPUE 时空分布与重心移动

通过显示分析,历年台湾围网船的主要作业渔场相当集中在 180°E 以西的中西太平洋海域,180°E 以东海域则较为稀疏。1996 年以前多分布在 141°—156°E 海域之间,尤其是 1994 年更局限在 147°—153°E 之间,1997 年渔场重心明显向东大尺度移动,其中 6～8 月份渔场重心的移动几乎达 2 000 km,期间正是处在厄尔尼诺现象发生期;1997 年底又向西移动,1998 年和 1999 年厄尔尼诺现象衰退,渔场重心则回到 165°E 为中心的西侧海域(图 6 - 28)。

3. ENSO 与渔场重心移动

由渔场重心的月别移动发现,其重心主要分布在 5°N 至 5°S 海域之间,且在经度上有较大的变异。因此可以用渔场经度线重心的移动来简化鲣鱼鱼群的位移。结果显示在厄尔尼诺期间(SOI 为负值)鲣鱼鱼群随着 29℃等温线大尺度向东迁移,而在拉尼娜时期(SOI 为正值),也明显地随着 29℃等温线往西太平洋迁移,且在时间上均有延迟影响的现象。延迟时间为 3 个月左右(图 6 - 29)。

4. 渔场推移与水温变化关系

结果显示,CPUE 与 SST 的向量大小及推移方向一致,可以将水温作向量分析来推估鲣鱼鱼群的移动机制。

六、北太平洋柔鱼渔情预报

柔鱼(*Ommastrephes bartramii*)作为大洋性种类,广泛分布在北太平洋整个海域,资源丰富。该资源于 1974 年首先由日本鱿钓调查船开发和利用,并逐年向东部海域拓展。随后韩国、中国台湾省等也加入开发行列,并逐渐发展成为以流刺网为主的捕捞柔鱼船队,船数最高达 750 余艘,年产量为 $30 \times 10^4 \sim 40 \times 10^4$ t。170°E 以西的北太平洋海域为鱿钓渔场,170°E—145°W 海域为流刺网渔场。根据统计,日本、韩国和中国台湾省利用流刺网作业的年均捕捞量超过 20×10^4 t。联合国 44/225 号决议决定从 1993 年 1 月 1 日起全面禁止流刺网在公海作业,因此在 1993 年以后,北太平洋柔鱼的总产量维持在 $15 \times 10^4 \sim 18 \times 10^4$ t 之间。我国于 1993 年开始对北太平洋海域的柔鱼资源进行开发利用,作业渔场不断地向东拓展。据统计,1997—2000 年度我国每年约有 350～500 艘鱿钓船投入生产,总渔获量均在 10×10^4 t 以上。2001—2012 年间,其作业渔船数量稳定在 250～300 艘,年产量在 3×10^4～ 10×10^4 t 间,其渔获量年间变动很大,这一变动主要因产卵场环境变化以及厄尔尼诺等现象所引起。

（一）柔鱼洄游分布及一般规律

柔鱼是一种大洋性种类,分布于世界亚热带和热带水域。季节性洄游于北太平洋。冬、春季及秋季于 32°N 以南产卵,向北洄游,夏季在亚北极边界附近和过渡区域索饵(雌柔鱼分布的纬度比雄柔鱼高),秋、冬季向南移动。饵料有鱼类(灯笼鱼、沙丁鱼、秋刀鱼)、大洋性甲壳类和柔鱼(有相当部分互相残食)。索饵期间,夜间在表层水域,白天在约 300～600 m 以深进行昼夜垂直洄游。

在西北太平洋海域主要有黑潮和亲潮两大流系,正是由于它们的交汇与混合作用产生了许多著名的渔场,如秋刀鱼渔场和柔鱼渔场。黑潮为高温(15～30℃)、高盐(34.5～35),来源于北赤道流。亲潮为低温、低盐,起源于白令海,沿着千岛群岛自北流向西南方向。黑潮的一个分支从 35°N 附近继续流向东北,到达 40°N 并与南下的亲潮汇合,交汇于北海道东部海域,收敛混合后向东流动。其混合水构成了亚极海洋锋面(约在 40°N),宽度约 2°～4°,在 160°E 以西海域较为明显,而在 160°E 以东海域锋面不明显。160°E 以东的延续流也称北太平洋洋流。亚极海洋锋面较南的锋面(一般在 36°—37°N)和较北的锋面(一般在 42°—43°N)中间的区域则形成混合区。在锋面的北侧由于亚极环流是持续性分散的气旋性环流,冷水上扬,因此营养盐高,浮游植物和浮游动物的基础生产量也较高。这样给渔场的形成提供了最基础的保障。秋季,当北太平洋亚极锋面减弱淡化时,柔鱼和其他海洋动物有穿越或在锋面附近觅食的习性。

柔鱼是暖水性种类,在西北太平洋海域的冬生和春生的柔鱼早期幼体,一般分布在 35°N 以南和 155°E 以西的黑潮逆流海区及其附近,并生长到稚柔鱼阶段,从 5 月开始随黑潮北上成长索饵。5—8 月间,未成熟的柔鱼向北或向东北洄游进入 35°—40°N 亚极海洋锋面暖寒流交汇区。由于交汇区内饵料生物丰富,北上洄游又受到亲潮冷水的阻碍,因此柔鱼滞留索饵集群,就有可能形成中心渔场。北太平洋柔鱼洄游的一般规律是 5—10 月份北上索饵,10 月份以后开始向南作生殖洄游。

（二）柔鱼渔场与海洋环境的关系

1. 柔鱼渔场分布与水温的关系

在西北太平洋海域,温度与柔鱼的洄游分布关系密切,主要表现在三个方面,即表层水温、垂直水温(温跃层)以及深水层水温(100 m 或 200 m)。

(1)柔鱼渔场分布与表温的关系。

调查表明,柔鱼钓捕作业的 CPUE(单船日产量)同表温存在着一定的关系。各时期的表层水温有所不同,同时在东部海域其柔鱼分布的表层水温有逐渐减低的趋势。柔鱼一般分布的表层水温为 11～19℃,分布密度高的表层水温在 15～19℃。同时各海区的渔获表层水温有明显的差异。150°E 以西的水温为 17 ~ 20℃ ,150°—160°E 的水温 16 ~ 19℃ ,160°E 以东的水温为 15 ~ 18℃。陈新军认为,155°E 以西海域柔鱼一般分布的表层水温为 20 ~ 23℃ , 20℃ 等温线可作为寻找柔鱼渔场分布的依据之一。155°—160°E 渔获的表层水温为 17 ~ 18℃ ,17℃ 等温线可作为寻找柔鱼渔场分布的指标之一。根据 1997 和 1998 年 6—7 月的调查,在 160°—175°E 海域的大型柔鱼渔场,其表层水温一般为 11 ~ 13℃ ,柔鱼分布的表层水温比 160°E 以西海域平均低 5 ~ 7℃。

(2)柔鱼渔场分布与水温的垂直结构及温跃层的关系。

在寻找柔鱼洄游分布的过程中,单靠表层水温是不够的,在 160°E 以西海域测定垂直方向的水温结构更为重要,在 50 m 水层内须有温跃层的形成。陈新军认为,单船日产量与 0 ~ 100 m 的水温差 ΔT_1 基本成正比, $CPUE = -1\,213 + 314\Delta T_1$;日产量与 0 ~ 50 m 的水温差 ΔT_2 关系更为密切, $CPUE = -880 + 365\Delta T_2$。根据调查结果,温跃层形成的判断指标一般为 $\Delta T / \Delta Z$ 达到 0.3℃/m。在 160°E 以西海域温跃层主要存在于 50 m 水层以内,而在 160°E 以东海域温跃层不明显或没有形成。日本学者中村利用探鱼仪跟踪研究柔鱼的日垂直移动规律,发现夜间柔鱼游泳层与水深 20 ~ 40 m 间的温跃层相一致。

(3)柔鱼渔场分布与深层水温的关系。

在 160°E 以东海域,大型柔鱼的栖息水层深,白天一般在 300 ~ 400 m,而在 160°E 以西的小型柔鱼栖息水层仅为 100 m 左右。同时由于 160°E 以东海域仅是亲潮与黑潮交汇后的续流,交汇势力不强,上下层混合较为充分,深层水温在大型柔鱼的渔场形成中起到极为重要的作用。根据 1997—1998 年 6—7 月份对 160°—175°E 海域的调查发现,柔鱼分布集中的海域主要分布在深水层(100 m 或 200 m)暖水前锋区,其温度一般为 9 ~ 10℃。根据日本 1993—1995 年 6—8 月在 170°E 以东海域的调查结果,200 m 水层的水温可作为选择渔场的重要指标。一般 6 月份为 10℃ ,7 月份为 8℃;8 月份为 6℃。

2. 柔鱼渔场分布与海流的关系

(1)黑潮和亲潮的强弱变化对柔鱼渔场形成的影响。

一般来说,黑潮较强、亲潮较弱的年份,黑潮北上的各分支向北势力较为强劲,5 月份以后海区表温升温快,柔鱼也随之向东北洄游,中心渔场位置也较偏北偏东;在黑潮较弱、亲潮较强的年份,表温低且升温缓慢,则柔鱼中心分布区域较为偏南偏西。

(2)黑潮和亲潮的强弱变化对柔鱼渔期的影响。

对渔期的影响主要包括两方面的内容,即渔期的迟早和渔期的持续周期。1993—1998 年西北太平洋柔鱼渔场的探捕调查表明,黑潮暖流和亲潮寒流的强弱变化,使得在不同年份同一海区的表面水温差异显著,而且升降温的缓急程度也不相同,从而影响了渔期的迟早及渔期的长短。一般来说,黑潮势力较强的年份,表面升温显著,5—6 月柔鱼幼体会随着黑潮较早地向北或向东北洄游进行索饵,在黑潮和亲潮的汇合处形成渔场;而在黑潮势力较弱、亲潮强劲的年份,渔发时间推迟,渔期开始也晚。

(三)基于地理信息系统的柔鱼渔场与水温关系分析

陈新军、田思泉(2003)利用 1995—2001 年北太平洋柔鱼钓生产数据库(由中国远洋渔业协会上海水产大学鱿钓技术组提供)提取 140°—180°E 海域的生产数据以及表层水温(SST)资料,利用地理信息系统对柔鱼渔场与表温进行了分析。根据我国在西北太平洋柔鱼开发利用历史和作业渔场的海洋环境条件不同,将西北太平洋按经度方向划分成三个海区:Ⅰ.140°—150°E;Ⅱ.150°—165°E;Ⅲ.165°—180°E。

利用 GIS 软件 Marine Explore(版本为 3.38,由日本海洋环境模拟实验室开发)的可视化功能将 1995—2001 年间 5—11 月各月的 CPUE 和 SST 进行空间展布与比较分析,找出各月形成中心渔场的 SST 范围(图 6-30)。绘制各个海区不同月份的 SST 与 CPUE 的散点图,从中分析作业渔场与表温的关系(图 6-31)。根据各年间各个月份柔鱼 CPUE 与 SST 的可视化图(图 6-30),从中得出不同海区各个月份作业渔场的渔获水温范围(表 6-6)。

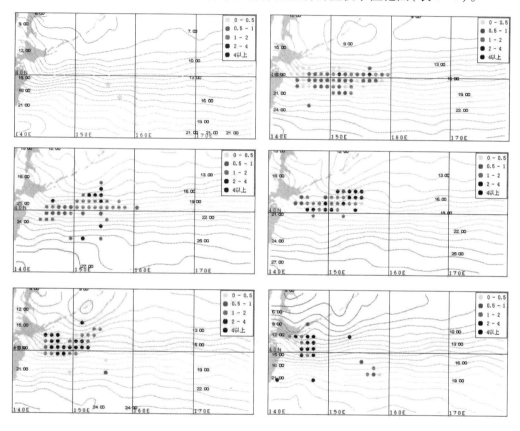

图 6-30　1996 年各月份 CPUE 与 SST 可视化图

表 6-6　6—11 月三个海区作业渔场的渔获水温范围　　　　　单位:℃

海区	6月	7月	8月	9月	10月	11月
140°—150°E	–	13～19	16～22	16～20	12～18	9～15
150°—165°E	12～14	12～19	13～22	13～21	12～16	7～11
165°—180°E	11～16	10～18	–	–	–	–

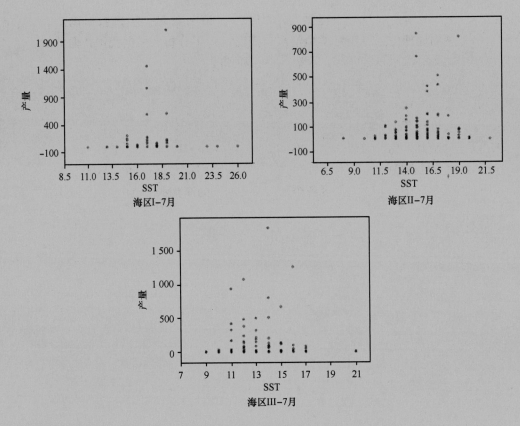

图 6-31　各海区 7 月份每 1℃ SST 值上的产量分布图

　　根据各个海区不同月份的 SST 与 CPUE 的散点图分析得出,6 月份,作业渔场主要在海区Ⅱ和Ⅲ,最适渔获表温分别为 12~14℃、11~15℃;7 月份,作业渔场主要分布在三个海区,最适渔获表温分别为 17~19℃、14~17℃、11~15℃;8 月份,作业渔场主要在海区Ⅰ和海区Ⅱ,最适渔获表温分别为 18~22℃、15~19℃;9 月份,作业渔场主要分布在海区Ⅰ和海区Ⅱ,最适渔获表温为 17~19℃、14~18℃;10 月份,作业渔场主要分布在海区Ⅰ和海区Ⅱ,最适渔获表温为 13~18℃、12~15℃;11 月份,作业渔场主要分布在海区Ⅰ和海区Ⅱ,最适渔获表温为 10~14℃、10~13℃。

(四)基于栖息地的柔鱼渔场预测

基于栖息地的柔鱼渔场预测来自陈新军等(2009)。

1. 材料与方法

(1)柔鱼渔获数据来源于上海海洋大学鱿钓技术组。时间为 1999—2005 年 8—10 月。海域为 150°—165°E,39°—46°N,空间分辨率为 1°×1°,时间分辨率为月。数据内容包括作业位置、作业时间、渔获量和作业次数。

(2)西北太平洋海域 SST 资料来源于哥伦比亚大学环境数据库 http://iridl.ldeo.columbia.edu。空间分辨率为 1°×1°,数据的时间分辨率为月。

（3）计算表温水平梯度 GSST（图 6 - 32）。$SST_{i,j}$ 点的水平梯度 $GSST_{i,j}$ 为：

$$GSST_{i,j} = \sqrt{((SST_{i,j-1} - SST_{i,j+1})^2 + (SST_{i+1,j} - SST_{i-1,j})^2)/2}$$

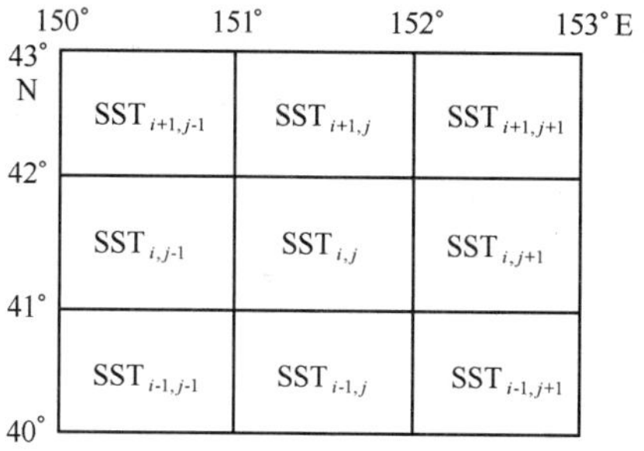

图 6 - 32　表温水平梯度计算示意图

（4）通常认为，作业次数可代表鱼类出现或鱼类利用情况的指标（Andrade et al，1999）。CPUE 可作为渔业资源密度指标（Bertrand et al. ，2002）。因此，利用作业次数和 CPUE 分别与 SST、GSST 建立适应性指数（SI）模型。

我们假定最高作业次数 NET_{max} 或 CPUE 为柔鱼资源分布最多的海域，认定其适应性指数 SI 为 1，而作业次数或 CPUE 为 0 时通常认为是柔鱼资源分布很少的海域，认定其 SI 为 0（Mohri,1998,1999）。SI 计算公式如下：

$$SI_{i,NET} = \frac{NET_{ij}}{NET_{i,max}} \quad 或 \quad SI_{i,CPUE} = \frac{CPUE_{ij}}{CPUE_{i,max}}$$

式中：$SI_{i,NET}$ 为 i 月以作业次数为基础获得的适应性指数；$NET_{i,max}$ 为 i 月的最大作业次数；$SI_{i,CPUE}$ 为 i 月以 CPUE 为基础获得适应性指数；$CPUE_{i,max}$ 为 i 月的最大 CPUE。

$$SI_i = \frac{SI_{i,NET} + SI_{i,CPUE}}{2}$$

式中：SI_i 为 i 月的适应性指数。

（5）利用正态函数分布法建立 SST、GSST 和 SI 之间的关系模型。利用 DPS 软件进行求解。通过此模型将 SST、GSST 和 SI 两离散变量关系转化为连续随机变量关系。

（6）利用算术平均法（arithmetic mean,AM）、几何平均法（geometric mean,GM）计算获得栖息地综合指数 HSI。HSI 值在 0（不适宜）到 1（最适宜）之间变化。计算公式如下：

$$HSI = \frac{1}{2}(SI_{SST} + SI_{GSST}), \quad HSI = \sqrt{SI_{SST} \times SI_{GSST}}$$

式中：SI_i 为 SI 与 SST、SI 与 GSST 的适应性指数

（7）验证与实证分析。根据以上建立的模型，对 2005 年各月 SI 值与实际作业渔场进行验证，探讨预测中心渔场的可行性。

2. 研究结果

（1）作业次数、CPUE 与 GSST 和 SST 的关系。8 月份，作业次数主要分布在 SST 为 16～19℃ 和 GSST 为 3.5～4.5℃/°海域，分别占总作业次数的 75.9% 和 51.4% ，其对应的 CPUE

范围分别为 2.42~2.70 t/d 和 1.80~2.10 t/d(图 6-33);9 月份,作业次数主要分布在 SST 为 15~18℃ 和 GSST 为 3.0~4.0℃/° 海域,分别占总作业次数的 80.5% 和 54.1%,其对应的 CPUE 范围分别为 2.16~3.04 t/d 和 2.30~2.37 t/d(图 6-33);10 月份,作业次数主要分布在 SST 为 13~16℃ 和 GSST 为 3.5~4.5℃/° 海域,分别占总作业次数的 76.4% 和 84.9%,其对应的 CPUE 范围分别为 1.94~2.78 t/d 和 1.70~3.34 t/d(图 6-33)。

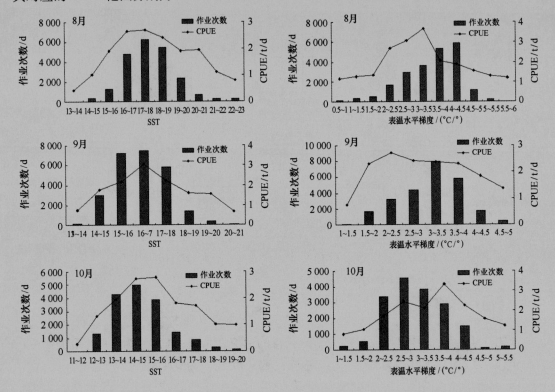

图 6-33　8—10 月柔鱼钓作业次数、平均日产量与表温、表温水平梯度的关系

(2)SI 曲线拟合及模型建立。利用正态分布模型分别进行以作业次数和 CPUE 为基础的 SI 与 SST、GSST 曲线拟合(图 6-34),拟合 SI 模型见表 6-7,模型拟合通过显著性检验(P<0.01)。

表 6-7　1999—2004 年 8—10 月柔鱼适应性指数模型

月份	变量	适应性指数模型	P 值
8 月	GSST	$SI = \{\exp[-0.796\,9 \times (GSST - 3.51)^2] + \exp[-0.325\,9 \times (GSST - 3.21)^2]\}/2$	0.000 1
	SST	$SI = [\exp(-0.273\,3 \times (SST - 17.79)^2) + \exp(-0.073\,9 * (SST - 18.05)^2)]/2$	0.000 1
9 月	GSST	$SI = [\exp(-1.141\,2 \times (GSST - 3.14)^2) + \exp(-0.317\,8 * (GSST - 3.01)^2)]/2$	0.000 1
	SST	$SI = [\exp(-0.278\,8 \times (SST - 16.36)^2) + \exp(-0.129\,7 * (SST - 16.86)^2)]/2$	0.000 1
10 月	GSST	$SI = [\exp(-0.846\,1 \times (GSST - 3.05)^2) + \exp(-0.428\,8 * (GSST - 3.51)^2)]/2$	0.000 1
	SST	$SI = [\exp(-0.274\,9 \times (SST - 14.75)^2) + \exp(-0.101\,9 * (SST - 15.53)^2)]/2$	0.000 1

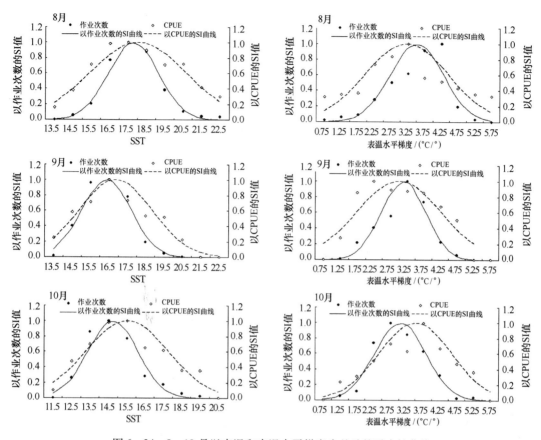

图 6-34 8—10 月以表温和表温水平梯度为基础的适应性曲线

（3）HSI 模型分析。根据 SI-SST 和 SI-GSST 获得各月适应性指数,然后利用栖息地指数公式,获得 8—10 月栖息地指数 HSI(表 6-8)。从表 6-8 可知,当 HSI 为 0.6 以上时, 8 月份 AM 和 GM 模型的作业次数比重分别占 82.88% 和 79.09%,CPUE 均在 2.10 t/d 以上;9 月份分别为 88.63% 和 73.84%,CPUE 均在 2.20 t/d 以上;10 月份分别为 79.38% 和 75.36%,CPUE 均在 2.10 t/d 以上。

表 6-8 1999—2004 年 8—10 月不同 SI 值下 CPUE 和作业次数比重

HSI	8 月				9 月				10 月			
	AM		GM		AM		GM		AM		GM	
	CPUE (t/d)	作业次数比重 (%)	CPUE (t/d)	作业次数比重 (%)	CPUE (t/d)	作业次数比重 (%)	CPUE (t/d)	作业次数比重 (%)	CPUE (t/d)	作业次数比重 (%)	CPUE (t/d)	作业次数比重 (%)
[0,0.2)	1.12	0.59	1.48	1.03	0	0.00	2.90	0.18	0.90	0.35	1.46	1.57
[0.2,0.4)	1.85	1.47	1.47	5.87	2.01	0.78	3.22	1.07	1.97	5.02	1.79	5.43
[0.4-0.6)	1.59	15.07	1.64	14.00	2.98	10.59	2.49	24.91	1.72	15.25	1.78	17.64
[0.6-0.8)	2.13	34.11	2.17	32.97	2.22	44.51	2.22	29.72	2.13	32.01	2.16	29.06
[0.8-1.0]	2.88	48.77	2.88	46.12	2.31	44.12	2.31	44.12	2.59	47.37	2.57	46.30

　　而当 HSI 在 0.2 以下时,8 月份 AM 和 GM 模型的作业次数比重也分别占 0.59% 和
1.03%,CPUE 均在 1.5 t/d 以下;9 月份分别为 0.0% 和 0.18%,CPUE 分别为 0 和 2.90 t/d;
10 月份分别为 0.35% 和 1.57%,CPUE 分别为 0.90 t/d 和 1.46 t/d 以上。由此,AM 模型和
GM 模型均能较好地反映柔鱼中心渔场分布情况,且 AM 模型稍好于 GM 模型。

　　(4)2005 年 8—10 月渔场分布验证。利用 AM 模型,根据 2005 年 8—10 月 SST 和
GSST 值,分别计算各月的 HSI 值,并与实际作业情况进行比较(图 6 - 35,表 6 - 9)。分析
发现,HSI 大于 0.6 海域主要分布在:8 月份为 150°—155°、41°—43°N,156°—157°E、
40°—44°N 和 158°—165°E、40°—42°N 海域,但作业渔船主要集中在前 2 个海区;9 月份
为 155°—159°E、42°—45°N,160°—165°E、41°—43°N 海域,但作业渔船主要集中在前一
个海区;10 月份为 150°—153°E、41°—43°N,154°—160°E、42°—45° 和 160°—162°E、
40°—43°N,作业渔船基本上分布在前 2 个海区。从表 10 可以开出,当 HSI 大于 0.6 时,
其作业次数比重均在 80% 以上,平均 CPUE 均在 3.0 t/d。这说明 AM 模型可获得较好的
渔场预测结果。

表 6 - 9　2005 年 8—10 月 AM 模型获得 HSI 值与作业次数比重和 CPUE

HSI	8 月		9 月		10 月	
	CPUE /(t/d)	作业次数比重(%)	CPUE /(t/d)	作业次数比重(%)	CPUE /(t/d)	作业次数比重(%)
[0,0.2)	1.23	0.65	1.10	0.00	0.99	0.39
[0.2,0.4)	2.22	1.76	2.41	0.94	2.36	6.02
[0.4,0.6)	2.07	19.59	3.87	13.77	2.24	19.83
[0.6,0.8)	3.20	37.52	3.33	40.10	3.20	35.21
[0.8,1.0]	4.03	45.20	3.23	45.20	3.63	45.20

(五)柔鱼资源补充量预报

　　气候变化对头足类资源的影响是通过对其生活史过程的影响实现的。产卵场是头足类
栖息的重要场所,大量的研究表明,其产卵场海洋环境的适宜程度对其资源补充量极为重
要,因此许多学者常常利用环境变化对产卵场的影响来解释资源量变化的原因,并取得了较
好的效果。因此,陈新军等(2012)尝试利用柔鱼产卵场环境状况来解释柔鱼资源补充量的
变化。

1. 材料和方法

　　(1)渔业数据。这里采用 1995—2006 年我国西北太平洋 38°—46°N、150°—165°E 海域
的柔鱼渔业生产统计数据,包括日捕捞量、作业天数、日作业船数和作业区域(1° × 1° 为一个
渔区)。CPUE 为每天的捕捞量(t)。中国大陆的鱿钓渔船的功率和捕捞行为大体一致并且
没有非目标渔获物,因此 CPUE 可以作为柔鱼资源量丰度的指数。

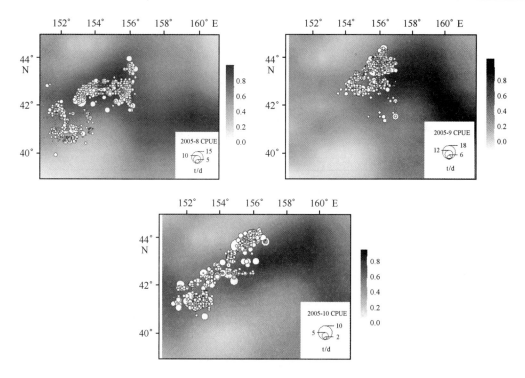

图 6 - 35　2005 年 8—10 月 AM 模型获得的 HSI 分布图及与日产量情况

（2）环境数据。西北太平洋柔鱼产卵场（20°—30°N、130°—170°E）和索饵场（38°—46°N、150°—165°E）SST 数据来自于 Joint WMO/IOC Technical Commission for Oceanography and Marine Meteorology Products Bulletin Data Products（空间分辨率为 1°×1°）。

（3）研究方法

以往的研究表明，柔鱼补充量的大小取决于其产卵场适合水温的范围，因此这里利用柔鱼产卵场适合海表层水温范围占总面积的比例（PFSSTA）作为一个环境变量，来分析柔鱼补充量和环境之间的关系。另外研究也表明，柔鱼在索饵场的分布与 SST 有密切的关系，从而一定程度上地影响 CPUE 反映柔鱼资源量丰度的准确性。因此选取柔鱼索饵场的 PFSSTA 作为另一个环境变量，来分析环境变动与 CPUE 之间的关系。

根据前人研究结果，1—4 月为柔鱼产卵期，其适宜 SST 为 21～25℃；8—11 月为柔鱼主要索饵期，其各月的 SST 分别为 15～19℃（8 月），14～18℃（9 月），10～13℃（10 月），12～15℃（11 月）。利用 Marine Explorer 4.0（Environment simulation Laboratory Co. Ltd. Japan）分别作图并计算（图 6 - 36）。

1995—2004 年 PFSSTA 数据进行反正弦平方根转换，以确保其服从正态分布和拥有恒定的方差。利用方差分析（ANOVA）1995—2004 年 PFSSTA 的年际和年间变动进行分析，利用相关系数分析产卵场与索饵场 PFSSTA 与 CPUE 之间的关系。根据方差分析和相关系数分析的结果选取产卵场与索饵场某个或者某几个月份的 PFSSTA 建立柔鱼资源量预报模型：

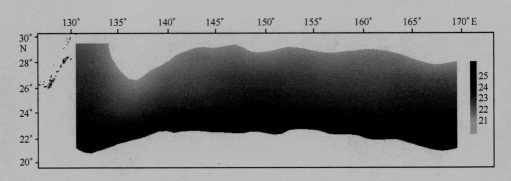

图 6 - 36　1995 年 2 月西北太平洋柔鱼产卵场 PFSSTA 图例

黑色阴影部分代表柔鱼适合水温(21～25℃)的水域

$$CPUE_i = \alpha_0 + \alpha_1 P_1 + \alpha_2 P_2 + \varepsilon_i$$

式中:$CPUE_i$ 为第 i 年的单位捕捞努力量;P_1 为产卵场的 PFSSTA;P_2 为索饵场的 PFSS-TA;ε_i 为误差项(均值为 0,方差恒定且服从正态分布)。

预报模型建立后利用 2005 年和 2006 年的 CPUE 和环境数据对模型进行检验。

2. 研究结果

(1)产卵场环境分析。产卵场(20°—30°N、130°—170°E)的总面积为 2 860 506 km^2。1995—2004 年产卵场 1—4 月适合海表层水温水域范围为 1 557 048 km^2(1999 年 4 月)至 2 837 771 km^2(1997 年 1 月),对应 PFSSTA 的范围为 54.4%～99.2%(图 6 - 37)。产卵场 PFSSTA 年间变动不显著($F_{9,30}=2.25$,$P>0.05$, ANOVA),年际变动显著($F_{3,36}=8.93$,$P<0.0001$, ANOVA),表明了季节的变动显著大于年际的变动。1995—2004 年 1 月平均 PFSS-TA(86.8%, ±6.47%)最高,4 月平均 PFSSTA(69.8%, ±9.90%)最低,1—4 月逐渐降低(图 6 -37)。相关系数分析表明,2 月($r=0.48$,$P<0.01$)和 4 月($r=0.38$,$P<0.05$)的 PF-SSTA 与 CPUE 有显著的正相关性,1 月($r=0.12$,$P>0.05$)、3 月($r=0.01$,$P>0.05$)和 4 个月平均($r=0.27$,$P>0.05$)的 PFSSTA 与 CPUE 无显著的相关性。

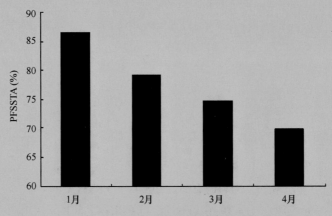

图 6 - 37　1995—2004 年 1—4 月柔鱼产卵场的平均 PFSSTA

（2）索饵场环境分析。索饵场（38°—46°N、150°—165°E）的总面积为 890 406 km²。1995—2004 年产卵场 8—11 月适合海表层水温水域范围为 136 923 km²（2000 年 10 月）至 504 110 km²（1996 年 8 月），对应 PFSSTA 的范围为 15.3% ~ 56.6%。产卵场 PFSSTA 年间变动不显著（$F_{9,30} = 0.89$，$P > 0.05$，ANOVA），年际变动显著（$F_{3,36} = 12.30$，$P < 0.001$，ANOVA），表明了季节的变动显著大于年际的变动。月平均 PFSSTA 从 8 月（39.9%，±7.80%）逐渐减低到 11 月（25.1%，±2.36%）。相关系数分析表明，8—11 月任何一个月的 PFSSTA 与 CPUE 都没有显著的相关性（8 月：$r = -0.06$，$P > 0.05$；9 月：$r = -0.15$，$P > 0.05$；10 月：$r = 0.08$，$P > 0.05$；11 月：$r = -0.37$，$P > 0.05$）。

（3）CPUE 和 PFSSTA 的回归分析。根据 ANOVA 和相关性分析的结果，选取产卵场 2 月份的 PFSSTA（P_1）和索饵场 8—11 月 4 个月 PFSSTA 乘积的四次方根（P_2）作为自变量。结果该模型在统计学上显著（$P < 0.05$），这表明了 CPUE 与产卵场 2 月份的 PFSSTA 有显著的正相关性（表 6 - 10）。模型参数 a_1 的值比 a_2 大，表明了产卵场 2 月份的 PFSSTA 对 CPUE 的影响比索饵场 8—11 月的大。除了 1995 年，当产卵场 2 月份的 PFSSTA 高时，柔鱼的资源量也表现为较高的水平；当产卵场 2 月份的 PFSSTA 表现为中等水平时，柔鱼的资源量也表现为平均水平；当产卵场 2 月份的 PFSSTA 低时，柔鱼的资源量也表现为较低的水平（图 6 - 38）。2 月份 PFSSTA 高、中、低时的适合表层水温分布见图 6 - 39。

表 6 - 10 柔鱼产卵场 PFSSTA 和其 CPUE 的回归模型结果

模型	95% 置信限
CPUE = $-9.535\ 0 + 20.066\ 3P_1 - 12.781\ 2P_2$	α_0：$(-18.826\ 7, -0.243\ 3)(p = 0.045)$
$R^2 = 0.60$	α_1：$(5.271\ 0, 34.861\ 6)(p = 0.014)$
剩余方差 4.342 6	α_2：$(-24.818\ 8, -0.743\ 6)(p = 0.040)$
$F = 5.162\ 7$	

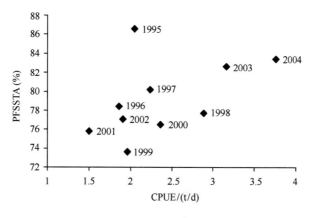

图 6 - 38 1995—2004 年 2 月份柔鱼产卵场 PFSSTA 和其 CPUE 的关系

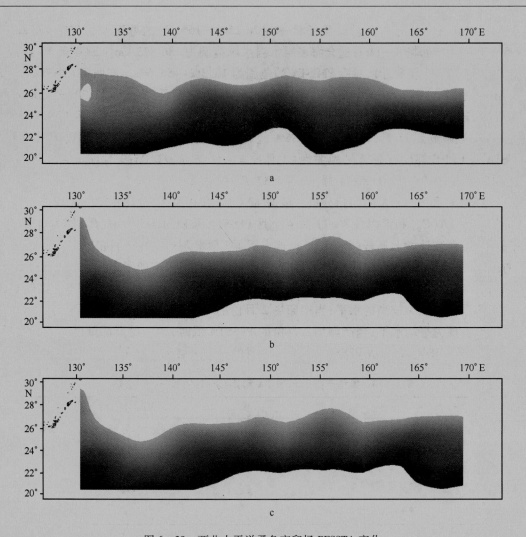

图 6 - 39 西北太平洋柔鱼产卵场 PFSSTA 变化

a. 高 PFSSTA(2004 年 2 月);b. 中 PFSSTA(1997 年 2 月);c. 低 PFSSTA(2001 年 2 月);黑色阴影部分表示
适合水温(21~25℃)范围

索饵场 8—11 月 4 个月 PFSSTA 乘积的四次方根(P_2)与 CPUE 有显著的负相关性,表明了 CPUE 受到索饵场 8—11 月 4 个月 PFSSTA 的共同影响。

(4)预报模型检验。利用 2005 年和 2006 年的 CPUE 数据对模型进行了检验,通过 bootstrap 计算得出 1995—2004 年 CPUE 的总体方差和模型预测的置信区间。结果表明 2005 年和 2006 年西北太平洋柔鱼的 CPUE 实测值都落在模型预测值的置信区间内(表 6 - 11)。

表 6 – 11　回归模型检验结果

变量	2005 年	2006 年
$P_1(\%)$	89.29	81.37
$P_2(\%)$	31.10	35.72
实际 CPUE/(t/d)	4.82	1.95
σ^2	0.2038	0.2038
预测 CPUE/(t/d)	4.41	2.23
置信限范围/(t/d)	(4.00, 4.83)	(1.94, 2.35)

　　(5)资源补充量预报分析。回归模型的结果表明了产卵场和索饵场的 PFSSTA 与西北太平洋柔鱼 CPUE 的关系密切。这与假设一致,产卵场海表层适合水温范围的大小将影响柔鱼补充量的大小,从而对表示柔鱼资源量丰度指数 CPUE 产生影响。另外,索饵场海表层适合水温范围的大小一定程度上影响了西北太平洋柔鱼的分布,从而对渔业 CPUE 产生影响。研究结果与前人的研究结果一致,Waluda(2001)利用产卵场海表层适合水温范围大小解释了阿根廷滑柔鱼(*Illex argentinus*)补充量的变化,高水平的阿根廷滑柔鱼资源量通常出现在产卵场具有大范围的海表层适合水温水域或者小范围的锋区水域的年份,然而他并没有研究其索饵场海表层适合水温范围对 CPUE 的影响。研究表明,西北太平洋柔鱼产卵场 2 月份的 PFSSTA 决定了其补充量的大小,因此推测 2 月份可能是西北太平洋柔鱼的产卵高峰月份。

　　季节的变动导致了其产卵场和索饵场 SST 的变动。产卵场 PFSSTA 年间的显著变化也可能是一些大尺度海洋物理过程导致的。拉尼娜现象的出现改变了西北太平洋柔鱼产卵场的海洋环境,从而使得其补充量减少,然而厄尔尼诺的出现则使得其产卵场的海洋环境趋于适合柔鱼补充量的发生和生长(Chen et al,2007)。研究认为,拉尼娜和厄尔尼诺现象主要是通过改变西北太平洋柔鱼产卵场 2 月份的 PFSSTA,从而对补充量的大小产生影响的。1995—2004 年 1—4 月,拉尼娜现象一共出现 3 次,分别在 1999 年、2000 年和 2001 年,而这三年 2 月份的 PFSSTA 是这 11 年中最低的三年(图 6 – 38)。2003 年 2 月产卵场处于厄尔尼诺现象发生时期,其 PFSSTA 相对较高(图 6 – 38)。因此推测拉尼娜现象的出现对西北太平洋柔鱼补充量的发生创造不利的海洋环境,而厄尔尼诺现象的出现则对西北太平洋柔鱼补充量的发生创造有利的海洋环境。另外北赤道海流(NEC)和黑潮的分布对产卵场的 PFSSTA 可能也有一定的影响,当 NEC 很强并且其在 130°—170°E 海域内向北的支流强势时,产卵场的 25℃ 等温线北偏从而减小了产卵场的 PFSSTA(图 6 – 40a),相反则产卵场的 PFSSTA 很高(图 6 – 40b)。黑潮在 135°—140°E 海域内发生的大弯曲同样也会使得西北太平洋柔鱼产卵场内 21℃ 南移而减低了产卵场的 PFSSTA(图 6 – 40b),相反则产卵场的 PFSSTA 很高(图 6 – 40a)。

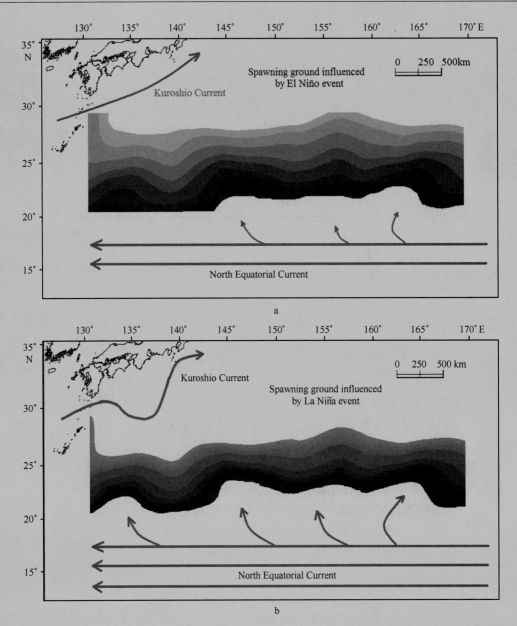

图 6 – 40　西北太平洋柔鱼产卵场两种极端海洋表层环境分布示意图

a. 最适环境条件(海表层适合水温范围小);b. 最不适环境条件(海表层适合水温范围大)

第四节　高新技术在渔情预报中的应用

一、遥感在渔情预报中的应用

海洋环境是海洋鱼类生存和活动的必要条件,每一环境参数的变化,对鱼类的洄游、分布、移动、集群及数量变动等会产生重要影响。渔场分析和预报需要一定的时效性。遥感是大面积、快速、动态地收集海洋生态系统环境数据的工具,能够获取大范围、同步、实时和有效的高精度渔场环境信息,可极大地丰富渔场研究分析的手段,因此利用遥感数据,可以探求这种时空分布与行为同环境变化的响应关系,建立相应的模型,从而对渔情(渔场分布、渔汛迟早、渔汛好坏等)做出预报。

　　运用海洋遥感卫星观测海洋环境的发展大致可分为3个阶段:第一阶段为探索实验(1970—1978年),主要为载人飞船试验和利用气象卫星(TIROS-N,DMSP系列卫星和GOES系列卫星等)、陆地卫星(Landsat系列等)探测海洋学信息。这一阶段海洋遥感学者开始运用气象卫星和陆地卫星获取的数据分析海洋环境信息,并运用到海洋渔场分析和预报的研究中。然而,气象卫星和陆地资源卫星有其自身的特点,不能完全代替海洋卫星。第二阶段为实验研究阶段(1978—1985年)。在该阶段美国发射了一颗海洋卫星(SeaSat-A)和一颗云雨气象卫星(NIMBUS-7),海洋卫星上载有海岸带水色扫描仪(CZCS),丰富了海洋环境信息,海洋学界学者们对利用海洋卫星遥感研究海洋学和海洋生物资源的兴趣进一步增强。1983年美国海洋咨询委员会(The Sea Grant Marine Advisory Service)和罗德岛大学的海洋研究所(The Graduate School of Oceanography, University of Rhode Island, URI)运用AVHRR反演的SST数据对整个海区温度、感兴趣海域的温度和全海区水平温度梯度进行研究分析,并制作产品图像分发给渔民,减少了渔船寻鱼时间。第三阶段为研究应用阶段(1985年至今),世界上已发射许多颗海洋卫星,如海洋地形卫星(Geosat, Geo-1, Topex/PoseidoN等),海洋动力环境卫星(ERS-1&ERS-2、Radarsat等),海洋水色卫星(SeaSat Rocsat、KOMPSAT等)。

　　近年来随着遥感技术不断向高光谱遥感和高空间分辨率遥感方向发展,海洋遥感反演的数据精度有较大幅度的提高,能够提供更加丰富的海洋环境信息,如海洋表面温度(SST)、海洋水色如叶绿素(Chl-a)浓度、海洋表面盐度(SSS)和海洋表面动力地形(如海洋表面高度,SSH)等,为海洋渔场研究和渔情分析提供了广阔的应用空间。

　　(一)遥感在渔场与海洋环境关系分析中的应用

1. 海洋水温

　　水温是影响鱼类活动最重要的环境因子之一,鱼类的分布、洄游迁移和集群等会直接或间接地受到环境温度的限制。海洋鱼类均有一定的适宜温度区间和最适宜温度,因此水温是分析海洋环境与鱼类生活习性、资源丰度等最重要、最常用环境要素。海洋表面温度(SST)对栖息在海洋混合层的中上层鱼类渔场分布的影响较大。目前利用海洋卫星遥感反演SST的技术比较成熟,其精度在0.5~0.8℃。根据SST数据可以获得丰富的物理海洋学信息,如表温空间分布、温度锋面、温度距平、表层水团和厄尔尼诺现象等,这些水温指标可以从不同角度表征渔场的分布。Herron等(1989)运用来自先进高分辨率辐射计(Advanced Very High Resolution Radiometer,NOAA/AVHRR)传感器的SST遥感影像对1985—1987年每年4月和5月墨西哥湾的海湾银鲳的中心渔场研究,发现其中心渔场和低叶绿素的离岸暖水与陆架波折区域的高叶绿素的冷水形成的锋面存在一定的空间关系,并指出相比较在远离陆架波折锋面逐渐减弱或者消散的区域，在锋面区域银鲳的捕捞量较高。Thayer 等（2008）利用 1985—2003 年来自 AVHRR 传感器的 SST 数据，对在北太平洋海域作为角嘴海燕（*Cerorhinca monocerata*）摄食对象的新西兰鳀（*Engraulis* spp.）、太平洋玉筋鱼（*Ammodytes* spp.）、太平洋毛鳞鱼（*Mallotus* spp.）和美洲鲆（*Paralichthys* spp.）等鱼群随着当地海温年际变动的同步性进行分析，发现北太平洋东部的鱼群资源变动和 SST 的年际变动有较好的关联，西部则没有显著联系。此研究用角嘴海燕群落来指示鱼群的分布状况有一定的生物学依据，但对角嘴海燕群落的变动与鱼群变动是否具同步性未作实验性研究。Andrade 等（1999）运用单位捕捞努力量渔获量（CPUE）作为鱼类资源丰度的指标，对 1982—1992 年巴西南部海域的鲣鱼（*Katsuwonus pelamis*）资源密度随 SST 的季节和年变化进行分析研究，发现研究区域鲣鱼的月平均 CPUE 和月平均 SST 存在显著的季节性变化规律，对 CPUE 和 SST 交叉相关分析表明 CPUE 距平的波动比 SST 距平的波动提前 1 个月。胡奎伟等（2011）对 1983—2007 年中西太平洋海域的围网鲣鱼丰度的年际变动和月际变动与 SST 的关系研究表明，鲣鱼的年平均 CPUE 和平均 SST 总体无显著关联，但存在明显的季节变化特征。Andrade（2003）对巴西南部海域鲣鱼资源的季节变化作进一步研究，认为巴西暖流的季节变动伴随温度锋面的变化，从而导致鲣鱼在陆架坡折附近海域的浅层温跃层集群的变动，进而影响作业渔场的鲣鱼资源变动。牛明香等（2012）基于 GIS 利用 1986—2010 年间的 SST 数据结合底拖网调查数据，对黄海中南部海域越冬鳀鱼年际空间分布变化规律进行分析研究，表明 1986—2010 年间鳀鱼渔场的年际空间分布变化较明显，并认为越冬鳀鱼渔场重心的经向变化受到 SST 影响，SST 主导其在空间分布上的年际变化。

在海洋表面温度场中，温度水平梯度最大值的狭窄地带通常是冷暖水团交汇的过渡区域，从而形成温度锋面（也称流隔）。由 SST 数据生成的温度等值线图可以直观地识别流隔，等值线较为密集的狭长带即为温度锋面。温度锋面附近通常会形成涌升流，其挟带的丰富的营养盐为浮游生物提供了繁殖生长条件，从而形成高生产力区域。Yuichiro 等（2009）对 2001 年 9 月和 2005 年 4—5 月日本东部海域预报的 SST 温度场和船队捕捞日志记录的鲣鱼渔场分布对比分析，发现作业区域的温度水平梯度在 0.1℃，并认为鲣鱼的偏好温度区间随着季节和海况的变化而有所差异。Liao 等（2006）对中国东南海域的鱿鱼渔场的海况分析表明，鱿鱼的 CPUE 和温度锋面相对沿岸的最小距离和涌涡的尺度均呈正相关，研究认为鱿鱼渔场季节变动不仅受到黑潮（the Kuroshio）的影响，还与中国东南海域的海洋环境状况（如台风等）有关。海洋水温空间场大尺度的变化异常往往能够指示重要的海洋事件，如厄尔尼诺－南方涛动（ENSO）和拉尼娜等现象。ENSO 现象发生时，东南信风的减弱导致赤道太平洋海域大量暖水流向赤道东太平洋，从而引起太平洋西部的水温下降，东部水温上升。ENSO 现象伴随的暖水层大范围的变动以及气候条件的变化会对渔场资源量和渔场分布产生重要的影响。李政纬等（2005）和郭爱等（2010）在此基础上，分别运用太平洋共同秘书处（SPC）1°×1°和 5°×5°空间分辨率的金枪鱼围网数据对中西太平洋鲣鱼的资源分布进行研究；李政纬等（2005）运用经验模态分解法（EMD）分析 1994—2004 年单位渔区的月平均 CPUE 经度重心的月际变化与 SOI 指数、29℃东界的相关性，发现中西太平洋29℃东边界领先于月平均鲣鱼 CPUE 经度重心 5 个月有一最大正相关，SOI 指数则领先 6～

10 个月时与平均 CPUE 有一最大负相关。郭爱等(2010)利用 Nino3.4 区的海表温度异常值(SSTA)作为 ENSO 的指标,对 1990—2001 年间的年平均产量经度重心和 ENSO 指数年变动进行交叉相关分析表明,高产经度重心、平均经度滞后 ENSO 指标一年呈最大负相关。李政纬等(2005)和郭爱等(2010)的研究结论从不同角度佐证了 Lehodey 等(1997)的研究结果,但二者存在一定的差异,其差异来源于:①渔业数据空间分辨率不同;②计算经度重心的指标不同;③研究的时间序列和时间分辨率不同;④相关性分析的方法不同。

2. 海洋水色

利用遥感获取海洋水色信息是通过机载或星载的传感器探测与海洋水色有关的生物学和非生物学参数(如 Chl-a 浓度、悬浮物、可溶有机物、污染物等)的光谱辐射信息,经过大气校正后运用生物学光学特性反演海水叶绿素浓度、可溶有机物等海洋环境信息。目前近海的水色信息可以从海岸带水色扫描仪(Coastal Zone Color Scanner, CZCS)传感器获得;海洋广角观测水色仪(the Sea-viewing Wide Field-of-view Sensor, SeaWIFS)和中分辨率成像光谱仪(the Moderate Resolution Imaging Spectroradiometer, MODIS)能够提供全球所有水域的水色信息,是目前海洋水色遥感运用最为广泛的两个传感器;2002 年中国发射了第一颗海洋试验性业务卫星 HY-1A,在 5 年之后又发射 HY-1A 的后续星 HY-1B;HY-1 系列卫星均搭载了十波段海洋水色扫描仪(the Chinese Ocean Color and Temperature Scanner, COCTS),主要为实时观测中国近海(渤海、黄海、东海、南海)和日本海及其海岸带区域的水色要素;中国已于 2011 年 7 月发射一颗 HY-2A 卫星,有效载荷为 3 个微波遥感器,主要用来观测海面矢量风、海表温度和海面高度等信息。利用遥感反演的海洋水色浓度,特别是 Chl-a 浓度能够反映海洋中浮游动植物的分布状况。研究表明,Chl-a 质量浓度在 0.2 mg/m³ 以上的海域具有丰富的浮游生物存量,在这些区域可以形成捕捞作业渔场。运用 Chl-a 浓度的遥感影像通过人工目视解译可以提取海洋动力环境特征性信息,如流场和流态等信息,同样可以指示海洋渔场的分布。

Leming 等(1984)指出:"搭载在 Nimbus 7 卫星平台的 CZCS 传感器观测到的海表面叶绿素和温度似乎与低氧状况存在一定的联系","利用遥感观测有助于海洋低氧条件的反演,在为捕捞策略和渔业管理提供丰富的海洋信息方面有重要的应用价值"。Fiedler(1997)运用来自 AVHRR 的 SST 数据和 CZCS 的水色数据对 1983 年 8 月南加利福尼亚海湾的长鳍金枪鱼(*Thunnus alalunga*)和鲣鱼索饵场进行分析,发现两种鱼群的摄食集群均与海洋锋面有关;长鳍金枪鱼会聚集在具有高生产力的涌升流中心区域,其摄食状态会随着离锋面距离远近而有所差异;鲣鱼往往会在较冷的高生产力水域摄食,并指出在 El Niño 期间,鲣鱼会由于暖水温的变化异常洄游到南加利福尼亚海湾。Mugo 等(2010)运用遥感技术对西北太平洋的鲣鱼栖息地特征进行了分析,通过广义可加模型(GAM)对栖息地各环境因子海洋表面温度(SST),海洋表面叶绿素(SSC),海洋表面高度异常(SSHA)和涡动力能量(eddy kinetic energy, EKE)及各因子之间的交互效应进行评价,认为 SST 是影响鲣鱼洄游最重要的指标,其次是 SSC;并指出黑潮锋面贫营养一侧和黑潮续流是西北太平洋鲣鱼栖息地重要的特征,中尺度涡流也是形成鲣鱼栖息地的重要因素。沈新强等(2004)结合水温、盐度数据对北太平洋柔鱼渔场 Chl-a 浓度的分布特点进行分析,认为 Chl-a 浓度可以作为柔鱼渔场重要的参考因子。杨晓明等(2006)运用 Chl-a 浓度、SST 数据和来自微波散射计 Quick-Scat 的风场数据对 2009 年 9—11 月的西北印度洋鸢乌贼(*Sthenoteuthis oualaniens*)渔场形成机制进行探讨,发现鱼群往往聚集在 SST 梯度和 Chl-a 梯度较大的狭窄区域,并认为涌升流附近的低压扰动有利于中心渔场的形成。

　　海洋 Chl-a 浓度不仅能够指示浮游生物的存量和海洋动力环境特征,而且可以结合光照条件等通过相关的遥感反演算法估算海洋初级生产力。海洋初级生产力的大小能反映海洋浮游植物光合作用速率,因此从某种意义上讲,海洋初级生产力的大小是决定海洋生物存量、分布和变化的根本原因。运用遥感估算海洋初级生产力时,首先需要根据水体光学性质对水体进行分类。通常可将大洋水体分为Ⅰ类水体和Ⅱ类水体。作为Ⅰ类水体的深海水体光学特性是由水体中的浮游植物及其分解时产生的碎屑物质决定,因此运用 Chl-a 浓度反演Ⅰ类水体初级生产力的精度较高;目前结合 Chl-a 浓度运用 VGPM 模型计算Ⅰ类水体的真光层以上区域的海洋初级生产力可以获得较高的精度。Ⅱ类水体的光学特性不仅与浮游植物及其分解时产生的碎屑物质有关,还与无机悬浮物和黄色物质(溶解有机物)有关。由于其光学特性的复杂性,给海洋初级生产力的定量反演带来困难。

　　大洋初级生产力的评估有利于理解海洋生物尤其是海洋鱼类在海洋生态动力系统中所扮演的角色。Lehodey 等(1998)结合净初级生产力(new primary production)和海流等数据运用耦合动力生态地化学模型(coupled dynamical bio-geochemical model),对中西太平洋鲣鱼渔场的潜在饵料分布进行了预测,其模拟结果和实际观测的浮游生物分布及其时空序列的变化比较吻合;并指出结合温度、溶解氧等环境要素进行模拟潜在的金枪鱼渔场环境会更加接近真实的渔场栖息地环境,对建立大尺度的金枪鱼种群动力模型大有裨益。Loukos 等(2003)运用全球大气二氧化碳含量、海洋初级生产力总量的变化以及全球大洋鲣鱼栖息地状况的变化等指标进行分析,并评估全球气候的变化对海洋初级生产力以及处于二级和三级营养级的海洋生物的潜在影响;研究指出全球海洋生态动力系统研究计划(GLOBEC)中的海洋渔业和气候变化工程(OFCCP GLOBEC)整合了不同研究方向和要求,其主要内容包括:①监测远洋生态系统上层营养级生物;②远洋生态系统机构;③建模不同尺度的海洋盆地;④社会经济的影响;认为这一改进的方法对于促进新的国际陆界生物圈计划(International Geosphere Biosphere Program,IGBP)和海洋研究科学委员会(Scientific Committee on Oceanic Research)关于海洋生物地球化学的生态系统的研究项目的发展有着重要的意义。

　　(二)遥感在渔场评估和预报中的应用

　　1.鱼类栖息地评估

　　海洋生物种群会根据其自生的生物学特性在不同的生活阶段选择最适宜的栖息环境,在充分理解海洋生物生活习性的基础上,运用适合的生物-物理耦合模型来评价和预测海洋生物特别是海洋经济鱼类的栖息地质量对于海洋渔业的生产和管理显得尤为重要。

　　栖息地指数模型(HSI)是目前用来评价生物栖息地环境的经典量化指标,最早是由美国地理调查局国家湿地研究中心鱼类与野生生物署提出并运用在野生动物的栖息地质量评价。此后,学者开始尝试运用实测水流、水深和底质等环境因子来评价和预测内陆湖泊鱼类的栖息地环境并取得较好的成果。由于通过海上调查船只获取具有大尺度空间同步性、长周期时间连续性的海洋尤其是深海鱼类栖息的环境数据较为困难,所以运用 HSI 指数评价海洋鱼类栖息地的研究开展得相对较晚。海洋遥感技术能够提供深海鱼类(如金枪鱼鱼类)栖息生境的具有时空连续、同步性的绝大多数环境因子,利用地理信息系统(GIS)的空间分析和统计为生物栖息模拟和预测提供重要的条件。Bertignac 等(1998)基于 SST、饵料因子栖息地指数建立了空间多渔具、多种群动力学模型对太平洋热带金枪鱼渔场进行分析,并运用 1°×1°空间分辨率的围网和杆钓数据对中上层不同年龄段的鲣鱼渔场模拟,他们将鲣鱼产卵场的温度定义在 25℃以上,故结合海流数据模拟的鲣鱼补充量基本分布在西太平洋;结合标志放流数据预测的太平洋鲣鱼月平均 CPUE 分布与实测的平均 CPUE 分布较为接近。郭爱和陈新军(2008)利用非线性的偏态模型、正态模型和外包络法分别建立 1990—2001 年的 SST 单因子 HSI 模型对中西太平洋鲣鱼栖息地质量进行评估,并使用 2003 年的 SST 数据预测当年鲣鱼的栖息地状况,与实际生产产量数据对比分析表明运用外包络法建立的 HSI 模型模拟的最接近实际作业产量的分布。胡振明等(2010)利用表温 SST、表温梯度、表层盐度 SSS、海面高度 SSH、叶绿素 Chl-a 浓度建立综合栖息地指数模型,对秘鲁外海茎柔鱼(*Dosidicus gigas*)渔场进行分析,运用主成分分析(PCA)的方法对 HSI 模型中各因子的权重进行评估,并将预测结果与几何平均法建立的栖息地指数模型预测结果比较发现,基于 PCA 建立的 HSI 模型预测精度较高。同时指出,建立 HSI 模型的数据时空分辨率会对模型的敏感性产生重要的影响,并认为在评价鱼类栖息地环境时应当考虑鱼类在不同的生活周期内所依赖环境因子的不同。陈红波等(2011)基于分位数回归利用 SST 和 Chl-a 浓度建立栖息地模型评价黄海冬季小黄鱼索饵渔场的栖息地环境质量,发现在仅考虑 SST 和 Chl-a 浓度的情况下,3 种栖息地指数均与 CPUE 呈正相关,研究指出将海洋遥感环境数据和渔业生产数据结合分析,有助于掌握渔场资源分布的动态信息,从而对资源探捕和调查具有重要的指导意义。

2. 渔场预报模型

海洋鱼类的生态动力系统存在极大的模糊性和不确定性,完全理解与海洋鱼类生活习性相关的所有机制困难较大。在获取有限的海洋鱼类种群动力系统相关的知识情况下,运用经验或者半经验的模型(如 GLM、GAM、ANN 等)模拟和预测海洋鱼类的潜在资源量的影响因素对人类合理开发利用海洋生物资源具有重要意义。另外,为了弥补经验和半经验模型的非普适性,国内外一些学者针对渔场环境的模糊性,提出了一些非模型的研究方法,如案例推理、人工智能网络、数据挖掘等前沿的研究。Agenbag 等(2003)基于 GLM 和 GAM 建立评价模型,运用渔获量和遥感数据模拟了时间(年、月、天或者时)、空间(经度、纬度、水深)和环境的热力条件(海洋表面温度及其指示的温度锋面强度和时间变化)对南非鳀(*Engraulisi capensis*)、南美洲拟沙丁鱼(*Sardinops sagax*)和瓦氏脂眼鲱(*Etrumeus whiteheadi*)的渔获量的影响。苏奋振等(2002)针对海洋环境的时空要素和渔场资源的互动性及非线性关系建立基于海洋环境要素时空配置的渔场形成机制发现模型,并以大沙区中上层渔场为实例进行研究,他们运用 GIS 离散化的思想,以邻域将空间结构离散化成决策表的条件属性,同时将时间也作为条件属性,继之利用规则提取算法,从数据仓库中提取出地理状态变量的空间配置关系或时空关联规则。实践表明,该方法能有效地提取渔场形成的要素场空间配置关系,这对促进海洋渔业生产现代化具有重要意义。Dagorn 等(1997)运用人工生命方法建立鱼类行为学模型,结合每日从 NOAA 系列卫星获得 SST 数据模拟包括鲣鱼、黄鳍金枪鱼及大眼金枪鱼热带金枪鱼的大尺度迁移,该研究使用基于 ANN 建立的具有学习能力的金枪鱼迁移模型(APTHON),预测 1993 年 3 月到 7 月金枪鱼从莫桑比克海峡到塞舌尔群岛海域的北迁行为,并将预测结果和基于寻找热力梯度的人工金枪鱼渔场模型(GRATHON)预测结果进行比较,发现 APTHON 模型的预测结果比较符合实际金枪鱼的迁移情况。

二、地理信息系统在渔情预报中的应用

地理信息系统(Geographic Information System,GIS) 是集计算机科学、空间科学、信息科学、测绘遥感科学、环境科学和管理科学等学科为一体的新兴边缘科学。GIS 从 20 世纪 60 年代开始,至今只有短短的 50 年时间,但它已成为多学科集成并应用于各领域的基础平台,成为地理空间信息分析的基本手段和工具。目前地理信息系统不仅发展成为一门较为成熟的技术科学,而且在各行各业发挥越来越重要的作用。

(一)渔业 GIS 的发展历程

GIS 是用于输入、存储、查询、分析和显示地理参照数据的计算机系统。地理参照数据也被称为地理空间数据,是用于描述地理位置和空间要素属性的数据。GIS 的基本操作归纳为空间数据输入、属性数据管理、数据显示、数据分析和 GIS 建模。20 世纪 60 年代初,第一个专业 GIS 在加拿大问世,标志着通过计算机手段来解决空间信息的开始。经过近半个世纪的发展,GIS 已成为处理地理问题多领域的主体。GIS 首先在陆地资源开发与评估、城市规划与环境监测等领域得到应用, 20 世纪 80 年代开始应用于内陆水域渔业管理和养殖场的选择。20 世纪 80 年代末期,GIS 逐步运用到海洋渔业中。尽管在渔业方面的应用于 20 世纪 90 年代扩展到外海,覆盖三大洋,但是与陆地相比,它们的应用仍然受到很大的限制。GIS 与渔业 GIS 各发展阶段的特征及发展动力见表 6 – 12。

表 6 – 12　GIS 与渔业 GIS 发展历程

阶段	GIS		渔业 GIS	
	特征	发展动力	特征	发展动力
60 年代	开拓期:专家的兴趣及政府引导起作用、限于政府及大学的范畴,国家间交往甚少	学术探讨、新技术应用、大量空间数据处理的生产需求		
70 年代	巩固发展期:数据分析能力弱、系统应用与开发多限于某个机构政府影响逐渐增强	资源与环境保护、计算机技术迅速发展、专业人才增加		
80 年代	快速发展期:应用领域迅速扩大、应有系统商业化	计算机技术迅速发展、行业需求增加	开拓期:初期出现,发展速度缓慢;主要用于内陆水域渔业管理和养殖位置的选择	卫星遥感技术的发展;FAO 对 GIS 工作的支持;陆地 GIS 技术的应用

续表

阶段	GIS		渔业 GIS	
	特征	发展动力	特征	发展动力
90年代	提高期:GIS 已成为许多机构必备的办公室系统、理论与应用进步深化	社会对 GIS 认识普遍提高,需求大幅度增加	快速发展期:GIS 在渔业上得到广泛应用,为加速发展期间(沿岸到外海)	计算机技术的发展以及日益完善的海洋生物资源与环境调查数据
2000年代	拓展期:社会信息技术的发展及知识经济的形成	各种空间信息关系到每个人日常生活所必要的基本信息	拓展期:巩固和扩展到更多领域(外海到远洋渔业)	数据的可利用性和贮存;并获得了普遍的认同

阻碍渔业 GIS 的快速发展,主要有三个方面原因:①在资金方面,收集水生生物的生物学、物理化学、底形等方面的数据需要大量的资金,特别是需要长时间的资源与环境调查。②水域系统的复杂和动态性,水域系统比陆地系统更为复杂和动态多变,需要不同类型的信息。水域环境通常是不稳定的,通常要用三维甚至四维(3D + 时间)来表示。③由于许多商业性软件开发者通常以陆地信息为基础,这些软件无法直接有效地处理渔业和海洋环境方面的数据。

尽管海洋渔业 GIS 技术发展面临着很多困难,但随着计算机技术和获取海洋数据手段的快速发展以及海洋渔业学科发展的自身需求,在近十多年来,海洋渔业 GIS 技术得到了长足的发展。GIS 在渔业中的应用越来越受到科研人员及国际组织的重视。1999 年,第一届渔业 GIS 国际专题讨论会在美国西雅图举行,之后每三年举办一次,目前已举办了五届。研讨会内容包括 GIS 技术在遥感与声学调查、栖息地与环境、海洋资源分析与管理、海水养殖、地理统计与模型、人工渔礁与海洋保护区等海洋渔业领域的应用以及 GIS 系统开发。此外,一些研究机构、大学和公司开发了海洋渔业 GIS 系统和软件,比较著名的有:①日本 Saitama 环境模拟实验室研发的 MarineExplorer;②美国俄亥俄州立大学、杜克大学、NOAA、丹麦等研究机构研发的 Arc Marine 和 ArcGIS Marine Data Model;③Mappamondo GIS 公司研发的 Fishery Analyst for ArcGIS9.1。

(二)利用 GIS 研究渔业资源与海洋环境关系

海洋渔业资源与海洋环境息息相关,它是海洋渔业 GIS 研究中最基础的问题,通常涉及 GIS 制图与建模等内容。GIS 作为一种空间分析工具,可用来解释不同地区间的差异。GIS 建模是 GIS 在以空间数据建立模型过程中的应用,GIS 能综合不同数据源,包括地图、数字高程模型、全球定位系统数据、图像和表格,建立各种模型,如二值模型、指数模型、回归模型和过程模型等,在渔业中常用的是指数模型和回归模型,且要求 GIS 用户对数字打分和权重加以考究,它常用于栖息地适宜性分析和脆弱性分析。回归模型可在 GIS 中用地图叠加运算把所需的全部自变量结合起来,常用于渔业资源的空间分布和资源量大小的估算。

　　此外,确定鱼类关键栖息地在渔业资源管理中非常重要。其特点是存在生物与非生物
参数的集合,它适应支持与维持鱼类种群的所有生活史阶段。由于鱼类关键栖息地的时空
变化显著,GIS 作为一种高效的时空分析工具,越来越受到管理者的关注与重视,在这方面
的研究也与日俱增。

　　综合国内外研究现状,GIS 在渔业资源与海洋环境关系方面得到了广泛应用,目的是为
了了解渔业资源分布与海洋环境之间的关系,研究确定鱼类栖息地分布范围,从而进一步掌
握渔业资源的动态分布,最终对鱼类栖息地进行评估与管理(表 6 – 13)。

表 6 – 13　GIS 在渔业资源与海洋环境关系研究中的应用

研究目的	研究案例及其内容	参考文献
资源分布与环境关系	头足类资源量与环境之间的关系	Pierce 等(1998)
	舌鳎(*Solea solea*)肥育场的空间分布	Eastwood 等(2003)
	稚鲽肥育场空间分布与环境变量之间的关系	Stoner 等(2007)
栖息地确定与制图	GIS 图像处理技术制图海洋底栖生境	Sotheran 等(1997)
	利用物理环境数据的海洋底栖生境的一种新的制图方法	Huang 等(2011)
	利用 GIS 环境建模方法设计重要鱼类栖息地	Valavanis 等(2004)
	西班牙地中海水域小型中上层鱼类物种的重要栖息地鉴定	Bellido 等(2008)
资源动态监测	南方蓝鳍金枪鱼(*Thunnus maccoyii*)补充量的空间动态变化	Nishida(1999)
	南加州海洋保护区星云副鲈(*Paralabrax nebulifer*)的活动范围与栖息地的使用	Mason 和 Lowe[33]
栖息地评估与管理	利用 GIS 和 GAM 建立南极电灯笼鱼(*Electrona antarctica*)栖息地模型	Loots 等(2010)
	GIS 在栖息地评估和海洋资源管理中的应用	Stanbury 和 Starr(2000)

(三)利用 GIS 研究渔情预报

　　近十年来,随着卫星遥感信息的获取及可视化分析与制图技术的提高,对海洋渔业海况
的掌握得到了飞速发展,特别是对单一鱼类或某一类型渔业的时空分布及其变化和预测的
技术手段和方法越来越成熟,并成功运用于渔情预报系统中。渔情预报的主要方法有统计
分析预报(如线性回归分析、相关分析、判别分析与聚类分析)、空间统计分析及空间建模
(如空间关联表达、空间信息分析模型)、人工智能(如专家系统、人工神经网络)、模糊性及
不确定性分析(如贝叶斯统计理论)以及数值计算与模拟(如蒙特卡洛模拟法)等,其应用
实例见表 6 – 14。GIS 依赖所建立的自主数据库,可实现时空数据的一体化管理、空间叠加
与缓冲区分析、等值线分析、空间数据的探索分析、模型分析结果的直观显示、地图的矢量化
输出等功能,结合各统计学方法和渔海况数据,实现智能型的渔情预报。

表 6－14　GIS 在海洋渔情预报的应用举例

渔情预报方法	GIS 应用举例	参考文献
统计分析预报	西北太平洋柔鱼最适栖息地与适宜渔场的鉴定	Chen 等（2010）
空间分析与建模	海洋渔业电子地图系统软件设计与实现	邵全琴等（2001）
人工智能	印度尼西亚苏拉威西岛南部及中部沿岸水域渔场预报	Sadly 等（2009）
不确定性分析	基于遥感与 GIS 的冰岛北部海域中上层鱼类渔情预报	Sanchez（2003）
数值计算与模拟	赤道太平洋鲣鱼饵料生物分布预测	Lehodey 等（1998）

思考题：

1. 渔情预报的概念、类型及其内容。
2. 渔情预报的基本原理及其流程。
3. 国内外渔情预报进展情况。
4. 海况预报的概念及其类型。
5. 渔情预报的指标及其筛选方法。
6. 渔情预报的方法有哪些？

第七章 中国海洋渔业资源及渔场概况

第一节 中国海洋渔场环境特征

一、总体概况

中国近海包括渤海、黄海、东海、南海和台湾以东部分海域。渤海为中国内海,黄海、东海和南海为太平洋西部边缘海。四海南北相连,东北部为朝鲜半岛,西南部为中南半岛(包括马来西亚半岛),其东部和南部为日本九州岛、琉球群岛、菲律宾群岛和大巽他群岛。总面积为 470×10^4 km²。台湾以东为中国台湾岛东岸毗连太平洋的部分开放海域。

中国近海海底地形西高东低,呈西北向东南倾斜。大陆架面积广阔,约占总面积的62%。其中渤海、黄海的大陆架面积为100%,东海约为2/3,南海约为1/3。南海大陆坡围绕中央海盆呈阶梯状下降,海盆面积约占南海总面积的1/4。台湾以东海域大陆架甚窄,大陆坡较陡,距岸不远即为深海海盆。

中国大陆海岸线长超过18 000余km,岛屿面积在500 m²以上的有6 500余个,岛屿岸线长14 000 km。中国近海纵跨温带、亚热带和热带,南北气温相差较大,冬季相差28℃,夏季相差4℃。年降水量500~3 000 mm,南多北少。季风现象显著,同时常受热带气旋影响,尤是南海北部和台湾周围海域。表层水温冬季南北相差大,夏季相差小。中国沿岸潮流均较强,主要海流为黑潮和沿岸流。台湾以东海域终年受黑潮控制,表层温度为24~29℃。

(一)渤海

渤海为中国的内海,位于中国近海最北部,深入中国大陆的近封闭型浅海。东面以辽东半岛南端老铁山西角与山东半岛北端蓬莱角的连线作为与黄海的分界线。渤海大陆海岸线长逾22 88 km,海域南北长约300 n mile,东西宽约160 n mile。面积约 7.7×10^4 km²。平均水深18 m。最大水深在渤海海峡北部,水深82 m;北部为辽东湾,西部为渤海湾,南部为莱州湾。底质多泥和泥沙底。有黄河、海河、滦河、辽河等注入。渤海为暖温带季风气候区。冬季盛行偏北风,寒潮侵袭频繁;夏季多偏南风,受热带气旋影响很少。沿岸年均降水量约500 mm。年表层水温冬季为 $-2 \sim -1$ ℃,夏季为24~28℃。海水透明度小。海岸多为粉砂淤泥质,辽东湾两侧和莱州湾东侧有基岩岸。

(二)黄海

黄海为中国大陆与朝鲜半岛间太平洋西部边缘海。南面以长江口北角与济州岛西南端连线为界与东海毗连。黄海大陆海岸线约 2 767 km,海域南北长约 432 n mile,东西宽约 351 n mile,面积约 38 × 10⁴ km²。黄海属大陆架浅海。平均水深 44 m,最大水深在济州岛北侧, 约 140 m。海底地形平坦,由西北向东南微倾。底质大部为软泥和沙底。有鸭绿江、灌河、淮河支流、大同江、汉江等注入。属温带、亚热带季风气候区。冬季多西北风,夏季多东南风。 年平均降水量 600 ~ 800 mm。年均表层水温 12 ~ 26℃。终年有黄海暖流沿东部北上,沿岸流沿山东半岛北岸绕成山角南下。山东、辽东半岛多为山地丘陵海岸,岸线曲折,多港湾、岛屿;苏北海岸为沙岸,岸线平直,近岸浅滩多;朝鲜半岛西岸多悬崖陡壁,岸线曲折,岛屿、岬湾罗列。

（三）东海

东海为中国大陆东侧太平洋西部边缘海。北面以长江口北角与韩国的济州岛西南端连线与黄海相接,东北经朝鲜海峡与日本海相通,东界为日本九州岛、琉球群岛和中国台湾岛, 经大隅海峡、吐噶喇列岛、台东海峡等通往太平洋,南面以福建、广东海岸交界处与台湾岛南端鹅銮鼻连线为界与南海毗连。是中国近海中仅次于南海的第二大边缘海。东海海域呈东北—西南走向,长约 700 n mile,宽约 400 n mile,面积约 77 × 10⁴ km²。平均水深 370 m,最大水深在冲绳海槽,为 2 719 m。海底西北部为大陆架浅水区,约占总面积 2/3,东南部为大陆斜坡深水区,主体为冲绳海槽。底质以泥、沙为主。有长江、钱塘江、瓯江、闽江等注入。属亚热带季风气候区。冬季盛行偏北风,夏季盛行偏南风。年均降水量 800 ~ 2 000 mm。表层水温,夏季为 27 ~ 29℃,冬季西部为 7 ~ 14℃、东部为 19 ~ 23℃。有黑潮及其分支沿东部北上,西部有沿岸流南下。主要海湾有杭州湾、象山港、三门湾、温州湾、乐清湾、三都澳、兴化湾、泉州湾、东山湾、诏安湾等,主要岛屿有崇明岛、舟山群岛、东矶列岛、马祖列岛、海坛岛、金门岛、东山岛等。

（四）南海

南海为中国大陆南侧太平洋西部边缘海,是濒临我国的三个边缘海之一,是世界上最大的边缘海之一。北面以福建、广东海岸线交界处与台湾岛南端猫鼻头连线为界,与东海的台湾海峡毗连;东至菲律宾群岛,经巴士海峡等连接太平洋,西接中南半岛和马来西亚半岛,西南经马六甲海峡沟通印度洋,南达加里曼丹岛、邦加岛和勿里洞岛。南海海底地形复杂,四周较浅, 中央深陷,为深海盆地。面积约 350 × 10⁴ km²,平均水深 1 212 m,最大深度达 5 559 m。底质以泥、沙为主,珊瑚次之。有珠江、红河、湄公河、湄南河等注入。属热带气候和赤道气候。 年降水量 1 000 ~ 3 000 mm,冬季盛行东北风,夏季盛行西南风。表层水温冬季为 16 ~ 27℃, 夏季为 28 ~ 29℃。海水透明度 20 ~ 30 m。主要大的海湾有北部湾和泰国湾。南海岛屿众多,重要岛屿有海南岛、东沙群岛、中沙群岛、西沙群岛、南沙群岛、万山群岛、纳土纳群岛、阿南巴斯群岛、拜子龙群岛等。

二、地貌和底质

(一) 海底地形

1. 渤海

渤海,呈北东向。海底地势自辽东湾、渤海湾、莱州湾向中央海盆及渤海海峡倾斜,平均坡度 28.9″。

2. 黄海

黄海,呈反"S"形。海底地势自西、北、东向中央东南方向倾斜,海底平均坡度 1′22.5″。

黄海自山东省的成山角至朝鲜半岛的长山串连线为分界线,此线以北为北黄海,以南为南黄海。北黄海为隆起区,南黄海为凹陷区,其中部为浅海平原。黄海东部有一南北走向的浅谷纵贯南北,最深可达 110 m,向南绕过小黑山岛两侧面汇集与济州岛西北深水槽相连。

3. 东海

东海为大陆架较宽的边缘海,呈北北东向的扇形状展布,形成大陆架、大陆坡、海槽、岛弧及海沟等地貌类型。东海南端自台湾岛的富贵角向西,至海坛岛北端痒角,再至中国大陆海岸点位,是东海与台湾海峡分界线。

东海大陆架面积约为 54×10^4 km²,约占总面积的 72%。海底地势自西北向东南倾斜,平均坡度 1′16.0″,平均水深 72 m。东海大陆架宽度大,面积广阔。内陆架地形较外陆架地形复杂。岛礁众多,地形复杂。水深较浅,坡度小,阶状地形分布普遍。陆架坡度与相邻大陆地形坡度相关成比例。陆架宽度与相邻大陆海岸性质相关。大陆架坡度转折线与大陆岸线的走向基本一致。

东海大陆坡位于东海大陆架外缘的坡度转折线至坡脚线之间,平均宽度 29 km,最大坡度 4°22′,最小坡度 24′06.5″,呈北东—南西向延伸,其延伸走向与中国东部至东南部海岸延伸走向一致。东海大陆坡也是冲绳海槽的西侧槽坡。

东海大陆坡的坡角转折线外缘是冲绳海槽的槽底平原,槽底平原东侧是琉球群岛的岛坡,也是冲绳海槽的东侧槽坡,形成冲绳海槽盆地地貌。盆地中部高,较多海山、海丘和沟谷。冲绳海槽以东是琉球岛弧、琉球海沟及太平洋西部菲律宾海盆。

4. 南海

南海,大陆架面积为 126.4×10^4 km,占南海总面积的 36.11%。中央深海盆地的面积为 43×10^4 km²。南海大陆架有北陆架、南陆架、西陆架及东陆架四部分,在大陆架之间是中央深海盆地。

北陆架西起北部湾,东至台湾海峡南部,呈北东东向,长约 1 650 km,宽约 100～1 500 km,西宽东窄,其外缘坡度转折水深 150～200 m。西陆架北起北部湾口,向南延伸至湄公河口,呈狭长平直条带状展布,宽度 40～70 km,地形上陡下缓。大陆架坡度转折水深约 150 m。南陆架位于 3°50′—12°07′N,109°00′—118°00′E 之间。陆架自沙捞越岸外向东至文莱、沙巴,呈北东向延伸。南沙群岛的岛屿、沙洲、暗礁、暗沙和暗滩众多,星罗棋布,共有 230 余个,露出水面的岛屿有 25 个,其中最大的岛屿是南沙群岛中的太平岛,面积约 0.432 km²。

东陆架主要由吕宋岛、民都洛岛的岛架组成,呈南北向延伸,岛架狭窄,顺岛岸弯曲,地形复杂。

南海中央海盆呈北东—南西向菱形状展布,面积 $43 \times 10^4 \ km^2$。海盆内分布有北部深海平原、中央深海平原和西南深海平原,其中海山、海丘散状隆起,其次是深海隆起,深海洼地等地貌。中央海盆是南海海盆的主体。

(二)海底沉积物分布

渤海、黄海、东海和南海海底沉积物分布见图7-1。

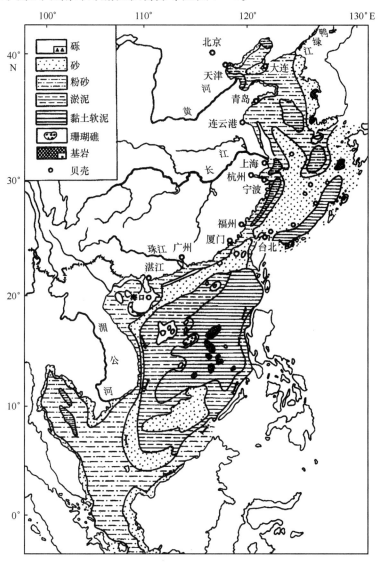

图7-1　渤海、黄海、东海、南海海底沉积物分布

(冯士筰等,2000)

1. 渤海、黄海

在南、北黄海中心海域分布着小环流控的粉砂质黏土沉积。由黄河携带的大量泥沙(年输沙量为 $9.97 \times 10^8 \ m^3$)分布在渤海湾及中央海盆西部,并随渤、黄海沿岸流经山东半岛,沿途沉积了大面积细粒碎屑沉积(黏土质粉砂),在秦皇岛至七里海一带分布着狭窄沿岸沙坝沉积。在黄海东部西朝鲜湾及渤海浅滩分布着粗粒碎屑。另外在山东半岛成山角以东,海州湾中部分布着粗粒碎屑沉积,这些粗粒沉积除西朝鲜湾为较大面积的潮控砂外,其他均呈斑块状镶嵌在细粒沉积物中。

2. 东海

东海陆架区沉积物可分为四类碎屑沉积区:①淡水控碎屑沉积;②波控碎屑沉积;③潮控碎屑沉积;④海流控碎屑沉积。由淡水控和沿岸流控的细粒碎屑沉积仅在长江口处的水下三角洲及闽浙近岸浅海地带,呈一狭窄带状分布,小环流控细粒碎屑沉积,仅在虎皮礁以东有一处分布,其他广大的内、外陆架直到陆坡大部分区域均为强劲黑潮系所控制的粗粒碎屑沉积区。

台湾海峡沉积物呈细 – 粗 – 细带状分布隆起。台湾海峡中南部以台湾浅滩为中心形成中部粗、两侧细环带状对称分布。

冲绳海槽的细粒碎屑沉积带与岛架、岛坡的粗粒沉积带和冲绳海槽以东的西太平洋边缘细粒沉积带不同。冲绳海槽以西的陆架、陆坡与海槽中轴以东都有明显差别:在冲绳海槽及其两侧较多分布有生物碎屑沉积物(有孔虫泥、有孔虫砂)。另外,冲绳海槽东北侧及琉球岛架既有陆源碎屑沉积,又有生物碎屑沉积和火山碎屑沉积的混合类型区。

琉球岛架坡区为以波控、潮控为主的岛源碎屑(以火山岩、琉球灰岩为主)和生物礁碎屑组成的砂质粗屑沉积物。岛坡以东,由于坡度急剧下降,很快进入西太平洋边缘深海环境,陆源碎屑物几乎消失($<10\%$),生物碎屑占绝对优势,形成生物碎屑沉积物(有孔虫软泥)。深于水深 400 m 后则以深海黏土为主。

3. 南海

南海沉积物类型繁多,以陆源碎屑和生物碎屑沉积为主。陆源碎屑沉积多分布在陆架和岛架浅海区,而生物碎屑沉积主要分布在陆坡和深海盆地。另外在深海盆中还有部分生物源 – 陆源和火山源 – 生物源 – 陆源沉积类型。

南海南部海区生物碎屑沉积主要有珊瑚、贝壳、有孔虫、放射虫、介形虫和硅藻等生物碎屑。由于各种类型生物属种和含量在近岸带、内陆架、外陆架、陆坡和深海盆的分布迥然不同,因而它们能明显反映生态环境的各种特征。

南海的开阔陆架区沉积物为内细外粗(残留砂)。滨海、河口、三角洲、海峡区沉积物呈不规则内粗外细特征。海湾区沉积物呈同心圆分布特征,海峡区海水进出口两端分布着指状砂体。

(三)底质类型及分布特征

1. 渤海、黄海、东海

渤海、黄海、东海区,包括浅海和半深海,均以陆源碎屑沉积为主,仅出现少量的生物沉积和火山碎屑沉积。陆源碎屑沉积虽然有近20种底质类型,但分布最广的也只有几种,可归为三大类:砂质沉积(以细砂为主)、泥质沉积(以黏土质粉砂和粉砂质黏土两种为主)和混合沉积(以砂－粉砂－黏土为主)。这三大类几乎各占陆架区的1/4~1/3。

东海陆架区沉积物具有通贯陆架的条带状分布特征。内陆架的泥质沉积和外陆架的砂质沉积均与海岸平行展布。渤海、黄海半封闭海区沉积物分布以斑状为主,条带状为辅。前者主要为潮流砂、残留砂等砂质沉积和南、北黄海中心小环流控制区的泥质沉积;后者主要表现为沿岸流区的平行海岸分布的泥质条带。

东海冲绳海槽为半深海环境,海底水动力很弱,主要接受泥质沉积(主要是粉砂质黏土和黏土质粉砂)。由于受黑潮暖流及火山活动的影响,出现了部分生物沉积、火山沉积和浊流沉积。

2. 南海

南海海域底质分布与东海、渤海相似,具有明显的分区与环陆分带现象,沉积物类型呈条带状与海岸线平行分布。海底沉积物的组成具有明显的亲陆性,反映了大陆补给物质丰富的边缘海的沉积特征。碳酸盐沉积作用较强,由于南海地处热带与亚热带,气候炎热、生物繁盛,生物碳酸盐沉积在沉积物中占相当的比例,尤其是海域南部,珊瑚岛礁、礁滩、暗沙密布,生物碳酸盐成分含量有的达95%以上。

三、水文条件

(一)海流分布

中国近海海流,主要受黑潮和沿岸流的影响较大,其次地理环境和气候也有一定的影响,在不同海区和不同季节,海流也有明显的变化。中国近海表层海流示意图见图7－2。

1. 渤海、黄海、东海海流

渤海的海流,较其他海区为弱。在渤海海峡和渤海中央区流速较大。其主要海流系统是沿岸流和从老铁山水道进入渤海的黄海暖流余脉。

黄海的海流也比东海要弱。表层随季风而变,冬季流向偏南,夏季流向偏北。冬季强,夏季弱。其主要海流系统为沿岸流和黄海暖流。

东海的海流由风海流、沿岸流和黑潮三部分组成。表层属风海流,流向随季风而变。冬季东北季风时,流向西南,通过台湾海峡入南海。夏季西南季风时,由台湾海峡入东海,流向东北,流速比冬季弱。

2. 黑潮流系

(1)黑潮。黑潮亦称日本暖流,是世界大洋中最强的暖流之一。它源于太平洋北赤道流,自东向西流,在菲律宾东海岸受阻后,向北转向而成。因其海水呈蓝黑色,故得名黑潮。它沿菲律宾北部沿岸北上,经台湾东海岸,主流在台湾东北角日本与那国岛之间进入东海,也有小部分从宫古岛附近水道入东海,沿东海大陆架边缘流向东北。在日本奄美大岛之西折向东,经吐噶喇海峡,返回太平洋,沿日本南部沿海向东北流去,约至40°00′N附近折向东,在160°00′E处与北太平洋暖流相汇合。黑潮的水温高,透明度大。夏季在台湾以东可

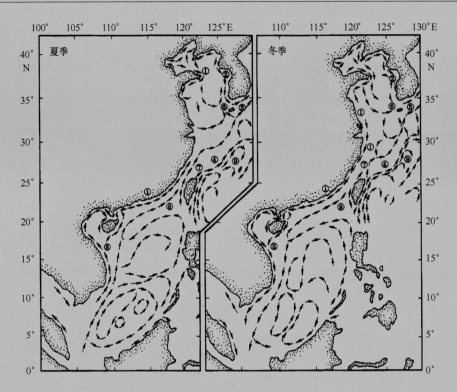

图 7 - 2　中国近海表层海流示意图（冯士筰等，2000）

①中国沿岸流；②朝鲜西岸沿岸流；③越南沿岸流；④东海黑潮；⑤对马暖流；⑥黄海暖流；
⑦台湾暖流；⑧南海暖流；⑨东海黑潮逆流

达 30℃，东海为 29℃，在日本以南为 27 ~ 29℃；冬季在台湾外海为 22 ~ 23℃，东海为 21℃，在日本南方为 20℃。黑潮对东海及流经海域的水文状况、海洋生物、渔场和当地气候变迁有巨大作用。

（2）台湾暖流。台湾暖流由黑潮水和台湾海峡水组成，并非纯黑潮分支。冬季及夏季，下层水来自台湾东北部的黑潮水，而夏季上层水来自台湾海峡，沿浙闽外海北上，在长江口附近与黄海沿岸流混合转向东流。该暖流常年存在，具有高温、高盐的特征，因它从台湾附近流来，故称为"台湾暖流"，也有称"黑潮的闽浙分支"。夏季在西南风作用下，流向北，流幅加宽，流速增强；冬季在东北风作用下，上层流向偏西南，向海岸靠近，下层仍沿偏北方向流动，流幅变窄，流势减弱。台湾暖流与东海沿岸流交汇形成明显的锋面，当地渔民称为"流隔"，是舟山渔场的良好水文环境条件。

（3）对马暖流。对马暖流由黑潮主流在奄美大岛之西海域分离出来向北流，经日本九州岛西部外海和济州岛以南折向东北，在 30° ~ 33°N 海域汇集了来自东海北部的混合水（指台湾暖流、长江冲淡水、黄海沿岸流的混合体）和东海外陆架混合水，三支水相混合称之为对马流源区，经混合交换后，通过对马海峡进入日本海，继续向东北流。其主流通过对马岛南面的对马海峡，故称对马暖流。海流季节变化明显，夏季盛行偏南风，流势加强；冬季盛行偏北风，流势减弱。

（4）黄海暖流。最新研究表明,黄海暖流不仅是对马暖流的西分支,而且是汇集了黄海、东海混合水北上,以补偿流性质进入南黄海。它从济州岛西南面海域进入黄海,沿着黄海海槽向北流,在北上途中还不断分支,在35°00′N附近向西分出一支流,与南下的黄海沿岸流汇合,形成一反时针方向的小环流。流至成山角附近海区向东又分出一支,汇入西朝鲜沿岸流中,形成一顺时针方向的小环流。因此,到黄海北部时,势力大大减弱,其余支转向西,通过老铁山水道流入渤海。在渤海中央分成南北两支:北支沿西海岸入辽东湾,构成右旋海流;南支向西流入渤海湾,构成左旋海流,沿天津、山东海岸南下。黄海暖流的流向比较稳定,终年偏北,流速比对马暖流要小且随季节变化,冬强夏弱,具有高温、高盐特征,对黄渤海的水文状况和沿岸气候影响极大。

3. 沿岸流系

由渤海海峡南口流入黄海,并汇合海河、黄河、长江、钱塘江、闽江等江河径流淡水沿海岸南下的海流,俗称中国沿岸流,它是一支水温低、盐度小的寒流。按海区和地理位置可分为四类。

（1）渤海沿岸流。冬季在强劲的偏北风驱动下,鲁北沿岸海水堆积,夏季又有海河、黄河大量淡水流入,形成一支较强的沿岸流,沿山东北部沿岸,从渤海海峡南部出渤海而入黄海。在辽东湾,冬季也有一支沿辽东半岛南下,流势较弱。

（2）黄海沿岸流。一支沿山东和江苏海岸流动的冲淡水。它起自渤海湾,汇合着海河、黄河水,沿着山东半岛北岸东流,绕过成山角后,沿海州湾外缘南下,至长江口以北转向东南,其中一部分加入黄海暖流,构成黄海的反气旋环流;另一部分越过长江口浅滩进入东海,其前锋可达30°00′N附近。黄海沿岸流终年自北向南流,但受地形、大陆径流和季风的影响,沿岸流的流速、流幅发生变化。冬季偏北风,助长了沿岸流的发展;夏季雨水多,径流量增大,流幅加宽。

（3）东海沿岸流。东海沿岸流是由长江、钱塘江、闽江等江河入海径流与周围南海水混合形成的一股沿岸水。流向随季节而变化,冬季流向西南,夏季流向东北。冬季海区吹东北风,沿岸流自长江口和杭州湾一带南下,流幅较窄,流向稳定;夏季海区吹西南风,台湾海峡中的海水沿福建海岸北上,进入东海中部,浙江沿岸的海水亦转向北和东北方向流动,它与长江、钱塘江流出来的淡水汇合,形成一支势力较强的低盐水,自长江口外向东北方向流去,在长江口径流量较大的年份,其前锋可达济州岛附近。

（4）南海沿岸流。沿广东沿岸流动的一支海流,其流向流速取决于大陆径流量和季风的变化。冬季在东北季风作用下,沿广东近岸自东向西流,在雷州半岛东岸分为两支:一支沿海南岛继续向南流;另一支在海南岛东北方受南海暖流的带动,转向东北形成粤西(广州湾)的反时针小环流。夏季在西南季风作用下,沿岸流自广州湾起,一直流向东北。流幅冬季较窄,夏季受珠江淡水的影响。流速夏季比冬季大。

4. 南海海流

南海的海流系统由沿岸流、南海暖流、黑潮南海分支和南海季风海流等组成。

（1）南海暖流。在南海沿岸流的外方,自海南岛东南方500 m等深线处,至广东近海沿100 m等深线大陆架海域,流向东北。终年十分稳定,上下层一致,流速较大。

（2）黑潮南海分支。黑潮分支由巴士海峡进入南海北部,在东沙岛南部1 000~1 500 m等深线附近海域变为西—西南流,并流经西沙北部海区,流向较稳定,流速冬强夏弱。

（3）南海环流。南海位于热带季风区,季风方向与海区长轴基本一致,有利于稳定流系的发展。海面在强劲的季风作用下,冬季流向西南,夏季流向东北,产生的风海流具有季风漂流的特性,在海区环境条件的影响下,形成南海的环流。表层流速的特点是:冬季大,夏季小;西部大,东部小。

从10月到翌年4月为东北季风时期,南海盛行西南流,同时整个南海区又形成了一个反时针大环流。黑潮的南海分支经巴士海峡进入南海北部与来自台湾海峡的海流汇合,同风海流一起流向西南,主流沿华南沿岸、中南半岛南下。其大部向南流入爪哇海,小部分向西入马六甲海峡,有一部分受加里曼丹岛的阻挡,折向东流;在南海的东部,从苏禄海进入南海的海流有南、北两支:①北支较强,从吕宋岛和巴拉望岛之间流入南海,并形成了冬季环流形势。由于受东北季风的影响,南海东侧北上的支流部分逐渐转向,并入西南方向的主流,形成西沙、中沙之间的反时针小环流。②南支从巴拉巴克海峡进入南海,向西北或西南流,在南海南部围绕南沙群岛形成一个范围较大的反时针小环流。

6—8月西南季风时期,流向东北。主流经大巽他陆架区,沿越南沿岸北上,流向东北到达南海北部。大部分海水从巴士海峡流出南海,进入太平洋;小部分海水继续向北流,经台湾海峡进入东海。在南海东部由苏禄海进入南海的海流,在西南风吹送下,菲律宾沿岸的北向流流速增强。在向北流的过程中,一部分折向南,形成中沙群岛的顺时针小环流。在南沙群岛的西侧为西南逆流,其东南侧为沿加里曼丹岛的东北流,亦形成一个反时针式小环流。

（二）水温分布

中国近海水温的分布变化,与海区环境和气候有密切的关系。由于属太平洋的边缘海,大部分海区在大陆架上,水深较浅,故近海水温受亚洲大陆气候的影响较大,季节变化明显。外海受太平洋大洋水的影响较大:尤其是黑潮水的进入海区,沿岸受大陆江河径流流入的影响,使中国近海水温的分布和变化比大洋更为复杂,其特点是:水温的季节变化显著,冬季水温低,为-1~27℃,南北温差大,相差达28℃;夏季水温高,海区普遍增温,为24~29℃,个别海区达30℃,南北温差较小,仅相差5℃。温度等值线大致与海岸线（或等深线）平行,在大江河入海处,如长江、珠江口等形成明显的水舌。近海温度等值线密集、梯度大,外海等温线稀疏、梯度小。水温的年较差变化范围很大,也十分复杂,基本上是随着地理纬度的增高而增大,从西沙的6℃左右,增至辽东沿岸的28 ℃左右（图7-3,图7-4）。

1.各海区水温分布的特点与规律

（1）渤海、黄海区。

渤海和黄海地表层水温,按地理分布是南高北低,沿岸低于外海。冬季渤海水温低于黄海。渤海年平均水温为11~14℃。冬季水温沿岸低,外海高,1—2月份最低,平均为0~1℃,大部分沿岸水温在0℃以下。由于水浅,对气温的响应较快,故1月份水温比2月份还低,三大海湾的顶部水温均在0℃以下。夏季水温则沿岸高,外海低,8月渤海北部水温为26℃左右,南部为27℃（图7-3,图7-4）。

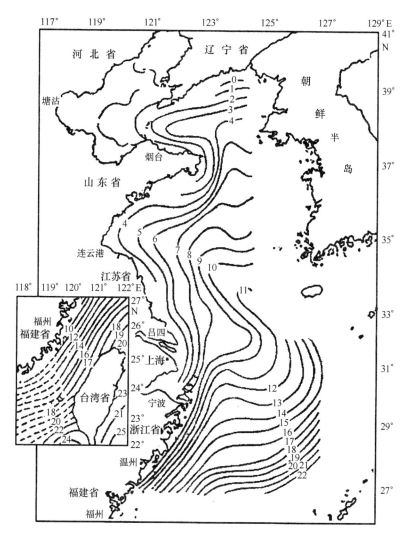

图 7 - 3　渤、黄、东海冬季表层水温(℃)分布图

(《中国海洋渔业环境》编写组,1991)

　　黄海水温分布特点是北部低,南部高。年平均水温 12 ~ 15℃,冬季黄海北部沿岸为 1 ~ 2℃,中部为 2 ~ 3℃,南部为 4 ~ 5℃。夏季黄海北部沿海水温较低为 23 ~ 24℃,黄海中部升高,黄海南部水温较高为 27 ~ 28℃。外海水温由于受黄海暖流的影响,水温略高,暖水舌从南黄海经北黄海,可直指渤海海峡。冬季水温等值线呈舌形,由南向北伸展,南部为 7 ~ 8℃,北部为 2 ~ 3℃,夏季分布较为均匀,为 24 ~ 26℃,南黄海高,北黄海低。

　　(2)东海海区。

　　东海海区表层水温分布特点是沿岸低,外海高,西北部低,东南部高,等温线大致同岸线平行,呈东北—西南走向,高温区在黑潮流域;沿岸等温线密集,梯度大,外海等温线较疏,梯度小,而且随季节变化明显。冬季水温最低,平均为 8 ~ 22℃,由北向南升高。其中,长江口、杭州湾和舟山群岛海域为低温区,水温为 5 ~ 8℃;台湾岛东部沿岸和黑潮流区水温最高,达

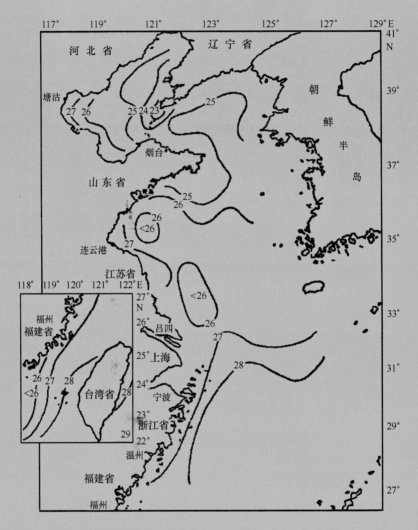

图 7 - 4　渤、黄,东海夏季表层水温(℃)分布图
(《中国海洋渔业环境》,1991)

22 ~ 23℃。夏季表层水温普遍增高,分布较均匀,平均为 27 ~ 28℃(图 7 - 3,图 7 - 4)。

　　(3)南海海区。

　　南海海区水温分布变化,与渤海、黄海、东海比较,南海的水温终年较高,水平梯度小,水温年较差自北向南逐渐减小。1 000 m 以下深层的水温的水平分布比较均匀,季节变化较小。

　　南海表层水温的分布为北部低。向南部逐渐升高,全年平均水温大部分海区在 22℃ 以上。冬季北部近海水温较低,粤东沿岸因有来自台湾海峡的低温沿岸流,致使该海区的月平均表层水温可下降到 15℃ 左右。南部海区水温较高,终年均在 26℃ 以上。夏季水温普遍升高,水平分布较均匀,大部分为 28 ~ 29℃,沿岸近海和南部海区可达 30℃。

2. 海区水温的垂直分布

中国近海水温的垂直分布基本上可分为冬、夏两种类型。冬季在强盛的东北季风影响下,海水涡动和对流混合增强,使这一过程影响到更大的深度。在沿岸和浅水区,形成了从海面到海底的水温均匀层,渤海、黄海的全部及东海的大部分浅水海域,混合可直达海底;在外海深水区,垂直均匀层也可达 75～100 m 层,甚至更深些。这种状态维持的时间长短,因海区而异,一般由北向南递减。渤海可持续 7 个月(每年 10 月至翌年 4 月);黄海为 5 个月(每年 12 月至翌年 4 月);东海北部为 4 个月(每年 1—4 月);到东海南部,只有 3 个月(每年 1—3 月)。而在南海,水温均匀层冬季加深的现象仅在北部海区存在,但远没有渤海、黄海、东海那样突出,持续时间也短;在南海中部、南部则更不明显,均匀层厚度一般为 50 m 左右。

夏季,太阳辐射强烈,又吹西南季风,雨水多,使表层水温增温较高,形成了表层高温层或称上均匀层。由于上层的增温、降盐、减密,形成稳定层,不利于热量的向下输送,故使下层海水仍基本上保持了冬季的低温特征,因而在渤海、黄海、东海的陆架海域,底层大都有冷水区存在,这也是黄海底层冷水团形成的原因之一。黄海冷水团是低温高盐水层,底层水温在北黄海为低于 6℃,南黄海为低于 9℃,而其上面上均匀层、跃层、下均匀层三层结构异常明显。在渤海春夏亦有类似的情况。但在东海深水区则不存在这种情况,在季节性温跃层约 50 m 之下,水温随深度仍有变化;在次表层水之下,又出现第二跃层,直至深层水范围,水温随深度的变化才趋缓慢。春、夏之交,在黄海、东海某些海区,还有逆温分布,在济州岛附近及浙江近海一带,也有"冷中间层"或"暖中间层"出现。在南海的深水区海盆中,底层水范围内,水温随深度的增加而略有升高的现象。

3. 海区的温跃层变化

由于均匀层以上温度较高,均匀层以下的海水温度较低,上下层之间水温产生了突变层,即为温度跃层,它属于季节性跃层,在渤海、黄海、东海和南海均有产生,以黄海、东海较强。渤海每年 11 月至翌年 3 月,水温垂直均匀,为无跃层期。4 月份开始有温度跃层,6—8 月为强盛期,9 月份进入消衰期,12 月整个黄海均无跃层。跃层深度和厚度在各个时期不同。

东海和南海不仅有季节性跃层,而且有常年性跃层。前者在陆架海以及深水海域的上层,受制于太阳辐射、涡动及对流混合作用;后者在深水海域,位于季节性跃层之下,多是因性质不同的水团叠置而形成的。4 月份以后东海和南海的浅水区温跃层迅速成长;6—8 月为强盛期,海区普遍出现跃层,强度比黄海弱;10 月以后温跃层消衰,但南海的跃层强度由南向北递减,常年性温跃层,终年存在,但强度较弱。

东海季节性温跃层的厚度,也是各个时期不同,从成长期到强盛期逐月增大。温跃层深度随水深增加而递增。南海温跃层的深度和厚度,区域性变化很大。总之,强度弱,范围大,深度和厚度变化大是南海的特点。东海在浙江近海至台湾海峡一带,春—夏及秋—冬转换之际,伴随"冷中间层"和"暖中间层"的出现,还能形成逆温跃层(俗称负跃层)。在济州岛附近海域,因不同水系彼此交汇穿插,可出现双跃层和多跃层现象。

(三)盐度分布

1.中国近海盐度的水平分布

中国近海盐度的水平分布特点是自北向南逐渐增大,从沿岸向外海逐渐增大,冬季比夏季高。在黄海、渤海、东海中盐度的变化还与黑潮流系的高盐水和沿岸流的低盐水的相互消长和混合有关。

冬季,江河处于枯水期,沿岸流幅变窄,外海水增长,加之强劲的东北季风下,蒸发加强,降水量减少,表层海水的盐度普遍高于夏季,盐度等值线的分布与等温线相似,呈西南—东北走向,由黄海暖流所形成的高盐水舌向渤海延伸。等盐线由渤海海峡向西弯曲,31.0盐度等值线控制渤海大部分海区。一般盐度渤海沿岸为小于30.0,中央区可达31.0;黄海为31~33,北部低、南部高,西岸低、东岸高。东海为32~34.5之间,沿岸的低盐与外海黑潮区的高盐,形成强烈对比,出现梯度相当大的盐度锋。锋区的位置和强度的大小,取决于沿岸流和黑潮水的强弱。南海盐度为30~34.0,沿岸低,外海高。

春季,随着气候转暖,海区水温逐渐增高以及沿岸江河入海径流量加大,海区盐度也随之降低。其分布仍为沿岸低、外海高,盐度等值线在南海和东海仍是东北—西南走向,长江口至杭州湾的低盐舌向东南方向伸展;在黄海中央区由南向北的高盐水舌仍旧明显可见,穿过渤海海峡,直到渤海中部。一般盐度值渤海为28.0~32.0;黄海为30.0~33.0,南高北低;东海为29.0~34.0,沿岸低,外海高;南海为30~34.0,北部沿岸低,外海高。

夏季,受西南季风和台风的影响,降水量大,蒸发减弱,加之江河径流量加大,沿岸流幅扩展,表层海水淡化,盐度值降至全年最低,外海盐度等值线的分布总趋势仍然为西南—东北向。在黄海伸向渤海的高盐水舌减弱,长江口的沿岸水范围扩大,最盛可扩展到济州岛附近。一般盐度,渤海为28~30,北部盐度低,南部盐度高;东海盐度在长江口最低为小于25,向外海增大到34;在冲淡水势力极盛的时期,水舌向东及东北方向伸展甚远,锋面位置也随水舌相应东移;南海盐度,珠江口最小,变化最明显的是珠江口附近盐度等值线的分布,它与珠江冲淡水密切相关,夏季低盐水舌由偏南向,逐渐转为向东;到秋冬季则由偏东向转为向南和西南。

秋季,随着水温逐渐降低,沿岸江河的径流量减小,海区盐度开始升高,等盐线分布逐渐形成东北—西南向。一般渤海盐度为28.0~31.0,渤海中央高,南北沿岸低;黄海为29.0~33.0,北部小,南部大;东海为29.0~34.5,沿岸低,等盐线密集,梯度较大,向外海盐度增大,等盐线稀疏,梯度小;南海盐度为30.0~34.5,沿岸低,外海高,等盐线为东北—西南走向,珠江口盐度最低。

2.中国近海盐度的垂直分布

盐度的垂直分布与温度的垂直分布关系密切,其趋势大体相同。冬季在近海区从表层到海底的水温是均匀层,盐度的分布也是均匀的。在外海均匀层厚度可达75~100 m深处。夏季,从表层到某一深度上形成高温低盐的上均匀层,垂直均匀层深度各地不同,一般渤黄海为10~20 m,东海30 m左右,南海为50 m左右。在上均匀层下是低温高盐水层,中间有盐度跃层,在黄海有巨大的低温高盐水层存在。在鸭绿江口和长江口的盐度跃层较强。

中国近海盐度的垂直变化曲线趋势,一般随深度的加深,盐度加大,曲线自左向右伸展,到深层盐度变化不大,几乎成一垂线。此与温度的垂直变化曲线趋势正好相反。深水海域的盐度垂直分布,因受各种水系的影响,其铅直分布层次较多,也较复杂。

在南海海盆中,水深大于 4~5 km,从上到下,分布着表层水、次表层水、中层水、深层水和底层水五层。在南海北部海区的盐度垂直分布,约在 150 m 处存在盐度极大值,在 400~500 m 上下存在极小值,它们所处的深度还受季节变化而移动,尤其是极大值所处深度变化更为明显。

3. 中国近海的盐度跃层

一般分为季节性盐跃层和常年性盐跃层两类,分布在渤海和黄海的多为季节性盐跃层,一般强度较大,尤其是在沿岸河口区最大,但上界深度浅,厚度较薄。东海和南海既有季节性盐跃层,又有常年性盐跃层。在东海和南海,季节性盐跃层比渤海和黄海的强度大,尤其是在长江和珠江河口海域,汛期泄洪量骤增,冲淡水扩展很远,与其下方潜伏或楔入的外海高盐水之间,形成强度相当大的盐跃层。此类盐跃层的深度和厚度都不大,但时空变化较大。在东海和南海的深水海域,还存在着常年性盐跃层,如东海黑潮区,在 200 m 层,水温随深度的变化,比其上、下水层中的变化大;盐度的垂直变化,其垂直梯度在该层次上也出现了最大极值,产生了盐跃层。此类跃层,由于它们所处的深度,已超出季节性深度之下,不会受太阳辐射、涡动及对流混合的季节性变化的影响,终年存在,故称常年性跃层。这在南海深海区亦有。其形成原因多是性质不同的水团在铅直方向叠置所致,其强度一般比浅海季节性跃层来得小。

海区盐跃层,开始在沿岸江河口出现,4—5 月为成长期,6—8 月为强盛期,9—12 月为消衰期。在成长期,渤海、黄海、东海盐跃层范围,由海区西侧向东侧迅速扩展,遍及渤海、黄海、东海广大海区,5 月盐跃层的强度增强,并自河口向外海递减,以长江口附近的强度最强,跃层范围遍及 125°00′E 以西的苏、浙一带海域,黄河口附近的盐跃层次之。此外,在黑潮流域海区,还有双跃层出现。在南海,盐跃层 3 月开始出现,由沿岸向外海发展,最明显的有珠江口、广州湾、粤东和北部湾几个中心。在强盛期,全海区均可出现盐跃层,强度较弱,以长江口附近为最大,珠江口和黄河口次之,外海最小。长江口盐跃层区终年存在,10 月至翌年 3 月较小,紧贴长江口沿岸一带,4—5 月迅速发展,8 月达最强。黄河口盐跃层区,5 月开始形成,8 月达最强。此外,在苏北沿岸,由于水浅,终年呈垂直均匀状态,不出现跃层;在黑潮流域中心,以珠江口最强,广州湾次之。珠江口附近盐跃层,自 3 月份开始,随着珠江冲淡水向外扩散,跃层范围不断扩大,5、6 月份是珠江洪峰期,8 月份冲淡的扩散范围达最大,向西南和东南两个方向扩展,把广州湾、粤东和珠江口三个跃层连成一片,覆盖了整个广东近海。

在消衰期,盐跃层剧减,范围缩小。10 月份渤海盐跃层除渤海海峡外,其他为无跃层。黄河口跃层中心到 11 月份消失。到 12 月份除苏、浙、闽沿海一带河口附近存在弱的盐跃层外,黄海、东海其余海区跃层均已消失。只有长江口盐跃层存在,但范围大大缩小。黑潮流域的双跃层也于 11 月消失。在南海、广州湾盐跃层,10 月份大大缩小,11 月份完全消失。珠江口盐跃层,到 11 月仅限于珠江口一小区域,12 月份消失。1—3 月全海区为无跃层期。

(四)风系

1. 中国近海各季节风向的变化特点

中国近海属东亚季风区,冬夏两大季风的发展和变化过程基本上决定了海上天气气候特征,也决定了海区风向、风速的变化特征。

(1)冬季风时间长,一般从 10 月开始,至翌年 3 月,风向稳定,风力较强。自北而南,均为东北季风所控制,方向呈顺时针变化,渤海、黄海吹西北风或北风,到东海南部转为东北风,整个南海主要吹东北风,仅北部湾、越南中部沿海和吕宋岛北部沿海为偏北风。

(2)夏季风持续时间为 6—8 月,比冬季风短,海区吹南至西南风,稳定性也比冬季风差,风力较弱。7 月在赤道 5°00′N 以南为偏北风,5°00′N 以北为盛行西南风,到 130°00′E、20°00′N 附近,西南季风和太平洋东南季风相汇合,形成辐合带,辐合带以北为东南季风,以南为偏东风,台湾岛东岸为偏南风,东海和黄海以偏南风为主,渤海为南风。

(3)4—5 月为冬季风向夏季风转变,过渡时间长达两个月之久;夏季风向冬季风转变相对较快,一般 9 月北方冬季风开始,到 10 月初到达南海,过渡时间比冬季风向夏季风转变要短。

2. 中国近海平均风速分布的特点

(1)中国近海是同纬度海面较强风区之一。中国海位于世界上最大的欧亚大陆与最大的海洋太平洋之间,海陆热力差异形成的季风得以充分发展,尤其是冬季强大的欧亚大陆冷高压入海,造成风速比同纬度的洋面上大。

(2)中国近海季风年变化的特点是冬强夏弱,这与印度洋季风区的年变化正好相反。

(3)中国近海的大风发生在强冷空气入侵、温带气旋生成和热带气旋的影响过程中,这些天气系统移至海区内,获得大量的热量和水分,得以充分发展,形成海区的大风天气,并使该区的月平均风速增大。

3. 中国近海各海区的风场

由于各海区气流的来源、盛行天气系统及受大陆、岛屿等的影响程度不同,因而在风向、风速的变化上,各海区也存在一定的差异。

渤海,冬季受大陆冷高压影响频繁,从 9 月到翌年 5 月,海区多偏北风(西北－北),风速较大,自西向东增大,西岸较小。北部风速比南部的大。夏季 6—8 月,冷空气影响减弱,海区多偏南风,各月平均风速变化不大。

黄海,受大陆冷高压和阿留申低压的影响,冬季多偏北风,夏季多偏南风,春秋为转换季节。9 月份北风出现次数增多,10 月份沿海北及东北风已居第一,11 月全海都以偏北风为最多,冬季风速最大。春季风向逐渐由偏北风转为偏南风,4 月份风向多变,西北风,西南和南风频率各占 20%,南黄海中部和南部主要为北风和南风。5—6 月盛行南风和东南风,7 月达最盛,8 月偏南风频率降低。

东海,冬季也受大陆冷高压影响,海区多偏北风,夏季受副热带高压和热带气旋的影响,多偏南风,春季受东海气旋的影响较大。由于受地形的影响,各地风向、风力不同,北部小,南部大。北部多偏北风,南部以东北风为主。

南海,属于典型的季风气候区,最显著的特点是东北季风和西南季风的变化。冬半年受冷空气南下影响,平均4~6天有一次冷空气南侵,海区为东北季风所控制。每年9月中旬东北季风在北部沿海逐步建立,10月初扩展到南海中部的15°00′N附近海面,以后逐渐向南推进,并趋于稳定。11月至翌年2月为最强盛时期,直到3月底,风力才逐渐减弱。

5月,偏南和西南风逐渐增加,西南季风开始形成,6—8月为最盛,海区西南部较大。在南沙群岛与西沙群岛之间海区形成一个西南—东北向的较大风速区。4月和9月是季风的转换季节,风向不定,风力较小。

四、饵料生物分布

(一)浮游植物

浮游植物是海洋中的初级生产者,是浮游动物和海洋中食植动物的重要饵料,浮游植物的多少直接决定海洋初级生产力的大小。浮游植物的数量又与海洋中营养盐和捕食者的数量与分布直接有关。渤海、黄海、东海、南海北部浮游植物生物量分布见图7-5、图7-6。

1. 黄海

黄海共有浮游植物79种(属),以细弱海链藻、窄隙角毛藻、舟形藻类、新月菱形藻、印度翼根管藻为主。由于南、北海区地理条件、水系影响的差异,在不同海区、不同季节出现的优势种不同。

春季共有浮游植物31种。主要种类为舟形藻类,占总量的25%,其次是辐射圆筛藻占20%,星脐圆筛藻占9%,沟直链藻占8%,单角角藻占5%,三角角藻占4%,牛角角藻占3%,其他种类都不足1%。

夏季共有浮游植物56种。主要种类为短孢角毛藻,占总量的40%,其次为窄隙角毛藻16%,旋链角毛藻13%,圆柱角毛藻6%,舟形藻类、印度翼根管藻、单角角藻、奇异角毛藻各占2%,柔弱角毛藻、双突角毛藻、洛氏角毛藻各占1%,其他种类都不足1%。

秋季共有浮游植物51种。以舟形藻类为主,占总量的24%,其次为浮动弯杆藻占15%,印度翼根管藻占12%,新月菱形藻占8%,佛氏海毛藻、三角角藻、洛氏角毛藻各占4%,菱形海线藻、窄隙角毛藻各占3%,扁面角毛藻、密链角毛藻、粗点菱形藻各占2%,曲壳藻类、星脐圆筛藻各占1%,其他种类都不足1%。

冬季共有浮游植物57种。以细弱海链藻为主,占总量的43%,其次是笔尖根管藻占12%,新月菱形藻占11%,密链角毛藻、舟形藻类占5%,星脐圆筛藻占4%,沟直链藻、距端根管藻各占2%,卡氏角毛藻、粗点菱形藻、奇异菱形藻、辐射圆筛藻各占1%,其他种类都不足1%。

黄海浮游植物数量(年均值)的水平分布特点为黄海北部鸭绿江口和江苏南部沿海数量较高,其他大部分海区生物量都低于10×10^4 个/m³,中部深水区生物量在5×10^4 个/m³ 以下,其中大部分甚至在2×10^4 个/m³ 以下,只有山东沿海和江苏南部沿海生物量大于10×10^4 个/m³,鸭绿江口密集区浮游植物数量在100×10^4 个/m³ 以上,江苏南部沿海密集区在300×10^4 个/m³ 以上,是黄海浮游植物数量最高的海区。

黄海浮游植物数量的季节分布为春季最低,夏季和冬季最高。

浮游植物数量春季平均 2×10^4 个/m³。大部分海域生物量较低,1×10^4 个/m³ 以下的占65%,$1 \times 10^4 \sim 5 \times 10^4$ 个/m³ 的占21%,$5 \times 10^4 \sim 10 \times 10^4$ 个/m³ 的占16%。10×10^4 个/m³ 以上的高生物量占6%。高生物量主要分布在渤海海峡以东,以辐射圆筛藻、单角角藻、星脐圆筛藻、多甲藻类、牛角角藻为主。

夏季浮游植物数量平均 20×10^4 个/m³,是全年浮游植物生物量最高的季节。1×10^4 个/m³ 以下的占39%,$1 \times 10^4 \sim 5 \times 10^4$ 个/m³ 的占33%,$5 \times 10^4 \sim 10 \times 10^4$ 个/m³ 的占10%,$10 \times 10^4 \sim 100 \times 10^4$ 个/m³ 的高生物量占14%,100×10^4 个/米³ 以上的高生物量占4%。高生物量区有三个,黄海北部的鸭绿江口,山东半岛北部,$34°00'N$ 以南的黄海南部。黄海北部鸭绿江口以印度翼根管藻、窄隙角毛藻、三角角藻为主。山东半岛北部以舟形藻类、三角角藻为主。$34°00'N$ 以南的黄海南部以短孢角毛藻、窄隙角毛藻、旋链角毛藻、奇异角毛藻、双突角毛藻、洛氏角毛藻、中肋骨条藻为主。

浮游植物数量秋季平均 8×10^4 个/m³,高于春季而低于夏季。生物量小于 1×10^4 个/m³ 的占42%,$1 \times 10^4 \sim 5 \times 10^4$ 个/m³ 占28%,$5 \times 10^4 \sim 10 \times 10^4$ 个/m³ 的占12%,$10 \times 10^4 \sim 100 \times 10^4$ 个/m³ 的高生物量占17%,100×10^4 个/m³ 以上的高生物量占1%。生物量分布比春、夏要均匀。黄海北部 $124°00'E$ 以西和黄海中南部 $123°00'E$ 以西都比较密集。黄海北部 $124°00'E$ 以西以印度翼根管藻、三角角藻、密链角毛藻、浮动弯杆藻为主。黄海中南部 $123°00'E$ 以西以舟形藻类、浮动弯杆藻、佛氏海毛藻、洛氏角毛藻、菱形海线藻为主。

浮游植物数量冬季平均 18×10^4 个/m³,仅次于夏季。生物量小于 1×10^4 个/m³ 的占38%,$1 \times 10^4 \sim 5 \times 10^4$ 个/m³ 的占34%,$5 \times 10^4 \sim 10 \times 10^4$ 个/m³ 的占15%,$10 \times 10^4 \sim 100 \times 10^4$ 个/m³ 的高生物量占8%,100×10^4 个/m³ 以上的高生物量占5%。高生物量区分布在黄海北部辽宁近海和山东半岛以南到江苏近海。黄海北部辽宁近海以细弱海链藻、新月菱形藻为主。山东半岛以南到江苏近海以尖根管藻、星脐圆筛藻、端距根管藻为主。

2. 东海

东海因受复杂的水系分布变化等环境因素的影响,海区浮游植物数量的平面分布不均匀,具有明显的斑块分布现象,一般浮游植物的密集区常形成于不同水系的交汇区。

春季浮游植物的数量甚低,数量均值仅为 2.0×10^4 个/m³,在四个季节中居末位。数量的平面分布近海数量大于外海,东海南部、台湾海峡数量高于东海北部。数量大于 25×10^4 个/m³ 的小范围密集区出现在舟山东侧的台湾暖流前锋区,浙江南部南麂山列岛以东 $121°30'E$ 附近海域高低盐水交汇区及台湾海峡西部高盐水前锋区三处。形成三处小范围密集的主要种类颇不相同,舟山东侧密集区由温带沿岸种柔弱菱形藻、卡氏角毛藻、暖温性的近海种中华盒形藻、近海广布性种菱形海线藻等共同构成。浙江南部的密集区则以近海广布性种夜光藻占绝对优势。台湾海峡西部的密集区,种类组成较为丰富(30种以上),以热带沿岸性种洛氏角毛藻为主,此外掌状冠盖藻、热带外海性种秘鲁角毛藻,广布性的外海种并基角毛藻和广布性的沿岸种也具一定数量,显示出亚热带海区的种类组成丰富和主要种类多样化的特点。

夏季海区浮游植物数量均值为 50.40×10^4 个/m³。夏季浮游植物数量的平面分布斑块

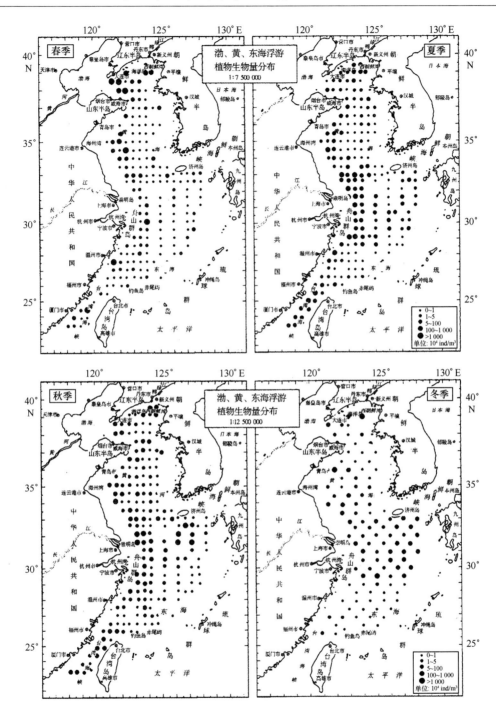

图7-5　渤海、黄海、东海浮游植物分布示意图(中国海洋政策图册,2002)

现象明显。数量小于 10×10^4 个/m³ 的稀疏区范围最广,主要分布在东海南部海域。数量大于 100×10^4 个/m³ 的密集区形成于长江口外至浙江南部近海 27°30′—32°30′N,123°30′E 以西调查区内侧的狭长范围内和台湾海峡中北部海域(24°00′—26°00′N)。长江口外的密集区以 32°00′N,123°00′E 为中心,数量达到 2 167 × 10⁴ 个/m³,拟弯角毛藻几乎呈纯种出现,其数量约占总量的 98.8%。除此之外,拟弯角毛藻在该高数量密集中心的南北侧 31°30′—32°30′N 附近海域仍占相当优势。但在密集中心的东南侧(123°30′E 以东)外围水域和浙江中部三门湾以东近海数量密集区出现的优势种与长江口外密集中心截然不同,是以翼根管藻纤细变型种占压倒优势,该种数量均占总数量的 95% 以上。而东海南部近海(浙江南部乐清湾以东近海)数量密集中心和台湾海峡数量密集中心又与前述两密集区不同,近海广布性种骨条藻在这些区域占绝对优势,其数量约占总量的 67.8% ~83.2%,此外菱形海线藻在浙江南部,也占有一定比例,短角弯角藻、掌状冠盖藻、旋链角毛藻和菱形海线藻在东海南部也占有一定比例。

秋季浮游植物数量均值达到 211.91 × 10⁴ 个/m³,是夏季数量均值的 4 倍多,居四个季度月数量均值的首位。根据历史调查资料,东海中北部海区浮游植物数量的季节变化规律通常为双周期型,数量年高峰形成于长江洪汛的 7—9 月(夏季),次高峰出现在春季(4 月、5 月),低谷出现在冬季。在东海北部出现两个分别以 32°30′N、123°30′E 和 32°30′N、126°30′E 为中心,数量大于 5 000 × 10⁴ 个/m³ 较大范围的密集区。内侧密集区(近长江口)的数量最高,达 14 483.1 × 10⁴ 个/m³,外侧密集区(济州岛以南)的范围相当大,数量最高为 5 478.5 × 10⁴ 个/m³。在 126°06′E 以东和 32°30′N 以南附近水域的数量也较高,分别达到 1 738.6 × 10⁴ 个/m³ 和 955.5 × 10⁴ 个/m³。各个数量密集中心均以外海广布性的细弱海链藻占绝对优势,该种的数量分别占总数量的 90% 以上。济州岛以南密集区范围内优势种极其单纯,几乎均以细弱海链藻占优势,但在长江口密集区南侧出现的主要种类有所不同,细弱海链藻所占的比例明显下降,而拟弯角毛藻、并基角毛藻、洛氏角毛藻、尖刺菱形藻、变异辐杆藻等种类也出现一定数量。除此之外,东海南部海域浮游植物数量大都在 25 × 10⁴ 个/m³ 以下。

冬季浮游植物数量均值为 11.42 × 10⁴ 个/m³。调查海区多数数量均在 5 × 10⁴ 个/m³ 以下,而东海南部绝大部分海域数量在 10⁴ 个/m³ 以下。数量大于 50 × 10⁴ 个/m³ 密集区形成于黄海冬季南下冷水、江浙沿岸水与台湾暖流及黑潮暖流交汇的局部海区以及济州岛东南的对马暖流区。整个调查区以韭山列岛以东 125°E 附近海域的数量最高,为 118.41 × 10⁴ 个/m³,在该小范围密集区中出现的优势种为细弱海链藻,其数量约占总数量的 40.25% ~69.93%,除细弱海链藻外,中华盒形藻、洛氏角毛藻、并基角毛藻、北方劳德藻等种类出现的数量也较多。而在东海北部鸟岛以南 32°00′N 为中心相对数量较小的密集区则由北方劳德藻、拟弯角毛藻、中华盒形藻、地中海指管藻、掌状冠盖藻、窄隙角毛藻等热带性和广温性的种类共同构成。

3. 南海

受南海复杂的水系分布、海水化学含量以及其他海洋气候等环境因素影响,南海区浮游植物数量具有较为明显的时空变化,呈现不均匀的块状分布特征。

1998—1999 年调查结果表明,南海北部浮游植物数量以夏季最高,数量范围为 500 × 10⁴ ~4 180 × 10⁴ 个/m³,平均为 133 × 10⁴ 个/m³,冬季和秋季次之,数量范围分别为 500 × 10⁴ ~2 390 × 10⁴ 个/m³ 和 1 200 × 10⁴ ~6 916 × 10⁴ 个/m³,平均分别为 130 × 10⁴ 个/m³ 和 122 ×

10^4 个/m³;春季数量最低,数量范围为 $900 \times 10^4 \sim 1\ 145 \times 10^4$ 个/m³,平均 27×10^4 个/m³。

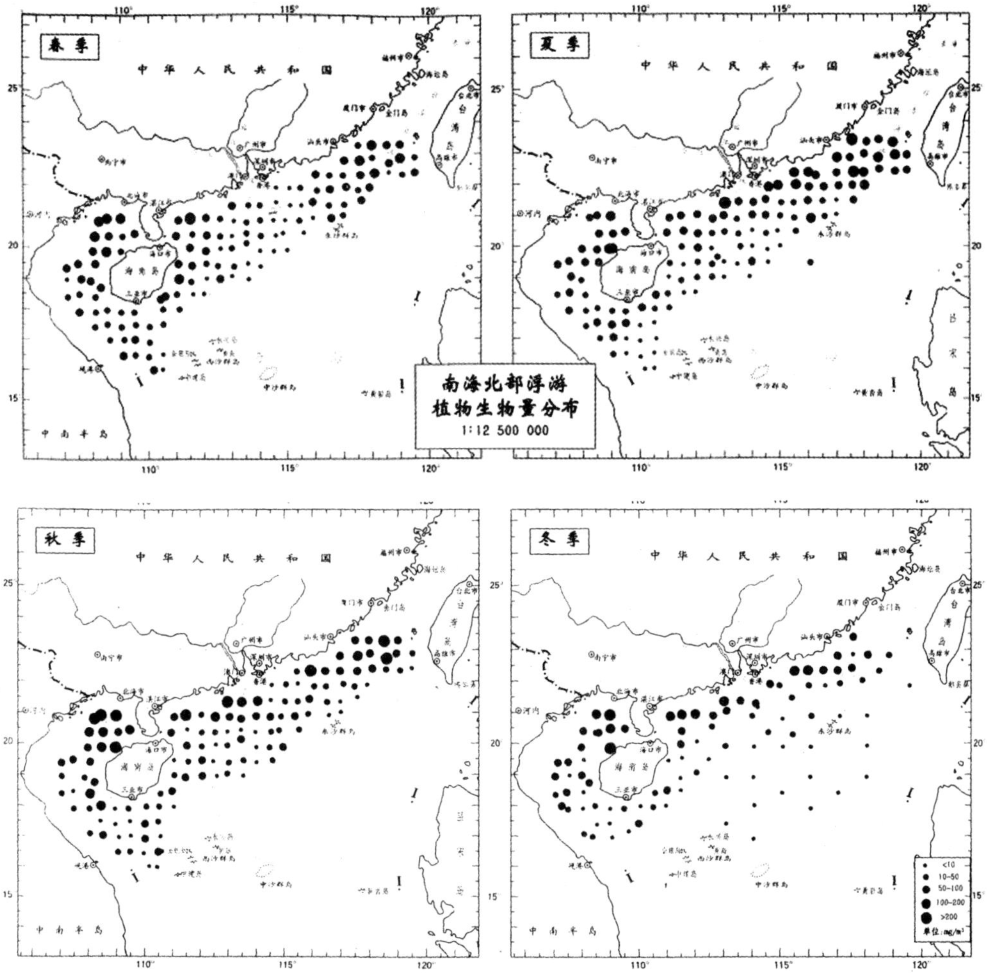

图 7-6　南海北部海域浮游植物分布示意图(中国海洋政策图册,2002)

　　受南海沿岸江河冲淡水和地表径流影响,南海北部浮游植物平面分布总体是近岸水域高于远岸水域,河口区高于非河口区。

　　冬季粤东低温沿岸水由东北向西南流动,同时,南海表层水却由西南向东北运行,从粤东到珠江口一带,由于这两股水团的流动促成南海上层水的涌升,因此该水域浮游植物比较丰富,特别是沿岸均为高密集区,生物量达到 500×10^4 个/m³ 以上;受近岸地表径流的影响,北部湾北部出现大片高密集区,其他海域数量相对较低。

　　春季是东北季风与西南季风转换季节,南海表层水势力加强,导致上层水的涌升强度明显减弱。与此相应,浮游植物生物量有所下降,达到调查期间生物量最低值。受台湾浅滩涌升流影响,该海域出现浮游植物高密集区。雷州半岛东南水域、北部湾北部水域出现生物量高密集区,平均密度达到 500×10^4 个/m³ 以上。

　　夏季三股水势力同时加强,海区出现大片交汇区,生物量达到全年最高值。从调查结果看,总体是近岸海域生物量高于外海区,粤东海域高于粤西海域。粤东海域和台湾浅滩出现大片高生物含量区,竭石湾、红海湾、珠江口近海出现大于 500×10^4 个/m³ 的高密集区。北部湾生物量仍以北部相对较高,中部和南部次之,湾口最低。

秋季三股水势力开始不同程度衰退,尤其南海上层水明显向南退却,交汇区明显缩小。与此同时,海区生物量明显下降。高密集区出现在北部湾北部、珠江口西部沿岸和竭石湾近海,台湾浅滩生物量出现次密集区。

(二)浮游动物

浮游动物是生物资源及其幼体的重要饵料,对生物资源的补充和生存起着重要作用。由于它大量摄食浮游植物,对浮游植物种群起着重要的调控作用,从而也对全球气候系统产生较大的影响。因此,它在海洋生态系统中的地位非常重要。渤海、黄海、东海、南海北部浮游动物分布见图 7-7、图 7-8。

1. 黄海

黄海浮游动物终年以毛颚动物的强壮箭虫、桡足类的中华哲水蚤、磷虾类的太平洋磷虾、端足类的细长脚蛄为优势种,它们都是鱼类的重要饵料。由于黄海南、北海区地理条件、水系影响的差异,在不同海区、不同季节还出现一些其他优势种,如中华假磷虾、肥胖箭虫、拟长腹剑蚤、双刺纺锤水蚤、小拟哲水蚤、乌喙尖头蚤等。

春季主要种类为中华哲水蚤,占总个体数的 56.6%,主要分布在黄海南部。其次为双刺纺锤水蚤,占 15.7%,拟长腹剑蚤占 11.2%,主要分布在山东半岛东部。

夏季主要种类为中华哲水蚤,占总个体数的 43.4%,主要分布在黄海中、南部。其次为强壮箭虫占 23.1%,主要分布在 36°00′N 以北的黄海北部和黄海中部。乌喙尖头蚤占 14.6%,主要分布在黄海北部 38°00′N 以北。

秋季主要种类为中华哲水蚤,占总个体数的 41.5%,主要分布在黄海中南部。强壮箭虫占 19.4%,主要分布在黄海北部和海州湾东部。中华假磷虾占 8.4%,真刺唇角水蚤占 8.1%,主要分布在黄海南部,江苏以东沿海。肥胖箭虫占 4.2%,主要分布在 123°00′E 以东黄海南部海区。

冬季主要种类为中华哲水蚤和强壮箭虫,分别占总个体数的 42.8% 和 40.3%,广泛分布于黄海区,特别是黄海中南部。其次为细长脚蛄占 13.0%,主要分布于黄海中部山东半岛东南。

黄海浮游动物生物量有季节差异,一般春、夏季较高,冬季偏低。春季游动物生物量平均湿重为 40 mg/m³,夏季为 44 mg/m³,秋季为 38 mg/m³,冬季为 28 mg/m³。从全年平均值的分布看,黄海中部深水区生物量最低,大部分海域在 20 mg/m³ 以下,北部在 10 mg/m³ 以下。黄海北部海域生物量比黄海中部海域要高,大部分海域在 20～50 mg/m³ 之间,北部海域在 20 mg/m³ 以下。黄海南部、朝鲜半岛西部海域生物量较高,大部分海域都在 50～100 mg/m³ 之间。山东半岛东部也有一些海域在 50～100 mg/m³ 之间。黄海南部,长江口东北海域生物量最高,在 50～100 mg/m³ 之间,部分海域在 100～200 mg/m³ 之间或 200 mg/m³ 以上。

黄海各季节浮游动物的生物量分布如下:春季大部分海域生物量较低,20 mg/m³ 以下占68%,20~50 mg/m³ 占16%,大于50 mg/m³ 的占16%。高生物量主要分布在黄海南部34°00′N 以南,主要种类为中华哲水蚤和太平洋磷虾。

夏季生物量比春季高,分布也较春季均衡。20 mg/m³ 以下占58%,20~50 mg/m³ 占14%,50 mg/m³ 以上占28%。黄海北部以强壮箭虫、中华哲水蚤和真刺唇角水蚤为主,黄海中部以强壮箭虫、中华哲水蚤、太平洋磷虾、细脚蛾为主。

秋季生物量少于20 mg/m³ 的占54%,20~50 mg/m³ 占21%,大于50 mg/m³ 占25%。高生物量区主要分布在35°00′N 以南的黄海南部。主要由中华哲水蚤、强壮箭虫、肥胖箭虫构成。

冬季是黄海生物量最低的季节。生物量小于20 mg/m³ 的占45%,20~50 mg/m³ 占38%,大于50 mg/m³ 的占17%。高生物量站位主要分布于山东半岛东南部沿海和济州岛以西。优势种都是强壮箭虫和中华哲水蚤。

2. 东海

东海海区水系复杂,各种不同性质的水系都直接或间接影响浮游动物的分布。对东海总生物量起主要作用的除构成饵料生物的甲壳动物(中华哲水蚤、亚强真哲水蚤、真刺水蚤、太平洋磷虾、真刺唇角水蚤、中华假磷虾等),毛颚动物(肥胖箭虫、海龙箭虫等)外,主要有水母类中的双生水母、五角水母等及被囊动物中的东方双尾纽鳃樽、软拟海樽等。

1997 年10 月至2000 年3 月,东海调查区春、夏、秋、冬总生物量分布总的情况为:高生物量区的范围小,但位置不稳定;低生物量区的范围大小和位置均不稳定。各季节总生物量平面分布无相同规律,总生物量大部分在50 mg/m³ 左右,为历史最低水平。

春季总生物量平均值为55.67 mg/m³,稍高于冬季,但其平面分布极不均匀,呈南、北低,27°30′—29°00′N 中部水域高度密集的趋势。大部分水域总生物量低,在25~50 mg/m³ 左右,高生物量密集区(500 mg/m³)仅占总面积的3.68%,次高生物量(100~250 mg/m³)占23.88%。春季高生物量主要位于27°30′—28°30′N、123°30′—126°E 水域,在台州列岛以东124°30′E 聚集了大量的被囊动物东方双尾纽鳃樽,总生物量最高,达1 073 mg/m³。

夏季总生物量为69.18 mg/m³,高于冬、春季,且呈斑块状分布。东海南部和台湾海峡分布较北部水域均,总生物量北部低于南部水域,28°30′—30°30′N 中部水域最低,较高生物量位于浙江南部台州列岛123°00′E 以西近海海域。夏季总生物量25~100 mg/m³ 的水域占总调查水域面积的80.46%。夏季高生物量密集区(250~500 mg/m³)范围较小,占总面积的19.64%。在浙江南部台州列岛和福建东沙岛、平潭以东近海海域,出现三个高生物量区,构成生物量的种类主要是大量的水母类和被囊动物,如瓜水母、气囊水母、四叶小舌水母、两手筐水母、拟双生水母、东方双尾纽鳃樽、韦氏纽鳃樽,还有个体较大的中型莹虾、刷状莹虾及桡足类中华哲水蚤、亚强真哲水蚤、普通波水蚤等。

秋季总生物量平均值为86.18 mg/m³,达到全年最高峰,但总生物量分布不均匀。大部分水域总生物量在100 mg/m³,最高密集区(250~500 mg/m³)和最低总生物量区(<25 mg/m³)占水域面积百分比较低,分别为3.83%和9.62%。总生物量呈斑块状分布。秋季共出现三个高生物量密集区,最高总生物量出现东海北部31°00′N、126°00′E 外海海域,达

318.52 mg/m³,该海域除构成饵料生物量的亚强真哲水蚤、精致真刺水蚤、中华哲水蚤、肥胖箭虫数量较多外,还出现了较多数量的水母类如双生水母、两手筐水母、半口壮丽水母、小球泳水母和褶玫瑰水母等;次高生物量出现在长江口北侧32°30′N、123°30′E 近海海域,达306.26 mg/m³,构成高生物量的除精致真刺水蚤(92.3 个/m³)、中华哲水蚤、中华假磷虾、肥胖箭虫、海龙箭虫等饵料生物外,主要还有水母类的双生水母、两手筐水母、瓜水母和八手筐水母等。此外在台湾海峡澎湖列岛附近海域出现一个高生物量的小密集区,数量在250～500 mg/m'之间,构成生物量的主要种类为个体较大的掌状风球水母(1.56 个/m³)、半口壮丽水母、小方拟多面水母、宽膜棍手水母、瓜室水母等。

冬季总生物量较低,为50.33 mg/m³,分布比较均匀,大部分水域总生物量50 mg/m³ 左右,其中总生物量为25～100 mg/m³ 占整个调查水域的80.36%,高密集区(250～500 mg/m³)仅占19.64%。在济州岛以南水域出现一个高生物量密集区(250～500 mg/m³),由于出现了个体较大的蝶水母(0.03 个/m³),总生物量高达432 mg/m³,在东海北部30°00′N、127°30′E 外海海域有一次高生物量区(100～250 mg/m³),由双生水母、肥胖箭虫、中华哲水蚤、中型莹虾、亚强真哲水蚤等组成。冬季总生物量平面分布呈外海向近岸,北部向南部水域递减的趋势。

3. 南海

南海区浮游动物生物量呈现一定的季节变化趋势。一般以冬末春初生物量达到年度最高峰。春季和夏季,生物量较冬季稍低,且各月变化频繁,幅度较小;秋季为全年生物量最低的季节。

由于生物量的季节变化与环境条件有密切的关系。粤东海区的近岸,冬季受东北季风和来自福建的低温沿岸流影响较大,年平均温度较其他海区低,以致生物量的季节变化比较明显,其变化趋势基本与大陆架总体变化的趋势一致。而100 米等深线以外海区,生物量的季节变化不明显,一年中以春、夏两季生物量较高。珠江口近岸的生物量季节变化不及粤东海区明显,但变化趋势基本一致。夏季由于珠江径流强盛,近海一带,夏季生物量较高,而外海以夏、秋季为高。粤西近岸与珠江口的径流也有密切的关系,其变化直接影响浮游动物的季节变化。

南海浮游动物高生物量区大多出现在近岸水域,呈由近岸逐渐向外海递减的分布规律。由于浮游动物的分布与水文环境密切相关,因此,不同季节,生物量的分布有较明显的差异。本海区存在着广东沿岸水、南海表层水和南海上层水,这三股水的相互交错和推移直接影响浮游动物的分布。

冬季粤东低温沿岸水由东北向西南流动,同时,南海表层水却由西向东北运行,从粤东到珠江口一带,由于这两股水团的流动促成南海上层水的涌升,因此该水域浮游动物比较丰富,生物量常达100 mg/m³ 以上。此外,在粤西的雷州半岛东南水域、北部湾湾口等水域均是高生物量区,量值达200 mg/m³ 以上。

春季是季风转换季节,南海表层水势力加强,导致上层水的涌升强度明显减弱。浮游动物生物量有所下降,高生物量区向东南移动,大于100 mg/m³ 的高生物量区出现在粤东渔场,雷州半岛东南面水域生物量仍达100 mg/m³ 以上。北部湾湾口生物量下降,高生物量区出现在北部近海水域。在海南岛以东的粤西外海渔场出现一片高生物量区。

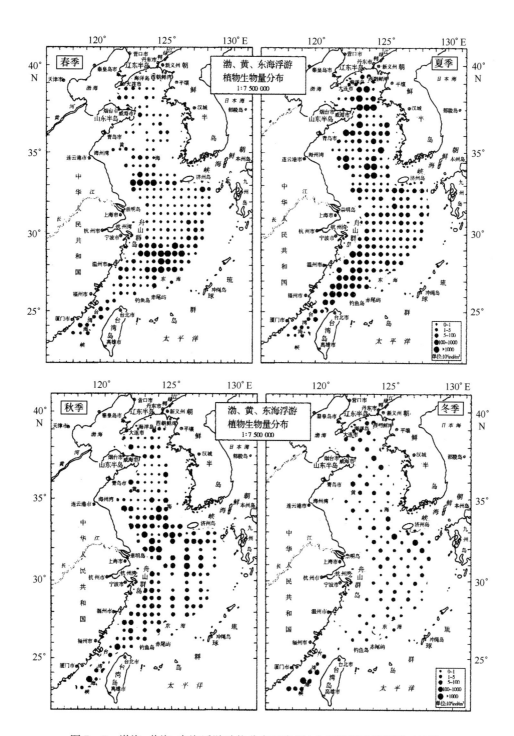

图 7-7　渤海、黄海、东海浮游动物分布示意图(中国海洋政策图册,2002)

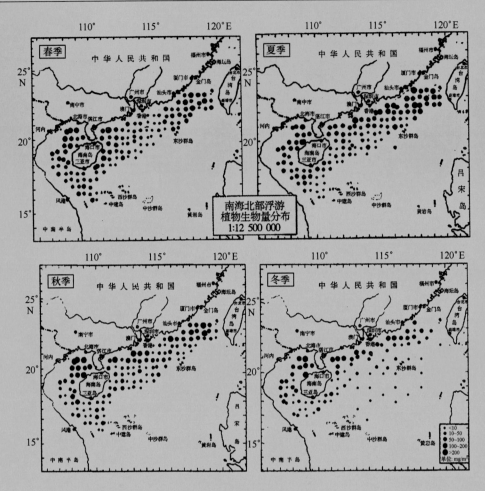

图 7-8　南海北部海域浮游动物分布示意图(中国海洋政策图册,2002)

　　夏季三股水势力同时加强,海区出现大片交汇区。总体是近岸海域生物量高于外海区,并在粤东海域出现大片高生物量区,汕尾近海出现大于 200 mg/m³ 的高密集区,北部湾生物量普遍下降。

　　秋季三股水势力开始不同程度衰退,尤其南海上层水明显向南退却,交汇区明显缩小。海区生物量明显下降。

第二节　中国海洋渔场概况及种类组成

一、渤海、黄海渔场分布概况及其种类组成

(一)渤海、黄海渔场分布概况

渤海和黄海渔场分布示意图见图 7-9。

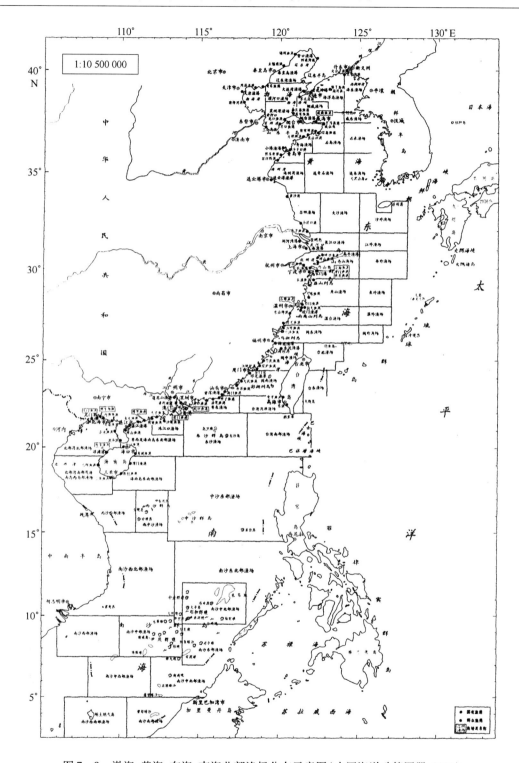

图 7-9　渤海、黄海、东海、南海北部渔场分布示意图(中国海洋政策图册,2002)

1. 辽东湾渔场

辽东湾渔场位于渤海 38°30′N 以北,面积约 11 520 n mile²。该渔场曾是小黄鱼、带鱼、对虾等的重要产卵场,近年来由于捕捞过度,一些渔业资源已经衰退,不再形成渔场。只有在近岸进行海蜇、毛虾和梭子蟹等生产。

2. 滦河口渔场

滦河口渔场位于渤海滦河口外,面积约 3 600 n mile²。该渔场也曾是带鱼的重要作业渔场。但是在 20 世纪 80 年代以后,随着黄海带鱼资源的枯竭,渔场已经消失。

3. 渤海湾渔场

渤海湾渔场位于渤海 119°00′E 以西,面积约 3 600 n mile²。该渔场曾是小黄鱼、对虾、蓝点马鲛等的重要渔场。目前主要是定置网和一些近岸网具作业。

4. 莱州湾渔场

莱州湾渔场位于渤海 38°30′N 以南的黄河口附近海域,面积约 6 480 n mile²。由于黄河径流的存在,莱州湾渔场曾是我国北方最重要的鱼类产卵场。近年来由于渔业资源衰退,渔场已经消失,仅有一些近岸网具从事小型鱼类、虾蛄、梭子蟹、毛虾等生产。

5. 海洋岛渔场

海洋岛渔场位于黄海北部的 38°00′N 以北海域,面积约 7 200 n mile²。该渔场曾是黄海北部的重要产卵场。但目前主要鱼类只有鳀鱼、玉筋鱼、细纹狮子鱼和绵鳚等。

6. 海东渔场

海东渔场位于海洋岛渔场的东部海域,面积约 4 320 n mile²。主要分布着鳀鱼、玉筋鱼、木叶鲽等鱼类。

7. 烟威渔场

烟威渔场位于山东半岛北部的 38°30′N 以南海域,面积约 7 200 n mile²,是进入渤海产卵和离开渤海越冬的鱼类过路渔场。目前主要鱼类有鳀鱼、细纹狮子鱼、小黄鱼、绒杜父鱼等。

8. 威东渔场

威东渔场位于烟威渔场的东部海域,面积约 2 880 n mile²,主要鱼类是细纹狮子鱼。

9. 石岛渔场

石岛渔场位于 36°00′—37°30′N、124°00′E 以西海域,该渔场近岸为产卵场,远岸为过路渔场和部分鱼类的越冬场。目前主要分布种类为鳀鱼。

10. 石东渔场

石东渔场位于石岛渔场以东海域,渔场面积 7 920 n mile²,目前主要鱼类为细纹狮子鱼、绒杜父鱼、高眼鲽、玉筋鱼等。

11. 青海渔场

青海渔场位于山东半岛南部的 35°30′N 以北、122°00′E 以西海域,面积 4 320 n mile²,为山东半岛南岸产卵场,目前主要鱼类有鳀鱼、银鲳、斑鰶、高眼鲽等。

12. 海州湾渔场

海州湾渔场位于山东、江苏两省海岸交界处的海州湾内,其范围为 34°00′—35°30′N、

121°30′E以西,面积为7 900 n mile²。海州湾渔场属沿岸渔场,其大部分水域在禁渔区内,是东海带鱼的产卵场之一。近年来由于渔业资源保护不力和捕捞强度过大,已形不成渔汛。

13. 连青石渔场

连青石渔场位于黄海南部海域,其范围为34°00′—36°00′N、121°30′—124°00′E,面积为14 800 n mile²。该渔场北接石岛渔场,南靠大沙渔场,西临海州湾渔场,东隔连东渔场与朝鲜半岛相望。本渔场海底平坦,水质肥沃,饵料丰富,水系交汇,是带鱼、蓝点马鲛、鲅鱼、对虾、鱿鱼、黄姑鱼、小黄鱼等多种经济鱼类产卵、索饵、越冬洄游的过路渔场,具有很大的开发利用价值。

14. 连东渔场

连东渔场分布在34°00′—36°00′N的124°00′E以东海域,濒临韩国西海岸。以前为韩国渔船从事围网、张网、流网和延绳钓等的作业渔场。

15. 吕四渔场

吕四渔场位于江苏省沿岸以东海域,其范围为32°00′—34°00′N、122°30′E以西海域,面积约9 000 n mile²,渔场大部分水域在禁渔区内,全部水深不足40 m,是大、小黄鱼、鲳鱼等主要产卵场之一。但由于捕捞强度不断扩大,鲳鱼等产量出现严重滑坡,鱼龄越来越低,鱼体越来越小。

（二）种类组成

渤海、黄海鱼类共有130余种,数量最多的为鳀鱼、其次为竹筴鱼、鲅鱼、小黄鱼、带鱼、玉筋鱼。其他种类的产量所占比重很小,仅为7.2%。鳀鱼、玉筋鱼为一般经济鱼类,竹筴鱼、鲅鱼、小黄鱼、带鱼为优质经济鱼类。

1. 渔获种类的季节变化

春季渔获种类最多,为124种,其中鱼类90种,包括中上层鱼类17种、底层鱼类73种;头足类8种;虾类19种;蟹类7种。

夏季由于一些种类分布于近岸水域,渔获种类最少,黄海为97种,其中鱼类71种,包括中上层鱼类14种、底层鱼类57种;头足类5种;虾类11种;蟹类10种。渤海渔获种类42种,其中鱼类28种,包括中上层鱼类10种、底层鱼类18种,头足类3种,虾类7种、蟹类4种。

秋季渔获种类101种,其中鱼类73种,包括中上层鱼类20种、底层鱼类53种;头足类7种;虾类11种;蟹类10种。

冬季渔获种类115种,其中鱼类83种,包括中上层鱼类18种、底层鱼类65种;头足类7种;虾类18种;蟹类7种。渤海渔获种类37种,其中鱼类22种,包括中上层鱼类6种、底层鱼类16种;头足类4种;虾类8种;蟹类3种。

2. 渔获种类的区域变化

将海域划分为渤海、黄海北部(37°30′N以北)、黄海中部(37°30′—35°30′N)、黄海南部(35°30′—33°00′N)。各海区各季节都以底层鱼类占据主导地位。黄海北部各季与黄海中部渔获种类组成类似,鱼类在35～47种之间,头足类2～6种。虾蟹类中部较北部多,其中虾类 3 ~ 12 种,蟹类 3 ~ 7 种。黄海南部渔获种类比中部和北部多,春季鱼类 75 种,头足类 6 种,虾类 19 种,蟹类 8 种;夏季鱼类 58 种,头足类 5 种,虾类 11 种,蟹类 9 种;秋季鱼类 55 种,头足类 6 种,虾类 9 种,蟹类 8 种;冬季鱼类 71 种,头足类 6 种,虾类 13 种,蟹类 7 种。

渤海在 4 个海区中渔获种类最少,夏季鱼类 28 种,其中中上层和底层鱼类分别为 10 种和 18 种,头足类 3 种,虾类 7 种,蟹类 4 种;冬季鱼类 22 种,其中中上层和底层鱼类分别为 6 种和 16 种,头足类 4 种,虾类 8 种,蟹类 3 种。

3. 区系特征

黄海、渤海渔业资源的区系组成中,暖温性种类占 48.1% ,暖水性种类占 47.3% ,冷温性种类占 12.2% 。

黄海、渤海渔业资源基本可划分为两个生态类群,即地方性和洄游性资源。地方性渔业资源主要栖息在河口、岛礁和浅水区,随着水温的变化,做季节性深—浅水生殖、索饵和越冬移动,移动距离较短,洄游路线不明显。属于这一类型的多为暖温性地方种群,如海蜇、毛虾、三疣梭子蟹、鲆鲽类、梭鱼、花鲈、鳎类、鰕虎鱼类、六线鱼、许氏平鲉、梅童类、叫姑鱼、鲱鳕鱼等。

洄游性渔业资源,主要为暖温性和暖水性种类,分布范围较大,洄游距离长,有明显的洄游路线。在春季由黄海中南部和东海北部的深水区洄游至渤海和黄海近岸 30m 以内水域进行生殖活动,少数种类也在 30 ~ 50m 水域产卵,5—6 月份为生殖高峰期,夏季分散索饵,主要分布在 20 ~ 60m 水域。到秋季鱼群陆续游向水温较高的深水区,并在那里越冬,主要分布水深在 60 ~ 80m 。这一类种类数不如前一类多,但资源量较大,为黄、渤海的主要渔业种类,如蓝点马鲛、鲐鱼、银鲳、鳀鱼、黄鲫、鳓鱼、带鱼、小黄鱼、黄姑鱼等。

二、东海渔场分布概况及其种类组成

(一)东海渔场分布概况

东海渔场分布示意图见图 7 - 9。

1. 大沙渔场和沙外渔场

大沙渔场位于吕四渔场的东侧,其范围为 32°00′—34°00′N、122°30′—125°00′E 海域,面积约为 15 100 n mile^2 。沙外渔场位于大沙渔场的东侧、朝鲜海峡的西南,其范围为 32°00′—34°00′N、125°00′—128°00′E 海域,面积约为 13 400 n mile^2 。这两个渔场位于黄海和东海的交界处,有黄海暖流、黄海冷水团、苏北沿岸水、长江冲淡水交汇,饵料生物比较丰富,是多种经济鱼虾类产卵、索饵和越冬的场所,适合于拖网、流刺网、围网和帆式张网作业,主要捕捞对象有小黄鱼、带鱼、黄姑鱼、鲳鱼、鳓鱼、蓝点马鲛、鲐鲹鱼、太平洋褶柔鱼、剑尖枪乌贼和虾类等。济州岛东西侧和南部海区在 20 世纪 70 年代末期至 90 年代初期还是绿鳍马面鲀的重要渔场之一。

2. 长江口、舟山渔场及江外、舟外渔场

长江口渔场位于长江口外,北接吕四渔场,其范围为 31°00′—32°00′N 、125°00′E 以西海区,面积约为 10 000 n mile^2 。舟山渔场位于钱塘江口外、长江口渔场之南,其范围为 29°

30′—31°00′N、125°00′E 以西海区,面积约为 14 350 n mile²。江外渔场位于长江口渔场东侧,其范围为 31°00′—32°00′N、125°00′—128°00′E,面积约为 9 200 n mile²。舟外渔场位于舟山渔场的东侧,其范围为 29°30′—31°00′N、125°00′—128°00′E,面积约为 14 000 n mile²。

这四个渔场西边有长江、钱塘江两大江河的冲淡水注入,东边有黑潮暖流通过,北侧有苏北沿岸水和黄海冷水团南伸,南面有台湾暖流北进,沿海有舟山群岛众多的岛屿分布,营养盐类丰富,有利于饵料生物的繁衍。长江口和舟山渔场成为众多经济鱼虾类的产卵、索饵场所,江外和舟外渔场不但是东海区重要经济鱼虾类的重要越冬场,还是部分经济鱼虾类和太平洋褶柔鱼的产卵场之一。20 世纪 70 年代末至 90 年代初是绿鳍马面鲀从对马海区越冬场向东海南部作产卵洄游的过路渔场。

这一带海区是东海大陆架最宽广,底质较为平坦的海区,是底拖网作业的良好区域,成为全国最著名的渔场。其他重要的作业类型还有灯光围网、流刺网和帆张网等。此外,鳗苗和蟹苗是长江口的两大渔汛。在这四个渔场中,重要捕捞对象有带鱼、小黄鱼、大黄鱼、绿鳍马面鲀、白姑鱼、鲳鱼、鳓鱼、蓝点马鲛、鲐鱼、鲹鱼、海蜇、乌贼、太平洋褶柔鱼、梭子蟹、细点圆趾蟹和虾类等。这一海区一直是我国沿海渔业资源最为丰富、产量最高的渔场。

3. 鱼山、温台渔场及鱼外、温外渔场

鱼山渔场位于浙江中部沿海、舟山渔场之南,其范围为 28°00′—29°30′N、125°00′E 以西海域,面积约为 15 600 n mile²。温台渔场位于浙江省南部沿海,其范围为 27°00′—28°00′N、125°00′E 以西海区,面积约为 13 800 n mile²。鱼外渔场位于鱼山渔场东侧,其范围为 28°00′—29°30′N、125°00′—127°00′E,面积约为 9 400 n mile²。温外渔场位于温台渔场东侧,其范围为 27°00′—28°00′N、125°00′—127°00′E,面积约为 6 300 n mile²。

本海区地处东海中部,有椒江、瓯江等中小型江河入海,渔场受浙江沿岸水和台湾暖流控制,鱼外、温外渔场还受黑潮边缘的影响,海洋环境条件优越。沿海和近海是带鱼、大黄鱼、乌贼、鲳鱼、鳓鱼、鲐、鲹的产卵场和众多经济幼鱼的索饵场,外海是许多经济鱼种的越冬场的一部分,又是绿鳍马面鲀向产卵场洄游的过路渔场和剑尖枪乌贼的产卵场。本海区不但是对拖网和流刺网的良好渔场,同时还是群众灯光围网、单拖和底层流刺网的良好渔场,近年来灯光敷网和河鲀鱼钓作业也在这一海区逐渐兴起。带鱼、大黄鱼、绿鳍马面鲀、白姑鱼、鲳鱼、鳓鱼、金线鱼、方头鱼和鲐鲹鱼、乌贼、剑尖枪乌贼是该海区重要的经济鱼种。

4. 闽东、闽中、台北渔场及闽外渔场

闽东渔场位于福建省北部近海,其范围为 26°00′—27°00′N、125°00′E 以西海域,面积约为 16 600 n mile²。闽中渔场位于福建中部沿海,其范围为 24°30′—26°00′N、121°30′E 和台湾北部以西海区,面积约为 9 370 n mile²。闽外渔场在闽东渔场外侧,其范围为 26°00′—27°00′N、125°00′—126°30′E,面积约为 4 800 n mile²。台北渔场位于台湾省东北部,其范围为 24°30′—26°00′N、121°30′—124°00′E,面积约为 10 600 n mile²。

闽东、闽中渔场陆岸多以岩岸为主,岸线蜿蜒曲折,著名的三都澳、闽江口、兴化湾、湄洲湾和泉州湾就分布在这两个渔场的西侧。本海区受闽浙沿岸水、台湾暖流、黑潮和黑潮支梢的影响。渔场的水温、盐度明显偏高,鱼类区系组成呈现以暖水性种类为主的倾向,且大多为区域性种群,一般不作长距离的洄游。主要作业类型有对拖网、单拖网、灯光围网、底层流

刺网、灯光敷网和钓等。主要捕捞对象有带鱼、大黄鱼、大眼鲷、绿鳍马面鲀、白姑鱼、鲳鱼、鳓鱼、蓝点马鲛、竹䇲鱼、海鳗、鲨、蓝圆鲹、鲐鱼、乌贼、剑尖枪乌贼、黄鳍马面鲀等。闽东和温台渔场外侧海区是绿鳍马面鲀和黄鳍马面鲀的主要产卵场。

5. 闽南、台湾浅滩渔场及台东渔场

闽南渔场位于23°00′—24°30′N的台湾海峡区域,面积约为13 800 n mile²。台湾浅滩渔场又称外斜渔场,其范围为22°00′—23°00′N、117°30′E至台湾南部西海岸,面积约为9 500 n mile²。台东渔场位于22°00′—24°30′N台湾东海岸至123°00′E海区,面积为11 960 n mile²。

闽南和台湾浅滩渔场受制于黑潮支梢、南海暖流和闽浙沿岸水的影响,温度、盐度分布呈现东高西低,南高北低的格局,使渔场终年出现多种流隔,有利于捕捞。台湾海峡中、南部的鱼类没有明显的洄游迹象,没有明显的产卵、索饵与越冬场的区分,多数为地方种群,不作长距离洄游。由于本海区海底地形比较复杂,主要渔业作业类型为单拖、围网、流刺网、钓和灯光敷网。主要捕捞对象为带鱼、金色小沙丁鱼、大眼鲷、白姑鱼、乌鲳、鳓鱼、蓝点马鲛、竹䇲鱼、鲐鱼、蓝圆鲹、四长棘鲷、中国枪乌贼和虾蟹类等。其中闽南、粤东近海鲐鲹鱼群系,个体较小,但数量大,最高年产量超过20×10⁴ t,是群众渔业围网和拖网的重要捕捞对象,中国枪乌贼和乌鲳也是该海区著名的渔业。台东渔场陆架很窄,以钓捕作业为主。

(二)东海区种类组成

根据1997—2000年"126专项"底拖网调查,共捕获鱼类、甲壳类和头足类602种,其中以鱼类的种类最多,达397种,占渔获种类数的65.9%,为历史记录数760种的52.2%。甲壳类160种,占渔获种类的26.6%。其中虾类75种,占甲壳类种类数的46.9%,蟹类为59种,占甲壳类种类数的36.9%;头足类45种,仅占渔获种类的7.5%。

1. 渔获种类的季节变化

东海各季节的渔获种类组成以秋季最多,为383种,其次为春季和夏季,分别为365和350种。冬季的渔获种类数最少,仅302种。各季节中均以鱼类的渔获种类数最高,头足类的渔获种类最少。各类群渔获种类的季节变化不同,鱼类以秋季为最多,甲壳类的渔获种类以春季最多,头足类以夏季最多,但各类群渔获种类数最少都出现在冬季。

2. 渔获种类的区域变化

从不同区域的种类组成来看,东海北部外海的种类数最多,达379种,其次为东海南部外海,有331种,台湾海峡出现种类数最少,为177种。各区域鱼类、甲壳类和头足类的种类数同样以东海北部外海最高,其次为东海南部外海,台湾海峡的种类数最少。

3. 各季节各区域的渔获种类

以东海北部外海渔获种类数最多,台湾海峡的渔获种类数最少。但各季节不同区域、不同类群的渔获种类数的变化不同,春秋两季鱼类、甲壳类、头足类的种类数均以东海北部外海为最高。夏季鱼类和头足类的渔获种类数以东海南部外海最高,甲壳类则以东海北部外海的渔获种类数最高。冬季鱼类和甲壳类的渔获种类数以东海北部外海的种类数最高,头足类以东海南部外海的渔获种类数最高。

4. 区系特征

东海区鱼类的区系组成以暖水性种类占优势(占61.0%),暖温性种类次之(占

37.0%），冷温性种类很少，仅 8 种，只占东海鱼类渔获种类数的 1.8%，冷水性种类只有秋刀鱼一种，而且仅出现在冬季东海北部外海。鱼类的这一区系组成特征基本和历史资料记载一致。东海区鱼类区系属于亚热带性质的印度－西太平洋区的中－日亚区。东海区各区域的鱼类的适温性组成也都以暖水性和暖温性种类为主，东海外海的暖水性和暖温性鱼类种类数高于东海近海，以东海北部外海的暖水性和暖温性鱼类种类数为最多。

东海甲壳类因水温差异可分成 3 种类型。一是暖水性的广布种，在东海南北海区均有分布，如哈氏仿对虾、中华管鞭虾、凹管鞭虾、假长缝拟对虾、高脊管鞭虾、东海红虾、日本异指虾、九齿扇虾、毛缘扇虾、红斑海螯虾等；二是暖温性种类，如长缝拟对虾、中国毛虾、中国对虾等；三是冷水性种类，如脊腹褐虾等。

东海头足类由暖水性和暖温性种类组成，暖水性种类居多数（占 75.61%），其余均为暖温性种类（占 24.39%）。从各海域来看，台湾海峡的暖水性种比例最高（占 80%），其次为东海南部近海（占 78.95%），东海北部近海占 75.86%，东海外海（占 66.67%）。这说明东海区的头足类主要由热带、亚热带的暖水性和暖温性种类所组成，因此，其性质属印度－西太平洋热带区的印—马亚区。

三、南海渔场分布概况及其种类组成

（一）南海渔场分布概况

南海优越的自然地理环境和种类繁多的生物资源，为渔业生产提供了良好的物质基础。渔场分布见图 7－9。

1. 台湾浅滩渔场

台湾浅滩渔场位于 22°00′—24°30′N、117°30′—121°30′E 海域。大部分海域水深不超过 60 m。除拖网作业外，还有以蓝圆鲹为主要捕捞对象的灯光围网作业和以中国枪乌贼为主要捕捞对象的鱿钓作业。

2. 台湾南部渔场

台湾南部渔场位于 19°30′—22°00′N、118°00′—122°00′E 海域。水深变化大，最深达 3 000 m 以上。中上层和礁盘鱼类资源丰富，适合于多种钓捕作业。

3. 粤东渔场

粤东渔场位于 22°00′—24°30′N、114°00′—118°00′E 海域，水深多在 60 m 以内，是拖网、拖虾、围网、刺、钓作业渔场。主要捕捞种类有蓝圆鲹、竹筴鱼、大眼鲷、中国枪乌贼等。

4. 东沙渔场

东沙渔场位于 19°30′—22°00′N、114°00′—118°00′E。海底向东南倾斜。西北部大陆架海域主要经济鱼类有竹筴鱼、深水金线鱼等。东部 200 m 深海域有密度较高的瓦氏软鱼和脂眼双鳍鲳。水深 400～600 m 海域，有较密集的长肢近对虾和拟须对虾等深海虾类。东沙群岛附近海域适于围、刺、钓作业。

5. 珠江口渔场

珠江口渔场位于 20°45′—23°15′N、112°00′—116°00′E 海域，面积约 74 300 km²。水深

多在 100 m 以内,东南部最深可达 200 m。东南深水区有较多的蓝圆鲹、竹筴鱼和深水金线鱼。本渔场是拖网、拖虾、围网、刺、钓作业渔场。

6. 粤西及海南岛东北部渔场

粤西及海南岛东北部渔场位于 19°30′—22°00′N、110°00′—114°00′E。绝大部分为 200 m 水深以浅的大陆架海域,是拖网、拖虾、围网、刺、钓作业渔场。深海区有较密集的蓝圆鲹、深水金线鱼和黄鳍马面鲀。硇洲岛附近海域是大黄鱼渔场。

7. 海南岛东南部渔场

海南岛东南部渔场位于 17°30′—20°00′N、109°30′—113°30′E。西部和北部大陆架海域是拖网、拖虾、刺、钓作业渔场。拖网主要渔获种类有蓝圆鲹、颌圆鲹、竹筴鱼、黄鲷、深水金线鱼等。东南部 400 ~ 600 m 深海域有较密集的拟须虾、长肢近对虾等深海虾。

8. 北部湾北部渔场

北部湾北部渔场位于 19°30′N 以北、106°00′—110°00′E 海域。水深一般为 20 ~ 60 m,是拖、围、刺、钓作业渔场。主要捕获种类有鲐鱼、长尾大眼鲷、中国枪乌贼等。

9. 北部湾南部及海南岛西南部渔场

北部湾南部及海南岛西南部渔场位于 17°15′—19°45′N、105°30′—109°30′E 海域,水深不超过 120 m,是拖、围、刺、钓作业渔场。主要捕捞种类有金线鱼、大眼鲷、蓝点马鲛、乌鲳、带鱼等。

10. 中沙东部渔场

中沙东部渔场位于 14°30′—19°30′N、113°30′—121°30′E 海域。本渔场散布许多礁滩,最深水深超过 5 000 m,是金枪鱼延绳钓渔场。西北部大陆坡水域是深海虾场。岛礁水域是刺、钓作业渔场。

11. 西、中沙渔场

西、中沙渔场位于 15°00′—17°30′N、111°00′—115°00′E 中沙群岛西北部和西沙群岛南部,是金枪鱼延绳钓渔场,岛礁水域是刺、钓作业渔场。主要捕捞对象是鲉科、鹦嘴鱼科、裸胸鳝科和飞鱼科鱼类,该渔场内的主要岛屿是海龟产卵场。

12. 西沙西部渔场

西沙西部渔场位于 15°00′—17°30′N、107°00′—111°00′E 海域。西部大陆架海域是拖网作业渔场,东北部是金枪鱼延绳钓渔场。

13. 南沙东北部渔场

南沙东北部渔场位于 9°30′—14°30′N、113°30′—121°30′E 海域。深水区是金枪鱼延绳钓渔场。岛礁水域是底层延绳钓、手钓作业渔场。

14. 南沙西北部渔场

南沙西北部渔场位于 10°00′—15°00′N、114°30′E 以西海域。东部和 14°00′N 以北海域是金枪鱼延绳钓作业渔场。东南部各岛礁海域是底层延绳钓、手钓作业渔场。

15. 南沙中北部渔场

南沙中北部渔场位于 9°30′—12°00′N、114°00′—118°00′E 海域,岛礁众多,是鲨鱼延绳钓、手钓、刺网和采捕作业渔场。主要捕捞种类是石斑鱼、裸胸鳝、鹦嘴鱼等。中上层还有较密集的飞鱼科鱼类。

16. 南沙东部渔场

南沙东部渔场位于 7°00′—9°30′N、114°00′—118°00′E 海域。北部蓬勃暗沙－海口暗沙－半月暗沙－指向礁水深 150 m 以浅水域是鲨鱼延绳钓作业渔场。岛礁水域是手钓和潜捕作业渔场。

17. 南沙中部渔场

南沙中部渔场位于 7°30′—10°00′N、110°00′—114°00′E 海域。散布着许多岛礁,主要有永暑礁、东礁、六门礁、西卫滩、广雅滩、南薇滩。北部是金枪鱼延绳钓渔场。岛礁水域是手钓和底层延绳钓渔场。

18. 南沙中南部渔场

南沙中南部渔场位于 5°00′—7°30′N、112°00′—116°00′E 海域,水域内有皇路礁、南通礁、北康暗沙和南康暗沙。东北部深水区是金枪鱼延绳钓渔场。东北部和南部 100～200 m 深水水域是鲨鱼延绳钓渔场。

19. 南沙南部渔场

南沙南部渔场位于 2°30′—5°00′N、110°30′—114°30′E 海域,是南海南部大陆架水域。主要礁滩有曾母暗沙、八仙暗沙和立地暗沙。是拖网作业和鲨鱼延绳钓作业渔场。

20. 南沙西部渔场

南沙西部渔场位于 7°30′—10°00′N、106°00′—110°00′海域;东侧边缘为大陆坡,其余为大陆架海域。东南部大陆坡海域是金枪鱼延绳钓渔场。大陆架海域是底拖网渔场。

21. 南沙中西部渔场

南沙中西部渔场位于 5°00′—7°30′N、108°00′—112°00′E 海域。西部和南部巽他陆架外缘是底拖网作业渔场,东北部深水区是金枪鱼延绳钓渔场。

22. 南沙西南部渔场

南沙西南部渔场位于 2°30′—5°00′N、106°30′—110°30′E 海域,属陆架水域,是底拖网作业渔场。主要种类有短尾大眼鲷、多齿蛇鲻、深水金线鱼等。

(二)种类组成

1. 南海北部

根据 1997—1999 年"北斗"号在南海北部水深 200 m 以浅海域调查,共采获游泳生物 851 种(包括未能鉴定到种的分类阶元),其中鱼类 655 种,甲壳类 154 种,头足类 42 种。鱼类以底层和近底层种类占绝大多数,达 600 种,中上层鱼类 55 种。甲壳类以虾类的种数最多,为 76 种,其次为蟹类,57 种,甲壳类的种类均为底层或底栖种类,虾类和虾蛄类的多数种类具有经济价值,而蟹类中只有梭子蟹科的一些种类有经济价值。头足类种类包括主要分布在中上层的枪形目 15 种,主要分布在底层的乌贼目 15 种和营底栖生活的八腕目 12 种,头足类多数种类具有较高的经济价值。

在南海北部水深 200 m 以浅海域的底拖网调查中,深水区域采获的种类数明显多于沿岸浅海区。采获种类数较多的区域依次为大陆架近海、外海及北部湾中南部;在大陆架近海和外海采获的种类多数为底层非经济鱼类;北部湾海域底层经济种类占总渔获种类数的比例是南海北部各调查区中最高的;台湾浅滩海域是头足类种类较丰富的海域,其头足类种类数占总渔获种类数的比例是各区中最高的,达 15%。总渔获种数和各类群渔获种数的季节变化趋势基本相同,夏季出现的种类数明显较其他季节多。冬季渔获种类明显较少。

2. 南海中部

根据 1997—2000 年"北斗"号在南海北部水深 200m 以外的大陆斜坡海域和南海中部深海区调查,共采获游泳生物 349 种(包括未能鉴定到种的分类阶元)。中层拖网渔获种类中鱼类占绝大多数,达 291 种,头足类有 35 种,甲壳类 23 种。虽然是中层拖网采样,但鱼类仍以底层和近底层种类占绝大多数,有 275 种,占鱼类渔获种类数 291 种的 94.5%;中上层鱼类只有 16 种,包括蓝圆鲹、无斑圆鲹、颌圆鲹、鲐鱼和竹笂鱼等,优势种是蓝圆鲹和无斑圆鲹。底层和近底层鱼类中经济价值较高的有 26 种,其他 249 种为个体较小、没有经济价值或经济价值较低的种类;中上层鱼类中经济价值较高的有 13 种。占中上层鱼类的大部分;头足类种类包括主要分布在中上层的枪形目 26 种,主要分布在底层的乌贼目 4 种和营底栖生活的八腕目 5 种,头足类多数种类具有较高的经济价值;甲壳类的种类以虾类的种数最多,为 17 种;其次为虾蛄类,5 种;蟹类最少,仅 1 种。

在南海中部中层拖网调查中,大陆斜坡深水渔业区采获的种类数最多,有 282 种,其次是西、中沙群岛渔业区、东沙群岛渔业区及南沙群岛渔业区,种数分别为 157 种、63 种、59种。大陆斜坡海域渔获种类数明显较其他区域为多,其部分原因是该区采样次数较多。在各个区域的渔获种类组成中,都是以没有经济价值的底层和近底层鱼类占绝大多数,头足类和甲壳类分别以枪形目和虾类为主。

3. 南海岛礁

根据 1997—2000 年"北斗"号的专业调查,共捕获鱼类 242 种(鹦嘴鱼属和九棘鲈属未定种各 1 种),其中鲈形目 170 种,占 70.2%,居绝对优势;鳗鲡目和鲀形目均为 14 种,分别占 5.8%;金眼鲷目 12 种,占 5.0%;颌针鱼目均为 11 种,占 4.5%;其余 10 个目仅有 21 种,占 8.7%。

根据鱼类的栖息特点,可分为岩礁性鱼类和非岩礁性鱼类,在 242 种鱼类中,185 种属于珊瑚礁鱼类,占总种数的 76.4%,另外 57 种为非岩礁鱼类,占总种数的 23.6%,这些种类有的属于大洋性种类,有的属于底层种类,在南海的中部、北部或南沙群岛西南大陆架海域也有捕获。

在捕获的鱼类中,经济价值较高的有鲯科、笛鲷科、裸颊鲷科、隆头鱼科、鹦嘴鱼科、海鳝科及金枪鱼科。特别是其中的鲑点石斑鱼、红钻鱼、丽鳍裸颊鲷、红鳍裸颊鲷、多线唇鱼、红唇鱼、二色大鹦嘴鱼、绿唇鹦嘴鱼、蓝颊鹦嘴鱼、裸狐鲣、白卜鲔及鲹科的纺锤鰤等种类均属于名贵鱼类,经济价值很高。

第三节　中国近海重要经济种类的资源与渔场分布

一、主要中上层鱼类

(一)鳀鱼

鳀鱼(*Engraulis japonicus*)是一种生活在温带海洋中上层的小型鱼类,广泛分布于我国的渤海、黄海和东海,是其他经济鱼类的饵料生物,是黄海、东海单种鱼类资源生物量最大的鱼种,也是黄海、东海食物网中的关键种。鳀鱼在黄海、东海乃至全国渔业中占有重要地位。

鳀鱼,又名鳁抽条、海蜒、离水烂、老眼屎、鲅鱼食。口大,下位。吻钝圆,下颌短于上颌。体被薄圆鳞,极易脱落。无侧线。腹部圆,无棱鳞。尾鳍叉形。温水性中上层鱼类,趋光性较强,幼鱼更为明显。小型鱼,产卵鱼群体长为 75～140mm,体重 5～20g。"海蜒"即为幼鳀加工的咸干品。产于中国的主要是日本鳀(*Engraulis japonicus*),广泛分布于东海、黄海和渤海。

1. 洄游分布

12 月初至翌年 3 月初为黄海鳀鱼的越冬期。越冬场大致在黄海中南部西起 40m 等深线,东至大、小黑山一带。3 月,随着温度的回升,越冬场鳀鱼开始向西北扩散移动,相继进入 40 m 以浅水域。4 月,随着黄海、渤海近海水温回升,黄海中南部,包括部分东海北部的鳀鱼迅速北上。4 月中旬前后绕过成山头,4 月下旬分别抵达黄海北部和渤海的各产卵场。位置偏西的鳀鱼则沿 20 m 等深线附近向北再向西进入海州湾。5 月上旬,鳀鱼已大批进入黄海中北部和渤海的各近岸产卵场,与此同时,在黄海中南部和东海北部仍有大量后续鱼群。5 月中旬至 6 月下旬为鳀鱼产卵盛期。其后逐步外返至较深水域索饵。7、8 两月大部分鳀鱼产卵结束,分布于渤海中部、黄海北部、石岛东南和海州湾中部的索饵场索饵,同时在黄海中南部仍有部分鳀鱼继续产卵。9 月,分布于渤海和黄海北部近岸的鳀鱼开始向中部深水区移动。黄海中南部的鳀鱼开始由 20～40 m 的浅水域向 40 m 以深水域移动并继续索饵。10 月鳀鱼相对集中于石岛东南的黄海中部和黄海北部深水区,同时黄海、渤海仍有鳀鱼广泛分布。11 月,随着水温的下降鳀鱼开始游出渤海,与黄海北部的鳀鱼汇合南下。12 月上旬,黄海北部的大部分鳀鱼已绕过成山头,进入黄海中南部越冬场。

东海的鳀鱼春季(3—5 月)主要分布在长江口、浙江北部沿海及济州岛西南部水域。夏季(6—8 月)大批北上进入黄海,分布密度显著下降,同时主要分布区域有明显的向北移动现象。秋季(10—12 月)鳀鱼分布较少,仅在济州岛西南部及浙江南部和福建北部沿海有少量鳀鱼出现。冬季(1—3 月)鳀鱼主要分布于东海沿海水域,集中在 28°—32°30′N、123°—125°E 的范围内。

浙江近海鳀鱼主要有两个群体。第一为生殖群体,主要出现在 12 月到翌年 1 月,分布在 10 m 等深线以东海域,群体组成以 90～114 mm 为优势体长组;第二为当年生稚幼鱼,出现于 5—9 月,其分布与很多其他鱼类相反,分布区域偏外,集中在 15～30 m 等深线附近海区,主要由优势体长组 40~64 mm 的个体组成。

2. 鳀鱼与环境关系

鳀鱼分布与水温关系密切。当水温发生变化时,鳀鱼密集区也随之发生变化。越冬鳀鱼的适温范围大约为 7~15℃,最适温度为 11~13℃。黄海中南部产卵盛期水温 12~19℃,最适水温 14~16℃。黄海北部产卵盛期最适水温为 14~18℃。但最适温度的水域不一定形成密集区,在最适温度条件下,鳀鱼密集区的形成与流系和温度的水平梯度有密切的关系。鳀鱼密集区多形成于最适温度水平梯度最大的冷水或暖水舌锋区。

3. 鳀鱼摄食习性

鳀鱼主要以浮游生物为食,黄海中南部及东海北部鳀鱼的饵料组成约 50 余种,以浮游甲壳类为主,按重量计占 60% 以上,其次为毛颚类的箭虫、双壳类幼体等。饵料组成具有明显的区域性和季节变化,突出表现为饵料组成与鳀鱼栖息水域的浮游生物组成相似。鳀鱼的饵料选择更多的是一种粒级的选择,鳀鱼偏好的食物随鳀鱼长度的增加而变化。桡足类和它们的卵子、幼体是最大的优势类群。体长小于 10 mm 的鳀鱼仔稚鱼主要摄食桡足类的卵和无节幼体;体长 11~20 mm 的鳀鱼仔稚鱼主要摄食桡足类的桡足幼体和原生动物;叉长 21~30 mm 的鳀鱼主要摄食纺锤水蚤等小型桡足类和甲壳类的蚤状幼体;叉长 41~80 mm 的鳀鱼主要摄食桡足类的桡足幼体;叉长 81~90 mm 的鳀鱼主要摄食中华哲水蚤和桡足幼体;叉长 91~100 mm 的鳀鱼主要摄食中华哲水蚤、胸刺水蚤、真刺水蚤等较大的桡足类;叉长 101~120 mm 的鳀鱼主要摄食中华哲水蚤、胸刺水蚤、太平洋磷虾、细长脚蛾;叉长大于 121 mm 的鳀鱼主要摄食太平洋磷虾和细长脚蛾。

4. 鳀鱼繁殖习性

鳀鱼性成熟早,黄海鳀鱼 1 龄即达性成熟,最小叉长为 6.0cm,纯体重为 1.8g,鳀鱼属连续多峰产卵型鱼类,产卵期长,产卵场主要集中在海州湾渔场、烟威外海、海洋岛近海、渤海、舟山群岛近海和温台外海等。

黄海北部鳀鱼 5 月中下旬开始产卵,6 月份为产卵盛期,之后产卵减少,一般 9 月份产卵结束(陈介康,1978)。最适产卵水温为 14~18℃;黄海中南部产卵期为 5 月上旬至 10 月上中旬,5 月中旬到 6 月下旬为产卵盛期。产卵盛期水温 12~19℃,最适水温 14~16℃。平均繁殖力为 5 500 粒。

5. 鳀鱼渔业状况

我国黄海、东海蕴藏着丰富的鳀鱼资源,资源量超过 300×10^4t。自 20 世纪 90 年代以来,我国鳀鱼产量直线上升,由 1990 年的不到 6×10^4t 到 1995 年的 45×10^4t。1997 年更超过了 100×10^4t。1998 年达到最高 150×10^4t。其后两年下降到 100×10^4t。2010 年以后产量在 $40\times10^4\sim50\times10^4$ t 间。鳀鱼的开发大幅度提高了我国的捕捞产量,减轻了其他经济鱼类的捕捞压力,促进了沿海地区的水产加工业(鱼粉、鱼油)的发展。鳀鱼在黄海、东海乃至全国渔业中占有重要地位。

黄海鳀鱼的主要作业渔场为黄海中南部的越冬场渔场、黄海中部夏秋季的索饵场渔场和春夏之交的近岸产卵群体渔场。由于黄海鳀鱼的越冬、繁殖和索饵主要都是在黄海进行的,实际上一年四季均可生产。

（二）鲐鱼

鲐鱼（*Pneumatophorus japonicus*）是暖温大洋性中上层鱼类,广泛分布于西北太平洋沿岸,在我国渤海、黄海、东海、南海均有分布,主要由中国、日本等国捕捞。我国主要利用灯光围网捕捞鲐鱼。由于灯光围网的迅速发展,我国鲐鱼产量自20世纪70年代起上升很快。20世纪80年代以后,随着近海底层鱼类资源的衰退,鲐鱼也成了底拖网渔船的兼捕对象。目前,我国东海区鲐鱼的产量在 20×10^4 t左右,黄海区(北方三省一市)的鲐鱼产量为 $11 \times 10^4 \sim 12 \times 10^4$ t,已成为我国主要的经济鱼种之一,在我国的海洋渔业中具有重要地位。

分布于东海、黄海的鲐鱼可分为东海西部和五岛西部两个种群。东海西部越冬群分布于东海中南部至钓鱼岛北部 100 m 等深线附近水域,每年春夏季向东海北部近海、黄海近海洄游产卵,产卵后在产卵场附近索饵,秋冬季回越冬场越冬(图 7 – 10)。

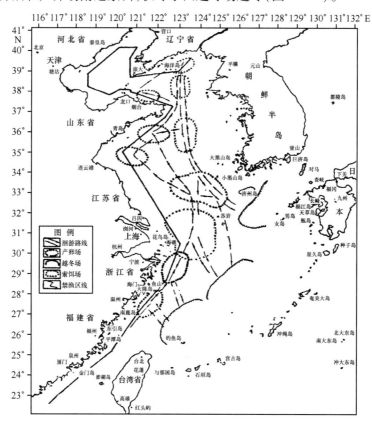

图 7 – 10　鲐鱼分布洄游示意图(引自《中国海洋渔业资源》编写组,1990)

五岛西部群冬季分布于日本五岛西部至韩国的济州岛西南部,春季鱼群分成两支,一支穿过对马海峡游向日本海,另一支进入黄海产卵。

在东海中南部越冬的鲐鱼,每年3月末至4月初,随着暖流势力增强,水温回升,分批由南向北游向鱼山、舟山和长江口渔场。性腺已成熟的鱼即在上述海域产卵,性腺未成熟的鱼则继续向北进入黄海,5—6月先后到达青岛—石岛外海、海洋岛外海、烟威外海产卵,小部分鱼群穿过渤海海峡进入渤海产卵。

在九州西部越冬的鲐鱼,4月末至5月初,沿32°30′—33°30′N向西北进入黄海,时间一般迟于东海中南部越冬群。5—6月主要在青岛—石岛外海产卵,部分鱼群亦进入黄海北部产卵,一般不进入渤海。7—9月鲐鱼分散在海洋岛和石岛东南部较深水域索饵。9月以后随水温下降鱼群陆续沿124°00′—125°00′E深水区南下越冬场。部分高龄鱼群直接南下,返回东海中南部越冬场,大部分低龄鱼群9—11月在大、小黑山岛西部至济州岛西部停留、索饵,11月以后返回越冬场。

东海南部福建沿海的鲐鱼一部分属于上述东海西部群,另一部分则称为闽南—粤东近海地方群,其特点是整个生命周期基本上都在福建南部沿海栖息,不作长距离洄游,无明显的越冬洄游现象。

分布于南海的鲐鱼可分为台湾浅滩、粤东、珠江口、琼东、北部湾和南海北部外海6个种群。

分布在南海北部的鲐鱼2月初从东沙群岛西南水深200 m以外海域向珠江口外海集聚后,陆续北上和西行,2月至8月在珠江口、粤西近海产卵和索饵,11月后返向外海。南海北部的鲐鱼过去由于数量少,仅作兼捕对象,但从20世纪70年代开始,渔获量迅速增长,成为拖网作业的主要捕捞对象,分布范围也广,东自台湾浅滩,西至北部湾海区均有分布。

黄海在20世纪80年代以前以近岸产卵、索饵群体的围网瞄准捕捞和春季流网捕捞为主。以后随着东海北上群的衰落,黄海西部的春季流网专捕渔业也随之消亡。鲐鱼专捕渔业完全移至秋季的黄海中东部。目前在黄海作业的大型围网船主要为中国和韩国。东海区鲐鱼的捕捞主要以东海北部、黄海南部外海、长江口海区和福建沿海为主,每年12月到翌年2月分布于东海北部和黄海南部外海的隔龄鲐鱼是我国机轮围网的主要捕捞对象。分布于长江口的鲐鱼当年幼鱼则是机帆船灯光围网及拖网兼捕的对象。

(三)蓝点马鲛

蓝点马鲛(*Scomberomorus niphonius*)分布于印度洋及太平洋西部水域,在我国黄海、渤海、东海、南海均有分布。20世纪50年代以来,对蓝点马鲛的繁殖、摄食、年龄生长以及渔场、渔期、渔业管理等都有过比较系统的研究。蓝点马鲛为大型长距离洄游型鱼种,多年来对东海、黄海、渤海的蓝点马鲛种群划分也有过研究。

1. 种群分布

(1)黄渤海种群。

黄渤海种群蓝点马鲛于4月下旬经大沙渔场,由东南抵达33°00′—34°30′N、122°00′—123°00′E范围的江苏射阳河口东部海域,尔后,一路鱼群游向西北,进入海州湾和山东半岛南岸各产卵场,产卵期为5—6月。主群则沿122°30′E北上,首批鱼群4月底越过山东高角,向西进入烟威近海以及渤海的莱州湾、辽东湾、渤海湾及滦河口等主要产卵场,产卵期为5—6月。在山东高角处主群的另一支继续北上,抵达黄海北部的海洋岛渔场,产卵期为5月中旬到6月初。9月上旬前后,鱼群开始陆续游离渤海,9月中旬黄海索饵群体主要集中在烟威、海洋岛及连青石渔场,10月上、中旬。主群向东南移动,经海州湾外围海域,汇同海州湾内索饵鱼群在11月上旬迅速向东南洄游,经大沙渔场的西北部返回沙外及江外渔场越冬。其洄游分布示意图见图7-11。

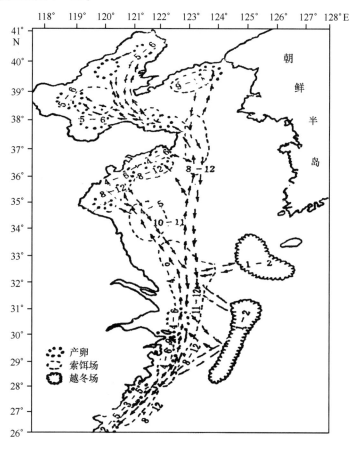

图7-11　蓝点马鲛洄游路线示意图(韦晟,1991)

(2)东海及南黄海种群。

东海及南黄海蓝点马鲛1—3月在东海外海海域越冬,越冬场范围相当广泛,南起28°00′N、北至33°00′N、西自禁渔区线附近,东迄120m等深线附近海区,其中从舟山渔场东部至舟外渔场西部海区是其主要越冬场。4月份在近海越冬的鱼群先期进入沿海产卵,在外海越冬的鱼群陆续向西或西北方向洄游,相继到达浙江、上海市和江苏南部沿海河口、港湾、海岛周围海区产卵,主要产卵场分布在禁渔区线以内海区,产卵期福建南部沿海较早,为3—6月,以5月中旬至6月中旬为盛期,浙江至江苏南部沿海稍迟,为4—6月,以5月为盛期。产卵后的亲体一部分留在产卵场附近海区与当年生幼鱼一起索饵,另一部分亲体向北洄游索饵,敖江口、三门湾、象山港、舟山群岛周围、长江口、吕四渔场和大沙渔场西南部海区都是重要的索饵场,形成秋汛捕捞蓝点马鲛的良好季节。秋末,索饵鱼群先后离开索饵场向东或东南方向洄游,12月至翌年1月相继回到越冬场越冬。

2. 渔场分布

历史上,黄海、渤海的主要作业渔具有机轮拖网、浮拖网及流刺网。该资源已充分利用。东海区蓝点马鲛渔业有春季、秋季和冬季三个主要汛期。4—7 月为春汛,群众渔业小型渔船的主要作业渔场在沿岸河口、港湾和海岛周围海区,群众渔业大中型渔船和国营渔轮的主要作业渔场在鱼山渔场北部近海、舟山渔场和长江口渔场、吕四渔场、大沙渔场西南部海区,一般在禁渔区线内侧及外侧海区的网获率较高,以产卵群体为主要捕捞对象;秋汛的渔期为8—11 月,作业渔场与春汛相似,主要捕捞对象是索饵群体,由当年生幼鱼和剩余群体组成;冬汛的渔期为 1—3 月,主要的作业渔场在舟山渔场东部至舟外渔场的西部延续到温台渔场的西部,有时在禁渔区线附近海区及闽东台北渔场也有一定的渔获量,另外在济州岛周围至大黑山一带也有一定的产量。主要捕捞对象是越冬群体。

(四)银鲳

银鲳(*Pampus argenteus*)属暖水性中上层集群性经济鱼类。是流刺网专捕对象,也是定置网、底拖网和围缯网的兼捕对象。银鲳分布于印度洋、印度—太平洋区。渤海、黄海、东海、南海均有分布。

1. 种群分布

银鲳可分为黄渤海种群和东海种群。

(1)黄渤海种群。

每年的秋末,当黄海、渤海沿岸海区的水温下降到 14 ~ 15℃时,在沿岸河口索饵的银鲳群体开始向黄海中南部集结,沿黄海暖流南下。12 月银鲳主要分布于 34°~ 37°N,122°~124°E 的连青石渔场和石岛渔场南部。1—3 月,主群南移至济州岛西南,水温 15 ~ 18℃,盐度 33 ~ 34 的越冬场越冬。3—4 月银鲳开始由越冬场沿黄海暖流北上,向黄渤海区的大陆沿岸的产卵场洄游,当洄游至大沙渔场北部 33°~ 34°N,123°~ 124°E 海区时,分出一路游向海州湾产卵场,另一路继续北上到达成山头附近海区时,又分支向海洋岛渔场,烟威渔场及渤海各渔场洄游。5—7 月为黄渤海银鲳种群的产卵期,产卵场分布在沿海河口浅海混合水域的高温低盐区,水深一般为 10—20 m,底质以泥砂质和砂泥质为主,水温 12 ~ 23℃,盐度 27~31。主要产卵场位于海州湾,莱州湾和辽东湾等河口区。7—11 月为银鲳的索饵期,索饵场与产卵场基本重叠,到秋末随着水温的下降,在沿岸索饵的银鲳向黄海中南部集群,沿黄海暖流南下。

(2)东海种群。

东海银鲳的越冬场主要有:济州岛邻近水域越冬场(32°00′—34°00′N,124°00′E 以东,水深 80 ~ 100 m 海域)、东海北部外海越冬场(29°00′—32°00′N,125°30′—127°30′E,水深 80~ 100 m 海域)和温台外海越冬场(26°30′—28°30′N,122°30′—125°30′E,水深 80 ~ 100 m 海域)。

每年低温期过后,水温回升之际,各越冬场的鱼群按各自的洄游路线向近海作产卵洄游。济州岛邻近水域的越冬鱼群,4 月开始游向大沙渔场,其中有的继续北上,游向渤海和黄海北部诸产卵场;有的向西北移动,5 月中旬前后主群分批进入海州湾南部近岸产卵,其中少数折向西南进入吕四渔场北部海区产卵。东海北部外海的越冬鱼群,一般自4月开始,随暖势力的增强向西—西北方向移动;4月上中旬,舟山渔场和长江口渔场鱼群明显增多,此后鱼群迅速向近岸靠拢,分别进入大戢洋和江苏近海产卵。温台外海的越冬鱼群,洄游于浙闽近海诸产卵场产卵,其产卵洄游的北界一般不超过长江口。

银鲳索饵鱼群的分布较为分散,遍及禁渔区线内外的近海水域,内侧幼鱼比重大,外侧成鱼居多。10月以后,随着近岸水温的下降,鱼群渐次向各自的越冬场进行越冬洄游。

2. 渔业状况

20世纪80年代以前,黄渤海的渔业以捕捞大黄鱼、小黄鱼、带鱼和中国对虾等传统经济种类为主,鲳鱼仅作为底拖网的兼捕对象,产量不高。从1970年以后江苏群众渔业在吕四渔场推广流刺网捕捞银鲳后,专捕银鲳的渔船数量迅速增加,产量明显上升。目前,捕捞银鲳的渔具除了专用的流刺网外,底拖网和沿岸的定置网亦兼捕银鲳。

黄渤海银鲳的主要作业渔场为吕四渔场、海州湾渔场以及连青石渔场和大沙渔场的西部,渔期为5—11月;其次为黄海北部的石岛渔场、海洋岛渔场和渤海各渔场,渔期6—11月。冬季在大沙渔场东部银鲳一般作为底拖网的兼捕对象,渔期为1—4月。

在东海历史上银鲳多为兼捕对象,年产量只有 $0.3 \times 10^4 \sim 0.5 \times 10^4$ t。以后逐年增加,2000年以后,东海区银鲳产量在 20×10^4 t 以上。近20年来,东海区银鲳的年捕捞产量虽然连续上升,但其资源状况却并不容乐观。从资源专项调查及日常监测的结果看,银鲳的年龄、长度组成、性成熟等生物学指标均逐渐趋小,一方面说明其补充群体的捕捞量明显过度,另一方面说明银鲳已处于生长型过度捕捞。如不有效控制捕捞力量,其资源必将被进一步破坏,进而不能持续利用东海区这一经济价值较高的传统经济鱼类。

(五)蓝圆鲹

蓝圆鲹(*Decapterus maruadsi*)系近海暖水性,喜集群,有趋光性的中上层鱼类,但有时也栖息于近底层,底拖网全年均有渔获。因此,它既是灯光围网作业的主要捕捞对象,又是拖网作业的重要渔获物。在我国南海、东海、黄海均有分布,以南海数量为最多,东海次之,黄海很少。

1. 洄游与分布

(1)东海区。

东海的蓝圆鲹有三个种群,即九州西岸种群、东海种群和闽南－粤东种群(粤闽种群)。

九州西部种群分布于日本山口县沿岸至五岛近海,冬季在东海中部的口美堆附近越冬。夏季在日本九州西岸的沿岸水域索饵,然后在日本的大村湾、八代海等 10~30 m 的浅海产卵,产卵盛期在7—8月。

东海种群有两个越冬场:一个在台湾西侧、闽中和闽南外海,有时和粤闽北部鱼群相混;另一个在台湾以北,水深约 100~150 m 的海域,4—7月经闽东渔场进入浙江南部近海,尔后继续向北洄游;第二越冬场鱼群在3—4月份分批游向浙江近海,5—6月经鱼山渔场进入舟山渔场,7—10月分布在浙江中部、北部近海和长江口渔场索饵。10—11月随水温下降,分别南返于各自的越冬场。

粤闽种群分布于粤东和闽南海域,该种群的蓝圆鲹移动距离不长,只是进行深浅水之间的移动,表现出地域性分布的特点。但是,在冬季仍有两个相对集中的分布区:一个在甲子以南,即 22°00′—22°30′N、116°00′E;另一个在 22°10′—22°40′N、117°30′—118°10′E。每年3 月由深水向浅海移动,进行春季生殖活动。春末夏初可达闽中、闽东沿海,8 月折向南游,于秋末返回冬季分布区。

(2)南海区。

南海的蓝圆鲹主要分布在南海北部的陆架区内,范围很广,东部与粤闽种群相连,西部可达北部湾。无论冬春季或夏季,均不作长距离的洄游,仅作深水和浅水之间的往复移动。

在南海区,东起台湾浅滩,西至北部湾的广阔大陆架海域内均有蓝圆鲹分布,尤以水深180 m 以内较为密集,水深 180 m 以外鱼群较分散。每年冬末春初,随着沿岸水势力减弱,外海水势力增强,蓝圆鲹由外海深水区(水深 90～200 m)向近岸浅海区作卵洄游,群体先后进入珠江口万山岛附近海域、粤东的碣石至台湾浅滩一带集结产卵。初夏,另一支群体自外海深水区向西北方向移动,在海南岛东北部沿岸水域集结产卵。在上述几个区域生产的灯光围网渔船可以捕捞到大量性成熟蓝圆鲹群体。夏末秋初,随着沿岸水势力增大,产完卵的群体分散索饵,折向外海深水区,尚有部分未产卵的蓝圆鲹仍继续排卵。到冬末春初时,蓝圆鲹重新随外海水进入近海、浅海、沿岸作产卵洄游。在北部湾的蓝圆鲹每年 12 月到翌年 1月,从湾的南部向涠洲至雾水洲一带海域作索饵洄游,此时性腺开始发育。至 3—4 月,性腺成熟,在水深 15～20 m 泥沙底质场所产卵。产卵结束后,鱼群逐渐分散于湾内各海区栖息。至 5 月间,在涠洲岛附近海区皆可发现蓝圆鲹幼鱼,这些幼鱼继续在产卵场附近索饵成长,随后转移至湾内各水域。蓝圆鲹洄游分布见图 7-12。

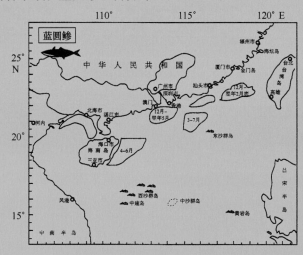

图 7-12　南海蓝圆鲹洄游分布示意图(中国海洋政策图册,2002)

蓝圆鲹的仔稚鱼,每当夏季的西南风盛行时,随着风海流漂移到沿岸浅海海湾,在南澳岛至台湾浅滩,大亚湾、大鹏湾、红海湾、海南岛东北的七洲列岛一带及北部湾沿岸浅海海区,都有大量幼鱼索饵群的分布。通常与其他中上层鱼类的幼鱼共同构成暑海渔汛,成为近海围网、定置网渔业的捕捞对象。

2. 渔业状况

(1)东海区。

东海捕捞蓝圆鲹的主要渔具为灯光围网、大围缯。东海的蓝圆鲹渔场主要有以下几个。

闽南、台湾浅滩渔场:灯光围网可以周年作业。蓝圆鲹经常与金色小沙丁鱼,脂眼鲱混栖,在灯光围网产量中,蓝圆鲹年产量占 24.4% ~ 58.4%,平均占 44.9%。除灯光围网作业外,在春汛每年还有拖网作业,在夏汛有驶缯在沿岸作业。台湾省的小型灯光围网在澎湖列岛附近海区作业。旺汛在 4—5 月和 8—9 月。

闽中、闽东渔场:几乎全年可以捕到蓝圆鲹,但目前夏季只有夏缯、缇树缯等在沿岸作业,春、冬汛主要是大围缯作业。此外,台湾省的机轮灯光围网和巾着网每年在台湾北部海区渔获蓝圆鲹估计约万余吨。

浙江北部近海:目前主要是夏汛和秋汛生产,以机轮灯光围网和机帆船灯光围网为主。作业渔场分布在海礁、浪岗、东福山、韭山和鱼山列岛以东近海。机轮灯光围网作业偏外,机帆船灯光围网作业靠内,日本机轮灯光围网在海礁外海。此外,还有大围缯和对网在此围捕起水鱼和瞄准捕捞。渔期 6—10 月,旺汛 8—9 月。

东海中南部渔场:该渔场包括两个主要渔场,一是钓鱼岛东北部渔场,其水深范围在 100 m 左右;另一个是台湾省北部的彭佳屿渔场,水深范围为 100~200 m。主要由日本以西围网、我国的机轮围网和台湾省的机轮围网作业。蓝圆鲹是这些机轮围网的主要捕捞鱼种之一。以日本以西围网的产量为最高,我国台湾省 1994 的机轮围网年产量中蓝圆鲹产量 3 356 t, 1998 年为 12 090 t。我国机轮围网产量中没有将蓝圆鲹产量分出来专门统计,渔期为 6 月中旬至 12 月。旺汛为 6 月下旬和 9 月中旬至 10 月。

九州西部渔场:该渔场主要由日本中型围网所利用,在九州近海周年可以捕到蓝圆鲹。在九州西部外海,冬季蓝圆鲹渔获量比较多,主渔场在五岛滩和五岛西部外海。在日本九州沿岸海域。有敷网类、定置网等作业。

(2)南海区。

蓝圆鲹为南海的主要经济鱼类之一,丰富的蓝圆鲹资源为我国广东、广西、海南、福建、台湾等省区以及香港、澳门地区渔民所利用。蓝圆鲹主要是拖网、围网作业的重要捕捞对象,在拖、围渔业中占据重要地位。南海北部蓝圆鲹的渔场主要有:珠江口围网渔场、粤东区围网渔场、海南岛东部近岸海区拖网渔场、北部湾中部渔场。其他区域也有少量蓝圆鲹分布,但难以形成渔场。珠江口围网渔场是蓝圆鲹的主要分布区,主要分布在 30~60 m 间,主要作业是围网和拖网,该渔场渔期较长,为 10 月到翌年 4 月中旬,以 12 月为旺汛期,是蓝圆鲹从外海游向近海河口产卵的必经场所。粤东渔场范围较大,但渔获率没有其他渔场高,该渔场的渔期比较短,为 2—3 月,2 月份为旺汛期。"北斗"号在南海北部进行底拖网的调查中,发现春季调查时在海南岛东部所捕获的蓝圆鲹性腺成熟度较高,并且渔获率不少。该渔场的渔期为 2—6 月和 10 月,4 月为旺汛期,渔场范围稍小些。北部湾中部渔场主要出现在夏季和秋季。

二、主要底层鱼类

(一)带鱼

带鱼(*Trichiurus haumela*)广泛分布于我国、朝鲜、日本、印度尼西亚、菲律宾、印度、非洲东岸及红海等海域。我国渔获量最高,约占世界同种鱼渔获量的70%~80%。带鱼是我国重要的经济鱼类,对我国海洋渔业生产的经济效益起着举足轻重的影响。

带鱼广泛分布于我国的渤海、黄海、东海和南海。带鱼主要有两个种群:黄渤海群和东海群。另外,在南海和闽南、台湾浅滩还存在地方性的生态群。

黄、渤海种群带鱼产卵场位于黄海沿岸和渤海的莱州湾、渤海湾、辽东湾。水深20 m左右,底层水温14~19℃,盐度27.0~31.0,水深较浅的海域。带鱼洄游分布见图7-13。

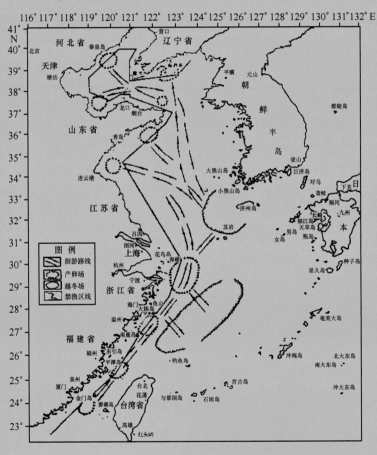

图7-13　带鱼洄游分布示意图(《中国海洋渔业资源》编写组,1990)

3—4月带鱼自济州岛附近越冬场开始向产卵场作产卵洄游。经大沙渔场,游往海州湾、乳山湾、辽东半岛东岸、烟威近海和渤海的莱州湾、辽东湾、渤海湾。海州湾带鱼产卵群体,自大沙渔场经连青石渔场南部向沿岸游到海州湾产卵。乳山湾带鱼产卵群体,经连青石渔场北部进入产卵场。黄海北部带鱼产卵群体,自成山头外海游向海洋岛一带产卵。渤海带鱼的产卵群体,从烟威渔场向西游进渤海。产卵后的带鱼于产卵场附近深水区索饵,黄海北部带鱼索饵群体于 11 月在海洋岛近海汇同烟威渔场的鱼群向南移动。海州湾渔场小股索饵群体向北游过成山头到达烟威近海,大股索饵群体分布于海州湾渔场东部和青岛近海索饵。10 月向东移动到青岛东南,同来自渤海、烟威、黄海北部的鱼群汇合。乳山渔场的索饵群体 8 月、9 月分布在石岛近海,9 月、10 月、11 月先后同渤海、烟威、黄海北部和海州湾等渔场索饵群体在石岛东南和南部汇合,形成浓密的鱼群,当鱼群移动到36°N 以南时,随着陡坡渐缓,水温梯度减少,逐渐分散游往大沙渔场。秋末冬初,随着水温迅速下降,从大沙渔场进入济州岛南部水深约 100 m,终年底层水温 14～18℃,受黄海暖流影响的海域内越冬。

东海群的越冬场,位于 30°N 以南的浙江中南部水深 60～100 m 海域,越冬期为1—3 月。春季分布在浙江中南部外海的越冬鱼群,逐渐集群向近海靠拢,并陆续向北移动进行生殖洄游,5 月,经鱼山进入舟山渔场及长江口渔场产卵。产卵期为 5—8 月,盛期在 5—7 月。8—10 月,分布在黄海南部海域的索饵鱼群最北可达 35°N 附近,可与黄渤海群相混。但是自从 20 世纪 80 年代中期以后,随着带鱼资源的衰退,索饵场的北界明显南移,主要分布在东海北部至吕四、大沙渔场的南部。10 月,沿岸水温下降,鱼群逐渐进入越冬场。

在福建和粤东近海的越冬带鱼在 2—3 月开始北上,在 3 月就有少数鱼群开始产卵繁殖,产卵盛期为 4—5 月,但群体不大,产卵后进入浙江南部,并随台湾暖流继续北上,秋季分散在浙江近海索饵。

分布在闽南—台湾浅滩一带的带鱼,不作长距离的洄游,仅随着季节变化作深、浅水间的东西向移动。

南海种群在南海北部和北部湾海区均有分布,从珠江口至水深 175 m 的大陆架外缘都有带鱼出现。一般不作远距离洄游。

黄海的带鱼主要为拖网捕捞,群众渔业的钓钩也捕捞少部分,20 世纪 70 年代以后黄海、渤海带鱼渔业消失。东海捕捞带鱼的主要作业形式有对网、拖网和钓业。东海区带鱼生产主要有两大鱼汛:冬汛和夏秋汛。冬汛生产的著名渔场——嵊山渔场是冬汛最大的带鱼生产中心,渔期长达两个多月。夏秋汛捕捞带鱼的产卵群体,主要产卵场在大陈、鱼山及舟山近海一带,作业时间为 5—10 月,旺盛期为 5—7 月。自 20 世纪 70 年代中后期起,带鱼资源由于捕捞强度过大而遭受破坏,资源数量减少,渔场范围缩小,鱼群密集度降低、鱼发时间变短、网次产量减少,90 年代以后,全国著名的冬汛嵊山带鱼渔场形不成渔汛生产。夏秋汛产卵场也由于过度捕捞,造成产卵的亲鱼数量骤降,直接影响到夏秋汛带鱼渔获量。带鱼是底拖网主要捕捞对象之一,北部湾到台湾浅滩都有分布,终年均可捕获。历史资料和本次调查结果,在南海北部大陆架浅海和近海区可分为珠江近海、粤西近海和海南岛东南部近海三个渔场。珠江口近海渔场渔汛期为 3—6 月。粤西近海渔场渔汛期为 5—7 月。海南岛东南部和北音湾口近海渔场渔期为 2—5 月。

(二)小黄鱼

小黄鱼(*Pseudosciaena polyaetis*)广泛分布于渤海、黄海、东海。是我国最重要的海洋渔业经济种类之一,与大黄鱼、带鱼、墨鱼并称为我国"四大渔业",历来是中、日、韩三国的主要捕捞对象之一。小黄鱼基本上划分为四个群系,即黄海北部—渤海群系、黄海中部群系、黄海南部群系、东海群系,每个群系之下又包括几个不同的生态群。

黄海北部—渤海群系主要分布于34°N以北黄海北部和渤海水域。越冬场在黄海中部,水深60~80 m,底质为泥砂、砂泥或软泥,底层水温最低为8℃,盐度为33.00~34.00,越冬期为1~3月。之后,随着水温的升高,小黄鱼从越冬场向北洄游,经成山头分为两群,一群游向北。另一群经烟威渔场进入渤海,在渤海沿岸、鸭绿江口等海区产卵的。另外,朝鲜西海岸的延平岛水域也是小黄鱼的产卵场,产卵期主要为5月。产卵后鱼群分散索饵,在10—11月随着水温的下降,小黄鱼逐渐游经成山头以东,124°E以西海区向越冬场洄游(图7-14)。

黄海中部群系是黄海、东海小黄鱼最小的一个群系,冬季主要分布在35°N附近的越冬场,于5月上旬在海州湾、乳山外海产卵,产卵后就近分散索饵,在11月开始向越冬场洄游。

黄海南部群系,一般仅限于吕四渔场与黄海东南部越冬场之间的海域进行东西向的洄游移动。4—5月在江苏沿岸的吕四渔场进行产卵,产卵后鱼群分散索饵,从10月下旬向东进行越冬洄游,越冬期为1—3月。

东海群系越冬场在温州至台州外海水深60~80 m海域,越冬期1—3月。该越冬场的小黄鱼于春季游向浙江与福建近海产卵,主要产卵场在浙江北部沿海和长江口外的海域,亦有在余山、海礁一带浅海区产卵,产卵期3月底至5月初。产卵后的鱼群分散在长江口一带海域索饵。11月前后随水温下降向温州至台州外海作越冬洄游。东海群系的产卵和越冬属定向洄游,一般仅限于东海范围。

小黄鱼是渤海、黄海、东海区的重要底层鱼类之一,是中国、日本、韩国底拖网、围缯、风网、帆张网和定置张网专捕和兼捕对象。小黄鱼渔业20世纪50—60年代是我国最重要的海洋渔业之一,主要作业渔场有渤海的辽东湾、莱州湾、烟威渔场、海州湾、吕四渔场、大沙渔场等。东海区的小黄鱼主要渔场有:闽东—温台、鱼山—舟山、长江口—吕四、大沙、沙外、江外和舟外等渔场。大沙渔场南部海域是小黄鱼洄游的必经之地。调查资料显示:从春季至秋季在大沙渔场南部海域有较多的小黄鱼分布。沙外、江外和舟外渔场的西部海域是小黄鱼的越冬分布区,因而这些海域成了秋冬季的小黄鱼渔场。目前,小黄鱼已成为可以全年作业的鱼种。

三、中国对虾

中国对虾(*Penaeus orientalie*)主要分布在黄海和渤海,是世界上分布于温带水域的对虾类中唯一的一个种群,具有分布纬度高、集群性强、洄游距离长的特性,是个体较大、资源量较多、经济价值高的一种品种。是黄、渤海对虾流网、底拖网的主要捕捞对象。

中国对虾的洄游包括秋汛的越冬洄游和春汛的生殖洄游(图7-15)。每年3月上、中

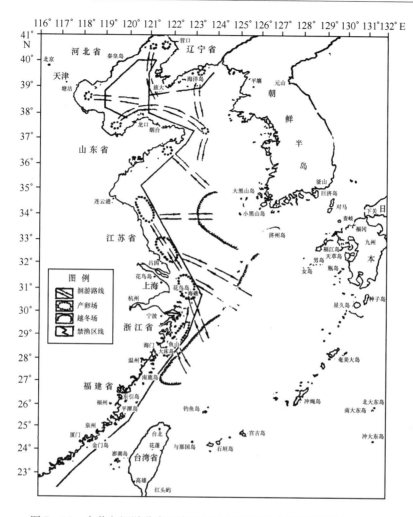

图 7 - 14　小黄鱼洄游分布示意图(《中国海洋渔业资源》编写组,1990)

旬,随着水温的回升,雌性对虾的性腺迅速发育,分散在越冬场的对虾开始集结,游离越冬场进行生殖洄游。主群沿黄海中部集群北上,洄游途中在山东半岛东南分出一支,游向海州湾、胶州湾和山东半岛南部近岸各产卵场。主群于4月初到达成山角后又分出一支游向海洋岛、鸭绿江口附近产卵场。主群进入烟威渔场后,穿过渤海海峡,4月下旬到达渤海各河口附近的产卵场(图 7 - 15)。

　　进入渤海产卵的对虾,5月前后在渤海的辽东湾、渤海湾和莱州湾产卵,经过近6个月的索饵育肥,10月中下旬至11月初,进入交尾期。整个交尾期持续约一个月,对虾交尾首先开始于近岸浅水,或冷水边缘温度较低的海区,而后逐渐向渤海中部及辽东湾中南部深水区发展。11月上旬,当渤海中部底层水温降至15℃时,虾群开始集结。随着冷空气的频繁活动,水温不断下降,11月中、下旬当底层水温降至12~13℃,雌虾在前,雄虾在后分群陆续游出渤海,开始越冬洄游。各年越冬洄游开始的时间以及洄游的路线和速度与冷空气活动的强弱、次数、渤海中部的水温以及潮汐等因素有关。明显的降温和大潮汐均可加速对虾的洄游

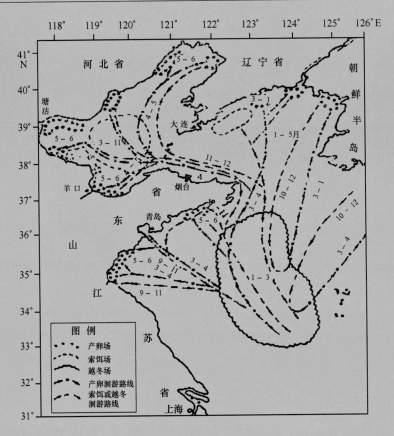

图 7 – 15　对虾洄游分布示意图(邓景耀等,1991)

速度。洄游虾群沿底层水温的高温区即深水区前进。游出渤海时,首批虾群偏于海峡的南侧,后续虾群逐渐向北,末批虾群则经过海峡北侧的深水区游出渤海。越冬洄游的群体每年11月下旬进入烟威渔场,11月末或12月初绕过成山头与黄海北部南游的虾群汇合,沿底层水温 8 ~ 10.5℃ 的深水海沟南下,12月中、下旬到达黄海中南部的越冬场分散越冬。对虾越冬场的位置与黄海暖水团的位置密切相关。各年中心位置随着10℃等温线的南北移动而明显地偏移。

辽东半岛东岸、鸭绿江口一带产卵的对虾,于5月上旬到达产卵场产卵,卵子孵化、幼体变态和幼虾索饵肥育均在河口附近浅海区。8月初,随着幼虾的不断生长,开始向较深水域移动,主群分布在海洋岛附近索饵,11月中、下旬因受冷空气的影响,水温明显下降,对虾即开始越冬洄游。12月初主群游至成山角附近海域时,与渤海越冬洄游的虾群汇合南下,进入越冬场。

山东半岛南岸产卵的对虾,其产卵场主要分布在清海湾、乳山湾、胶州湾、海州湾等河口附近海域,于5月上旬产卵,当年幼虾于8月初体长达 80 mm 左右时,由近岸逐渐向水深 10~20 m 处移动。10月中、下旬开始交尾并逐渐外移到深水区分散索饵,12月游向越冬场越冬。

第四节　我国近海渔业资源开发利用现状

一、黄海和渤海

(一)海洋渔业状况

黄海、渤海渔业开发最早,曾经是我国最重要的渔场,1950 年的海洋捕捞产量占我国大陆地区海洋捕捞总产量的 56% ,80 年代以来占 30% 左右。黄、渤海捕捞产量在建国初期为 $30 \times 10^4 \sim 40 \times 10^4$ t,直到 1970 年以前其产量均在 69×10^4 t 以下,从 1971 年开始,由于捕捞力量快速增长,产量有较大幅度的增加,1976—1978 年连续 3 年超过 100×10^4 t,之后略有下降,但 1985—1998 年产量又直线上升,1992 年首次超过 200×10^4 t,1996 年超过 400×10^4 t。90 年代末期,产量接近 500×10^4 t。近年来,近海捕捞产量在 400×10^4 t 左右。黄海、渤海捕捞产量中的 60% ~72% 来自黄海。

黄海、渤海捕捞渔船的总功率 60 年代平均为 9.7×10^4 kW,70 年代平均为 38.5×10^4 kW,为 60 年代的 4 倍,到 1999 年时已增加至约 300×10^4 kW,为 60 年代的 31 倍。虽然捕捞能力急剧增长,但渔获量的增长速度小得多。60 年代捕捞渔船的年均单产为 4.52 t/kW,70 年代下降为 2.23 t/kW,80 年代和 90 年代期间仅为 1.01 ~ 1.34 t/kW。

据估算,黄海、渤海捕捞渔业的最大持续产量为 103×10^4 t,相应的最适捕捞能力为 76.4×10^4 kW。从该估算结果与黄渤海区捕捞总产量和渔船总功率的比较可看出,上世纪 90 年代捕捞总产量近 500×10^4 t 和捕捞能力约 300×10^4 kW 均已大大超过渔业资源的承受能力。事实上从 80 年代初开始,黄渤海区的渔业资源总体上就已处在捕捞过度的状态,80 年代中期以来,随着捕捞强度的急剧增加,捕捞过度的状况进一步加剧。过度捕捞虽然没有造成总产量的减少,但渔获质量和捕捞业效益均已明显下降。

黄海、渤海主要捕捞方式为底拖网,1983—2000 年,底拖网产量占总产量比例稳定在 40% ~50% ,其次为定置网,1996 年之前所占比例在 20% ~34% 之间,近几年下降至 15% 左右,流网作业产量所占比例 1985 年以后在 15% ~24% 之间,围网和钓业的产量较少,占总产量的比例一般在 4% 以下。2000 年北方三省一市海洋捕捞机动渔船以小于 15 kW 的小型船只占绝对多数,为 61% ,其次为 16 ~44 kW 的小型渔船,而大于 441 kW 的渔船不足总船数的 0.5% ,这些较大型的渔船主要从事远洋捕捞。

(二)渔业资源的变动趋势

作业渔船单产大致反映出资源密度的变化。黄海、渤海机动渔船年均单产在 60 年代为 4.5 t/kW,70 年代已下降为 2.2 t/kW,80 年代以来一直稳定在 1.0 ~1.3 t/kW 的低水平。单产的变化情况表明,70 年代前后该海区的传统渔业资源就已利用过度。1998—2000 年黄海底拖网调查的渔获率为 104 kg/h,高于 1985—1986 年的 45 kg/h,但渔获率的增加是由于鳀鱼等小型中上层鱼类资源的上升而引起的,渔获率从 1985—1986 年的 19 kg/h 上升到

1998—2000 年的 81 kg/h,而底层鱼类渔获率继续呈下降趋势。

目前黄海渔业资源以鳀鱼占绝对优势,该鱼种在各季的声学调查中占平均生物量的
87%。传统经济鱼类小黄鱼、银鲳、鲆鲽类、大头鳕、鲐鱼、蓝点马鲛和带鱼等所占比例很低,
鲐鱼、小黄鱼、银鲳、带鱼等在声学调查中分别占总生物量的 3.5%、2.8%、1.2% 及 1.0%,
而蓝点马鲛仅占 0.3%。底拖网调查的渔获样品也以鳀鱼为主,占年均渔获量的 65.5%,其
他中上层鱼类占 15.9%;各种底层鱼类合计占 13.4%,其中的优势种为细纹狮子鱼、玉筋鱼
和黄鮟鱇等经济价值较低的种类;虾类占 3.8%,有脊腹褐虾、鹰爪糙对虾及戴氏赤虾等。

不同历史时期的底拖网调查表明,黄海渔业资源总体上呈现底层鱼类资源下降,中上层
鱼类资源上升的趋势,但近年来中上层优势种鳀鱼的数量也开始下降。1959 年底拖网调查
时,优势种有小黄鱼、鲆鲽类、鳐类、大头鳕以及绿鳍鱼等底层鱼类,其中小黄鱼占有较大优
势,是渔业的主要利用对象;1981 年底拖网调查渔获样品的优势种不明显,生物量最高的三
疣梭子蟹仅占总渔获量的 12%;其次为黄鲫,占 11%;小黄鱼、银鲳、鲱鱼和鳀鱼等占总渔获
量的比例都在 10% 以下;1986 年和 1998 年两次调查,鳀鱼占总渔获量的比例都超过 50%,
已成为生物量最高的优势种。

渤海渔业资源生物量与 80 年代初相比已明显下降,根据底拖网调查渔获率估算的资源
密度从 1983 年的 1.31t/km²,下降到 1993 年的 1.02t/km²。渔业资源的种类组成也发生明
显变化,目前经济价值较低的小型中上层鱼类已经成为渔业资源的主要组成部分,鳀鱼和黄
鲫这两种小型中上层鱼类是目前渔业资源的优势种,其占总生物量的比例已从 1983 年的
36% 上升到 1993 年的 59% 和 1998 年的 78%,而优质经济鱼类小黄鱼和蓝点马鲛所占比例
从 1983 年的 10% 下降到 1993 年的 3.6%、1998 年的 4.1%。

渤海是黄渤海重要的产卵场和育幼场,为了加强对幼鱼的保护,1988 年在渤海以流网代
替拖网,从此拖网作业退出了渤海。后来,流刺网、定置网和小围网等作业类型成为渤海的
主要捕捞作业方式。

20 世纪 90 年代,小型机帆船迅速增加,对鳀、黄鲫、青鳞沙丁鱼等小型鱼类的利用强度
显著增加,渤海的年捕捞产量虽然比 80 年代有所增加,但渔获物质量低下,单位捕捞努力量
渔获量(CPUE)急剧下降,渔业资源处于全面过度开发利用状态。这时,海洋捕捞已经利用
了一切可以利用的渔业生物资源。

二、东海

(一)海洋渔业状况

东海是我国渔业资源生产力最高的海域。自 20 世纪 50 年代以来,东海海洋捕捞渔业
有很大发展,其产量由 1951 年的 26.6×10⁴ t 增加到 2000 年的 625.4×10⁴ t(历年最高值),
直至 2006 年一直维持在 600×10⁴ t 以上,但 2007—2009 年降至 476.3×10⁴ ~516.5×10⁴ t。
东海海洋捕捞产量变化可分为三个时期:第一时期为 1951 年至 20 世纪 80 年代,该时期渔
业产量增长较为缓慢,各年渔业产量增幅基本维持在 10% 以内,少数年份出现下降;第二时
期为 20 世纪 90 年代,该时期为渔业产量迅速增长期,多数年份增幅超过 10%,年代平均产

量较 80 年代平均产量幅度达 149%；第三时期为 2000 年以后，产量呈小幅振荡，但仍居于历史的高水平。

20 世纪 50 年代初期，中国海洋捕捞渔船绝大部分为非机动渔船，机动渔船非常少，1955 年以前东海机动渔船不足 100 艘（为上海市、江苏、浙江和福建省的合计数，下同），随后逐年增长，1959 年增加到 1 000 艘以上，1969 年达 7 993 艘，之后增长有所放缓，到 1974 年为 10 000 艘以上，到 1980 年增加到 20 000 艘以上，1981 年以后又加速增长，至 1985 年已经突破 50 000 艘，1989 年渔船数量达 102 851 艘，随后由于渔业资源衰退，渔业效益逐渐下降，渔船数量增长速度迅速下降，到 1996 年最高渔船数量为 117 797 艘，2000 年以后，随着国家开始控制捕捞力量的盲目增长，并采取一系列措施进行转产转业以后，东海渔船数量开始出现下降，2004—2006 年平均渔船数量为 98 500 艘，2007—2009 年为 101 472 ~ 103 249 艘。

根据 20 世纪 80 年代以来该海域初级生产力和渔获物食物层次的变化，重新对渔业资源的生产潜力进行评估，其最大持续产量为 308×10^4 t；最近根据东海区 34 种鱼类平均营养级从 2.61 级下降为 2.46 级的情况，评估该海区渔业资源的持续渔获量约为 400×10^4 t；用 Schaefer 模式估计的最大持续产量为 279×10^4 t，相应的最适捕捞能力为 217×10^4 kW。目前我国大陆地区在东海的捕捞产量和作业渔船总功率均大大超过上述估计值，渔业资源处于过度利用状态。

历史上东海区捕捞作业类型经历了明显的变化。20 世纪 50 年代，捕捞作业的主要方式依次为围网、流刺网、张网、钓业及双拖，捕捞对象以单一种类为主，并且有较固定的渔场渔汛。20 世纪 70 年代以来，由于拖网渔业的发展，渔获朝着多种类的方向发展，捕捞作业也不再有明确的渔场渔汛，与此同时，张网渔业也不局限于在沿海作业。东海区的拖网作业以双拖为主，80 年代在东海中部和北部虾拖网发展较快。近年来东海区超过 50% 的捕捞产量来自选择性较差的拖网作业，渔获物中绝大部分为经济种类的幼鱼、小杂鱼和虾蟹类；沿海张网也是对渔业资源破坏较严重的作业方式，其产量所占比例约 25%，而选择性较好的刺钓作业的产量合计不足 10%，以捕捞鲹鲐类为主的围网作业 80 年代以来呈萎缩趋势，目前其产量仅占约 5%。

（二）渔业资源的变动趋势

东海区机动渔船的年均单产 1957—1967 年为 1.4 ~ 2.2 t/kW，1968—1974 年期间的单产与 1967 年相比有所下降，但仍保持在 1.3 ~ 1.6 t/kW 之间。1975—1988 年，随着该海区捕捞强度的急剧增加，单产从 1975 年的 1.3 t/kW 下降至 1988 年的 0.6 t/kW，90 年代以来，年均单产回升至 0.9 t/kW 左右。80 年代以来，虽然作业渔船的单产没有明显的下降趋势，但这是作业渔场向外海扩展、捕捞对象更替和营养级明显下降的结果，该海区的渔业资源一直处在衰退状态之中。

随着捕捞强度的持续增加，东海区渔获组成发生了明显的变化。在 20 世纪 60 年代，大黄鱼、小黄鱼、带鱼、银鲳、鳓鱼等优质鱼类的产量约占总产量的 51%。70 年代这些种类所占比例下降至 46%，80 年代更下降至 18%。事实上，从 70 年代中期开始，一些传统底层捕捞对象就先后衰退，包括大黄鱼、曼氏无针乌贼、鲨鳐类和鲆鲽类等，并且至今仍处于衰竭状态之中。70 年代初期开发的外海绿鳍马面鲀资源,经过十多年的超强度利用后也于 90 年代初期急速衰退。小黄鱼和带鱼资源明显衰退后,经长期和有力的保护,于 90 年代中期呈现明显回升趋势,但渔获物以幼鱼为主,小型化、低龄化和性早熟的情况依然严重,资源尚未得到真正恢复。

在传统底层经济种类资源衰退的同时,低营养层次种类的渔获量明显增加。鲐鱼、蓝圆鲹和虾蟹类的渔获量从 1980 年的 28.9×10^4 t(占 20%),增加至 1995 年的 135.6×10^4 t(占 28%),除曼氏无针乌贼以外的多种头足类产量近年来也明显上升,其他杂鱼类所占比例也从 80 年代初的低于 30%,上升至 90 年代初的 40% 以上,1995 年杂鱼类产量达 184.2×10^4 t,占总产量的 38.2%。根据近年来的评估,东海鲐鱼和台湾浅滩海域蓝圆鲹群体也已达到充分利用,多种头足类资源接近充分利用,沿海和近海虾类过度利用的情况已经出现,三疣梭子蟹已有衰退的迹象。目前东海区竹筴鱼、大甲鲹、金枪鱼等中上层鱼类资源尚有进一步利用的潜力,其他尚可进一步利用的资源还有外海虾类,细点圆趾蟹和锈斑蟳等小型蟹类以及分布在水域中上层的鸢乌贼和尤氏枪乌贼等小型枪乌贼。

三、南海海域

(一)海洋渔业状况

南海区的渔业产量包括广东、海南和广西三省(区)的产量,它们主要在南海北部生产。三省(区)的渔获物是以底层鱼类为主,占总渔获量的 30.1%,其次为中上层鱼类,占总渔获量的 23.4%,其后依次为甲壳类(10.5%)、贝类(9.5%),头足类和藻类所占的比例很少,分别为 2.4% 和 0.5%。其他类群的产量较高,占到总渔获量的 24.0%,主要为未分类统计的低值小型鱼类、幼鱼以及甲壳类等。

广东、海南和广西三省区 1955 年的海洋捕捞产量为 43×10^4 t,但 1955—1969 年期间产量波动在 $29 \times 10^4 \sim 48 \times 10^4$ t,年均 41×10^4 t,此后从 1969 年的 47×10^4 t 增加到 1977 年的 83×10^4 t,1977 年之后由于沿海水域捕捞过度,产量又有所下降,到 1981 年时只有 53×10^4 t。1982 年以后由于开发利用了近海和外海的渔业资源,同时,由于小型渔船的大量增加,开发了一些以前尚未充分利用的小宗渔业资源,捕捞产量又持续增长,2000 年的统计产量达到 340×10^4 t,但捕捞强度的增加使渔获质量明显下降,目前南海北部渔场的渔获物以小型低值鱼类为主。

新中国成立以来,南海三省(区)(包括广东、广西、海南)的机动渔船发展很快,数量和总功率快速增长。1953 年南海区的机动渔船仅有 4 艘,总功率约 595 kW。50—80 年代初期机动渔船数量平稳增长,到 1980 年机动渔船的数量达 9 295 艘,总功率约 55.1×10^4 kW;80 年代急剧增长,到 1990 年机动渔船的数量为 67 499 艘,总功率约 185.6×10^4 kW,90 年代初机动渔船数量增长放缓,到 2000 年三省(区)的机动渔船的数量已达 84 673 艘,总功率达 326.5×10^4 kW。以后由于执行严格管理措施,机动渔船的数量得到一定的控制。

(二)渔业资源的变动趋势

不同时期的底拖网调查结果表明,南海北部陆架区的渔业资源持续衰退,目前已处于严重的捕捞过度状态。在浅海区捕捞过度的情况在 20 世纪 70 年代前后就已出现,目前情况尤为严重,现存资源密度 0.2 t/km² 仅相当于原始资源密度的 1/20 和最适密度的 1/10;近海和外海的现存资源密度 0.3 t/km² 也仅为原始密度的 1/7 和最适密度的 1/3。捕捞作业渔轮渔获率的变化也表明,目前大陆架海域的渔业资源处于严重的衰退状态。90 年代末的渔获率大致只有 80 年代初的 1/6 ~ 1/5;1983—1987 年期间,国营单拖渔轮的渔获率下降了 60%,1987—1992 年期间渔获率则稳定在较低水平上;1990 年以来由于单拖作业渔获状况差,大量渔船改用双拖作业,以捕捞分布水层较高的中上层种类,但 1992 年以后双拖渔轮的渔获率又呈明显下降趋势。大陆架不同水深区域渔获率下降的情况有所差别,浅海和近海水域承受的捕捞强度最大,渔获率早在 80 年代初就已明显下降,90 年代初的渔获率更低;外海区承受的捕捞强度相对较低,渔获率在 80 年代中期才明显下降。根据陆架区不同水深海域渔业资源生产力的分布格局,从浅海至外海资源密度应呈递减的趋势,但 80 年代以来资源密度的分布格局正好相反,浅海和近海的资源密度明显低于外海,这一情况表明,浅海和近海渔业资源衰退更为严重。

除资源密度明显下降外,渔获组成也向小型化和低值化转变。在 20 世纪 70 年代底拖网渔获组成中,经济渔获物占 60% ~ 70%;1973 年和 1983 年的底拖网调查中,陆架区经济种类渔获量分别占总渔获量的 68% 和 66%;而在 1997—1999 年底拖网调查的渔获样品中,经济种类的合计生物量仅占总生物量的 51%,并且这些经济种类的渔获物主要由年龄不满 1 周岁的幼鱼所组成,若扣除幼鱼中明显未达到食用规格的部分,则渔获样品中可食用部分约占 40%。

渔业资源的衰退还表现在优势种类渔获率的明显下降。20 世纪 80 年代以来的主要捕捞对象是一些陆架区广泛分布的小型中上层鱼类和生命周期较短的底层鱼类,其中大多数种类也已被过度利用,渔获率呈明显下降趋势。蓝圆鲹、黄鳍马面鲀、蛇鲻属和大眼鲷属是底拖网的主要渔获物,除蛇鲻属渔获状况较稳定外,其他 3 个类别的渔获率均已下降至很低水平;在经济价值较高的捕捞对象中,刺鲳、印度无齿鲳、二长棘鲷和头足类的渔获率呈明显下降趋势,只有金线鱼仍有一定数量;在进行渔获统计的 14 个类别中只有带鱼属和石首鱼科的渔获率在波动中有所上升。

北部湾是南海范围内渔业资源生产力最高的海域之一,加上其西部海域渔业资源的利用程度相对较低,因此目前北部湾的现存资源密度高于南海北部大陆架,但该海域的渔业资源也处于严重的捕捞过度状态。不同历史时期底层渔业资源密度的评估结果表明,北部湾沿岸海域的渔业资源在 20 世纪 70 年代就已达到充分利用状态,而中南部海域在 90 年代也已充分利用,目前全湾的渔业资源均处捕捞过度状态,沿岸海域资源衰退情况更为严重,其现存资源密度大致只有最适密度的 1/4。

国营单拖渔轮在北部湾的单位功率渔获量 20 世纪 70 年代以来呈明显下降趋势,1970 年为 1.87 t/kW,80 年代平均为 0.94 t/kW,90 年代初平均仅为 0.64 t/kW,大致只有 70 年代初的 1/3。国营渔轮主要在沿岸以外的区域从事捕捞作业,其单产的变化主要反映北部湾中南部资源密度的变化情况,沿岸海域捕捞强度大大高于北部湾中南部,渔业资源衰退的状况更为严重。

除了资源密度下降外,由于过度捕捞而引起的种类更替也非常明显。进入 20 世纪 90
年代以来,绝大多数传统经济鱼类的资源密度已下降到很低水平,许多优质鱼类几乎在渔获
物中消失,而一些经济价值低、个体小、寿命短的种类在渔获物中的比例有所上升。80 年代
以来,北部湾底拖网的经济渔获物以蓝圆鲹、蛇鲻类及石首鱼类为主,经济价值较高的种类,
如红笛鲷、二长棘鲷和金线鱼等的资源密度又进一步下降,同时资源结构更不稳定,优势经
济种经常发生变化,多数种类资源密度呈下降趋势,但也有一些寿命短的种类,如头足类、深
水金线鱼等,资源密度有明显上升的趋势。

思考题:

1. 中国近海各海区的海流特征。

2. 中国近海各海区的水温分布特征。

3. 中国近海各海区盐度的分布特征。

4. 中国近海渔场的概况。

5. 中国近海各海区的鱼类组成及其特征。

6. 中国近海主要经济鱼类的洄游分布。

7. 我国近海渔业资源开发利用现状。

第八章　世界海洋渔业渔场及其资源概况

第一节　世界海洋渔业发展现状及其潜力

一、世界海洋渔业发展现状

20 世纪 90 年代以来,人们认识到世界渔业已经进入一个转折点。1990 年以后,世界渔业产量每年稳定在 100×10^5 t 左右,但作为传统的最大的渔业生产者——海洋捕捞产量不稳定,显示出持续的不景气。联合国粮农组织(FAO)通过对全球海洋渔获量的分析,20 世纪 80 年代海洋捕捞量的年增长率有所下降,1990 年全球海洋捕捞量第一次出现下降,比 1989 年减少 3%,这种趋势在以后几年内继续存在,1990—1992 年间,平均年下降为 1.5%。在这些捕捞产量中,大多数高价值的资源被充分开发或过度开发。2000 年捕捞业总产量达到 $9\,480 \times 10^4$ t(图 8 - 1)。2009—2010 年全球捕捞渔业产量继续稳定在约 $9\,000 \times 10^4$ t(图 8 - 1),但各国的捕捞趋势、捕捞区域及捕捞种类出现了较为明显的变化。

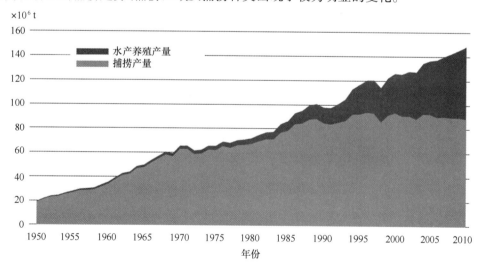

图 8 - 1　1950—2010 年世界捕捞产量分布图

世界海洋渔业经历了不同阶段,从 1950 年的 $1\,680 \times 10^4$ t 到 1996 年的 $8\,640 \times 10^4$ t 的高峰,然后下降并稳定在 $8\,000 \times 10^4$ t 左右,有年度波动。2010 年全球记录的产量为 $7\,740 \times 10^4$ t。在海洋区域中,西北太平洋产量最高,2010 年为 $2\,090 \times 10^4$ t(全球海洋捕获量的 27%),随后依次是中西部太平洋($1\,170 \times 10^4$ t,15%)、东北大西洋(870×10^4 t,11%)以及

东南太平洋(780×10^4 t,10%)。

　　未完全开发种群的比例自 1974 年联合国粮农组织(FAO)首次完成评估后逐渐下降。相反,过度开发的种群百分比增加,特别是 20 世纪 70 年代后期和 80 年代,从 1974 年的10% 增加到 1989 年的 26% 。1990 年后,过度开发的种群数量继续上升,尽管速度放缓,被完全开发的种群数量在这一时期内变化最小,1974—1985 年稳定在 50% 左右,1989 年下降到 43% ,随后逐渐提高到 2009 年的 57.4% (图 8 - 2)。

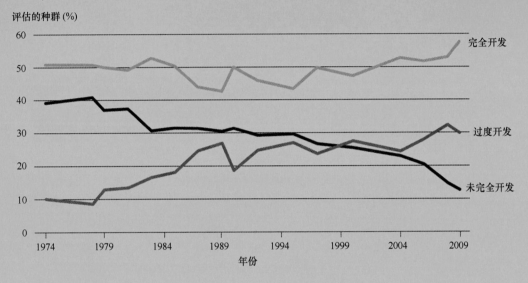

图 8 - 2　1974 年以来世界海洋鱼类种群状况的全球趋势

　　FAO 认为,大西洋和太平洋已经充分开发,许多渔业资源过度捕捞,一些渔业资源仍有较少的发展空间。渔业的进一步发展可能在印度洋,但它们没有低开发的资源种类存在,一些资源(如灯笼鱼)可能没有商业价值。FAO 估计,若渔业资源能够进行很好的管理,海洋捕捞产量将能达到 $9\,300 \times 10^4$ t,比目前产量净增 $1\,000 \times 10^4$ t。其中大西洋和太平洋可各增加 400×10^4 t,印度洋增加 200×10^4 t。但要实现这一目标,FAO 估计至少要减少目前世界捕捞能力的 30% ,才能重建和恢复已经过度捕捞的资源。占世界海洋渔业产量约 30% 的前十位物种多数种群被完全开发,因此没有增加产量的潜力,而一些种群被过度捕捞,如果实施有效恢复计划其产量可能增加。

　　世界海洋渔业经历了自 20 世纪 50 年代以来的巨大变化。因此,鱼类资源开发水平和渔获量也因时间而变化。渔获量的时间模式因区域而不同,取决于围绕特定统计区的国家经历的城市发展水平和变化。总体上,区域可被分为三个类别:①有渔获产量波动特征;②有从历史高峰总体下降的趋势;③有渔获产量增加的趋势。

　　第一组包括总产量波动的联合国粮农组织区域,即中东部大西洋(34 区)、东北太平洋(67 区)、中东部太平洋(77 区)、西南大西洋(41 区)、东南太平洋(87 区)以及西北太平洋(61 区)。这些区域在过去 5 年平均提供了世界海洋捕捞产量的约 52% 。其中几个区域包括上升流区域,具有高度自然波动的特征。

第二组包括过去一段时间产量达到高峰后出现下降趋势的区域。这一组在过去 5 年平均对全球海洋捕捞产量做出了 20% 的贡献,包括东北大西洋(27 区)、西北大西洋(21 区)、中西部大西洋(31 区)、地中海和黑海(37 区)、西南太平洋(81 区)以及东南大西洋(47 区)。应当注意在一些情况下更低的产量反映了预防性或以恢复种群为目的的渔业管理措施,因此,这类情况不必要解释为是消极情况。

第三组包含自 1950 年以来产量持续上升趋势的联合国粮农组织区域。这组只有三个区域:中西部太平洋(71 区)、东印度洋(57 区)和西印度洋(51 区)。这些区域在过去 5 年平均对海洋总捕捞量的贡献为 28%。但是,在一些区域,由于沿海国统计报告系统质量欠佳,实际产量依然有高度的不确定性。

二、全球海洋生物资源潜力

(一)全球海洋生物资源潜力

全球海洋面积为 $3.610\,6 \times 10^8$ km^2,蕴藏着丰富的生物资源。关于全球海洋的初级生产力有各种不同的估计,早期估计为 $12 \times 10^8 \sim 28 \times 10^8$ t 碳。Moiseev(1994)估计为 100×10^8 t 碳,即 $2\,000 \times 10^8$ t 浮游植物,浮游动物的年生产量不少于 60×10^8 t,底栖生物的年生产量为 6×10^8 t,浮游细菌的年生产量达 50×10^8 t,自泳动物的年生产量为 $40 \times 10^8 \sim 50 \times 10^8$ t。

在海洋生物资源中,传统的渔业资源主要由以下几类组成:底层鱼类、沿岸中上层鱼类、大型大洋性鱼类、虾蟹类和头足类等。已知全球海洋鱼类有 1 万多种,虾蟹类近千种,头足类 700 多种。关于海洋渔业资源的潜在渔获量有过各种不同的估计。Pike 和 Spilhaus(1962)评估为 1.75×10^8 t;Graham 和 Edward(1962)评估为 1.15×10^8 t;Schaefer(1965)评估为 2.0×10^8 t;Ryther(1969)评估为 0.94×10^8 t;Gulland(1971)评估为 1.1×10^8 t(仅包括底层鱼类、中上层鱼类和大型甲壳类),如果包括磷虾、头足类、贝类、灯笼鱼类等,潜在渔获量可达 2.15×10^8 t 以上;FAO 评估约为 $0.91 \times 10^8 \sim 1.15 \times 10^8$ t;Moiseev(1994)认为传统海洋渔业资源的潜在渔获量为 $1.2 \times 10^8 \sim 1.5 \times 10^8$ t。综合上述学者的评估,全球传统海洋渔业资源的潜在渔获量大约为 $1.0 \times 10^8 \sim 1.5 \times 10^8$ t。

在 FAO 划分的 15 个渔区(不包括印度洋南极部、太平洋南极部、大西洋南极部和北冰洋)中,潜在渔获量最大的有太平洋西北部、大西洋东北部、太平洋中西部和太平洋东南部,单位面积的潜在渔获量最大的有大西洋西北部、大西洋东北部、太平洋西北部。历史最高年渔获量已超过潜在渔获量的有大西洋中东部、地中海和黑海、太平洋西北部和太平洋东南部,其余渔区的最高年渔获量均未超过该渔区的潜在渔获量。

(二)主要种类的开发潜力

海洋渔业资源主要包括鱼类、头足类和甲壳类。鱼类是海洋中数量最大的渔业资源。全球海洋鱼类资源的潜在渔获量有各种不同的评估结果。Gulland(1971)把海洋鱼类分四类进行评估。结果为:大型中上层鱼类(包括大麻哈鱼、金枪鱼、旗鱼、鲣、狐鲣等)为 430×10^4 t;沿岸中上层鱼类(包括鲱、沙丁鱼、鲐、鳕、竹筴鱼、秋刀鱼、毛鳞鱼、玉筋鱼等)为 5 670

×10⁴ t;底层鱼类(包括鲆、鲽、鳕、黑线鳕、无须鳕、石首鱼、鲹科鱼、鲨、鳐等)为4 380×10⁴ t;灯笼鱼类(非传统渔业资源)为1 000×10⁴ t以上。FAO的评估结果是,底层鱼类的潜在渔获量为3 710×10⁴～4 050×10⁴ t,中上层鱼类的潜在渔获量为4 295×10⁴～5 395×10⁴ t。

全球200余种主要海洋鱼类资源的渔获量约占全球海洋鱼类渔获量的77%。在200多种鱼类中,目前已有35%处于过度开发状态,25%处于充分开发状态,40%处于轻度和中度开发状态。目前尚待进一步开发的鱼类有智利竹篾鱼、太平洋鳕、银无须鳕、羽鳃鲐、大西洋鲭、中西太平洋的黄鳍金枪鱼和鲣以及西印度洋的石首鱼等。

目前已充分开发的种类有大鳞油鲱,东北大西洋的玉筋鱼,中东大西洋的沙丁鱼、绿青鳕、挪威长尾鳕、蓝鳕、牙鳕、欧洲无须鳕等。目前已开发过度的种类有大西洋鳕、黑线鳕,西北太平洋的太平洋鲱、大头鳕,东北大西洋的角鲨,东北大西洋的长鳍金枪鱼等。

头足类是海洋渔业资源有较大开发潜力的一类,潜在渔获量约1 000×10⁴ t以上。目前开发的甲壳类主要是包含虾类、蟹类和南极磷虾。浅海的虾蟹资源已充分开发。深海虾类资源的分布范围窄,数量有限,虽有进一步开发潜力,但潜力不大。南极磷虾是甲壳类中有较大开发潜力的种类,据Gulland(1970)估计,潜在渔获量约有5 000×10⁴ t,也有学者评估为数百万吨。

第二节　各海区海洋渔业发展状况

一、太平洋海域

(一)西北太平洋

西北太平洋为FAO 61区。位于东亚以东, 20°N以北, 175°W以西,与亚洲和西伯利亚海岸线相交的区域,还包括15°N以北、115°W以西的亚洲沿20°N以南的部分水域。本区包括许多群岛、半岛,使之分成几个半封闭的海域,如白令海、鄂霍次克海、日本海、黄海、东海以及南海。西北太平洋与欧亚大陆东边相接壤的沿岸主要国家有:中国、俄罗斯、朝鲜、韩国和越南诸国,日本则是最大的岛国。

西北太平洋是世界上最充分利用的渔区之一。该海区渔业资源种类繁多,中上层鱼类资源特别丰富,这些特点充分反映了本区的地形、水文和生物的自然条件。该海区有千岛群岛和日本诸岛以及朝鲜半岛和堪察加半岛,这些岛屿和半岛把太平洋西北海域分割为日本海和鄂霍次克海两大海盆。大陆架面积共有95.9×10⁴ km²,其中鄂霍次克海58×10⁴ km²,日本海19.6×10⁴ km²,堪察加东南2.9×10⁴ km²,千岛群岛南部2.4×10⁴ km²,日本北部5.3×10⁴ km²,日本南部2.8×10⁴ km²,九州西岸4.9×10⁴ km²。

该海区有寒暖两大海流系在此交汇,它们的辐合不仅影响沿岸区域的气候条件,同时也给该区的生物环境创造了有利条件。黑潮暖流与亲潮寒流在日本东北海区交汇混合,在流界区发展成许许多多的涡流,海水充分混和。研究表明,除了在白令海和鄂霍次克海有反时针环流外,在堪察加东南部的西阿留申群岛一带海区也有环流存在。这些海洋环境条件为渔业资源以及渔场形成创造了极好的条件。

该海区的主要捕捞对象有沙丁鱼、鲲鱼、竹笑鱼、鲐鱼、鲱鱼、竹刀鱼、鲑鳟鱼、鲣鱼、金枪鱼、鱿鱼、狭鳕、鲆鲽类、鲸类等。

在鄂霍次克海区,主要捕捞对象以鲑鳟、鳕鱼、堪察加蟹和鲸类为主,鲆鲽类产量也多,鄂霍次克海中部每年 8 月间水温 11~12℃,是最适于溯河产卵洄游的鲑鳟类栖息地。

白令海区的渔获物以比目鱼、鲑科鱼类、鲱、鳙鲽、鳕、海鲈、堪察加蟹和鲸类为主。

日本北海道—库页岛一带海域是世界三大著名渔场之一,这一海区主要是亲潮和黑潮交汇的流界渔场。捕捞对象中,底层鱼类主要是鳕类、无须鳕、狭鳕、银鳕和油鳕等,中上层鱼类主要是秋刀鱼、拟沙丁鱼、鲐鱼、金枪鱼、鲣、鲸类等。

在日本海海域,主要捕捞对象是沙丁鱼,其次为太平洋鲱鱼、狭鳕(明太鱼)、鲽、鲐等。远东沙瑙鱼的产量是日本沿岸单鱼种产量最高的鱼种。

西北太平洋是联合国粮农组织统计区域中最高产区域。在 20 世纪 80 年代和 90 年代之间总产量在大约 $1\,700 \times 10^4$ 和 $2\,400 \times 10^4$ t 之间波动,2010 年产量约为 $2\,100 \times 10^4$ t。小型中上层物种是这一区域最丰富的类别,日本鲲在 2003 年提供了 190×10^4 t 产量,但此后下降到 2009 年和 2010 年的大约 110×10^4 t。对总产量其他重要的贡献者为带鱼(被认为遭过度开发)、阿拉斯加狭鳕和日本鲭(均被认为被完全开发)。鱿鱼、墨鱼和章鱼是重要物种,2010 年累计产量为 130×10^4 t。

(二)东北太平洋

东北太平洋为 FAO 67 区,位于西北美洲的西部,西界是 175°W 以东,南界是 40°N,东部为阿拉斯加州和加拿大。东北太平洋包括白令海东部和阿拉斯加湾。俄勒冈州和华盛顿州近海的大陆架比较窄,200 m 等深线以浅的宽度大约 40~50 km。温哥华和夏洛特皇后群岛外的大陆架也较窄,但夏洛特皇后群岛与大陆之间有较宽的陆架,斯奔塞角(cape spencer)以北和以西,陆架变宽到斜迪亚克岛外海达 100 km,但在乌尼马岛以西又变窄。阿拉斯加湾沿岸一带多山脉,并有许多岛屿和一些狭长的海湾,白令海东部和楚科奇海有比较浅的宽广的浅水区。

该海区的大陆架面积(0~550 m)约有 109×10^4 km²,其中白令海东北 40×10^4 km²,白令海东南 32.25 km²,阿拉斯加湾 12.57×10^4 km²,不列颠—阿拉斯加东南 10.37×10^4 km²,阿拉斯加半岛 9.72 km²,俄勒冈州—华盛顿州 3.47×10^4 km²。

在阿留申群岛的南部海域,主要的海流是阿拉斯加海流和阿拉斯加环流的南部水系,后者在大约 50°N 的美洲近岸分叉,一部分向南流形成加利福尼亚海流,其余部分向北流入阿拉斯加湾再向西转入阿拉斯加海流。

该海区的主要渔业是大鲆和鲑鳟渔业。大鲆渔业始于 1896 年,采用延绳钓作业,但不久后渔业资源出现衰退,自 1932 年起由国际太平洋大鲆委员会实际限额捕捞,近期的定额捕捞量为 3×10^4~3.5×10^4 t。鲑鳟鱼的沿岸渔业很早已被开发,是一种有悠久历史的沿岸渔业。使用的渔具有定置网、刺网、钓具等,但是由于流刺网混捕大量的海洋哺乳动物等,已于 1993 年 1 月 1 日被联合国禁止。

在阿拉斯加南都、不列颠哥伦比亚和华盛顿州俄勒冈州外海的底层鱼类(不包括大鲆)利用充分,主要是加拿大和美国的拖网和延绳钓作业。美国沿岸的阿拉斯加湾和白令海东部是狭鳕主要渔场,我国已有数艘大型加工拖网船在该渔场作业。

中上层鱼类主要是鲱鱼。加拿大的鲱鱼渔获量于 1963 年达到高峰(26×10^4 t)以后迅速减少。1968 年停止商业性捕捞后,资源开始有所恢复。太平洋沙丁鱼主要分布于该区的南部,年产量不高。此外,还有白令海和阿拉斯加的鳕鱼、巨蟹(king crab)和虾渔业也是该海区的主要渔业。

东北太平洋 2010 年产量为 240×10^4 t,类似于 20 世纪 70 年代早期产量水平,尽管 80 年代后期产量曾超过 300×10^4 t。鳕鱼、无须鳕和黑线鳕是产量最大贡献者。在该区域,只有 10% 的鱼类种群被过度捕捞,80% 为完全开发,另外 10% 是未完全开发。

(三)中西太平洋

中西太平洋位于 175°W 以西、20°N—25°S 的太平洋海域。主要渔场有西部沿岸的大陆架渔场和中部小岛周围的金枪鱼渔场。沿海有中国、越南、柬埔寨、泰国、马来西亚、新加坡、东帝汶、菲律宾、巴布亚新几内亚、澳大利亚、帕劳、关岛、所罗门群岛、瓦努阿图、密克罗尼西亚、斐济、基里巴斯、马绍尔、瑙鲁、新喀里多尼亚、图瓦卢等国家和地区。

该海区主要受北赤道水流系的影响。在北部受黑潮影响,流势比较稳定,南部的表面流受盛行的季候风影响,流向随季风的变化而变化。

北赤道流沿 5°N 以北向西流,到菲律宾分为两支,一支向北,另一支向南。北边的一支沿菲律宾群岛东岸北上,然后经台湾东岸折向东北,成为黑潮。南边的一支在一定季节进入东南亚。2 月份,赤道以北盛行东北季风,北赤道水通过菲律宾群岛的南边进入东南亚,南海的海流沿亚洲大陆向南流,其中大量进入爪哇海然后通过班达海进入印度洋,小部分通过马六甲海峡进入印度洋。8 月份,南赤道流以强大的流势进入东南亚,通常在南部海区,表层流循环通过班达海进入爪哇海,大量的太平洋水通过帝汶海进入印度洋,在此期间南海的海流沿大陆架向北流。

据资料记载,每年 6 月和 7 月在越南沿岸产生局部上升流区,其他可能产生的上升流区包括望加锡沿岸(东南季风期间)、中国沿岸(靠香港)(东北季风)。在东南亚,由于上升流而导致最肥沃的水域就是班达海 - 阿拉弗拉海海区,该海区海水上升和沉降交替进行,上升流高峰期在 7 月和 8 月。

中西太平洋是世界渔业比较发达的海区之一,小型渔船数量非常之多,使用的渔具种类多样,渔获物种类繁多。该海区也是潜在渔获量较高的渔区,2010 年中西部太平洋达到 $1\ 170 \times 10^4$ t 的最高总产量,该区域约占全球海洋产量的 14%。尽管有这样的产量趋势,但仍有理由担忧其资源状况,多数种群被完全开发或过度开发,特别是南中国海西部。该渔区是远洋渔业国的重要作业渔场。

(四)中东太平洋

中东太平洋为 FAO 77 区。西界与 71 区相接,北与 67 区以 40°N 为界,南部在 105°W 以西与25°S取平,而在105°W以东则以6°S为界,东部与南美大陆相接。沿岸国家主要有美国、墨西哥、危地马拉、萨尔瓦多、厄瓜多尔、尼加拉瓜、哥斯达黎加、巴拿马、哥伦比亚。漫长的海岸线(约9 000 km,不包括加利福尼亚湾)大部分颇似山地海岸,大陆架狭窄。在加利福尼亚南部和巴拿马近岸有少数岛屿,外海的岛和浅滩稀少,也有一些孤立的岛或群岛,如克利帕顿岛、加拉帕戈斯群岛;岛的周围,仅有狭窄的岛架。这些岛或群岛引起局部水文的变化导致金枪鱼以及其他中上层鱼类在此集群,对渔业起到非常重要的作用。

加利福尼亚海岸平直,没有宽的浅滩和大的海湾。中美沿岸,海岸线较为曲折,陆架较宽,特别是巴拿马湾更宽,水深200 m以浅,平均宽度40 km。包括加利福尼亚湾在内的大陆架总面积约为 45×10^4 km^2。

该海域有两支表层海流,一个是分布在北部的加利福尼亚海流,另一个是分布在南部的秘鲁海流。还有次表层赤道逆流,也是重要的海流。加利福尼亚海流沿美国近海向南流,由于盛行的北风和西北风的吹送,从而产生强烈的上升流,在夏季达到高峰;冬季北风减弱或吹南风,沿岸有逆流出现,在近岸,水文结构更加复杂,在加利福尼亚南部的岛屿周围有半永久性的涡流存在。加利福尼亚海流的一部分,沿中美海岸到达东太平洋的低纬度海域,在10°N附近转西并与北赤道海流合并。赤道逆流在接近沿岸时,沿中美海岸大都转向北流(哥斯达黎加海流),最后与赤道海流合并,在哥斯达黎加外海产生反时针涡流,从而诱发哥斯达黎冷水丘(Casta Rica Dome,中心位置在7°—9°N、87°—90°W附近),下层海水大量上升。

该海区历史上最大的渔业是加利福尼亚沙丁鱼渔业,1936年产量接近 80×10^4 t,达到高峰,之后资源衰减,产量下降。但沙丁鱼减少而鲲鱼上升,由于各种原因,鲲鱼渔业并没有得到发展。鲐鱼和竹筴鱼的渔获量在加利福尼亚中上层渔业占一定比重,但产量不大。金枪鱼渔业是加利福尼亚的主要渔业。从墨西哥到厄瓜多尔的赤道沿岸虾渔业也很发达。

中东部太平洋显示了自1980年起的典型波动模式,2010年产量约为 200×10^4 t。中东部太平洋最丰富的物种是美洲拟沙丁鱼和太平洋鲲鱼。该区域种群开发状态没有发生太大的变化,小型中上层物种占很大比例,产量波动很大。

(五)西南太平洋

西南太平洋为FAO 81区。北以25°S与71区、77区为界,东以105°W与87区相邻,南界为60°S,西部以15°E与澳大利亚东南部相接。本区包括新西兰和复活节岛等诸多岛屿。该海区面积很大,几乎全部是深水区。该海区的沿海国只有澳大利亚和新西兰。大陆架主要分布在新西兰周围和澳大利亚的东部和南部沿海(包括新几内亚西南沿海)。主要作业渔场为澳大利亚和新西兰周围海域。

南太平洋的水文情况(特别是远离南美和澳大利亚海岸的海区)了解较少。主要的海流,在北部海域是南赤道流和信风漂流,在最南部是西风漂流;在塔斯曼海,有东澳大利亚海流沿澳大利亚海岸向南流,至悉尼以南流势减弱并扩散;新西兰周围的海流系统复杂多变。

该海区渔业一般是小规模的,通常使用多种作业小型渔船。在太平洋中部的岛屿,其渔业主要是自给。澳大利亚和新西兰近海的底拖网、延绳钓和丹麦式旋曳网(Danish seins)等作业已有较长的历史。20世纪60年代末开始,日本和罗马尼亚大型冷冻拖网船在新西兰外海作业,日本的拖网和延绳钓的底鱼渔获量逐步增长。但据统计,地方性的小型渔业在产量中仍占最大比例。

最主要的单种渔业是近海甲壳类渔业(如新西兰和澳大利亚近海的龙虾渔业和澳大利亚近海的对虾渔业)和外海的金枪鱼渔业。

西南太平洋的潜在渔获量不高,只有 210×10^4 t 左右。但该渔区是目前产量最低的渔区,1998年捕捞产量达到最高,为 85.7×10^4 t,仅为潜在渔获量的 40.7%。该区 1994—2000 年捕捞产量不稳定,1999年和2000年连续两年持续下降,分别为 80.7×10^4 t 和 75.3×10^4 t,均不到潜在渔获量的 1/2。该海区也是远洋渔业国的重要作业渔区。

(六)东南太平洋

东南太平洋为 FAO 87 区。北部以 5°S 与 77 区相接,东以 105°W 与 77 区、81 区相邻,南部以 60°S 为界,东部以 70°W 及南美大陆为界。沿岸国家包括哥伦比亚、厄瓜多尔、秘鲁和智利。该海域有广泛的上升流。主要渔场为南美西部沿海大陆架海域。

该海区的中部大陆架很窄,从秘鲁的伊洛(Ilo)到瓦尔帕来索(Valparaiso)这一区域距岸 30 km 以内水深超过 1 000 m;陆架的宽度各地不同,自几千米到 20 km。沿秘鲁海岸向北,陆架渐宽,直至迪钦博特区域,最宽达 130 km 左右,再向北又变窄,瓦尔帕来索以南大陆架较宽,最大宽度约 90 km。从安库德湾到合恩角近海有许多岛屿,这些岛屿有大的峡湾和宽的沿岸航道。据粗略估计,秘鲁的大陆架面积为 8.7×10^4 km^2(200 m 等深线以内),智利为 30×10^4 km^2(全部陆架面积),其中后者估计有 9×10^4 km^2 可作拖网渔场。该渔场水深小于 200 m。

亚南极水(西风漂流)横跨太平洋到达 44°—48°S 的智利沿岸(夏季稍偏南)开始分为两支,一支为向南流的合恩角海流,另一支为沿岸北上的秘鲁海流,这支海流一直到达该海区的北界。秘鲁海流又分为两支,靠外海的是秘鲁外洋流,深度达 700 m,近岸的一支叫做秘鲁沿岸流,深达 200 m,沿岸流在北上的行进过程中流势减弱。秘鲁沿岸流带着冷的营养盐丰富的海水北上,流速缓慢。

秘鲁海流始端的表温为 10~15℃,随着海流向北行进,水温渐增,至秘鲁北部沿岸,水域表温,冬季为 18℃,夏季为 22℃,外海的表温则稍高;盐度在南部为 34.0,在北部水域由于蒸发,盐度增至 35,合恩角海流的沿岸水域盐度降至 33。

在次表层有一股潜流,靠近秘鲁—智利海岸向南流动,这股潜流起源于赤道附近水深小于 100 m 至几百米的次表层水,向南延伸至 40°S 附近,在该处潜流范围自深度 100~300 m。在陆架区,潜流接近表面,潜流的盐度为 34.5—35,潜流所处深度的整个水团含氧量很低,营养盐丰富。

该海区的主要渔业是鳀鱼,遍及秘鲁整个沿岸和智利最北部。该渔业于 20 世纪 50 年代后半期开始发展至 60 年代上半期已达高水平,到 1970 年达到历史最高峰 $1\,306 \times 10^4$ t,随后急剧下降。其他主要渔业是金枪鱼渔业、无须鳕拖网渔业(智利中部近海),秘鲁和智利的虾渔业、智利的贝类和软体动物渔业也具有一定价值。

东南太平洋海洋捕捞产量以 1994 年为最高,超过 2 000 × 10⁴ t,达到 2 031 × 10⁴ t。该渔区捕捞产量具有大的年间波动特征,自 1993 年起呈总体下降趋势。该区域种群开发状态没有主要变化,小型中上层物种占很大比例,产量波动很大。东南太平洋最丰富的物种是鳀鱼、智利竹篓鱼和南美拟沙丁鱼,占总产量的 80% 多。

二、大西洋海域

(一)西北大西洋

为 FAO 21 区。东与 27 区相邻,南以 35°N 为界,西为北美大陆。本区国家仅为加拿大和美国。该海区主要是以纽芬兰为中心的格陵兰西海岸和北美洲东北沿海一带海域。该海区主要部分是国际北大西洋渔业委员(ICNAF)所管辖的区域。

该海区的主要海洋学特征,与寒、暖两海流系密切相关。湾流起源于高温水系,一直沿美洲东岸北上,到达大浅滩的尾部后,其中一部分沿大浅滩东缘继续北上,大约到达 50°N 转向东北,到了中大西洋海脊附近,再转向北流,到达冰岛成为伊尔明格海流。该流沿冰岛南岸和西岸流去,在丹麦海峡分叉,一部分与东格陵兰海流汇合沿格陵兰岛东岸南下到费尔韦尔角。此暖流绕过费尔韦尔角沿西格陵兰浅滩的边缘区北流,成为西格陵兰海流。

流入本区的水温 0℃ 以下的冷水系是起源于极地的拉布拉多海流,在巴芬湾与西格陵兰海流合流,沿拉布拉多半岛南下,在纽芬兰南方的大浅滩与湾流汇合,形成世界著名的纽芬兰渔场。

该海区的主要渔业是底拖网渔业和延绳钓渔业,两个最大的渔业是油鲱渔业和牡蛎渔业,油鲱主要用来加工鱼粉和鱼油。主要渔获物有鳕鱼、黑线鳕、鲈鲉、无须鳕、鲱鱼以及其他底层鱼类、中上层鱼类(如鲑鱼等)。

尽管西北大西洋渔业资源继续受到一定的开发压力,最近一些种群仍显示出了恢复信号(例如马舌鲽、黄尾黄盖鲽、庸鲽、黑线鳕、白斑角鲨)。但是,一些有历史的渔业,例如鳕鱼、美首鲽和平鲉依然没有恢复,或有限恢复,原因可能是不利的海洋条件以及海豹、鲭鱼和鲱鱼数量增加造成的高自然死亡率。这些因素明显影响鱼类增长、繁殖和存活。相反,无脊椎动物依然处于接近创记录的高水平。1994 年以后,其年渔获量稳定在 200 × 10⁴ t 左右。西北大西洋有 77% 的种群为完全开发,17% 为过度开发,6% 是未完全开发。

(二)东北大西洋

为 FAO 27 区。东界位于 68°30′E,南界位于 36°N 以北,西界至 42°W 和格陵兰东海岸。包括葡萄牙、西班牙、法国、比利时、荷兰、德国、丹麦、波兰、芬兰、瑞典、挪威、俄罗斯、英国、冰岛以及格陵兰、新地岛等,是世界主要渔产区。该海区是国际海洋考察理事会(ICES)的渔业统计区。该海区的主要渔场有北海渔场、冰岛渔场、挪威北部海域渔场、巴伦支海东南部渔场、熊岛至斯匹次卑尔根岛的大陆架渔场。

该海区的水文学特征,主要为北大西洋暖流及支流所支配。冰岛南岸有伊里明格海流(暖流)向西流过,北岸和东岸为东冰岛海流(寒流)。北大西洋海流在通过法罗岛之后沿挪威西岸北上,然后又分为两支,一支继续向北到达斯匹次卑尔根西岸,另一支转向东北沿挪威北岸进入巴伦支海,两支海流使巴伦支海的西部和南部的海水变暖,提高了生产力。

另外,北大西洋暖流另一支流过设德兰群岛的北部形成主流进入北海。还有一些小股支流进入北海,这些海流使北海强大的潮流复杂化,在北海形成反时针环流;在多格尔(Dogger)以北海水全年垂直混合,多格尔以南海水夏季形成温跃层。

该海区的渔业,其中一些是世界上历史最悠久的渔业。北海渔场是世界著名的三大渔场之一,它是现代拖网作业的摇篮,整个渔场长期来进行高强度的拖网作业。适合拖网作业的主要渔场有多格尔浅滩和大渔浅滩(Great Fisher Bank)等。冰岛、挪威近海和北海渔场的鲱鱼渔业是最重要的、建立时间最长的渔业。现在在北海传统的流刺网逐步被拖网作业(底拖和现代的中层拖网)所代替。冰岛、挪威近海和外海水域的地方种群也主要采用围网作业,确认具体国家在大西洋外洋则采用流刺网作业。

主要捕捞对象有鳕鱼、黑线鳕、无须鳕、挪威条鳕、绿鳕类、鲱科鱼类、鲐鱼类等。产量最高的是鲱鱼,年产$200 \times 10^4 \sim 300 \times 10^4$ t,有下降趋势,其次是鳕鱼,年产量高达200×10^4 t以上。

在东北大西洋,1975年后产量呈明显下降趋势,20世纪90年代恢复,2010年产量为870×10^4 t。2005年以后,东北大西洋海域的渔获量稳定在900×10^4 t左右。蓝鳕种群从2004年240×10^4 t高峰快速下降到2009年的60×10^4 t。鳕鱼、鳎和鲽的捕捞死亡率降低,实施了这些物种主要种群的恢复计划。2008年北鳕产卵种群特别大,从20世纪60年代到80年代的低水平恢复过来。同样,北极绿青鳕和黑线鳕种群增加到高水平,但其他地方的种群依然是完全开发或过度开发状态。格氏鼠鳕和毛鳞鱼种群处于过度捕捞状态。对数据有限的平鲉和深海物种依然存在关切,它们的生态系统比较脆弱。北方对虾和挪威海螯虾总体处于良好状态,但有迹象表明一些种群正在被过度开发。总体上,东北大西洋62%的评估种群为完全开发,31%被过度开发,7%是未完全开发。

(三)中西大西洋

为FAO 31区。东与34区相接,北与21区、27区连接,南界为5°N以北。主要国家为美国、墨西哥、危地马拉、洪都拉斯、尼加拉瓜、哥斯达黎加、巴拿马、哥伦比亚、委内瑞拉、圭亚那、苏里南,本区还包括加勒比地区的古巴、牙买加、海地、多米尼加等岛国。主要作业渔场为墨西哥湾和加勒比海水域。

美国东岸岸线长约1 100 km,沿岸有许多封闭或半封闭的水域,200 m以浅(不包括河口)的大陆架面积约11×10^4 km^2,200 m以外的斜坡徐缓。巴哈马浅滩由许多低矮岛屿的浅水区组成,包括古巴北部沿岸比较狭窄的陆架,200 m以浅的面积为12×10^4 km^2。墨西哥湾的总面积约160×10^4 km^2,200 m以浅水域小于60×10^4 km^2。加勒比海的总面积为264×10^4 km^2,其中大陆架(200 m以浅)面积25×10^4 km^2,约占10%,大部分水深浅于100 m;加勒比海之外陆架变宽,平均宽度(到200 m等深线)90 km,面积20×10^4 km^2。

该海区的主要海流有赤道流的续流,沿南美沿岸向西流和赤道流一起进入加勒比海区形成加勒比海流,强劲地向西流去,在委内瑞拉和哥伦比亚沿岸近海由于有风的诱发形成上升流。加勒比海流离开加勒比海,通过尤卡坦水道(Yucatan Channel)形成顺时针环流(在墨西哥湾东部)。该水系离开墨西哥湾之后即为强劲的佛罗里达海流,这就是湾流系统的开始,向北流向美国东岸。

该海区最重要的渔业是虾渔业,中心在墨西哥湾,主要由美国和墨西哥渔船生产。虾渔场的发展也扩大到委内瑞拉和圭亚那近海。从数量上来看,美国的油鲱渔业也是很重要的渔业,产量高峰值达 100×10^4 t,但渔获物均用于加工鱼粉,产值不高。

20 世纪 90 年代以来,中西大西洋最高年渔获量为 216×10^4 t(1994 年),以后出现下降,2005 年以前基本上维持在 $170 \times 10^4 \sim 183 \times 10^4$ t。2005 年渔获量进一步下降至 120×10^4 t 左右。

(四)中东大西洋

为 FAO 34 区。北接 27 区,南界基本抵赤道线,但在 30°W 以西提升到 5°N,在 15°E 以东又降到 6°S,西以 40°W 为界,仅在赤道处移至 30°W 为界。本区还包括地中海和黑海。主要国家有安哥拉、刚果、加蓬、赤道几内亚、喀麦隆、尼日利亚、贝宁、多哥、加纳、科特迪瓦、利比利亚、塞拉利昂、几内亚、几内亚比绍、塞内加尔、毛里塔尼亚、西撒哈拉、摩洛哥以及地中海沿岸国等。主要作业渔场为非洲西部沿海大陆架海域。沿岸水域的大陆架(200 m 水深以浅)面积为 48×10^4 km²,大陆架的宽度一般较小,小于 32.2 ~ 48.3 km,但自 8°—24°N 一带沿海大陆架较宽约达 160 km。

该海区主要的表层流系是由北向南流的加那利海流和由南往北流的本格拉海流,它们到达赤道附近向西分别并入北、南赤道海流。在这两支主要流系之间有赤道逆流,其续流几内亚海流向东流入几内亚湾。在象牙海岸近海,几内亚海流之下有一支向西的沿岸逆流存在。由于沿西非北部水域南下的加那利海流(寒流)和从西非南部沿岸北上的赤道逆流(暖流)相汇于西非北部水域,形成季节性上升流,同时这一带大陆架面积较宽,故形成了良好的渔场。

在其北部水域(从直布罗陀海峡到达喀尔),小型中上层鱼类主要是沙丁鱼,中型中上层鱼类主要是竹笋鱼、鲐鱼和大的沙丁鱼等,渔获量大部分由俄罗斯等东欧国家的拖网船捕获。大型中上层鱼主要为长鳍金枪鱼、黄鳍金枪鱼和金枪鱼等,其中金枪鱼是西北非最重要的沿岸渔业。大型底层鱼类如鲷科鱼类、乌鲂科鱼类等,由南欧、东欧国家的拖网渔船捕获。头足类包括鱿鱼、墨鱼和章鱼,主要由西班牙和日本的渔船捕获。

其南部海域(从达喀尔到刚果)的主要底层渔场中,最好的渔场是位于上升流区。其中比热戈斯(Bissagos)渔场生物量最大,其大陆架很宽(200km)。另外,河口通常也是较好的拖网渔场,可以捕到大型鱼类如石首科鱼类、马鲛科鱼类,海鲶科鱼类、鳐科鱼类等,其中以刚果河口最好。最丰富的虾场是在大河口或潟湖口(入海)附近,例如塞内加尔南部,尼日利亚、西班牙的拖网渔船已在毛里塔尼亚、塞内加尔、刚果和安哥拉北部外海发展了深水捕虾。

1968 年以后,发展了许多大型渔船及其附属的围网船队。来自南非等国家的船队,主要以加那利群岛为基地,捕捞各种集群性的中上层鱼类,在渔船上将其加工成鱼粉。自 1985 年以来,我国远洋渔船也开始开发西非沿海的渔业资源。该海区沿海国的海洋渔业不发达。

中东大西洋海域是远洋渔业国的重要作业渔区。自 20 世纪 70 年代起总产量不断波动,2010 年约为 400×10^4 t,与 2001 年的高峰基本一致。小型中上层物种构成了上岸量的近 50%,其他沿海鱼类次之。上岸量方面最重要的单一物种是沙丁鱼,过去十年产量范围为 60 $\times 10^4 \sim 90 \times 10^4$ t。沙丁鱼(博哈多尔角和向南到塞内加尔)依然被认为是未充分开发状态; 相反,多数中上层种群被认为是完全开发或过度开发,例如西北非洲和几内亚湾的小沙丁鱼 种群。底层鱼类资源在很大程度上在多数区域从完全开发到过度开发,塞内加尔和毛里塔 尼亚的白纹石斑鱼种群依然处于严峻状态。一些深水对虾种群的状态得到了改善,现在处 于完全开发状态,而其他对虾种群则处于完全开发和过度开发之间。章鱼和墨鱼种群依然 被过度开发。总体上,中东部大西洋有 43% 的种群评估为完全开发,53% 为过度开发,4% 是 未完全开发,因此亟需科学的管理进行改善。

(五)西南大西洋

为 FAO 41 区。东以 20°W 为界,南至 60°S,北与 31 区、34 区相接,西接南美大陆及 70° W 为界。包括巴西、乌拉圭、阿根廷等国。主要作业渔场为南美洲东海岸的大陆架海域。

巴西北部沿岸大陆架,除亚马孙河口外,均为岩石和珊瑚礁带,大部分海区不宜进行拖 网作业。巴西的中南部沿岸,其北面是岩石和珊瑚带,南面大部分海区很适于拖网作业,但 外海有许多海坝(bars)。巴塔哥尼亚大陆架(Patagonian Shelf)是南半球面积最大的大陆架; 拉普拉塔河口和布兰卡湾、圣马提阿斯湾、圣豪尔赫湾是良好的拖网渔场。42°S 以南海区的 底质较粗,但仍适合拖网作业,例如伯德伍德浅滩(Burdwood bank)就是较好的拖网渔场,但 渔场有较多大石块。大陆架的深度,大多数海区不超过 50 m,巴西北部近海和福克兰陆架大 于 50 m,拉普拉塔湾很浅,巴塔哥尼亚大陆架北部的斜坡很陡,但南部则很缓,大部分海区均 可拖网。

该海区的大陆架受两支主要海流的影响,北面的一支为巴西暖流,南面的一支是福克兰 寒流。后者沿海岸北上到达里约热内卢与巴西暖流交汇,在此海区水团混合,水质高度肥 沃,产生涡流,海水垂直交换。该海区南部为西风漂流,南大西洋中部为南大西洋环流,海水 运动微弱;亚热带辐合线在大约 40°S 的外海海域。

该海区几乎全部是地方渔业。巴西北部和中部沿岸渔业主要用小型渔船和竹筏进行生 产,南部沿岸和巴塔哥尼则使用大型底拖网作业。乌拉圭和阿根廷渔业均以各类大小型拖 网为主。捕捞对象均以无须鳕为主,此外还有沙丁鱼、鱿鱼和鲉鱼以及石首科鱼类。

西南大西洋海域也是远洋渔业国的重要作业渔区。其渔获量在 20 世纪 80 年代中期停 止增长后,其年总产量在 200×10^4 t 左右波动。阿根廷无须鳕和巴西小沙丁鱼等主要物种 依然被预计为过度开发,尽管后者有恢复迹象。阿根廷滑柔鱼产量只有 2009 年高峰水平的 1/4,被认为从完全开发到过度开发。在该区域,监测的 50% 鱼类种群被过度开发,41% 被完 全开发,剩余 9% 被认为处于未完全开发状态。

(六)东南大西洋

为 FAO 47 区。北在 6°S 以南,与 34 区为界,西界为 20°W,南部止于 45°S,东以 30°E 及 西南非陆缘。主要作业渔场为非洲西部沿海大陆架海域。该海区的沿海国有安哥拉、纳米比亚和南非。

安哥拉以北大陆架较宽（约 50 km），南部大陆架很狭窄（约 20 km），到纳米比亚和南非沿海大陆架又变宽，和其他海区不同，这一带 200 ~ 1 000 m 水深带特别宽。因此，在 30°S 海域的 200 m 等深线离岸约 70 km，而 700 m 等深线离岸则超过 200 km。开普敦东南近海是该海区仅有的一个重要近海浅滩——厄加勒斯浅滩，再往东，陆架又变窄，大约 40 km 左右。

该海区的主要海流为本格拉海流，在非洲西岸 3°—15°S 之间向北流，然后向西流形成南赤道流。本格拉海流沿南部非洲的西岸北上，由于离岸风的作用产生上升流，其范围依季节而异。其南部的主要海流是西风漂流。

1970 年以前渔业均为沿岸国家所捕捞，主要有三种渔业：①成群的中上层鱼渔业（沙丁鱼、竹筴鱼），从事该渔业的国家为南非、纳米比亚、安哥拉；②拖网渔业（主要为南非的无须鳕渔业）；③龙虾渔业，南非和西南非洲，此外还有许多小型渔业。

东南大西洋亦是远洋渔业国的重要作业渔区。东南大西洋是自 20 世纪 70 年代早期起产量呈总体下降趋势的一组区域的典型。该区域在 70 年代后期产量为 330×10^4 t，但 2009 年只有 120×10^4 t。重要的无须鳕资源依然是完全开发到过度开发。南非海域的深水无须鳕和纳米比亚海域的南非无须鳕有一些恢复迹象，这是良好补充年份以及自 2006 年起引入严格管理措施的结果。南非拟沙丁鱼变化很大，生物量很大，2004 年为完全开发，但现在处于不利环境条件下，资源丰量已大大下降，被认为是完全开发或过度开发。南非鳀鱼资源继续得到改善，预计在 2009 年为完全开发。瓦氏脂眼鲱资源没有被完全开发。短线竹筴鱼的状况恶化，特别是在纳米比亚和安哥拉海域，2009 年为过度开发。米氏鲍种群条件仍然令人担忧，被非法捕捞严重开发，目前为过度捕捞状态，可能已衰退。

三、地中海和黑海

地中海几乎是一个封闭的大水体，它使欧洲和非洲、亚洲分开。地中海以突尼斯海峡为界，分为东地中海和西地中海两部分。地中海有几个深水海盆，最深处超过 3 000 m。地中海 180 m 以浅的大陆架总面积约 50×10^4 km²，亚得里亚海和突尼斯东部近海陆架较宽，尼罗河三角洲近海和利比亚沿岸陆架较窄。沿岸一般均为岩石和山脉。

黑海是一个很深的海盆，北部的亚速海和克里木半岛西面是浅水区，南部陆架陡窄。

大西洋水系通过直布罗陀海峡进入地中海，主要沿非洲海岸流动，可到达地中海的东部。黑海的低盐水通过表层流带入地中海。尼罗河是地中海淡水的主要来源，它影响着地中海东部的水文、生产力和渔业。阿斯旺水坝的建造，改变了生态环境，直接影响了渔业。苏伊士运河将高温的表层水从红海带入地中海，而冷的底层水则从地中海进入红海。

地中海鱼类资源较少，种类多但数量少。大型渔业主要在黑海。地中海小规模渔业发达，区域性资源已充分利用或过度捕捞，底层渔业资源利用最充分。中上层渔业产量约占总产量的一半，主要渔获物是沙丁鱼、黍鲱、鲣鱼、金枪鱼等。底层渔业的重要捕捞对象是无须鳕。

2005 年以来，地中海和黑海年捕捞产量稳定在 130×10^4 ~ 150×10^4 t 间。所有欧洲无须鳕和羊鱼种群被认为遭到过度开发，鳀鱼主要种群和多数鲷鱼也可能如此。小型中上层鱼类(沙丁鱼和鳀鱼)主要种群被评估为完全开发或过度开发。在黑海,小型中上层鱼类(主要是黍鲱和鳀鱼)从 20 世纪 90 年代可能因不利海洋条件造成的急剧衰退中得到一定程度恢复,但依然被认为是完全开发或过度开发,多数其他种群可能是处在完全开发到过度开发状态。总体上,2009 年地中海和黑海有 33% 的评估种群为完全开发,50% 为过度开发,余下的 17% 是未完全开发。

四、印度洋

印度洋分西区和东区,陆架面积总计 $300 \times 10^4 \text{ km}^2$,其中孟加拉湾 $61 \times 10^4 \text{ km}^2$,阿拉伯海 $40 \times 10^4 \text{ km}^2$,东非 $39 \times 10^4 \text{ km}^2$,西澳 $38 \times 10^4 \text{ km}^2$,南澳(到 130°E) $26 \times 10^4 \text{ km}^2$,波斯湾 $24 \times 10^4 \text{ km}^2$,马达加斯加 $21 \times 10^4 \text{ km}^2$,印度洋各岛 $20 \times 10^4 \text{ km}^2$,红海 $18 \times 10^4 \text{ km}^2$,印度尼西亚 $13 \times 10^4 \text{ km}^2$。

大陆架较宽的海区有阿拉伯海东部、孟加拉湾东部和澳大利亚西北部沿岸。印度洋其他海域的大陆架都很窄,沿岸是悬崖绝壁。东非沿岸许多地方 200 m 等深线距岸不到 4 km,珊瑚礁到处可见,特别在非洲沿岸最多。

印度洋北部表层海流随着季风而改变。在西南季风期间(4—9 月),索马里海流沿非洲沿岸向北流,流速高达 7 kt;到达 12°N,大部分偏离近岸向东流去,成为 10°N 以北的季风海流。在东北季风期间(10 月至翌年 3 月),索马里海流转向南流(12 月至翌年 2 月)。阿拉伯海北部的大部分海流流势弱,流向不定。

南印度洋海流系统与太平洋、大西洋的相似,南赤道流沿 10°S 附近向西流,到非洲东岸分支,向南的一支最后形成厄加勒斯海流,它与西风漂流和西澳海流连接一起完成南印度洋反时针环流。

在东非近岸区(南非、莫桑比克和坦桑尼亚),大多数渔业是自给性的沿岸渔业。不适宜底拖网作业,因为这一带水域珊瑚礁多,陆架窄,只有小型拖网作业可能获得成功。在阿伯海西部海区,渔业不发达,主要是缺乏地方渔业市场。在马斯喀特(Muscat)和阿曼近岸的沙丁鱼产量有 10×10^4 t。在孟加拉湾北部,渔期在 11 月至翌年 2 月末,西南季风期间风大不宜作业。孟加拉国近海渔场最重要的捕捞对象是马鲛鱼。印度尼西亚南部的印度洋水域,重要的捕捞对象是沙丁鱼、鳀鱼、鲐等,渔场在东爪哇和巴厘岛之间的海域,渔船小,渔具简单。在西澳大利亚近岸渔场龙虾似乎已充分利用,虾渔业已向北扩展到沙克湾和埃克斯茅斯湾(Exmouth Gulf),从此处向北扩展还有一定潜力。红海的重要渔业是北部沿岸的沙丁鱼渔业和南部的底拖网渔业。

(一)东印度洋区

为 FAO 57 区。西与 51 区相邻,南至 55°S,东在澳洲西北部以 12°E、在澳洲东南以 150°E 为界。主要包括印度东部、印度尼西亚西部、孟加拉国、越南、泰国、缅甸、马来西亚等国。盛产西鲱、沙丁鱼、遮目鱼和虾类等。

在印度洋东部海区,主要渔场有沿海大陆架渔场和金枪鱼渔场。其沿海国有印度、孟加拉国、缅甸、泰国、印度尼西亚和澳大利亚等。该海区的渔获量主要以沿海国为主。远洋渔业国在该渔区作业的渔船较少,目前在该渔区作业的非本海区的国家和地区只有中国、中国台湾省、日本、法国、韩国和西班牙,主要捕捞金枪鱼类。

在东印度洋海域,依然保持着产量的高增长率,从 2007 年到 2010 年增长 17%,2010 年总产量 700×10^4 t。孟加拉湾和安达曼海区总产量稳定增长,没有产量到顶的迹象。但是,该海域产量很高的比例(约 42%)属于"未确定的海洋鱼类"类别,这对约有资源监测来讲是极为不利的。产量增加可能是由于在新区域扩大捕捞或捕捞新开发的物种。

(二)西印度洋区

为 FAO 51 区。指 80°E 以西、南至 45°S 以北,西接东非大陆与 30°E 为界。周边国家主要包括:印度、斯里兰卡、巴基斯坦、伊朗、阿曼、也门、索马里、肯尼亚、坦桑尼亚、莫桑比克、南非、马尔代夫、马达加斯加等。本区出产沙丁鱼、石首鱼、鲣、黄鳍金枪鱼、龙头鱼、鲅鱼、带鱼和虾类等。

在印度洋西部,主要渔场有大陆架渔场和金枪鱼渔场。该区渔获量主要以沿海国为主,约占其总渔获量的 90.6%。目前在该海域从事捕捞生产的远洋渔业国家和地区有日本、法国、西班牙、韩国、中国台湾省等,主要捕捞金枪鱼和底层鱼类,占其总渔获量的比重不到 10%。

在西印度洋,2006 年总上岸量达到 450×10^4 t 的高峰,此后稍有下降,2010 年报告的产量为 430×10^4 t。最近的评估显示,分布在红海、阿拉伯海,阿曼湾、波斯湾以及巴基斯坦和印度沿海的康氏马鲛遭到过度捕捞。西南印度洋渔业委员会对 140 种物种进行了资源评估,总体上,预计 2009 年 65% 的鱼类种群为完全开发,29% 为过度开发以及 6% 为未完全开发。

五、南极海

包括 FAO 48 区、58 区、88 区。位于太平洋和大西洋西部 60°S 以南,在大西洋东部与印度洋西部 45°S 为界,而印度洋东部则 55°S 为界。分别与 81 区、87 区、41 区、47 区、51 区以及 57 区相接,为环南极海区。南极海与三大洋相通,北界为南极辐合线,南界为南极大陆,冬季南极海一半海区为冰所覆盖。南极海分大西洋南极区、太平洋南极区和印度洋南极区。盛产磷虾,但鱼类种类不多,只有南极鱼科和冰鱼等数种有渔业价值。

南极大陆架狭窄而且冰冻很深,全年大部分时间被冰覆盖,用传统的捕鱼方式无法作业,岛屿和海脊无宽广的浅水区,只有凯尔盖朗岛和乔治亚岛周围有一些重要的浅水区。

南极海的主要表面海流已有分析研究。上升流出现在大约 65°S 低压带的辐合区,靠近南极大陆的水域也出现上升流。南极海的海洋环境是一个具有显著循环的深海系统,上升流把丰富的营养物质带到表层,夏季生物生产量非常高,冬季生物量明显下降。

据调查,南极海域(包括亚南极水域)的中上层鱼类约 60 种,底层鱼类约 90 种,但这些鱼类的数量还不清楚。另据测定,在南极太平洋海区的肥沃水域(辐合带)中,以灯笼鱼为主的平均干重为 $0.5 \mathrm{g/m}^2$,辐合带中南极电灯笼鱼资源丰富,苏联中层拖网每 2h 产量 5～10 t。

南极海域最大的资源量是磷虾。各国科学家对磷虾资源量有完全不同的估算值,苏联学者挪比莫娃从鲸捕食磷虾的情况估算磷虾的资源量为 $1.5 \times 10^8 \sim 50 \times 10^8$ t;联合国专家古兰德(Gulland)从南极海初级生产力推算为 5×10^8 t,年可捕量 $1 \times 10^8 \sim 2 \times 10^8$ t;法国学者彼卡恩耶认为,磷虾总生物量为 $2.1 \times 10^8 \sim 2.9 \times 10^8$ t,每年被鲸类等动物捕食所消耗的量为 $1.3 \times 10^8 \sim 1.4 \times 10^8$ t,而达到可捕规格的磷虾不超过总生物量的 40% ~ 50% 。近年来的调查估算,磷虾的年可捕量为 $5\,000 \times 10^4$ t。

第三节　世界主要经济种类资源及渔场分布

一、鳕鱼类

鳕类通常是指鳕形目鱼类,约有 500 多种,是海洋渔业的主要捕捞对象。1999 年全球鳕鱼类产量达到最高,为 $1\,077 \times 10^4$ t;2000 年鳕类的渔获量下降到 872×10^4 t,占海洋渔业产量的 9.2% 。主要捕捞种类属鳕科、无须鳕科和长尾鳕科。

已知全球鳕科经济鱼类有 50 种,大多数分布于大西洋北部大陆架海域。重要鱼种有太平洋鳕(*Gadus macrocephalus*)、大西洋鳕(*Gadus morhua*)、黑线鳕(*Melanogrammus aeglefinus*)、蓝鳕(*Micromesistius poutassou*)、绿青鳕(*Pollachius virens*)、牙鳕(*Merlangius merlangus*)、挪威长臀鳕(*Trisopterus esmarkii*)和狭鳕(*Theragra chalcogramma*)等。

无须鳕科的主要捕捞种类有银无须鳕(*Merluccius bilinearis*)、欧洲无须鳕(*Merluccius merluccius*)、智利无须鳕(*Merluccius gayi*)、阿根廷无须鳕(*Merluccius hubbsi*)、太平洋无须鳕(*Merluccius products*)和南非无须鳕(*Merluccius capensis*)等。

长尾鳕科是鳕类中种类最多的一个科,约在 300 种以上,多数栖息于深海的底层或近底层。主要捕捞对象有突吻鳕(*Coryphaenodes rupestris*)等。

现就主要经济种类的作业渔场分布进行逐一介绍。

(一)大西洋鳕

大西洋鳕是数量较多、渔获量较大的重要经济种类。分布于大西洋的东北部、西北部和北冰洋。1998 年大西洋东北部的渔获量占全球大西洋鳕渔获量的 96.6% 。在大西洋东北部,主要分布于比斯开湾至巴伦支海一带的欧洲沿岸,包括冰岛和熊岛周围以及格陵兰东南部 600 m 以浅的海域。在大西洋西北部,主要分布在美国的哈特腊斯角至加拿大的昂加瓦湾一带以及格陵兰西南部 600 m 以浅海域(图 8 - 5)。

(二)太平洋鳕

太平洋鳕是重要经济鳕类,分布于太平洋北部沿岸海域,从北太平洋西南部的黄海,经韩国至白令海峡和阿留申群岛以及沿太平洋东海岸的阿拉斯加、加拿大至美国的洛杉矶一带沿海(图 8 - 6)。

太平洋鳕是底层鱼类,栖息于大陆架和大陆斜坡上部水深 10 ~ 550 m 深海域。在阿拉斯加和白令海 100 ~ 400 m 深海域最为密集。太平洋鳕也栖息于深水海域的中上层。

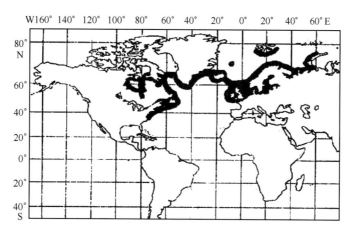

图 8 - 5　大西洋鳕的分布

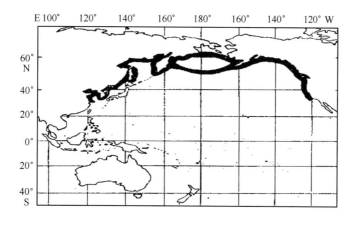

图 8 - 6　太平洋鳕的分布

太平洋鳕不作长距离洄游,仅作短距离的移动。夏末太平洋鳕向大陆架浅海移动,冬季则集中在大陆架边缘较深海域。

(三)非洲鳕

非洲鳕是重要的经济种类,分布于大西洋北部和中部,即 30°—80°N 之间的海域。主要分布在大西洋东北部,该渔区的渔获量约占全球非洲鳕渔获量的 96%。在大西洋东北部,主要分布于巴伦支海、斯匹兹卑尔根、冰岛至摩洛哥一带海域,格陵兰南部和地中海西部海域也有分布(图 8 - 7)。

非洲鳕是栖息于 150 ~ 1 000 m 深的大陆架和大陆坡海域的大洋性中下层鱼类。通常栖息于 300 ~ 400 m 深的海域。夜晚栖息于表层,白天栖息于近底层。非洲鳕于 180 ~ 360 m 深的大陆架边缘产卵。主要产卵场位于冰岛、葡萄牙、比斯开湾和挪威等地的大陆架海域。幼鱼栖息于较浅海域。

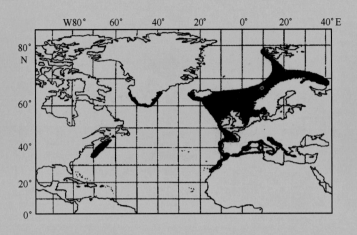

图 8 - 7　非洲鳕的分布

（四）阿根廷无须鳕

　　阿根廷无须鳕是西南大西洋海域的重要经济鱼类之一,是 20 世纪 80 年代末期远洋渔业国家的重要捕捞对象。目前主要由阿根廷等国家和地区所捕捞。

　　阿根廷无须鳕分布于大西洋西南部沿海,即南美洲南部东海岸,28°—54°S 之间的大陆架海域(图 8 - 8)。阿根廷无须鳕栖息于 50 ~ 500 m 水深的海域,主要在 100 ~ 200 m 深的海域。产卵场位于 42°—45°S 之间的 100 m 以浅海域。在产卵季节(南半球夏季),阿根廷无须鳕密集于 40°S 以南 50 ~ 150 m 的浅海,在南半球冬季向北移动,集中于 35°—40°S 之间的 70 ~ 500 m 深的海域。

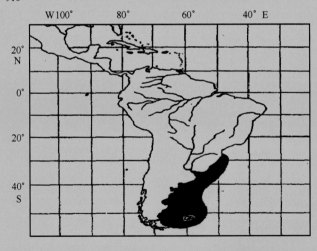

图 8 - 8　阿根廷无须鳕的分布

（五）狭鳕

狭鳕是渔获量很高的经济鱼类。最高年渔获量超过 600×10^4 t，目前已被开发利用过度。狭鳕广泛分布于太平洋北部，从日本海南部向北沿俄罗斯东部沿海，经白令海和阿留申群岛、阿拉斯加南岸、加拿大西海岸至美国加利福尼亚中部（图8-9）。主要有两个重要渔场：一是白令海，狭鳕总渔获量的约 25% ~ 30% 捕自该渔场；二是鄂霍次克海。

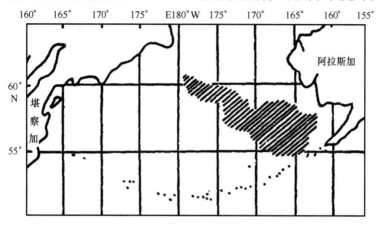

图8-9　狭鳕主要作业分布示意图

狭鳕出生后前5年栖息于中上层或半中上层水域，成熟后转为底层生活，一般栖息于 30 ~ 400 m 深的底层。通常在 50 ~ 150 m 深海水域产卵。产卵季节为 2—7 月。1—3 月大多在乔治亚海峡和阿留申盆地产卵。有昼夜垂直移动现象。

二、金枪鱼类

金枪鱼及类金枪鱼（Tuna and Tuna-like species）经济价值高，分布范围广，属高度洄游的鱼类。金枪鱼渔业一直是各渔业国家和地区，尤其是远洋渔业国家和地区发展的重点。随着《联合国海洋法公约》的生效，各渔业国家加强对其 200 海里专属经济区（EEZ）的渔业资源的管理，有关国际渔业组织也加强了对公海渔业资源的管理。但对金枪鱼资源的开发利用却日益加强，产量明显提高。1988 年，世界金枪鱼及类金枪鱼产量突破 400×10^4 t，90年代初达到 440×10^4 t，1996 年为 458×10^4 t（FAO 数据，产量包括狐鲣等其他小型金枪鱼类）。其中，经济价值较高，对渔业影响较大的主要是大眼金枪鱼、黄鳍金枪鱼、长鳍金枪鱼和鲣鱼四个种类，这四种金枪鱼的产量 1998 年达到 382.6×10^4 t，2006 年增加到 430×10^4 t，2007 年为 440×10^4 t，2008 年为 430×10^4 t。由此可见，近几年来四种主要种类金枪鱼渔获量稳定在 430×10^4 ~ 440×10^4 t。

（一）大眼金枪鱼

1. 大眼金枪鱼分布及其生物学特性
大眼金枪鱼（*Thunnus obesus*）又称肥壮金枪鱼和副金枪鱼，分布于大西洋、印度洋和太平洋的热带和亚热带水域。其适温范围为 13～27℃,在水温 21～22℃时集成大群。

在大西洋,分布于摩洛哥沿海到胡必角、马德拉群岛、亚速尔群岛和百慕大群岛,大量分布在北赤道海流、赤道逆流和巴西海流区。在几内亚海流区未曾发现。在印度洋,分布在南赤道海流及其以北水域,非洲东岸和马达加斯加岛,常见于印度－澳大利亚群岛海域。在太平洋,主要分布在亚热带辐合区和北太平洋流系的海域内,南北向的宽度达 12°～13°纬度区,东西向则呈带状,延伸至太平洋东西两岸。太平洋的马绍尔群岛、帛流群岛、中途岛、夏威夷岛附近、日本近海、中国南海东部及台湾省东部海域、苏禄海、苏拉威西海、爪哇海、巽他海和班达海等海域均有分布。

各海区的渔期以 12 月至翌年 5 月为盛渔期,夏季为淡季。中国南海盛渔期为 1 月后的冬季。太平洋赤道海域的盛渔期为 2—4 月,4—9 月较少,10 月至翌年 2 月增多。夏威夷及赤道以南 8—12 月为盛渔期,印度洋的东部海区 6—9 月为盛渔期。图 8－10 为大眼金枪鱼的分布和产卵海域示意图。

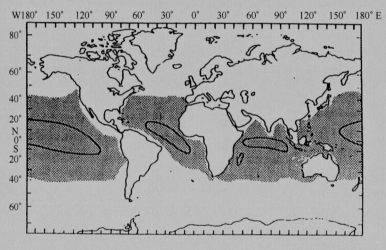

图 8－10　大眼金枪鱼的分布和产卵海域示意图

大眼金枪鱼在 3 龄、体长 0.9～1 m 时性成熟。产卵场在赤道水域,大部分在太平洋东部的 10°N—10°S、120°E—100°W 的海域产卵。此外,在夏威夷群岛和加拉帕戈斯群岛一带,也有大眼金枪鱼的产卵场。大眼金枪鱼几乎全年产卵,西部产卵场的高峰期在 4—9 月,东南部在 1—3 月。幼鱼周期性地集聚于大陆及岛屿附近水域。在北美西部热带与亚热带水域,主要栖息着性腺未成熟个体,这些鱼做东南向的季节性洄游。在北太平洋,大眼金枪鱼在冲绳和台湾附近产卵,2—3 龄时东游横跨太平洋到加利福尼亚沿海,6—7 龄时又按原路线重返产卵场。在印度洋,鱼群沿赤道在东西方向上呈密集的带状分布,几乎都是产卵群体。

在北太平洋流系和亚热带辐合线以南海域中栖息的大眼金枪鱼群,两者在生态上的关系是:前者是索饵群,后者为产卵群。索饵群成熟后即越过亚热带辐合线南下,补充产卵群;在产卵海域的稚鱼,则突破亚热带辐合线北上,加入索饵群。这种洄游情况,同长鳍金枪鱼相似,但也有所不同,即大眼金枪鱼在南下途中,要在亚热带辐合线海域内滞留一段时间,至

1—2 月以后继续向 20°N 以南的海域南下。

大眼金枪鱼以沙丁鱼、鲭科鱼类、甲壳类和头足类为食饵,白天栖息于深水,夜间浮至近表层。常用延绳钓和曳绳钓捕捞。

2. 大眼金枪鱼资源开发现状

大眼金枪鱼产量占全球金枪鱼产量的 10% 左右。分布在三大洋热带和温带的 55°N—45°S 海域,为延绳钓、竿钓及围网所捕获。自 1950 年以来,三大洋大眼金枪鱼捕捞产量呈上升趋势,但各大洋的开发情况不同。历史上,大眼金枪鱼捕捞产量,太平洋最高,大西洋次之。但最近几年,印度洋大眼金枪鱼产量增加很快,1997 年已经超过大西洋,目前渔获量在三大洋中仅次于太平洋。

(1)印度洋海域。

尽管印度洋大眼金枪鱼的开发相对较晚,但 20 世纪 80 年代后期发展迅速。年捕捞量从 1991 年的 6.81×10^4 t 增加到 1999 年的 14.34×10^4 t,其中延绳钓渔业的相应捕捞产量为 $5.17 \times 10^4 \sim 10.33 \times 10^4$ t,围网兼捕产量为 $1.56 \times 10^4 \sim 3.83 \times 10^4$ t。2003—2007 年平均渔获量为 12.2×10^4 t,2007 年渔获量为 11.8×10^4 t。根据 2008 年的资源评估,印度洋大眼金枪鱼的最大持续产量(MSY)为 $9.5 \times 10^4 \sim 12.8 \times 10^4$ t。2004 年大眼金枪鱼的种群大小和捕捞压力都在可接受的范围内。目前该资源没有处于过度捕捞状态。管理者建议,其渔获量不能超过最大持续产量,捕捞努力量不能超过 2004 年的水平。

由于捕捞能力的限制,进一步发展的空间很小。有利条件是目前还没有实施配额制度。

(2)大西洋海域。

到 20 世纪 70 年代中期,大眼金枪鱼年总渔获量逐年增加,达到 6×10^4 t,随后的 15 年内一直在波动中。1991 年其渔获量超过 9.5×10^4 t,并继续增长,到 1994 年达到历史最高产量(约 13.2×10^4 t)。此后,渔获量呈下降趋势,2001 年低于 10×10^4 t,2006 年下降到 6.6×10^4 t,这也是 1998 年来的最低渔获量。2008 年渔获量恢复到 6.98×10^4 t。

2007 年科学委员会应用多种评估方法,包括产量模型、VPA 和统计综合模型,对大眼金枪鱼的资源量进行了评估。评估结果认为,其最大持续产量为 $9 \times 10^4 \sim 9.3 \times 10^4$ t。2005—2008 年对大眼金枪鱼制定了一系列管理规定,包括总许可渔获量(TAC)的设定以及船数数量的限制。2007 年、2008 年总渔获量分别为 7.96×10^4 t 和 6.98×10^4 t,比总许可渔获量低近 $1 \times 10^4 \sim 2 \times 10^4$ t。

由于实施了严格的配额管理,没有进一步的发展空间。

(3)太平洋海域。

自 1998 年以来,整个太平洋的大眼金枪鱼渔获量一直上升,2000 年达到 26.17×10^4 t,其中中西太平洋和东太平洋分别为 11.38×10^4 t 和 14.79×10^4 t,均比 1999 年要高。中西太平洋围网越来越多地使用 FADs 捕捞技术,2000 年围网渔获量高达 28 745 t,加上延绳钓捕捞产量为 68 091 t,使得中西太平洋大眼金枪鱼的产量创下了历史记录(表 8 - 1)。

表 8 – 1　太平洋海域大眼金枪鱼历年渔获量　　　　　　　　　　　单位:t

年份	中西太平洋	东太平洋	总计
2000 年	113 836	147 915	261 751
2001 年	105 238	131 184	236 422
2002 年	120 222	132 825	253 047
2003 年	110 260	116 297	226 557
2004 年	146 069	113 018	259 087
2005 年	129 536	113 234	242 770
2006 年	134 369	120 330	254 699
2007 年	143 059	95 062	238 121
2008 年	157 054	97 330	254 384

2007 年中西太平洋大眼金枪鱼渔获量达到 143 059 t,占中西太平洋金枪鱼总渔获量的 6%。2008 年渔获量达到 157 054 t,是历史上第二高记录。2003—2006 年东太平洋大眼金枪鱼渔获量稳定在 $11 \times 10^4 \sim 12 \times 10^4$ t,2007 年下降到 9.5×10^4 t,2008 年渔获量为 9.7×10^4 t。2000 年以来,太平洋海域大眼金枪鱼渔获量稳定在 $23 \times 10^4 \sim 26 \times 10^4$ t。

目前中西太平洋大眼金枪鱼捕捞死亡系数与最大持续产量时的捕捞死亡系数之比 (Fcurrent/FMSY)为 1.51 ~ 2.01,这表明要达到最大持续产量水平,必须要求在 2004 – 2007 年平均捕捞死亡系数的基础上下降 34% ~ 50% (如果陡度 steepness 在 0.98,则需要平均下降 43%)。评估结果表明,中西太平洋大眼金枪鱼资源已出现轻微的过度捕捞;或在近期出现较严重的过度捕捞。科学委员会注意到菲律宾和印度尼西亚的围网渔业,使得幼体大眼金枪鱼的捕捞死亡率一直保持在很高的水平上。

中西太平洋科学委员会评价了"2008—01 养护和管理措施"(CMM2008 – 01)的效果,结果表明,不会实现原定到 2011 年降低大眼金枪鱼 30% 的捕捞死亡的目标。如要保持最大持续产量水平,必须在 2004—2007 年平均捕捞死亡系数的基础上再降低 34% ~ 50%。尽管一些成员同意继续降低捕捞死亡系数,但是另一些成员认为"2008—01 养护和管理措施" (CMM2008–01)的效果评价基于很多假设,未能有效地评价渔业对于资源的实际影响。

对于东部太平洋大眼金枪鱼资源量,0.75 龄以上的资源量在 1975 – 1986 年间逐渐增加, 1986 年达到最大值 63×10^4 t,之后一直下降,到 2009 年初降至历史最低水平 28.7×10^4 t。截至 2009 年 1 月初,产卵群体生物量降至接近历史最低水平,此时产卵群体生物量与未开发时产卵群体生物量的比值(即 SBR 值)为 0.17,低于支持最大持续产量(MSY)的 SBR 值(11%)。大眼金枪鱼资源状况较差,主要是由于围网兼捕大量大眼幼鱼,导致资源量下降。

由于严格的配额管理措施,目前中西太平洋和东部太平洋的大眼金枪鱼都没有进一步的发展空间。

(二)长鳍金枪鱼

1. 长鳍金枪鱼分布及其生物学特性

长鳍金枪鱼(*Thunnus alalunga*)的产量占全球金枪鱼产量的 7% 左右。分布在大西洋、印度洋和太平洋的热带、亚热带和温带水域,喜在外海清澈的水域中洄游,在45°N—45°S间的广大海域(包括地中海)均有分布,但在赤道海域(10°N—10°S间)表层分布很少。

在大西洋,自几内亚湾至比斯开湾均可见到长鳍金枪鱼,它分布在加那利海流水域和地中海海域中以及亚速尔、加那利、马德拉群岛海域;在南半球,特里斯坦－达库尼亚群岛海域中分布较少;在西部,沿美洲沿岸向北从佛罗里达半岛到马萨诸塞州,百慕大群岛、巴哈马群岛、古巴,大量分布在巴西海流水域中。长鳍金枪鱼在大西洋的分布特点是:低龄鱼群栖息在高纬度海域,即比斯开湾附近海域;高龄鱼群则分布于低纬度海域。

在印度洋,马达加斯加岛、塞舌尔、印度尼西亚和澳洲西部海域均分布有长鳍金枪鱼。

在太平洋,出现于西部的赤道逆流、北赤道和太平洋海流水域中,从45°N线到夏威夷群岛、智利北部外海水域、日本东部海域、印度半岛、印度尼西亚、澳洲东部海域等均有分布(图8－11)。在较暖的年份,长鳍金枪鱼的分布区域扩大,进入更远的高纬度海域;在寒冷年份则分布区域缩小。

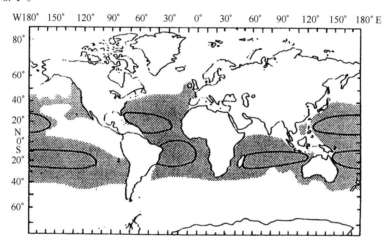

图8－11　长鳍金枪鱼的分布和产卵海域示意图

长鳍金枪鱼在太平洋有两个种群,即北方种群和南方种群。北方种群分布区的南界是亚热带辐合区;南方种群分布到赤道以南,主要栖息于两个海区:15°—20°S和25°—32°S。北方种群个体长约1.2 m,体重40 kg左右;南方种群体长1.1 m,体重约30 kg。在渔获物中,高龄个体从西向东逐渐增多。在北太平洋中部和东部(30°—40°N),常见到性未成熟个体和未产卵的成鱼。产卵群和幼鱼群大致分布在20°N—20°S为中心的海域内。体长0.8 ~ 1.2 m、体重14 ~ 40 kg的产卵个体,分布在夏威夷群岛附近。幼鱼体长组达0.3 m时,其分布海域大致在30°N的温带海域。北美和智利沿岸常见到三个体长组:0.55 m、0.65 m和0.75 m的鱼群,所以此处是低龄鱼群良好的栖息场所。在日本沿海水域多是1龄左右、体长0.25 ~ 0.35 m的幼鱼。

在印度洋,产卵群体主要分布在以赤道为中心的海域内,高纬度海域可能是低龄群体的分布海域。

在亚热带辐合线以北海域,没有发现长鳍金枪鱼的产卵迹象。在亚热带辐合线以南海域均为大型鱼,是秋冬期南下鱼群中的大型鱼群,而中小型鱼群则不超过亚热带辐合线,在翌年3—4月又北上洄游,产卵的大型鱼群不作北上洄游,而是越过亚热带辐合线继续南下。12月至翌年3月期间,在北太平洋流系海域中的大型鱼群逐渐集中在北赤道流系海域,6月时密度达到最大,并在北赤道流系海域内产卵。稚鱼生长至一定大小后,即越过亚热带辐合线向北侧的北太平洋流系海域移动,并在此滞留数年,成熟时即作南下洄游,越过亚热带辐合线,于北赤道流系海域内产卵。因此,在亚热带辐合线以南海域中捕获的长鳍金枪鱼,其个体较大,大部分体长为0.9~1.2 m;在北太平洋流系海域中捕获的长鳍金枪鱼,其体长均在0.9 m以下。长鳍金枪鱼约在6龄时成熟,体长达0.9 m,在北半球的产卵期为5—6月,在南半球的产卵期推测为11—12月。产卵场在加那利群岛、马德拉群岛、中途岛、夏威夷群岛和日本中部诸岛等海区。

　　长鳍金枪鱼的洄游路线与洋流的季节变化关系密切,在水温不低于14℃和盐度35.5的水域中洄游。它的最适水温为18.5~22℃,在日本近海为16~26℃。长鳍金枪鱼常集群在大洋中做长距离洄游。太平洋标志放流研究的结果表明,从加利福尼亚州向小笠原群岛沿亚热带辐合线北侧,横越太平洋洄游,距离长达1 000 n mile(图8-12)。长鳍金枪鱼在印度洋和大西洋洄游分布如图8-13所示。

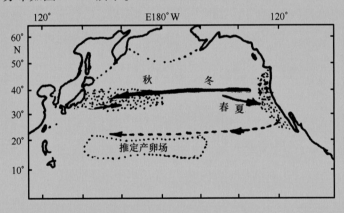

图8-12　长鳍金枪鱼在太平洋洄游路线推定

2. 长鳍金枪鱼资源开发现状

　　长鳍金枪鱼占全球金枪鱼产量的7%左右。它广泛分布于大西洋、印度洋和太平洋的热带和温带55°N—45°S之间的海域,但在10°N—10°S之间的表层水域很少发现。

　　(1)太平洋海域。

　　据渔业科学家评估,太平洋长鳍金枪鱼的最大持续产量(MSY)在$10.45 \times 10^4 \sim 10.47 \times 10^4$ t间(其中北太平洋7.18×10^4 t)。太平洋海域长鳍金枪鱼的捕捞量1997年为9.77×10^4 t,1999年增加到约13.2×10^4 t,其中南太平洋为3.7×10^4 t,北太平洋为9.5×10^4 t。南太平洋的长鳍金枪鱼大部分资源量在10°S以南海域,其资源量由补充量决定。根据太平洋共同体秘书处(SPC)2001年报告的研究结果,目前长鳍金枪鱼开发率适中,渔获量可持续,尚有进一步发展的余地。

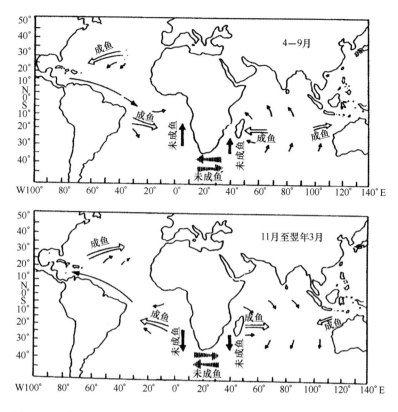

图 8-13　长鳍金枪鱼在印度洋和大西洋洄游示意图(箭头表示移动方向)

　　2007 年太平洋海域长鳍金枪鱼达到 12.45×10^4 t(包括北部太平洋和南部太平洋),其中中西太平洋区域占 77%。东太平洋占 23%。2008 年太平洋长鳍金枪鱼达到 12.52×10^4 t(包括北部太平洋和南部太平洋),其中中西太平洋区域占 76%,东太平洋占 24%。

　　长鳍金枪鱼在太平洋海域可分为 2 个种群,即北部太平洋种群和南部太平洋种群,其各年渔获量见表 8-2 和表 8-3。

表 8-2　北太平洋历年长鳍渔获量　　　　　　　　单位:t

年份	中西太平洋	东太平洋	总计
2000 年	68 080	14 710	82 790
2001 年	70 386	15 214	85 600
2002 年	87 950	15 902	103 852
2003 年	71 512	21 231	92 743
2004 年	65 071	22 799	87 870
2005 年	46 194	16 097	62 291
2006 年	41 595	22 707	64 302
2007 年	43 383	21 735	65 118

表 8 - 3　南太平洋历年长鳍渔获量　　　　　　　　　　　　　　　单位:t

年份	中西太平洋	东太平洋	总计
2000 年	31 913	8 565	40 478
2001 年	35 895	18 121	54 016
2002 年	51 082	14 252	65 334
2003 年	37 070	24 038	61 378
2004 年	47 313	18 035	65 348
2005 年	51 860	8 467	60 327
2006 年	62 189	7 013	69 202
2007 年	53 069	6 062	59 131

目前,南北长鳍金枪鱼资源没有出现过度捕捞,管理措施是控制捕捞能力,限制进一步发展。在太平洋海域,长鳍金枪鱼还有一定的开发空间,但是南部长鳍金枪鱼主要渔场位于斐济南部太平洋岛国管辖区域,因此,渔业的进一步发展受到了限制。北部公海长鳍金枪鱼有一定的发展空间。

(2)大西洋海域。

大西洋海域长鳍金枪鱼最高产量达 8.85×10^4 t(1986 年),之后产量逐年下降并出现波动,1991 年为 5.67×10^4 t,为 1976 年以来最低产量。1999 年渔获量为 6.7×10^4 t,2000 年为 7.11×10^4 t,2001 年以后产量逐渐下降,产量在 $4.1 \times 10^4 \sim 6.99 \times 10^4$ t 间,2006—2008 年各年产量分别为 6.7×10^4 t、4.8×10^4 t 和 4.1×10^4 t。

2008 年长鳍金枪鱼产量为 41 387 t,其中北大西洋为 2.02×10^4 t,南大西洋为 1.86×10^4 t,地中海为 0.25×10^4 t。据大西洋金枪鱼委员会(ICCAT)研究和统计常设委员会(SCRS)的 2009 年报告,北部大西洋长鳍金枪鱼资源可能已充分开发,但也不排除已过度开发的可能性。而南部大西洋长鳍金枪鱼资源接近充分开发,建议控制捕捞努力量。资源评估表明:北大西洋长鳍金枪鱼最高持续产量(MSY)在 2.9×10^4 t 左右。实施的管理措施为作业船数限制在 1993—1995 年的平均水平,总许可渔获量 TAC 控制在 3.02×10^4 t 之内。南大西洋长鳍金枪鱼的最高持续产量为 3.33 万 t,管理措施是将 TAC 控制在 2.99×10^4 t 之内。

由于实施了严格的配额制度,没有开发潜力。

(3)印度洋海域。

印度洋长鳍金枪鱼 1990 年产量为 3.237×10^4 t,之后三年下降。1994 年起资源逐步得到恢复。我国台湾省在印度洋捕捞长鳍金枪鱼的产量,占印度洋捕捞产量的 60% 左右。1998 年以来,台湾省在印度洋捕捞的长鳍金枪鱼产量连续三年超过 2×10^4 t,其中 1999 年为 2.25×10^4 t。2003—2007 年印度洋长鳍金枪鱼平均渔获量为 2.55×10^4 t,2007 年渔获量达到 3.22×10^4 t。最大持续产量(MSY)为 $2.83 \times 10^4 \sim 3.44 \times 10^4$ t。

目前的资源种群大小和捕捞压力在可接受的范围内。渔获量、平均体重、渔获率在最近 20 年来一直处于稳定状态。目前在印度洋南部公海海域,长鳍金枪鱼的开发有一定的潜力。我国可以适度发展该种渔业。

(三)黄鳍金枪鱼

1. 黄鳍金枪鱼分布及其生物学特性

黄鳍金枪鱼(*Thunnus allacanes*)为大洋洄游鱼类,常集群。有垂直移动习性,一般活动于水的中上层,白天潜入较深水层,夜间在水表层。最大体长可达 3 m,一般体长 0.6~1 m。

黄鳍金枪鱼分布于太平洋、大西洋和印度洋的热带和亚热带海域。在大西洋分布的主要海区有:几内亚海流区,加那利海流区,北赤道海流区,赤道逆流区,南赤道海流区以及西非大陆架边缘(塞内加尔至科特迪瓦一带),美洲沿岸北至佛罗里达半岛。在印度洋,分布于非洲东部沿海,马达加斯加群岛,阿拉伯海,印度半岛沿海以及印度—澳大利亚群岛海域。在太平洋,分布于赤道海流海域,太平洋西部和夏威夷、加拉帕戈斯群岛以南,菲克斯群岛,在黑潮水域北到 35°N,美洲沿岸 20°S 至 32°N 的外海水域。在我国南海诸岛和台湾省附近等海域也有分布(图 8 - 14)。

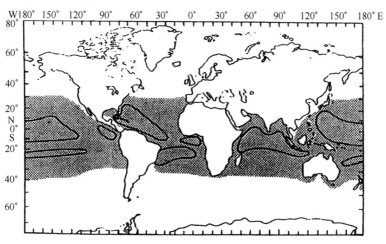

图 8 - 14 黄鳍金枪鱼的分布和产卵海域示意图

大西洋的黄鳍金枪鱼和印度洋—太平洋的黄鳍金枪鱼可能是两个亚种。据有关资料显示,黄鳍金枪鱼分布水温为 18~31℃,大量密集于 20~28℃。黄鳍金枪鱼的产卵期因海域而异,表 8 - 4 为在各海区的产卵期。大西洋佛得角群岛的黄鳍金枪鱼产卵期为 5—9 月,不同年龄组可能产卵期不同。个体大小为 25~30 kg 的黄鳍金枪鱼在 4—8 月进行产卵,而 80~95 kg 的较大型个体则在冬季产卵(表 8 - 4)。

表 8 - 4 黄鳍金枪鱼在各海区的产卵期

海区	纬度	0°—10°N	0°—8°N	0°—10°S	15°—25°S	10°—20°S	20°—30°S
	经度	170°W—130°E	170°E—150°W	140°E—110°W	150°E—130°W	143°—155°E	澳洲东岸至160°E
产卵期(月)		7月至翌年5月	6—11月	4月至翌年1月	11月至翌年3月	8月至翌年6月	8月至翌年2月
产卵盛期(月)		7—11月	6—10月	4—8月	12月至翌年3月	11月至翌年2月	11月至翌年2月

大西洋的幼鱼向北洄游到胡必角。体重 24～29 kg 的成熟个体也进行洄游,到达加那利群岛,体重 50～60 kg 的个体洄游不超出 20°N 的范围,大型的个体不离开盐度 36.6～37 的赤道海域。

在太平洋,产卵场位于夏威夷群岛和马绍尔群岛的赤道海流北部、苏拉威西海、哥斯达黎加沿岸和加拉帕戈斯群岛。太平洋黄鳍金枪鱼的产卵期和大西洋相同,也随年龄和体长而变化,体长 0.67～0.77 m 的个体在 4—6 月产卵,0.77～0.79 m 的个体则在 5—8 月产卵,较大型的个体在冬季产卵。

在太平洋热带海域,黄鳍金枪鱼可全年捕捞,5—9 月为盛渔期;太平洋北部夏季为捕捞季节,小笠原群岛的渔期为 6—7 月及 11 月;台湾海峡以南的巴士海峡及吕宋西部外海区、台湾省东部海区的渔期为 3—6 月上旬;苏禄海及苏拉威西海为 9 月至翌年 5 月。美洲西岸的加利福尼亚海区渔期为 7—8 月;巴拿马、哥斯达黎加外海的渔期为 2—3 月。在印度洋中部及东部的渔期为 12 月至翌年 1 月;印度洋西部的塞舌尔群岛是黄鳍金枪鱼的重要生产基地,几乎全年均可捕捞,以 1—3 月和 8—12 月为盛渔期。

黄鳍金枪鱼在夏季游到近海,在热带海域则栖息于深处,温带海域栖息于浅处,夏季栖息水层较浅,冬季则栖息水层较深。黄鳍金枪鱼经常游泳的水层为 100～150 m。进行长距离洄游时,洄游路线与海流系的季节变化关系密切,对盐度变化感觉极灵敏。在日本东北部海区的集群形式不完全一样,有时在黑潮暖流与低温水团交汇海区集群,有时集群上方有海鸟飞翔,有时追逐饵料鱼集群。

黄鳍金枪鱼的仔鱼,主要分布于以厄瓜多尔为中心的热带海域。从非洲到中美洲的整个大西洋和太平洋热带海域常年也有仔鱼分布,在夏季由热带海域逐渐向高纬度扩展。仔鱼分布的最低水温约为 26℃,昼夜均分布于表层和 20～30 m 水层。

黄鳍金枪鱼食性很广,随饵料生物的数量而变换,以头足类、小型鱼类和甲壳类为主。它作长距离洄游,但尚未发现黄鳍金枪鱼横跨太平洋的移动。有的学者认为,在太平洋黄鳍金枪鱼有 3 个很大的亚种群:即东部亚种群,分布于 125°W 水域附近;中部亚种群,分布于 125°—170°W;西部亚种群,栖息在 170°E 以西水域。后两个亚种群,其作业区在 35°N 到 25°S 的水域中。

南太平洋委员会(SPC)在 1989—1992 年,在西太平洋标志放流了 4 万尾黄鳍金枪鱼,4 000 尾被回捕,大部分在放流海域附近被重捕。但是,总的来讲,约有 45% 的黄鳍金枪鱼在距其放流点 200 多海里水域被重捕,约有 8% 的鱼是在距其放流点 1 000 多海里水域被重捕。图 8-15 为黄鳍金枪鱼标志放流后转移大于 1 000 n mile 的示意图。从图 8-15 中看出,特别是在赤道、120°E—170°W 的水域里,黄鳍金枪鱼沿子午线洄游;一些洄游距离超过 3 000 n mile 的情况也被观察到。同时放流后的重捕记录表明,标志放流的黄鳍金枪鱼的平均移动速率为每天 1.8 n mile,比鲣鱼稍低(每天 2.2 n mile)。

2. 黄鳍金枪鱼资源开发现状

分布在三大洋的热带和亚热带水域,通常在大洋的低纬度海域集群,资源量较大。主要为围网和延绳钓所兼捕。

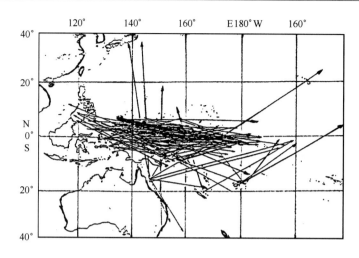

图 8-15　黄鳍金枪鱼标志放流示意图

（1）太平洋海域。

太平洋黄鳍金枪鱼资源量最丰富。1994—1998 年,东太平洋黄鳍金枪鱼产量在 $21.8 \times 10^4 \sim 24.9 \times 10^4$ t 间,1999 年上升到 30.46×10^4 t,已经超过 29.7×10^4 t 最大持续产量（MSY）的上限。对于中西太平洋黄鳍金枪鱼资源,有关专家认为存在许多不确定因素,确定最大持续产量有困难。但也有专家曾经评估,中西太平洋（WCPO）黄鳍金枪鱼的 MSY 超过 65×10^4 t,2004 年有关专家评估得出中西太平洋（WCPO）黄鳍金枪鱼的 MSY 为 $24.8 \times 10^4 \sim 31.0 \times 10^4$ t。1994—1999 年,中西太平洋黄鳍金枪鱼捕捞产量在 $29.8 \times 10^4 \sim 39.67 \times 10^4$ t 间;2003 年产量为 45.7×10^4 t。

2007 年中西太平洋黄鳍金枪鱼的渔获量达到 43.275×10^4 t,占三大洋累计渔获量的 18%,低于 2006 年的 43.72×10^4 t。2008 年中西太平洋黄鳍金枪鱼的渔获量达到 53.95×10^4 t,占累计渔获量的 22%,比历史最高记录 1998 年还多 7 700 t（表 8-5）。

表 8-5　太平洋海域历年黄鳍金枪鱼的渔获量　　　　　　　　单位:t

年份	中西太平洋	东太平洋	太平洋总计
2000	424 097	288 834	712 931
2001	420 955	423 774	844 729
2002	403 923	443 677	847 600
2003	423 147	413 846	850 993
2004	370 349	293 897	664 246
2005	433 927	286 097	720 024
2006	437 199	178 844	616 043
2007	432 750	182 292	615 042
2008	539 481	187 797	727 278

中西太平洋 2009 年黄鳍金枪鱼的资源评估结果比 2007 年乐观。2009 年捕捞死亡系数与最大持续产量时的捕捞死亡系数之比（$F_{current}/F_{MSY}$）为 0.41～0.85，低于 2007 年评估结果，这表明在整个中西太平洋海域黄鳍金枪鱼没有出现过度捕捞。目前产卵资源量（SB）与最大持续产量时的产卵资源量之比（$SB_{current}/SB_{MSY}$）表明，黄鳍金枪鱼的资源没有出现过度捕捞。然而，科学委员会也注意到在不同海域捕捞死亡水平、开发率等有差异。

2009 年东部太平洋黄鳍金枪鱼的主要评估结果为：资源量的估算值低于往年的估算值；目前的捕捞死亡率已接近于支持最大持续产量（MSY）的水平。整个太平洋海域由于该种类主要是围网捕捞，开发潜力小。

（2）大西洋海域。

大西洋海域黄鳍金枪鱼的渔场范围为 55°N—45°S 间。1990 年大西洋海域黄鳍金枪鱼总渔获量为 19.25×10^4 t，达到历史最高点。1999 年下降到 14.0×10^4 t，下降幅度达 27%。2000 年进一步下降到 13.515×10^4 t。2001 年渔获量为 16.5×10^4 t，2001 年以来渔获量继续下降，2005—2008 年渔获量在 10×10^4 t 左右，其中 2007 年为 9.97×10^4 t。

东大西洋黄鳍金枪鱼产量波动较大，且在过去 15 年中，平均总渔获量的 80% 是由围网捕捞的。1981 年和 1982 年的捕捞量均为 13.8×10^4 t 左右，为历史最高。但 1984 年产量急剧下降到 7.6×10^4 t，1990 年又回升到 15.7×10^4 t，2003 年以来在 7.5×10^4～10×10^4 t 左右。西大西洋总渔获量波动相对较小，1980 年以来的最高产量为 1994 年的 4.6245×10^4 t，2003 年以来产量在 1.7×10^4～3.1×10^4 t 间。过去 15 年中，西大西洋黄鳍金枪鱼的 35% 是由围网捕捞，30% 由延绳钓捕捞，15% 由竿钓捕捞，20% 由其他渔具捕获。

据大西洋金枪鱼委员会科学与统计常设委员会（SCRS）报告，大西洋黄鳍金枪鱼的最大持续产量（MSY）为 13×10^4～14.6×10^4 t。2008 年产量为 10.78×10^4 t，低于最大持续产量。对大西洋黄鳍金枪鱼的管理措施包括最小体重不少于 3.2 kg，有效捕捞努力量不得超过 1992 年的水平等。

由于大西洋的黄鳍金枪鱼主要是欧盟的围网渔业捕捞，延绳钓捕捞量较少，进一步发展和开发潜力较小。

（3）印度洋海域。

黄鳍金枪鱼资源量仅次于太平洋，其产量自 1981 年以来迅速增加。1980 年黄鳍金枪鱼产量为 3.51×10^4 t，1984 年迅速增加到 10×10^4 t。1994 年达到 39.8×10^4 t，为历史最高。之后产量有所回落，1994—1996 年间产量在 31×10^4～32×10^4 t 之间。1998 年产量为 7.4×10^4 t，1999 年上升到 31.1×10^4 t。2003—2007 年平均年渔获量为 43.48×10^4 t。印度洋海域黄鳍金枪鱼最大持续产量（MSY）为 25×10^4～36×10^4 t。

印度洋黄鳍金枪鱼资源种群接近或很可能进入过度捕捞状态，最近几年捕捞压力太高，但是 2007 年比较低。印度洋金枪鱼管理委员会建议，渔获量不要超过 1998—2002 年的平均渔获量（33×10^4 t），捕捞努力量水平不要超过 2007 年的水平。

由于印度洋黄鳍金枪鱼主要是欧盟的围网渔业捕捞，延绳钓捕捞量较少，进一步发展和开发潜力较小。

（四）鲣鱼

1. 鲣鱼分布及其生物学特性

鲣鱼（*Katsuwonus pelamis*）为中大型大洋性分布种类，广泛分布于热带和亚热带海域，季节性分布于温带海域，三大洋均有分布。

鲣鱼在大西洋中出现于亚速尔群岛、马德拉群岛、加那利群岛、佛得角群岛和地中海，主要分布在非洲西岸南到开普敦和非洲的大西洋沿岸；在北大西洋，常见于美国的马萨诸塞州，向东到不列颠群岛和斯堪的纳维亚海域。

在印度洋，出现于莫桑比克到亚丁的整个非洲东岸，还分布在红海、塞舌尔、印度—澳大利亚群岛海域的斯里兰卡、苏门答腊和苏拉威西等海域（图8-16）。

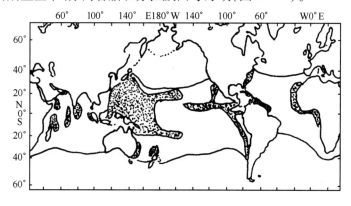

图8-16　鲣鱼的分布和渔场示意图

在太平洋，鲣鱼的分布和渔场与黑潮暖流密切相关。夏季分布区扩大到42°N，此外，夏威夷群岛和澳大利亚沿岸，美国中部沿岸、墨西哥沿岸以及智利北部海域均有分布。在太平洋鲣鱼分成两个群体，即西部群体和中部群体。西部群体分布于马里亚纳群岛和加罗林群岛附近，向日本、菲律宾和新几内亚洄游。中部群体栖息于马绍尔群岛和土阿莫土群岛附近，向非洲西岸和夏威夷群岛洄游（图8-17）。主要渔场为日本和美国距岸50～500 n mile范围内。东海的冲绳海区、萨南海区200 m等深线以东向南海域，渔期为3—12月；日本沿岸的渔期为4—8月，9—11月；小笠原群岛海区及南海以3—12月为盛渔期；中国台湾近海渔期为4—7月，以5月、6月为盛渔期。

鲣鱼在太平洋的洄游方向示意图如图8-17所示，以20°N以南、表层水温20℃以上的热带岛屿附近饵料丰富的海区为其产卵场，常年产卵场包括马绍尔群岛和中美洲的热带海域。在大西洋，于非洲西岸佛得角群岛等海域产卵。

鲣鱼体长0.4 m左右时开始产卵，热带水域常年产卵，亚热带水域只在温暖季节（晚春到早秋）产卵，主要产卵场在150°E和150°W之间的中部太平洋。鲣鱼的产卵受暖水团影响很大。大多数鲣鱼的仔鱼分布在表温24℃以上的水域中，在低于23℃的水域中很少发现。仔鱼广泛分布于三大洋，但太平洋最多。太平洋西部和中部均有仔鱼分布，主要集中在145°W以西、20°N—0°S的赤道水域；在145°W以东的南北分布范围为10°N—10°S的狭窄

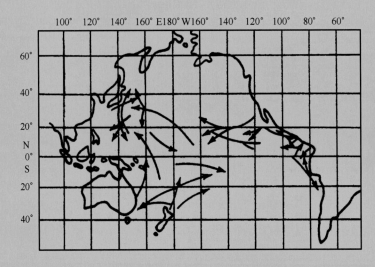

图 8-17　鲣鱼在太平洋海域的洄游分布示意图

水域。仔鱼栖息水深范围为 0~100 m,通常集群于水上层,很少下降到 40 m 以下水深。

　　形成渔场的鲣鱼群体,多游泳于 7~8 m 深水层,密集群可达 5 万尾。常作长距离的索饵洄游,不在一个海区久留。游速快,每小时可达 40 km 左右。群游性强,对温度、盐度感觉灵敏。鲣鱼是金枪鱼类中最喜温暖种类之一。在大西洋、印度洋和太平洋均栖息于表层水温 15~30℃海区,喜栖息在温度 20~26℃,盐度 34~35.5 的海区。在台湾海区栖息于表层水温 19~26℃水域,最适水温为 24~26℃。吹北风和东北向的冷风或降大雨时不集群水面而栖息于水面下 4~9 m 水层。有的学者认为,鲣鱼的适温范围为 17~28℃,密集水温为 19~23℃,在几内亚湾表层盐度 32~35 有大量鲣鱼,盐度 32 以下很少见。

　　鲣鱼生态类型有 3 种:一为个体大的高龄鱼,属热带性的固定类型;二为在一定热带区域内定期洄游的鲣鱼;三为属温带性的随季节变化作长距离洄游类型的鲣鱼。日本生产经验认为,鲣鱼鱼群中常有带群的鱼,小个体鱼在前,大个体鱼在后,不容易和其他鱼种混群。鲣鱼视觉灵敏,不喜光,需氧量大,仅次于舵鲣,夏季表面水温高,含氧量少时,就下沉或转移栖息场所。鲣鱼以沙丁鱼或其他鱼类的幼鱼、头足类和小型甲壳类为食,摄食量很大,每日摄食量可达其体重的 14% 左右。

　　2. 鲣鱼资源开发现状

　　鲣鱼在三大洋热带和亚热带海域广泛分布,是集群强的世界性种类,其资源量为金枪鱼类之首,渔获量为金枪鱼类之冠,约占全球金枪鱼总渔获量的一半。尽管鲣鱼并不存在任何养护和管理问题,但以鲣鱼为目标鱼种的各渔业,尤其是利用集鱼装置(FAD)作业的围网渔业,对黄鳍金枪鱼和大眼金枪鱼资源有着非常重要的影响。为了达到鲣鱼渔获量最大化,这些资源的管理也变得非常复杂。鲣鱼主要为表层渔业,尤其是围网渔业所捕捞。

　　(1)太平洋海域。

　　太平洋海域鲣鱼资源最丰富。近几年来,其年产量都在 100×10^4 t 以上,1996 年曾达 114×10^4 t,1998 年和 1999 年分别为 139×10^4 t 和 136×10^4 t。1997 年中西太平洋鲣鱼产量为

94.7×10^4 t,1998 年急剧上升到 124.4×10^4 t,为历史最高记录。2000 年回落到 120×10^4 t。2005 年以来,中西太平洋鲣鱼渔获量都在 150×10^4 t 以上,2007 年达到 171.7×10^4 t(表 8-6),占中西太平洋金枪鱼总渔获量的 72%。

表 8-6 太平洋历年鲣鱼金枪鱼渔获量   单位:t

年份	中西太平洋	东太平洋	总计
2000 年	1 237 701	229 181	1 466 882
2001 年	1 136 413	158 072	1 294 485
2002 年	1 132 532	166 804	1 299 336
2003 年	1 134 787	301 030	1 435 817
2004 年	1 403 856	218 193	1 622 049
2005 年	1 526 860	282 318	1 809 178
2006 年	1 590 656	311 456	1 902 112
2007 年	1 717 301	216 619	1 933 920
2008 年	16 946 17	305 524	2 000 141

从目前的补充量和资源量来看,现有渔业对于中西太平洋鲣鱼资源的影响较低,属低至中等开发状态。东部太平洋鲣鱼是美洲沿岸国家的传统捕捞种类,其他国家没有进一步发展的空间。

(2)印度洋海域。

印度洋海域鲣鱼资源量仅次于太平洋。20 世纪 90 年代以来,印度洋鲣鱼产量均在 23×10^4 t 以上,1994 年产量最高,超过 30×10^4 t。2003—2007 年平均渔获量为 51.4×10^4 t,2007 年渔获量达到 44.71×10^4 t。目前,无法估算其最大持续产量。由于鲣鱼是高生产力的鱼种,渔获量随着捕捞压力的增加而增加。但是目前没有迹象表明资源处于过度开发状态,目前的资源种群大小和捕捞压力在可接受的范围内。

由于印度洋海域鲣鱼主要是围网捕捞,受捕捞能力的控制,没有进一步发展的空间。

(3)大西洋海域

在大西洋海域,1991 年鲣鱼的产量超过 20×10^4 t,1995-2008 年产量稳定在 11.6×10^4 ~ 16.7×10^4 t。2008 年鲣鱼产量达到 $14.887\ 2 \times 10^4$ t,其中东部大西洋产量为 $12.679\ 4 \times 10^4$ t,西部大西洋为 $2.201\ 1 \times 10^4$ t。资源评估认为,东部大西洋最大持续产量(MSY)为 14.3×10^4 ~ 17.0×10^4 t,西部大西洋最大持续产量(MSY)为 3.0×10^4 ~ 3.6×10^4 t。由于大西洋鲣鱼是欧盟围网的传统捕捞种类,受到捕捞能力的限制,没有进一步发展和开发潜力。

三、中上层鱼类

竹筴鱼类是重要的中上层鱼类资源之一,属大洋性跨界鱼类,它生长快、生产力高。广泛分布于世界三大洋和地中海。20 世纪 70 年代以前,由于竹筴鱼类没有得到人们的重视,因而没有被很好的开发利用,大部分作为兼捕对象。80 年代后期,随着太平洋的竹筴鱼类资源的开发,资源状况也随厄尔尼诺现象的不断出现而日趋见好。

在 1996 年前的近十年中,全世界竹筴鱼渔获量基本上都超过 500×10^4 t,1995 年达到 653×10^4 t,竹筴鱼产量列世界所有单一渔获种类的第二位。以太平洋的竹筴鱼产量最高,尤其是东南太平洋,占世界竹筴鱼总渔获量的 3/4。

(一)主要竹筴鱼种类及其分布

竹筴鱼类分布于世界三大洋(太平洋、大西洋和印度洋)的温带、亚热带和热带水域。主要种类有:大西洋竹筴鱼(*Trachurus trachurus*)、蓝竹筴鱼(*Trachurus picturatus*)、日本竹筴鱼(*Trachurus japonicus*)、智利竹筴鱼(*Trachurus murphyi*)、太平洋竹筴鱼(*Trachurus symmetricus*)、地中海竹筴鱼(*Trachurus mediterraneus*)、粗鳞竹筴鱼(*Trachurus lathami*)、澳大利亚竹筴鱼(*Trachurus picturatus australis*)、沙竹筴鱼(*Trachurus delagoa*)、南非竹筴鱼(*Trachurus capensis*)、短线竹筴鱼(*Trachurus trecae*)、新西兰竹筴鱼(*Trachurus novae – zelandiae*)、印度竹筴鱼(*Trachurus indicus*)、阿氏竹筴鱼(*Trachurus aleevi*)和青背竹筴鱼(*Trachurus declivis*),共计 15 种。

竹筴鱼类主要分布在东南太平洋(87 区)、东北大西洋(27 区)、西北太平洋(61 区)、东南大西洋(47 区)、中东大西洋(34 区);少量分布在西南太平洋(81 区)和地中海(37 区)。从竹筴鱼的生物资源量分析,东南太平洋为最高,其次是东北大西洋、西北太平洋及东南大西洋。

(二)主要开发利用的竹筴鱼种类

主要开发利用的种类有日本竹筴鱼、新西兰竹筴鱼和青背竹筴鱼、太平洋竹筴鱼、智利竹筴鱼,分别分布在西北太平洋、西南太平洋、东北太平洋、东南太平洋。现分别对上述竹筴鱼的资源、渔场及其与环境关系等情况做逐一简述。

1. 日本竹筴鱼

日本竹筴鱼(*Trachurus japonicus*)属暖水性亚热带的中上层种类,主要栖息于大陆架区。分布范围广,在日本海、黄海、东海、朝韩沿岸、俄罗斯滨海边区沿岸以及日本东岸和东南沿岸的太平洋水域都有分布。其中东海、日本沿岸水域和朝鲜海峡邻近水域密度最大。

日本竹筴鱼在东海的分布与其体长有关,体长 15 ~ 23 cm 的小个体栖息于较冷水域;23 cm 以上的个体栖息于暖水中,最大个体则出现在分布区的南部。日本竹筴鱼的个别群体还栖息在日本的太平洋南岸。日本竹筴鱼的分布区直到 30°N 以南,大批产卵是在本州和九州南岸的大陆架水域,一般在 33°N 附近。而有的年份,日本竹筴鱼幼鱼可出现在 44°N 附近水域。

按苏联在东海的调查,日本竹筴鱼有两个群体——朝鲜群体和中国群体。

朝鲜群体从朝鲜海峡和济州岛浅水区向东海中部作产卵洄游,并随着大陆架水域的变冷而游向南方,栖息于大陆架深沟区附近。朝鲜群体产卵于东海中部 27°—29°N 之间水域。整个产卵期是 3—6 月,高峰期在 4 月。其仔鱼被黑潮暖流冲带到日本西南沿岸附近。朝鲜群体在产卵后向朝鲜沿岸、对马海峡、济洲岛等处作索饵洄游。

而中国群体产卵则更往南,随着大陆架水域开始变冷,该群体便沿着中国沿岸向东海西南区洄游,于1—3月份在此处产卵,产卵高峰是在1月底至2月初。主要产卵场在台湾海峡入口处、台湾省附近水域。孵化出的仔鱼被黑潮暖流冲带到日本西南沿岸附近的东北方。产卵后的中国群体随着水团的变暖,沿着东海西岸向北方索饵洄游。

日本竹䇲鱼通常形成蔓延数海里狭长带形的鱼群,渔获量变动较大。日本竹䇲鱼形成有捕捞价值的鱼群,集群地点是对马海峡东部、济州岛和27°—32°N的中部水域,栖息深度可达150 m水层,产卵前和产卵期间渔获量最高。此时鱼群密集,竹䇲鱼开始产卵直到4月份,日本的围网渔船在东海中部和西南部作业。日本竹䇲鱼栖息温度是表温14~22℃,最适温度为16~18℃。

2. 新西兰竹䇲鱼

新西兰竹䇲鱼(*Trachurus novaezelandiae*)是新西兰大陆架水域的主要经济鱼类,分布范围极广。新西兰竹䇲鱼幼鱼是极其喜暖的,集聚在新西兰北部水域。大型个体在渔获物中的比例是从南向北逐渐减少,而小型个体则逐渐增加。从北部的林格斯角到南部的斯丘阿尔特岛,一般全年均可在北岛和南岛北端水域捕到。其分布区北界与表温为13.5℃的等温线相吻合,南界与表温为12.5℃的等温线相一致。根据观察,渔获物中的新西兰竹䇲鱼为2~16龄,体长12~52 cm,最大体长为55 cm,平均体长为33.8 cm,平均年龄为7.1龄。

新西兰竹䇲鱼分布的水层也很广阔,从沿岸区直到大陆斜坡,最密集的鱼群在50~125 m水层。鱼群向深海区延伸,主要有两个因素,即水文和饵料条件。随着夏季的过去,沿岸水域的浮游生物量逐渐减少,而此时大陆架和大陆斜坡区大群浮游生物的出现,为新西兰竹䇲鱼创造了良好的索饵条件,可使其继续强烈地觅食。

在北岛和南岛间的辽阔浅水区经常有新西兰竹䇲鱼的主要产卵集群,表明其主要洄游路线就在此处。随着分布区南部开始变冷,大型个体便离开生产力丰富的南岛索饵场向北方洄游,此时在南、北岛间的广阔水域内形成许多大型的新西兰竹䇲鱼群体。在寒冷年份的5—6月间,鱼群通过塔斯马尼亚湾。在温暖年份的5—6月份,竹䇲鱼仍继续索饵,直到8月底,才逐渐向北方洄游。主要产卵场位于北岛西岸和东岸的浅水区,产卵水温为16~23℃,最适水温为18~20℃。产卵持续8个月。

3. 青背竹䇲鱼(又称南方竹䇲鱼)

青背竹䇲鱼(*Trachurus declivis*)分布在辽阔的澳大利亚水域,主要在澳大利亚的西岸和南岸的大陆斜坡范围内。有时在塔斯马尼亚海的暗礁处亦能看到鱼群。在澳大利亚东南岸和西南岸水域以及在塔斯马尼亚水域都可以捕到大量青背竹䇲鱼。

青背竹䇲鱼在近大陆斜坡区产卵,仔鱼和稚鱼漂浮向沿岸。在澳大利亚湾的外部有以中型及大型浮游生物为主的饵料浮游动物,此处不仅是青背竹䇲鱼的索饵场,也是青背竹䇲鱼在夏秋季的产卵场。青背竹䇲鱼最积极摄食时间是在清晨和傍晚。此湾中主要栖息着26~36 cm、4~6龄的个体,有时也出现体长30~34 cm、5~6龄的较大个体。最大个体栖息在澳大利亚东南水域。青背竹䇲鱼于南半球的春季(10—11月)产卵。

4. 太平洋竹䇲鱼(又称加利福尼亚竹䇲鱼)

太平洋竹䇲鱼(*Trachurus symmetricus*)栖息在亚热带和温带水域,栖息范围很广,从阿拉斯加湾到墨西哥沿岸的南加利福尼亚水域,从沿岸带直到离岸1 500 n mile以外。在加利福尼亚湾中部的加利福尼亚沿岸水域数量最多,而在离岸 80~300 n mile 处(30°—36°N)鱼卵和仔鱼的数量最多。

太平洋竹筴鱼低龄群体全年栖息在加利福尼亚沿岸诸岛间的暗礁处,在岛间作小范围的洄游。大型个体则作远距离洄游;冬季栖息于美国和墨西哥的大陆架和大陆斜坡上部,春夏季鱼群离开 200 海里经济区范围,向北方华盛顿州、俄勒冈州和大不列颠哥伦比亚沿岸水域游动,然后到达阿拉斯加湾。因受厄尔尼诺现象的影响,太平洋竹筴鱼的分布区域变化比较大。

太平洋竹筴鱼在过去仅是兼捕对象,所以产量一直不高,直到 1970 年,才列为加利福尼亚水域的主要捕捞对象。低龄的竹筴鱼(小于 6 龄)以围网捕捞,其出现海域在加利福尼亚的南部到加利福尼亚中部之间水域的近表层。大龄集群的竹筴鱼在加利福尼亚到阿拉斯加的近海外围出现。

5. 智利竹筴鱼(又称秘鲁竹筴鱼)

智利竹筴鱼(*Trachurus murphyi*)主要分布在东南太平洋,除沿岸国智利、秘鲁、厄瓜多尔捕捞外,还有保加利亚、古巴、韩国等捕捞。波兰、德国、日本和俄罗斯都对东南太平洋智利竹筴鱼进行了调查和捕捞。

智利竹筴鱼是太平洋南部数量众多的鱼种。分布于南美沿岸,在秘鲁和智利的 200 海里经济区之外亦有分布。太平洋东南部的智利竹筴鱼,幼小个体适宜栖息在较暖水域、温跃层的扩散区和海湾水域,个体大的鱼则喜欢栖息在冷水水域中。冬春季节主群出现于水温梯度大的地方。

秘鲁及智利北部和中部沿岸海区被洪博特—秘鲁东部边界流支配,该海流由于有营养丰富的沿岸冷水上升流,因而生产力高。即使靠近赤道,临近沿岸上升流水团的表层水温也低,通常为 14~20℃,表层盐度为 35。智利南部,水团冷得多,生产力极高,表层水温低于 14℃,盐度达 34。

在秘鲁和智利沿海水域的智利竹筴鱼鱼龄一般为 2—3 龄,分布呈南北向。秘鲁沿海竹筴鱼个体小于智利沿海,即南部个体大于北部个体。成年的鱼类向西洄游。因此分布区内西部的竹筴鱼鱼龄及个体均比东部近岸的大。根据苏联专家的研究结果,智利竹筴鱼的洄游规律为:在 40°S 附近由东向西洄游,一直延伸至西南太平洋的中部;性成熟的竹筴鱼主要在向西洄游过程中得到成长(实际上性成熟的竹筴鱼是不返回东部的)。智利竹筴鱼群体的洄游状态可描述为螺旋形。

智利竹筴鱼不仅水平分布较为广泛,垂直分布范围也很广,在分布区北部从表层至200 m 均有鱼群,在中南部可直到 300 m 水层甚至更深。该鱼种在智利专属经济区外作昼夜垂直移动:白天在水深为 40~450 m 深处形成密度不同的鱼群;晚上形成不太移动的稠密群聚,分布水深直到 50~60 m 处,但主要在 20~40 m 水层。智利竹筴鱼在外海表层水域以桡足类和磷虾为食;在中层水域则以灯笼鱼等为食。

智利竹筴鱼鱼群密集区分布范围相当广。据苏联有关资料介绍,1978—1991 年,苏联渔船在 40°S 以南约至 45°S、80°—135°W 的范围内,每小时拖网产量均超过 5 t。智利竹筴鱼栖息水温范围在 8~18℃。在外海,智利竹筴鱼栖息的区域表层水温夏秋季为 10~14℃,春冬季为 14 ~ 16℃。我国于 2000 年开始进行了多次资源调查,并形成了商业性开发,对其资源和渔场有了初步的了解。根据苏联的调查报告:在东南太平洋的智利竹䇲鱼资源量在 $1\ 700 ~ 2\ 200 × 10^4$ t 之间,允许渔获量为 $500 ~ 1\ 000 × 10^4$ t。据日本海洋水产资源开发中心估计,智利竹䇲鱼资源量将超过 $3\ 500 × 10^4$ t。

(三)各渔区竹䇲鱼资源开发状况

竹䇲鱼是一种大洋性的跨界鱼类,广泛分布于世界三大洋的温带、亚热带及热带水域。该鱼类种类资源量大,生长快,生产力高。在许多海洋传统经济鱼类被充分开发、出现衰退趋势的情况下,竹䇲鱼资源的开发利用正在受到许多国家的重视。

20 世纪 70 年代以前,竹䇲鱼并未受到人们广泛的重视。80 年代起随着太平洋竹䇲鱼资源的开发,才形成了大规模的商业利用。从 1987—1997 年的 11 年间,世界竹䇲鱼产量一直保持在 $5 × 10^6 ~ 6 × 10^6$ t,并大致保持 2.34% 的年平均增长率。1995 年产量最高,达到 $6.80 × 10^6$ t。其中尤以东南太平洋的智利竹䇲鱼产量最高,占世界竹䇲鱼总产量的 51% ~ 73%。1993 年以后,苏联的解体,使得苏联及其加盟共和国的大批渔船撤离了竹䇲鱼生产。世界竹䇲鱼的产量,特别是智利竹䇲鱼的产量有了相当幅度的下降。根据联合国粮农组织(FAO)统计,近 20 年来世界竹䇲鱼总产量波动于 $2.4 × 10^6 ~ 6.8 × 10^6$ t(表 8 - 7)。

表 8 - 7　世界竹䇲鱼的总产量

年份	1989 年	1990 年	1991 年	1992 年	1993 年	1994 年	1995 年	1996 年	1997 年	1998 年
产量	546.1	543.3	560.4	522.6	550.7	608.4	679.1	604.7	517.7	361.6
年份	1999 年	2000 年	2001 年	2002 年	2003 年	2004 年	2005 年	2006 年	2007 年	2008 年
产量	284.3	294.7	386.2	302.4	300.7	309.8	312.5	313.7	299.7	241.3

自竹䇲鱼被高度商业开发以来,除总产量外,区域性的产量也有一定幅度的变动。表 8 - 8 所列 13 个世界洋区中,东南太平洋竹䇲鱼产量(几乎全是智利竹䇲鱼)最高。从 20 世纪 90 年代中期以来,年平均总产量在 $2.3 × 10^6$ t,最高 $4.95 × 10^6$ t,最低 $1.28 × 10^6$ t。东南太平洋产量平均占世界总产量的 60%,最高达 73.5%,最低为 50%。足见东南太平洋是世界竹䇲鱼商业捕捞最重要、最吸引人的洋区。

东南大西洋也是竹䇲鱼商业开发的重要区域,平均年产量在 $43.4 × 10^4$ t 左右,最高 $5.85 × 10^5$ t,最低 $2.65 × 10^5$ t。其产量平均占世界总产量的 12% 左右。该洋区的竹䇲鱼种类主要包括南非竹䇲鱼、短线竹䇲鱼和少量的大西洋竹䇲鱼。该区域的产量近年来略呈下降趋势。

东北大西洋的竹䇲鱼生产也有一定规模。90 年代中期以来,平均产量在 $3.2 × 10^5$ t,最高 $5.8 × 10^5$ t,最低 $2.2 × 10^5$ t。其产量平均占世界总产量的 8.5% 左右。值得注意的是,近年来该区域的年产量在下降后基本保持稳定。该区域的商业种类主要是大西洋竹䇲鱼。由于地理位置较远,对中国渔船的商业捕捞吸引力不大。

表 8 – 8　世界各区域的竹筴鱼产量　　　　　　　单位：$\times 10^4$ t

FAO 统计区	1995 年	1996 年	1997 年	1998 年	1999 年	2000 年	2001 年
中东大西洋	22.5	16.8	14.6	24.5	25.7	28.5	33.2
东北大西洋	58.2	49.7	48.6	38.0	35.4	26.0	27.8
西北大西洋	–	–	–	–	–	–	–
东南大西洋	58.5	54.9	49.5	52.8	48.0	49.3	40.1
西南大西洋	0.1	0.1	0.1	0.0	0.0	0.0	0.0
东印度洋	–	–	–	–	–	0.0	0.0
西印度洋	0.4	0.1	0.1	0.2	0.2	0.2	0.2
地中海和黑海	5.9	5.5	5.2	4.5	4.7	5.9	6.2
中东太平洋	0.2	0.2	0.1	0.1	0.1	0.1	0.4
东北太平洋	0.0	–	0.0	0.1	0.0	0.0	0.0
西北太平洋	33.0	34.9	35.1	34.1	22.7	27.2	23.6
东南太平洋	495.5	437.9	359.7	202.6	142.3	154.0	250.9
西南太平洋	4.7	4.6	4.7	4.7	5.2	3.5	3.7
合计	679.1	604.7	517.7	361.6	284.3	294.7	386.2
FAO 统计区	2002 年	2003 年	2004 年	2005 年	2006 年	2007 年	2008 年
中东大西洋	26.8	14.9	24.8	29.8	21.3	16.9	22.4
东北大西洋	24.3	23.6	23.7	23.8	23.5	23.1	21.5
西北大西洋	–	–	–	–	–	0.0	0.0
东南大西洋	43.2	43.7	38.8	39.0	36.8	26.5	26.8
西南大西洋	0.0	0.1	0.1	0.1	0.1	0.3	0.3
东印度洋	0.1	0.2	0.3	0.2	0.1	0.1	0.0
西印度洋	0.4	0.6	0.7	0.7	0.7	0.5	0.3
地中海和黑海	5.8	5.9	5.9	7.5	9.6	11.0	11.0
中东太平洋	0.1	0.0	0.2	0.1	0.1	0.1	0.1
东北太平洋	0.0	0.0	0.0	0.0	0.0	0.0	0.0
西北太平洋	23.0	31.7	30.8	40.3	32.9	38.0	26.0
东南太平洋	175.0	173.6	177.9	166.4	182.9	178.5	128.2
西南太平洋	3.8	6.3	6.6	4.6	5.7	4.7	4.8
合计	302.4	300.7	309.8	312.5	313.7	299.7	241.3

　　西北太平洋的竹筴鱼生产波动也比较大，但进入 21 世纪后，产量似有上升的趋势。其年总产量平均约 3.1×10^5 t，最高 4.0×10^5 t，最低 2.3×10^5 t。该区域产量平均占世界总产量的 8% 左右。本区域最重要的竹筴鱼种类是日本竹筴鱼，由于地理位置邻近中国，值得关注。

　　自 1995 年以来，中东大西洋竹筴鱼平均年产量在 2.3×10^5 t，最高 3.3×10^5 t，最低 1.5

$\times 10^5 t$。年产量占世界竹筴鱼总产量平均为 6.2%,最高 9.7%,最低 2.8%。包括大西洋竹筴鱼、短线竹筴鱼等种类。其他海区的竹筴鱼,如地中海和黑海、西南太平洋等虽有一定产量,但相对不太重要。

世界各种竹筴鱼的产量见表 8 - 9。根据联合国粮农组织(FAO)生产统计,世界竹筴鱼产量中只有少数几种占一定的比例。数量最大的是智利竹筴鱼,2008 年产量 $1.28 \times 10^6 t$,占世界竹筴鱼总量的 53.1%;其次是日本竹筴鱼,产量为 $2.6 \times 10^5 t$,占总量的 10.8%;再次是南非竹筴鱼,产量 $2.2 \times 10^5 t$,占总量的 9.1%;大西洋竹筴鱼产量为 $1.9 \times 10^5 t$,占总量的 7.7%;短线竹筴鱼、地中海竹筴鱼、粗鳞竹筴鱼、青背竹筴鱼和太平洋竹筴鱼产量均在 $5 \times 10^4 t$ 以下,这五种竹筴鱼仅占世界竹筴鱼总量的 3.4% 左右。

表 8 - 9　世界各种竹筴鱼产量($\times 10^4$ t)

种类	1995 年	1996 年	1997 年	1998 年	1999 年	2000 年	2001 年
大西洋竹筴鱼	56.0	47.5	45.5	35.0	32.0	23.0	24.8
蓝竹筴鱼	–	–	–	–	0.1	0.1	0.2
南非竹筴鱼	50.6	47.0	40.7	43.2	39.9	42.4	35.4
智利竹筴鱼	495.5	437.9	359.7	202.6	142.3	154.0	250.9
短线竹筴鱼	8.3	8.6	9.4	16.7	14.8	12.2	8.2
青背竹筴鱼	1.1	1.5	1.1	0.9	1.6	1.3	0.8
竹筴鱼类	32.3	24.9	24.3	27.4	29.5	32.5	40.0
日本竹筴鱼	33.0	34.9	35.1	34.1	22.7	27.2	23.6
地中海竹筴鱼	2.0	2.1	1.7	1.5	1.3	1.9	1.9
太平洋竹筴鱼	0.2	0.2	0.1	0.2	0.1	0.1	0.4
粗鳞竹筴鱼	0.1	0.1	0.1	0.0	0.0	0.0	0.0

种类	2002 年	2003 年	2004 年	2005 年	2006 年	2007 年	2008 年
大西洋竹筴鱼	21.2	21.1	20.7	22.0	21.1	20.5	18.6
蓝竹筴鱼	0.6	0.4	0.4	0.2	0.4	0.6	0.6
南非竹筴鱼	38.6	40.5	35.3	36.0	33.5	23.3	22.3
智利竹筴鱼	175.0	173.6	177.9	166.4	182.9	178.5	128.2
短线竹筴鱼	6.6	3.9	3.8	3.1	3.4	3.3	4.7
青背竹筴鱼	0.6	2.7	2.6	0.2	2.2	0.1	0.0
竹筴鱼类	34.4	24.5	35.8	42.2	35.2	32.3	38.0
日本竹筴鱼	23.0	31.7	30.8	40.3	32.9	38.0	26.0
地中海竹筴鱼	2.3	2.0	2.1	1.7	1.9	2.7	2.6
太平洋竹筴鱼	0.1	0.0	0.2	0.1	0.2	0.1	0.1
粗鳞竹筴鱼	0.0	0.1	0.1	0.1	0.1	0.3	0.3

竹筴鱼的商业捕捞基本上分为两种情况。一种是邻近渔场的沿岸国,主要开发其专属经济区水域的资源,例如:东南太平洋的智利、秘鲁和厄瓜多尔;东南大西洋的南非、纳米比亚和安哥拉;西北太平洋的日本和韩国;西南太平洋的新西兰等。作业方式以围网为主,拖网为辅。还有一种是远洋渔业比较发达的国家,以某种形式与沿岸国合作,开发其专属经济区内或主要开发公海水域的资源,主要作业方式为拖网。如原苏联及其加盟共和国、丹麦、德国、法国、冰岛、波兰、韩国、荷兰、挪威、葡萄牙、日本、西班牙等。

四、头足类

(一)头足类资源在世界海洋渔业中的地位

20 世纪 70 年代以来,世界海洋捕捞产量的变动势态是由于许多底层鱼类资源的过度捕捞以及衰退而引起的,但是头足类和其他生命周期较短的鱼类改变了渔获量的组成结构,从而使得总渔获量的增长维持在一定的水平上。20 世纪 70 年代以前,世界头足类产量在世界海洋渔获量中的比例仅为 1.0% ~1.5%;1971—1980 年,头足类平均年产量为 119.96×10^4 t,占世界海洋渔获量的 2.31%;1981—1990 年间,头足类平均年产量为 195.95×10^4 t,占世界海洋渔获量的 2.92%;1991—2000 年间,头足类平均年产量为 302.56×10^4 t,占世界海洋渔获量的 4.37%;2001—2010 年间,头足类平均产量为 382.8×10^4 t,占世界海洋渔获量的 7.92%。世界头足类总产量(1971—2010 年)基本上呈现稳步上升的趋势(图 8 – 18),2008 年达到最高产量,为 440×10^4 t,其年间的平均增长比率为 4.09%,超过了海洋捕捞总产量的年增长率。

头足类的产量组成也随时间出现变化(图 8 – 18)。在 1975 年以前,产量主要以柔鱼类为主,但是柔鱼类产量出现波动,未出现大幅度增长的情况;而章鱼类、乌贼类和枪乌贼类的产量基本持平。在 1975—1990 年间,枪乌贼类和柔鱼类的产量在波动中上升,而章鱼类和乌贼类则基本上与往年持平。在 1990 年以后,柔鱼类产量大幅度上升,而枪乌贼类下降,章鱼类和乌贼类则小幅度上升(图 8 – 18)。在目前的超过 400×10^4 t 头足类产量中,枪形目(包括柔鱼科和枪乌贼科)所占的比重最大,约占总产量的 70% ~80%,章鱼类和乌贼类的产量则维持在 $20 \times 10^4 \sim 30 \times 10^4$ t 间。从增长趋势来看,大洋性的柔鱼科渔获量增长最大,其次是浅海性枪乌贼科和蛸科,乌贼科则相对较慢,近年来还出现了下降的趋势。

周金官等(2008)的分析认为,世界上作为食用头足类的产量呈增长状态,特别是大洋性柔鱼类的渔获量急剧增加,主要是 5 种大洋性柔鱼,它们的产量约占了世界头足类产量的 60% 以上,它们分别是太平洋褶柔鱼、柔鱼、阿根廷滑柔鱼、茎柔鱼、新西兰双柔鱼。

(二)头足类资源开发利用概况

Voss(1973)在其编写的《世界头足类资源》中,罗列出世界各大洋经济头足类共计 173 种,其中已开发利用的约 70 种。根据联合国粮农组织(FAO)划分的各大海区,在 173 种经济头足类中,西北太平洋海域(61 区)的头足类数量为最多,共计 65 种,其中柔鱼科 23 种,占 35.3%;乌贼科 17 种,占 26.1%;蛸科 13 种,占 20%;枪乌贼科 12 种,占 18.4%。其次是

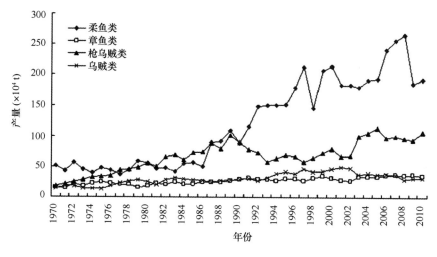

图 8 - 18　1970—2010 年世界头足类各类别产量分布图

中西太平洋海域(71 区)和印度洋西部海域(51 区)各有 54 种,并列第二位,柔鱼科仍属优势种,分别为 18 种和表为 22 种;乌贼科分别为表为 19 种和 16 种;蛸科分别为 9 种和表为11 种;枪乌贼科分别为 8 种和 5 种。其余 17 个海区中的经济头足类种类组成见表 8 - 10。

表 8 - 10　世界各大洋经济头足类分布表

海区	乌贼科	枪乌贼科	柔鱼科	蛸科	合计
北冰洋			1		1
西北大西洋	5	2	17	3	27
东北大西洋	3	4	19	5	31
中西大西洋	6	8	18	21	53
中东大西洋	12	1	21	8	42
地中海	7	4	11	8	30
西南大西洋		4	21	14	39
东南大西洋	5	3	24	4	36
南极(大西洋)		1	12	1	14
西印度洋	16	5	22	11	54
东印度洋	13	6	14	12	45
南极(印度洋)			9	1	10
西北太平洋	17	12	23	13	65
东北太平洋	2	1	14	2	19
中西太平洋	19	8	18	9	54
中东太平洋	1	4	18	8	31
西南太平洋	3	2	20	4	29
东南太平洋		2	15	3	20
南极(太平洋)			14	1	15

在已开发利用或具有潜在价值的 70 种头足类中,已被大规模开发利用的种类仅占 1/3,而作为专捕对象的较少,大部分作为兼捕对象。它们隶属于 15 科 35 属,其中大洋性的有帆乌贼科、武装乌贼科、黵乌贼科、鳞甲乌贼科、大王乌贼科、爪乌贼科、小头乌贼科、手乌贼科、菱鳍乌贼科、柔鱼科;浅海性的有枪乌贼科、乌贼科、耳乌贼科和微鳍乌贼科、章鱼科。在 15 个科中,柔鱼科、枪乌贼科、乌贼科和章鱼科最为重要,它们约占世界头足类总产量的 90% 以上。

1. 柔鱼科

柔鱼科是大洋性种类,主要分布在世界各大洋的陆坡渔场,但也分布在大洋中。由于具有表层集群习性,容易成为渔业捕捞对象,是目前头足类渔业中最重要的渔业资源。在这个科中,已成为捕捞对象的约有 10 多个种类,如太平洋褶柔鱼(*Todarodes pacificus*)、柔鱼(*Ommastrephes bartrami*)、阿根廷滑柔鱼(*Illex argentinus*)、滑柔鱼(*Illex illecebrosus*)、科氏滑柔鱼(*Illex coindetii*)、茎柔鱼(*Dosidicus gigas*)、双柔鱼(*Nototodarus sloani*)、褶柔鱼(*Todarodes sagittatus*)、鸢乌贼(*Symplectoteuthis oualaniensis*)、翼柄乌贼(*Ommastrephes pteropus*)、澳洲双柔鱼(*Notodaris Gouldi*)。其中最为重要的捕捞对象为阿根廷滑柔鱼、太平洋褶柔鱼、柔鱼、双柔鱼、茎柔鱼等。1997—2010 年间,柔鱼类年产量稳定在 $150 \times 10^4 \sim 250 \times 10^4$ t。

2. 枪乌贼科

枪乌贼科主要分布在太平洋和大西洋的热带、温带海区以及印度洋,属浅海性种类。目前已被规模性开发利用的有 16 种,主要捕捞对象有中国枪乌贼(*Loligo chinensis*)、皮氏枪乌贼(*Loligo pealei*)、乳光枪乌贼(*Loligo opalescens*)、杜氏枪乌贼(*Loligo duvaucelii*)、日本枪乌贼(*Loligo japonica*)、巴塔哥尼亚枪乌贼(*Loligo gahi*)、剑尖枪乌贼(*Loligo edulis*)。其中巴塔哥尼亚枪乌贼和乳光枪乌贼的产量较高。1997—2010 年间,枪乌贼类年产量稳定在 $30 \times 10^4 \sim 45 \times 10^4$ t。

3. 乌贼科

乌贼科属于浅海性种,是种类较多的一个科,主要分布在距离大陆较远的岛屿周围和外海,但在北美洲和南美洲的沿岸海域并未发现乌贼类的分布。已被大规模开发利用约 10 种,日本无针乌贼(*Sepiella maindroni*)、金乌贼(*Sepia esculenta*)、乌贼(*Sepia officinalis*)、虎斑乌贼(*Sepia pharaonis*)等产量较高。1997—2010 年间,乌贼类年产量在 $30 \times 10^4 \sim 50 \times 10^4$ t,逐年呈下降趋势。

4. 蛸科

蛸科多数为浅海性种,主要分布在沿岸水域。已被大规模开发利用约 10 种,主要捕捞对象以真蛸(*Octopus vulgaris*)、水蛸(*Octopus dofleini*)、短蛸(*Octopus ocellatus*)等为主。1997—2010 年间,蛸类年产量稳定在 $25 \times 10^4 \sim 38 \times 10^4$ t。

(三)各海区头足类开发利用评价及其潜力

1. 各海区头足类开发利用评价

通过对各海区头足类资源开发利用现状的评价分析,东北大西洋(27 区)、西南大西洋(41 区)、西印度洋(51 区)、东印度洋(57 区)、西北太平洋(61 区)、中东太平洋(77 区)和东南太平洋(87区)开发潜力较大;西北大西洋(21区)、中西大西洋(31区)、中东大西洋(34区)、东北太平洋(67区)、中西太平洋(71区)、西南太平洋(81区)的开发潜力一般,而地中海和黑海(37区)、东南大西洋(47区)开发潜力较弱(表8-11)。

表8-11　各海区头足类开发状况及其潜力

海区	2010年产量 /×10⁴ t	最高年产量 /×10⁴ t	现状		开发前景
			本地渔业	远洋渔业	
西北大西洋	2.78	19.73	*	* *	^
东北大西洋	6.14	6.21	*	* *	^^
中西大西洋	1.95	3.11	*	* *	^
中东大西洋	10.50	24.93	*	* *	^
地中海和黑海	6.17	8.33	*	* *	—
西南大西洋	89.62	120.17	#	* *	^^
东南大西洋	0.92	2.02	* *	#	—
西印度洋	9.18	14.86	#	*	^^
东印度洋	11.97	12.77	#	#	^^
西北太平洋	141.66	149.45	*	*	^^
东北太平洋	0.22	5.58	* * *	#	^
中西太平洋	52.06	52.06	#	#	^
中东太平洋	12.52	20.28	* *	#	^^
西南太平洋	7.33	14.22	*	#	^
东南太平洋	78.33	80.12	#	* *	^^

注:* 开发程度一般; * * 开发程度大; * * * 开发程度很大; # 开发程度弱; — 开发潜力弱; ^ 开发潜力一般; ^^ 开发潜力大; ^^^ 开发潜力很大。

2. 主要海区开发潜力分析

(1)西印度洋海域(51区)。西印度洋海域的头足类资源极为丰富,它们大多是金枪鱼类等大型鱼类的主要饵料。根据印度洋西部海域大洋性鱼类食物网的报告,估计黄鳍金枪鱼、大眼金枪鱼和鲣鱼每年所需的鸢乌贼数量分别为 577×10^4 t、82×10^4 t 和 329×10^4 t,总计资源量在 $1\,000 \times 10^4$ t 左右。在亚丁湾底部的沉淀物中,鸢乌贼角质颚的数量很大,每平方米超过 $1\,000$ 个,在中心区每平方米的角质颚高达 $13\,000$ 个,这些都说明鸢乌贼资源巨大。我国鱿钓船于 2003—2005 年对该海域的鸢乌贼资源进行探捕调查,平均日产量达 10 t,最高日产量超过 30 t。

(2)东印度洋海域(57区)。东印度洋海域主要受到西澳大利亚海流和赤道海流的影响,同时也存在部分上升流,这为头足类的分布提供了较好的环境条件。目前除了在印度洋东部近海开发了杜氏枪乌贼资源外,还少量开发了澳大利亚南部海域的澳州双柔鱼资源,它们都具有良好的开发前景。此外,据流刺网调查结果,在澳大利亚南部海域也有一定的头足类资源量。

（3）中西太平洋海域(71区)。目前对大洋性渔场中的柔鱼类(如鸢乌贼)和其他开眼目头足类基本上还未触及。据评估,该渔区头足类的潜在可捕量为 $50.0 \times 10^4 \sim 65.0 \times 10^4$ t,其中菲律宾群岛周围为 $10.0 \times 10^4 \sim 25.0 \times 10^4$ t,南海 $20.0 \times 10^4 \sim 25.0 \times 10^4$ t,爪哇海至阿弗拉海 $20.0 \times 10^4 \sim 25.0 \times 10^4$ t,约为目前产量的 $2.0 \sim 2.5$ 倍。菲律宾群岛周围海域和南海海域的大洋性柔鱼类和其他开眼目头足类具有良好的开发前景。

（4）西北太平洋海域(61区)。由于公海大型流刺网的全面禁止,北太平洋柔鱼的捕捞压力大大减少,产量相应地下降了 10×10^4 t 以上。据千国史朗(1985)估计,北太平洋柔鱼的潜在渔获量为 $25 \times 10^4 \sim 35 \times 10^4$ t,Beamish 和 McFarlane (1989)估计为 30×10^4 t。大洋性种类如北方拟黵乌贼、日本爪乌贼等,资源丰富,仅为少部分开发。

（5）东南太平洋海域(87区)。该海区是世界上主要的上升流区,秘鲁海流、南赤道海流和反赤道海流对头足类的分布起着积极的作用。据初步估算,茎柔鱼资源量为 150×10^4 t,可捕量为数十万吨。估计若采用新的渔具,渔获量有望增加到 50×10^4 t。在秘鲁近海,枪乌贼类的资源也很丰厚,但还没有进行正式的产业性开发。

（四）资源开发潜力评价

目前,各海域头足类资源开发利用不平衡。已开发的头足类几乎都是生活在大陆架的种类或是在近海洄游的大洋性种类,开发较为集中的是在西北太平洋、西南大西洋、中东大西洋、东南太平洋、非洲的西北沿岸、印度洋西北沿岸等海域。而对一些大陆架深水区的头足类资源开发利用得较少,对大陆坡中上层头足类资源开发利用得更少,特别是对资源量极大的南大洋头足类种类。例如分布在南极海域的科达乌贼(Kondakovia longimana),估计其资源量为 800×10^4 t;梅思乌贼(Mesonychoteuthis hamiltoni)的资源量达到 $2 500 \times 10^4$ t,其可捕量约相当于目前世界头足类总产量的 6 倍。可见,头足类资源的开发前景十分广阔。

五、南极磷虾

（一）生物学特性

南极磷虾是南极磷虾种类中数量最多、个体最大的种类,是渔业的捕捞对象,在大西洋区密度最大,特别是威德尔海、奥克尼群岛北部的斯科舍海和南设得兰群岛周围以及南桑维奇群岛西部水域(图8-19)。渔业中磷虾捕捞群体的体长主要为 $40 \sim 60$ mm 的成体。个体最大体长可达6.5 cm,体重达2 g。

磷虾为南极海域生活的甲壳类动物,体长可达到65 mm,寿命为 $5 \sim 7$ 年。在夏季,南极磷虾主要捕食浮游植物。在浮游植物较少的冬季,也捕食浮游动物。磷虾分布在南极复合带以南的南极表层水,根据季节和成熟阶段的不同有很大的差异。初夏12月到盛夏2月,成熟个体分布在大陆坡海域,未成熟个体分布在大陆架边缘。在表层 200 m 以内形成集群,其密度根据海域的不同而异(图8-20)。

南极磷虾为多年生的浮游动物,幼体经过3个阶段9个发育期。南极磷虾雌雄异体,成体雌虾略大于雄虾。成熟后的个体,在夏季开始繁殖。繁殖期长达5个半月。在交配时,其

图 8-19　磷虾形态示意图

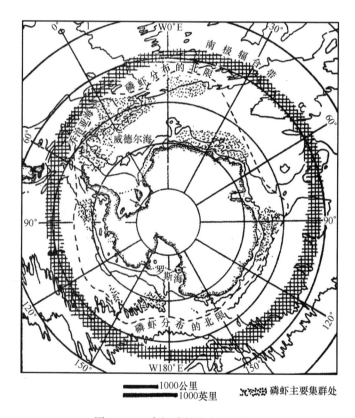

图 8-20　南极磷虾的主要密集区

情况同对虾相似,即雄虾将一对精荚留在雌虾的储精囊内,一旦雌虾卵子成熟便开始受精。
到盛夏开始产卵。在 1 个季节可以产好几次卵,一次产卵 2 000 ~ 10 000 个,产卵于 225 m
水深处。受精卵排出后,边下沉,边孵化,卵沉降到 1 000 m 水深,经过 1 个星期左右孵化;孵
化后,边变态发育,边上升,以便摄食丰富的微小生物,直到仔虾。前期幼体的垂直分布比成
体深。1—4 月集群于南极海域。

　　南极磷虾产卵时间是每年南极夏季的 11 月到第二年的 4 月,但绝大部分磷虾集中在 1 月下旬到 3 月下旬这段时间内产卵。磷虾卵的直径 0.7 mm 左右。一龄幼虾体长 20 ~ 30 mm,体重 0.6 ~ 0.7 g,两年后可长到 45 ~ 60 mm,体重 0.7 ~ 1.5 g,即为成体磷虾。

　　南极磷虾有多年的寿命。南极大陆周边水域的南极磷虾各龄体长较为相似。首先,高纬度地区(如威德尔海)南极磷虾个体要小于季节性冰区。其次,高纬度地区,南极磷虾可达 4 龄以上,而南极大西洋水域和部分印度洋水域的南极磷虾则至少能生长到 5 龄以上。

(二)渔场分布

　　夏季,有水团存在的区域,磷虾资源最为丰富。开阔大洋区域的磷虾资源较亚南极群岛附近水域少,尤其在南大西洋水域。夏季,磷虾主要分布在东边界流水域和陆架断裂区。南极环流中,磷虾则聚集在南大西洋区形成的涡流中及南极半岛的复杂水团中。

　　南极磷虾资源主要分布于南极大西洋水域,即 CCAMLR 的 48 区。具体而言,南乔治亚群岛(48.3 小区)磷虾渔业活动基本限制在沿北部陆架向外约 20 km 的狭长带水域内。这个狭长的分布带与声学调查所报告的分布有着明显的差异,声学调查表明磷虾出现在陆架及其边缘以及近海较深水层中。

　　南极磷虾的主渔场主要位于南设得兰群岛水域(48.1 FAO 统计海区)、南奥克尼群岛水域(48.2 海区),及南乔治亚群岛(48.3 海区)。其中南设得兰群岛水域及南奥克尼群岛水域,由于冬季两渔场会被海冰所覆盖,因此作业时间通常在夏季。在南乔治亚水域,冬季不会有海冰覆盖,所以可以成为良好冬季渔场。

(三)资源评价

　　南极有着丰富的磷虾资源,磷虾主要生活在距南极大陆不远的南大洋中(50°S 以南水域),尤其在威德尔海的磷虾更为密集(表 8 – 12)。南极磷虾的分布区位于 50°S 以南水域,呈环南极分布,密集区常出现于陆架边缘、冰边缘及岛屿周围。国外的调查和结果表明,夏季,东风带高纬度沿岸流和威德尔海低纬度洋流海区的磷虾资源最为丰富,布兰斯菲尔德海峡和南乔治亚海区的磷虾资源亦比较丰富。

　　1972 年,南极磷虾渔业真正开发以来,南大洋资源量估计约达数十亿吨。1981 年开展的国际生物量综合调查计划(FIBEX 计划)评估结果表明,48 区南极磷虾资源量约达 1 510 × 10^4 t,这个资源量后来被修正为 3 540 × 10^4 t。

　　1982 年,国际南极海洋生物资源养护委员会(CCAMLR)成立之后,日本、英国、美国等四国调查船在斯科舍海进行了调查,结果表明 48 区南极磷虾资源量达 4 429 × 10^4 t,但调查面积较 1981 年大。此后 CCAMLR 科委会对结果进行了修正,为 3 728 × 10^4 t。2007 年,CCAMLR 采纳了这个修正后的结果。此外,印度洋 58 区的南极磷虾资源也被评估过。而其他海区的南极磷虾资源并未得到很好的评估。

　　20 世纪 20 年代以后,南极磷虾资源的长期变动与大气及海冰的环境变动有关,70 年代至 80 年代南极磷虾资源有所减少,进入 90 年代,该资源又有增加趋势。虽然目前的资源量较之前可能会有所增加,但 CCAMLR 仍采取了预防性限额量管理措施,设定目前的预防性

限额量为 655×10^4 t（不包括南大洋未调查海域）。近几年,全球南极磷虾渔获量仅为约 10×10^4 t,不足捕捞限额的 0.02%。因此,从 MSY 资源管理角度来看,资源量变动仍处于较高水平。

表8-12 48区南极磷虾分布密度和生物量

海域	磷虾平均密度 /(g/m²)	海域面积 /×10³ km²	生物量 ×10³ t	变动率(%)
南极半岛	11.2	473.3	5 320	19.3
斯科舍海域	24.5	1 109.8	27 235	15.3
东德雷克海峡	11.3	321.8	3 642	42.5
南设得兰群岛	37.7	48.6	1 836	26.2
南奥克尼群岛	150.4	24.4	3 670	55.5
南乔治亚岛	39.3	25.0	982	30.8
桑德韦奇群岛	25.8	62.3	1 604	26.4
整个海域	21.4	2 065.2	44 289	11.4

(四)渔业概要

世界南极磷虾(*Euphausia ruperba*)渔业是由 1972/73 年渔季开始作业(南半球夏季),到 1981/82 年渔获量达到最高峰(超过 50×10^4 t),1992/93 年渔季渔获量由 1991/92 年的 30×10^4 t 剧降到 8×10^4 t,此后渔获量一直维持在 10×10^4 t 左右。2011/12 年渔获量逾 15×10^4 t (图 8-21,图 8-22)。造成此一现象主要是因为苏联解体后,作为最大渔捞国的苏联船队大幅减少所致。

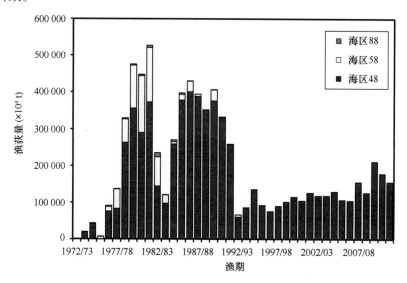

图 8-21 各海区南极磷虾渔获量产量分布图

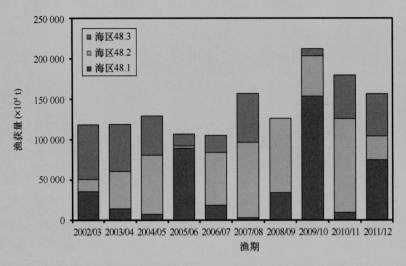

图 8 - 22　48 海区的各小海区南极磷虾渔获量产量分布图

　　主要捕捞南极磷虾的国家有智利、德国、日本、拉脱维亚、韩国、巴拿马、波兰、前苏联、俄罗斯、南非、乌克兰及英国。过去,80%以上的渔获均产于大西洋区西侧的斯科舍海海域。

　　原苏联、日本、波兰、智利、德国、法国、西班牙、保加利亚、阿根廷、澳大利亚、美国、英国、新西兰、挪威、丹麦、南非、中国等国家和地区先后对南极磷虾进行过调查研究。经过世界各国多年的研究和商业性捕捞试验,已基本掌握了商业性开发利用南极磷虾的生产技术。

　　(五)渔业管理对策

　　2001 年 CCAMLR 仅在斯科舍海及印度洋区设立了保护措施。依据国际共同调查结果推估年间渔获量,斯科舍海(48 海区全体)磷虾的渔获限制量,设定为 561×10^4 t,此外, 58.4.1 小海区为 44×10^4 t,58.4.2 小海区为 264×10^4 t。为了考虑企鹅等的摄食影响,因此采取小海区管理方式对 48 海区进行渔获量限制管理,48.1 海区为 15.5×10^4 t,48.2 海区和 48.3 海区为 27.9×10^4 t,48.4 海区 9.3×10^4 t,合计限制渔获量在 62×10^4 t 以下。

　　思考题:
1. 世界海洋渔业发展的现状。
2. 世界金枪鱼渔业资源的开发利用现状。
3. 世界头足类渔业资源的开发利用现状。
4. 世界竹䇲鱼渔业资源的开发利用现状。
5. 南极磷虾资源的开发利用现状。

第九章　全球环境变化对渔业资源的影响

人类行为引发的全球性渔业资源捕捞过度、水体富营养化、气候变暖和臭氧层破坏等都对世界渔业产生了极大的影响。捕捞过度使鱼群抵御环境变化的能力降低,并直接破坏渔业资源,从而进一步加剧全球变化对海洋渔业的影响,水体富营养化造成的有害赤潮及鱼虾病害频发等,往往给渔业尤其是增养殖业带来巨大经济损失;气候变暖引起的海水升温和盐度改变,不仅直接影响海洋生物的生理、繁殖及时空分布,而且通过对海平面、上升流、厄尔尼诺现象等的影响间接地影响世界海洋渔业的格局。所有这些因素对水域生态系统的结构与功能以及海洋渔业产生长期的甚至是不可逆转的影响。因此,探讨全球环境变化对渔业资源的影响,掌握其变化规律,是确保渔业资源可持续利用的科学基础。

第一节　厄尔尼诺、拉尼娜现象与渔业的关系

一、厄尔尼诺、拉尼娜及 ENSO 基本概念

(一)厄尔尼诺

厄尔尼诺为西班牙语"El Nino"的音译。在南美厄瓜多尔和秘鲁沿岸,由于暖水从北边涌入,每年圣诞节前后海水都会出现季节性的增暖现象。海水增暖期间,渔民捕不到鱼。因为这种现象发生在圣诞节前后,渔民就把它称为"El Niño",西班牙语意为"圣婴"(上帝之子)。科学家发现有些年份海水增暖异常激烈,暖水区一直发展到赤道中太平洋,持续的时间也很长,它不仅严重扰乱了渔民的正常生活,引起当地气候反常,还会给全球气候带来重大影响。

目前,厄尔尼诺一词已被气象学家和海洋学家用来专门指这些发生在赤道太平洋东部和中部的海水大范围持续的异常偏暖现象。这种现象一般 2~7 年发生一次,持续时间为半年到一年半。20 世纪 80 年代以来,厄尔尼诺发生频数明显增加,强度明显加强,1982/1983 年和1997/1998 年的事件则是 20 世纪最强的两次事件。以 1982/1983 年厄尔尼诺事件为例,这种高温海域超过 180°经度线,在 120°W 的赤道海域,海面水温要比常年高出 5℃(见图9 - 1)。

(二)拉尼娜及厄尔尼诺 - 南方涛动

与厄尔尼诺相关联的还有拉尼娜、南方涛动(Southern Oscillation)和 ENSO。拉尼娜是西班牙语"La Niña"的音译,是"小女孩"的意思;与厄尔尼诺相反,它是指赤道太平洋东部和中

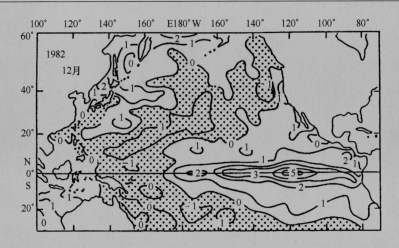

图 9 - 1 1982 年 12 月太平洋月平均海面水温与常年的偏差(℃)

(图中数字为该海域范围的升高值)

部海水大范围持续异常偏冷的现象,也可称反厄尔尼诺现象。

厄尔尼诺和拉尼娜现象与全球大气环流异常尤其是热带大气环流异常密切相关,其中最直接的联系就是东南太平洋与西太平洋 - 印度洋上的海平面气压之间翘翘板式的反相关关系,即南方涛动现象(Southern Oscillation)。

在拉尼娜期间,东南太平洋气压明显升高,印度尼西亚和澳大利亚的气压减弱。厄尔尼诺期间的情况正好相反。鉴于厄尔尼诺与南方涛动之间的密切关系,气象上把两者合称为ENSO(音"恩索")。这种全球尺度的气候振荡被称为 ENSO 循环。厄尔尼诺和拉尼娜则是ENSO 循环过程中冷暖两种不同位相的异常状态。因此厄尔尼诺也称 ENSO 暖事件,拉尼娜则称 ENSO 冷事件。

1920 年英国沃克(Sir Gilbert Walker)在观察全球气压分布时发现,东西太平洋的气压变化有如翘翘板,一高一低,具有一定规律,故称之为南方涛动。之后便以社会群岛大溪地(Tahiti)与澳洲达尔文(Darwin)的气压差值,作为除海温外的另一种指标,称为南方涛动指数(图 9 -2)。1960 年皮坚尼教授(Jacob Bjerknes)将厄尔尼诺/反厄尔尼诺现象与南方涛动连在一起,合理地解释海 - 气的互动关系,之后科学家们把此两种现象称为厄尔尼诺/南方涛动现象(El Nino/Southern Oscillation)。

二、厄尔尼诺、拉尼娜现象产生原因及其表征指标

目前,科学家还没有完全弄清楚厄尔尼诺现象发生的原因和机制,但比较一致的认识是,厄尔尼诺并非是孤立的海洋现象,它们是热带海洋和大气相互作用的产物。由海洋和大气构成的耦合系统内部的动力学过程决定了厄尔尼诺的暴发与结束。

在太平洋洋面,大气低层风驱动着表层海水的流动。在南美北部的太平洋沿岸,盛行偏东风,风向与海岸线相平行,因此在这个地区生成巨大的涌升流。在赤道附近,沿赤道南、北两侧分别为东南信风和东北信风,风驱动着表层海水也向两侧分流,同时也会产生冷水上翻

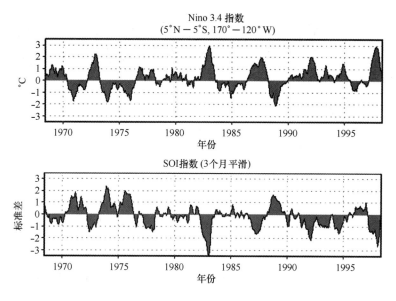

图 9 - 2　Nino3.4 指数和南方涛动指数(SOI)的关系

以补充流走的海水。通常,从南美沿岸到东太平洋的海面水温比周围要低,这就是赤道太平洋的冷水区。

由于赤道太平洋海面盛行偏东风,大洋表层暖的海水被输送到西太平洋,西太平洋水位不断上升,热量也不断积蓄,使得西部海平面通常比东部偏高 40 cm,年平均海温西部约为 29℃,称为暖池区,而东部沿岸仅 24℃左右,东西两侧海温差异在 3 ~6℃之间。

但是,当某种原因引起信风减弱或转为西风时,维持赤道太平洋海面东高西低的支柱被破坏,西太平洋暖的海水迅速向东蔓延,原先覆盖在热带西太平洋海域的暖水层变薄,海温在太平洋西侧下降,东侧上升。同时,赤道东太平洋的涌升流也随信风减弱而减弱,暖水逐步占据了赤道中、东太平洋地区,并从海面一直可以到达 100 m 深处。赤道中、东太平洋的海温升高,使得东太平洋的气压进一步下降,赤道信风更为削弱,更有利于海温上升。当赤道中、东太平洋海温异常偏高持续 3 个月以上时,被称为一次厄尔尼诺事件(图 9 -3)。反之,则称为拉尼娜事件。

厄尔尼诺事件的评判标准在国际上还存在一定差别。一般将 NINO 3 区海温距平指数连续 6 个月达到 0.5℃以上定义为一次厄尔尼诺事件,美国则将 NINO 3.4 区海温距平的 3 个月滑动平均值达到 0.5℃以上定义为一次厄尔尼诺事件。

为更加充分地反映赤道中、东太平洋的整体状况(图 9 -4),目前,中国气象局国家气候中心在业务上主要以 NINO 综合区(NINO 1 +2 +3 +4 区)的海温距平指数作为判定厄尔尼诺事件的依据,指标如下:NINO 综合区海温距平指数持续 6 个月以上等于或高于 0.5℃(过程中间可有单个月份未达指标)为一次厄尔尼诺事件;若该区指数持续 5 个月等于或高于 0.5℃,且 5 个月的指数之和等于或高于 4.0℃,也定义为一次厄尔尼诺事件。

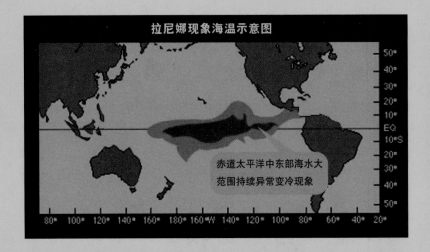

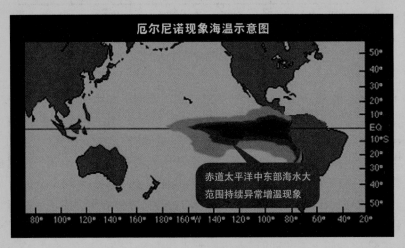

图 9-3 厄尔尼诺和拉尼娜现象示意图

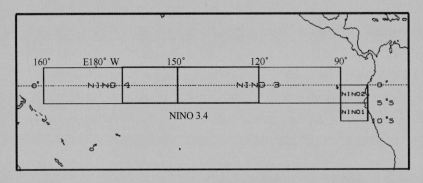

图 9-4 赤道太平洋海温监测区分布图

三、厄尔尼诺现象对渔业的影响

厄尔尼诺现象发生之前,太平洋东部海域由于受到涌升流的影响,斜温层非常平浅,深海含养料丰富的海水会上升到上层,加上拥有充足的阳光,因而藻类、浮游生物滋生,鱼虾繁殖,因此,秘鲁渔场是世界上最为著名的渔场之一,其可捕鱼面积虽然仅占世界的0.06%,但其历史上的年捕鱼量最高占世界海洋捕鱼量的16%。

此外,捕食鱼虾的海鸟在海岸地区大量繁殖、排泄,加上该地区气候干燥少雨,鸟粪不会被雨水冲刷而堆积成鸟粪层。当地居民收集海岸地区的鸟粪出售,供作生产肥料的原料,成为渔业生产之外的一大财源。这些资源皆是由低温的涌升流和干燥的气候所赐。

厄尔尼诺现象发生时,海面和海面温度都升高,但斜温层温度反而下降,涌升流不再使下层含养料丰富的冷海水上升到上层,结果藻类和浮游生物减少了,鱼类也因缺乏食物和海水温度改变而死亡或他迁,造成渔获量突然减少。1972/1973 年的厄尔尼诺现象发生时,秘鲁鳀鱼渔获量从1971年的 $1\,200 \times 10^4$ t 锐减至1973年的 150×10^4 t,造成秘鲁渔业的全面崩溃(图9-5)。厄尔尼诺现象发生时,靠鱼为食的海鸟,也因食物减少与气候不适应而大量死亡或迁徙,鸟粪也没有了。当地居民赖以维生的资源骤然枯竭,很多人因此失业而被迫迁移,造成整个国家社会的不安。秘鲁鳀鱼主要用途是加工成鱼粉,作为牲畜饲料大量出口,厄尔尼诺现象发生后,由于鳀鱼大量减产,鱼粉供应不足,只好以大量粮食来补充,结果造成世界性的粮价上涨,影响了一些国家的经济发展。

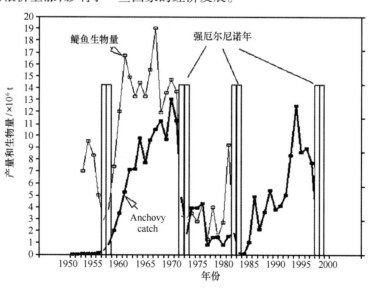

图9-5　秘鲁鳀鱼与厄尔尼诺现象发生的关系

又如,太平洋东部海域是大眼金枪鱼的重要分布海区,历来是日本金枪鱼延绳钓渔业的重要生产渔场。在发生厄尔尼诺的年份,北半球的渔场与常年一样,没有发生什么变化(图9-6)。但是,在南半球的马克萨斯群岛(10°S、140°W)周围渔场渔业资源出现衰退,金枪鱼类向东移动,在正常年份没有渔获的以100°W为中心的赤道海域,却形成了金枪鱼渔场,渔获主要集中在以上海域的渔场以及秘鲁、智利近海的一些海域。研究还查明,当发生厄尔尼诺时,太平洋的大眼金枪鱼具有资源量指数升高、渔获效率提高的趋势。

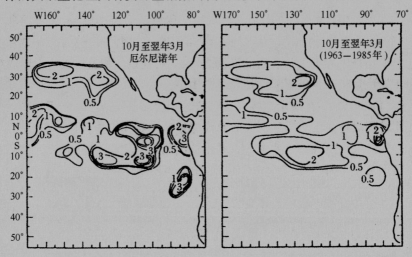

图 9 – 6　10 月至翌年 3 月大眼金枪鱼常年渔获尾数(右图)和厄尔尼诺年平均渔获尾数(左图)比较

关于厄尔尼诺现象发生时,金枪鱼渔场产生移动的原因,日本学者研究分析后认为一个原因是:在厄尔尼诺现象发生时,太平洋东部热带海域表层暖水层厚度加大,大眼金枪鱼适温(10~15℃)水层加深,从而大眼金枪鱼的垂直分布也变深,结果渔场位置发生了变化,延绳钓的钓获效率会变好。另一个原因是,在正常年份,赤道海域大眼金枪鱼渔场适温水层为 50~100 m,当发生厄尔尼诺时,适温水层变深,从而与延绳钓钓钩设置深度相吻合。在提高钓获效率的同时,由于赤道潜流势力减弱,使延绳钓钓钩容易正常投放,金枪鱼类也容易钓获。此外,日本学者认为,赤道海域在低温年不能形成渔场,而当厄尔尼诺发生时的高温年可以形成渔场的原因是:在正常年份,上升流势力强盛,温跃层抬升,而温跃层下的溶解氧含量减少。

在厄尔尼诺现象发生时,太平洋中西部混合层深度较浅,黄鳍金枪鱼延绳钓、围网(包括鲣鱼)的渔获率较高,而在太平洋东部热带,混合层深度较深,因此渔获效率变差。其原因主要是温跃层起屏障作用,影响鱼类高密度分布区域。但是在太平洋东部,因为水温和溶解氧的跃层深度一致,而氧含量在温跃层下急减至 1 毫升/升以下,故溶解氧对金枪鱼类分布的影响比水温因素更大。

有不少学者研究了金枪鱼类资源数量的变动规律,据日本学者认为:大眼金枪鱼的优势世代多出现在发生厄尔尼诺的年份或其前一年。在发生厄尔尼诺的年份,往往是金枪鱼类达到主要捕捞年龄的年份,因此常常会有较好的产量。此外,黄鳍金枪鱼的优势世代,多发生在表层混合层深、东部海域水温低的年份。这是因为,产卵场的水温和饵料生物,是直接影响鱼类初期消耗以及资源数量的重要因素。因此,金枪鱼类的资源变动原因,很大程度上是受厄尔尼诺现象的影响。

根据上述各种结论,有关太平洋东部的大眼金枪鱼资源变动情况,其结果如下:当拉尼娜发生时,上升流势力强盛,因此表层营养盐丰富,浮游植物大量繁殖。尔后由于发生厄尔尼诺,水温升高,为大眼金枪鱼鱼卵及仔稚鱼的发育、生长提供了良好的环境。因此,当厄尔尼诺、拉尼娜适时连同发生时,将会给大眼金枪鱼带来良好的捕捞效果。

厄尔尼诺和拉尼娜现象的发生和发展,同样给中西太平洋海域金枪鱼围网渔业捕捞作业带来影响。当 ENSO 现象发生时,直接引起热带太平洋海域水温的大规模变化,对有高度洄游能力的鲣鱼来讲,ENSO 所引起的水温结构的变化可能影响其分布空间及其洄游。中西太平洋海域鲣鱼分布移动与 ENSO 之间关系是近年来的重大发现,引起资源生物学家与海洋学家的高度关注。目前已经证实,当厄尔尼诺现象发生时,鲣鱼群体往东迁移约 4 000 km,反之,当拉尼娜现象发生时,则反向迁移 4 000 km(Lehodey et al, 1997)。在中西太平洋海域作业的各国船队已经充分了解了此现象。例如 1996 年和 2000 年(图 9 - 7)典型的拉尼娜年份中,在中西太平洋海域,韩国和中国台湾省围网渔船的作业渔场向西中太平洋的西部迁移。

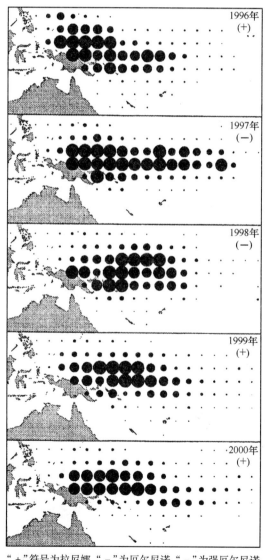

“ + ”符号为拉尼娜、“ - ”为厄尔尼诺、“ - ”为强厄尔尼诺

图 9 - 7　1996—2000 年厄尔尼诺 - 南方涛动(ENSO)期间金枪鱼围网渔获量分布

第二节　富营养化与渔业关系

人类行为污染已经遍及地球的每个角落,即使南极也无法幸免。据统计,人类现在每年排放到大气中的各种废气近百亿吨,工业废水及生活污水总量更高逾 2×10^8 t。废水和污水除了一小部分残留于江河湖泊外,其余的最后都汇入海洋。排到大气里的废物(包括温室气体在内)通过下雨、降雪和空气对流等多种渠道,最后大多也汇入大海。人类活动造成的污染多种多样。其中水体富营养化是造成水域生态系统构造发生量变和质变,并最终导致渔业退化,尤其是具重要经济价值的名优品种产量急降的重要原因之一。

一、富营养化的概念及其原因

富营养化是一种氮、磷等植物营养物质含量过多所引起的水质污染现象。在自然条件下,随着河流挟带冲击物和水生生物残骸在湖底的不断沉降淤积,湖泊会从平营养湖过渡为富营养湖,进而演变为沼泽和陆地,这是一种极为缓慢的过程。但由于人类的活动,将大量工业废水和生活污水以及农田径流中的植物营养物质排入湖泊、水库、河口、海湾等缓流水体后,水生生物特别是藻类将大量繁殖,使生物的种类及其数量发生改变,破坏了水体的生态平衡。大量死亡的水生生物沉积到湖底,被微生物分解,消耗大量的溶解氧,使水体溶解氧含量急剧降低,水质恶化,以致影响到鱼类的生存,进而大大加速水体的富营养化过程。

水体出现富营养化现象时,由于浮游生物大量繁殖,往往使水体呈现蓝色、红色、棕色、乳白色等,这种现象在江河湖泊中称水华,在海洋中称赤潮。在发生赤潮的水域里,一些浮游生物暴发性繁殖,使水变成红色,"赤潮"因此得名。这些藻类有恶臭、有毒,鱼类不能食用。

浮游植物的过量增殖还会造成水体缺氧,直接杀死水生动物,尤其是网箱养殖海产品,或使生活在这些水域的鱼类逃离。如日本后丰水道东侧的宇和岛周边水域是日本的一个大型增养殖基地,1994年一种称为膝沟藻(*Gonyaulax polygramma*)的有毒赤潮发生,给海水养殖业带来了沉重的打击。经调查认为,养殖海产品因赤潮致死的原因是缺氧和无氧水块大规模形成,并伴有高浓度硫化物和氮生成所致。在水体缺氧期间,湾内养殖的珍珠贝大量死亡。

二、富营养化对渔业的影响

水体富营养化的危害主要表现在三个方面:富营养化造成水的透明度降低,阳光难以穿透水层,从而影响水中植物的光合作用和氧气的释放,同时浮游生物的大量繁殖,消耗了水中大量的氧,使水中溶解氧严重不足,而水面植物的光合作用,则可能造成局部溶解氧的过饱和。溶解氧过饱和或者减少,都对水生动物(主要是鱼类)有害,会造成鱼类大量死亡;富营养化水体底层堆积的有机物质在厌氧条件下分解产生的有害气体以及一些浮游生物产生的生物毒素也会伤害水生动物;富营养化水中含有亚硝酸盐和硝酸盐,人畜长期饮用这些水,会中毒致病。

据统计,2012 年我国近海海域共记录发生赤潮 73 次,累计面积 7 971 km²。东海发现赤潮次数最多,为 38 次;渤海赤潮累计面积最大,为 3 869 km²。赤潮高发期集中在 5—6 月。引发赤潮的优势种共 18 种,多次或大面积引发赤潮的优势种主要有米氏凯伦藻、中肋骨条藻、夜光藻、东海原甲藻和抑食金球藻等。其中 2012 年 5 月 18 日至 6 月 8 日,福建沿岸海域共发现 10 次米氏凯伦藻为优势种的赤潮,累计面积 323 km²。米氏凯伦藻为有毒有害赤潮藻种,其大规模暴发是导致 2012 年福建省水产养殖贝类特别是鲍鱼大规模死亡的主要原因。赤潮发生次数较多的有浙江、辽宁、广东、河北、福建等近海海域,其中浙江中部近海、辽东湾、渤海湾、杭州湾、珠江口、厦门近岸、黄海北部近岸等是赤潮多发区。据统计,有害赤潮给我国海洋渔业带来的经济损失每年达数十亿元。日趋严重的海洋环境污染已不同程度地破坏了沿岸和近海渔场的生态环境,使河口及沿岸海域传统渔业资源衰退,渔场外移,鱼类产卵场消失。

第三节　全球气候变暖及其对渔业的影响

全球气候变暖是一种"自然现象"。人们焚烧化石矿物或砍伐森林并将其焚烧时产生了二氧化碳等多种温室气体,由于这些温室气体对来自太阳辐射的可见光具有高度的透过性,而对地球反射出来的长波辐射具有高度的吸收性,能强烈吸收地面辐射的红外线,导致全球气候变暖,也就是常说的"温室效应"。全球变暖的后果,会造成全球降水量重新分配、冰川和冻土消融、海平面上升等,既危害自然生态系统的平衡,更威胁人类的食物供应和居住环境。全球气候变暖一直是科学家关注的热点。

一、全球气候变暖概念及其产生原因

全球变暖(global warming)指的是在一段时间中,地球的大气和海洋因温室效应而造成温度上升的气候变化现象,而其所造成的效应称之为全球变暖效应。近 100 多年来,全球平均气温经历了:冷→暖→冷→暖四次波动,总的来看气温为上升趋势。进入 20 世纪 80 年代后,全球气温明显上升。

许多科学家都认为,大气中二氧化碳排放量增加是造成地球气候变暖的根源。国际能源机构的调查结果表明,美国、中国、俄罗斯和日本的二氧化碳排放量几乎占全球总量的一半。调查表明,美国二氧化碳排放量居世界首位,年人均二氧化碳排放量约 20 t,排放的二氧化碳占全球总量的 23.7%。中国年人均二氧化碳排放量约为 2.51 t,约占全球总量的 13.9%。

全球气候变暖产生的主要原因有:①人为因素:人口剧增,大气环境污染,海洋生态环境恶化,土地遭侵蚀、盐碱化、沙化等破坏,森林资源锐减等;②自然因素:火山活动,地球周期性公转轨迹变动等。

"在过去 50 年观察得到的大部分暖化都是由人类活动所致的",这一结论已得到广泛认可。但也有学者认为,全球温度升高仍然属于自然温度变化的范围之内;全球温度升高是小冰河时期的来临;全球温度升高的原因是太阳辐射的变化及云层覆盖的调节效果;全球温度升高正反映了城市热岛效应等。

二、全球气候变暖趋势及其后果

据政府间气候变化委员会预测,未来50—100年人类将完全进入一个变暖的世界。由于人类活动的影响,21世纪温室气体和硫化物气溶胶的浓度增加很快,使未来100年全球的温度迅速上升,全球平均地表温度将上升1.4—5.8℃。到2050年,中国平均气温将上升2.2℃。全球变暖的现实正不断地向世界各国敲响警钟,气候变暖已经严重影响到人类的生存和社会的可持续发展。它不仅是一个科学问题,而且是一个涵盖政治、经济、能源等方面的综合性问题,全球变暖的事实已经上升到国家安全的高度。

全球气候变暖的后果是极其严重的。主要表现在:①气候变得更暖和,冰川消融,海平面将升高,引起海岸滩涂湿地、红树林和珊瑚礁等生态群丧失,海岸侵蚀,海水入侵沿海地下淡水层,沿海土地盐渍化等,从而造成海岸、河口、海湾自然生态环境失衡,给海岸带生态环境带来了极大的灾难。②水域面积增大。水分蒸发更多,雨季延长,水灾会变得越来越频繁。洪水泛滥的机会增大、风暴影响的程度和严重性加大。③气温升高可能会使南极半岛和北冰洋的冰雪融化,北极熊和海象会逐渐灭绝。④许多小岛将会被淹没。⑤对原有生态系统的改变以及对生产领域的影响,例如:农业、林业、牧业、渔业等。

三、全球气候变暖对渔业的影响

随着全球气温的上升,海洋中蒸发的水蒸气量大幅度提高,加剧了海洋变暖现象,但海洋中变暖现象在地理上是不均匀的。由于气候变暖造成温度和盐度变化的共同影响,降低了海洋表层水密度,从而增加了垂直分层。这些变化可能会减少表层养分可得性,因此,影响温暖区域的初级生产力和次级生产力。已有证据表明,季节性上升流可能受到气候变化影响,进而影响到整个食物网。气候变暖的后果可能影响浮游生物和鱼类的群落构成、生产力和季节性进程。随着海洋变暖,向两极范围的海洋鱼类种群数量将增加,而更朝赤道范围方向的种群数量将下降。在一般情况下,预计气候变暖将驱动大多数海洋物种的分布范围向两极转移,温水物种分布范围扩大以及冷水物种分布范围收缩。鱼类群落变化也将发生在中上层种类,预计它们将会向更深水域转移以抵消表面温度的升高。此外,海洋变暖还将改变捕食 - 被捕食的匹配关系,进而影响整个海洋生态系统。

已有调查表明,由于全球变暖导致南极的两大冰架先后坍塌,一个面积达 10 000 km^2 的海床显露出来,科学家因此得以发现很多未知的新物种,例如,类似章鱼、珊瑚和小虾的生物。据美国国家海洋和大气管理局报道,过去十年里美洲大鱿鱼在美国西海岸的搁浅死亡事件有所上升,该巨型鱿鱼一般生活在加利福尼亚海湾以南和秘鲁沿海的温暖水域。但随着海水变暖,它们向北部游动,并发生了大量个体搁浅在沙滩上死亡的事件。其北限分布范围也从20世纪80年代的40°N扩展到现在60°N海域。

政府间气候变化专业委员会认为,在过去一个世纪中由于温室效应的影响,地球平均气温已上升 0.5~1℃,包括渔业在内的地球生态圈的结构与功能都受到极为显著的影响。未来50年或100年间,气候变化对世界渔业的影响甚至可能超过过度捕捞。鱼是一种变温动物,它们适应环境温度变化的方法是改变栖息水域。如果其原有栖息水域水温升高,鱼类往往会选择向水温较低的更高纬度或外海水域迁移。但是全球温暖化对生活在中、低纬度鱼群的产量影响较小,这是因为:①在全球变暖过程中,中、低纬度温度变化幅度相对较小;②中、低纬度渔业产量的限制因子主要是饵料、赤潮和病害。相比而言,以光和温度作为主要限制因子的高纬度地区的渔业生产受的影响要大得多,这也与在全球变暖过程中高纬度水域的水温、风、流、盐等物理因子的变化更为显著有关。加拿大、日本、英国和美国等国的科学家,分析了20世纪后半期近40年来北半球寒温带海水温度与红大麻哈鱼(*Oncorhynchus nerka*)栖息范围的动态关系,发现未来海洋表层水温变暖的趋势将使其从北太平洋的绝大部分水域消失。如果到21世纪中叶,海水表面温度上升1～2℃,那么红大麻哈鱼的栖息水域将缩小到只剩下白令海(图9－8)。栖息范围的缩小同时意味着这种洄游性鱼类的繁殖洄游距离将大幅度延长,结果会使产卵亲鱼的个体变小,产卵数量下降。

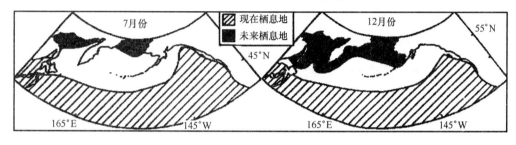

图9－8　CO_2浓度加倍导致海洋温度上升后红大麻哈鱼栖息范围缩小(示意图)

水温的升高使鱼类时空分布范围和地理种群数量发生变化,同样也会使水域基础生产者的浮游植物和浮游动物的时空分布和地理群落构成发生长期趋势性的变化,最终导致以浮游动植物为饵料的上层食物网发生结构性的改变,从而对渔业产生深远的影响。

四、应对全球气候变暖的措施

为有效应对全球变暖,1992年联合国专门制订了《联合国气候变化框架公约》,在巴西里约热内卢签署生效。依据该公约,发达国家同意在2000年之前将他们释放到大气层的二氧化碳及其他"温室气体"的排放量降至1990年时的水平。另外,这些每年二氧化碳合计排放量占到全球二氧化碳总排放量60%的国家还同意将相关技术和信息转让给发展中国家。这些技术和信息有助于发展中国家积极应对气候变化带来的各种挑战。截至2004年5月,已有189个国家正式批准了上述公约。遏制全球气候变暖需要各国联手,落实《联合国气候变化框架公约》等内容,提高能源能效,开发新能源,节能减排,发展绿色经济。

蓝色的海洋蕴藏着极为丰富的生物种类和资源量。海浪推动水流,为生命提供重要的营养物质和氧气,平衡气候变化,亦孕育了地球上无数的生命。但气候变化和人为捕捞等因素正直接改变着海洋生态系统及其渔业资源。

第四节　臭氧层破坏及其对渔业的影响

一、臭氧层的概念及其作用

臭氧层是指大气层的平流层中臭氧浓度相对较高的部分,其主要作用是吸收短波紫外线。大气层的臭氧主要以紫外线打击双原子的氧气,把它分为两个原子,然后每个原子和没有分裂的氧合并成臭氧。自然界中的臭氧层大多分布在离地 20 ~ 50 km 的高空。臭氧层中的臭氧主要是紫外线制造。

臭氧层破坏是当前面临的全球性环境问题之一,自 20 世纪 70 年代以来开始受到世界各国的关注。联合国环境规划署自 1976 年起陆续召开了各种国际会议,通过了一系列保护臭氧层的决议。在 1985 年发现了南极周围臭氧层明显变薄,即所谓的"南极臭氧洞"问题之后,国际上保护臭氧层的呼声更加高涨。

二、臭氧层破坏对渔业的影响

臭氧层被大量损耗后,吸收紫外线辐射的能力大大减弱,导致到达地球表面的紫外线 B 明显增加,给人类健康和生态环境带来多方面的危害。其对人体健康、陆生植物、水生生态系统、生物化学循环、材料以及对流层大气组成和空气质量等方面的影响已受到普遍关注。

臭氧层空洞的危机,虽然不像环境污染那样显而易见,但是少了臭氧层就等于让太阳光线中的紫外线轻易地入侵地球,造成了自然生态甚至于人类本身的一场大灾难。例如,紫外线辐射的能量相当强,会对植物的生长造成致命的伤害,影响陆地上的生态;过强的紫外线辐射同时也会杀死海洋表层的浮游生物,而这些位于食物链底层的生物一旦死亡,也会影响到整个海洋生态系统的平衡。

紫外线会使农作物减产,造成粮食短缺问题。科学家们观察发现,臭氧层浓度减少 1% 时,紫外线的辐射量增加,大豆的产量将减产 1%,所产出的大豆品质也会较差。所以,紫外线破坏陆地和海洋中植物基础生产的能力,使得赖以为生的动物因缺乏食物而死亡,进而造成生态系统的失衡。

研究人员已经测定了南极地区 UV – B 辐射及其穿透水体的量的增加,有足够证据证实天然浮游植物群落与臭氧的变化直接相关。对臭氧洞范围内和臭氧洞以外地区的浮游植物生产力进行比较的结果表明,浮游植物生产力下降与臭氧减少造成的 UV – B 辐射增加直接有关,一项研究显示在冰川边缘地区的生产力下降了 6% ~ 12%。由于浮游生物是海洋食物链的基础,浮游生物种类和数量的减少还会影响鱼类和贝类生物的产量。据另一项科学研究的结果表明,如果平流层臭氧减少 25%,浮游生物的初级生产力将下降 10%,这将导致水面附近的生物减少 35%。

研究发现阳光中的 UV – B 辐射对鱼、虾、蟹、两栖动物和其他动物的早期发育都有危害作用。最严重的影响是繁殖力下降和幼体发育不全。即使在现有的水平下,阳光紫外线 B 已是限制因子。紫外线 B 的照射量少量增加就会导致消费者生物数量的显著减少。

长此以往,那些对紫外辐射敏感的生物种群数量必然受到抑制,而不敏感或修复能力强的生物的种间竞争能力将会得到加强,最终导致水生生态群落发生结构性的变化。目前尚不知这种改变对渔业生产的影响有多大,但从长期趋势来看,完全可能超过紫外辐射对基础生产力的直接抑制作用。

第五节　海洋酸化及其对渔业的影响

2003 年"海洋酸化(ocean acidification)"这个术语第一次出现在英国著名科学杂志《自然》上。2005 年,研究灾难和突发事件的专家詹姆斯·内休斯为人们勾勒出了"海洋酸化"潜在的威胁:距今 5 500 万年前海洋里曾经出现过一次生物灭绝事件,罪魁祸首就是溶解到海水中的二氧化碳,估计总量达到 45 000 × 10^8 t,此后海洋至少花了 10 万年时间才恢复正常。2009 年 8 月 13 日超过 150 多位全球顶尖海洋研究人员齐聚于摩纳哥,并签署了《摩纳哥宣言》。这一宣言的签署意味着全球科学家对海洋酸化严重伤害全球海洋生态系统的严重关切。该宣言指出,海水酸碱值(pH levels)的急剧变化,比过去自然改变的速度快了 100 倍。而海洋化学物质在近数十年的快速改变,已严重影响到海洋生物、食物网,生态多样性及渔业等。该宣言呼吁决策者将二氧化碳排放量稳定在安全范围内,以避免危险的气候变迁及海洋酸化等问题。倘若大气层的二氧化碳排放量持续增加,到 2050 年时,珊瑚礁将无法在多数海域生存,进而导致商业性渔业资源的永久改变,并严重威胁数百万人的粮食安全。

一、海洋酸化概念及其产生原因

(一)海洋酸化概念

海洋酸化是指海水由于吸收了空气中过量的二氧化碳,导致酸碱度降低的现象。酸碱度一般用 pH 值来表示,范围为 0 ~ 14,pH 值为 0 时代表酸性最强,pH 值为 14 代表碱性最强。蒸馏水的 pH 值为 7,代表中性。海水应为弱碱性,海洋表层水的 pH 值约为 8.2。当空气中过量的二氧化碳进入海洋中时,海洋就会酸化。研究表明,由于人类活动影响,到 2012 年,过量的二氧化碳排放已使海水表层 pH 值降低了 0.1,这表示海水的酸度已经提高了 30%。

1956 年,美国地球化学家洛根·罗维尔开始着手研究大工业时期制造的二氧化碳在未来 50 年中将产生怎样的气候效应。洛根和他的合作伙伴在远离二氧化碳排放点的偏远地区设立了两个监测站。一个在南极,那里远离尘嚣,没有工业活动,而且一片荒芜,几乎没有植被生长;另一个在夏威夷的莫纳罗亚山顶。50 年多来,他们的监测工作几乎从未间断。监测发现,每年的二氧化碳浓度都高于前一年,被释放到大气中的二氧化碳不会全部被植物和海洋吸收,有相当部分残留在大气中,且被海洋吸收的二氧化碳数量非常巨大。

(二)海洋酸化的产生原因

海洋与大气在不断进行着气体交换,排放到大气中的任何一种成分最终都会溶于海洋。

在工业时代到来之前,大气中碳的变化主要是自然因素引起的,这种自然变化造成了全球气候的自然波动。但工业革命以后,人类开采使用大量的煤、石油和天然气等化石燃料,并砍伐了大片的森林,至21世纪初,已排出超过 $5\,000 \times 10^8$ t 的二氧化碳。这使得大气中的碳含量逐年上升。

受海风的影响,大气成分最先溶入几百米深的海洋表层,在随后的数个世纪中,这些成分会逐渐扩散到海底的各个角落。研究表明,19 世纪和 20 世纪海洋已吸收了人类排放的二氧化碳中的 30%,且现在仍以约每小时 100×10^4 t 的速度吸收着。2012 年美国和欧洲科学家发布了一项新的研究成果,证明海洋正经历 3 亿年来最快速的酸化,这一酸化速度甚至超过了 5 500 万年前那场生物灭绝时的酸化速度。人类活动使得海水在不断酸化,预计到 2100 年海水表层 pH 值将下降到 7.8,到那时海水酸度将比 1800 年高 150%。

二、海洋酸化对海洋生态及其渔业的影响

(一)对浮游植物的影响

由于浮游植物构成了海洋食物网的基础和初级生产力,它们的"重新洗牌"很可能导致从小鱼小虾到鲨鱼、巨鲸的众多海洋动物都面临冲击。此外,在 pH 值较低的海水中,营养盐的饵料价值会有所下降,浮游植物吸收各种营养盐的能力也会发生变化。且越来越酸的海水还会腐蚀海洋生物的身体。研究表明,钙化藻类、珊瑚虫类、贝类、甲壳类和棘皮动物在酸化环境下形成碳酸钙外壳和骨架的效率明显下降。由于全球变暖,从大气中吸收二氧化碳的海洋上表层也由于温度上升而密度变小,从而减弱了表层与中深层海水的物质交换,并使海洋上部混合层变薄,不利于浮游植物的生长。

(二)对珊瑚礁的影响

近 25% 的鱼类靠热带珊瑚礁提供庇护、食物及繁殖场所,其产量占全球渔获量的 12%。研究发现,当海水 pH 值平均为 8.1 时,珊瑚生长状态最好。当 pH 值为 7.8 时,变为以海鸡冠为主。如果 pH 值降至 7.6 以下,两者都无法生存。天然海水的 pH 值稳定在 7.9~8.4 之间,而未受污染的海水 pH 值在 8.0~8.3 之间。海水的弱碱性有利于海洋生物利用碳酸钙形成介壳。日本研究小组指出,海水 pH 值预计 21 世纪末将达 7.8 左右,酸度比正常状态下大幅升高,届时珊瑚有可能消失。

(三)对软体动物的影响

一些研究认为,到 2030 年南半球的海洋将对蜗牛壳产生腐蚀作用,这些软体动物是太平洋中三文鱼的重要食物来源,如果它们的数量减少或在一些海域消失,那么对于捕捞三文鱼的行业将造成影响。此外,在酸化的海洋中,乌贼类的内壳将变厚、密度增加,这会使得乌贼类游动变得缓慢,进而影响其摄食和生长等。

(四)对鱼类的影响

实验表明,同样一批鱼在其他条件都相同的环境下,处于在现实的海水酸度中,30 个小

时仅有 10% 被捕获;但是当把它们放置在大堡礁附近酸化的实验水域,它们便会在 30 个小时内被附近的捕食者斩尽杀绝。《美国国家科学院院刊》的最新报道:模拟了未来 50~100 年海水酸度后发现,在酸度最高的海水里,鱼仔起初会本能地避开捕食者,但它们很快就会被捕食者的气味所吸引——这是因为它们的嗅觉系统遭到了破坏。

　　(五)对海洋渔业的影响

　　海洋酸化直接影响到海洋生物资源的数量和质量,导致商业渔业资源的永久改变,最终会影响到海洋捕捞业的产量和产值,威胁数百万人口的粮食安全。虽然海水化学性质变化会给渔业生产带来多大影响目前还没有令人信服的预测,但是可以肯定的是海洋酸化会造成渔业产量下降和渔业生产成本升高。

　　海洋酸化使得鱼类栖息地减少。在太平洋地区,珊瑚礁是鱼类和其他海洋动物的主要栖息地,这些生物为太平洋岛屿国家提供了约 90% 的蛋白质。据估计,珊瑚和珊瑚生态系统每年为人类创造的价值超过 3 750 亿美元。如果珊瑚礁大量减少,则将对环境和社会经济产生重大影响。

　　海洋酸化使得鱼类食物减少。海洋酸化会阻碍某些在食物链最底层、数量庞大的浮游生物形成碳酸钙的能力,使这些生物难以生长,从而导致处于食物链上层的鱼类产量降低。

　　联合国粮农组织估计,全球有 5 亿多人依靠捕鱼和水产养殖摄入蛋白质和作为经济来源。其中最贫穷的 4 亿人,鱼类为他们提供了每日所需大约一半的动物蛋白和微量元素。海水的酸化对海洋生物的影响必然危及这些贫困人口的生计。

三、减缓海洋酸化的对策

　　海洋酸化从根本上说,是因大气中二氧化碳含量迅速上升引起的。虽然目前各国政府和组织都在竭力减少二氧化碳的排放,但大气中二氧化碳总量还在不断上升。目前还无法找到在不阻碍经济发展的前提下降低大气中二氧化碳含量的方法,只能采取减缓其上升速度的措施。

　　海洋酸化的自然恢复至少需要数千年,遏制它的唯一有效途径就是尽快减少二氧化碳的全球排放量。目前,一些国际组织已将海洋酸化问题列为国际合作的重点领域,美国、日本、韩国、澳大利亚、欧洲等国家和地区也加强了对本国海洋酸化问题研究的支持力度,中国也已将海洋酸化列入重点支持方向。

　　由于有关海洋酸化的研究才刚刚起步,如今对于海洋酸化的遏制或治理还缺乏系统和具体的方案。目前尚无根治海洋酸化的方法。总体上说,大家还是应将注意力集中在控制和减少二氧化碳排放上。要想为防止海洋酸化作出贡献,最切实有效的做法就是努力做到节能减排,营造绿色健康生活。

第六节　气候变化对头足类资源的影响

　　头足类是重要的海洋经济动物,其资源极为丰富。20 世纪 70 年代以来,其捕捞量和比重持续稳定地增长,年捕捞量从 1970 年的 99.1×10^4 t 增加到 2008 年的 431.35×10^4 t,在世界海洋捕捞量中的比重也相应地从 1.55% 增加到 4.75%。头足类在世界海洋渔业中的地位越来越重要。此外,头足类也是海洋食物网的重要组成部分,为大型鱼类、海鸟和其他哺乳动物等提供了食物。全球气候的变化对海洋生态系统的影响越来越明显,一些科学家认为头足类可作为全球生态系统变化的指示器,因此关注头足类资源的变化具有重要的意义。为了确保头足类资源的可持续利用和科学管理,开展气候变化对头足类资源影响的研究是极为重要的,全球海洋生态系统动力学(GOLBEC)于 2002 年专门召开了一次专题会议,着重讨论气候变化对头足类资源的影响。

一、头足类生活习性

头足类主要由浅海性乌贼、枪乌贼、蛸类和大洋性柔鱼科组成。许多研究都显示,大多数头足类具有生命周期短(1 年左右)、生长快等特点,例如阿根廷滑柔鱼(*Illex argentinus*)、太平洋褶柔鱼(*Todarodes pacificus*)和茎柔鱼(*Dosidicus gigas*)等的生命周期都在 12 个月左右,双柔鱼(*Nototodarus sloanii*)的生命周期在 11 个月左右。头足类是典型的生态机会主义者,种群数量会随着环境条件的变化而变化,当传统底层经济种类因过度捕捞的影响而造成资源衰退时,作为生态机会主义者的头足类,其资源因被捕食压力的减小和对食物竞争的缓解而显著增加。在整个海洋生态系统中,头足类是海洋食物网的重要组成部分,它是海洋鱼类、海鸟以及其他哺乳动物重要的食物来源,处在食物金字塔的中层。另外,多数头足类为一年生并且产完卵即死,因此只有补充群体,其资源补充量变动对环境变化极为敏感,年间变化剧烈。比如 1998 年强厄尔尼诺事件的发生,使得秘鲁茎柔鱼产量剧减到 574 t,上述特性与由补充群体和剩余群体组成的传统中长期鱼类存在着明显的区别。

二、头足类地理分布及其栖息环境

头足类广泛分布于热带、温带和寒带海区,包括暖水性、温水性和冷水性种类,各类的数量均很大。从几米近岸浅海到数千米的大洋深渊均有头足类的踪迹。但是,能够形成密集集群、资源量大的区域主要分布在上升流和不同水系形成的锋区。

以大洋性柔鱼科为例,它主要分布在区域性的重要大洋性生态系统中,如高流速的西部边界流、大尺度沿岸上升流和大陆架海域(图 9-9)。其中栖息在西部边界流和上升流附近海域的种类,资源量极大,也是目前全球气候变化对其资源影响的研究重点。典型的有西南大西洋的阿根廷滑柔鱼、北太平洋的柔鱼(*Ommastrephes bartramii*)、日本周边海域的太平洋褶柔鱼和西北大西洋的滑柔鱼(*Illex illecebrosus*)均分布在西部边界流海域。西部边界流从赤道附近携带大量的热量与高纬度冷水海流相遇后,在锋面形成涡流和一些异常的水团,这种环境特征能够给鱿鱼类不同生活史阶段带来营养和合适的生存环境。而秘鲁寒流区域的茎柔鱼(*Dosidicus gigas*)、本格拉寒流区域的好望角枪乌贼(*Loligo reynaudi*)、加利福尼亚寒流区域的乳光枪乌贼(*Loligo opalescens*)、东南太平洋海域的茎柔鱼和印度洋西北部海域的鸢乌贼(*Sthenoteuthis oualaniensis*),均分布在世界主要上升流区域,上升流将底层富含营养盐海水输送至表层,从而为鱿鱼类提供丰富的营养物质。

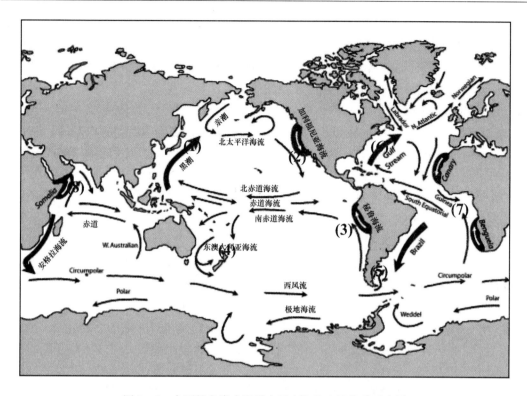

图9-9　主要鱿鱼类在海洋大尺度海流中的分布示意图

（1）黑潮与亲潮交汇区——北太平洋柔鱼和太平洋褶柔鱼；（2）加利福尼亚寒流上升流区域——乳光枪乌贼；（3）秘鲁寒流上升流区域——茎柔鱼；（4）新西兰西部东澳暖流区域——新西兰双柔鱼；（5）巴西暖流和福克兰海流交汇区——阿根廷滑柔鱼，巴塔哥尼亚枪乌贼，七星柔鱼；（6）湾流区域——滑柔鱼；（7）本格拉寒流上升流区域——好望角枪乌贼；（8）印度洋西北部上升流海域——鸢乌贼；

　　这些海域独特的海洋环境特点为头足类提供了丰富的饵料和适宜的栖息环境，但因全球气候变化引发了海流变动或异常，例如黑潮大弯曲、厄尔尼诺/拉尼娜事件，会给头足类的生活史过程带来重大的影响，进而影响到来年的补充量。

三、气候变化对头足类资源的影响

　　气候变化对头足类资源的影响是通过对其生活史过程的影响来实现的。其生活史过程通常包括索饵洄游和产卵洄游。在到达索饵海域之前，头足类仔稚鱼通常随着海流移动。比如北太平洋柔鱼随着黑潮北上，阿根廷滑柔鱼随着巴西暖流南下。由于个体较小、活动能力较弱，这一过程是影响头足类资源量多少的极为重要的一个环节。因此，可以按照头足类的生活史过程（产卵场的仔稚鱼期，随海流的幼体成长期，索饵场的生长期以及产卵洄游期）的各个阶段来分析目前的研究现状。

　　（一）气候变化对头足类产卵场的影响

　　产卵场是头足类栖息的重要场所，大量的研究表明，其产卵场海洋环境状况对其资源补充量极为重要,因此许多学者常常利用环境变化对产卵场的影响来解释资源量变化的原因,并取得了较好的效果。

在鱿鱼类(近海枪乌贼和大洋性柔鱼类)方面,Dawe 等(2000,2007)利用海温和北大西洋涛动(NAO)等数据,应用时间序列分析方法研究海洋气候变化对西北大西洋皮氏枪乌贼(*Loligo pealeii*)和滑柔鱼(*Illex illecebrosus*)资源的影响。结果显示,产卵场水温的变化会影响其胚胎发育、生长和补充量。Ito 等(2007)研究指出,在产卵场,长枪乌贼(*Loligo bleekeri*)胚胎发育的最适水温为 12.2℃,这一研究有利于对长枪乌贼资源量的预测与分析。Tian(2009)利用日本海西南部50 m水层温度和1975—2006年生产渔获数据,利用 DeLury 模型和统计分析方法研究长枪乌贼资源年际间变化,结果认为:由于20世纪80年代其产卵场环境受到全球气候的影响,导致其水温由冷时代转向暖时代,造成在90年代间长枪乌贼资源量下降。Arkhipkin 等(2004)利用产卵场不同水层的温度、含氧量和盐度等环境数据,利用 GAM 模型等方法对马尔维纳斯群岛(福克兰群岛)附近的巴塔哥尼亚枪乌贼(*Loligo gahi*)资源变动进行了研究,结果显示,产卵场的盐度变化会影响巴塔哥尼亚枪乌贼的活动以及在索饵场的分布。另外,他们还发现当产卵场水温高于10.5℃时,巴塔哥尼亚枪乌贼就会较早地洄游到索饵场。Waluda 等(1999)认为,产卵场适宜表温的变化对阿根廷滑柔鱼资源补充量具有十分重要的影响,产卵场适宜表温的变化来源于巴西暖流和福克兰海流相互配置的结果。Leta(1992)研究还发现,厄尔尼诺现象会使产卵场水温升高,盐度下降,并以此推断对阿根廷滑柔鱼补充量产生影响。Waluda 等(1999)研究认为,9月份产卵场适宜温度(24~28℃)范围与茎柔鱼资源补充量呈正相关,同时厄尔尼诺和拉尼娜等现象对茎柔鱼资源存在明显的影响,认为厄尔尼诺和拉尼娜现象会使产卵场初级生产力和次级生产力发生变化,进而影响到茎柔鱼的早期生活阶段以及成熟个体。Sakurai 等(2000)认为太平洋褶柔鱼也有相同的情况。Cao 等(2009)利用北太平洋柔鱼冬春生西部群体产卵场与索饵场的适合水温范围解释了其资源量的变化。Chen 等(2007)分析了厄尔尼诺和拉尼娜现象对西北太平洋柔鱼资源补充量的影响。

在章鱼方面,Hernandez-Lopez 等(2001)指出,章鱼的胚胎发育、幼体生长等与水温有着密切的关系。Caballero-Alfonso 等(2010)利用表温、NAO 指数和生产统计数据,应用线性模型对加那利群岛附近海域章鱼资源量变化进行了研究。结果显示,温度是影响章鱼资源量的一个重要的环境指标,NAO 也通过改变产卵场的水温而间接影响章鱼的资源量。同时,也指出气候变化对头足类资源的影响是不可忽视的。Leite 等(2009)结合产卵场的环境因子和渔获数据,利用多种方法对巴西附近海域章鱼的栖息地、分布和资源量进行了研究。结果显示,环境因子会影响章鱼类的资源密度和分布,而且在潮间带附近海域,较小的章鱼在温暖的水域环境中能够更快地生长。另外,小型和中型个体的章鱼在早期阶段多分布在较适宜温度高出1~2℃的水域内,这有利于它们的生长。可见,温度等环境因子对章鱼类的资源密度和分布有明显的影响作用。

(二)气候变化对头足类其他生活过程的影响

除对产卵场产生影响外,索饵洄游、索饵场的生长和繁殖洄游等也是头足类生命周期的重要组成部分,但是目前针对这一部分的研究较少。Kishi 等(2009)根据太平洋褶柔鱼生物学数据,利用生物能模型和营养生态系统模型对其资源变动进行了研究。结果显示,由于日本海北部的捕食密度高于日本海中部,导致在日本海北部的太平洋褶柔鱼的个体比从日本海中部洄游来的柔鱼个体要大。同时,全球气温日益升高,会造成太平洋褶柔鱼洄游路径的改变。Choi 等(2008)研究发现,由于全球气候的改变,造成了太平洋褶柔鱼洄游路径发生变化,而且伴随着海洋生态系统的环境变化,也影响到了其产卵场分布以及幼体的存活,进而影响到其补充量。Lee 等(2003)研究认为,对马暖流会发生年际变化,从而影响到太平洋褶柔鱼产卵场环境条件以及幼体生长。陈新军等(2005)认为,分布在北太平洋的柔鱼,周年都会进行南北方向的季节性洄游,黑潮势力以及索饵场表温高低直接影响到柔鱼渔场的形成及空间分布。

　　研究认为,目前全球气候的变化通过影响产卵场的环境条件而间接地影响到头足类资源补充量。关于产卵场环境变化与头足类补充量之间关系的研究比较多,得到了一些研究成果,并被用来预测其资源补充量。一般认为,全球气候变化对头足类资源量影响的关键阶段是从孵化到仔稚鱼的生活史阶段(图 9 - 10),因为该阶段头足类被动地受到环境的影响,不能主动地适应环境的变化,当稚仔鱼发育到成鱼后,头足类个体拥有了较强的游泳能力,能够通过洄游等方式寻找适宜的栖息环境而主动地适宜环境的变化。但是,在研究过程中,我们注重产卵场环境变化与头足类补充量(渔业开发时,即头足类成体数量)之间的关系响应研究,而对其中间阶段(随海流移动、生长)头足类死亡、生长及其影响机理的研究甚少。为了可持续利用和科学管理头足类资源,我们不仅要考虑环境变化对产卵场中个体生长、死亡的影响,也应重视对其幼体、仔稚鱼等不同生命阶段中的影响,只有这样才能进一步提高海洋环境变化对头足类资源补量的预测精度。

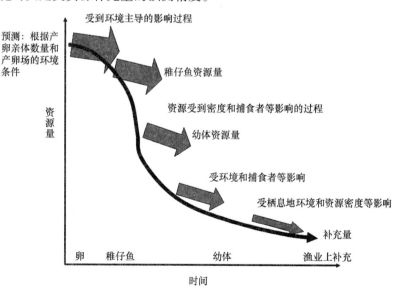

图 9 - 10　头足类资源补充过程及其影响因素示意图

思考题：

1. 厄尔尼诺、拉尼娜和 ENSO 的概念。

2. 厄尔尼诺、拉尼娜和 ENSO 与海洋渔业的关系。

3. 列举案例说明全球环境问题对渔业的影响。

第十章　渔业资源与渔场的调查方法

第一节　渔业资源调查的重要意义及主要内容

一、渔业资源调查的重要意义

海洋调查技术与方法作为一个独立的学科,已成为从事海洋渔业科学与技术专业(渔业资源、海洋捕捞)工作者必须要求掌握的基本内容。其重要意义如下。

(1)渔业资源调查是渔业资源开发和利用的先导,是人类认识、了解和掌握渔业资源的主要手段和工具,同时也是开发渔业资源必须要进行的一个重要环节。

(2)渔业资源调查是从事渔业资源生物学研究的一项基础性工作。没有综合和专项的渔业资源调查及其对各种鱼类的长期监测与研究,就无法了解和掌握渔业资源的生物学特性,如种群、年龄、生长、食性及洄游分布规律等,同时也无法掌握它的数量动态变化和进行渔情预报,更不可能为渔业资源的保护、增殖、管理和可持续利用提供理论依据。

二、渔业资源调查的目的与基本类型

(一)渔业资源调查的主要目的

(1)通过渔业资源的调查,掌握海洋环境条件与渔业资源分布之间的规律以及渔场形成的机制和原理,从而为渔业资源开发和合理利用提供服务。

(2)通过渔业资源的调查,掌握各种捕捞对象的渔业生物学特性,为进一步研究其种群动态和合理利用与管理提供依据。

(3)通过渔业资源的调查,了解和掌握渔业生态系统,为持续利用和保护渔业资源,特别是保护生物多样性提供基础。

(二)渔业资源调查的基本类型

通常,渔业资源调查主要包括海洋自然环境、生物环境和渔业资源三大部分,依其调查的目的与内容,可分为以下几类。

1. 综合性调查

是指开展包括物理海洋、气象、地质、化学、生物学等多学科的联合调查,这种调查往往是多个部门(或学科,研究单位)共同参与。如1959年开展的全国海洋普查与渔捞试捕调查;1982—1986年全国渔业区划调查以及1997—2000年开展的126专项调查项目"我国专

属经济区大陆架勘测"。

2. 区域性调查

是指为了解和掌握某海域的渔业资源状况而开展的调查,如20世纪60年代以来开展的三次"渤海渔业资源调查"、20世纪70年代闽南 – 台湾浅滩的渔业资源调查等。

3. 专项调查

是指针对某一鱼种,为了达到某一目标而开展的调查研究,如20世纪80年代针对带鱼资源保护而开展的"东海带鱼幼鱼保护区调查",以开发贝劳金枪鱼资源而进行的"贝劳金枪鱼试捕调查",1989—1992年为开发日本海太平洋褶柔鱼而进行的"日本海太平洋褶柔鱼资源、渔场调查",1993—1995年为开发北太平洋柔鱼资源进行的"北太平洋柔鱼资源与渔场调查"以及2003—2004年为印度洋开发鸢乌贼资源而进行的"鸢乌贼资源调查"。

总之,调查内容依调查目的而定,同时考虑经费、技术等条件而作适当增减,通常除了必须要求测定的环境要素和进行试捕(生产)外,一般项目内容未作硬性规定。

三、渔业资源调查工作的组织与实施

(一)调查的准备工作

渔业资源调查通常是使用渔业资源调查船或海洋调查船、渔业试捕(生产)船联合进行的调查,而且调查与作业时间一般较长,有的还远离渔业基地;同时由于渔业资源调查的成本很高,不确定因素较多。因此,在出航前必须充分做好各项准备工作,以便在出海调查期间能够圆满地完成各项调查任务。调查的准备工作主要有以下几部分。

1. 拟定调查大纲和调查计划

首先要制定调查大纲,在大纲中要说明调查的目的和任务、调查的海区、断面布设、调查日期与方法、情报资料的提供形式以及经费估算等。为了更为科学和合理地制定好调查大纲,事先要尽可能多地搜集国内外有关的调查资料以及已经取得的成果,如国内外调查的计划和报告、观测资料及有关文献和档案等,以便在此基础上提出经济、合理的调查大纲。

在调查大纲的基础上拟定调查计划,调查计划的制定必须要参照调查船的性能,如续航能力和适合的航区类型。调查计划主要包括调查海域、各测站区域位置、断面位置、观测项目、航行路线、调查起始和结束日期以及所需的仪器设备等。在考虑调查所需的天数时,需要了解调查船的性能,如航速、导航、助渔设备、淡水舱容积等。

2. 仪器设备的配备

为了保证调查计划的顺利进行和完成,必须根据调查大纲和调查计划的要求,详细列出所需仪器设备及消耗品的名称和数量,并考虑到海上工作的意外情况和不确定性,须有一定量备用品。调查所需的器材和数量则视调查任务而定。具体可参考《海洋调查规范》和《海洋水产资源调查手册》等。

出航前须对所有的仪器、设备进行详细的检查和校正,发现故障必须及时修理或更换。必要时尚需在仪器设备安装好后进行试航、试测,对试航中出现的问题,在返回基地后应迅速采取措施加以解决。

3. 人员组织与分工

调查人员是完成调查任务的基本保证,因而必须精心组织并科学合理地加以分工,充分发挥每个调查人员的积极作用。调查员人数应按调查任务来确定,一般来说应该包括海洋学专业、海洋生物学专业、渔业资源学专业、捕捞学专业、气象学专业等方面科技人才。为确保调查计划与任务的有效实施,可设一位首席科学家,对各学科调查项目的执行及其他事务进行协调。执行调查任务时,一般需昼夜连续工作,因此调查人员要进行分班作业,每班定岗人数应在完成任务的前提下以精简为原则,有效地开展各项调查工作。

(二)测站的设置与航迹设计

在海洋调查中,某测站的资料是否能代表这一海区的水文特征、渔场特点,我们要事先有所了解,这可通过对已有资料的分析找出合适的位置,以便布站能更加合理。以水文为例,由于外海的水文要素分布较均匀,其站距则可大些,一般为 20 ~ 40 n mile;在水文要素变化显著的近岸海区或两水团交界区,站距应小些,一般为 5 ~ 15 n mile。此外,站距还取决于要求观测精度。设 ΔP 表示某要素观测的许可误差,r 为该要素的水平梯度,则测站之间的距离 D 为:

$$D \geqslant \frac{\Delta P}{r}$$

例如,水温测定的平均误差为 $0.1℃$,而表面水温每海里的水平梯度为 $0.05℃$,则 $D > 2n$ mile,由于最大误差约为平均误差的三倍,故 D 的最小值应为 6 n mile。

其他化学、地质、生物等项的观察与采样,原则上与之同步。渔业资源调查等试捕站位可根据渔场分布与渔场类型有所增减。如产卵渔场调查的站位与站距要求密一些。站位分布可按棋盘格竖横布置或结合渔区划分,布站在渔区的四个角上;也可相邻断面错开布设(图 10 - 1)。

关于航迹设计,一般考虑既经济又不漏点,其次还要考虑当时海上风情、波浪等情况。一般情况前者走矩形,后者走"之"字形,亦可根据具体情况灵活掌握(图 10 - 1)。

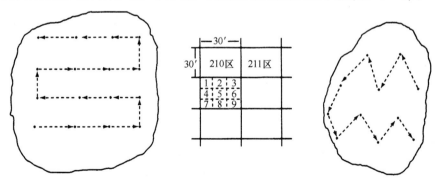

图 10 - 1　调查布站与航迹示意图

（三）值班制度和观测记录

为了保证不间断地进行观测，并保证海上科研人员有效地休息，可视情况建立值班制度。但分班及值班应该注意下列事项。

（1）值班人员必须做到按时交接班，不得迟到或早退。值班时不得擅自离开岗位，不得做与任务无关的其他工作。如接班人未能按时到位，原值班人仍应坚持工作，以保证记录完整性；

（2）交班前，接班人应将全部记录、仪器和工具保持良好状态，交班时站点要交待清楚；

（3）交班后，交班人员除完成规定的值班任务外，还应检查上一班的全部观测记录与统计等，如有遗漏、错误，应查明原因，及时补充、改正或加以注释；

观测记录和资料是海上全体人员艰辛劳动所获得的成果，因此必须力求正确、完整、统一，为此，必须做到以下几点：

（1）海上观测都应按各项记录表格的规定要求进行填写；

（2）每次观测结果必须立即记入规定表格中，不得凭记忆进行补记；

（3）填写记录最好采用铅笔，字迹力求整齐、统一、正确和清晰，如需改正时，不能擦涂原记录，只能在记录上划一线，再在其上方填写改正的数字，以便查考；

（4）为了保证记录的准确性，在一人读数、一人记录情况下，记录者应向读数人复诵，并在每张记录纸上共同签名。

（5）观测所得资料，必须妥善保存，严防遗失，待观测告一段落后，资料应指定专人保管。

如果走航观测时，遇到特殊情况不能按计划进行观测时，站位顺序可能会颠倒，记录的资料一定要与站位相对应，记录切不可有差错。

第二节　海洋环境调查

海洋环境调查是对海洋物理、化学、生物过程等及海洋诸要素间的相互作用所反映的现象进行测定，并研究其测定方法。其主要任务是观测海洋要素以及与之有关的气象要素，通过整理分析观测资料，绘制各类海洋要素图，查清所观测的海域中各种要素的分布状况和变化规律。由于海洋环境非常复杂，发生在海洋中的各种自然现象之间关系密切，因此要求海洋调查必须研究和观测发生在海洋和大气中的各种现象，又要研究空间每一点上在同一时刻所发生的物理现象，还要对发生在海洋中的各种自然现象连续地或在一定时间里重复地进行观测。海洋观测一般采用海滨观测和海上观测的形式。最近几年，由于遥感技术和深潜技术的发展，又采用了气球、飞机、潜水器等工具进行空中和水下观测。观测项目除常规观测外，还有涡旋、污染物质、海水异常、海底和海洋中各种特征值的变化过程等内容。

一、海洋调查系统的构成

海洋调查工作作为一个完整的系统，包括五个主要方面：被测对象、传感器、平台、施测方法和数据信息处理。其中，被测对象实际是系统的工作对象，传感器和平台是系统的"硬件"，而施测方法和数据信息处理技术则是一定意义上的"软件"。

（一）被测对象

海洋调查中的被测对象是指各种海洋学过程以及决定于它们的各种特征量的场。所有的被测对象可分为五类。

（1）基本稳定的。这类被测对象随着时间推移变化极为缓慢，以至可以看成是基本不变的，例如各种岸线、海底地形和底质分布。它们在几年或十几年的时间里通常不会发生显著的变化。

（2）缓慢变化的。这类被测对象一般对应海洋中的大尺度过程，它们在空间上可以跨越几千千米，在时间上可以有季节性的变化。如"湾流"、"黑潮"以及其他一些大洋水团等。

（3）变化的。这类被测的对象对应于海洋中的中尺度过程，它们的空间跨度可以达几百千米，寿命约几个月。典型的如大洋的中尺度涡，浅、近海的区域性水团（如我国的黄海冷水团）以及大尺度过程的中尺度振动（如湾流、黑潮的蛇型等）。

（4）迅变的。这类被测对象对应于海洋中的小尺度过程。它们的空间尺度在十几千米到几十千米范围，而生存周期则在几天到十几天之间。典型的如海洋中的羽状扩散现象，水团边界（锋）的运动等。

（5）瞬变的。这类被测对象对应于海洋中的微细过程，其空间尺度在米的量级以下，时间尺度则在几天到几小时甚至分、秒的范围内，常规的海洋调查手段很难描述它们。典型的如海洋中对流过程等。

被测对象的分类，有助于人们合理地计划海洋调查工作和有目的地发展海洋调查技术。历史证明，人类对海洋过程的认识，从时、空尺度上来说，主要是由慢而快、由大到小的。可以认为，解决中尺度的变动的海洋过程的监测问题，是当前海洋学的重要问题。

（二）传感器

这里所指的是广义上的传感器，即能获取各海洋数据信息的仪器和装置。按提供资料的特点不同，可大致分为以下三种。

（1）点式的。点式传感器，感应空间某一点被测量的对象，如温度、盐度（电导率）、压力、流速、浮游生物量、化学要素的浓度等。典型的如南森采水器，一条钢缆上按一定间隔悬挂着的采水瓶和颠倒温度表可以采得不同深度点上的水样和测得各点的水温。

（2）线式的。线式传感器可以连续地感应被测量的对象。当传感器沿某一方向运动时，可以获得某种海洋特征变量沿这一方向的分布。例如，常用的投弃式温盐深仪（XCTD）、投弃式深温仪（XBT）以及温盐深自动记录仪（CTD）。这些仪器可以提供温度随深度变化的分布曲线，其他各种走航拖曳式仪器则可给出温度、盐度等海洋特征变量沿航行方向上的分布。如果传感器固定在某一测点时，还可提供该点海洋特征量随时间变化的曲线，如自计水位和测波仪。

（3）面式的。面式传感器可以提供二维空间上海洋特征变量的分布信息，也就是可以直接提供某海洋特征变量的二维场。例如，20世纪60年代发展的测温链（拖曳式热电阻链）

可以给出垂直剖面(X,Z)或(Y,Z)上的水温等值线分布,而近代航空和航天遥感器则能提供某些海洋特征量在一定范围内海面(X,Y)分布,如经过处理的红外照相可显示等温线的平面分布。

(三)平台

平台是观测仪器的载体和支撑,也是海洋调查工作的基础,在海洋调查系统中平台是一个重要的环节。平台一般分为两类。

(1)固定式。固定式平台是指空间位置固定的观测工作台。在这种平台上,传感器可以连续工作以获取固定测站(或测点)上不同时刻的海洋过程有关的数据和信息。常用的固定平台有沿海海洋观测站,海上定点水文气象观测浮标,海上固定平台等。

(2)活动式。活动平台是指空间位置可以不断改变的观测工作台或载体活动平台,还可细分为主动式和被动式两种。主动式可以根据人的意志主观地改变位置,例如水面的海洋调查船、水下的潜水装置;被动式如自由漂浮观测浮标,按固定轨道运行的观测卫星等。

(四)施测方法

对于一定的被测对象,用所掌握的传感器和平台来选定合理的施测方式,是海洋调查工作中极为重要的内容。施测方法一般说来有四种。

(1)随机方法。随机调查是早期的一种调查方式,组成随机调查的测站(站点)是不固定的。这种调查大多是一次完成的,如"挑战者"号1872—1876年的探险考察;或者各航次之间并无确定的联系,如商船进行的大量随机辅助观测。虽然一次随机调查很难提供关于海洋中各种尺度过程的正确认识,但是大量的随机观测数据可以给出大尺度(甚至中尺度过程)的有用信息。

(2)定点方法。定点观测是至今仍大量采用的海洋调查方式。除了岸站的定点连续观测之外,早在20世纪30年代便有固定的断面调查(如日本人在日本近海和黄海、东海进行的长达数十年的断面观测)。定点调查通常采取测站阵列或固定断面的形式,每月一次或者根据特殊需要的时间施测,或进行一日一次、多日的甚至长年的连续观测。定点海洋调查使得观测数据在时、空上分布比较合理,从而有利于提供各种尺度过程的认识,特别是多点同步观测和观测浮标阵列可以提供同一种时刻的海况分布,但由于海况险恶,采用定点调查的成本是相当昂贵的。

(3)走航方法。随着传感器和数据信息处理技术的现代化,走航观测成为可取的方式。根据预先合理计划的航线,使用单船或多船携带走航式传感器(如XBT,走航式温盐自记仪,ADCP等)采集海洋学数据,然后用现代数据信息处理方法加工,可以获得被测海区的海洋信息。走航观测方式具有耗资少、时间短、数据量大等特点。

(4)轨道扫描方法。随着航天和遥感技术的发展,为海洋调查提供了一种新的施测方式。利用海洋卫星或资源卫星上的海洋遥感设备对全球海洋进行轨道扫描,可以大面积监测海洋中各种尺度过程的分布变化。它几乎可以全天候地提供局部海区的良好的天气式数据信息,但是遥感技术在监测项目、观测准确度和空间分布等方面还有待进一步拓展和提高。

（五）数据信息处理

随着海洋技术的发展,海洋数据和信息的数量、种类的猛增,如何科学地处理这些数据和信息已成为一个重要课题。数据信息处理技术的发展,反过来也促进了传感器和施测方式的改进。例如,良好的数据信息处理技术可以补偿观测手段的不足或者向新的观测手段提出要求。数据信息处理技术大致可分为四种。

（1）初级数据处理。海洋调查的初级信息处理是将最初始的观测读数订正为正确数值,例如颠倒温度表和海流的读数订正等。另外,某些传感器提供的某些海洋特征连续模拟量,也应将它们按需要转化为数字资料。初级数据处理是对第一手资料的处理,因此也是最基础的工作。

（2）进一步的数据处理。是指对初级处理完毕的数据作进一步加工处理,如空缺数据的填补、各种统计参数的计算、延伸资料的求取(例如,从水温、盐度计算密度、声速等)。最后,要求将各种海洋调查数据整理并能直接提供给用户使用,可存放在海洋数据信息中心的数据库中,供用户随时查询索取。

（3）初级信息的处理。初级信息的处理,其目的是从观测值或计算出来的延伸资料中提取初步的海洋学信息。一般是将有关的海洋学特征变量样本以恰当的方式构成该特征变量直观的时、空分布,如根据水温、盐度等的离散值用空间插值方法绘制水温和盐度的大面、断面分布图或过程曲线图等。在海洋遥感系统中,将传感器发送回来的代码还原成图像而不作进一步处理,也属于初级信息处理的范畴。

（4）进一步的信息处理。其目的是从处理后的数据中或经初级信息处理的信息中,提取进一步的海洋信息,如根据水温、盐度的实况分布可以用恰当的方式估计出水团界面的分布(锋)。对海流数据和上述实况的恰当分析处理还可得出被测区的环流模型。在遥感系统中的电子光学解译技术、计算机解译技术,也都属于进一步的信息处理。

随着海洋调查技术的发展,特别是在海洋渔场等应用上的需要,目前更普遍趋向于"实时方式",即将观测数据以最快捷的方式(如卫星中转)传到数据信息中心,并及时加以处理,以形成现场实况交付渔业等部门或用户使用。实时方式提高了海洋观测的使用价值,在实况通报和海况预报上可发挥更大的作用。

二、海洋水文观测的分类及内容

海洋观测是指以空间位置固定和活动的方式在海上观察和测量海洋环境要素的过程。目前,常用的海洋观测方式有以下几种。

（一）大面观测和断面观测

为了了解某海区的水文等要素分布情况和变化规律,在该海区布设若干个测站。在一定的时间内对各站观测一次,这种调查方式称为大面观测。观测时间应尽可能地短,以保证调查资料具有良好的同步性。大面观测站的站点布设位置一般按直线分布,由此直线所构成的断面叫做水文断面。水文断面的位置一般应垂直于陆岸或主要海流方向。关于它的密集程度和站距,原则上是在近海岸线区域需更加密一些,外海深水区域可稍疏一些。

对每一个大面测站的观测,一般要求抛锚进行,但在流速不大或者水深较浅的海区,可以不抛锚测流。利用声学多普勒海流剖面仪(ADCP)进行各水层流速的测定,也可以不抛锚。

大面观测的主要项目有水深、水温、盐度、水色、透明度、海发光、海浪、风、气温、湿度、云、能见度、天气现象等,有时还进行表面流的观测。随着观测手段与方法的发展,目前应用航空和卫星遥感手段进行大面积的海洋观测也属于大面观测的范畴。

大面观测的工作量一般很大,要多次重复地进行观测是有困难的,因而它多用于对海区的水文、气象、化学、生物等要素综合性普查上。当初步摸清该海区的水团与海流系统之后,为了进一步探索该海区各种海洋水文要素的长期变化规律,可在大面观测中选择一些具有代表性的断面进行长期重复观测,这种调查方式叫做断面观测。具有代表性的断面称为标准断面。断面观测的观测项目、观测时间、设站疏密程度及连续性要求均视具体情况而定。

(二)连续观测

为了了解水文、气象、生物、化学要素的周日或逐日变化规律,在调查海区内选定具有代表性的测站,连续进行一日以上的观测称为连续观测。连续观测的观测项目,除了大面观测的观测项目外,还需进行海流观测,而且一般以海流观测为主。根据所需资料的要求不同,连续观测又分为周日连续观测和多日连续观测。周日连续观测,是当船只抛锚后连续观测24个小时以上,其中水深每小时观测一次;潮流至少应取25次记录,水温、水色、透明度每两小时观测1次,取13个记录;波浪、气象要求每三个小时观测一次,取7~8个记录,海发光在夜间观测3次。多日连续观测是指连续进行两天或两天以上的观测。目前,世界上采用的海洋水文气象遥测浮标站、固定式平台等都是连续观测站的新发展。

(三)同步观测

同步观测是用两艘或两艘以上的调查船同时进行的海洋观测。它的优点在于可以获得海洋要素同步或准同步的分布,对深入了解海洋现象的本质以及诸现象在时间和空间上的相互联系具有重要意义。对于海洋要素的时间变化比较显著的近岸浅海区,这种方法更为重要。同步观测的方法可以多种多样,可以用一艘船进行定点连续观测,其他船只配合进行断面或者大面观测;也可以由很多艘船同时在各个测站上进行观测。

(四)辅助观测

为了获得较多的同时观测资料,以补充大面观测和连续观测的不足,更真实地掌握水文气象要素的分布情况,可利用商船、军舰等非专门调查船只在海上活动的机会,定时地进行一些简单的水文气象观测,这种观测称为辅助观测。

以上是四种基本的观测方法,随着自记仪器、遥测浮标站、航空遥测技术、深潜技术等的发展和应用,观测方法又有新的发展。例如全球海洋观测系统,就是由空中的卫星、飞机和气球,海面的调查船和观测浮标,水下的潜水器等组成的立体观测体系(图10-2)。

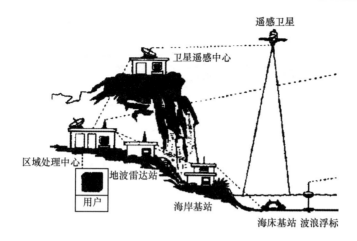

图 10 - 2　全球海洋观测系统

三、海洋水文气象调查方法

(一)水深测量

最常用的有机械测深、回声探测仪测深等方法。

1. 机械测深

用水文绞车上系有重锤(或铅锤)的钢丝绳测量水深称为机械测深。绞车是供升降各种海洋仪器和采样工具以及水深测量用的,它是调查船上最基本的设备之一。

其方法为:将测深锤装置于水文绞车的钢丝绳上,开启绞车放下测深锤,可通过卷扬机上的计数器观察,记录测站的水深(图 10 - 3)。在水深、流大海区,还应考虑水流影响予以修正。此法在测深锤回收时,尚可根据铅锤底部的沾泥,确定该处底质。

绳索计数器

倾角器

图 10 - 3　绳索计数器及倾角器

2. 回声测深法

回声测深仪是利用声波在海水中以一定的速度直线传播,并由海底反射回来的特性制成的。其测深原理如图(图 10 - 4)所示。在实际使用中,可直接在回声测深仪指示器上读取深度数据。在渔业生产船作试捕调查船时,通常利用探鱼仪测深。

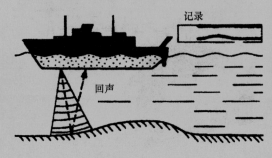

图 10 - 4　回声测深法

(二)水温测量

1. 温度观测的基本要求

(1)水温观测的准确度。海洋温度的单位均采用摄氏温标(℃)。由于温度对密度影响显著,而密度的微小变化都可导致海水大规模的运动,因此,在海洋学上,大洋温度的测量,特别是深层水温的观测,要求达到很高的准确度。一般来说,下层水温的准确度必须在0.05℃以下,在某些情况下,甚至要求达到0.01℃。为此,温度计必须十分稳定和灵敏,同时还须经常加以校准。对于大陆架和近岸浅水域,其温度的变化相对较大,用于测定表层水温的温度计,其准确度不一定要求这么高。

在实际工作中,根据各自要求制定测温的准确度范围。一般来说,除了根据海区具体情况外,首先必须从客观需要出发,并应尽量达到一种资料多种用途的效果;其次,规定观测准确度还应考虑到现有的技术条件。根据以上原则,世界各国对海洋调查有以下共识。

1)对于大洋,因其温度分布均匀,变化缓慢,观测准确度要求较高。一般温度应准确到一级,即 ±0.02℃。这个标准与国际标准接轨,有利于与国外交换资料。但对用遥感手段观测海温,或用 XCTD、XBT 等观测上层海水的跃层情况时,可适当放宽要求。

2)在浅海,因海洋水文要素时空变化剧烈,梯度或变化率比大洋的要大上百倍甚至千倍,水温观测的准确度可放宽。对于一般水文要素分布变化剧烈的海区,水温观测准确度为±0.1℃。对于那些有特殊要求,如水团界面和跃层的细微结构调查等,应根据各自的要求确定水温观测准确度,如二级准确度为 ±0.05℃,三级准确度为 ±0.2℃。

(2)水温观测的时次与标准层次。水温观测分表层水温观测和表层以下水温观测。为了资料的统一标准和便于使用,对表层以下各层的水温观测,我国做出了规定(见表 10 - 1)。其中,表层指海表面以下 1 m 以内水层。底层的规定如下:水深不足 50 m 时,底层为离底 2 m 的水层;水深在 50 ~ 100 m 范围内时,底层离底的距离为 5 m;水深在 100 ~ 200 m 范围内时,底层离底的距离为 10 m;水深超过 200 m 时,底层离底的距离,根据水深测量误差、海浪状况、船只漂移等情况和海底地形特征等进行综合考虑,在保证仪器不触底的原则下尽量靠近海底,通常不小于 25 m。

在观测时间方面,大面或断面站,船到站就观测一次;连续站每两小时观测一次。

表 10 – 1　水温观测标准

水深范围/m	标准观测水层	底层与相邻标准水层的距离/m
<10	表层,5,底层	
10 ~ 25	表层 5,10,15,20,底层	2
25 ~ 50	表层,5,10,15,20,25,30,底层	4
50 ~ 100	表层,5,10,15,20,25,30,50,75,底层	4
100 ~ 200	表层,5,10,15,20,25,30,50,75,100,125,150,底层	5
>200	表层,10,20,30,50,75,100,125,150,200,250,300,400,500,600, 700,800,1 000,1 200,1 500,2 000,2 500,3 000(水深 >3 000 m,每 1 000 m 加一层),底层	10

2. 表面温度计测温

表面温度计用于测量表层水温,它的测量范围为 –6℃ ~ +40℃,分度值为 0.2℃,准确度为 0.1℃。

(1)仪器结构。表面温度计由一支普通的水银温度计安装在一个金属外壳内构成(如图 10 –5 所示),外壳的下端是一个直径约 5 cm、高约为 6 cm 的金属桶,桶外壳上有数个小孔,供海水进出。外壳的上部是一根长约 20 cm 的金属管,其直径约为 2 cm,金属管上有两条长约 15 cm、宽约 1 cm 的缝隙,从缝隙可以看到置于其内的温度计的刻度。外壳的上下两部分是用螺丝互相连接的,能任意卸下或装上。

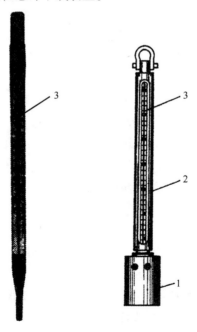

图 10 –5　表面温度计

1.贮水筒;2.表管;3.温度计

（2）观测与使用。使用表面温度计测温,可在台站或在船上进行。不论在台站观测或在船上观测,既可以把温度计直接放入水中进行,也可以用水桶取水进行。前者用于风浪较小的条件下,后者用于风浪较大时。

观测水温的方法步骤如下。

把水温表直接浸入海中进行测温时,首先将金属管上端的圆环用绳拴住,在离开船舷0.5 m 以外的地方放入水中,然后提上,把桶内的水倒掉,再重新放入水中,并浸泡在 0 ~ 1 m深度处感温 5 分钟后取上读数。为了避免外界气温、风及阳光的影响,读数应在背光、背风处进行,并力求迅速,要求从温度计离开水面到读数完毕的时间不得超过 20 秒钟。根据准确度要求,读数要精确到 0.1℃。为此,在读数时眼睛应与水银柱的顶端处于同一水平面,视线要与温度计垂直。读数完毕后,将圆桶内的海水全部倒掉,并把表面温度计放在阴暗的地方。

在用水桶取水观测时,应将取上的一桶海水放于阴影处,把表面温度计放入桶内搅动,感温 1 ~ 2 min 后,将海水倒掉,再重新取上一桶海水并把表面温度计放入桶内(此时必须注意,在把温度计放入桶内之前,应将温度计桶内的海水倒尽)。表面温度计在桶内感温 3 分钟后,即可进行读数,读数时温度计不可离开水面。第一次读数后,过 1 min 后再读数一次,当气温高于水温时取偏低的一次;反之,取偏高的一次。

用水桶测温时,水桶应以木质、塑料等不宜传热的材料制成,其容积约为 5 ~ 10 L。上述所读取的温度读数须经器差订正后才为实测的表层水温值,器差订正值可在每支表面温度计的检定证中获取。

为了取得真实可靠的水温资料,在用表面温度计测温或读数时还应注意:①感温或取水应避开船只排水的影响,读数时应避免阳光的直接照射;②冬天取水时不应取上冰块或使雪落入桶中,观测完毕应将水桶倒置;③表面温度计应每年检定一次。

3. 颠倒温度计测温

颠倒温度计是水温测量的主要仪器之一,把装在颠倒采水器上的颠倒温度计,沉放到预定的各水层中。在一次观测中,可同时取得各水层的温度值。颠倒温度计在观测深水层水温时,温度计需要颠倒过来,此时表示现场水温的水银柱与原来的水银柱分离。若用一般温度计观测深层水温时,当温度计取上来后,温度就随之变化,结果观测到的水温不是原定水层的水温。这就是颠倒水银温度计能观测深层温度的主要原因。

（1）颠倒采水器的结构和原理。颠倒采水器是由一个具有活门的采水桶构成,在上下活门的两端装有平行杠杆,通过连接杆将平行杆连接在一起,使上下活门可以同时启闭,通过仪器下端的固定夹杆和上端的释放器及穿索切口把颠倒采水器固定在直径不大于 5 mm 的钢丝绳上。

当投下使锤,击中释放器的撞击开关,于是挡钩张开,仪器上端离开钢丝绳,整个仪器以固定点为中心,旋转180°。这时,通过连接杆使上下活门自动关闭。当连接杆移动过圆锥体的金属片之后,上下活门自动关闭。

当仪器上端离开钢丝绳的同时,使锤继续沿钢丝绳下落,击中固定夹体上的小杠杆,使锤在钢丝钩上的第二个击锤又沿着钢丝绳下落,击中下一个采水器的撞击开关,使下一个采水器也自动颠倒、采水。

　　附在采水器上的温度计架用插销固定在采水筒上,温度计可以放在该架中,通过调节螺丝固定之。图 10-6 即为颠倒采水器的工作示意图。

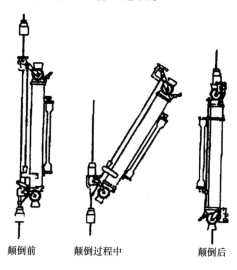

颠倒前　　　　　　颠倒过程中　　　　　　颠倒后

图 10-6　颠倒采水器的工作示意图

　　(2)观测与使用方法。颠倒采水器和颠倒温度计是采水样和观测水温的重要仪器之一。应用颠倒采水器并装上颠倒温度计可以分层进行测温和采水;若同时将数个颠倒采水器沉放到预定的各水层中,在一次观测中可同时取到各水层的水温值和水样。

　　1)为保证观测准确度和仪器安全,在观测前需要做好以下准备工作。

　　挑选两支颠倒温度计,装在同一采水器的套筒中。当水深超过 100 m 时,应更换采水器的温度计套筒,增加一支开端温度计。在挑选时还应检查温度计的性能,其基本要求是:颠倒时,水银断裂灵活,断点位置固定;复正时,接受泡的水银全部回流,主辅温度计固定牢靠。

　　打开采水器的温度计架压板,将颠倒温度计轻轻放入套筒,套筒上下两端须用海绵或棉纱垫好,不要让它们在套筒内旋转。安装时主温度计的贮蓄泡应在下端,同时温度计的刻度应恰好对着套筒的宽缝,使之能清晰看到温度计的全部刻度,盖上表架压板,上好压板上的调整螺钉,然后将温度计架固定好。

　　按采水器编号顺序,自左向右将采水器安置在采水器架上(水龙头在上)。

　　检查采水器的活门密封是否良好,活门弹簧松紧是否适宜,水龙头是否漏水,气门是否漏气,固定夹和释放器有无故障。检查钢丝绳是否符合规格(直径约 4 mm)和有无折断的钢丝,钢丝是否有扭折痕迹或细刺,不符合规格和有断裂危险的应予更换;检查绞车转动是否灵活,刹车和排绳器性能是否良好,经检查合格后,方可使用。

　　2)观测水温和采取水样的方法与步骤如下。

　　将装温度计的采水器从表层至深层集中安放在采水器架上,根据测站水深确定观测层次,并将各层的采水器编号、颠倒温计的器号和值记入颠倒温度计测温记录中。

　　观测时,将绳端系有重锤的钢丝绳移至舷外,将底层采水器挂在重锤以上 1 m 的钢丝绳

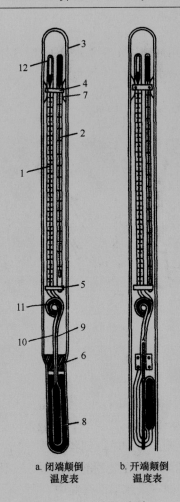

a. 闭端颠倒
温度表

b. 开端颠倒
温度表

图 10 - 7　颠倒温度计
1. 主温表;2. 辅温表;3. 外表管;4 和 5. 金属箍;6. 软木塞;
7. 弹簧片;8. 贮蓄泡;9. 狭窄处;10. 盲枝;11. 圆环;12. 接受泡

上,然后根据各观测水层之间的间距下放钢丝,并将采水器依次挂在钢丝绳上。若存在温跃层时,在温跃层内应适当增加观测层次。

当水深在 100 m 以浅时,在悬挂表层采水器之前,应先测量钢丝绳倾角;倾角大于 10°时,应求得倾角订正值。若订正值大于 5 m,应每隔 5 m 加挂一个采水器。当底层采水器离预定的底层在 5 m 以内时,再挂表层采水器,最后将其下放到表层水中。

颠倒温度计在各预定水层感温 7 分钟,测量钢丝倾角,投下"使锤"(连续观测时正点打锤),记下钢丝绳倾角和打锤时间。待各采水器全部颠倒后,依次提取采水器,并将其放回采水器架原来的位置上,立即读取各层温度计的主、辅值,记入颠倒温度计测温记录表内。

如需取水样,待取完水样后,第二次读取温度计的主、辅温值,并记入观测记录表的第二次读数栏内,第二次读数应换人复核。若同一支温度计的主温读数相差超过 0.02℃,应重新复核,以确认读数无误。

若某预定水层的采水器未颠倒或某层水温读数可疑,应立即补测。若某水层的测量值经计算整理后,两支温度计之间的水温差值多次超过0.06℃,应考虑更换其中可疑的温度计。

颠倒温度计不宜长期倒置,每次观测结束后必须正置采水器。如因某种原因,不能一次完成全部标准层的水温观测时,可分两次进行,但两次观测的间隔时间应尽量缩短。如果需测表层水温,除颠倒温度计外,还可用表面温度计或电测表面温度计进行观测。

3)颠倒温度计测温记录的订正。利用颠倒温度计测标准层水温时,温度计读数须作器差订正。经器差订正后,再作还原订正。

(3)颠倒温度计测温记录的整理。

1)利用颠倒温度计测标准层水温时,温度计读数在作器差订正时先根据主、辅温度计的第二次读数,从温度计检定书中分别查得相应的订正值,再计算闭端颠倒温度计的t(辅温/辅温器差)和T(主温/主温器差)及开端颠倒温度计的t'(辅温/辅温器差)和T'(主温/主温器差)。

2)颠倒温度计读数经器差订正后尚须作还原订正。

3)确定观测水温时,若某观测层两支颠倒温度计实测水温的差小于0.06℃时,取两支温度计实测水温的平均值作为该层的水温;当两支颠倒温度计实测水温的差值大于0.06℃时,可根据相邻的水温或前后两次观测的水温(连续观测时)的比较,取两者中合理的一个温度值计入,并加括号。若无法判断时,可将两个水温值都记入记录表。

4)确定温度计测温的实际深度时,对于100 m以浅的水层(含100 m),当钢丝绳倾角在10°时,须作钢丝绳的倾角订正,求得温度计测温的实际深度。

上述整理过程和有关公式可参见《海洋调查规范》。

(4)注意事项。

1)颠倒温度计必须经常垂直地保持正置状态,否则,断裂的水银柱与整个水银体长期相隔会再断裂处形成氧化膜,从而发生不正常断裂,影响颠倒温度计的正确性。

2)颠倒温度计要保持在温度高于0℃的室内,但室内的最高温度,不要超过温度计刻度的最大值。

3)颠倒温度计必须保存在特制的箱内,使颠倒温度计在搬运时能保持正置状态,并使温度计免受剧烈振动。

4.温深系统测温

利用温深系统可以测量水温的铅直连续变化。常用的仪器有温盐深自记仪(CTD)、电子温深仪(EBT)和投弃式深温仪(XBT)等。利用温深系统测水温时,每天至少应选择一个比较均匀的水层与颠倒温度计的测量结果对比一次,如发现温深系统的测量结果达不到所要求的准确度,应调整仪器零点或更换仪器探头,对比结果应记入观测值班日志。

(1)电子式温盐深自记仪(CTD)。

CTD自1974年问世后很快被用于海洋调查中,并在一些大规模的海洋调查中发挥了重要作用。近年来在我国海洋调查中也被广泛使用。CTD和其他一些高准确度、快速取样仪器以及卫星观测手段的应用,使得海洋调查和海洋学研究进入了一个全新的阶段,并推动了海洋中、小尺度过程和海洋微细结构的研究。

目前国内外广泛使用的 CTD 有 Neil/Brown MarkⅢ 型和 SeaBird911 型。MarkⅢ 型 CTD 由水下部分和船上接收部分组成,两部分之间用绞车电缆连接。水下部分(也称探头)用来感应需测量的物理量并将它们转换成视频信号,通过铠装电缆传送到船上的接收部分。水下部分主要包括压强(D)、温度(T)和电导率(C)传感器相应的接口、10 kHz 振荡器、精密的 AC 数字化器、格式器、控制器及视频调节器等电子元件器件和线路。

与其他同类观测仪器相比,CTD 具有长期稳定性好、噪声低、所得资料具有极高的准确度和分辨率等优点。

(2)投弃式深温计(XBT)。

XBT 是一种常用的测量温深的系统,它由探头、信号传输线和接收系统组成。探头通过发射架投放,探头感应的温度通过导线输入接收系统并根据仪器的下沉时间得到深度值。利用 XBT 进行温深观测时,可以在船舶航行时使用的 XBT,称船用投弃式深温计(SXBT);利用飞机投弃的 XBT,称航空投弃式深温计(AXBT)。XBT 易投放,并能快速地获得温深资料,因此被广泛应用。

XBT 的主要优点是成本低,它可以安装在各种船只上。但是它容易发生多种故障:①由于导线通过海水地线形成回路,如果记录仪接触不良,则记录不到信号;②如果导线碰到船体边缘,将绝缘漆磨损,可能使记录出现尖峰或上凸现象;③如果导线暂时被挂住,导线拉长,也会出现温度升高现象。

(三)海水透明度与水色观测

透明度表示海水透明的程度(即光在海水中的衰减程度)。水色是表示海水的颜色。研究水色和透明度有助于识别洋流的分布,因为大洋洋流都有与其周围海水不同的水色和透明度。例如,墨西哥湾流在大西洋中像一条天蓝色的带子;黑潮,即因其水色蓝黑而得名;美洲达维斯海流色青,故又称青流。研究透明度和水色对于渔业具有重要的意义。

1. 透明度观测

(1)透明度定义。

用白色的圆盘来观测水中的透明程度,最早是由利布瑙(Liburnau)发明的,意大利神父塞克(A. Secchi)在地中海首先使用,随后被广泛应用。后人习惯地称其为塞克透明度盘。这是一种用直径为 30cm 的白色圆板(透明度盘),在船上背阳一侧,垂直放入水中,直到刚刚看不见为止,透明度板"消失"的深度叫透明度。这一深度,是白色透明度板的反射、散射和透明度板以上水柱及周围海水的散射光相平衡时的结果。所以,用透明度板观测而得到的透明度是相对透明度。

应用白色圆板测量透明度虽然简便、直观,但也有不少缺点,如受海面反射光、人视觉等的影响。因为测量的结果缺乏客观的代表性,而且透明度盘只能测到垂直方向上的透明度,不能测出水平方向上的透明度,所以,近年来国际上多采用仪器来观测光能量在水中的衰减,以确定海水透明程度,并对透明度作出新的定义。

(2)透明度观测。

观测透明度的透明度盘(图 10-8)是一块漆成白色的木质或金属圆盘,直径 30 cm,盘下悬挂有铅锤(约 5 kg),盘上系有绳索,绳索上标有以"dm"为单位的长度记号。绳索长度应根据海区透明度值大小而定,一般可取 30 ~ 50 m。

绳索

透明度盘

重锤

图 10 - 8　透明度盘示意图

在主甲板的背阳光处,将透明度盘放入水中,沉到刚好看不见的深度,然后再慢慢地提到隐约可见时,读取绳索在水面的标记数值,有波浪时应分别读取绳索在波峰和波谷处的标记数值)。读到一位小数,重复 2 ~ 3 次,取其平均值,即为观测的透明度值,记入透明度观测记录表中。若倾角超过 10°,则应进行深度订正。当绳索倾角过大时,盘下的铅锤应适当加重。

透明度的观测只在白天进行,观测时间为:连续观测站,每 2 小时观测一次;大面观测站,船到站观测。观测地点应选择在背阳光的地方,观测时必须避免船上排出污水的影响。

(3)观测注意事项。

①出海前应检查透明度盘的绳索标记,新绳索使用前须经缩水处理(将绳索放在水中浸泡后拉紧晾干),使用过程中需增加校正次数;②透明度盘应保持洁白,当油漆脱落或脏污时应重新油漆;③每航次观测结束后,透明度盘应用淡水冲洗,绳索须用淡水浸洗,晾干后保存。

2. 水色观测

(1)水色及其成因。

海面的颜色主要取决于海面对光线的反射,因此,它与当时的天空和海面状况有关。而海水的颜色(水色)是由水分子及悬浮物质的散射和反射出来的光线决定的。因此,水色和海色两者应加以区别。

海水是半透明的介质,太阳光线射达海面时,一部分被海面反射,反射能量的多少与太阳高度有关,太阳高度愈大,反射能量愈小;另一部分则经折射而进入海水中,而后被海水的分子和悬浮物质吸收和散射。由于各种光线在进入海水中后被吸收和散射的情况不同,因此就产生了各种水色。

在大洋水中,悬浮物量少,颗粒粒径也小,蓝光散射能量大,故海水的颜色多呈蓝色。近岸海水,由于悬浮物增多,颗粒变大,黄光散射能量增大,所以水色多呈黄色、浅蓝或绿色。

（2）水色观测。

水色观测是用水色标准液进行的。它是由瑞士湖沼学家福莱尔（F. A. Forel）发明，于1885 年在康斯坦茨湖和莱鞠湖使用后被广泛应用。

水色根据水色计目测确定。水色计由蓝色、黄色、褐色三种溶液按一定比例配制的 21种不同色级（图 10 - 9），分别密封在 22 支内径 8 mm，长 100 mm 的无色玻璃管内，置于敷有白色衬里的两开盒中（左边为 1—11 号，右边为 11—21 号）。其中，1—2 号蓝色；3—4 号天蓝色；5—6 号绿天蓝色；13—14 号绿黄色；15—16 号黄色；17—18 号褐黄色；19—20 号黄褐色。

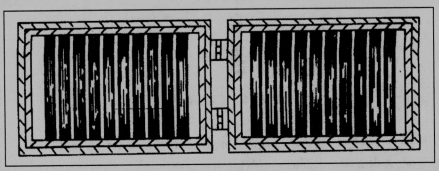

图 10 - 9　水色计

观测透明度后，将透明度盘提到透明度值一半的位置，根据透明度盘上所呈现的海水颜色，在水色计中找出与之最相似的色级号码，并记入水色观测记录表中。水色的观测只在白天进行，观测时间为：连续观测站，每 2 小时观测一次；大面观测站，船到站观测。观测地点应选择在背阳光的地方，观测时必须避免船上排出污水的影响。

（3）注意事项。

观测时，水色计内的玻璃管应与观测者的视线垂直。

水色计必须保存在阴暗干燥的地方，切忌日光照射，以免褪色，每航次观测结束后，应将水色计擦净并装在里红外黑的布套里。

使用的水色计在 6 个月内至少用标准水色校准一次，如果发现褪色现象，应及时更换，作为标准用的水色计，平时应封装在里红外黑的布套中，并保存在阴暗处。

（四）海流的观测

海水运动是乱流、波动、周期特性潮流与稳定的"常流"综合作用的结果。这些流动具有不同尺度、速度和周期，且随风、季节和年份而发生变化。其强度一般由海表面向深层递减。

在进行海流观测时，要按一定时间间隔持续观测一昼夜或多昼夜，所得到的结果是常流和潮流运动的合成。可通过计算，将它们分开。水平方向周期性的流动称为潮流，其剩余部分称为常流，也称余流或统称海流。

掌握海水流动的规律非常重要，它可以直接为海洋渔业等服务。海流与渔业的关系非常密切，在寒流和暖流交汇的地方往往形成良好的渔场。

1. 海流观测方法

海流的观测包括流向和流速。单位时间内海水流动的距离称为流速,单位为"m/s"或"cm/s"。流向指海水流去的方向,单位为度(°),正北为 0°,正东为 90°,正南为 180°,正西为 270°。海流观测层次参照温度观测层次,或根据需要确定。但海流观测的表层,规定为 0~3 m 以内的水层,由于船体的影响,往往使得流速、流向测量不准。随着科学技术和海洋学科本身的不断发展,观测海流的方式也在不断地改进和提高。按所采用的方式和手段,观测海流的方法可分为随流运动进行观测的拉格朗日方法和定点的欧拉方法。

浮标漂流测流法主要适用于表层流的观测,它是根据自由漂流物随海水流动的情况来确定海水的流速、流向,其主要包括漂流瓶测表层流、双联浮筒测表层流、跟踪浮标法和中性浮子测流等四种方法。

在海洋观测中,通常采用定点方法测流,以锚定的船只或浮标、海上平台或特制固定架等为存载工具,悬挂海流计进行海流观测。

2. 监测海流的仪器

监测海流的仪器类型很多,主要有以下几种。

(1)双联浮筒测流装置(图 10 - 10)。根据漂流法测流原理,将该浮筒从船尾甲板上放入水中,以观测表层流的平均流速与流向。

(2)旋桨式海流计。这是一种可测量不同深层海流的仪器。它利用水文绞车纲缆固定于某一深层,测定在观测期间的平均流速与流向。如 HLM1 型旋桨海流计的测量范围为:流速 3~350 cm/s,精度 ±2 cm/s;流向 0~360°,精度 ±10°;起动流速为 2~4 cm/s。

(3)印刷海流计。这是一种机械式自动记录测流器,用于锚定的船只或悬挂在浮标上连续自动记录一段时间内的平均流速和瞬时流向。如 HLJ1 型海流计的测量范围,流速为 3~148 cm/s,流向 0~360°,起动流速为 2 cm/s。

此外还有电磁海流计、电传海流计等。

3. 声学多普勒海流剖面仪(ADCP)

声学多普勒海流剖面仪是目前观测多层海流剖面的最有效方法。其特点是准确度高和分辨率高,操作方便。自 20 世纪 70 年代末以来,ADCP 的观测技术迅速发展,国际上出现了多种类型的 ADCP。目前国际上的大型海洋研究项目中如 TOGA、WOCE、WEPOCS 等都采用 ADCP。ADCP 已被海委会(IOC)正式列为几种新型的先进海洋观测仪器之一。其基本原理如图 10 - 11 所示。

ADCP 测流原理:由于超声源(或发射器)和接收器(散射体)之间有相对运动,而接收器所接收到的频率和声源的固有频率是不一致的。若它们是相互靠近的,则接收频率高于发射频率,反之则低,这种现象称为多普勒效应。接收频率和发射频率之差叫多普勒频移。把上述原理应用到声学多普勒反向散射系统时,如果一束超声波能量射入非均匀液体介质时,液体中的不均匀体把部分能量散射回接收器,反向散射声波信号的频率与发射频率将不同,产生多普勒频移,它比例于发射/接收器和反向散射体的相对运动速度,这就是声学多普勒速度传感器的原理。

利用回声束(至少三束)测得水体散射的多普勒频移,便可以求得三维流速并且可以转

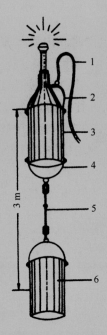

图 10 - 10　双联浮筒测流装置

1.测绳;2.上索环;3.上浮筒;4.下索环;5.联结索;6.下浮筒

图 10 - 11　ADCP 工作示意图

换为地球坐标下的 u(东分量)、v(北分量)和 w(垂直分量)。由于声速在一定水域中,在一定深度范围内的水体中的传播速度基本是不变的,因此根据由声波发射到接收的时间差,来确定深度。利用不断发射的声脉冲,确定一定的发射时间间隔及滞后,通过对多普勒频移的谱宽度的估算,可得到整个水体剖面逐层段上水体的流速。ADCP 根据不同的工作要求,可以变换不同的工作方式(图 10 - 12)。

(五)海浪观测

海浪观测的主要内容是风浪和涌浪的波面时空分布及其外貌特征。观测项目主要包括

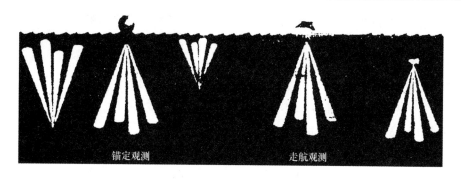

锚定观测　　　　　走航观测

图 10 - 12　ADCP 布放示意图

海面状况、波型、波向、周期和波高。海浪观测有目测和仪测两种。目测要求观测员具有正确估计波浪尺寸和判断海浪外貌特征的能力。仪测则观测波高、波向和周期,而其他项目仍用目测。波高的单位为米(m),周期的单位为秒(s),观测数据取至一位小数。

海浪观测的时间为:海上连续测站,每 3 h 观测一次(目测只在白天进行,仪测每次记录的时间为 10 ~ 20 min,使记录的单波个数不得少于 100 个),观测时间为 02 时、05 时、08 时、11 时、14 时、17 时、20 时、23 时(北京时);大面(或断面)的测站,船到站即观测。

1. 海面状况观测

海面状况(简称海况)是指在风力作用下的海面外貌特征。根据波峰的形状,峰顶的破碎程度和浪花,可将海况分为 10 级(表 10 - 2)。观测时应尽量注意到广大海面,避免局部区域的海况受暗礁、浅滩及强流的影响。

表 10 - 2　海况等级

海况等级	海面特征
0	海面光滑如镜,或仅有涌浪存在
1	波纹或涌浪和小波纹同时存在
2	波浪很小,波峰开始破裂,浪花不显白色而仅呈玻璃色
3	波浪不大,但很触目,波峰破裂,其中有些地方形成白色浪花
4	波浪具有明显的形状,到处形成白浪
5	出现高大波峰,浪花占了波峰上很大面积,风开始削去波峰上的浪花
6	波峰上被风削去的浪花开始沿着波浪斜面伸长成带状,波峰出现风暴波的长波形状
7	风削去的浪花布满了波浪斜面,有些地方到达波谷,波峰上布满了浪花层
8	稠密的浪花布满了波浪的斜面,海面变成白色,只有波谷某些地方没有浪花
9	整个海面布满了稠密的浪花层,空气中流满了水滴和飞沫,能见度显著降低

2. 波型观测

(1)波型

1)风浪:波型极不规则,背风面较陡,迎风面较平缓,波峰较大,波峰线较短,4—5 级风时,波峰翻倒破碎,出现"白浪",波向一般与平均风向一致,有时偏离平均风向20°左右。

2)涌浪:波型较规则,波面圆滑,波峰线较长,波面平坦,无破碎现象。

（2）波型记法

波型为风浪时记"F"。波型为涌浪时记"U"。

风浪和涌浪同时存在并分别具备原有的外貌特征时,波型分三种记法。

1)当风浪波高和涌浪波高相差不多时记"FU"。

2)当风浪波高大于涌浪波高时记"F/U"。

3)当风浪波高小于涌浪波高时记"U/F"。

发展成熟的风浪,很像方向一致的风浪和涌浪叠加,此时应根据风情(风速等)变化,来判断波型(无浪时,波型填"空白")。

3.波向观测

波向一般分为16个方位(表10-3)。

表10-3　十六方位与度数换算表

方位	度数	方位	度数	方位	度数	方位	度数
N	348.9°~11.3°	E	78.9°~101.3°	S	168.9°~191.3°	W	258.9°~281.3°
NNE	11.4°~33.8°	ESE	101.4°~123.8°	SSW	191.4°~213.8°	WNW	281.4°~303.8°
NE	33.9°~56.3°	SE	123.9°~146.3°	SW	213.9°~236.3°	NW	303.9°~326.3°
ENE	56.4°~78.8°	SSE	146.4°~168.8°	WSW	236.4°~258.8°	NNW	326.4°~348.8°

测定波向时,观测员站在船只较高的位置,用罗经的方位仪,使其瞄准线平行于离船较远的波峰线,转动90°后,使其对着波浪的来向,读取罗经刻度盘上的度数,即为波向(用磁罗经测波向时,须经磁差校正)。然后,根据表10-3将度数换算为方位,波向的测量误差不大于±5°。当海面无浪或波向不明时,波向栏记"C",风浪和涌浪同时存在时,波向应分别观测。

（六）海洋气象观测

从渔业角度看,海洋气象观测主要是提供作业海区气象情报和分析水文要素变化,尽管它包括气温、湿度、气压、风情、云量和能见度等许多项目,但可根据调查计划要求,选择一些必测项目进行观测。

1.气象观测的目的

海面气象观测的目的是为天气预报和气象科学研究提供准确的情报和资料,同时还要提供海洋水文等观测项目所需要的气象资料。因此,凡承担发送气象预报任务的调查船要按照有关规定,准时编发天气预报。

2.观测的项目

海面气象观测的项目有:能见度、云、天气现象、风、空气的温度和湿度、气压等。

3.观测的次数和时间

（1）担任气象观测的调查舰船(不论是走航还是定点观测),每日都要进行4次绘图天气观测。观测的时间是 2 时、8 时、14 时、20 时(北京时间)。

(2)在连续站观测中,除 4 次绘图天气观测外,还要进行 4 次辅助绘图天气观测。观测的时间是 5 时、11 时、17 时、23 时(北京时间)。

(3)在大面观测中,一般是到站后即进行一次气象观测。如果到站时间是在绘图天气观测后(或前)半小时内,则不进行观测,可使用该次天气观测资料代替。

4. 能见度观测

(1)能见度。能见度通常是指具有正常视力的人在当时天气条件下所能见到的最大水平距离。有效能见度是指周围一半以上视野里都能见到的最大水平距离。

(2)能见度的观测。

当船在开阔海区时,主要是根据水平线的清晰程度,对照表 10 - 4 的标准对能见度等级进行估计。当水平线完全看不清楚时,则按经验进行估计。

表 10 - 4 能见度等级

海天水平线清晰程度	眼高出海面	
	≤7 m	>7 m
十分清晰	>50.0	
清晰	20.0 ~ 50.0	>50.0
比较清晰	10.0 ~ 20.0	20.0 ~ 50.0
隐约可辨	4.0 ~ 10.0	10.0 ~ 20.0
完全看不清	<4.0	<10.0

当船在海岸附近时,首先应借助视野内的可以从海图上量出或用雷达测量出距离的单独目标物(如山脉、海角、灯塔等),估计向岸方面的能见度,然后以水平线的清晰程度,进行向海方向的能见度估计。

5. 云的观测

(1)云的分类。按云底高度,一般可分为低云、中云及高云三种。各种云的云底平均高度,可参考云种高度表(表 10 - 5)。根据外形、结构和成因的不同,上述三种云又可分为 10 属 29 类主要云状。各属及主要云状的特征简介如下。

表 10 - 5 云种高度表

云种	寒带	温带	热带
低云	自海面到 2 km		
中云	2 ~ 4 km	2 ~ 7 km	2 ~ 8 km
高云	3 ~ 8 km	5 ~ 13 km	6 ~ 18 km

1)低云:低云包括积云、积雨云、层积云、层云及雨层云 5 种。低云多由水滴组成,厚的或垂直发展旺盛的低云则由水滴、过冷水滴、冰晶混合组成;云底高度一般在 2 500 m 以下,但会随季节、天气条件及纬度的不同而发生变化。大部分低云都可能产生降水,雨层云常有

连续性降水,积雨云多阵性降水,有时降水量很大。

2)中云:中云包括高层云和高积云两种。中云多由水滴、过冷水滴与冰晶混合组成,有的高积云也由单一的水滴组成。云底高度通常在2 500～5 000 m之间。高层云常产生降水,薄的高积云一般无降水产生。

3)高云:高云包括卷云、卷层云和卷积云3种。高云全部由细小冰晶组成。云底高度通常在5 000 m以上。高云一般不产生降水,冬季北方的卷积云、密卷云偶有降雪。

(2)云状的判断。云状主要是根据上述云的外形、结构及成因并参照云图进行判断。为使判断准确,观测应保持一定的连续性,注意观察云的发展过程。各种云所伴随的天气现象,也是识别云的一条线索。

(3)云状的记法。

1)将观测到的各云状按云量多少用云状的国际简写依次记录。如果云量相等,按高云、中云和低云的顺序记录。

2)无云时,云状栏不填。因黑暗无法判断云状时,云状栏内记"－"。

3)云量不到天空的1/20时,仍须记云状。

(4)云量的观测和记录。云量以天空被云遮蔽的比例表示,用十分法估计。观测内容包括总云量和低云。总云量记为:全天无云或有云但不到天空的1/20,记"0";云占全天的1/10,记"1";云占全天的2/10,记"2";其余依次类推。全天为云遮盖无缝隙,记"10"。

6. 风的观测

空气的流动称为风,而这里是指风在水平方向上的分量。测风,是观测一段时间内风向、风速的平均值。测风应选择在周围空旷、不受建筑物影响的位置上进行。仪器安装高度以距海面10 m左右为宜。

风向即风之来向,单位用度(°)。风速是单位时间风行的距离,单位用"m/s"。无风时(0.0—0.2 m/s),风速记"0",风向记"C"。

船舶气象仪测风,可测定风向、风速(平均风速,瞬时风速)、气温和湿度等。

7. 空气温度和湿度的观测

(1)空气温度和湿度的观测要求。

空气温度和湿度的观测可得到空气的温度、绝对湿度、相对湿度和露点4个量值。

在船上观测空气的温度、湿度,通常是采用百叶箱内的干湿球温度表或通风干湿表。此外,还可以使用船舶气象仪。

空气温度和湿度的观测,要求温度表的球部与所在甲板间的距离一般在1.5～2 m之间。为了避免烟囱及其他热源(如房间热气流等)的影响,安装的位置应选择在空气流畅的迎风面,距海面高度一般在6～10 m的范围内为宜。另外,仪器四周2 m范围内不能有特别潮湿或反射率强的物体,以免影响观测记录的代表性。

(2)百叶箱的作用与构造。

百叶箱的作用,是使仪器免受太阳直接照射、降水和强风的影响,还可以减少来自甲板上的垂直热气流的影响,同时保持空气在百叶箱里自由流通。

船用百叶箱的构造和内部仪器的安置,与陆地气象台(站)使用的基本相同,但船上的百叶箱是可以转动的,以便在观测时把箱门转到背太阳的方向打开。

8.气压的观测

(1)气压的定义。

气压是作用在单位面积上的大气压力,单位是"hPa"。

在定时观测、大面观测和断面观测中,要观测当时的气压。在定点连续观测中观测各定时的气压,同时从自记录中求出逐时的气压并挑选出日最高和最低气压。

船上气压的观测主要用空盒气压表,有时也可采用船用水银气压表。气压倾向则用气压计观测。

(2)空盒气压表观测。

1)结构:空盒气压表的感应部分是一个有弹性的密封金属盒,盒内抽去空气并有一个弹簧支撑着。当大气压力变化时,金属盒随之发生形变,使其弹性与大气压力平衡。金属盒的微小形变由气压表的杠杆系统放大,并传递给指针,以指示出当时的气压。刻度盘上有一附属温度表,指示观测时仪器本身的温度,用于进行温度订正。

2)放置位置:空盒气压表应水平放置在温度均匀少变、没有热源、不直接通风的房间里,要始终避免太阳的直接照射。气压表下应有减震装置,以减轻震动,不观测时要把空盒气压表盒盖盖上。

3)观测步骤:打开盒盖,先读附属温度表,读数要快。要求读至小数点后一位,然后用手指轻击气压表玻璃面,待指针静止后,读指针所指示的气压值。读数时,视线要通过指针并与刻度面垂直,要求读至小数点后一位。

4)空盒气压表读数的订正。包括刻度订正、补充订正和高度订正。刻度订正在检定证上列表给出,一般每隔10 hPa对应一个订正值。当指针位于已给定订正值的两个刻度之间时,其刻度订正值由内插法求得。补充订正也由检定证给出。高度订正为海平面气压。

第三节　海洋生物调查

一、初级生产力的测定

初级生产力是评价水域生产力大小的一项十分重要的指标,近年来已被列为调查测定的项目之一。其主要方法有以下几种。

(一)生物量的计算

水域初级生产力的高低,主要取决于水域光合作用植物的产量,尤其是它的生产率,在海洋中浮游植物占据首要地位,底栖植物、自养细菌也占一定比例。它们是水域有机物(有机碳)的初级生产者,也是水域中能量的主要供应者。以上述生物为生的浮游动物和其他生物的生产力称为次级生产力。其生物产量是指单位体积(如"m³")内,浮游植物、浮游动物的数量或重量,单位分别为"个/m³"或"g/m³"。底栖生物通常用"个/m³"或"g/m³"表示。海洋浮游生物的产量,一般在0~50 m上层为最高。

（二）测氧法（又称黑白瓶法）

测氧法是根据含氧量（浮游植物进行光合作用所产生的氧和呼吸作用所消耗的氧）的变化来测定初级生产力。一般用每天（也有用小时或年）在 1 m^3 水中产生的有机碳数量（mg 或 g）来表示。

众所周知，植物在光合作用时吸收二氧化碳释放出氧气，其过程的平衡方程为：

$$6CO_2 + 6H_2O \rightarrow C_6H_{12}O_6 + 6O_2$$

该反应式表达了植物光合作用每固定 1 个原子碳，便释放 2 个氧原子。因此，可根据氧的生成量来换算出有机物的生产量。

（三）营养盐平衡计算法

根据几种基本营养盐（如氮、磷、硅等）在天然水域中含量的变化以及与浮游植物（或水底植物）生产的相关关系，以营养盐的消耗作为有机质生产的指标，通过定期或连续对氮、磷等含量的监测，来估算水域初级生产力。

（四）同位素测定法

在盛有观测水样的瓶中加入一定量的含有 C^{14} 的碳酸盐，并将瓶沉入一定深度的水中，经曝光一定时间（通常为 4h）后取出水样，将浮游生物滤出，测定其中所含 C^{14} 的量，用所得的 C^{14} 含量计算在曝光时间内，浮游植物同化作用所吸收的二氧化碳量。该方法假定浮游植物在曝光时间内所吸收的 C^{14}、氧气和二氧化碳的比例是相同，从而获得该时间内浮游植物的生产量。

（五）叶绿素 a 的测定法

该方法是以植物体叶绿素浓度的高低来测算水域初级生产力，由于叶绿素含量是利用比较颜色深浅的比色法来测定的，因此它可借助船舶、航空甚至海洋卫星的遥感手段对有关水域进行调查。

二、海洋微生物调查

微生物是个体微小、形态结构简单的单细胞或接近单细胞的生物。在广义上讲，它应包括海洋中的细菌、放线菌、酵母、霉菌、原生动物和单胞藻类，但一般仅指前四类生物特别是细菌。根据营养类型的不同，细菌又可分自养细菌和异养细菌两大类。目前已知的海洋细菌，绝大部分属于异养菌，因此通常调查对象也主要是这类细菌。由于它们数量多，不仅在水域生态循环中有着极其重要的作用，而且在水域生产力中也具有不可忽视的作用。因此在近年的海洋调查中都把它列为测定项目。

但由于微生物个体微小，调查与观测难度大，所以从采水和采泥取样之后，需要经过超滤膜器过滤，该样品经稀释接种于佐贝尔"2216E"培养基上培养，然后置电光菌落计数器下计数。种类鉴定尚需染色置油镜下观察形态结构，并需做过氧化氢酶反应、汉－莱复逊培养基(葡萄糖)发酵测定等特征分析,查阅海洋异养细菌检索表,然后确定和进入资料整理工作。

鉴于微生物分析需要仪器设备较复杂,技术要求较高,通常在无菌条件下完成,所以本项目通常由微生物研究人员承担。

三、浮游生物调查

浮游生物是各种渔业生物直接或间接的饵料,包括浮游植物和浮游动物两大类,其数量、分布不仅与鱼类的分布与迁移有着密切关系,而且浮游生物量的多少,在一定程度上还标志着水域生产力的高低。因此通常作为海洋调查中最为重要的项目。

（一）调查内容

主要包括浮游生物的种类组成、数量分布和季节变化,特别是优势种、饵料种类的数量更替监测。浮游动物体型较大,一般用大、中型浮游生物网采集,浮游植物体型较小,除用小型浮游生物网外,还需用采水沉淀法采集。

（二）调查方式

根据调查要求而定,通常有以下主要方式。

1. **大面观测**

其目的是了解调查海区各类浮游生物的水平分布状况。用大、中、小型浮游生物网分别进行自底至海面的垂直拖网各一次。分层采水,可分 5 m、15 m、35 m、50 m、100 m、200 m。水量每次采 500 ~ 1 000 mL。

2. **断面观测**

其目的是为了解浮游生物的垂直分布情况。各分不同水层采样,水层可分 0 ~ 10 m、10 ~ 20 m、20 ~ 35 m、35 ~ 50 m、50 ~ 100 m、100 ~ 200 m 等。

3. **定点连续观测**

其目的是为了解浮游动物昼夜垂直移动情况。观测时间每隔 2 h 或 4 h,按规定水层进行分段采集 1 次,如此连续网采集 24 h,共计 7 次或 13 次。

（三）采集工具

采集工具主要有如下几种:

（1）颠倒采水器。主要用来采集浮游植物的种类和数量,以弥补网具采集微型浮游植物的不足。

（2）大型生物网。主要采集箭虫、端足类、磷虾类、大型桡足类、水母类、鱼卵及仔、稚鱼等。水平拖网时间为 10 min,拖速约 1 000 m/h。垂直拖网时约 0.3 m/s。

（3）中型浮游生物网。主要拖捕中、小型浮游动物,操作同大型生物网。

（4）小型浮游生物网。主要拖捕浮游植物及浮游动物的幼体,操作同大型生物网。

（5）垂直分段生物网。使用闭锁器与锤相配合,以拖曳一定水层间的浮游生物标样,作定量网使用(图 10 – 13)。

(6)其他采集器。如浮游生物指示器、哈代连续采集器等,多为定量采集而专门设计的浮游生物调查工具。

图 10 – 13　垂直生物拖网

(四)资料整理

1. 样品的处理

当采集小型浮游植物样品时,在静置 5 天后,用玻璃泵抽去沉淀物上层清水,留下 20 ~ 30 mL 水样。样品每 10 mL 加入 0.5 mL 的中性福尔马林溶液保存。其他浮游动物的样品,经筛选过滤后,直接用中性浓度为 5% 福尔马林溶液,进行保存。

2. 样品的分析

即室内进行样品的定性与定量分析。定性分析系通过形态解剖与观察,经查阅检索表,鉴定浮游生物的名称,并列出调查海区的浮游生物名录。定量分析即通过个体计数、称重或体积测定等方法,分析该海区不同季节或水层的浮游生物丰度、生物量的组成及变化趋势。特别需要指出,在分析时应注重对优势种、饵料种以及稀有种或指标种的分析与观察。

四、底栖生物调查

(一)底栖生物的类型

底栖生物是指栖息于海域底上和底内的动物、植物和微生物的统称。其门类十分复杂,底栖动物包括原生动物、海绵动物、腔肠动物、纽形动物、线形动物、环节动物、苔藓动物、软体动物、甲壳动物、棘皮动物等无脊椎动物和原索动物。底栖植物主要是包括红藻门、褐藻门和绿藻门在内的大型藻类和水生维管束植物如海韭菜等。按底栖动物的生态类型,主要可分为以下几类。

1. 底内动物

栖息在水底的泥沙或岩礁中,又可分二类:①管栖或穴居种类,是指栖息于管内或穴内的种类,如多毛类的巢沙蚕和磷沙蚕,甲壳类的蝛蠃蜚和许多蟹类等;②埋栖种类,是指自由潜入泥沙的种类,如软体动物中的蛤类、螺类、星虫类,甲壳动物的螃蟹、端足类、涟虫以及棘皮动物等。此外,钻孔动物、钻蚀动物的海笋、船蛆等,亦属底内动物。

2. 底上动物

栖息在水底岩礁或泥沙的表面上,也分为二类:①营固着生活,如固着于水底岩礁或其他动、植物上:也有种类将部分身体埋在泥沙中,如贻贝、扇贝、牡蛎、水螅虫、海葵、海胆、藤壶等;②营漫游性生活,其中有的在水底爬行或蠕动,有的在固着底栖生物丛中活动。这类动物一般移动缓慢,如腹足类、蠕虫、棘皮动物等。

3. 游泳底栖动物

虽栖息在水底但又能作游泳活动的动物,如甲壳类的虾类和底层鱼类中的比目鱼、虾虎鱼类等。

(二)采集工具

开展底栖生物调查时,首先应考虑调查海区的海底地形与底质,并根据调查的性质,设站一般在 10 n mile 左右,可适当放宽或缩小,通常每季度(月)调查一次。

1. 船上设备

(1)要求调查船具有能负荷拖网和采泥器的绞车和吊杆。近海调查一般负荷 200 kg 的绞车和吊杆,绞车工作速度以 0.2 ~ 1 m/s 为宜。绞车上装有自动排绳设备及绳索计数器。吊杆一般装在主甲板后部,高出船舷 5 m 左右,伸出舷外约 1 m,能作回转运动,而专用采泥器取样的绞车及吊杆应具有负荷 500 kg。深海采集时,要使用大型网具和采泥器,其负荷量尚需相应增加。

(2)钢丝绳:一般底栖生物拖网可用直径 8 ~ 10 mm 的软钢丝绳。其长度依据调查海区的水深而定,通常为水深的 2 ~ 3 倍。专供采泥器用的绞车上,一般用直径 4 ~ 6 mm 的钢丝绳。

(3)冲水设备:在工作甲板上需装配有水龙头和胶皮水管,以供采泥和拖网后筛选底栖生物和冲洗网具和采泥器用水。

2. 采集网具

(1)拖网类。有阿氏拖网、双刃拖网、桁拖网等多种形式,可根据调查海区底质和要求选用其中一种,以拖捕底栖生物(图 10 - 14)。

(2)采泥器。通常由两个颚瓣构成,也有曝光型采泥器和弹簧采泥器等,以前者使用较多。采泥面积分为 0.25 m² 和 0.1 m² 两种,前者多安装在大型调查船上,后者一般在近岸调查时使用,在内湾水域可酌用 0.05 m² 的小型采泥器。

(3)套筛。套筛是由不同孔径的金属网或尼龙网制成的复合式筛子,专供冲洗过滤泥沙样品和分离动、植物标本之用。套筛一般由二层组成,可分可合。筛框为木质或铝质。两层筛网的网孔大小不同,上层为 5 ~ 6 mm,下层为 1 mm,以便分离获取不同大小的标样。

图 10 - 14　底层生物拖网

（三）资料分析与整理

可分为定量和定性分析。

（1）定性分析。根据采集标样进行分类鉴定。由于底栖生物如纽虫类、沙蚕、蠕虫类结构脆弱，取样筛选后通常只得到生物体片段，造成鉴定的困难，因此必须十分细致、认真。

（2）定量分析。根据分类鉴定，按门类分别计算个体数量和称取生物量。由于各门类生物的性质不同，经过福尔马林或酒精固定后通常有一定失水率，故在计算重量组成时，则应先查阅不同生物的失水率表，然后把固定样品重量换算为当场重量，再汇入总表，以免产生失真。

在定性、定量分析之后，可进行资料整理，列写底栖生物名录，计算种类的个体数量组成、重量组成、出现频率、密度指数，估计总生物量以及调所要求的其他参数。

第四节　鱼类资源调查

鱼类资源调查是海洋渔业调查的主体，其旨在了解和掌握调查海区的鱼类种类与数量分布状况，并通过对调查对象的渔业生物学特征的掌握，为渔业资源的开发、保护以及研究数量动态与预报提供生物学依据。

一、调查前的准备工作

除了本章第一节叙述的共同性准备工作外，根据本专题调查的需要，再予以重申。

（1）全面查阅资料。查阅拟调查海区的鱼类资源分布、生物学特征资料，包括鱼类分类图谱和专著的准备。

（2）开展专业培训。出海前要抽出一定时间，对参加本专题调查的全体人员进行业务培训。从调查计划和已掌握的鱼类资源资料、鱼类标本检索和鱼类生物学测定的操作训练，使队员们了解和初步掌握过去已有的调查资料和本航次的调查工作。

（3）工具与器材准备。配合培训，把渔捞日志等各种表格、鳞片袋、量鱼板、体长刺孔纸、标签、纱布、福尔马林和标本采集箱，按计划要求提前完成，并经复核后装箱，准备上船。

二、海上调查工作

(1)海上调查要任命一位专业组长或首席科学家,负责调查计划实施,与各专业组现场协调工作,组织成员按分工进行作业。

(2)各调查员在保证安全条件下,努力克服晕船等困难,认真执行分工的本职工作,必须一丝不苟地完成各项计划任务。

(3)在水文、生物等专业组开始进行观测的同时,本专业负责人就应将该测站的试捕调查工作向船长或大副作具体布署。

(4)待上述专业观测完毕,船只起锚向下一测站船行时,在渔捞长指挥下,由船员执行放网试捕调查,如拖网通常拖曳 1 h、航速 3 kn,围网则视该测站附近鱼群集群情况而定。

(5)在航行中应经常打开探鱼仪,有条件的调查船,在遇到鱼群时尚应启动探鱼积分仪及与网上悬挂的网位仪相配合,以调查了解海域鱼群分布、数量特征及网获等重要参数。

(6)起网时,调查队员应按计划分工,作各项准备工作。

(7)起网后,工作人员一边帮助渔工理鱼,一边由指定专业人员当场填写渔捞日志(表 10-6)。渔获分类计数完毕,按鱼箱或编织袋加附标签,入鱼舱低温保存。如该测站标样数量少,则全部装入事先编号的塑料标本桶,加 5% ~ 8% 的福尔马林固定(对其中较大个体标本,尚应切腹或做腹腔注射),带回实验室待分析。

表 10 - 6　拖网卡片

船名　　　航次　　　区域　　　　站号　　　　拖网号次　　　　日期

风向风力　　　　波浪　　　　云量　　　气温　　　　℃

总渔获量　　　kg(估计)　　　　kg(正确重量)　每小时拖网渔获量　　　kg/h

放网时　　　　　　　　　　　起网时

位置＿＿＿＿＿＿　　拖网规格　＿＿＿＿＿＿＿＿　位置＿＿＿＿＿＿

时间＿＿＿＿＿＿　　拖网方向和曳纲长度＿＿＿＿＿　时间＿＿＿＿＿＿

深度＿＿＿＿＿＿　　　　　　　　　　　　　　　深度＿＿＿＿＿＿

底质＿＿＿＿＿＿　　拖网时间及航速＿＿＿＿＿　　底质＿＿＿＿＿＿

渔获物种的组成

种类	尾数	重量/kg	长度/mm:从＿＿＿到	备注

（8）对各测站的调查目标鱼种或主要渔获物,应随机抽取 100 尾进行生物学测定,并把性腺、胃含物及耳石、鳞片资料分别固定或包装好,连同记录表(表 10 - 7)带回实验室供分析研究;如调查船限于人力紧张、难以进行生物学测定时,亦应尽量多进行体长刺孔与平均体重的测定工作。

表 10 - 7　鱼类生物学测定记录表

| 海区 | 船名 | 航次 | | 种名 | 站号 | 水深 | 采样时间 | | 网具 | 渔获量 | kg |

编号	长度/mm		重量/g			性别		性腺成熟度	摄食强度	年龄	备注
	全长	体长	全重	纯体重	性腺重	雌	雄				

测定　　　　　记录　　　　　校对　　　　年　　月　　日

（9）有条件的调查船应及时把拖网卡片及生物学测定资料等数据输入计算机保存,并作初步数据处理,待航次调查结束时,连同有关资料全部带回。

（10）船只返航后,应及时把全部样品资料和小型调查用具清理集中,并做好交接手续及航次小结工作,并根据下航次调查时间表,作下航次准备工作,直到整个调查结束。

三、资料整理与调查报告撰写

（一）鱼类分类

分类工作是一项细致费时的工作。由于海上站次相隔时间短,填写拖网卡片时往往只有大类的记录,因此回到实验室仍需将全部渔获标样再进行仔细分类鉴定。在上述分类鉴定的基础上,进行生物区系分析,以了解调查海区的渔业生物区系性质。

（二）生物学测定与生物学特性的研究

因受到海上工作条件的限制,除少数目标鱼种外,多数种类的生物学测定工作均需在陆上进行(表 10 - 7)。

生物学特征分析,对耳石、鳞片等年龄资料、胃含物的饵料分析标样以及研究性成熟的性腺材料等,则分别交各有关研究人员进行分析研究(表 10 - 8 至 10 - 11)。

（三）资料整理

海上调查资料与陆上的分析资料均是以原始数据形式输入电子计算机,以数据库方式存储于磁盘中。之后各有关专业人员根据研究需要,调用原始数据或已初步处理的数据,进一步进行数据处理或作信息处理,绘制图表,形成调查报告的基本素材,供撰写报告与作分析评价使用。

（四）调查报告

调查报告是海洋调查的最终产物，它以文字、数据、图表和模型的形式，提供调查的结果与结论，供有关决策、研究和生产部门参考。它的主要内容应包括调查的时间与海区、调查的目的与要求、调查海区的背景要旨、调查的内容与方法以及调查结果和存在问题、建议。调查所得结果是报告的重点内容，要求图文并茂。此外，尚要写明调查中存在的问题、调查的结论与提要等。对于本调查重点研究或较深入研究的问题，可另辟专题，分别进行撰写，以提供更系统的资料与信息。对于综合性、大型调查报告尤应如此，至于各类调查报告的内容与形式等可参考各类调查报告撰写。

表 10 – 8　鱼类生物学测定统计表

| 海区 | | 船名 | | 航次 | | 站号 | | 水深 | m |
| 种名 | | 采样时间 | | 网具 | | 渔获量 | kg | | |

体长组/mm									合计
尾数									
%									

平均体长 =　　　　mm；　最大体长 =　　　　mm；　最小体长 =　　　　mm

体重组/mm									合计
尾数									
%									

平均体重 =　　　　g；　最大体重 =　　　　g；　最小体重 =　　　　g

性成熟度（雌）									合计
尾数									
%									

性成熟度（雄）									合计
尾数									
%									

年龄组成									合计
尾数									
%									

摄食强度	0	1	2	3	4	合计
尾数						
%						

性别	雌	雄	合计
尾数			
%			

计算　　　　　校对　　　　　　　年　月　日

表 10 – 9　鱼类体长测定统计表

海区　　　船名　　　航次　　站号　　　种名　　采样时间　　年　月　日

年龄	1		2		3		共计		各体长组	
尾数体长组/cm	雌	雄	雌	雄	雌	雄	雌	雄	总尾数	%

各年龄组雌或雄
　所占尾数
　各年龄组
　总尾数
　各年龄组占
总尾数比例(%)

计算　　校对　　　年　月　日

表 10 – 10　鱼类体重测定统计表

海区　　　船名　　　航次　　站号　　　种名　　采样时间　　年　月　日

年龄	1		2		3		共计		各体重组	
尾数体重组/cm	雌	雄	雌	雄	雌	雄	雌	雄	总尾数	%

各年龄组雌或雄
　所占尾数
　各年龄组
　总尾数
　各年龄组占
总尾数比例(%)

计算　　　　　校对　　　　　　　年　月　日

表 10 - 11　鱼类怀卵量记录表

海区　　船名　　航次　　站号　　日期　　网具

编号	长度/mm	重量/g		年龄	成熟度	性腺重/g	取样重/g	绝对怀卵量		相对怀卵量	备注
		全重	纯重					取样卵数	全部卵数		

测定　　　　　　记录　　　　　　校对

思考题：

1. 渔业资源调查的重要意义与目的。
2. 渔业资源调查的类型。
3. 渔业资源调查站位的设置原则。
4. 海洋水文观察的分类及其内容。
5. 海洋生物调查的种类及其内容。
6. 鱼类资源调查的内容。

第十一章　渔业资源生物学与渔场学实验

实验一　鱼类生物学测定

一、目的要求

通过对几种主要经济鱼类的生物学测定,了解和掌握渔业资源生物学调查的几项测定技术标准,为渔业资源生物学的研究工作打下良好的基础。

二、实验材料

小黄鱼、白姑鱼、带鱼、海鳗、鲐鱼、蓝圆鲹、鲳鱼等。

三、实验工具

量鱼板、两脚规、刺孔蜡纸、刺孔针、镊子、剪刀等。

四、实验内容

1. 取样

(1)由于调查的目的和要求不同,取样分随机取样和选择取样两种。通常采用随机取样进行测定工作。

(2)研究群体组成的样品,一般每次取样数量为100尾。由于研究对象和研究项目的不同,取样数量可适当增加或减少,以能反映整个群体的特征为原则。

(3)做好野外采样记录,包括样品的捕捞日期、地点、使用的渔具和网获量等。

(4)在进行生物学测定之前,先把样品进行编号和登记,并做好测定项目的记录工作。

(5)样品以取自拖网、围网、定置网、钓具等对鱼体大小无选择性的渔具为宜。

(6)样品应保持新鲜完整,不宜选择腐烂、残损或严重变形的鱼体作为样品。

2. 测量鱼体的长度

鱼体长度(单位为"mm")(图11-1至图11-3)。

(1)全长——自吻至尾鳍末端。

(2)体长——自吻端至尾椎骨末端。

(3)叉长——自吻端至尾叉。

(4)肛长——自吻端至肛门前缘。

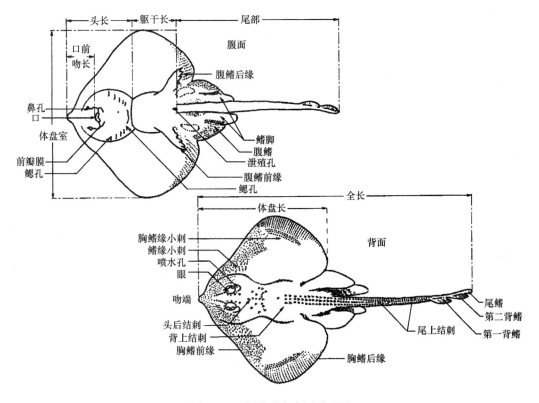

图 11 – 1　鳐类形态术语说明图

对不同鱼类,其测量鱼体长度的方法不同。对某些下腭稍突出的鱼类,如鳓鱼、海鳗、带鱼等,测量长度自下腭前端开始,记录时应注明。全长一般用在辅助观测,不作统计分析之用,唯鲥鱼以全长为鱼体长度代表。

凡尾椎骨末端易于观察的鱼类,如石首鱼科的大黄鱼、白姑鱼、黄姑鱼和鲷类、鲽类等应以体长为鱼体长度代表。

凡尾叉明显的鱼类,如太平洋鲱、沙丁鱼、鳓、青鳞鱼、鲲、黄鲫、竹筴鱼、蓝圆鲹、鲐、马鲛鱼、鲳鱼、舵、鲣等,应以叉长为鱼体长度代表。

凡尾鳍、尾椎骨不易测量的鱼类,如鲨鱼、海鳗、带鱼等应以肛长为鱼体长度代表。

至于魟类以体盘长为鱼体长度代表。

进行鱼体长度测量时,应使鱼体及尾鳍自然伸直,平置于量鱼板上,将口闭合,吻(或下腭前端)紧贴垂直挡板,然后测量。

3.测量鱼体的体质量

鱼体的体质量(单位为"g")

(1)体重——在没有除去内脏之前的鱼体总重量。

(2)纯体重(净重)——除去整个内脏(包括性腺、鳔、胃肠和体腔内的脂肪等)的鱼体重量。

4.性别鉴定

鉴定性别时应将鱼体剖开,目测鉴别出雌性(♀)和雄性(♂)。对于性腺尚未发育,目

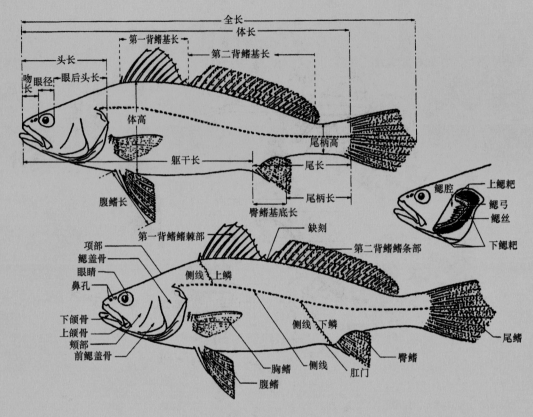

图 11 - 2　鱼类形态术语说明图

测不能辨认出雌、雄的幼年鱼,则记为"雌雄不辨"。

5. 蜡纸刺孔

为了解和掌握鱼类渔获物的长度组成而进行大数量(一般为 100 尾以上)的长度测定,一般采用蜡纸刺孔方法,以便收集大数量的体长,或叉长(肛长)的长度组成资料。同时称出其样品的总产量,并求得渔获物的平均重量。

五、作业

按测定结果,填写表 11 - 1 的内容。按以下要求撰写实验报告。

表 11 - 1　鱼体生物学测定项目

编号	鱼名	全长	体长	叉长	肛长	体重	纯重	性别	备注

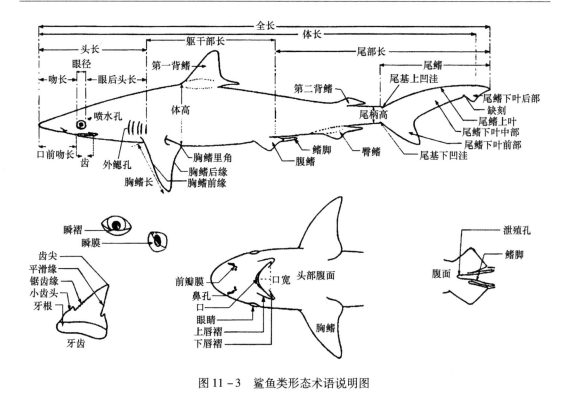

图 11－3　鲨鱼类形态术语说明图

1. 绘制体长和体重组成分布图,计算平均体长和体重以及优势体长和体重及其比重。
2. 用 $W = aL^b$ 关系式来建立体长与体重的关系,并绘制关系图。

实验二　鱼类种群测定

一、目的要求

通过对鱼体形态特征的量度和分节特征的数量计数以及资料整理,要求掌握鉴定鱼类种群的形态学鉴定基本工作方法。

二、实验材料

白姑鱼。

三、实验工具

解剖盘、量鱼板、两脚规、解剖刀、剪刀、镊子、袖珍电子计算器、记录表格等。

四、实验内容

首先把白姑鱼按采集日期、渔区、网具以及网获量等进行编号。在进行量度和计数时力求准确。实验顺序如下。

1. 形态特征的量度

形态特征的量度(单位为 mm)。

(1)体长——自吻端至尾椎骨末端。

(2)头长——自吻端到鳃盖骨后缘或鳃孔的前缘。

(3)吻长——自吻端至眼前缘的长度,如两眼在同一平面上,以上限为准。

(4)眼径——与体轴平行的眼睛的中线距离。

(5)眼后头长——眼睛中线的后缘到鳃盖骨末或鳃孔的前缘。

(6)上颚长——吻端至上颚骨后缘的距离。

(7)体高——背腹间最大的垂直距离。

(8)尾柄高——为尾柄的最小垂直距离。

(9)尾柄长——自臀鳍的基部后缘到最后一节脊椎骨末端。

(10)胸鳍长——胸鳍上缘基部至最长鳍条。

(11)腹鳍长——腹鳍上缘基部至最长鳍条。

(12)背鳍后长——自背鳍基部后缘到最后一节脊椎骨末端。

(13)分别测出自吻至背鳍、胸鳍、腹鳍各起点之间的距离。

(14)背鳍基长和臀鳍基长。

2. 分节特征的计数

(1)背鳍鳍棘数和鳍条数。

(2)臀鳍鳍条数。

(3)左侧鳍鳍条数。

(4)左侧上下鳃弓的鳃耙数。

(5)左侧鳍枝数。

(6)幽门盲囊数。

(7)体脊椎骨数和尾脊椎骨数。

(8)尾鳍鳍条数。

五、实验要求

(1)种群鉴定工作要求较高的准确性,形态量度由于人为的误差实属难免,在条件许可时,量度应由独立 2 人负责,若测量值相差在 5% 以内,则计算平均值;若测量值相差在 5% 以上,则重复测量。

(2)量度的误差不得超过 2 mm,计数要求 98% ~ 100% 的准确性。

(3)在计数鳍条时,可在每 10 条处划破鳍膜作为标记,以便复查,在石首鱼科中最后一个鳍条往往从基部就开始分叉,计数时很易发生差错,因此在遇到疑问时需要解剖支鳍骨才能决定。

(4)在上鳃耙起点处的鳃耙甚小,故计数时要特别注意。

(5)每 3 人为一个小组,每组测定 10 个标本。

六、资料整理

经过计数和测量之后,只得到一些彼此分散的数值,因此必须采用统计学的方法,经过归纳整理、比较分析之后,才能看出各个群体的特征。最常用的统计数值如下。

1.差异系数(C.D)

$$C.D = \frac{M_1 - M_2}{S_1 + S_2}$$

式中:M_1 和 M_2 分别表示两个种群特征计量的平均值;S_1 和 S_2 为标准差。

按照划分亚种75%的法则(Mayret et al,1953)。若 C.D > 1.28 表示差异达到亚种水平;C.D < 1.28 属于种群间的差异。

2.均数差异显著性(M_{diff})

$$M_{diff} = \frac{M_1 - M_2}{\sqrt{\dfrac{n_1}{n_2}m_2^2 + \dfrac{n_2}{n_1}m_1^2}}$$

式中:M_1 和 M_2 为两个种群特征计量的平均值;m_1、m_2 为均数误差;n_1、n_2 为两个种群特征的样品数。

根据统计学概率论原理,若平均数差异标准差大于3,则说明两个样品在该指标上差异显著,并判断可能为不同的种群。若小于3,则说明无显著差异,即是从该指标分析两个样品没有成为不同单位群体的特征。

七、作业

每小组作统计表格一份(表11-2、表11-3),要求记录正确,演算无误。

表11-2　白姑鱼分节特征统计表

项目	编号									
	1	2	3	4	5	6	7	8	9	10
背鳍鳍棘数和鳍条数										
臀鳍鳍条数										
左侧胸鳍鳍条数										
左侧上下鳃弓鳃耙数										
左侧鳔枝数										
幽门盲囊数										
体脊和尾脊椎骨数										
尾鳍鳍条数										
性别♀♂										

表 11 - 3　白姑鱼形态特征的量度统计表

项目	编号									
	1	2	3	4	5	6	7	8	9	10
体长										
头长										
吻长										
眼长										
眼径										
眼后头长										
上颌长										
体高										
尾柄高										
胸鳍长										
腹鳍长										
背鳍后长										
吻端到背鳍距离										
吻端到胸鳍距离										
吻端至腹鳍距离										

要求撰写实验报告一份。对表 11 - 2 和表 11 - 3 中的分节特征和形态特征进行统计，分别计算不同组间的差异系数($C.D$)和均数差异显著性(M_{diff})，以确定不同组间是否存在种群差异。

实验三　鳞片的年轮特征

一、目的要求

在观察硬骨鱼类鳞片的形态、结构基础上，进一步识别经济鱼类中常见的年轮类型和环片特征，为研究鱼类的年龄与生长、寿命与初次性成熟群体的年龄组成等打下了基础。

二、实验材料

鲐(太平洋鲐)、蓝圆鲹、小黄鱼、白姑鱼、蛇鲻、真鲷、鲈鱼等的鳞片。

三、实验工具

放大镜、解剖镜、显微镜、镊子、载玻片等。

四、实验内容

1.鳞片的收集

鱼类的鳞片,一般采自第一背鳍下面,侧线上方 10～20 片(因为这个部位的鳞片较完整),若这部位的鳞片已脱落,可取胸鳍覆盖处的鳞片。从鳞囊中取下的鳞片,夹放在不带黏性的纸制鳞片袋中,并作好长度、体重、性别、捕捞地点、时间和捕获渔具等记录,以备鉴定年龄时参考。

2.鳞片的处理

鉴定年龄用的鳞片,可用温水或加入少量氢氧化钠(NaOH)洗涤,并用纱布将附着黏液擦干,便可以观察,并将鳞片封入两片玻璃中间编号保存。

3.鳞片染色

将洗涤后的鳞片,用鉴定细菌的墨水加甘油揉磨后,渗于鳞片上,盖以玻片,轮纹可清晰显出,或将鳞片浸入5%的硝酸银($AgNO_3$)液中,曝于日光然后用水洗涤轮纹处染上褐墨色。大型鳞片可用焦性没食子酸染色;小型鳞片可用苦味酸、红色素染色,这样就能使环片显示更清晰。

4.年轮的形态和标志

研究鱼类的年龄,必须先知道鳞片上年轮的形成和标志。通常鱼类鳞片上每年形成一个年轮,这是测定年龄的重要依据。由于生长受外界环境条件的影响,在鳞片上形成宽疏和窄密不同的同心圈环片(轮纹)。一般认为紧密的环片代表秋冬季生长缓慢期,宽疏的环片代表春夏季生长迅速期。

鳞片轮纹除隆起线和年轮外,尚有产卵轮、副轮、幼轮等。

(1)产卵轮。产卵轮是由于生殖作用而形成的轮纹,它与其他未成熟时期所形成的年轮在外轮的外形上不同。产卵轮在鲑鱼中很明显,由于生殖期间鳞片外形(边缘)受折断和损伤很厉害,在生殖之后,继续生长出新的鳞片,因而在产卵期间留下痕迹,这种鳞片称为产卵轮。

(2)副轮。副轮的形成原因是由于生长起了非周期性变化,如生长中偶然发生阻滞,或在迅速的生长过程中,突然被缓慢的生长历代替。副轮一般在淡水鱼类中较常发生。

(3)幼轮。幼轮也是副轮之一,位于第一个年带内离鳞片中心不远的地方。幼轮均出现于当年生的鱼体,即鱼在第一年的生命中,有时也称它为"零轮"。

(4)再生鳞。再生鳞是由于机械的损伤,造成鱼体上个别鳞片的脱落后,在原来的位置上长出的新鳞片。不采用这种鳞片鉴定年轮,应当弃去(这种鳞片无鳞焦以及中心部环片不清楚)。

(5)鳞片的观察方法:

1)观察不同鱼种的鳞片时,首先应判明鳞片上的基本结构——鳞焦、环片、辐射沟以及前区、后区、侧区的部位,然后自中心开始逐步向四周扩散状的观察环片的疏、密相同排列。

2)查定鱼年龄时,必须认真观察有代表性的鳞片特征,最好还观察采自鱼体其他部位的鳞片,并进行相互比较分析,最后才能确切地判别出年龄来。最好方法可用养殖的鱼进行判别。

3）观察时视野大小须以看到整个鳞相的全貌为准,依据鱼种不同和鳞片大小,其放大倍数一般采用 8～25 倍或更高倍数进行观察。

4）查定环片的性状或排列式时,必须视鳞片大小、厚薄、环片粗细以及间隔疏密,对光线强弱而作相应调节。必要时可用不同光源(入射或避射的光照)作比较,以使环片或每轮显示得更清晰。

五、实验步骤

观察下列几种常见鱼类的鳞片标本。

1.鲱鱼

属鲱型鳞。鳞片较薄,近圆形。辐射沟不是从中心到边缘,而是从居中的那半径(中轴)出发,两边的辐射沟前后平行。环片依中轴为基线,呈辐射状排列。年轮以明亮带显示,明亮带与鳞缘平行,其明亮带由于环片的中断而显得突出。年轮在鳞片前区和侧区处更为显著。

鲱型鳞主要为鲱科鱼类所有,常见的鱼类除太平洋鲱外,还有鲥、鳓、刀鲚、凤鲚等。

2.大麻哈鱼

属鲑、鳟型鳞。鳞片近圆形。以鳞焦为中心,由粗的环片形成同心圈。鳞的前区和后区不甚明显。环片的间隔有疏有密,两者彼此交替排列。这种环片排列的粗疏部分就是生长带,狭窄部分为休止带。

鲑鳟型鳞片主要为鲑科鱼类所具有,另外黄盖鲽等许多鱼类也有。

3.鳕鱼

属鳕型鳞。鳞片小,呈椭圆形。每一环片是单个细胞的产物,环片呈“小枕”状,在鳞片上沿着圆周排列着,辐射沟极发达,满布四区。鳞焦近于前区。年轮以环片的疏密显示,在鳞片的后区观察尤为清晰。

4.真鲷

属鲷型鳞。鳞片呈矩形,前端左右略似直角。鳞的前部边缘具有许多缺刻,隆起线,以鳞焦作中心形成多数同心圆的环片。自鳞片向前端形成放射状的放射沟。环片的间隔变异不甚明显,轮纹间有显著的透明的“年轮”,各年轮间的距离,自内部向外缘逐渐缩小。

鲷科鱼类、鲙鱼均属于鲷型鳞。

5.小黄鱼

小黄鱼的鳞片研究比较全面、完整。除头、腹部为圆鳞片外,其他部位为栉鳞,呈矩形。其年轮特征主要表现如下。

(1)疏密型。年轮以环片的疏密显示,尤其是前区常见。这种年轮为最基本和最常见的类型。

(2)双直型。前区环片呈古瓦状,在此瓦状环片中常常出现 1～2 片平直的环片。这种性状是前区所特有的年轮特征。此型在四龄以上的年轮中出现机会较多。

(3)明亮型。两个年带之间的分界处,常常可遇见 1～2 环片消失,或环状被中断呈不连续状,而出现一条明亮带,这种类型出现较为普遍。各区均可观察到,尤其是后侧区更常见。

以上三种常见的年轮特征有时出现在一个年轮上,成为多样式年轮类型,或两个同时出现在一个年轮上成一个复合式年轮类型;也有可能一个年轮上只反映出某一特征的单一式年轮类型。

六、作业

每人把所观察的鳞片绘出简图。并对其特征进行描述。

实验四　耳石、骨片和鳍条的年轮特征

一、目的要求

通过实验了解和认识可利用鱼类体上的坚硬组织(耳石、脊椎骨、鳃盖骨、匙骨以及各种类型的鳍条等)进行年龄研究,为研究鱼类的年龄与生长提供依据。

二、观察材料

耳石:大黄鱼、白姑鱼、带鱼、鳓、银鲳。
鳃盖骨:鲈鱼、鳜。
鳍条骨:花鲢、三角鲂、白鲢。

三、实验工具

骨剪、镊子、放大镜、解剖镜、锯条、金钢砂等。

四、实验内容

1. 耳石

许多鱼类有发达的耳石,特别是石首鱼类更为显著,可以作为研究鱼类年龄的良好资料。在取耳石时,切开颅顶骨或翻开鳃盖切开听囊,用镊子取出耳石,放于耳石袋中编号保存。分析耳石时,依据耳石的大小和形状,进行必要的加工制成薄片,然后选用扩大镜或食件阅读仪进行观测。

有些鱼类的耳石较薄,呈透明的扁平状(如带鱼、银鲳、鳓),不必经过加工,可直接或浸入透明液中观测。有些鱼类耳石大而厚,呈不透明的矢状(如大黄鱼,小黄鱼,白姑鱼),需经过切磨工序,使之变薄呈透明性,然后加进一滴甘油放于镜下观测轮纹。

对于需要切磨工序的耳石,首先用骨剪或锯条,切割成较薄的片状物,然后用金钢砂细磨成厚度 0.2~0.5 mm 的薄片,这样观察效果较好。

观察时,用入射光,耳石上可看到宽的宽带和窄的白带相间排列。若用透射光时,耳石上观察到的情况正相反,宽带呈明亮,窄带呈棕黄色。一般年轮就在内部的窄带和外部宽带二者交界处。耳石中心通常有一个中心核,中心核在入射光下呈暗黑色,在透射光下则明亮,核的周围有一个小环包围着,这个小环容易同第一年轮相混淆。

(1)观察大黄鱼耳石。据中国科学海洋生物研究所资料,大黄鱼的耳石具有同心轮,在耳石的横断面上,可以清楚地看到由中心向内侧伸出的4条辐射线,其中2条则把内侧割成3个小区。从内侧看,两个洼沟域的轮纹呈弧形或曲折状,比较模糊;而平滑区的轮纹则弧度极小,而且清楚。依此读取大黄鱼的年龄数,其他各部分的轮纹可供参考。

(2)观察其他鱼类的耳石:银鲳、鳓鱼、带鱼。

2. 脊椎骨

许多鱼类的脊椎骨,在锥体中央斜凹面出现同心圆的年轮外,故可通过轮纹鉴别出鱼的年龄,一般剪取头颅后10节脊椎骨,经过清除肌肉、筋腱,刷洗干净后,进行脱脂(夏天浸于2%,冬天浸于0.5%的苛性钾溶液中1~2天,再放入酒精或乙醚溶液里),然后置于空气中或烘箱内,经过阴干或烘干后,则可观察。

(1)观察海鳗脊椎内。可以用低倍解剖镜观察脊椎内中央凹面上由宽疏组成的同心圆的轮纹,这是观察海鳗年轮的良好材料。

(2)观察其他鱼类的脊椎骨:带鱼、绿鳍马面鲀。

3. 鳃盖骨

有些鱼类,如鲈鱼、鳜鱼等可以清楚地从鳃盖骨上显示出轮纹。制备鳃盖骨的方法很简单,从新鲜的鱼体上取下鳃盖骨后,经过除净残肉、筋腱,脱脂后进行烘干或阴干,则可观察。

小型鱼类的鳃盖骨,薄而透明,必须经过染色方能观察年轮,有些鱼类的鳃盖骨上着生有小棘状或棍状的凸出物,必须加以清除和锉平。如果是大鱼的骨片,还要把骨片的不透明部分进行刮薄或锉平,方能明显辨出年轮。

(1)观察鲈鱼的鳃盖骨。洗净晾干的鳃盖骨上用肉眼或低倍镜观察呈现乳白色的宽带和呈暗黑色的狭带,两者相互组成一个年轮。一般认为,狭带即为年轮。鲈鱼的狭带和远隔中心——系指鳃盖骨关节突的内缘的宽带(指第二年带)之间有一条很清楚的界线,和近中心的宽带之间则无明确的界线,仅自宽带的乳白色逐渐过渡到狭带的暗黑色。这种情况在鲈鱼的第二、三年带中最清楚。此外,第一年带内的宽带和狭带的组成部分远不及其他年带中宽、狭带组成明显。

(2)观察其他鱼类的鳃盖骨:鳜鱼。

4. 鳍条

从鱼类的背鳍棘和胸鳍棘基部的横切面上,也可以观察出年带来。在鱼的鳍条中观察的年带,用透射光照明发亮而用入射光照明时呈暗黑。观察时首先取自近基部的薄切片(制作时与耳石一样),用甘油一滴可增加清晰度,易于观察。

(1)观察白鲢的胸鳍棘:采用胸鳍的第一鳍棘。

(2)观察角鲨的背鳍棘:采用第一背鳍的鳍棘。

(3)观察其他鱼类的鳍棘:三角鲂的背鳍棘,银鲳的背鳍棘。

此外,根据实践经验,对我国一些主要海洋经济鱼类分别采用以下材料鉴定鱼类的年龄:①带鱼:以耳石为主,脊椎骨为辅;②小黄鱼:以耳石为主,鳞片为辅;③鳓鱼:以鳞片为主,耳石为辅;④鲐鱼:以耳石为主,脊椎骨、鳞片为辅。

五、作业

在认真观察的基础上,每人绘出带鱼的耳石和海鳗的脊椎骨简图,并注明年轮之处,判读其年龄。同时,结合各实验组所取得的年龄及其对应的体重、体长,建立 Von Bertalanffy 生长方程,计算绝对生长率和瞬时相对生长率。

实验五　鱼类性腺成熟度划分

一、目的要求

通过对白姑鱼、带鱼等的性腺成熟度的观察与划分,进一步掌握鱼类性腺成熟度的划分方法等级概念以及标准判断。

二、实验材料

白姑鱼、银鲳、带鱼、绿鳍马面鲀等性腺标样。

三、实验工具

剪刀、镊子、解剖针、扭力天平、解剖镜等。

四、实验内容

详细观察性腺固定标本〈或新鲜标本〉,注意性成熟程度的外形特征。鉴定性别时,应将鱼体剖开,目测鉴别雌(♀)、雄(♂)。对于性腺未发育,目测不能分辨雌雄的鱼体记为"雌雄不分"。

1. **目测法**

根据性腺不同发育阶段所表现的外形特征,大致划分六期。

Ⅰ期:性腺尚未发育的个体。性腺不发达,紧附于体壁内侧,呈细线或细带状。肉眼不能识别雌雄。

Ⅱ期:性腺开始发育或产卵后重新发育的个体。细带状的性腺已增粗,能辨认出雌雄。卵巢呈细管状(或扁带状),半透明,分枝血管不明显,呈浅肉红色。但肉眼看不出卵粒。精巢偏平稍透明,呈灰白色或灰褐色。

Ⅲ期:性腺正在成熟的个体。性腺已较发达,卵巢体积占整个腹腔的 1/3～1/2,卵巢大血管明显增粗,卵粒互相黏成团块状。肉眼可明显看出不透明的稍具白色或浅黄色的卵粒,但切开卵巢挑取卵粒时,卵粒很难从卵巢膜上脱落下来。精巢表面呈灰白色或稍具浅红色,挤压精巢无精液流出。

Ⅳ期:性腺将成熟的个体。卵巢体积占腹腔的 2/3 左右,分枝血管可明显看出。卵粒显著,呈圆形。很容易彼此分离,有时能看到半透明卵。卵巢呈橘黄色或橘红色。轻压鱼腹无成熟卵流出。精巢明显增大,呈白色。挑破精巢膜或轻压鱼腹有少量精液流出,精巢横断面的边缘略呈圆形。

Ⅴ期:性腺完全成熟,即将或正在产卵的个体。性腺饱满,充满体腔。卵巢柔软而膨大,卵大而透明,挤压卵巢或手提鱼头,对腹部稍加压力,卵粒即行流出。切开卵膜,卵粒各个分离。精巢发育达最大,呈乳白色,充满精液。挤压精巢或对鱼腹稍加压力,精液即行流出。

Ⅵ期:产卵、排精后的个体。性腺萎缩、松弛、充血;卵巢呈暗红色,体积显著缩小,只占体腔一小部分。卵巢套膜增厚。卵巢和精巢内部残留少数成熟或小型未成熟的卵粒或精液,末端有时出现淤血。

以上为一般六期划分标准,可根据不同鱼类的情况和需要对某一期再划分 A、B 期,如 $Ⅴ_A$ 期、$Ⅴ_B$ 期。

如果性腺成熟度处于相邻的两期之间就写出两期的数字,中间加一破折号,如Ⅵ－Ⅴ,Ⅳ－Ⅲ期,比较接近于哪一期,就把这一期的数字写在前面。如写为Ⅳ－Ⅲ期表明性腺成熟度比较近于第Ⅳ期。

对属于性细胞分次成熟,每一生殖季节可排出多份卵粒的鱼类,则采用Ⅵ－Ⅲ、Ⅵ－Ⅳ期来表示已经排出某一份性细胞后的性腺特征。

Ⅵ－Ⅲ期:表示在生殖季节期间,卵巢已排出一部分卵粒,此时卵巢中除了剩下在本季节中不可能成熟的卵母细胞外,尚有一份处于Ⅲ期的卵粒,并在卵巢外观上显而易见具有部分Ⅵ期的特征,也即排过卵的卵巢特征。

Ⅵ－Ⅳ期,卵巢已排出一部分卵粒,但是尚剩下一部分Ⅳ期卵粒,卵粒在外观上具有部分Ⅵ期特征。

2. 称重法

称取生殖腺的重量,计算其占鱼体纯体重的千分数——成熟系数。

计算公式为:

$$成熟系数(‰) = \frac{性腺重}{去内脏后的体重} \times 1\,000‰$$

五、注意事项

1. 性腺成熟度特征

性腺成熟度划分标准并非一成不变,在检定过程中,一般以下列特征为依据。

(1)生殖腺重量与整条鱼体重量的关系。

(2)生殖腺在体腔内所占的长度比例。

(3)鱼卵的肉眼能见度。

(4)鱼卵的形状和透明程度。

(5)生殖腺的弹性与一般性状。

(6)生殖腺的血管发育程度。

(7)生殖腺的血泽。

2. 性腺重量测定

厘米制的天平进行的最大误差不超过 ±0.2cm。

3. 称重时注意事项

称重前应先将天平进行校准,性腺及秤盘不能残留杂物及积水。称量时应注意使天平指针对准零位线后再进行读数。

六、作业

每人鉴别 10 个标本的性腺成熟度等级,并作好记录。最后将所鉴别的结果归纳其主要特点。

实验六　鱼类个体繁殖力测定

一、目的要求

鱼类繁殖力,一般指排卵量。而排卵量的测定,是以产卵前的卵巢全部卵数,减去产卵后尚剩下来的卵子数量,所得的差数为该鱼体的排卵量。

通过对白姑鱼等怀卵量的计算,要求掌握研究鱼类个体繁殖力的简易工作方法。

二、实验材料

白姑鱼、带鱼、大黄鱼等鱼类的卵巢标本。

三、实验工具

解剖刀、剪刀、镊子、培养皿、天平、血球计数器、吸管、烧杯、解剖镜等。

四、实验内容

计算怀卵量方法有:①计数法;②质量法;③体积法;④利比士(Reibish)法。

我们选用质量法进行测定:

(1)选取完全成熟,但尚未排卵(即第五期性腺)的卵巢固定(或新鲜)标本 1~2 个。

(2)将卵巢放置于吸水纸上,使水分吸至一定干湿度,然后在天平上称重量。

(3)在卵巢的前、中、后三部分,连同卵巢膜切取各数量相似的三段,或切取卵巢上一段,重量约占卵总重量的 1/10~1/5。

(4)将获取卵放置于培养皿中,加一些水使卵粒与卵膜各自分离。然后用血球计算器计数卵子数量。

(5)所得数值按下列公式计算:

$$S_a = W/w \times S$$

式中:S_a 为个体生殖量;W 为卵巢重量;w 为样品重量;S 为样品的卵粒数。

(6)每组各算一种鱼的怀卵量,而每种鱼需要测定 3 个卵巢的标本,并作好记录(表 11 -4)。

表 11 - 4　鱼类个体繁殖力的测定

项目	编号							
	1		2		3		4	
	体长	怀卵量	体长	怀卵量	体长	怀卵量	体长	怀卵量
白姑鱼								
带鱼								
大黄鱼								
鲥鱼								
海鳗								
银鲳								
鲐鱼								

五、作业

各组各自测定数据,并整理全班所测定数量。分析不同体长与怀卵量之间的关系。

实验七　鱼类的饵料分析

一、目的要求

通过对白姑鱼、大黄鱼的摄食等级和饵料种类组成的分析,初步了解鱼类饵料分析的基本方法和资料整理工作。

二、实验材料

白姑鱼、大黄鱼、绿鳍马面鲀、带鱼、银鲳、鲐鱼等鱼类胃肠标样。

三、实验工具

剪刀、镊子、培养皿、天平、解剖镜等。

四、实验内容

1. 摄食等级划分(饱满度)

鱼类胃肠饵料的摄食情况划分为 5 个等级,其标准如下:

0 级——空胃

1 级——胃内有少量食物,其体积不超过胃腔1/2。

2 级——胃内食物较多,其体积或占胃腔的1/2。

3 级——胃内充满食物,但胃壁不膨胀,凸出。

4 级——胃内食物饱满,胃壁膨胀凸出,使胃壁变质。

实验时,剖开鱼类的腹脏,并取出胃肠用肉眼观察每一个胃肠标本的摄食等级,并作好记录。

2. 饱满系数

直接称取消化道(胃中)质量,计算其占鱼体纯重的千分数。

公式为:

$$饱满系数(‰) = \frac{消化道质量}{纯体质量} \times 1\,000‰$$

消化道重量测定方法和要求,与性腺相同。

3. 饲料种组成

剖开鱼的胃肠壁以胃食物中的饵料残体逐一鉴别并还原其所属的种类,然后分别记录种类和出现数量。

五、实验步骤

(1)先将要观察的胃肠标本的标签及编号,记载于饵料分析卡上,并进行核对,以免现场原始记录和室内分析发生错乱。

(2)把要进行饵料分析的胃肠标本(新鲜标本或经福尔马林液固定的标本),浸透于水中,然后将消化道外或胃外的附着器官、脂肪和系膜等剥除干净。

(3)用剪刀剖开胃壁或带肠道的胃,小心取出胃含物,放于吸水纸上,将多余水吸出,使它保持到一定的干湿度(以吸水纸上不留较食物团更大的水痕为止),而后放于精度为 0.1 g 的天平上称重。

(4)从食物团中残余肢体碎片以及眼球、棘刺、骨片、鳞片等未完全消化的残体,鉴别出饵料组成的种类,称量其质量(不算出原来全体重量),即为更正质量。

(5)整理饵料更正质量时,先对渔场中采集的饵料生物,逐一作好更正质量的换算表。

六、资料整理

根据要分析每条鱼的原始资料的汇总,然后进行整理计算和综合分析。整理计算的项目如下。

1. 摄食率

由于鱼类摄食饵料有季节变化和昼夜变化和昼夜的不同,对此应该分析这一群鱼中其实胃数的比率。

$$摄食率(\%) = \frac{实胃数}{总胃数} \times 100\%$$

2. 出现频率

用白姑鱼标样分析,按浮游生物、底栖生物和自泳生物等三大类的饵料,计算其在胃含物中出现频率,也可分析有胃中某几种优势饵料生物的出现频率。

$$出现频率(\%) = \frac{含有该成分的胃数}{总胃数} \times 100\%$$

3. 组成比例

用白姑鱼标本分析出浮游生物、底栖生物和自泳生物等三大类的质量组成和个数组成百分比。

(1)质量百分比:由于白姑鱼饵料中,各成分胃含物中占有比例不同,一般用更正质量计算:

$$质量百分比(\%) = \frac{该成分的更正质量}{食物团的更正质量} \times 100\%$$

(2)个数百分比

$$个数百分比(\%) = \frac{该成分的个数}{食物团的总个数} \times 100\%$$

4. 饱满总指数和饱满分指数

用白姑鱼标样进行分析:

(1)饱满总指数:

$$饱满总指数(‰) = \frac{食物团实际重量}{体质量(或纯质量)} \times 10\ 000‰$$

(2)更正饱满总指数:

$$更正饱满总指数(‰) = \frac{食物团的更正重量}{体质量(或纯质量)} \times 10\ 000‰$$

七、作业

每组同学从全班资料中进行汇集整理,分析其摄食等级、摄食率、出现频率、个体百分比组成和饱满总指数。

附表　浙江、江苏近海大黄鱼的饵料组成

(1)水螅类:五角管水母、双生管水母。

(2)环节动物:蛰龙介虫、海不倒翁虫、沙蚕。

(3)低级甲壳类:中华哲水蚤、浪漂水蚤、钩虾、细长脚蝇尖额蚬、囊糠虾、太平洋磷虾、宽额假虾。

(4)十足类:周氏新对虾、哈氏仿对虾、细七巧仿对虾、中华管鞭虾、中国毛虾、细螯虾、尖尾细螯虾、鲜明鼓虾、日本鼓虾、葛氏长臂虾、小型梭子蟹类、长尾类幼体、短尾类幼体。

(5)口足类:虾蛄、无刺虾蛄、虾蛄幼体。

(6)鱼类:表鳞鱼、小公鱼、黄鲫、凤鲚、刀鲚、龙头鱼、七星鱼、梅童鱼、皮氏叫姑鱼、虾虎鱼以及大黄鱼、带鱼、银鲳等的鱼卵和幼鱼。

实验八　鱼类丰满度与含脂量观测

一、目的要求

通过鱼类丰满度的等级划分和含脂量测定方法,掌握这一工作的基本观测方法,并分析鱼类的生长优劣能直接影响鱼类的成活率,世代成熟过程以及生殖鱼群的补充速度,从而进一步为渔业预报、鱼群侦察和加工利用等提供资料。

二、实验材料

大黄鱼、带鱼、白姑鱼、海鳗、鲻鱼等鱼类。

三、实验工具

镊子、解剖刀、分析天平、索氏提取器、烘箱、电热恒温器、橡皮管、铁台、万能夹、研钵、无水乙醚、无水硫酸钠。

四、实验内容

1. 鱼类丰满度的等级划分。鱼类丰满度是指鱼体重量增长程度。在鱼类的不同生活时期中,比较其丰满度以及鱼类在不同海域和近岸,外海中的生长情况。我们根据目测法,观察鱼的体腔内脂肪层的分布与积聚情况,划分以下4个等级。

0级——内脏表面及体腔壁均无脂肪层。

1级——胃表面有薄的脂肪层,其覆盖面积不超过胃表面积的1/2,肠表面无脂肪或有少量脂肪。

2级——胃肠表面有1/2以上的面积被脂肪层覆盖。

3级——整个胃肠被脂肪覆盖,脂肪充满体腔。

用丰满系数可以估计和比较鱼体肥瘦程度,其计算公式:

$$K = \frac{100\ g}{L^3}$$

式中:K为丰满系数;g为鱼类重量(单位:g);L为鱼体长(单位:cm)。

2. 莫罗卓夫的含脂量等级标准

3. 含脂量粗脂肪的化学测定方法。其实验步骤如下:

(1)取样。一般测定鱼类的含脂量,多用鱼体肌肉作为分析样品。鱼体各部分脂肪含量不同,它主要分布于皮下褐色肉(红肌)、背部和腹部的肌肉、结蒂组织和内脏器官中,并且随季节的不同,其含脂量也有差异。如鲻鱼冬季胃肠上布满脂肪。

(2)化学测定。脂肪的化学测定方法很多,可靠的经典方法有索氏提取法。此外,还有皂化法、氯仿 – 甲醇法、酸性乙醚抽提法、盐酸水解温合醚合抽提快速法。

现将索氏(Soxhlet)提取法介绍如下:

1)根据鱼类含脂量多少,称取鱼肉 3～10 g(准确到 0.01 g)于研体中,加入三倍量的无水硫酸钠,小心研磨,到鱼肉和无水硫酸钠成为脆性的混合物为止。

2)将混合物装入事先卷好的滤纸筒,再加入少量无水硫酸钠到研体,加以研磨后,再移入滤纸筒内。

3)将接受瓶洗净烘干,称重,放入约 2/3 容量的无水乙醚。连接抽取提器和冷凝管。将接受瓶置于恒温水浴上加热,温度不超过 50℃,每 7～10 min 环流一次。

4)抽提 8～10 h,使脂肪完全浸出为止。滴在滤纸筒和毛玻璃上的乙醚液挥发后无油迹,停止加热,取出滤纸筒,利用抽取器回收乙醚时置 95～100℃烘箱中干燥 30 min。冷却称重,两次误差不超过 0.002 g 为止。

$$粗脂肪(\%) = \frac{G}{W} \times 100$$

式中:G 为乙醚抽出物重(单位:g);W 为样品的重量(单位:g)

五、实验步骤

(1)每小组分别观察 10 尾白姑鱼的肥满度。

(2)观察其他鱼类,如大黄鱼、绿鳍马面鲀、带鱼、海鳗、鲻鱼的肥满度。

(3)用白姑鱼进行含脂量测定。每小组测定两次。

六、作业

每小组分别整理全班所观察的白姑鱼等鱼类的肥满度和含脂量。

实验九　虾类生物学测定

一、目的要求

通过对虾、毛虾的生物学测定,掌握虾类的生物测定基本方法,为研究虾类渔业生物学工作打下基础。

二、实验材料

对虾、毛虾、长臂虾、鹰爪虾、管鞭虾等。

三、实验工具

两脚规、木尺、刺控针、刺控蜡纸、培养皿、剪刀、解剖镜、显微镜。

四、实验内容

1. 中国对虾的测定项目(图11-4)

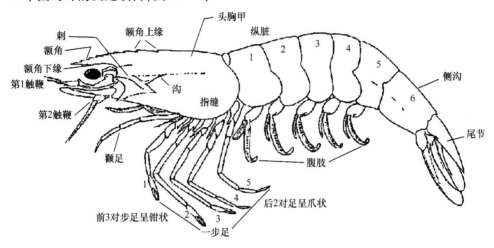

图11-4　虾类形态术语说明图

(1)体长。分别雌雄测定其体长,自眼窝后缘至尾节的末端,以"mm"为单位。体长在50 mm以上者以5 mm为一体长组(如中值为135 mm,体长组为133~137 mm),50 mm以下者以2 mm为一体长组;29 mm以下不分体长组。

(2)体重。以"g"为单位。

(3)性比。把雌雄对虾分开计算其百分比。雌雄对虾的辨识方法为:雄虾第一腹肢特化为交接器;雌虾第4及第5对步足基部间有一圆盘交接器。幼虾的交接器不甚明显,应注意识别。

(4)摄食等级。用镊子夹住对虾的头,取出虾胃。按胃含物的多少分为四级:

0级——空胃;

1级——胃内仅有少量食物(少胃);

2级——胃内食物饱满,但胃壁不膨大(半胃);

3级——胃内食物饱满,胃壁膨大(饱胃)。

(5)性腺成熟度。用剪刀将雌虾头胸甲剖开,检查全部雌虾的性腺成熟度,划分为六期:

1期:尚未交配,性腺未发育,无色透明;

2期:已交配,卵巢开始发育,卵粒肉眼不可能辨别,不能分离,呈白色或淡绿色;

3期:肉眼已隐约可见卵粒,但仍不能分离,卵巢表面有龟裂花纹,呈绿色;

4期:肉眼可辨卵粒,卵巢背面有棕色斑点,表面龟裂,呈淡绿色;

5期:卵粒极为明显,卵巢膨大,背面的棕色斑点增多,表面龟裂突起,呈淡绿色或浅褐色;

6期:已产过卵,卵巢萎缩,呈灰白色。

(6)交配率。在对虾交配季节,应计算雌虾的交配百分比,已交配雌虾的交接器隆起,其中充满乳白色的精液,刚交配的雌性交接器上带有两片精荚的附属物。

2.观察几种常见虾类的长度与体质量

对虾、毛虾、长臂虾、鹰爪虾、管鞭虾。

五、实验步骤

(1)分组分别测定对虾标本各 10 尾。

(2)根据测定项目,逐一测出,并作好记录。

(3)观察性腺成熟度时,要先将虾的背甲剪开,挑出性腺,并放在显微镜下观察。

(4)观察摄食等级,先将背甲剪开,在口的末端找出胃囊,然后鉴定。

(5)观察交配率,主要以雌虾的贮精囊中有否精荚存在而辨识之。

(6)其他几种常见虾类,观察它们的外形特征,并测量长度和体质量。

六、作业

每组分别整理全班观察的虾类生物学测定的资料,如体长组成、体重组成、摄食等级组成以及性成熟度组成等。

实验十　蟹类和头足类生物学测定

一、目的要求

通过梭子蟹、乌贼(或枪乌贼、柔鱼)的生物学测定,进一步掌握蟹类和头足类的生物学测定基本方法,为研究蟹类和头足类的渔业生物学打下基础。

二、实验材料

1.三疣梭子蟹的测定项目

(1)长度:甲长——从头胸甲的中央刺至甲后缘的垂直距离;

甲宽:头胸甲两侧刺之间的距离;

长度单位均为"mm"。

(2)体重:以"g"为单位。

(3)性比:按腹部的形状区分雌雄计算其百分比。

(4)摄食等级:类同于对虾,分为 4 级。

(5)性腺成熟度:分六期。

Ⅰ期:幼蟹还未交配,腹部呈三角形,性腺未发育;

Ⅱ期:已交配,性腺开始发育,呈乳白色、细带状;

Ⅲ期:卵巢呈淡黄色或黄红色,带状;

Ⅳ期:卵巢发达、红色,扩展到头胸甲的两侧;

Ⅴ期:卵巢发达,红色,腹部抱卵;

Ⅵ期:卵巢退化,分布抱卵。

(6)交配率:雌雄幼蟹首次交配后,腹部即由三角形变为椭圆形,体内的两个贮精囊内各有一个精荚。

2. 曼氏无针乌贼

头足类形态示意图见图11-5。

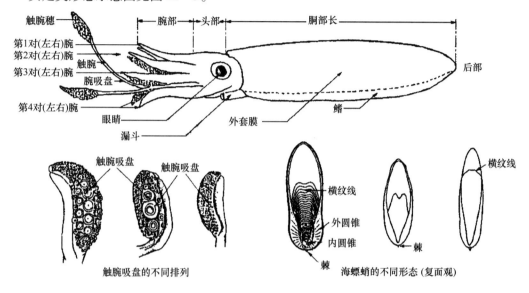

图11-5　头足类形态示意图

(1)胴长:分雌雄测定其胴长,胴体背部中线的长度(无针乌贼自胴体前缘突起骨至后端凹陷处,有针乌贼量至螺蛸的尖端;枪乌贼至胴体的末端),以"mm"为单位,每间隔2 mm为一体长组。

(2)体重:以"g"为单位。

(3)性比:雄性左侧第四腕进化为交接腕。

(4)摄食等级:同对虾。

(5)性腺成熟度分为六期。

Ⅰ期:卵巢很小,卵粒大小相近,卵粒全不透明。

Ⅱ期:卵粒较大,卵粒大小不一,小型的不透明卵占优势,有少数透明卵或半透明卵,并有花纹卵粒,输卵管内没有卵粒,缠卵腺较小。

Ⅲ期:卵巢大,约占外套腔的1/4,卵粒大小不一,小型不透明很多,约占卵巢的1/2。输卵管中卵粒,卵粒彼此相连,大约占整个卵数的1/3。有些卵粒还未成熟,缠卵腺较大。

Ⅳ期:卵巢很大,约占外套腔的1/3,卵粒大小显著不同,小型不透明卵仍占多数,约占卵巢的1/3,输卵管中卵粒很多,约占整个卵数的1/2。缠卵腺很大,约占外套腔的2/5。

Ⅴ期:卵巢十分膨大,约占外套腔的1/2,小型不透明卵很少,其卵径也小。输卵管中卵粒多而大,约占整个卵数的3/5,透明卵一般分离,呈草绿色。缠卵腺十分肥大,呈白色,其中充满黏液体,表面光滑发亮,约占外套腔的1/2。

Ⅵ期:已产过卵,卵巢萎缩,其中有少量卵粒稍呈灰褐色。输卵管中尚有少数透明卵存在。缠卵腺干瘪略呈黄色,表面皱纹很多,约占外套腔的1/3。

3. 观察几个常见种类

蟹类形态术语说明见图11-6。

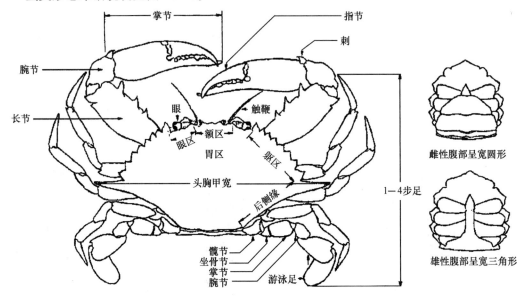

图11-6　蟹类形态术语说明图

细点圆趾蟹、中华绒毛蟹、台湾枪乌贼、日本枪乌贼、柔鱼、太平洋褶柔鱼等。

三、实验步骤

(1)每3人一组,分别测出三疣梭子蟹和曼氏无针乌贼10个标本。

(2)根据测定项目,逐一测出,并作好记录。

(3)观察蟹类性腺成熟度时,要剪开腹部,剪下粘附在腹部上的卵子,并放于显微镜下观察,用肉眼或解剖镜观察。

(4)观察头足类性腺成熟度时,要剪开胴腔,用肉眼或解剖镜可观察。

四、作业

每组分别整理全班所观察的蟹类和头足类生物学测定的资料,如体长组成、体重组成、摄食等级组成以及性成熟度组成等。